고전역학의
현대적 이해

A modern perspective of
classical mechanics

정용욱 · 하상우 · 변태진 · 이경호 공저

북스힐

머리말

　본 교재는 '고전역학의 현대적 이해'를 추구한다. 여기서 '현대적'이란 말이 의미하는 바는 이 책이 고전역학과 관련된 최신의 물리학 내용지식을 다룬다는 것이 아니다. 그보다 저자들이 이 책을 통해 의도한 것은 물리학 이론의 구조 및 물리학의 탐구과정에 대한 현대의 관점을 반영하여 고전역학의 내용지식을 새로운 방식으로 서술하는 것이다.

　본 교재는 기본적으로 물리학과와 물리교육과의 학부 수준 고전역학 교재로 사용될 수 있도록 저술되었다. 그 외에 물리학에 관심을 갖는 영재고등학교, 과학고등학교 학생들이 대학 수준의 물리학을 미리 경험할 때 활용되는 것도 저자들은 기대하고 있다. 더불어 본 교재는 물리교사나 물리교사를 준비하는 이들에게 고전역학에 대한 새로운 이해를 열어줄 수 있을 것이다.

　본 교재를 처음 계획한 것이 2007년이니, 처음 구상에서 퇴고까지 대략 8년이 걸린 셈이다. 계획단계부터 저자들은 물리교육학의 연구방법과 그 결과들을 본 교재의 저술에 깊이 있게 반영하고자 하였다. 우선 저자들은 직접 대학과 영재고등학교에서 고전역학을 강의하면서 학생들이 고전역학을 학습하면서 겪는 어려움에 대한 피드백을 체계적인 방법으로 수집하였다. 학생들의 피드백은 교재의 초안 작성 뿐 아니라 이후의 검토과정에서도 반영되었다.

　학생들의 어려움을 분석하면서 저자들은 학생들이 수학공식들의 바닷속에서 주어진 공식으로부터 적절한 물리적 의미를 구성하는 것에 실패하는 경우가 많다는 것을 확인하였다. 이러한 문제인식에서 저자들은 단순히 확립된 지식을 제시하는 것이 아니라, 내용지식을 탐구의 맥락에서 도입하고 발달시켜야 할 필요성을 느꼈다. 그 결과 본 교재는 과학교육계에서 내용지식과 탐구를 융합하는 방법으로 여겨지고 있는 모형과 모형화(modeling)의 관점에서 고전역학을 서술하는 방향을 선택하였다. 이러한 기본방침 속에서 보다 구체적으로 본 교재는 다음과 같은 특징을 가질 수 있도록 저술되었다.

　첫째, 내용지식과 탐구(방법론 지식)가 융합되도록 고전역학의 지식을 재구성하였다. 이를 위해 현상에 대한 기술과 이에 대한 설명을 구분하고, 모형의 관점에서 고전역학을 다시 서술하였다.

둘째, 어떤 아이디어를 단순히 제시하기보다 그러한 아이디어가 나온 과정에 대해 설득력 있는 설명을 제공하고자 하였다.

셋째, 고전역학을 이루는 개별 아이디어들이 전체 이론에서 차지하는 역할과 위상을 다루고 개념들의 한계도 함께 설명함으로써, 고전역학을 넘어서는 다른 물리학 이론들에 대한 이후의 학습에 도움이 되도록 하였다.

넷째, 개별 역학 문제들에 대한 고전역학의 풀이법이 공유하는 공통의 구조를 밝혀서 물리학 지식의 통일성을 드러내고자 하였다.

다섯째, 학습자가 수학적 전개에 매몰되지 않도록 수학을 물리학의 도구로 적절히 활용하는 방식을 예시하고자 하였다.

이러한 원칙들이 고전역학에 대한 깊이 있는 학습을 도울 수 있음에도, 기존의 고전역학 혹은 다른 물리학 교재들에서 만족스럽게 반영되지는 않았다는 것이 저자들의 판단이다. 상기의 원칙들은 독자들이 물리학을 공부하면서 나무에만 집중하지 않고 숲을 볼 수 있도록 도울 것이라 저자들은 믿는다.

더불어 본 교재는 기존의 고전역학 교재에서 보기 힘든 여러 논의들을 포함한다. 특히 본 교재의 1장과 2장은 탐구와 내용지식을 융합하는 방식으로 고전역학의 탐구방법과 이를 통해 산출된 지식의 구조들을 소개하고 있다. 이 장들은 고전역학 전체의 윤곽을 잡아서 이후의 장들의 학습을 위한 안내를 제공한다. 이런 이유로 본 교재의 핵심은 1장과 2장에 있으며, 이후의 장들은 앞에서 도입된 방법에 대한 적용과정과 그 결과물에 대한 것이라 볼 수 있다. 그러므로 여러분이 본 교재를 통해 고전역학에 대한 새로운 지평을 얻고자 한다면 1장과 2장을 스스로 만족스러울 때까지 숙고하기를 강력히 추천한다.

본 교재는 기존의 전공역학 교재와는 다르게 고전역학에서 탐구와 내용지식을 아우르는 새로운 시도를 하였다. 이러한 시도가 대학 수준 물리교수학습의 새로운 지평을 열고 고전역학을 공부하는 모든 이들에게 실질적인 도움이 되기를 저자 모두는 간절히 소망한다.

끝으로 본 교재의 저술과정에서 귀중한 의견을 준 서울대학교 물리교육과와 경기과학고등학교의 학생들에게 깊은 감사의 마음을 전한다. 또한 어려운 여건 속에서도 기꺼이 본 교재를 출판하기로 하고, 성심껏 편집해 준 북스힐 관계사들에게도 감사의 마음을 전한다.

저자 일동

차례

Chapter 01

뉴턴 역학의 기초

MECHANICS

학습목표

- 입자, 강체, 유체 모형이란 무엇인지 설명할 수 있다.
- 뉴턴 역학의 토대가 되는 기본 원리들, 즉 운동학, 뉴턴의 1, 2, 3법칙, 힘의 중첩원리를 설명할 수 있다.
- 뉴턴 역학의 기본 원리들이 단순히 실험 결과를 기술하는 것이 아닌 이유를 설명할 수 있다.
- 관성 질량과 중력 질량이 무엇이며 어떤 방법으로 측정될 수 있는지를 설명할 수 있다.
- 관성 기준틀을 결정하는 방법을 설명할 수 있다.
- 뉴턴 역학의 기본 원리로부터 운동을 다루는 방식을 설명할 수 있다.
- 뉴턴 역학의 기본 원리들을 바탕으로 간단한 운동 현상을 설명할 수 있다.
- 물리학에서 단순화와 근사의 역할을 설명할 수 있다.
- 간단한 운동 상황을 이론적으로 설명할 때 어떤 근사가 사용되는지를 드러내어 설명할 수 있다.

1.1 ● 들어가는 말

여러분은 오랫동안 뉴턴 역학을 배워왔기 때문에 뉴턴 역학에 대해서 어느 정도는 익숙하다는 느낌을 가질 수도 있다. 또한 그동안 접했던 부류의 역학 문제를 푸는 데 큰 어려움이 없다고 생각할 수도 있다. 그런데 문제를 잘 풀 수 있다는 것과 뉴턴 역학의 개념적 기초에 대해 명확히 이해한다는 것이 항상 일치하지는 않는다. 여러분이 이번 장에서 주로 고민해야 하는 것은 바로 뉴턴 역학의 개념적 기초에 대한 것이다. 문제풀이와 개념적 이해 두 가지 모두 중요한 학습목표이지만 우선 후자에 초점을 맞추어 보도록 하자.

우리나라의 교육풍토를 되돌아볼 때 학습을 평가하는 방식, 이에 따른 전반적인 학생들의 학습 습관 등이 개념적 이해보다는 문제풀이에 치우쳐 있다고 저자들은 판단하고 있다. 이제 우리는 이 책에서 역학의 개념적 기초에 대해 여러분이 지금껏 경험했던 수준을 넘어서는 심도 깊은 논의를 전개하려고 한다. 또한 그동안 다소 피상적으로 받아들였을 뉴턴 역학의 기초를 보다 체계적으로 검토하려고 한다. 이를 위해서는 뉴턴 역학을 비판적으로 바라볼 수 있는 태도가 중요하다. 비판적 사고를 통해 뉴턴 역학의 기본 가정, 그것의 위력, 그것의 한계를 모두 인식할 수 있어야 한다.

1장에서 우리의 목표는 뉴턴 역학의 기본 가정을 비판적으로 고찰하고 이를 통해 그것의 기초를 이해하는 것이다. 뉴턴 역학에 대한 명확한 이해를 위해서는 첫째로 뉴턴 역학의 기본 가정들을 분명히 알아야 한다. 둘째로 그 가정들을 운동 상황에 적용함으로써, 다시 말해서 뉴턴 역학을 통해 운동을 이해함으로써 이 체계의 위력을 경험해야 한다. 셋째로 뉴턴 역학의 한계를 정확히 아는 것도 매우 중요하다[1]. 세 가지 모두 중요하지만 1장에서는 첫째 문제에 집중할 것이다.

저자들은 역학 체계를 비판적으로 탐구하는 마음으로 고찰해야 한다는 것을 강조한다. 비판적 탐구란 간단히 말해 어떤 주장을 그대로 받아들이지 않고 증거에 기반을 두고 사고하는 것이다. 진정한 탐구는 시간을 필요로 하므로, 탐구하는 태도가 꼭 좋은 성적을 보장하는 것은 아니다. 또 많은 경우 여러분이 익혀온 학습 방식은 탐구적인 태도와 거리가 있는 것 같다. 그런데 이러한 학습 태도는 지금 우리가 다루려는 역학의 기본 가정들을 이해하는 데 도움이 되지 않는다. 역학에 대해 자신이 가지고 있는 기존의 지식을 의심하고 이번 기회에 새롭게 지식을 구축한다는 생각으로 1장의 논의를 대하길 바란다[2].

역학 체계를 비판적으로 고찰하는 것은 역학 문제를 푸는 것보다 훨씬 어려운 일이다. 이러한 어려움으로 인해 처음 배울 때부터 역학 체계를 비판적으로 고찰하는 것이 권장할 만한 일은 아닐 수 있다. 그러나 지금 여러분은 뉴턴 역학에 대해 어느 정도의 경험을 갖고 있고, 이제부터 역학에 대해 보다 깊이 있게 이해해야 한다. 따라서 지금이 역학 체계를 비판적으로 검토할 수 있는 좋은 시점이다. 기본 가정에 대한 이해, 그것의 위력에 대한 이해, 그것의 한계에 대한 이해가 어우러져야 뉴턴 역학을 종합적으로 이해할 수 있다. 또한 셋의 이해는 서로 별개의 것이 아니고, 하나에 대한 이해가 다른 것에 대한 이해를 도울 수 있다. 그런데 1장은 주로 기본 가정과 이것들의 간단한 적용에 대해서만 논의하므로, 아마도 현 시점에서 1장의 모든 논의를 완벽하게 이해하는 것은 힘들 수 있다. 1장의 내용을 온전한 의미로 이해하려면 이 책의 많은 부분을 공부해야 할 것이며, 최소한 2장까지는 공부해야 할 것이다. 그러므로 1장을 읽으면서 완전히 이해가 가지 않는다고 좌절할 필요는 없다. 앞으로 역학을 공부하면서 두고두고 1장의 내용을 곱씹어보라. 만일 1장의 논의가 새롭게 다가온다면 그만큼 자신의 역학에 대한 이해가 깊어진 것이리라.

---

1) 보통 뉴턴 역학의 한계는 그것의 위력에 비해 소홀히 다루어진다. 우리는 그것의 한계를 아는 것이 그것의 위력을 아는 것 못지않게 중요하다고 생각한다. 새로운 사고는 기존 사고의 한계에 대한 인식에서 출발하기 때문이다. 그런데 뉴턴 역학의 한계를 제대로 인식하려면 뉴턴 역학과 다른 역학 이론(이를테면 상대성이론, 양자역학 같은)을 깊이 있게 비교해야 한다. 그런데 우리는 상대성이론, 양자역학을 깊이 논의할 처지가 아니므로 뉴턴 역학의 한계에 대해 논의하는 것도 제한될 수밖에 없다. 다만 뉴턴 역학이 한계를 갖는다는 것을 분명히 인식하자.

2) 물리학의 발달역사를 공부하는 것이 저자들이 추구하는 접근에 도움이 될 수 있을 것이다. 역사를 통해 어떤 역학 개념이 어떤 과정을 거쳐 구성되었고, 그 과정에서 어떤 어려움이 있었는지를 확인할 수 있다. 이를테면 『물리학의 역사와 철학』(J. T. Cushing 저, 송진웅 역)을 추천한다. 재미있는 것은 역사를 통해 확인할 수 있는 당대 과학자들의 어려움이 학습자가 역학을 배울 때 겪는 어려움과 크게 다르지 않다는 것이다.

1.2 ● 운동하는 물체: 입자, 강체, 유체 모형

역학은 물체의 운동을 다루는 학문이다. 운동은 나중에 계속해서 논할 터이니 여기서는 먼저 물체부터 생각해보자. 일상적으로 흔히 볼 수 있는 물체로 탁구공을 생각해보자. 탁구공은 많은 속성들을 갖는다. 이를테면 그것은 크기를 가지며 동그란 모양을 하고 있고 색깔을 갖는다. 또한 그것은 냄새를 가질 수 있고, 만질 때 촉감은 부드러운 편이다. 탁구공은 가벼우며, 플라스틱이라는 물질로 이루어져 있고, 탄성을 가지지만, 큰 충격을 받으면 모양이 변할 수 있다. 탁구공을 가열하면 부피가 커지며, 전기적으로는 부도체라 할 수 있다. 이와 같이 탁구공은 제법 여러 속성들을 갖지만 탁구공의 운동을 다룰 때에는 우리가 고려해야 할 성질들이 대폭 줄어든다. 이를테면 탁구공이 무슨 색을 하고 있는지, 어떤 냄새를 띠는지는 탁구공의 운동과 거의 무관하다는 것을 우리는 경험적으로 알고 있다. 결과적으로 경험을 통해 우리는 물체의 운동을 생각할 때 몇 가지 관련된 성질들만을 고려한다. 일반적으로 질량, 부피, 모양, 표면의 결, 탄성 등이 운동을 고려할 때 중요한 성질들이 될 수 있다[3]. 반면 다른 많은 속성들은 좀처럼 운동과 관련되지 않는다.

물체가 갖는 여러 속성 중에서 운동과 관련하여 가장 중요한 성질로 판명된 것이 바로 질량이다. 우리가 물체의 운동을 이해하고자 할 때 다른 성질들은 무시할 수 있는 경우가 있지만 질량을 무시할 수는 없다. 여러분이 그동안 풀었던 역학 문제를 생각해보면, 물체가 갖는 부피, 모양, 표면의 결, 탄성 등은 거의 고려할 필요가 없었지만, 물체의 질량은 항상 고려했었다는 것을 기억할 수 있을 것이다.

다음으로 물체의 운동에서 중요한 성질은 그 물체의 크기와 모양이다. 특히 운동 중에 물체의 크기와 모양이 변하지 않는 경우에 운동의 이해가 비교적 쉽다는 것이 알려져 있다. 반면 크기와 모양이 변화하는 물체의 운동을 자세하게 이해하는 것은 뉴턴의 역학 체계에서는 상당히 어려운 문제가 된다. 이러한 물체의 운동이 왜 이해하기 어려운지는 역학을 학습하면서 차차 알 수 있을 것이다.

본 교재에서는 많은 경우에 질량, 크기, 모양이 고정된 물체의 운동을 다룬다. 특히 물체의 운동을 다룰 때 물체의 크기와 모양을 무시하고 질량만 고려해도 되는 경우 우리는 물체를 입자(particle)처럼 다룬다. 입자란 크기가 없으나 질량을 갖는 가상적인 물체이다. 크기가 없기 때문에 입자의 위치는 공간상의 어떤 점 위에 있게 된다. 크기가 없는 물체는 실제로는 존재하지 않는 상상의 산물이다. 그렇지만 물체의 크기가 매우 작은 경우, 그 물

---

3) 이러한 결론들은 처음부터 자명한 것이 아니고 탐구의 결과로 경험적으로 얻어진 것이다.

체를 입자처럼 생각하고 물체의 운동을 다룰 수 있다. 이때 우리는 물체가 공간상의 한 점에 존재하는 것처럼 가정하고 물체의 운동을 다룬다. 즉 물체를 입자처럼 생각한다는 것은 곧 그 물체가 공간상의 한 점에 존재하고 있다고 생각하는 것이다. 심지어 물체의 크기가 매우 크더라도 물체의 운동이 회전이 없는 순수한 병진운동이라면, 그 물체를 입자처럼 생각하여 운동을 다루는 것이 간편할 수 있다.

한편 질량, 크기, 모양의 변화가 없는 물체는 강체라고 부른다. 강체의 운동은 병진운동과 회전운동의 조합으로 생각할 수 있어서 관련된 운동을 비교적 분석하기 쉽다[4]. 운동 중에 크기와 모양의 변화가 없는 완벽한 강체는 세상에 존재하지 않는다. 우리가 강체로 인식하는 물체도 운동 중에 크기와 모양이 다소간 변한다. 그 변화가 너무 미미하여 감지하기 힘들지만 정밀한 측정 장치를 사용하면 변화를 감지할 수도 있다. 그렇지만 우리는 크기와 모양이 미미하게 변하는 경우에, 그 변화를 무시하고 물체를 강체로 생각하고 그 운동을 다룬다. 즉 강체는 세상에 존재하는 것이 아니고, 세상에 존재하는 물체에 대해 우리가 사고를 통해 상상한 개념이자 모형이다. 우리는 현실의 물체를 강체로 근사함으로써 물체의 운동을 보다 쉽게 다룰 수 있게 된다. 심지어 우리는 크기와 모양의 변화가 눈으로 보이는 물체의 운동을 다룰 때도 그 물체를 강체로 다루기도 한다. 이를테면 지표면의 2/3를 파도치는 바다가 덮고 있는 지구는 명백하게 강체가 아니다. 하지만 지구의 전체 크기와 비교해서 파도로 인한 모양 변화는 매우 미미한 수준이어서 행성으로서 지구의 운동을 고려할 때 지구를 강체로 다루는 것은 매우 유용한 근사이다.

본 교재에서 거의 다루지 않지만 역학에서 매우 중요한 물체 개념이 하나 더 있는데, 바로 유체이다. 유체는 자유로이 흐르는 특성이 있어서 변형하기 쉽고 그것을 담는 용기에 따라 어떤 형상도 될 수 있는 객체를 말한다. 유체의 운동은 매우 복잡하고 예측하기 힘든 것으로 정평이 나 있다. 이 책에서 우리는 유체의 운동을 자세히 다루지 않을 것인데, 설사 유체의 운동을 논하더라도 이를 통해 유체의 운동을 이해하는 것이 아니라 뉴턴 역학을 이해하는 것이 우리의 목표가 될 것이다.

1.3 ● 운동학: 운동을 기술하는 하나의 방법

어떤 것을 이해하려면 먼저 그것을 자세히 들여다보아야 한다. 마찬가지로 운동에 대해

---

4) 강체, 병진운동, 회전운동의 정확한 의미는 8장에서 논의하게 될 것이다.

이해하려면 먼저 운동을 자세히 들여다보아야 한다. 그리고 운동에 대해 상세히 묘사할 수 있어야 한다. 일단 운동을 상세히 묘사할 수 있게 되면 그 운동의 원인을 상세히 탐구할 수 있는 기초를 마련한 셈이다. 지금은 운동의 원인을 설명하는 것은 뒤로 미루고, 일단 운동을 상세히 기술하는 방법에 대해 검토해보자.

먼저 입자(혹은 입자처럼 취급할 수 있는 물체)의 운동을 기술하는 방법에 대해 생각해보자. 입자의 운동이란 시간이 지나면서 물체의 위치가 바뀌는 현상이라고 말할 수 있다. 이를 보다 수학적으로 표현하면, 물체의 위치는 삼차원 공간상의 한 점이다. 그 위치를 표시하기 위해 [그림 1.3.1]처럼 어떤 원점을 기준으로 서로 수직인 세 축을 갖는 좌표계를 생각할 수 있다.

이 좌표계에서 점 P에 놓인 물체의 위치는 (x, y, z)라 표시할 수 있다. 그런데 물체의 위치는 시간에 따라 바뀌므로 x, y, z는 시간의 함수라 생각할 수 있고, 이를 반영하여 물체의 위치를 $(x(t), y(t), z(t))$라 표시할 수 있다. 이제 어떤 물체의 운동 상태를 정확히 아는 것은 매 시간별로 물체의 위치를 정확히 아는 것, 즉 $x(t), y(t), z(t)$를 정확히 아는 것과 같다.

한편 물체의 빠르기를 나타내는 물체의 (순간)속도 $\vec{v}$는 다음과 같이 위치의 시간미분으로 정의된다.

$$\vec{v} = (v_x, v_y, v_z) = \left(\frac{dx}{dt}, \frac{dy}{dt}, \frac{dz}{dt} \right) \tag{1.3.1}$$

시간미분을 다음과 같이 보다 간단히 표현하기도 한다.

$$\frac{dx}{dt} = \dot{x}, \ \frac{dy}{dt} = \dot{y}, \ \frac{dz}{dt} = \dot{z} \tag{1.3.2}$$

한편 물체의 속도 변화를 나타내는 물체의 (순간)가속도 $\vec{a}$는 다음과 같이 속도의 시간미분을 성분으로 갖는다.

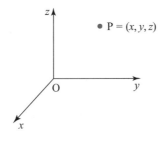

[그림 1.3.1] 직각좌표계를 통한 물체의 위치 기술

$$a_x = \frac{d^2x}{dt^2} = \ddot{x}, \; a_y = \frac{d^2y}{dt^2} = \ddot{y}, \; a_z = \frac{d^2z}{dt^2} = \ddot{z} \tag{1.3.3}$$

때때로 우리는 물체가 특정 시간에 어떤 위치에 있는지 관심을 갖기 보다는 물체의 운동이 전체적으로 어떤 기하학적 패턴을 갖는지에 관심을 갖는다. 일차원 직선운동, 원운동 등 몇몇 기하학적 운동 패턴은 운동의 이해에서 중요한 역할을 했고 특히 잘 분석되었다. 물체가 일차원 직선운동을 하면 한 직선상에서 움직인다. 특히 일정한 속도를 유지하는 등속 직선운동, 일정한 가속도를 가지는 등가속 직선운동이 처음 역학을 배울 때 다루어진다. 한편 물체가 원운동을 하면 하나의 원궤도 위에서 움직인다. 일정한 속력을 유지하는 등속원운동을 공부했던 기억이 날 것이다. 이러한 직선운동 혹은 원운동을 통해 여러분은 위치, 속도, 가속도 개념으로 물체의 운동을 기술하는 것을 익혔다.

이상의 논의에서 우리는 어떤 원점 O를 기준으로 물체의 운동을 기술하였다. 만일 우리가 다른 원점 O'을 기준으로 물체의 운동을 기술한다면 물체의 운동이 다르게 보일 수 있다. 이를테면 원점 O에 정지한 관찰자 A가 있다고 하자. 이 관찰자가 보았을 때 등속 직선운동을 하는 물체가 있다고 하자. 만일 원점 O에 대해 가속도 $\vec{a}$를 갖는 다른 원점 O' 위에 있는 관찰자 B가 같은 물체를 보았다면, 그 물체는 가속운동을 하는 것처럼 보일 것이다. 같은 물체의 운동인데 관찰자 A에게는 등속운동으로, 관찰자 B에게는 가속운동으로 보이는 것이다. 누가 물체의 운동을 바로 보고 있을까? 물체의 운동은 물체에 내재된 속성이라기보다는 관찰자에 따라 다르게 보이는 것이다. 관찰자에 따라, 보다 정확하게 말하면 관찰자의 운동 상태에 따라 물체의 운동은 다르게 보인다[5].

한편 관찰자의 운동 상태에 따라 물체의 운동이 다르게 보인다는 점에서 물체의 운동은 상대적이다. 이를 반영하는 것이 상대속도 개념이다[6]. 이를테면 어떤 원점을 기준으로 속도 $\vec{v}$로 움직이는 물체를 생각하자. 만일 같은 원점을 기준으로 속도 $\vec{V}$로 움직이는 관찰자가 이 물체를 보면, 물체는 다음과 같은 속도를 갖는다고 추측할 수 있다.

$$\vec{v} - \vec{V} \tag{1.3.4}$$

이러한 추측은 너무도 당연해서 자연 현상이 이 추측을 벗어날 수 있다는 것을 상상하

---

5) 이것은 아주 당연해서 굳이 강조하는 것이 이상하게 여겨질 것이다. 하지만 이 당연한 이야기가 뉴턴의 1, 2법칙을 온전히 이해하는 데 있어 상당한 어려움을 유발한다. 앞으로 살펴보겠지만 이 문제는 '관성 기준틀'이라는 온전히 이해하기에는 다소 쉽지 않지만, 역학의 기본 체계를 비판적으로 고찰하려면 반드시 이해해야 하는 개념과 관련되어 있다.

6) 우리가 물체의 속도를 말할 때, 사실은 어떤 기준점이 있어서 그 기준점에 대한 상대속도를 말하고 있는 것이다. 기준점이 암묵적으로 정해진 경우에 상대속도 대신 속도라는 표현을 쓰는 것이다.

기 힘들다. 그런데 상대성이론에 따르면 식 (1.3.4)가 성립하지 않는다. 논의를 간단히 하기 위해 물체와 관찰자가 모두 같은 방향으로 원점과 일직선상에서 등속으로 운동하고 있는 상황을 생각하자. 식 (1.3.4)에 의하면 물체와 관찰자의 원점에 대한 속력이 각각 v, V 라면, 관찰자의 입장에서 물체의 속력은 $v - V$이어야 한다. 그런데 같은 상황에 대해 상대성이론은 관찰자의 입장에서 물체의 속력이 다음과 같다고 예측한다.

$$\frac{v - V}{1 - vV/c^2} \tag{1.3.5}$$

여기서 c는 광속으로 약 300000 km/s라는 큰 값을 갖는다. 이렇게 상대속도에 대한 우리의 직관에 기초한 예측과 상대성이론의 예측이 다르다. 과연 상대성이론이 맞고 우리의 직관은 틀린 것인가? 엄밀히 말해서 이 질문의 표현은 다소 부적절하다. 보다 적절한 질문은 어떤 예측이 실제의 자연 현상(혹은 실험 결과)에 가까운지를 묻는 것이다[7].

실험 물리학자들의 탐구 결과 식 (1.3.4)와 식 (1.3.5) 중 자연 현상을 보다 정교하게 설명하는 것은 식 (1.3.5)인 것으로 판명 났다. 그렇더라도 식 (1.3.4)의 유용성이 완전히 사라지는 것은 아니다. 우리가 보통 접하는 상황에서 물체의 속도는 광속에 비해 매우 느리다. 이 상황에서 식 (1.3.5)는 근사적으로 식 (1.3.4)와 같게 되므로 두 식이 큰 차이가 없게 되는 것이다. 이를테면 10 m/s로 날아가는 공을 5 m/s의 속력으로 쫓아가면서 본 공의 상대속도를 생각해보자. 이 상황에서 두 식의 예측은 대략 10^{-19} m/s만큼의 차이가 날 뿐이다. 현재까지는 이러한 극미한 차이를 감지할 수 있는 측정기술이 없다. 오직 광속에 가까워지는 큰 속도를 갖는 운동에 대해서만 식 (1.3.4)와 식 (1.3.5)는 식별 가능한 큰 차이를 낳는다.

그렇다면 자명해 보이기까지 하는 식 (1.3.4)가 자연 현상을 잘 설명하지 못한다는 것을 어떻게 받아들여야 할까? 그것은 상대속도가 식 (1.3.4)와 같을 거라는 예측을 할 때, 우리가 의식적으로 혹은 무의식적으로 사용한 가정 중에 무언가 문제가 있다는 것을 뜻한다. 과연 어떤 가정이 문제를 만들어낼까?

우리는 시간에 따른 물체의 위치변화로 운동을 기술하고자 하였다. 이때 우리는 시간은 공간과 무관하게 독립적으로 흐르는 것이라는 생각을 은연중에 가정하였다[8]. 상대성이론

---

7) 과학 탐구는 이론과 현상(혹은 실험)을 비교하는 과정을 포함한다. 경쟁하는 두 이론이 있을 때, 실험을 통해 어떤 이론이 실제의 현상에 더 잘 일치하는지를 검사할 수 있다. 실험 결과와 이론의 예측은 완벽하게 일치할 수 없고, 어떤 정밀도 내에서 근접할 수 있을 뿐이다. 따라서 실험 결과를 바탕으로 두 이론 중에 실험 결과에 보다 가까운 예측을 낳는 이론을 좋은 것으로 선택할 수 있다. 이때 우리는 두 이론 중 더 좋아 보이는 것을 선택하는 것이다. 두 이론 중 하나는 옳고 다른 것은 틀린 것이 아니다.

8) 6.2절의 논의를 보면 시간과 공간의 독립성이라는 숨은 전제가 보다 잘 드러날 것이다.

은 이러한 가정에 의문을 제기하고, 시간이 공간과 독립적이지 않다는 가정하에 만들어진 이론이다. 그런데 이러한 전제하에 만들어진 상대성이론이 자연 현상을 더 잘 예측한다. 결국 시간과 공간이 독립된 것이라는 상식적으로 당연해 보이는 생각은 하나의 가정일 뿐이었던 것이다.

상대속도의 논의에서 보듯이 우리가 암묵적으로 갖고 있는 가정들이 겉보기에 아무리 자명한 것으로 보이더라도, 이것들을 이용한 운동의 기술이 항상 타당한 것은 아니다. 그러한 가정들의 타당성은 우리가 경험을 통해 검증해야 한다. 경험을 통한 검증 없이 그 자체로 자명한 가정들은 물리학에서는 없다고 보아야 한다.

상대속도에 대한 논의는 물체의 운동을 기술하기 위해 우리가 은연중에 받아들인 시간과 공간의 독립성에 문제를 제기하고 있다. 그렇다면 운동을 기술하기 위해 우리가 받아들인 다른 가정들에는 문제가 없을까? 원자 수준에서 일어나는 미시세계의 자연 현상은 또 다른 문제를 제기한다. 그동안 여러분은 물체는 특정한 시각에 특정한 위치(혹은 영역)와 속도를 가진다는 것을 무의식중에 가정해왔다. 즉 물체의 운동을 가속도, 속도, 위치를 이용하여 기술하는 것을 익혀왔다. 반드시 운동을 이들 개념을 가지고 기술해야 한다는 법은 없지만 이들 개념으로 운동을 기술하는 것은 너무도 익숙해서 다른 대안을 상상하기 힘들다. 또한 이들 개념이 적용되지 않는 상황을 생각하기도 어렵다. 하지만 미시세계에 대한 탐구 결과, 오늘날에는 물체가 특정한 시각에 특정한 위치와 속도를 갖는다는 것도 결국 우리의 가정(상상)이라는 것을 알게 됐다. 물론 이러한 가정은 충분히 유용하고, 이 가정을 통해 우리는 운동을 비롯한 여러 자연 현상을 이해할 수 있었다. 하지만 이러한 가정을 고수한다면 설명이 곤란한 자연 현상이 있다는 것도 기억하자[9].

상대성이론과 양자역학의 등장으로 뉴턴 역학에서 물체의 운동을 기술하는 방식이 절대적인 것이 아님을 오늘날 알게 되었다. 하지만 운동을 기술하는 이 체계는 여전히 넓은 범위에 걸쳐서 유용하다. 그리고 뉴턴 역학은 이 기술 체계를 바탕으로 구축된 학문이다. 우리는 앞으로 독립된 시간과 공간, 위치, 속도, 가속도를 가지고 물체의 운동을 기술할 것이다. 이러한 기술 체계는 광속보다 매우 느린 운동, 그리고 원자 단위보다 큰 운동에 대해 여전히 유용하다. 사실상 우리가 일상에서 접하는 모든 거시적 상황에서 이 기술 체계는 유용하다.

---

9) 불확정성 원리는 바로 물체가 특정한 시각에 특정한 위치와 속도를 가질 수 없다는 생각과 관련된다. 이 문제는 구체적으로는 양자역학에서 다루어야 할 주제이므로, 본 교재에서는 자세히 논의하지 않겠다.

1.4 ● 뉴턴 역학의 기본 원리들

앞 절에서 우리는 물체의 운동을 상세하게 기술하는 방법에 대해 논의하였다. 일반적으로 가속도, 속도, 위치 등의 개념을 사용하여 물체의 운동을 기술할 수 있다. 이와 같이 기술되는 운동에 힘 개념을 도입하여 설명하는 이론 체계를 뉴턴이 고안하였다. 여기서 '기술(description)'과 '설명(explanation)'의 차이를 정확히 파악하는 것이 중요하다. 기술은 어떤 실험 결과 혹은 현상을 그대로 묘사하는 것인 반면, 설명은 실험 결과 혹은 현상이 일어난 이유를 제시하는 것이다. 뉴턴 역학은 운동의 기술뿐만 아니라 설명까지 포함하는 이론 체계이다. 1.3절에서 논의한 운동학 외에도 다음과 같은 근본적인 가정들이 뉴턴 역학의 토대를 이룬다.

1. **뉴턴의 1법칙(관성의 법칙):** 모든 물체는 그것에 힘이 작용하지 않으면 등속직선운동을 유지한다.
2. **뉴턴의 2법칙:** 물체의 운동량의 시간적 변화는 물체에 작용하는 힘에 비례하고 힘이 작용하는 방향으로 일어난다.
3. **뉴턴의 3법칙(작용 반작용 법칙):** 두 물체가 서로 힘을 미칠 때 두 힘은 크기가 같고 방향은 반대이다.
4. **힘의 중첩원리:** 여러 힘이 하나의 물체에 작용할 때 여러 힘을 더한 하나의 힘이 그 물체에 작용하는 것과 같다.

이러한 가정들은 간단해 보이지만, 사실은 개념적으로 상당히 고민해야 할 여러 문제들을 안고 있다. 이번 절에서는 이러한 가정들이 무엇을 의미하는지를 간략히 정리하고, 그것들의 이해하기 힘든 측면들을 부각하고자 한다. 이 과정에서 우리는 몇 가지 어려운 질문들을 던질 것인데, 그에 대한 핵심적인 대답은 다음 절에서 제시하고자 한다. 이렇게 질문만 던지고 대답을 미루는 이유가 있다. 바로 뉴턴 역학을 비판적으로 바라보기 위해서이다.

우선 뉴턴의 운동법칙이 운동의 기술에 대한 것인지 아니면 설명에 대한 것인지부터 따져 보자. 이를 위해 다음과 같은 질문을 생각해보자.

질문 1

현상에 대한 기술과 현상이 일어난 이유에 대한 설명을 구분할 때 뉴턴의 1, 2, 3법칙은 실험 결과를 기술하는 데 사용되는가? 아니면 기술된 실험 결과를 설명하는 데 사용되는가?

이러한 질문에 대한 대답을 위해 우주에 있는 탐사선 안의 관찰자가 두 공의 충돌을 관찰하는 상황을 가정하고 논의를 풀어보자. 관찰자의 목격에 의하면 한 공은 정지하여 떠 있고 다른 공이 이동하여 정지한 공을 치고, 그 결과 두 공이 튕겨져서 서로 다른 방향으로 이동하였다고 하자. 이 상황에 대한 면밀한 관찰(혹은 측정)의 결과, 관찰자는 충돌 전과 후에 공이 등속운동을 한다는 것과 충돌 전과 후의 두 공의 총 운동량이 일정하다는 것을 확인하였다. 이러한 운동의 엄밀한 기술에 이용되는 것이 1.3절에서 소개한 운동학 개념들이다. 한편 왜 그러한 운동이 발생하는가, 즉 충돌을 전후하여 왜 공의 운동은 등속운동인가, 충돌 전후에 전체 운동량이 왜 보존되는가라는 질문을 던질 수 있다. 운동 현상에 대한 이러한 질문의 대답을 뉴턴의 운동법칙이 제공한다. 뉴턴의 1법칙은 충돌 전과 충돌 후의 두 물체의 등속운동을 설명한다. 뉴턴의 2법칙, 3법칙은 충돌 전후의 각 공의 운동 변화와 충돌 과정을 거쳐도 두 공으로 이루어진 계의 운동량이 보존된다는 것을 설명한다. 즉 뉴턴의 3법칙에 의해 충돌 과정에서 두 공이 받는 힘은 크기가 같고 방향이 반대이다. 또한 뉴턴의 2법칙에 의해 각각의 힘은 각 공에 같은 크기이지만 방향은 반대인 운동량 변화를 유발한다. 따라서 뉴턴의 2법칙, 3법칙을 가정하면 충돌 전후에 두 공의 전체 운동량이 보존된다는 실험 결과가 설명된다. 이와 같이 뉴턴의 운동법칙을 활용하면 관찰 가능한 운동 현상을 설명할 수 있다.

뉴턴의 운동법칙이 실험 결과를 기술한 것이 아니라고 봐야 하는 중요하고도 간단한 이유가 있다. 그것은 힘이 물체가 가지는 속성에 해당하는 개념이 아니라 물체 사이에 발생하는 상호작용에 해당하는 개념이라는 점이다. 우리가 직접 측정할 수 있는 물리량들은 모두 물체가 가질 수 있는 속성 개념들이다. 반면에 상호작용에 해당하는 물리량들은 직접 측정하여 크기를 결정할 수 없고, 상호작용을 받은 물체 혹은 계의 속성 변화를 측정함으로써 간접적으로만 추정할 수 있다. 그렇다면 구체적으로 어떤 속성들을 측정함으로써 물체에 작용하는 힘의 크기를 결정할 수 있는가?

힘이 가해지는 물체의 질량과 물체가 겪는 가속도(보다 근본적으로는 시간에 따른 위치)를 측정하여 힘의 크기를 추정할 수 있다. 그런데 이와 같은 방식으로 힘의 크기를 결정하는 것은 이미 뉴턴의 2법칙을 인정할 때에만 가능하다. 이런 면에서 뉴턴의 2법칙은 실험 결과에 대한 기술이 아니다. 그보다는 물체가 가속될 때 그에 상응하는 힘을 물체가 받는 것으로 간주하겠다는 가정(약속)을 담고 있는 것이 제2법칙이다. 이와 같이 힘 개념의 본질을 이해하기 위해서는 힘이 속성이 아닌 상호작용에 해당하는 물리량임을 이해하는 것이 매우 중요하다. 상호작용과 속성의 구분과 관련된 추가 활동과 설명을 다음에 소개하였다.

///// ///// /////

상호작용과 속성

다음 물리량을 상호작용에 해당하는 것과 속성에 해당하는 것으로 분류해보자.

질량, 일, 위치, 속도, 힘, 운동량, 전하량, 열, 운동에너지, 퍼텐셜에너지, 충격량

Hint 속성은 한 물체(객체 혹은 계)에 온전히 속하는 것이고, 상호작용은 두 물체 사이에서 발생하는 것으로 한 물체에 속하지 않는다. 해답은 본 절의 말미(28쪽)에서 확인할 수 있다.

///// ///// /////

1) 관성의 법칙

관성의 법칙에 의하면, 어떤 물체에 힘이 작용하지 않으면 이 물체는 등속직선운동을 한다. 이러한 결론은 단순히 자연 현상을 관찰함으로써 얻어지는 것이 아니다. 대신에 물체가 등속운동을 하면 물체에 힘이 가해지지 않는 것으로 생각하겠다는 대담한 가정(약속)이 바로 관성의 법칙이다. 일상의 경험에 의하면 움직이는 물체를 가만히 놔두면 결국 정지한다. 이러한 일상 경험에 대해 힘이 가해지지 않는 상황으로 여기는 것이 일상적인 관념이다. 하지만 뉴턴 역학에서는 운동하던 물체가 정지하는 것은 힘이 물체에 가해지기 때문이라고 본다. 역사적으로 이러한 발상의 전환이 가능하기까지 대략 이천년이 걸렸을 만큼 관성의 법칙은 생각하기 쉽지 않은 것이다.

관성의 법칙이 적용되려면 '물체에 힘이 작용하지 않는다'는 조건이 만족되어야 한다. 그런데 어떤 물체에 힘이 작용하지 않는지를 어떻게 알 수 있는가? 여러분은 이러한 질문에 대해 확신을 갖고 대답할 수 있는가? 그 대답을 더 어렵게 만드는 다음 상황도 생각해보자. 관찰자 A의 입장에서 관찰자 B가 가속운동을 하고 있다. 이때 어떤 물체가 등속직선운동을 하고 있는 것을 A가 보았다. 같은 물체의 운동이 B에게는 가속운동으로 보인다. A가 보기에 물체가 등속도운동을 하므로 힘을 받지 않는 것으로 보인다. B가 보기에 물체는 가속되므로 힘을 받는 것으로 보인다. 물체의 운동이 관찰자에 따라 달라지는데, 과연 물체는 힘을 받고 있을까?

사실 이러한 질문들은 쉽게 답할 수 있는 질문이 아니다. 이러한 질문들에 대해 확신을 가지고 대답을 잘 할 수 있다면, 여러분은 뉴턴 역학에서 개념적으로 가장 어려운 부분(즉, 관성 기준틀 개념)을 이해한 것이다. 그러니 지금 당장 대답할 수 없더라도 낙심하지 말고 다음 절을 읽도록 하자.

2) 뉴턴의 2법칙

뉴턴의 2법칙에 의하면 물체의 운동량의 시간적 변화는 물체에 작용하는 힘에 비례하고 힘이 작용하는 방향으로 일어난다. 제2법칙은 수식으로 정리하는 것이 보다 명쾌하다. 먼저 운동량 $\vec{p}$는 다음과 같이 물체의 질량과 속도의 곱으로 정의된다.

$$\vec{p} = m\vec{v} \tag{1.4.1}$$

이때 물체에 작용하는 힘은 다음과 같이 운동량의 시간변화율과 같다.

$$\vec{F} = \frac{d\vec{p}}{dt} \tag{1.4.2}$$

질량이 변하지 않는다고 가정하면, 다음과 같이 보다 익숙한 형태로 제2법칙을 나타낼 수 있다.

$$\vec{F} = m\frac{d\vec{v}}{dt} = m\vec{a} \tag{1.4.3}$$

한편 식 (1.4.1)에서는 운동량을 단순히 질량과 속도의 곱으로 정의하였다. 운동량은 상대성이론에서는 다음과 같이 수정되어 정의된다.

$$\vec{p} = \frac{m_0\vec{v}}{\sqrt{1 - v^2/c^2}} \tag{1.4.4}$$

여기서 m_0는 물체의 질량이다. 이러한 수정 후에도 운동량과 힘 사이의 관계식 (1.4.2)는 여전히 유효하다. 그렇지만 상대성이론에서 힘, 질량, 가속도 사이의 관계식 (1.4.3)은 더 이상 성립하지 않는다. 상대성이론에서 식 (1.4.3)이 어떻게 변하는지는 연습문제를 통해 확인하자.

관성의 법칙처럼 제2법칙도 관찰 결과로부터 자연스럽게 도출되는 결론이 아니다. 그보다는 어떤 물체가 가속되면 그 물체에 힘이 작용하는 것으로 보겠다는 약속에 가깝다. 일단 물체의 질량을 알고 있다고 가정하면, 제2법칙은 물체에 작용하는 힘과 그 물체의 가속도가 비례한다는 것을 말하고 있다. 이와 같이 뉴턴의 2법칙은 힘의 근원 혹은 발생하는 형식에 대해 전혀 말하고 있지 않으며, 단지 힘이 발생했을 때 그 힘과 운동의 변화 사이의 관계만을 말한다.

이제부터 제2법칙에 대한 여러분의 이해를 검토할 수 있는 질문들을 던지겠다.

질문 2

관찰자 A의 입장에서 관찰자 B가 가속운동을 하고 있다. 이때 어떤 물체가 등속직선운동을 하고 있는 것을 A가 보았다. 같은 물체의 운동이 B에게는 가속운동으로 보인다. A가 보기에 물체는 등속도운동을 하므로 힘을 받지 않는 것으로 보인다. B가 보기에 물체는 가속되고 있으므로 힘을 받는 것으로 보인다. 과연 물체에는 어느 정도의 힘이 작용하고 있을까?

질문 3

제2법칙에 대한 논의에서 우리는 은연중에 질량이 무엇인지 알고 있다고 가정했다. 그런데 질량은 무엇인가? 보다 구체적으로 질량의 크기를 어떻게 측정 혹은 결정할 수 있는가?

이 질문들도 역시 쉽게 답할 수 있는 것들이 아니다. 그러니 이 질문들에 대해 확신을 가지고 대답할 수 없더라도 낙심하지 말고 1.5절을 읽으면서 해결하도록 하자.

3) 작용 반작용 법칙

엄밀히 말하면 뉴턴의 3법칙에는 두 가지 형태가 있다. 첫 번째는 약한 형태의 3법칙이라 불리는 것으로 다음과 같다.

"두 물체가 서로 힘을 미칠 때 두 힘은 크기가 같고 방향은 반대이다."

한편 다른 종류의 3법칙, 즉 강한 형태의 3법칙은 다음과 같이 주장한다.

"두 물체가 서로 힘을 미칠 때 두 힘은 크기가 같고, 방향은 반대이며 두 힘이 동일 선상에 있다."

두 가지 형태의 3법칙의 차이를 [그림 1.4.1]로 표현하였다[10].

여러분 중 상당수가 제3법칙을 일종의 사실, 혹은 실험 결과로 여길 것이다. 그렇지만 제3법칙도 실험 결과라기보다는 실험 결과를 해석하는 과정에서 필요한 일종의 가정에 가

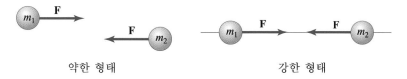

약한 형태   강한 형태

[그림 1.4.1] 뉴턴의 3법칙의 두 형태

---

10) 제3법칙의 두 가지 형태는 매우 다른 결과를 낳는다. 이를테면 강한 형태의 3법칙을 만족하는 물체들의 각운동량은 보존되지만, 약한 형태의 3법칙을 만족하는 물체들의 각운동량은 보존되지 않는다는 것을 쉽게 확인할 수 있을 것이다.

깝다. 또한 제3법칙은 직관과 모순되는 것처럼 보이는 점이 많기 때문에 제3법칙을 초보 학습자가 온전히 받아들이는 것은 쉽지 않을 수 있다. 제3법칙을 이해하려면, 우선 힘이 물체에 내재된 속성이 아니라 물체 사이의 상호작용이라는 것을 정확히 알아야 한다. 이러한 상호작용으로서 힘 개념은 일상적인 힘 개념과 다른 것이다. 한편 힘에 대한 일상적 관념에 의하면 어떤 행위자가 사물에 힘을 가할 수는 있어도 사물이 행위자에게 힘을 가할 수는 없다. 이러한 초보 관념은 제3법칙의 온전한 이해를 가로막을 수 있다. 한편 큰 물체와 작은 물체가 힘을 주고받는 경우에 작은 물체의 속도변화가 큰 물체의 속도변화보다 크게 된다. 이러한 경험에서 큰 물체가 작은 물체에 가하는 힘이 더 크다고 생각하기 쉽다. 이 오해를 극복하려면 힘의 크기가 속도의 변화뿐만 아니라 질량에도 관련되어 있다는 뉴턴의 2법칙을 정확히 이해하고 있어야 한다. 이런 면에서 제3법칙의 온전한 이해를 위해서는 우선 뉴턴의 2법칙을 정확히 이해할 필요가 있다.

제3법칙, 특히 상호작용으로서 힘 개념을 이해할 때 주의할 점 중에 하나는 물체 간의 상호작용이 물체들의 직접적인 접촉을 통해서만 발생하지 않는다는 점이다. 접촉을 통해 발생하는 힘을 접촉력이라 부르며, 마찰력, 수직항력, 장력 등이 접촉력의 사례가 된다. 한편 직접적인 접촉 없이 거리를 두고 떨어져 있는 물체들 사이에 발생하는 힘은 원거리력이라 부른다. 중력, 전자기력 등이 원거리력의 사례이다. 접촉 없이 힘을 주고받을 수 있다는 생각은 옛 과학자들에게 상당히 받아들이기 힘든 것이었다. 일상생활에서의 힘 개념은 접촉을 통해 전달되는 것이기 때문이다.

그런데 뉴턴이 제안한 중력은 원거리력이었고, 뉴턴에 의하면 중력이라는 상호작용은 즉각적인 효과를 유발한다. 그래서 아무리 먼 거리 r만큼 떨어져 있더라도 질량이 m_1, m_2인 두 물체 사이에는 항상 Gm_1m_2/r^2만큼의 중력이 즉각적으로 작용한다. 이러한 뉴턴의 즉각적 원거리력 개념은 오늘날 받아들여지지 않는다. 대신에 원거리의 두 물체가 힘을 주고받을 때에는 힘이 전달되는 속도가 있다는 것이 오늘날의 결론이다.

이러한 힘의 유한한 전달속도라는 아이디어를 발전시키는 과정에서 도입되는 것이 바로 장(field) 개념이다. 장 개념을 받아들이면 원거리의 두 물체는 직접 상호작용하지 않고, 서로 장을 만들어서 상호작용한다. 즉 물체 A와 물체 B는 각자의 주변공간에 각각 중력장을 만들며, 이렇게 장이 형성된 공간에 다른 물체가 놓이면 힘을 받는다는 것이다.

원거리의 물체들이 즉각적인 상호작용을 한다는 뉴턴의 입장과 물체들이 장을 통해 상호작용하며, 그 상호작용이 전파되는 속도가 제한된다는 입장의 차이를 보다 구체적으로 살펴보자. 이해를 돕기 위해 질량 m_A인 한 물체 A에서 거리 d만큼 떨어진 지점에 질량

m_B인 다른 물체 B가 갑자기 생성되는 다소간 인공적인 상황을 가정하자. 이때 물체 B는 이동을 통해 현 위치에 도달한 것이 아니고 아무것도 없던 자리에 갑자기 나타난 것이라고 하자. 이러한 상황에서 물체 B가 나타난 직후에 두 물체가 서로에게 작용하는 중력은 어떻게 되는가? 뉴턴의 입장에 의하면 중력은 즉각적으로 작용하는 원거리력이므로 물체 B가 나타나는 순간부터 두 물체는 $Gm_A m_B/d^2$의 중력을 느껴야 한다. 그런데 이러한 결론에 아무런 의심 없이 쉽게 동의할 수 있는가?

반면에 장을 통한 상호작용이라는 입장에서는 멀리 떨어진 두 물체가 힘을 주고받으려면 힘의 영향이 전달되는 데 시간이 필요하다고 생각한다. 이를테면 앞선 논의처럼 물체 B가 갑자기 나타나는 경우에 B에 의한 중력을 물체 A가 받기 위해서도 어느 정도의 시간이 필요하다. 중력의 영향이 퍼지는 속도는 오늘날 광속도 c와 같다고 알려져 있다. 따라서 물체 B가 갑자기 나타난다면 물체 A는 d/c만큼의 시간이 지난 후에야 물체 B에 의한 중력을 받게 된다.

그렇다면 물체 B는 자신이 나타난 직후에 곧바로 물체 A로부터 중력을 받을 수 있을까? 답은 '그렇다'이다. 물체 A는 처음부터 있었고 이미 주변에는 물체 A에 의한 중력장이 형성되어 있었다. 이와 같이 물체 A에 의한 중력장이 형성된 공간에 물체 B가 나타났으므로, 물체 B는 곧바로 물체 A에 의한 중력을 받게 된다. 반면 물체 B가 만드는 중력장은 물체 B가 나타난 직후에 광속도로 퍼져나가므로 d/c만큼의 시간이 지난 후에야 물체 B에 의한 중력장이 물체 A가 있는 자리에 만들어진다. 그 결과 물체 A는 d/c만큼의 시간이 지난 후에야 물체 B에 의한 중력의 영향을 받게 된다.

놀랍게도 이러한 논의의 결론은 물체 B가 나타난 직후 물체 A와 물체 B가 받는 중력은 뉴턴의 3법칙을 만족하지 않는다는 것이다. 결과적으로 장을 통해 유한한 속도로 전파하는 상호작용 개념을 취하는 것과 뉴턴의 3법칙은 양립 불가능하다. 그런데 힘의 전파속도가 광속도라는 매우 큰 값을 가지기 때문에 힘의 전파속도를 무시하고, 즉각적인 원거리력 개념을 사용하는 것이 대개의 경우 큰 문제가 되지 않는다.

이를테면 행성이 태양 주위를 도는 상황에 대해 중력이 광속도로 전파되는 경우에 행성과 태양이 주고받는 중력의 방향이 뉴턴의 3법칙을 얼마나 위배하는지 살펴보자. 관련된 논의의 복잡성을 줄이기 위해 지금부터는 지구가 공전하는 중에 태양이 움직이지 않는다고 가정하고 논의를 진행하겠다. 이때 지구는 태양을 공전하고 있고, 따라서 지구의 위치는 계속 바뀌고 있다. 이제 [그림 1.4.2]에서 위치 A에 지구가 있을 때 발생하는 중력이 태양에 영향을 끼치는 데 필요한 시간을 Δt라고 해보자. 그 시간 동안 지구는 계속 공전하여

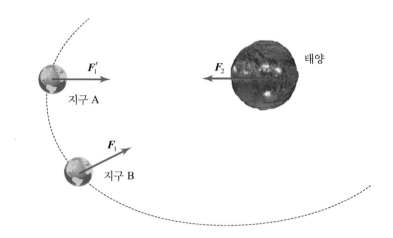

[그림 1.4.2] 힘의 전파속도로 인한 작용 반작용의 어긋남.

이를테면 B의 위치로 이동하게 된다. 그렇다면 지구가 B의 위치에 있을 때 태양은 지구가 A의 위치에 있을 때 발생한 중력의 영향을 받는 셈이다. 따라서 지구가 B의 위치에 있는 순간에 태양이 지구로부터 받는 인력의 방향은 그림에서 F_2의 방향이 된다. 한편 처음부터 태양은 고정되어 있었으므로 지구는 항상 고정된 위치에 있는 태양으로부터 오는 중력을 받는다. 따라서 지구가 B의 위치에 있을 때 태양에 의해 지구가 받는 중력은 그림의 F_1과 같다. 이와 같이 지구가 B의 위치에 있을 때 태양으로부터 받는 중력의 방향과 태양이 지구로부터 받는 중력의 방향이 같을 수가 없으므로 뉴턴의 3법칙은 성립하지 않는다. 두 힘의 방향이 어긋나는 정도는 매우 작은데 구체적인 계산은 다음 예제를 참고하자.

예제 1.4.1

중력의 전달속도 개념을 받아들일 때, 행성과 태양이 받는 중력의 방향이 일치하지 않는 정도가 가장 큰 행성은 무엇이며 방향의 불일치는 어느 정도인가? (단, 행성은 태양 주위를 원운동한다고 가정한다.)

풀이

질량 M인 태양의 중력에 의해 질량 m인 행성이 반지름 R, 각속도 ω로 원운동을 한다면 다음을 만족한다.

$$G\frac{Mm}{R^2} = mR\omega^2 \tag{1}$$

한편 [그림 1.4.2]에서 행성이 위치 A에 있을 때 만들어진 중력장이 태양에 도달하는 데 걸리는 시간은 R/c (c는 광속도)이다. 또 위치 A에 있던 지구가 시간 R/c 후에 위치 B로 이동하는 동안 공전에 의해 지구가 회전한 각도는 다음과 같다.

$$\theta = \omega R/c \tag{2}$$

이 각도의 차이는 그림의 힘 F'_1과 힘 F_1 사이의 방향 차이기도 하다. 두 식 (1), (2)에서 ω를 소거하면 두 힘의 방향 차이 θ가 만족하는 관계는 다음과 같다.

$$\theta = \frac{1}{c}\sqrt{\frac{GM}{R}}$$

결국 행성과 태양의 거리 R이 가까울수록 방향 차이 θ가 크므로, 이러한 차이는 수성에서 가장 크다.

다음 수치를 이용하여 수성에 대해 θ의 크기를 구한 결과는 아래와 같다.

$$G = 6.67 \times 10^{-11}\ \mathrm{N\,m^2/kg^2},\ M = 1.99 \times 10^{30}\ \mathrm{kg}$$

$$R = 5.79 \times 10^{10}\ \mathrm{m},\ c = 3.00 \times 10^8\ \mathrm{m/s}$$

$$\Rightarrow \theta = 1.59 \times 10^{-4}\ \mathrm{rad}$$

중력의 방향과 관련하여 뉴턴의 3법칙의 어긋남이 수성에서 가장 크다는 것은 수성의 궤도운동을 뉴턴 역학이 설명하기 어렵다는 것을 암시한다. 즉 태양계의 여러 행성들의 운동 중에 뉴턴 역학으로 설명하기 힘든 행성이 있다면 그것은 바로 수성이다. 실제로 수성의 공전운동 중 근일점의 세차운동은 뉴턴 역학을 통해서 설명되지 않고 있다. 대신에 힘의 전파속도 개념을 포함하는 일반상대성이론으로 수성의 세차운동을 설명할 수 있다.

이와 같이 힘의 전파속도를 고려할 때 뉴턴의 3법칙은 성립하지 않을 수 있다. 그렇지만 그 효과가 대개는 미미하여 무시할 수 있는 정도이므로, 앞으로의 논의에서 본 교재는 뉴턴의 3법칙, 특히 강한 형태의 3법칙을 일단 공리처럼 받아들이도록 하겠다. 상황이 이렇기 때문에 뉴턴의 3법칙이 옳은지 틀린지를 묻는 것은 다소간 부적절하다. 오히려 뉴턴의 3법칙이 유용한가, 그렇지 않은가를 물어야 하며, 대답은 경험상 유용하다는 것이다.

끝으로 운동량 보존에 대해 간단히 짚고 넘어가는 것으로 제3법칙에 대한 논의를 마치고자 한다. 제3법칙이 성립하지 않는 상황에서 운동량 보존법칙이 성립할까? 얼핏 보면 두 물체가 주고받는 힘의 크기가 같지 않거나 방향이 정반대가 아니라면, 이로 인해 각 물체에 발생하는 운동량의 변화도 크기가 같지 않거나 방향이 정반대가 아니게 된다. 그렇다면 전체 운동량의 합이 보존되지 않는 것처럼 보인다. 이와 같이 운동량을 물체의 속성으로만 여긴다면 운동량도 보존되지 않는다는 결론에 도달한다. 그런데 운동량 보존에 대해서는 이와 같은 파탄에서 빠져 나갈 방법이 있다. 즉 운동량을 장의 속성으로도 보고, 장의 운동량을 정의하여 물체와 장의 전체 운동량의 변화를 살피는 것이다. 이와 같은 방식으로 운동량 보존이라는 원리를 계속하여 가정하는 것이 오늘날의 물리학의 입장이다.

4) 힘의 중첩원리

힘의 중첩원리에 의하면 여러 힘이 하나의 물체에 작용하는 것은 그 물체에 여러 힘을 벡터로 보고 더한 하나의 힘이 작용하는 것과 같다[11]. 이때 여러 힘을 더한 하나의 힘을 합력 또는 알짜힘이라 부른다. 또한 개개의 힘을 합할 때 벡터를 더하는 방식으로 합함으로써 알짜힘을 구한다. 힘의 중첩원리는 측정을 통해 직접 확인할 수 있는 실험 결과가 아니다. 일반적인 의미에서 힘은 직접적인 측정이 불가능한 물리량이기 때문이다. 따라서 중첩원리는 힘과 관련된 모든 상황에서 항상 성립된다고 보는 일종의 공리로 보아야 한다.

상호작용에 해당하는 물리량: 일, 열, 충격량
속성에 해당하는 물리량: 질량, 위치, 속도, 운동량, 전하량, 운동에너지, 퍼텐셜에너지

1.5 ● 실험을 통한 결정: 관성 기준틀

1.4절에서 뉴턴 역학의 기본 가정들에 대해 간단히 정리하였다. 그때 우리는 뉴턴의 1, 2법칙에 관해 몇 가지 질문을 제기한 상태에서 해답의 제시 없이 절을 마무리하였다. 이번 절에서는 그 질문에 대한 대답을 시도하고자 한다. 이러한 질문에 대해 적절하게 답하려면, 단지 이론만을 고려하는 것이 아니라 이론과 실험 모두를 고려하여야 한다. 실험의 기본은 물리량에 대한 정밀한 측정이다. 여러 가지 물리량이 있지만 가장 으뜸이 되는 중요한 물리량은 길이, 시간, 질량이다. 이들 세 기본 물리량을 정밀하게 측정하려는 노력이 계속 되어 왔다. 그중에서 우리는 특히 질량을 측정하는 방법을 상세히 논의할 것이다. 이를 위한 기초 작업으로 관성 기준틀을 도입하고, 그 관성 기준틀의 유무를 결정하는 방법을 논의하면서 1.4절에서 제기했던 질문에 대해서도 답하고자 한다.

---

11) 중첩원리는 역학에서 매우 근본적인 가정임에도 불구하고 역학을 처음 배울 때에는 뉴턴의 1, 2, 3법칙만큼 강조되지 못하고 있는 것 같다. 어떤 경우에는 역학의 근본을 이루는 기본 가정들로 뉴턴의 1, 2, 3법칙만 명시적으로 소개되고 중첩원리는 암묵적으로 소개되기도 한다. 이러한 상황에 대해 문제의식을 느끼기 때문에 본 교재에서는 중첩의 원리를 뉴턴의 1, 2, 3법칙과 함께 역학의 기본 가정이라고 소개한다.

1) 물리량의 측정과 단위계

국제협약에 의해 길이, 질량, 시간, 전류, 온도, 물질의 양, 광도를 측정하는 표준이 지정되어 있다. 이들 표준에서는 정해진 기준 단위와 비교하여 각 물리량이 어느 정도 크기를 갖는지를 나타낼 수 있다. 이를테면 SI 단위계에서는 [m], [kg], [s]가 각각 길이, 질량, 시간의 기본 단위가 된다. 이것들을 포함한 7가지 물리량의 기본 단위는 [표 1.5.1]과 같다.

이들 7가지 물리량 중에서 길이와 시간 그리고 질량은 역학에서 매우 특별한 물리량이다. 이 중 길이와 시간의 측정을 먼저 고려해보자. 측정이란 측정하고자 하는 성질에 수를 부여하는 행위이다. 이를테면 어떤 사람의 키가 177 cm라 할 때 그 사람의 키에 '177 cm'라는 수가 부여된다. 여러분은 초등학교 때 이미 자를 이용한 길이의 측정을 배웠다. 이제 자를 이용한 길이 측정에서 길이에 수가 부여되는 과정을 분석해보자. 이를테면 30 cm 자는 보통 1 mm를 기본 눈금으로 한다. 또 자로 길이를 잰다는 것은 길이가 기본 눈금으로 몇 눈금인지를 결정하는 것이다. 즉, 1.5 cm의 길이는 1 mm 눈금으로 15칸에 해당하는 길이이다. 다시 말해서 길이를 측정하는 것은 기본 눈금으로 몇 개에 해당하는지를 세는 것이다. 그렇다면 좋은 측정을 위해 자는 어떤 성질을 만족해야 할까? 첫째로 기본 눈금이 작을수록 정밀한 측정이 가능하다. 둘째로 각각의 눈금이 되도록 일정해야 눈금을 세는 것

[표 1.5.1] 주요 물리량들의 기본 단위

물리량	기본 단위	기본 단위의 규정
길이(Length)	m	1 m: 빛이 진공 속에서 1/299792458초 동안 진행한 거리
질량(Mass)	Kg	1 Kg: 백금-이리듐 합금으로 만든 실린더의 질량으로 정의
시간(Time)	s	1 s: 원자번호 133번인 Cs 원자로부터 방사되는 빛이 9192631770회 진동할 때 걸리는 시간
전류 (Electric current)	A	1 A: 두 직선 도선이 진공에서 1 m 떨어져 있을 때 단위 길이(1 m)당 받는 자기력의 세기가 $2 \times 10^{-7}\,kg \cdot m/s^2$일 때의 전류의 크기
온도 (Temperature)	K	1 K: 물의 삼중점의 열역학적 온도의 1/273.16 크기
물질의 양 (Amount of substance)	mol	1 mol: 0.012 kg 만큼의 $^{12}_{6}C$ (탄소 12)에 해당하는 양
광도 (Luminous intensity)	cd	1 cd: 백금이 녹는점에서 $1\,cm^2$당 흑체가 내는 광도의 1/60

이 중요한 의미를 갖게 된다[12]).

그러면 어떤 방식의 자가 이러한 조건을 만족할까? 이 두 조건을 만족하는 것이 단색광이다. 이때 단색광의 한 파장이 자의 기본 눈금에 대응된다. 오늘날에는 광속도가 항상 일정하다는 것이 알려져 있고 광속도가 매우 정밀하게 측정되었다. 또한 거리측정보다 시간측정의 정밀도가 더 높다. 그 결과로 광속도를 이용하여 거리를 측정하는 기본 단위를 결정하였다. 결과적으로 1 m는 빛이 진공 중에서 1/299,792,458초 동안 진행한 거리로 정의한다.

시간을 정밀하게 측정하는 방식은 원리적으로 길이를 정밀하게 측정하는 방식과 같다. 즉, 어떤 주기적인 사건이 있으면 그 사건을 이용하여 기본 시간을 정해줄 수 있다. 이때 주기가 짧으며 사건이 반복되는 주기가 일정할수록 정밀한 시간측정이 가능하다. 갈릴레이에 의한 진자의 등시성의 발견은 바로 시간을 측정하는 방법을 제시하는 사건을 찾았다는 점에서 매우 중요한 사건이었다. 거리와 마찬가지로 단색광의 진동수는 시간을 측정하는 좋은 기본 눈금이 된다.

지금까지 우리는 길이와 시간을 측정하는 방법에 대해 논의하였다. 이들의 측정에는 1.4절에서 소개한 뉴턴 역학의 기본 원리들이 사용되지 않았다. 반면에 질량을 측정하는 방법은 뉴턴 역학의 기본 원리들을 적용한다. 이를 자세히 논하기 전에 먼저 관성 기준틀의 개념을 도입할 필요가 있다.

2) 관성 기준틀의 판별

1.4절에서 여러분을 가장 당황시키는 질문은 운동의 상대성에 관련된 질문들이었을 것이다. 관성의 법칙과 관련하여 다음의 질문을 다시 상기해보자.

> **질문 4**
>
> 관찰자 A의 입장에서 관찰자 B가 가속운동을 하고 있다. 이때 어떤 물체가 등속직선운동을 하고 있는 것을 A가 보았다. 같은 물체의 운동이 B에게는 가속운동으로 보인다. A가 보기에 물체는 등속도운동을 하므로 힘을 받지 않는 것으로 보인다. B가 보기에 물체는 가속되고 있으므로 힘을 받는 것으로 보인다. 과연 물체에는 얼마만큼의 힘이 작용하고 있을까?

---

12) 좋은 자의 요건으로 자의 눈금이 온도변화나 시간변화에 무관해야 한다는 식의 부가 조건도 필요하지만 일단 무시하자.

이 질문을 보면 서로 가속운동을 하는 두 관찰자에게 물체가 받는 힘이 다르게 보인다는 것을 알 수 있다. 그렇다면 뉴턴의 법칙들을 어떻게 믿고 사용할 수 있을까? 이러한 어려움을 극복하기 위해서는 관성 기준틀이라는 개념을 이해할 필요가 있다. 관성 기준틀의 개념적 정의는 다음과 같다.

"힘을 받지 않는 물체가 어떤 좌표계에서 볼 때 등속운동을 한다면 그 좌표계는 관성 기준틀이다."

이러한 정의를 고려할 때, 뉴턴의 1, 2, 3법칙은 엄밀히 말해서 관성 기준틀에서 적용해야 하는 가정들이다. 그런데 이러한 정의만으로 관성 기준틀이 무엇인지 온전히 이해되는 것은 아니다. 이를테면 다음 질문을 생각해보자.

"실험에서 우리가 설정한 어떤 좌표계가 관성 기준틀인지 어떻게 판단하는가?"

관성 기준틀에 대한 앞선 정의는 이 질문에 대해 대답을 제공하는가?

'그렇다'고 생각한다면 착각이다. 우리가 고려하는 좌표계에서 물체가 등속운동을 하는지는 측정을 통해 쉽게 판단할 수 있다. 하지만 물체가 힘을 받고 있는지를 판단하는 것은 어렵다. 혹시 제2법칙을 이용하여 힘을 측정할 수 있다고 생각할지 모르겠다. 하지만 운동의 상대성으로 인해 어떤 좌표계에서 가속되는 물체가 다른 좌표계에서는 등속운동을 할 수 있다. 물체의 운동에서 가속도를 측정하여 힘을 추론하는 식으로 힘의 크기를 정한다면, 힘의 크기는 우리가 어떤 좌표계를 선택하는지에 따라 다르게 된다.

뉴턴 역학의 기본 원리들, 즉 운동학, 뉴턴의 1, 2, 3법칙, 힘의 중첩원리만으로 우리가 설정한 좌표계가 관성 기준틀인지를 확실하게 판단할 수는 없다. 관성 기준틀의 판별을 위해서는 다음과 같은 추가적인 직관이 필요하다. 이를테면 우리는 운동하는 물체 A와 매우 멀리 떨어져 있는 물체들은 물체 A에 거의 힘을 미치지 않는다는 직관을 당연한 것으로 여기고 있다. 이 직관과 뉴턴 역학의 기본 가정들을 실제 상황에 함께 적용함으로써 우리는 관성 기준틀을 설정할 수 있다. 이것을 구체적으로 보기 위해 다른 모든 물체와 매우 멀리 떨어져 있는 하나의 물체 A를 생각해보자. 이때 우리는 다른 모든 물체들이 너무도 멀리 떨어져 있다는 것을 염두에 두고, 이 물체 A가 힘을 받지 않는다고 판단하는 추측을 시도할 수 있다. 정확히 말하면 다른 물체들이 물체 A에 가하는 힘이 너무 작아서 무시하는 것으로 판단할 수 있다. 이때 우리가 어떤 원점을 잡아서 기준틀을 잡고, 그 기준틀에 대해서 물체 A가 등속운동을 한다면 우리가 잡은 기준틀을 관성 기준틀이라고 판단내릴 수 있다. 왜냐하면 물체 A 주변의 공간배치로부터 우리는 이 물체가 힘을 받지 않는다고 판단했기 때문이다. 이러한 방식으로 관성 기준틀을 정해 뉴턴의 역학 체계를 적용하여 운동을 이해하려는 시도가 성공한다면, 그 기준틀을 계속해서 관성 기준틀로 여겨도 무방할 것이다. 만일 기준틀에서 뉴턴 역학의 기본 가정을 어기는 것처럼 보이는 운동이 관측될 때에는 다른 관성 기준틀을 찾아야 한다.

이제 여러분이 물체의 운동을 탐구하는 연구자라고 가정하자. 이를테면 여러분이 어떤 우주선 방 안에 있고, 그 방의 한 꼭짓점을 원점으로 설정하고 세 모서리를 각각 x, y, z축으로 설정하였다고 하자. 이 좌표계에서 어떤 물체가 등속직선운동을 하고 있다. 여러분은 연구자로서 이 물체가 힘을 받고 있지 않다고 판단할 수 있을까? 이 질문에 대해 뉴턴의 역학 체계가 이론적으로 확실하게 대답할 수 있는 것은 없다. 다만 물체에 가해지는 힘이 물체 간의 상호작용이라는 가정을 받아들이는 것은 가능하다. 물체가 다른 물체와 상호작용하지 않으면서 등속운동을 한다면 이때 설정한 좌표계를 관성 기준틀이라고 판단할 수 있다. 그러나 당신이 어떤 물체가 등속으로 운동하는 것을 보았음에도 불구하고 유효한 상호작용을 하고 있다고 판단되면, 당신이 설정한 좌표계는 관성 기준틀이 아니라고 결론내릴 수 있다. 이러한 판단에 대해 그 자체로 옳고 그름을 논할 수 없다. 다만 일단 당신이 설정한 좌표계가 관성 기준틀이라고 판단하면 그로부터 뉴턴의 역학 체계를 이용하여 운동에 대한 탐구를 수행할 수 있다. 이러한 시도가 성공적이면 설정한 좌표계가 관성 기준틀이라는 당신의 판단이 성공한 셈이다. 만일 충분히 만족스럽지 않다면, 당신은 다른 좌표계를 관성 기준틀로 설정하여 운동에 대한 탐구를 다시 진행할 수 있다.

일단 물체가 등속운동을 하는 것으로 관찰되었다면 이제 여러분이 결정해야 하는 것은 물체가 과연 힘을 받고 있는지에 대한 것이다. 당신이 주변 정황을 모두 고려하여 물체가 힘을 받지 않는 상황이라고 판단한다면, 당신의 좌표계에서는 힘을 받지 않는 좌표계가 등속운동을 하고 있는 것이다. 이와 같이 주변의 배치로 볼 때 힘을 받지 않는다고 판단되는 물체가 어떤 좌표계에서 등속운동을 하고 있다면 당신은 그 좌표계를 관성 기준틀로 판단할 수 있다. 그렇지만 이러한 판단은 뉴턴 역학을 적용하는 탐구의 출발점이 되는 것이며, 확고한 기준에 근거한 최종적인 판단은 아니다.

행성탐사를 위한 위성을 쏘아 올릴 때에는 항성좌표계라 불리는 관성 기준틀이 사용될 수 있다. 이것은 태양의 중심에 원점을 두고 태양계 외부의 두 항성을 고정점으로 놓음으로써 결정되는 좌표계이다. 이러한 좌표계가 관성 기준틀이라는 것이 처음부터 명백하다는 것이 아니다. 사실 태양은 은하의 중심을 기준으로 회전하는 하나의 항성에 불과하다. 따라서 더 완벽한 관성 기준틀을 잡기 위해서는 은하의 중심을 원점으로 놓아야 할지도 모른다. 그렇지만 굳이 그럴 필요가 없다. 항성좌표계를 관성 기준틀이라 가정하고, 이를 토대로 뉴턴 역학을 관련된 운동에 적용하면 충분한 것이다. 오히려 우리는 항성좌표계뿐만 아니라 지표면에서 임의의 점을 기준으로 세 축을 고정한 지표좌표계도 관성 기준틀로 놓는 근사를 활용한다. 물리학은 상황에 맞는 근사 없이 성립할 수 없는 학문이므로, 이러한 지표좌표계가 항성좌표계의 입장에서 볼 때 가속운동을 한다는 점에서 관성 기준틀일 수 없다는 것은 문제가 되지 않는다.

예제 1.5.1

항성좌표계의 입장에서 볼 때 지표좌표계를 관성 기준틀로 보고 자유낙하운동을 다루는 근사의 타당성을 검토하시오.

풀이

지표면의 한 점을 원점으로 잡을 때 이 원점이 항성좌표계의 원점인 태양을 기준으로 얼마나 가속되는지를 계산해보겠다. 반지름 R, 주기 T인 원운동에 의한 원주상의 한 점의 가속도는 다음과 같다.

$$a = \frac{4\pi^2 R}{T^2}$$

자전의 경우 $R = 6.4 \times 10^3$ km라 놓고, 자전주기를 하루라 놓으면 아래와 같고,

$$a = 3.3 \times 10^{-2} \text{ m/s}^2$$

공전의 경우 $R = 1.5 \times 10^8$ km, 공전주기를 1년이라고 놓으면 다음과 같다.

$$a = 5.9 \times 10^{-3} \text{ m/s}^2$$

따라서 지표좌표계를 관성 기준틀로 놓을 때 공전보다는 자전이 문제가 된다. 자유낙하의 가속도는 $9.8 \text{ m/s}^2 \gg 3.3 \times 10^{-2} \text{ m/s}^2$를 만족하므로 자유낙하 운동의 경우 지표좌표계를 관성 기준틀로 놓는 근사가 큰 문제가 되지 않는다. 다만 엄격한 정밀성을 요구하는 상황이라면 이러한 근사가 문제가 될 수 있다.

비슷한 방식으로 은하의 중심을 기준으로 하는 대신 태양을 기준으로 하는 좌표계를 사용하는 것이 얼마나 좋은 근사인지를 계산할 수 있다. 오늘날 알려진 태양의 공전 속력과 은하의 중심과 태양 사이의 거리를 이용하여, 태양의 구심가속도를 추정한 결과는 $a = 1.5 \times 10^{-11} \text{ m/s}^2$이다. 이 값은 매우 작으므로 항성좌표계 대신 은하의 중심을 기준으로 하는 좌표계를 관성 기준틀로 선정할 이유가 사실상 없다.

3) 질량의 측정

역학을 처음 배울 때, 그리고 앞 절의 논의에서 우리는 마치 질량을 이미 알고 있는 것으로 가정하였다. 그렇다면 질량은 무엇일까? 이러한 질문을 받으면 직관적으로 물질의 양이 질량이라고 답하기 쉽다. 그런데 이 대답은 상당히 모호하다. 이런 경우에 물리 개념을 보다 명확히 이해하는 하나의 좋은 방법은 다음과 같이 질문을 바꾸어 보는 것이다.

> 질량을 어떻게 측정하는가?[13]

이미 우리는 앞의 논의에서 길이와 시간을 어떻게 측정하는지를 논의하였다. 이때 측정이라는 것은 기준 눈금을 정하고, 그 눈금의 몇 배인지를 결정하는 것이었다. 질량도 마찬가지이다. 기준 질량을 정하고 다른 질량이 그 기준 질량의 몇 배인지를 결정할 수 있으면 질량을 측정한 것이다. 그러면 어떤 물체의 질량이 기준 질량의 몇 배인지를 어떻게 결정할 수 있을까? 바로 뉴턴의 운동법칙을 이용함으로써 어떤 물체가 기준 질량의 몇 배인지를 결정할 수 있다. 다시 말해서 질량을 측정하는 방법을 뉴턴의 운동법칙이 제공한다.

이제 기준 질량(m_1)을 가진 물체와 질량(m_2)을 모르는 다른 물체를 상호작용시키는 상황을 생각하자. 다른 물체들은 이 두 물체와 워낙 멀리 떨어져 있어서 이 두 물체의 운동에 영향을 주지 못한다고 가정하자[14]. 두 물체가 상호작용을 한 후에 각각의 물체의 순간 가속도를 측정한다. 뉴턴의 3법칙에 의하면 상호작용 중에 두 물체에 작용하는 힘은 같은 크기이고 방향은 반대이다. 또한 제2법칙에 의하면 각 물체의 속도변화는 각 물체의 질량에 반비례한다. 이를 이용하면 다음이 성립해야 한다.

$$\frac{m_1}{m_2} = \left| \frac{\ddot{x}_2}{\ddot{x}_1} \right| \tag{1.5.1}$$

즉 상호작용 중의 두 물체의 가속도(혹은 속도변화)의 비를 비교하여 한 물체의 질량이 기준 질량의 몇 배인지 결정할 수 있다. 그런데 이러한 질량 측정이 의미를 지니려면 이 방법으로 질량을 측정한 결과가 일관성이 있어야 한다. 즉 두 물체의 상호작용의 크기를 바꾸어서 측정하여도 가속도의 비가 일정하여야 한다. 질량에 대한 우리의 정의는 이러한

---

13) 물리량이 무엇인가라는 질문에서 물리량을 어떻게 측정하는가라는 질문으로의 전환은 때때로 매우 유익하다. 이러한 전환은 그 물리량에 대한 개념적 이해를 풍부하게 해주고, 문제의 초점을 명확하게 해준다. 상대성이론을 잉태한 발상의 전환 중 하나는 시간이 무엇이냐 대신에 시간을 어떻게 측정하느냐를 물은 것이다.

14) 이러한 가정이 얼마나 현실성 있는지는 일단 생각하지 말자. 지금은 뉴턴의 법칙들을 이용하여 원칙적으로 질량을 어떻게 결정할 수 있는지에 집중하자.

안정성이라는 요건을 만족하는 것이라고 경험적으로 밝혀졌다. 그 결과 질량을 물질이 갖는 속성으로 생각할 수 있다.

이렇게 질량을 측정하는 방법을 결정하면서 우리는 질량에 대한 어떤 관념(혹은 개념)을 갖게 된다. 우리의 측정에서 질량이 클수록 가속도가 작다. 즉 같은 외력이 작용할 때 질량이 큰 물체의 가속이 적다. 이런 면에서 질량은 속도의 변화에 저항하는 성질이라고 생각할 수 있다. 이처럼 뉴턴의 법칙을 이용하여 측정하는 질량을 관성 질량이라고 부른다.

일단 이렇게 물체가 갖는 질량값이 결정되면 $\vec{F} = m\vec{a}$에 의해 물체가 받는 힘도 결정된다. 거리와 시간의 측정방법은 앞서 보았듯이 뉴턴의 법칙과 무관하다. 이들 측정으로부터 물체의 가속도를 결정할 수 있다. 그리고 제2법칙에 의해 힘은 질량과 가속도의 곱으로 결정된다. 즉 제2법칙에 의해 물체가 받는 힘의 크기가 정해진다. 따라서 뉴턴의 법칙은 질량뿐만 아니라 힘의 크기와 방향을 결정하는 방법도 제공한다.

질량과 힘의 크기를 결정하는 방법에 대한 지금의 논의에 만족하는가? 무언가 이상한 생각이 들지 않는가? 어쩌면 무언가 이상하다는 생각이 드는 것이 당연하다. 질량과 힘에 대한 지금의 논의는 사실 그동안 막연히 배웠던 것을 뒤집는 것이기 때문이다. 뉴턴의 2법칙의 보다 익숙한 표현인 $\vec{F} = m\vec{a}$을 생각해보자. 당신이 이 식으로부터 처음 뉴턴의 법칙을 배울 때 질량을 이미 알고 있는 것으로 가정하였다. 그리고 힘도 측정할 수 있는 것으로 가정하였다. 이와 같이 가정하면 다음과 같은 질문이 가능하다. 뉴턴의 법칙의 도움 없이 질량과 힘이 갖는 값을 어떻게 알 수 있는가? 지금 우리의 논의는 뉴턴의 법칙으로 질량을 결정할 수 있고, 이에 따라 물체에 작용하는 힘도 결정할 수 있다는 것이다.

만일 질량과 힘을 뉴턴의 법칙과 무관하게 결정할 수 있는 방법이 존재한다고 하더라도 그 방법은 뉴턴의 법칙이 아닌 어떤 다른 이론적 가정을 포함할 것이다. 이와 같이 추가적인 가정을 통해 질량과 힘의 크기를 결정한다면, 역학 체계는 뉴턴의 법칙과 힘과 질량을 결정할 수 있는 다른 추가적인 가정으로 이루어지게 된다. 이와 같이 역학 이론을 만들 수도 있지만, 결국 이렇게 구성된 역학 이론의 추가적 가정은 군더더기일 수 있다. 대신에 우리는 뉴턴의 법칙으로부터 질량과 힘의 값이 결정되도록 질량과 힘을 정의함으로써 추가적인 가정을 사용하지 않는 선택을 할 수 있다. 더 적은 원리나 가정으로 설명하는 것은 과학의 주요 목표이기도 하므로, 뉴턴의 법칙을 이용한 질량과 힘의 측정은 우리에게 매력적으로 다가온다. 그런데 이렇게 질량과 힘을 정의하면 뉴턴의 법칙의 의미에 대해 새로이 생각할 필요가 있다. 질량과 힘을 이미 알고 있는 것으로 가정하였을 때 뉴턴의 법칙은 경험에 대한 일반화를 통해 얻어지는 법칙처럼 생각되었다. 그런데 이제는 질량과 힘을 뉴턴의 법칙을 통해 수량화하였으므로, 뉴턴의 법칙은 경험에 대한 일반화라기보다는 운동을 이해하는 하나의 원리(수학으로 치자면 공리)로 구성된 것에 가깝다.

질량과 힘을 측정하는 방법에 대한 지금의 논의를 보고 어쩌면 왜 이리 복잡한가라는 생각을 가질지도 모르겠다. 이러한 논의가 쉬운 것은 아니다. 심지어 뉴턴도 자신이 제안한 법칙들과 별개로 질량을 정의하려고 하였다[15]. 그러므로 한 번에 이해되지 않는다고 너무 좌절할 필요는 없다. 지금 우리가 논의하는 문제는 인류 역사상 가장 위대한 과학자도 방향을 못 잡았던 만큼 개념적으로 매우 섬세한 취급을 요하는 문제이다.

앞에서 소개한 식 (1.5.1)을 통한 관성 질량의 측정방법은 다소간 비현실적인 면이 없지 않다. 사실상 외부의 작용을 무시하면서 두 물체만 상호작용하는 상황을 높은 정밀도로 구현하는 것이 쉽지 않기 때문이다. 그 결과 현실에서 질량을 측정할 때 이 방법을 쓰지 않는다. 대신에 여러분에게도 아주 익숙한 방법인 천칭을 사용하여 질량을 측정한다. 이 경우에 [그림 1.5.1]처럼 기준 질량(m_1)을 사용하여 질량(m_2)을 모르는 물체가 기준 질량의 몇 배인지를 결정하는 방식으로 물체에 질량을 부여한다. 이를테면 천칭의 축으로부터 기준 질량인 물체가 x_1만큼 떨어져 있고, 질량을 모르는 물체가 x_2만큼 떨어져 있는 상태로 평형을 유지하고 있다면 다음과 같이 x_1과 x_2의 비를 이용하여 질량 m_2를 결정할 수 있다.

$$\frac{m_1}{m_2} = \frac{x_2}{x_1} \tag{1.5.2}$$

이러한 방식으로 결정하는 질량은 x_1과 x_2의 크기에는 무관하고 둘의 비에만 관련된다는 것을 경험적으로 확인할 수 있다. 따라서 매우 안정된 방식으로 질량을 측정할 수 있고,

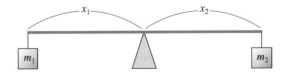

[그림 1.5.1] 중력 질량 측정의 방법

---

15) 뉴턴은 질량을 밀도와 부피의 곱으로 정의하였다. 그런데 밀도는 질량과 부피가 정의된 후에 유도되는 개념이라고 보는 것이 자연스럽다. 이러한 뉴턴의 시도를 혹독하게 비판하면서 마흐(Mach)가 질량을 측정하는 대안을 제시하였다. 우리의 논의는 마흐의 방법을 재구성한 것이다.

그 결과 질량은 물체가 갖는 값이 된다. 이러한 질량측정법은 다음과 같이 질량이 각각 m, M인 두 물체 사이의 인력이 다음과 같다고 가정하는 중력의 법칙을 이용하는 것이다.

$$G\frac{mM}{r^2} \tag{1.5.3}$$

이렇게 중력의 법칙을 의심 없이 받아들이고 그것을 이용하여 측정하는 질량을 중력 질량이라 부른다.

이러한 논의에서 질량, 즉 중력 질량은 힘의 원천이 된다. 그런데 앞선 논의에서 관성 질량은 힘에 저항하는 성질로 개념화될 수 있었다. 결과적으로 우리는 질량에 대한 두 가지 개념을 갖게 된 셈이다. 그런데 이론적으로 보면 중력 질량과 관성 질량이 반드시 같을 필요가 없다. 이를테면 어떤 기준 물체를 생각해보자. 이 물체에 대해 관성 질량과 중력 질량으로 모두 m_1이라는 기준을 부과하자. 이제 다른 물체의 관성 질량과 중력 질량을 별도의 방법으로 측정하여 그 결과를 각각 m_2^i, m_2^g라고 하면 두 값이 일치해야 할 아무런 이론적 근거가 없다. 관성 질량은 뉴턴의 1, 2, 3법칙에 근거하여 측정된 질량이고 중력 질량은 중력법칙이라는 다른 근거에 의하여 측정된 질량이기 때문이다. 그런데 실제로 실험을 통해 경험적으로 $m_2^i = m_2^g$임을 확인할 수 있는데, 이를 질량의 등가성이라 말한다. 이러한 등가성으로 인해 우리는 중력 질량과 관성 질량을 일일이 구별할 필요 없이 그냥 질량이라는 말을 쓸 수 있다. 그리고 우리는 질량에 대해 두 가지 개념, 즉 힘의 작용에 대해 저항하는 의미의 질량과 중력의 원천이 되는 질량을 동시에 갖게 된 것이다. 이러한 관성 질량과 중력 질량의 등가성을 처음 실험으로 검증한 사람은 바로 뉴턴이었다. 그는 길이가 같고 추의 질량이 다른 진자의 주기를 측정하여 질량과 주기가 무관하다는 것을 실험적으로 확인함으로써 두 질량의 등가성을 실험으로 입증하였다. 오늘날 보다 정밀한 실험 설계를 통해 두 질량의 등가성을 조사한 결과에 따르면, 두 질량은 10^{-12} kg정도의 범위에서 일치한다. 뉴턴 역학에서는 두 질량의 등가성이 일종의 우연이고 경험을 통해 검증할 수 있는 것이다. 반면 두 질량의 등가성은 일반상대성이론에서는 중요한 가정이 된다. 이러한 등가성에 기초하여 아인슈타인은 가속되는 좌표계에서의 자연법칙은 중력장 안에서의 법칙과 동일해야 한다는 것을 생각해냈는데, 이 착상이 일반상대성이론의 기초가 되었다.

예제 1.5.2

진공 중에서 자유낙하 실험을 하면 가속도는 질량과 무관하다. 이 결과를 통해 관성 질량과 중력 질량의 등가성을 도출하시오.

풀이

지상에 있는 물체에 작용하는 중력은 다음과 같다.

$$F = G\frac{Mm_g}{R^2}$$

여기서 M은 지구 질량, R은 지구 반지름, G는 만유인력 상수, m_g는 낙하하는 물체의 중력 질량이다. 이 물체가 진공상태의 관에서 지상으로 자유낙하 하는 상황에서 그 가속도 g를 측정하였다면 뉴턴의 2법칙에 의해 다음이 성립한다.

$$F = m_i\,g$$

이때 m_i는 관성 질량, g는 측정된 중력가속도이다.

진공 중에서의 자유낙하 상황에서는 물체에 가해지는 힘이 중력 밖에 없다고 보면 다음이 성립해야 한다.

$$G\frac{Mm_g}{R^2} = m_i g$$

이 결과를 정리하면 다음과 같다.

$$\frac{m_g}{m_i} = \frac{gR^2}{GM}$$

따라서 질량이 다른 여러 물체가 자유낙하할 때의 중력가속도를 구함으로써 두 질량의 등가성을 확인할 수 있다. 여러 물체에 대해 중력가속도가 일정하다는 것은 곧 중력 질량 m_g와 관성 질량 m_i의 비가 일정하다는 것을 의미한다. 기준 물체에 대해 두 질량이 같다고 정의하면, 결국 두 질량이 모든 물체에 대해 같다는 결과가 나온다. 이렇게 자유낙하 상황은 두 질량의 등가성을 보여주는 것으로 해석할 수 있다.

1.6 ● 뉴턴 역학으로 운동 현상 설명하기

과학 지식은 오랜 시간에 걸친 탐구의 결과물이다. 과학 지식은 그 지식이 설명하고자 하는 대상에 대한 인간의 이해를 반영하고 있다. 지금 통용되는 과학 지식이 아무리 그럴 싸해 보여도 그것은 완벽하고 절대적 진리로 인간에게 주어진 것이 아니라 인간의 탐구의 산물인 것이다. 뉴턴이 제시한 역학 체계도 탐구의 산물이라는 점은 아무리 강조해도 지나 치지 않다. 물론 뉴턴의 체계는 뉴턴 이전의 역학에 대한 사고 체계를 압도하는 장점을 갖고 있다. 하지만 장점을 갖는다는 것이 곧 아무런 비판 없이 당연히 받아들일 만하다는 것은 아니다. 우리가 관심을 가지는 실세계의 현상을 설명하는 능력에서 (역사적으로 말하면, 천문학 현상을 설명하고 예측하는 능력에서) 뉴턴의 역학은 그 이전의 역학 체계를 압도한다. 하지만 뉴턴 역학은 탐구의 결과이고, 그것의 장단점을 조사해보기 전에 뉴턴의 체계를 당연하게 받아들이는 것은 뉴턴 역학(나아가서는 과학)을 이해하는 태도가 아니다.

우리는 앞에서 운동학(kinematics), 뉴턴의 1, 2, 3법칙, 힘의 중첩원리 등 뉴턴의 역학 체계의 기본 원리들에 대해 논의했었다. 이러한 원리들이 얼마나 타당한지는 그 원리들을 실제의 운동에 적용해 봄으로써 판단할 수 있다. 이 원리들을 바탕으로 실제의 운동을 설명하고 이해하려는 시도가 바로 뉴턴이 제시한 연구프로그램이다[16]. 이러한 시도의 결과로 여러 가지 실제 상황에서 운동을 성공적으로 설명, 예측할 수 있다면 연구프로그램이 성공한 것이다. 이러한 연구의 과정에서 운동을 예측하는 방법에 대한 보다 자세한 설명은 2장에서 다루었다. 본 절에서는 그 전에 탐구에 대해 기본적으로 알아야 하는 것들, 특히 현상(혹은 실험 결과)의 기술과 이들을 설명하는 이론에 대한 구분을 보다 더 논하고자 한다.

모든 과학의 분야는 그 분야에서 관심을 갖는 특정한 현상(phenomena), 관측 결과 혹은 실험 결과를 갖는다. 물리학에서 관심을 갖는 현상 혹은 실험 결과는 대개 관찰 가능한 여러 변인들 사이의 관계로 기술된다. 이를테면 단진자의 경우 진자의 진폭, 실의 길이, 진자의 주기라는 관측 가능한 세 변인 사이의 관계를 실험적으로 구할 수 있다. 진폭이 작은 경우라면 측정된 주기 T는 다음과 같이 진폭에는 무관하고 실의 길이 l, 중력가속도 g에만 관련되는 실험 결과를 얻게 된다.

---

16) 연구프로그램이란 말은 과학철학자 라카토스(Lakatos)가 처음 사용하였으며, 뉴턴이 직접 사용한 말은 아니다. 라카토스는 과학 지식을 핵과 보호대로 구분하는데, 그가 규정한 핵에 포함되는 것이 바로 뉴턴 역학의 기본 원리들이다.

$$T = 2\pi \sqrt{\frac{l}{g}} \qquad\qquad (1.6.1)$$

왜 혹은 어떻게 진폭과 주기는 무관한가? 왜 주기는 실의 길이의 제곱근에 비례하는가? 이러한 질문에 대답하는 이론이 바로 뉴턴 역학이다. 이론의 일차적인 목적은 관찰된 현상, 실험 결과를 설명하는 것이다. 이러한 설명 과정에서 이론은 종종 직접적인 관찰이 불가능한 개념들을 도입하게 된다. 중력과 같은 힘이 이러한 직접적인 측정이 불가능한 개념의 예이다[17].

모든 물리 이론은 그 이론의 뼈대가 되는 기본적인 가정들을 가지고 있다. 이러한 가정들은 수학으로 치면 공리와 같은 것이다. 운동학(kinematics), 뉴턴의 1, 2, 3법칙, 힘의 중첩원리 등이 뉴턴 역학을 구성하는 기본적인 이론적 가정이다. 이들은 현상에 대한 면밀한 고려의 결과로 추상되었다. 현상으로부터 이들을 추상하는 것은 자명한 것과는 거리가 멀다. 그보다는 기본 가정들은 현상을 기반으로 하였지만 좀처럼 생각하기 힘든 매우 대담한 생각으로 보는 것이 맞을 것이다.

유감스럽게도 여러분은 그동안 역학을 배울 때 실험 결과에 속하는 것은 무엇이며 이론에 속하는 것은 무엇인지를 거의 구분하지 않았다. 그러한 상황에서 뉴턴의 1, 2, 3법칙도 실험 결과라는 잘못된 생각을 막연하게 가지게 되었다. 또 저자의 경험에 의하면 학생들은 역학과 관련된 지식 중에 무엇이 실험 결과를 기술한 것이며, 무엇이 이러한 실험 결과를 설명하기 위한 이론적 가정인지를 잘 구별하지 못한다. 그런데 이 상황은 마치 어떤 일을 수행하면서도 정작 자신이 무엇을 하고 있는지 모르는 것과 유사하다. 그러니 지금부터는 역학과 관련된 지식 중에 어떤 것이 관측 혹은 실험 결과이고, 어떤 것이 이러한 결과들을 설명하는 데 사용되는 이론에 해당하는지를 잘 구별해보도록 하자.

탐구 혹은 연구는 매우 복잡하며, 특정한 하나의 방식을 따라 이루어지는 기계적인 과정은 아니다. 그렇지만 운동 현상의 탐구가 이루어지는 방식을 이해하는 데 도움이 되는 간단한 탐구의 단계들을 소개하고자 한다. 운동에 대한 모든 탐구가 지금부터 소개할 단계들을 순차적으로 따라서 이루어지는 것은 아니다. 그렇지만 이러한 단계들을 고려하면 많은 경우 운동에 대한 탐구를 보다 체계적으로 이해할 수 있다. 본 논의에서 제시하는 탐구의 단계는 [표 1.6.1]과 같다.

---

17) 오늘날 모든 종류의 힘을 직접 측정이 불가능한 힘으로 여기는 것은 아니다. 용수철 혹은 탄성 물체가 압축, 이완될 때 발생하는 탄성력은 직접적인 측정이 가능한 힘으로 취급된다. 이러한 탄성력을 제외한 다른 대부분의 힘에 대해서는 그 크기를 직접적으로 측정하는 방법이 없다. 힘을 직접적 측정이 불가능한 개념으로 보는 이유를 지금 모르겠다면 1.4절의 논의로 다시 돌아가자.

[표 1.6.1] 운동에 대한 탐구의 단계

운동을 탐구하는 다섯 단계
1) 탐구하고자 하는 운동에 대해 운동과 관련된 대상(물체)을 결정한다.
2) 탐구 대상의 운동을 관측하여 운동의 패턴을 찾는다.
3) 탐구 대상의 운동에 어떤 힘이 관련되는지를 규명한다.
4) 탐구 대상의 운동에 관련되는 힘이 만족하는 정량적인 공식을 규명한다.
5) 힘에 대한 정량적인 공식을 바탕으로 탐구 대상의 운동을 정밀하게 예측한다.

운동에 대한 탐구의 첫 단계는 탐구하고자 하는 운동에 대해 운동과 관련된 대상(물체)을 결정하는 것이다. 이를테면 금성, 화성 같은 태양계의 행성의 운동을 탐구한다고 하자. 이때 행성의 운동과 관련된 대상으로 행성과 태양을 선정해야 한다. 여기서 행성의 운동을 탐구하기 위해 태양도 관련된 대상으로 선정하는 것이 탐구의 성공을 위해 중요하다. 즉 좋은 탐구를 위해서는 현상과 관련된 대상이 무엇인지를 빠짐없이 고려하는 것이 중요하다.

운동에 대한 탐구의 두 번째 단계는 탐구 대상의 운동을 관측하여 운동의 패턴을 찾는 것이다. 이를테면 행성의 운동을 관측하여 시간별로 행성이 어떤 위치를 갖는지를 측정할 수 있다. 혹은 행성의 위치에 대한 정보만을 따로 모아서 행성이 어떤 형태의 궤적을 갖는지 조사할 수 있다. 이와 같이 측정을 통해 $\vec{r}(t)$ 혹은 궤적의 모양 $f(\vec{r})$을 결정하는 것은 원칙적으로 측정의 문제이다. 따라서 탐구의 두 번째 단계는 실험, 관찰을 통해 현상을 찾아서 정밀하게 기술하는 과정이라 할 수 있다[18].

운동을 관측하여 어떤 패턴을 얻게 되면, 이제 그 패턴이 나온 이유를 설명하는 과정이 필요하다. 설명의 첫 단추는 탐구 대상의 운동에 어떤 힘이 관련되는지를 규명하는 것인데, 이 과정이 바로 탐구의 세 번째 단계이다. 이를테면 행성의 운동을 탐구한다면 행성의 운동에 영향을 주는 힘으로 어떤 것이 있는지를 규명하는 단계이다. 오늘날에는 태양과 행성들 사이에 작용하는 중력이 행성의 운동에 결정적인 영향을 끼치는 힘이라고 잘 알려져 있다. 운동 상황에 따라 운동에 영향을 주는 힘들도 달라진다. 따라서 운동에 영향을 주는 주요한 힘들을 빠짐없이 규명해야 운동을 적절하게 이해할 수 있다. 그런데 힘은 직접적으

---

18) 천체의 운동에 대해 지구상에서 측정할 수 있는 것은 대부분 천체가 천구에서 어떤 방향에 놓이는지에 대한 정보이다. 천체의 거리를 직접적인 방식으로 측정하는 것은 매우 힘들기 때문이다. 이런 문제로 행성이 태양 주위를 도는지 혹은 행성은 지구의 주위를 도는지가 논란이던 시절도 있었다. 그렇지만 오늘날에는 탐사선을 직접 쏘아서 행성의 위치를 확인할 수 있으므로, 행성의 위치는 원칙적으로 측정될 수 있는 물리량이라 볼 수 있다.

로 측정되지 않는 것이므로, 힘을 규명하는 과정은 추측을 포함하게 된다. 이 과정에서 중력, 전자기력, 수직항력, 마찰력, 장력, 부력, 저항력 등 여러 가지 종류의 힘들이 제안되어 이름이 붙여졌다. 또한 특정한 운동 상황에서 이러한 힘들 중 일부만이 주로 운동에 영향을 주게 된다.

탐구의 세 번째 단계에서 뉴턴의 2, 3법칙 같은 뉴턴 역학의 기본 원리들이 중요한 안내를 제공한다. 이를테면 어떤 물체의 운동을 관측하여 시간에 따른 위치를 알아냈다고 하자. 이들 측정값들을 바탕으로 속도와 가속도를 구할 수 있다. 이렇게 구한 가속도가 0이 아니라면 뉴턴의 2법칙에 의하여 물체는 힘을 받은 것이라고 결론내릴 수 있다. 뉴턴의 3법칙에 의하면 이러한 힘은 다른 물체로부터 온 것이다. 따라서 가속된 물체를 둘러싼 주변 환경을 조사하여 물체에 어떤 힘이 가해졌는지를 규명하게 된다. 즉 운동 상황에서 뉴턴의 2법칙과 3법칙을 적용하여 관심을 갖는 물체에 작용한 힘을 추론할 수 있다.

운동에 대한 탐구의 네 번째 단계는 탐구 대상의 운동에 관련되는 힘이 만족하는 정량적인 공식을 규명하는 것이다. 이 과정은 힘이 다른 변인과 어떠한 정량적 관계를 갖는지를 규명하는 과정이다. 힘과 다른 변인 사이의 이러한 정량적 관계는 직접 측정되는 것이 아니다. 따라서 힘에 대한 공식을 찾아내는 과정은 운동에 대한 탐구에서 특히 상상력과 창의력을 요하는 과정이라고 할 수 있다. 이를테면 두 물체 사이의 만유인력 F, 두 물체의 질량 $m. M$, 둘 사이의 거리 r 사이에는 다음과 같은 정량적 관계가 성립한다.

$$F = G\frac{mM}{r^2} \tag{1.6.2}$$

여기서 G는 만유인력 상수로 물체를 구성하는 물질의 종류와 상관없는 보편적 상수이다. 이러한 공식이 얼마나 정확한지에 대해 여러 가지 검증이 이루어졌다. 이 공식은 원칙적으로 측정이 불가능한 물리량을 포함하기 때문에 공식의 타당성 혹은 정밀성을 실험을 통해 직접적으로 확인할 수는 없다. 다만 이러한 공식을 가정할 때 어떤 실험 결과가 예측되는지를 도출하고 그러한 실험 결과가 실제로 나타나는지를 확인하면서 간접적으로 공식을 검증할 수 있다. 이와 같은 간접적인 방식을 통해 식 (1.6.2)는 매우 높은 정밀도로 현상을 예측하는 공식으로 인정받게 되었다.

한편 수직항력 N과 운동 마찰력 F_k 사이에는 다음과 같은 정량적 관계가 성립한다.

$$F_k = \mu_k N \tag{1.6.3}$$

또 수직항력 N과 최대정지마찰력 F_s 사이에는 다음과 같은 정량적 관계가 성립한다.

$$F_s = \mu_s N \tag{1.6.4}$$

여기서 μ_k, μ_s는 각각 운동마찰계수, 정지마찰계수로 물체를 구성하는 물질에 따라서 달라지는 값이다. 식 (1.6.3)과 (1.6.4)는 중력에 대한 식 (1.6.2)처럼 정밀하게 들어맞지 않는다. 주의 깊게 실험해보면 수직항력과 마찰력의 비례관계조차 근사적으로만 성립한다는 것을 확인할 수 있을 정도이다.

힘에 대한 이러한 공식화 과정에서 뉴턴의 2법칙과 3법칙이 중요한 안내를 제공한다. 이를테면 우리가 시간에 따른 어떤 물체의 위치를 조사하여 $x(t)$를 구했다고 하자. 관측된 $x(t)$로부터 물체의 매 순간의 가속도 $a(t)$를 구할 수 있다. 이렇게 가속도를 알고, 질량을 알면 우리는 결국 매 순간 물체가 받는 힘의 크기를 알게 되는 것이다. 이렇게 구한 힘은 주변의 물체로부터 받은 것이다. 따라서 물체를 둘러싼 환경에서 주변 물체들의 배치상태가 물체가 받는 힘을 결정한다고 볼 수 있다. 따라서 남는 것은 주변의 배치와 힘이 어떤 관계인지를 결정하는 것이다. 이와 같이 힘에 대한 공식을 찾는 과정은 상당히 복잡한 추론을 요구할 수 있다. 구체적으로 식 (1.6.2)와 같은 공식이 어떤 방식으로 추론될 수 있는지는 예제 1.6.1에서 확인하도록 하자.

운동에 대한 탐구의 마지막 단계는 힘에 대한 정량적인 공식을 바탕으로 탐구 대상의 운동을 정밀하게 예측하는 것이다. 특히 힘에 대한 공식을 규명하여 물체들의 배치로부터 각 물체에 작용하는 힘을 알 수 있다면 각 물체의 이후 운동을 예측할 수 있다. 이와 관련한 보다 구체적인 설명은 2장을 참고하기 바란다. 힘에 대한 공식화가 성공적일수록 예측의 범위와 정확성이 높아지게 된다. 이를테면 중력을 공식화한 식 (1.6.2)를 통해 우리는 매우 높은 정밀도로 천체의 운동을 예측할 수 있다. 실제로 뉴턴은 행성이 태양으로부터 식 (1.6.2)와 같은 중력을 받는다면, 행성이 태양 주위를 타원궤도로 공전해야 한다는 결론을 도출하였다. 즉 뉴턴은 중력에 대한 공식화를 포함한 역학 이론을 통해서 케플러의 법칙이라는 일종의 관측 결과를 성공적으로 유도하였다. 이와 관련된 구체적인 계산 과정은 5장을 참고하기 바란다.

그런데 모든 힘에 대해서 항상 성공적인 공식을 찾아낸 것은 아니다. 이를테면 우리는 물체들의 배치만을 보고 수직항력, 마찰력, 장력과 같은 힘의 크기를 알 수 없다. 배치만을 보고 힘의 크기를 결정하고자 할 때 식 (1.6.3)과 식 (1.6.4)는 도움이 되지 않는다. 이런 문제로 수직항력, 마찰력, 장력과 같은 힘들은 물체의 배치만으로 결정되지 않을 수 있다. 이러한 힘들은 오히려 운동 상태, 보다 구체적으로는 물체의 가속도에 따라 달라지는 경우도 흔하다. 이와 같이 공식화 작업이 만족스럽지 않은 상황에서 힘의 크기를 구하는 방법에 대해서는 예제 1.6.6을 참고하기 바란다.

여러분이 역학을 공부하면서 개별 공식이라는 나무가 아닌 뉴턴 역학이라는 숲을 보기 위해서는 현상과 이론의 구분, 운동에 대한 탐구의 단계라는 이상의 논의를 잘 음미할 필요가 있다. 이를 돕기 위해 예제를 제시하였다. 이 예제들의 목적은 여러분에게 단순히 새로운 계산 방법을 소개하는 것이 아니다. 대신에 예제를 통해 어떤 것을 현상 혹은 실험 결과로 볼 수 있는지, 그리고 이러한 현상 혹은 실험 결과가 뉴턴 역학이라는 이론을 통해 어떻게 설명되는지를 예시하고자 하였다. 예제의 답을 보면 계산 자체는 여러분에게 그리 생소하지 않은 것일 수 있다. 다만 이러한 계산 과정이 갖는 의미에 대한 논의는 여러분 입장에서 매우 새로운 것일 수 있으니 잘 음미하여 소화하기 바란다.

예제 1.6.1

관찰 결과에 바탕을 둔 케플러의 3법칙에 의하면 태양계의 행성들이 태양 주위를 도는 주기 T와 행성의 타원궤도의 장축 a 사이에 다음과 같은 관계가 있다.

$$T^2 \propto a^3$$

이러한 관측 결과를 설명하려면 행성과 태양 사이의 인력이 거리의 역제곱에 반비례하는 힘이어야 함을 추론하시오.

풀이

1) 탐구의 첫 단계: 행성과 태양이 운동과 관련된 대상이 된다. 태양계 밖에 있는 천체들은 케플러의 3법칙이라는 운동 양상과 관련이 없는 것으로 가정하고 무시한다.

2) 탐구의 둘째 단계: 시간과 거리는 원칙적으로 측정이 가능한 물리량이므로 케플러의 3법칙은 측정 가능한 변인 사이의 관계를 나타낸 관측 결과(현상)라고 볼 수 있다. 즉 케플러의 3법칙은 탐구의 둘째 단계를 수행하여 얻어낸 결과라고 할 수 있다.

3) 탐구의 셋째 단계: 뉴턴 2법칙에 의하면 행성이 공전운동이라는 가속운동을 하기 위해서 어떤 힘을 받아야 한다. 이러한 가속을 유발하는 힘으로 멀리 떨어져 있는 천체들 사이에 작용하는 원거리력을 생각해볼 수 있다. 이러한 원거리력은 오늘날 중력이라고 불린다.

4) 탐구의 넷째 단계: 이제 중력에 대한 공식을 찾아야 한다. 일단 우리의 목표는 엄밀하게 증명하는 것이 아니고, 중력이 어떤 형태를 가질지 탐색하는 것이다. 따라서 논의를 간단하게 하기 위해 행성이 태양으로부터 인력을 받아 타원운동을 하는 대신 원운동을 한다고 가정해보자. 이때 원의 반지름을 r이라 할 때, 케플러의 3법칙은 $T^2 \propto r^3$의 형태로 바뀐다. 이러한 원운동에서 행성의 질량, 속도와 반지름을 각각 m, v, r로, 태양의 질량을 M으로 놓자. 이때 태양이 행성에 가하는 중력 F를 다음과 같이 태양(M)과 행성(m)의 질량과 그들 사이의 거리 (r)의 함수라고 추측해볼 수 있다.

$$F = f(m, M, r)$$

이 힘에 의해 행성이 등속원운동을 한다고 가정해 보면 다음이 성립한다.

$$f(m, M, r) = m\frac{v^2}{r} \tag{1}$$

한편 행성의 원운동의 주기는 다음과 같이 행성의 속도 v와 반지름 r로 나타낼 수 있다.

$$T = \frac{2\pi r}{v} \tag{2}$$

(1), (2)에서 다음의 관계가 성립한다.

$$T^2 = \frac{4\pi^2 r}{f(m, M, r)} \tag{3}$$

(3)식이 케플러의 3법칙을 만족하려면 중력이 다음의 형태가 되어야 한다.

$$F = \frac{g(m, M)}{r^2}$$

즉 케플러의 3법칙을 만족하려면 중력이 행성과 태양 사이의 거리의 제곱에 반비례하는 힘이어야 한다.

이러한 논의를 통해 우리는 케플러의 3법칙이라는 현상으로부터, 이 현상을 유발하는 중력의 형태를 추론하였다. 우리의 논의에서 중력이 질량과 어떤 관계를 갖는지(즉 함수 $g(m, M)$의 형태)를 정하지는 않았다. 뉴턴은 일련의 추론 과정을 통해 중력이 식 (1.6.2)와 같이 표현된다는 상당히 대담한 가정을 하였다. 뉴턴은 자신이 가설을 만들지 않았다고 주장하기도 했지만, 오늘날 돌이켜 볼 때 그가 한 일은 매우 대담한 가설을 만든 것이었다. 그리고 행성이 태양으로부터 이러한 만유인력을 받을 때 타원운동을 한다는 것을 추가적으로 유도함으로써 그의 가설을 강력하게 뒷받침하였다. 중력에 대한 뉴턴의 공식화는 이후에도 대부분의 천체의 운동을 매우 성공적으로 설명하고 예측하였다. 그 결과 오늘날에도 뉴턴의 중력 이론, 나아가 뉴턴 역학은 매우 성공적인 이론으로 인정받고 있다.

예제 1.6.2

밀도 ρ_0인 물에 부피 V인 쇠구슬을 담그면 쇠구슬의 무게가 $\rho_o V g$만큼 가벼워진다. 이 결과를 뉴턴 역학을 이용하여 설명하시오.

풀이

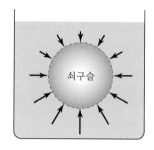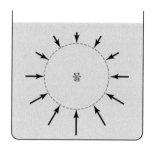

1) 탐구의 첫 단계: 쇠구슬과 구슬을 둘러싼 물, 그리고 지구가 이 현상과 관련이 있는 대상이다. 이들을 제외한 다른 대상(이를테면 물을 담은 용기 등)은 본 현상과 관련이 없는 것으로 가정하고 더 이상 고려하지 않는다.

2) 탐구의 둘째 단계: 무게, 밀도, 중력가속도는 모두 측정 가능한 물리량이다. 따라서 물속에서 쇠구슬이 무게가 $\rho_0 V g$만큼 가벼워진다는 것은 탐구의 둘째 단계를 수행해서 얻어낸 관측 결과라고 할 수 있다.

3) 탐구의 셋째 단계: 물속에서 쇠구슬이 받는 힘은 지구에 의한 중력, 그리고 쇠구슬을 둘러싼 물이 가하는 압력의 총합이다. 이때 압력의 총합이 바로 부력이다. 다른 힘은 설명하고자 하는 현상과 무관하다고 보고 무시한다.

4) 탐구의 넷째 단계: 쇠구슬의 부피와 질량을 각각 V, m이라 놓자. 공기의 밀도는 쇠구슬의 밀도에 비해 매우 작으므로 공기에 의한 부력을 무시하면 공기 중에서 측정되는 쇠구슬의 무게는 mg라 근사할 수 있다. 한편 쇠구슬이 물에 들어가면 물이 쇠구슬에 가하는 압력에 의한 힘이 추가로 쇠구슬에 작용한다. 이렇게 압력에 의해 쇠구슬에 가해지는 힘 F의 크기는 그림처럼 쇠구슬이 차지한 영역에 구슬 대신 물이 가득 차 있는 상황에서 경계면 안쪽의 물이 압력을 통해 받는 힘의 크기와 같다. 쇠구슬 대신 물이 차 있는 상황이라면 이 경계면에 작용하는 힘과 중력이 더해져서 영역 안의 물이 가속되지 않고 정지해 있는 것으로 해석할 수 있다. 따라서 경계면에서의 압력이 모인 힘 F의 크기는 물이 받는 중력 $\rho_0 V g$와 같고 방향은 중력의 반대 방향이다. 결국 표면에서의 압력에 의해 쇠구슬이 받는 힘의 크기가 $\rho_0 V g$이고 중력의 반대 방향으로 작용하므로 결과적으로 물속의 쇠구슬은 $\rho_0 V g$만큼 가벼워진다.

이러한 결과를 일반화하여 요약하면 부피 V인 물체가 밀도 ρ인 유체에 담겨있을 때 물체가 받는 부력 F는 다음과 같다는 공식이 도출된다.

$$F = \rho V g$$

예제 1.6.3

나무판자 위에 작은 나무토막이 놓여 있고 둘 사이의 정지마찰계수는 μ_s 이다. 나무판자를 기울이기 시작하면 판자가 수평면과 각도 $\tan^{-1}\mu_s$를 이룰 때 나무토막이 미끄러지기 시작한다. 이러한 실험 결과를 뉴턴 역학을 이용하여 설명하시오.

풀이

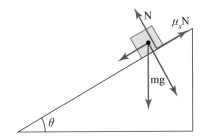

정지마찰계수 μ_s와 미끄러지기 시작하는 각도는 모두 실험을 통해 결정할 수 있는 값이다. 따라서 미끄러지기 시작하는 각도가 $\tan^{-1}\mu_s$라는 것도 실험 결과이다. 이러한 실험 결과는 뉴턴 역학을 통해 다음과 같이 예측된다. 그림처럼 나무토막이 미끄러지는 순간에 나무판자와 수평면이 이루는 각도를 θ라 놓자. 이때 중력 mg와 판자면이 나무토막에 가하는 수직항력 N, 그리고 최대정지마찰력 $\mu_s N$이 나무토막에 작용하는 힘이다. 판자면에 수직한 방향으로는 나무토막이 가속되지 않으므로 $mg\cos\theta$만큼의 중력의 분력과 수직항력이 다음과 같이 상쇄된다고 할 수 있다.

$$mg\cos\theta - N = 0$$

한편 미끄러지기 시작하는 조건에서 판자에 평행한 방향으로는 $mg\sin\theta$만큼의 중력의 분력이 작용하고 반대 방향으로 마찰력이 작용한다. 따라서 다음의 조건이 만족되어야 나무토막이 가속될 수 있다.

$$mg\sin\theta \geq \mu_s N = \mu_s mg\cos\theta$$

이것을 간단히 정리하면 $\tan\theta \geq \mu_s$이고, 결국 나무판자가 수평면과 $\tan^{-1}\mu_s$의 각도가 될 때 나무토막이 미끄러지게 된다. 이와 같이 뉴턴 역학을 이용하여 경사면이 미끄러지기 시작하는 각도를 정지마찰계수와 연관하여 예측할 수 있다.

예제 1.6.4

(원뿔진자의 주기) 길이 l인 실에 매달린 질량 m인 작은 추의 초기조건을 잘 맞추어주면 실과 연직선 사이의 각도 α로 유지되며 등속원운동하는 원뿔진자 운동을 만들어 줄 수 있다. 이렇게 만들어 준 원뿔진자의 주기 τ는 실의 길이 l과 연직면과 진자의 각도 α와 다음과 같은 관계를 갖는다는 것이 실험을 통해 알려져 있다.

$$\tau = 2\pi \sqrt{\frac{l\cos\alpha}{g}} \quad (\text{단, } g\text{는 중력가속도})$$

이 결과를 뉴턴 역학을 이용하여 설명하시오.

풀이

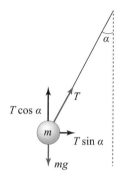

등속원운동의 여부, 주기, 실의 길이, 진자의 각도는 모두 측정 가능한 값이므로 문제에서 주어진 관계식은 실험을 통해 직접적으로 구할 수 있는 것이다. 이 실험 결과는 뉴턴 역학의 기본 원리들을 적용하여 다음과 같이 설명된다. 우선 그림과 같이 추에 가해지는 힘은 실을 통한 장력 T와 추에 작용하는 중력 mg이다. 또한 운동을 연직 성분과 원운동의 중심을 향하는 성분으로 나누어서 뉴턴의 2법칙을 적용할 수 있다. 우선 원운동 중에 연직 성분으로는 추가 가속운동을 하지 않으므로 이에 대한 운동방정식은 다음과 같다.

$$T\cos\alpha - mg = 0$$

한편 전체 장력에서 원운동의 중심을 향하는 성분이 각속도 ω인 등속원운동을 유발하므로 다음의 운동방정식이 성립한다.

$$T\sin\alpha = ml\sin\alpha\,\omega^2$$

두 성분의 운동방정식을 연립하여 장력 T를 소거하면 추의 각속도는 다음을 만족해야 한다.

$$\omega = \sqrt{\frac{g}{l\cos\alpha}}$$

따라서 원뿔진자의 주기 τ는 다음과 같다.

$$\tau = \frac{2\pi}{\omega} = 2\pi\sqrt{\frac{l\cos\alpha}{g}}$$

이와 같이 원뿔진자의 주기와 다른 측정 가능한 변인 사이의 실험 결과는 뉴턴 역학을 통해 성공적으로 설명된다.

예제 1.6.5

그림과 같이 경사각 θ로 기울어진 원형 트랙에서 자동차가 반지름 R, 속력 v_0인 등속원운동을 하고 있다. 이러한 상황에서 천천히 자동차의 속력을 증가시켰더니 어느 순간 자동차가 원궤도를 이탈하여 미끄러졌다. 자동차가 원형 트랙의 안쪽으로 미끄러지는지, 바깥쪽으로 미끄러지는지를 뉴턴 역학을 이용하여 예측하시오.

풀이

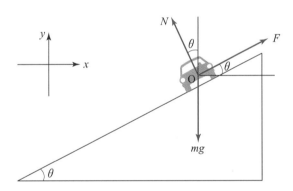

자동차의 질량을 m이라 하고 반지름 R인 원궤도를 자동차가 미끄러짐 없이 속력 $v(> v_0)$로 등속원운동을 하는 상황을 생각하자. 이때 자동차에 작용하는 힘은 그림과 같이 수직항력 N, 마찰력 F, 중력 mg이다. 엄밀히 말하면 마찰력이 경사면에 대해 내려오는 방향인지 올라가는 방향인지가 아직 불명확하다. 그렇지만 일단 그림과 같이 경사면을 따라 올라가는 방향으로 마찰력 F를 표시해놓고 문제를 풀겠다. 이 경우에 만일 마찰력의 방향이 반대라면 F가 음수값이 나올 것이니 처음에 표시한 방향이 맞는지는 크게 걱정하지 않아도 된다. 그림과 같이 x, y축을 설정하고 각 성분별로 운동방정식을 구하면, 우선 x축 방향에 대해서는 아래와 같이 나타낼 수 있다.

$$N\sin\theta - F\cos\theta = m\frac{v^2}{R}$$

한편 y축 방향의 운동방정식은

$$N\cos\theta + F\sin\theta - mg = 0$$

두 식을 연립하여 마찰력과 수직항력을 각각 구하면 다음과 같다.

$$F = mg\sin\theta - m\frac{v^2}{R}\cos\theta$$

$$N = mg\cos\theta + m\frac{v^2}{R}\sin\theta$$

이와 같이 마찰력과 수직항력 모두 구심가속도 v^2/R의 함수가 된다. 특히 마찰력의 결과를 보면 원운동의 속력 v와 $\sqrt{gR\tan\theta}$의 크기 관계에 따라 마찰력이 양수가 되거나 음수가 된다. v가 $\sqrt{gR\tan\theta}$보다 작은 경우에는 마찰력이 양수이고, 반대의 경우에는 음수가 된다. 이것은 속력 v가 $\sqrt{gR\tan\theta}$보다 작은 값을 가질 때에만 마찰력이 그림에서 표시한 것처럼 경사면을 올라가는 방향이 된다는 것을 의미한다. 따라서 등속원운동의 속력이 커지면 결국 마찰력의 방향은 경사면을 내려가는 방향이 된다.

문제에서 주어진 v_0의 속도가 $\sqrt{gR\tan\theta}$보다 큰지 작은지를 알 수 없으므로 v_0의 속도에서 마찰력의 방향을 알 수 없다. 만일 v_0의 속도에서 마찰력의 방향이 경사면을 올라가는 방향이라면 속도를 키울수록 마찰력의 크기가 점점 작아져서 이내 마찰력의 방향이 경사면을 내려가는 방향으로 바뀔 것이다. 속도를 더 키워서 자동차에 작용하는 마찰력의 크기가 최대정지마찰력이 될 때 자동차는 미끄러지게 된다. 미끄러지는 순간 마찰력의 방향은 미끄러지는 방향과 반대이다. 따라서 자동차가 미끄러지는 방향은 경사면을 올라가는 방향이 된다. 비슷한 논리로 v_0의 속도에서 마찰력의 방향이 경사면을 내려가는 경우에 대해서도 자동차가 미끄러지는 방향은 경사면을 올라가는 방향이 된다.

※ 참고로 다음과 같이 마찰력과 수직항력의 비가 정지마찰계수 μ값이 되는 속도에서 자동차는 미끄러질 것이다.

$$\left|\frac{F}{N}\right| = \left|\frac{mg\sin\theta - mv^2\cos\theta/R}{mg\cos\theta + mv^2\sin\theta/R}\right| = \left|\frac{\tan\theta - v^2/gR}{1 + v^2\tan\theta/gR}\right| = \mu$$

경사각 θ에 따라 미끄러지게 되는 속력 v와 미끄러지는 방향도 다를 수 있는데, 구체적인 계산은 연습문제로 남기겠다.

그림과 같이 질량이 m_A, m_B ($m_A < m_B$)인 두 물체 A, B가 줄과 고정 도르래로 연결된 애트우드 기계에서 물체의 가속도를 구하시오. (단, 도르래와 줄의 질량과 마찰을 무시하고 줄의 길이도 일정하다고 가정하시오.)

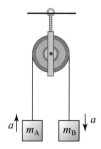

풀이

물체 A와 물체 B에는 각각 중력과 장력(T)이 작용한다. 또한 실의 길이가 일정하다는 조건에서는 두 물체의 가속도의 크기가 같다. 물체 A의 운동방정식을 세우면 아래와 같다.

$$m_A a = T - m_A g \tag{1}$$

한편 물체 B의 운동방정식은

$$m_B a = m_B g - T \tag{2}$$

두 방정식을 연립하여 장력을 소거하여 가속도 a를 구하면 다음의 형태가 된다.

$$a = \left(\frac{m_B - m_A}{m_B + m_A} \right) g$$

한편 장력 T도 구하면 다음과 같다.

$$T = \frac{2 m_A m_B}{m_A + m_B} g$$

이 문제의 경우에 실의 길이가 일정하다는 조건을 통해서 (1)식과 (2)식에서 가속도를 같다고 놓고 a라는 동일한 변수를 사용할 수 있었다. 만일 이러한 조건이 성립하지 않는다면 (1)식과 (2)식에서 가속도가 같은 값이 아니게 된다. 이러한 조건이라면 장력을 구할 수 없다. 결국 실의 길이가 일정하다는 가정이 장력이라는 힘의 크기를 계산할 수 있었던 배경이 된다. 실의 길이가 일정하다는 식의 조건을 구속조건이라고 한다. 힘에 대한 공식화가 그다지 성공적이지 않은 장력, 수직항력 등의 힘의 크기를 계산할 때 구속조건이 유용하게 사용될 수 있다. 구속조건에 대한 보다 자세한 논의는 9.4절을 참고하자.

1.7 ● 단순화와 근사

물리학을 처음 공부할 때 저자는 물리학 문제를 풀기 위해 근사를 사용하는 것이 마음에 들지 않았다. 이를테면 흔히 하는 대로 $\sin\theta$나 $\tan\theta$를 θ로 근사할 때 저자의 마음은 상당히 불편하였다. 단순히 불편을 느낄 뿐 아니라 물리학은 무언가 부족하기 때문에 근사를 사용한다는 생각도 어렴풋이 가졌다. 그런데 이러한 불만은 물리학의 본질을 모르는 것에서 나오는 어리석은 생각들이었다. 단순화와 근사는 물리학이 부족하기 때문에 하는 것이 아니다. 오히려 단순화와 근사가 없다면 물리학과 같은 경험을 토대로 하는 과학은 성립하지 않는다.

이를테면 여러분이 작은 추를 실에 매달아서 진자를 만든 후 진자의 주기 T, 진자(실)의 길이 l, 진자의 진폭 사이의 관계를 실험으로 구했다고 하자. 잘 알다시피 진폭이 작을 때 이들 사이에는 다음과 같은 단순한 관계가 있다는 것을 이론적으로 유도할 수 있다.

$$T = 2\pi \sqrt{\frac{l}{g}} \quad \text{(단, } g \text{는 중력가속도)} \tag{1.7.1}$$

그런데 진자 실험을 해보았다면 알겠지만 실험에서 측정한 주기값 T와 실의 길이 l 사이의 관계는 결코 식 (1.7.1)과 완벽하게 일치하지 않는다. 실험 결과는 어떤 오차범위에서 근사적으로 이론값과 유사할 뿐이다. 이러한 상황에서 이론과 실험 결과가 결국은 완전히 똑같지 않으니 이론이 틀린 것이라고 결론내리는 것은 어리석은 일이다. 마찬가지로 실험 결과가 이론의 예측과 약간의 차이가 나기 때문에 진자의 주기는 실의 길이의 제곱근과 비례관계가 아니라고 결론내리는 것도 어리석은 일이다. 대신에 그러한 편차가 눈에 뜨이지만 실험 결과로부터 여하튼 진자의 주기는 실의 길이의 제곱근과 비례관계라는 패턴을 찾는 것이 과학적인 태도인 것이다. 이와 같이 모든 실험 결과에서 나타나는 편차에도 불구하고 측정한 변인들 사이에 어떤 관계가 근사적으로 성립하는지 찾아내는 것이 바로 과학적 태도인 것이다. 자연 혹은 실험 결과에서 변수 사이의 패턴을 찾기 위해서는 이와 같은 단순화가 필요한 것이다. 이렇게 보면 단순화 혹은 근사는 물리학의 한계에서 유래하는 것이라기보다 물리학을 가능하게 하는 사고습관인 것이다.

물론 더 정확하게 보려고 하는 것은 중요한 과학적 태도이다. 이를테면 식 (1.7.1)은 진자의 진폭이 작은 경우의 실험 결과를 잘 설명한다. 식 (1.7.1)은 작은 진폭의 경우에 주기가 진폭과 무관하다고 말하는 셈인데, 실제 실험 결과는 진폭이 커질수록 주기도 길어진다는 것이다. 그런데 진폭이 작을 경우 그 정도가 미미하여 정밀한 실험이 아니고서야 그러한 경향이 잘 드러나지 않는다. 호도법으로 나타낸 진폭 θ_0와 주기의 관계를 나타내는 보다 정밀한 이론적 예측 결과는 다음과 같다.

$$T = 2\pi \sqrt{\frac{l}{g}} \left(1 + \frac{\theta_0^2}{16} + O(\theta_0^4) \right) \tag{1.7.2}$$

여기서 $O(\theta_0^4)$은 θ_0의 차수가 4 이상인 고차항들을 의미한다.

따라서 대략 $10°(= 0.174\,\mathrm{rad})$ 정도의 진폭이라면 $O(\theta_0^4)$ 항은 거의 무시될 수 있다. 또 $5°(= 0.087\,\mathrm{rad})$ 정도의 진폭이라면 식 (1.7.2)의 $\theta_0^2/16$항을 무시하는 것도 큰 문제가 되지 않는다. 즉, 이 정도 이내의 작은 진폭이라면 진폭과 주기가 근사적으로 무관하다는 결론을 내리는 것도 충분히 타당하다.

앞에서 밝혔듯이 실험 결과로부터 의미 있는 패턴을 찾는 과정 자체가 일종의 단순화와 근사를 요구한다. 일단 찾아진 패턴을 이론적으로 설명하는 과정에서도 근사는 매우 중요하다. 이 과정은 여러분이 생각하는 것보다 훨씬 많은 근사가 사용된다. 이를 보기 위해 길이 l인 실에 작은 추를 매달은 단진자의 주기와 관련된 식 (1.7.1)을 뉴턴 역학의 기본 원리들로부터 유도할 때 어떤 근사가 사용되었는지를 보다 세밀하게 조사해보자. 얼핏 생각하면 근사가 많이 사용되지 않은 것처럼 보이지만, 조금만 노력하면 10가지 이상의 근사를 찾을 수 있다. 구체적으로 어떤 효과를 무시하고 근사하였는지를 요약한 결과는 이 절의 끝에서 별도로 제시하였다. 아주 미미한 효과여도 상관없으니 여러분 스스로 생각하여 10가지 정도의 근사를 제시하려는 노력 후에 확인하기 바란다.

근사는 여러분이 생각하는 것 이상으로 물리학의 근저에 자리 잡고 있다. 여러분이 생각하지 못했던, 그러나 명백한 근사의 예를 하나 더 들어보겠다. 수직항력과 마찰력을 구분하는 것도 엄밀히 말하면 근사라고 말할 수 있다. 마찰력과 수직항력은 모두 접촉력의 일종이다. 접촉력 중에 접촉면에 수직한 방향의 힘을 수직항력, 수평한 방향의 힘을 마찰력이라고 부른다. 그런데 현실에서는 이렇게 수직항력과 마찰력을 구분하는 것도 근사를 포함한다. 이를테면 [그림 1.7.1]에서 마찰력과 수직항력의 방향은 정확하게 규정되는가? 그림과 같이 매끄럽지 못한 표면에서는 가상적인 접촉면을 근사적으로만 생각할 수 있고 그에 따라 마찰력과 수직항력의 방향을 근사적으로 잡을 수 있다. 사실 모든 물체는 원자들로 이루어졌으므로 모든 접촉면을 확대하면 그림과 같은 부정합이 나타날 것이다. 따라서 평평한 접촉면이라는 것 자체가 실세계에 대한 근사적인 모형이라고 할 수 있다.

이와 같이 물리학은 여러분이 생각하는 것보다 훨씬 더 많은 근사를 필요로 한다. 물리

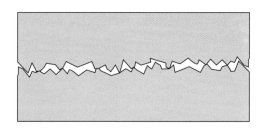

[그림 1.7.1] 표면이 불규칙한 물체들의 접촉과 수평면

학은 정량화를 추구하며 모든 물리량에는 수치값이 부여된다. 그런데 현실에서 볼 수 있는 운동은 매우 복합적인 요인이 작용할 수 있다. 만약 상황을 단순화시키지 않고 모든 요인을 다 고려한다면 실제의 운동에 수치값을 부여하여 이론적으로 분석하는 것이 거의 불가능한 일이 된다. 따라서 근사를 사용하지 않고 물리학 이론으로 현상을 설명하는 것은 거의 꿈도 꾸지 못할 일이 된다.

예제 1.7.1

그림과 같이 질량이 각각 m_A, m_B인 두 나무토막 A, B가 질량 m인 늘어나지 않는 줄로 연결되어 있다.

1) 나무토막 B를 수평하게 힘 F로 잡아당길 때 나무토막 B의 가속도를 구하시오. (단, 바닥과 나무토막 A, B 사이의 마찰은 없다고 가정하시오.)
2) 줄이 나무토막 A와 B에 가하는 힘은 각각 얼마인가? 어떤 조건에서 이 두 힘이 같다고 근사될 수 있는가?
3) 1)과 2)의 문제를 풀 때 문제에 명시되지 않은 다른 어떤 가정이 사용되는가?

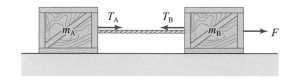

풀이

1) 나무토막 A, B와 줄로 이루어진 전체 계에 작용하는 수평 방향 외력은 F 뿐이고 이 외력이 가속도 a를 유발한다고 보면 아래와 같이 나타낼 수 있다.

$$F = (m_A + m_B + m)a$$

따라서 나무토막 B의 가속도는 다음과 같다.

$$a = F/(m_A + m_B + m)$$

2) 줄이 나무토막 A, B에 가하는 힘의 크기를 각각 T_A, T_B라 놓자. 이때 줄에 의한 힘 T_A가 작용해 질량 m_A인 나무토막 A를 가속시키므로 다음이 성립한다.

$$T_A = m_A a = \frac{m_A}{(m_A + m_B + m)} F$$

한편 나무토막 B에는 외력 F와 반대방향 힘 T_B가 작용하여 B를 가속시키므로 다음이 성립한다.

$$F - T_B = m_B a = \frac{m_B}{(m_A + m_B + m)} F$$

정리하면 다음의 형태가 된다.

$$T_B = \frac{(m_A + m)}{(m_A + m_B + m)} F$$

물체 A의 질량이 줄의 질량보다 매우 큰 경우, 즉 $m_A \gg m$인 조건에서 두 힘 T_A, T_B는 근사적으로 같다.

일반적으로 줄의 질량이 운동에 관련된 다른 물체들의 질량에 비해 매우 작은 경우에 줄의 질량을 무시하고, 하나의 줄이 접촉한 두 물체에 작용하는 접촉력이 같다고 근사할 수 있게 된다. 이렇게 근사하면 줄을 통해 두 물체가 주고받는 힘이 근사적으로 같다고도 할 수 있다. 또한 줄의 단면에 걸리는 힘이 거의 균일하므로 줄에 걸리는 장력(하나의 값을 갖는)이라는 근사도 가능하다. 이러한 근사에서 두 물체가 받는 '줄의 장력'이라는 표현도 타당하다. 즉 '줄에 걸리는 장력'이라는 표현 자체는 근사 없이는 쓸 수 없는 말이다.

3) 풀이를 보면 나무토막 A와 나무토막 B의 가속도가 일정하다는 가정이 암묵적으로 사용된다. 이것은 나무토막이 강체 혹은 입자라고 가정하는 것과 같다. 또한 문제의 운동 상황에서 공기에 의한 저항력 같은 다른 힘의 작용을 무시하였다. 이외에도 명시되지 않은 다른 가정들로 어떤 것이 있는지는 더 생각해보자.

단진자의 주기를 이론적으로 유도하는 과정에서 사용된 근사

질량 m인 작은 추가 길이 l인 실에 매달린 단진자의 주기를 유도할 때 보통 다음과 같은 운동방정식에서 출발한다.

$$ml\ddot{\theta} = -mg\sin\theta$$

이 운동방정식을 도출하는 과정과 이로부터 식 (1.7.1)의 주기를 얻어내는 과정에서 다음과 같은 근사가 사용된다.

1) 우선 진폭이 작은 상황을 가정하여 $\sin\theta \simeq \theta$라는 근사가 사용된다. 그 결과 운동방정식을

$m l \ddot{\theta} = -mg\theta$으로 근사하면, 더 이상의 근사 없이 식 (1.7.1)의 주기공식을 얻어낼 수 있다.

2) 실의 질량이 추에 비해 매우 작다고 보고 실의 질량을 0으로 근사한다.

3) 실의 길이가 진동 중에 일정한 것으로 근사한다. 엄밀하게 보면 실은 추를 매달면서 늘어날 것이다. 진동 중에 실에 걸리는 장력은 계속 변화할 것인데, 이와 함께 실의 길이도 변화할 것이다. 실에 큰 장력이 걸릴수록 실은 더 늘어난다. 다만 그 늘어난 정도가 작다고 보고 실의 길이가 일정하다고 근사하는 것이다.

4) 실이 진동 중에 일직선인 모양을 유지하는 것으로 근사한다. 엄밀하게 보면 실은 질량을 가지며, 따라서 실은 일직선이 아닌 아래로 볼록한 곡선형태일 것이다. 이러한 효과가 매우 작으므로 실의 모양이 일직선을 유지한다고 보고 실과 연직선이 이루는 각도를 θ라 정의하는 것이다. 이와 같이 변수 θ를 규정하는 과정에서도 이미 근사가 사용된다.

5) 전향력의 효과를 무시한다. 진자의 운동에 대해 보통 우리는 진자의 고정점을 원점으로 하는 좌표계를 선정하여 운동을 다룬다. 지구의 자전, 공전 운동을 고려하면, 이러한 좌표계는 엄밀한 의미에서 관성 기준틀이 아니다. 그 결과 진자는 엄밀한 의미에서 한 평면 안에서 진동하는 평면진자가 될 수 없다. 대신 진자가 왕복하면서 한쪽 방향으로 편향되면서 진자의 진동평면이 회전하는 효과가 일어난다. (자세한 것은 6장을 참고하라.) 이러한 효과를 무시하고 우리는 진자가 한 평면 안에서 진동하는 것으로 근사한다.

6) 전향력의 효과가 전혀 없다고 하더라도 진자의 운동이 완벽하게 한 평면 안에서 이루어지도록 하는 것은 불가능하다. 진자를 놓는 과정에서 아주 미세한 충격이 주 운동 방향에 수직하게 주어지더라도, 진자는 완벽하게 한 평면 안에서 진동할 수 없다. 따라서 전향력 효과가 없다고 하더라도 주어진 실험 상황을 완벽한 평면진자라고 보는 것은 근사가 된다.

7) 진자의 운동 중에 진자는 공기분자들과 충돌할 것인데, 그 결과로 진자는 매우 미세한 요동을 할 것이다. 이러한 효과로 인해 원칙적으로 진자의 운동은 한 평면에 국한될 수 없다.

8) 운동방정식을 세울 때, 공기에 의한 저항력이 진자에 작용하는 것을 무시하는 근사를 사용하였다.

9) 진동 중에 추가 받는 중력이 mg로 일정하다고 보는 것도 근사이다. 단진자의 진동 중에 추의 높이가 달라지며, 이로 인해 추와 지구의 중심 사이의 거리가 계속 바뀌기 때문에 추에 작용하는 중력도 계속 변한다.

10) 지구 이외에 다른 물체가 추에 가하는 중력을 무시하는 것도 근사이다. 지구상의 여러 물체, 태양 및 태양계의 여러 행성, 멀리 떨어진 천체들은 모두 추에 중력을 가하고 있는데, 그 효과를 무시하였기 때문이다.

11) 진자에 중력 이외에 다른 힘이 전혀 작용하지 않는다고 보는 것도 근사이다. 실험 중에 발생하는 소소한 마찰로 인해 실험에 사용하는 추가 전기적으로 완벽한 중성은 아닐 것이다.

12) 실제로는 단진자의 진동 중에 실이 팽창 수축을 반복하면서 실의 온도가 미묘하게나마 증가할 것이고 동시에 진자의 진폭이 작아질 것이지만, 이러한 효과도 무시된다.

13) 진자가 진동하면 그에 대한 반동으로 지구 자체가 진동한다. 이러한 효과를 무시하고 진자의 끝

을 고정점으로 보는 것도 근사이다.

14) 무엇보다 진자의 '주기'라는 개념 자체가 근사이다. 현실 세계에서 완벽하게 반복되는 운동이란 없다.

제시한 대부분의 근사는 운동방정식 $ml\ddot{\theta} = -mg\sin\theta$를 푸는 과정 대신에 운동방정식 자체를 도출하는 데 사용된다. 이상에서 제시된 대부분의 효과는 극히 미미하여 현실적으로 그 효과를 무시하는 것이 당연하다. 그럼에도 불구하고 이러한 근사가 없었다면 식 (1.7.1)과 같은 주기공식이 뉴턴 역학의 기본 원리들로부터 유도되지 못한다는 것도 분명하다.

연습문제   Chapter 01

01 속도는 위치의 시간미분으로 정의된다. 이 정의로부터 식 (1.3.4)가 도출되는 과정에서 공간과 무관하게 독립적으로 흐르는 시간이라는 관념이 어떻게 사용되는지 설명하시오.

02 1.4절에서 퍼텐셜에너지는 속성으로 분류되었다. 만일 질량 m인 사과가 지표면에서 h만큼 높이에 있을 때 퍼텐셜에너지 mgh에 대해 우리는 흔히 '사과의 퍼텐셜에너지'라는 표현을 사용한다. 정확히 말하면 퍼텐셜에너지 mgh는 어떤 대상에 속하는 것인가?

03 상대성이론에 의하면 식 (1.4.3)은 어떻게 바뀌어야 하는가? (힌트: 식 (1.4.2)와 식 (1.4.4)를 이용하시오.)

04 뉴턴에 의하면 단진자의 주기가 질량과 무관하다는 것은 관성 질량과 중력 질량이 같다는 증거로 활용될 수 있다. 왜 그러한지 설명하시오.

05 경사각이 θ인 경사면을 나무토막이 미끄러지고 있다. 토막과 경사면 사이의 운동마찰계수가 μ_k라 할 때 나무토막이 미끄러지는 가속도를 예측해 보시오.

06 경사각이 θ이고 충분히 긴 경사면에 동일한 질량의 두 물체가 놓여 있다. 각 θ를 점차 증가시켜서 $\theta = \theta_1$이 되었더니 물체 A만 움직이기 시작하였고, $\theta = \theta_2$가 되었을 때는 물체 B도 움직이기 시작하였다.
물체 A와 물체 B, 물체 B와 경사면 사이의 최대정지마찰계수는 각각 μ_1, μ_2이고, 운동마찰계수는 β_1, β_2이다. 중력가속도의 크기를 g라고 할 때 다음 물음에 답하시오.
1) θ_1을 문제에 나와 있는 변수를 이용하여 표현하시오. (θ_1을 구하시오.)
2) $\theta_2 > \theta > \theta_1$인 경우에 물체 A의 가속도를 구하시오.
3) θ_2를 문제에 나와 있는 변수를 이용하여 표현하시오. (θ_2를 구하시오.)

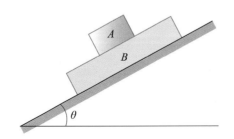

07 정지한 빗면 수레의 빗면에 질량 m인 물체가 미끄럼 없이 놓여 있었다. 갑자기 화살표 방향으로 수레를 가속시킬 때 빗면의 물체가 미끄러지기 시작했다. 이때 수레의 가속도는 얼마 이상이어야 하는가? (단, 수레와 물체 사이의 최대정지마찰계수는 μ이다.)

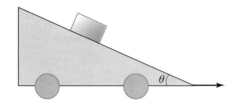

08 예제 1.6.5와 같이 경사각 θ로 기울어진 원형 트랙에서 자동차가 반지름 R인 등속원운동을 하고 있으며, 자동차와 경사면의 최대정지마찰계수는 μ이다. 어떤 경사각 θ에 대해서는 자동차의 속도를 천천히 키울 때 어떤 한계 속도가 되면 자동차가 원운동을 못하고 바깥으로 미끄러진다. 이때 한계 속도와 경사각 θ의 조건을 모두 구하시오. 한편 어떤 경사각 θ에 대해서는 자동차의 속도를 천천히 줄일 때 어떤 한계 속도가 되면 자동차가 원운동을 못하고 안쪽으로 미끄러진다. 이때 한계 속도와 경사각 θ의 조건을 모두 구하시오.

09 지표면에서 일어나는 운동을 다룰 때 우리는 통상적으로 진공 중의 낙하가속도를 일정하다고 본다. 엄밀하게 말하면 진공 중에서 낙하할 때 가속도는 높이에 따라 변한다. 지구의 반지름을 6400 km라 놓고 1 m의 높이를 낙하하는 동안 가속도가 처음 값의 몇 %나 변할지를 추정하시오.

10 연직 방향으로 내리는 비를 갑돌이가 정지한 체 양동이로 받고 있다. 을순이는 수평 방향으로 움직이면서 양동이로 비를 받으면서 갑돌이보다 두 배 빠른 속도로 비를 받았다. 을순이의 속력은 빗방울의 속력의 최하 몇 배인가? 을순이의 입장에서는 양동이의 방향을 어떻게 두는 것이 최선인가?

11 그림과 같이 질량 m인 물체가 경사진 직각 판자 사이를 미끄러져 내려오고 있다. 물체와 직각 판자 사이의 운동마찰계수가 0.2, 경사각 θ가 45°일 때, 물체의 가속도의 크기를 구하시오. (단, 중력 가속도는 10 m/s²이다.)

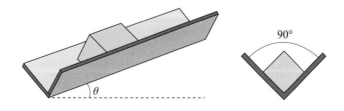

12 그림과 같이 반지름 r인 매끄러운 반구가 대칭축 OC를 중심으로 일정한 각속도 회전하고 있다. 질량이 m인 입자 P가 그림처럼 바닥에서 $r/2$인 높이에 미끄러지지 않고 반구와 함께 회전한다면 각속도 ω는 얼마인가? (단, 중력 가속도는 g이다.)

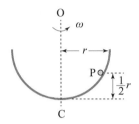

13 그림과 같이 길이 L인 실에 질량 m인 추가 매달려 있는 진자가 천장의 고정점으로부터 수직 아래 방향으로 $3L/4$인 지점에 박혀 있는 못에 걸려 접히게 된다. 중력가속도는 g이다.

1) 진자를 수평 위치, 즉 $\theta = 90°$인 곳에서 가만히 놓았을 때 진자가 못에 걸려 원운동을 한다면, 추가 가장 높은 위치에 도달하였을 때 실의 장력은 얼마인가?

2) 같은 초기조건에서 진자를 출발시키되, 못의 위치를 높이면 못에 걸린 후에 진자가 더 이상 원운동을 하지 못하게 된다. 이러한 양상이 나타날 못의 위치의 범위를 구하시오.

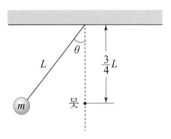

14 그림과 같이 지면에 눕혀 놓은 두 개의 반원기둥 위에 같은 반경의 질량 m인 균일한 원기둥을 올려 놓았더니 그대로 평형을 이루었다. 원기둥에 작용하는 힘을 모두 표시하고 각각의 크기를 구하시오. 이러한 평형상태를 유지하는 데 필요한 반원기둥과 지면 사이의 정지마찰 계수의 최솟값을 구하시오. (단, 기둥 사이의 마찰은 무시한다.)

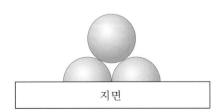

15 경사각 θ, 운동마찰계수가 μ인 빗면 위에 질량이 m인 상자가 있다. 그림처럼 수평하게 힘을 가하여 상자가 등속도로 빗면을 오를 수 있도록 한다. 이러한 운동을 만들기 위해 얼마의 힘을 가해야 하는가?

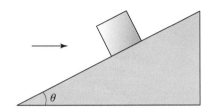

Chapter **02**

모형과 운동방정식

MECHANICS

학습목표

- 운동 상황에 대해 운동방정식을 만들고 해를 구하는 과정이 운동 상황에 대한 일종의 모형화 과정임을 설명할 수 있다.
- 간단한 운동 상황에 맞는 운동방정식을 만들 수 있다.
- 운동방정식을 푸는 세 방법, 즉 해석적 해 구하기, 근사해 구하기, 수치해 구하기의 과정과 장단점을 설명할 수 있다.
- 운동방정식을 푼 해의 타당성을 간단한 방식으로 검토할 수 있다.
- 운동방정식에서 힘이 시간의 함수인 경우, 속도의 함수인 경우, 위치의 함수인 경우 각각에 대해 운동방정식의 해를 구하는 일반적인 방법을 설명할 수 있다.
- 운동방정식에서 힘이 위치의 함수인 경우에 퍼텐셜에너지를 이용하여 운동을 설명할 수 있다.

2.1 ● 운동과 모형

1장에서 우리는 뉴턴 역학의 기본 체계를 비판적으로 고찰하였다. 그리고 뉴턴 역학의 기본 체계로 운동을 이해하는 방식을 간단히 살펴보았다. 즉 운동으로부터 힘을 추론하거나 힘으로부터 가속도를 예측하는 등의 탐구 과정을 통해 뉴턴 역학의 기본 체계가 운동 상황에 적용되는 방식을 학습했다. 2장에서는 뉴턴 역학의 기본 체계들로 운동을 이해하는 과정을 보다 세밀하게 살펴보고자 한다. 이 과정에서 우리는 운동 상황에 대한 모형을 설정하게 되고, 그 모형을 통해 운동을 이해하게 된다. 이번 장의 핵심은 바로 역학 체계로 운동을 이해할 때 모형의 중요성을 인식하는 것이다.

1장과 마찬가지로 2장에서 다루는 내용도 앞으로 여러분이 역학을 공부할 때 안내지도의 역할을 한다. 1장이 보다 여러 영역을 아우르는 포괄적인 지도라면, 2장은 여러 영역 중에 특히 운동방정식이라는 모형의 구성과 이를 통한 운동의 예측이라는 특수한 주제에 대한 상세한 지도라고 할 수 있다. 여러분은 앞으로 역학을 공부하면서 많은 계산을 해야 할 것이다. 2장에서도 1장과 마찬가지로 여러분이 역학을 공부하면서 수행하는 계산들의 의미와 그 계산이 필요한 이유들을 심도 있게 논의하려고 한다. 역학을 공부할 때 방향을 잃고 의미 없는 계산에만 빠지는 일이 없어야 할 것이므로, 지금부터의 논의도 매우 꼼꼼하게 살펴보도록 하자.

모형화(modeling)는 물리학에서 아주 핵심적인 탐구방법이기 때문에 2장의 논의는 물

리학의 탐구방법에 대한 논의이기도 하다. 본 논의를 이해하면 이제 남은 것은 모형화라는
탐구법을 써서 뉴턴 역학의 기본 체계를 실제의 운동에 적용해보는 일뿐이다. 즉 1, 2장의
내용을 충분히 이해하고 나면 이제 3장부터는 본격적인 응용이 기다리고 있는 것이다. 산
에 오르는 과정에서 지도를 갖고 오르는 것과 그렇지 않은 것은 천지 차이이다. 마찬가지
로 1, 2장을 먼저 익혀서 역학에서 다루는 문제의 성격을 알아야 구체적인 역학 문제를 풀
때 기계적인 계산 속에서 길을 잃지 않을 수 있다.

용어 정리: 모형(model)과 모형화(modeling)

모형: 모형은 실제로 존재한다고 믿혀지는 물리계의 구조나 성질에 대한 표상이다. 현실의 복잡성을
모두 고려할 수는 없기 때문에 모형은 보통 현실을 단순화 혹은 근사하게 된다. 물리학에서의
모형은 많은 경우 수학적 형태로 표현되며, 물리량은 모형에서 정량적 변수로 표현된다. 모형은
현상을 설명하기 위해 이론적으로 구상한 것으로 실재 혹은 현상 그 자체는 아니다.

모형화: 모형과 관련한 사고과정을 모형화라고 한다. 즉 모형화는 모형을 만들고, 타당성을 평가하고
이를 바탕으로 모형을 수정, 개선하는 모든 과정을 말한다.

과학의 탐구 과정은 매우 복잡할 수 있어서 특정한 방법이나 도식을 꼭 따르지는 않는
다. 그렇지만 [그림 2.1.1]과 같은 탐구에 대한 도식은 과학에서 탐구가 이루어지는 방식을
잘 보여준다. 그림의 왼편은 현상의 기술과 관련되며, 오른편은 현상에 대한 이론적 설명
과 관련이 있다. 과학자들은 어떤 현상을 설명하기 위해 이론을 고안한다. 이때 이론은 주
어진 것이 아니라 현상을 설명하기 위해 고안된 것이다. 그리고 이론의 진실성 여부는 이
론으로부터 예측되는 것이 관측결과와 얼마나 유사한지에 따라 판단된다. 그런데 이론으로
부터 현상을 예측할 때 우리는 실세계를 대변(represent)하는 모형을 상정하고 그 모형으
로부터 예측을 얻어낸다. 그리고 이렇게 예측된 결과와 실세계로부터 얻은 자료의 패턴(역

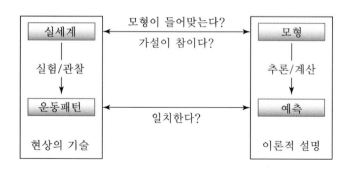

[그림 2.1.1] 운동에 대한 모형화 과정의 간단한 도식

학의 경우 운동 패턴)을 비교한다. 이렇게 예측과 현상을 비교함으로써 실세계를 모형이 잘 대변하는지를 판단하게 된다. 즉 이론적 논의는 실세계에 대한 모형을 고안하고 모형으로부터 현상을 예측하는 것이다[1].

그림의 왼편은 과학탐구에서 실세계와 관련된 활동을 담고 있다. 즉 우리가 관심을 가지는 실세계가 있다. 이 세계로부터 우리는 실험, 관찰을 통해 어떤 자료를 추출할 수 있다. 이때 우리가 세계의 어떤 측면에 관심을 갖는지에 따라 어떤 자료를 추출할 것인지가 달라진다. 역학에서 우리가 관심을 갖는 현상은 곧 사물의 운동이고 우리는 실험, 관찰을 통해 시간에 따른 물체의 위치 혹은 물체의 궤도에 대한 정보를 자료로써 추출할 수 있다.

과학자들은 현상을 설명하기 위해 혹은 현상으로부터 추출한 자료를 설명하기 위해 이론 체계를 고안하고자 한다. 이러한 이론화 과정이 그림에서 오른쪽 부분에 해당한다. 이때 과학자들은 현상을 대변한다고 생각하는 모형을 머릿속으로 상정한다. 이를테면 공의 자유낙하라는 운동(현상)을 생각해보자. 이 운동을 설명하기 위해 우리는 실세계를 대변한다고 생각하는 상황을 머릿속으로 설정한다. 설정된 상황에서 공은 입자 혹은 강체처럼 상정된다. 그리고 공이 지구와 상호작용하여 힘을 받는다고 상정된다. 이렇게 상황을 설정하면 공의 낙하는 공과 지구의 상호작용의 결과가 된다. 그런데 이러한 생각들은 모두 추론이며 실제의 현상 그 자체는 아니다. 즉 우리는 현상을 설명하기 위해 공을 강체로, 그리고 만유인력이라는 상호작용을 설정하는 것이다. 이러한 설정의 타당성을 확인하기 위해 우리는 상정한 모형으로부터 공의 운동을 예측하게 된다.

이론의 타당성은 실세계의 현상으로부터 추출한 자료와 모형으로부터 예측한 결과를 비교함으로써 평가된다. 이때 직접적으로 비교하는 것은 자료와 예측의 일치 여부이다. 이를 바탕으로 우리가 상정한 모형이 실세계를 잘 설명하고 있는지를 판단하게 된다. 운동에 대해 우리가 얻게 되는 자료는 보통 물체의 시간에 따른 위치가 된다. 이를 바탕으로 시간에 따른 속도, 가속도 값도 알아낼 수 있다. 혹은 위치를 계속 추적하여 물체가 지나는 궤도를 추출할 수도 있다. 모형이 예측하는 결과는 이렇게 추출한 자료와 일치해야 한다.

엄밀히 말하면 실제의 자료와 모형의 예측이 완전히 일치할 수는 없고 기껏해야 유사할 수 있을 뿐이다. 따라서 모형의 타당성을 평가하기 위해서는 자료와 예측의 유사성을 판단할 수 있어야 한다. 물리학의 경우에는 대부분의 자료가 수치값을 가지고 있기 때문에 그 수치값이 유사한지를 판단하는 방식으로 자료와 예측의 유사성을 판단하게 된다[2]. 두 가

---

[1] 이 도식에 대한 보다 자세한 설명은 "과학적 추론의 이해"(Giere 등 저, 조인래 등 역)를 참고하라.

[2] 물리학의 경우에 수치값을 비교하여 유사성을 판단하기 때문에 판단 과정에서 동의를 이끌어내기가 쉽다. 수치값이 아닌 다른 유사성을 판단하는 것은 때때로 상당히 모호한 일이다. 또한 어떤 것이 유사하다는 것

지 수치결과의 유사성을 비교할 때 통계학이 유용하게 이용될 수 있다. 통계학을 이용하면 예측값과 자료값의 차이를 상세하게 비교할 수 있고, 그에 따라 모형의 타당성을 체계적으로 평가할 수 있다. 자료값과 예측값이 정밀한 수준에서 일치할수록 모형의 타당성이 커진다. 또한 하나의 모형이 여러 가지 성공적인 예측을 이끌어낼수록 그 모형에 대한 우리의 신뢰도 커진다. 하지만 모형이 실세계 그 자체는 아니며, 기껏해야 모형은 실세계를 잘 대변할 수 있을 뿐이다. 만일 상정한 모형의 예측이 실세계에서 추출한 자료와 유사하지 않다고 하면, 그 모형은 타당하다고 믿기 힘들다. 이 경우 모형을 수정하여 실세계를 보다 잘 설명하는 새로운 모형을 찾게 된다.

끝으로 1장에서 다룬 뉴턴 역학의 기본 체계들이 모형과 어떤 관계인지를 생각해보자. 역학의 기본 체계들은 우리가 운동 상황을 대변하는 모형을 만들 때 우리를 안내하는 틀을 제공한다. 이를테면 공의 자유낙하운동에 대한 관찰을 통해 우리가 공의 매 순간의 가속도를 알아냈다고 하자. 제2법칙을 통해 우리는 공에 알짜힘이 작용한다고 결론을 내린다. 또한 제3법칙에 의하면 이 힘은 공을 둘러싼 주변 환경과 공이 상호작용한 것이다. 공의 가속도로부터 그 상호작용의 양태를 추론한다. 즉 상호작용에 대한 모형을 만들게 된다. 결국 역학에서 모형을 만드는 것은 대개 상호작용에 대한 모형을 만드는 것이다.

우리에게 익숙한 중력의 법칙 GmM/r^2도 결국은 이렇게 찾은 상호작용에 대한 모형이다. 즉 중력은 실제 현상, 그 자체라기보다는 실제 현상을 설명하기 위해 고안된 상호작용 모형인 것이다. 그리고 이 모형으로부터의 예측은 실제 운동에서 추출한 자료와 굉장히 정밀한 수준으로 일치한다는 것이 알려졌다. 그 일치성이 워낙 인상적이어서 한때 중력의 법칙은 불변의 진리라고 생각되기도 했다. 하지만 만유인력을 GmM/r^2로 공식화한 것도 결국은 실재 자체에 대한 기술이 아니라 상호작용에 대한 모형이라는 것을 잊지 말자.

역제곱 힘 모형을 통해 행성의 운동을 성공적으로 설명한 것에서 보듯이, 뉴턴의 역학 체계를 활용하여 모형을 만드는 일은 상당히 성공적이었다. 그 결과 모형만 타당하다고 믿게 된 것이 아니라 뉴턴의 역학 체계 자체도 타당하다고 믿게 되었다. 이 체계는 모형을 만들 때 좋은 안내를 제공한다. 하지만 이 역학 체계도 실세계 그대로는 아니다. 이 체계로는 담아내기 힘든 실세계의 현상들이 있으며, 그 현상들을 설명하려는 시도에서 뉴턴의 역학 체계와는 다른 새로운 이론들이 등장했다. 상대성이론과 양자역학이 바로 그것이다.

을 판단하는 일반적인 기준도 없다. 이를테면 사람의 얼굴이 얼마나 닮았는지를 판단하는 것은 수치화하기 힘든 측면이 있고, 그래서 컴퓨터가 아무리 발달했다고 해도 사람의 얼굴을 정확하게 구별하는 것은 컴퓨터에게 난제가 된다.

2.2 ● 운동에 대한 모형 만들기

뉴턴 역학은 모형을 만들 때 굉장히 체계적인 안내를 제공한다. 보통은 어떤 운동 상황을 대변하는 모형을 만들 때 두 가지만 신경 쓰면 된다. 첫째는 물체를 어떻게 모형화하느냐이다. 이것은 비교적 간단한 작업이다. 우리는 보통 물체를 입자나 강체로 모형화한다. 유체나 그 밖에 더 복잡한 물체로 모형화해야 하는 상황에서는 운동을 모형화하기도 어렵고 이해하기도 어렵다. 우리는 주로 입자나 강체로 간단하게 모형화할 수 있는 상황만을 다룰 것이다. 따라서 물체의 모형화는 쉬운 문제이다3). 모형을 만들 때 신경 써야 할 두 번째 문제는 상호작용, 즉 힘의 모형화이다. 실세계의 현상 혹은 운동에 대한 관측으로부터 얻을 수 있는 것은 물체의 가속도와 물체를 둘러싼 환경의 배치가 전부이다. 이것을 바탕으로 물체가 주변의 환경과 어떤 상호작용을 하는지를 추론해서 모형을 만들어야 한다. 이 작업은 쉽지 않으며, 운동 상황을 잘 나타내는 모형을 만들려면 무엇보다도 상호작용에 대한 좋은 모형을 만들 수 있어야 한다.

상호작용을 정밀하게 모형화하려면, 먼저 물체의 운동으로부터 자료를 추출해야 한다. 이들 자료로부터 물체의 매 순간의 가속도를 구하면 매 시간 물체가 받는 알짜힘을 알게 된다. 이 과정을 거치면 다음과 같은 뉴턴의 2법칙의 좌변을 구한 셈이다.

$$m\frac{d^2x}{dt^2} = F \tag{2.2.1}$$

뉴턴의 2, 3법칙에 의하면 물체의 가속도는 물체가 환경과 상호작용하여 힘을 받은 결과이다. 물체와 환경의 배치상황으로부터 이 힘을 모형화하는 것이 바로 이 운동 상황에 관련된 힘을 추론하는 것이다.

제2법칙은 물체의 운동 변화와 힘을 연관시키고 있다. 특히 힘(외부와의 상호작용)에 의해 물체의 운동이 결정된다는 것을 담고 있다. 따라서 물체가 어떤 힘을 받는지를 모형화함으로써 물체의 운동을 예측할 수 있게 된다4). 따라서 어떤 운동 상황에서 물체의 운동을 예측하려면 물체에 가해지는 힘에 대한 모형을 상황에 맞도록 적절히 상정해야 한다. 많은 연구 끝에 물리학자들은 경험적으로 물체에 가해지는 힘이 그 물체의 위치나 속도에 관계하는 경우가 많다는 것을 밝혀냈다. 즉 많은 경우에 물체가 받는 힘을 그 물체의 위치와 속도의 함수로 모형화할 수 있다. 그 결과로 뉴턴의 2법칙을 특정한 운동 상황에 적용

---

3) 복잡한 경우는 다루지 않으니 쉬울 수밖에 없다. 반면에 유체의 운동은 매우 예측하기 힘들기로 악명이 높다.
4) 예측의 구체적인 과정은 2.3절을 참고하자.

할 때 다음의 형태를 갖는 방정식을 얻게 되는 경우가 많다.

$$m\frac{d^2\vec{x}}{dt^2} = F(\vec{x}, \vec{v}, t) \tag{2.2.2}$$

이 식의 우변은 물체에 작용하는 힘을 나타내고 좌변은 그 힘에 의한 물체의 운동의 변화를 나타낸다. 그런데 위의 식에서는 힘을 그 시간에서의 물체의 위치와 속도 그리고 시간의 함수로 정하고 있다. 순전히 이론적인 관점에서 힘이 이보다 복잡하지 말아야 할 이유는 없다. 즉 다음과 같은 질문이 얼마든지 가능하다. 힘은 가속도 혹은 가속도의 미분 등의 함수일 가능성은 전혀 없는가? 현재 시간뿐만 아니라 과거의 모든 시간에서의 물체의 위치와 속도에 의해 영향을 받는 힘은 없는가? 힘의 함수형태가 이렇게 복잡한 것이라면 물리학 공부가 훨씬 더 고생스러울 터인데, 다행히 많은 경우(특히 역학 교재에서 다루는 모든 경우에 대해) 물체에 작용하는 힘은 현재 시간의 물체의 위치와 속도에만 관련된다는 가정을 바탕으로 한 모형으로 운동을 충분히 설명할 수 있다. 앞으로 우리가 본 교재에서 다룰 모든 경우에서 물체가 받는 힘은 그 물체의 위치와 속도, 그리고 시간의 함수로 모형화된다[5]. 덕분에 우리는 식 (2.2.2)와 같은 비교적 간단한 운동방정식을 통해 운동을 이해할 수 있다[6]. 예를 들어 중력은 위치만의 함수이고 저항력은 속도만의 함수로 모형화할 수 있다.

물체의 운동이 일차원 상으로 제한되면 식 (2.2.2)는 다음과 같이 더 간단해질 수 있다.

$$m\ddot{x} = F(x, \dot{x}, t) \tag{2.2.3}$$

이와 같이 미지수 x 및 그것의 시간에 대한 도함수로 이루어진 방정식을 수학에서는 미분방정식이라 부르고 물리학에서는 운동방정식이라 부른다. 즉 운동방정식은 물체의 시간에 따른 운동변화를 담고 있는 미분방정식이다. 물리학에서 물체의 운동을 설명하는 운동방정식을 만드는 것은 물체의 운동에 대한 모형을 세우는 것과 같다. 원칙적으로는 물체와 상호작용 모두에 대해 모형을 구상해야 한다. 그런데 물체는 보통 입자 혹은 강체로 간단히 모형화되므로 큰 어려움이 없다. 중요한 것은 상호작용을 모형화하는 것으로, 물체의 가속도가 물체의 위치와 속도에 따라 어떻게 변하는지를 조사하여 모형을 만든다. 구성한 모형의 타당성은 모형의 예측이 물체의 실제 운동과 얼마나 유사하느냐에 달려있다. 이를

---

5) 그렇지 않은 경우가 원칙적으로 없다는 것이 아니라 그렇지 않은 경우를 다루지 않는다는 뜻이다.

6) 간단한 공식 형태로 모형을 만드는 것에 실패한 힘들도 있다. 보통 원거리력이라 불리는 힘들의 경우 상호작용에 대한 모형화가 잘 되어 있다. 반면 접촉력이라 불리는 힘들의 경우 모형화가 쉽지 않으며, 이들 힘에 대해서 모형을 만들어도 운동의 정밀한 예측이 어렵다.

테면 지표면 근처에서 낙하하는 운동의 경우에 중력만을 고려하는 모형을 만들고 운동방정식을 만들 수 있다. 그러나 모형만으로는 현실을 충분히 반영하지 못하며 공기의 저항을 포함하는 모형을 만들어야 실제 운동을 보다 정밀하게 설명할 수 있다. 물체의 운동을 방해하는 공기 저항의 정도는 물체의 속도와 관련된 함수일 것이다. 저항력을 기술하는 함수가 어떤 형태를 띠어야 하는지는 모형을 만드는 연구자가 해결해야 하는 문제이다. 연구자는 물체의 운동을 잘 설명할 수 있도록 함수의 형태를 정해야 한다. 저항력이 물체 속도의 함수라는 가정으로 물체의 운동을 상당 부분 설명할 수 있을 것이다. 그러나 저항력이 물체 위치의 함수가 아니라는 보장도 없다. 물론 저항과 물체 위치의 관련성은 저항과 속도의 관련성보다 작을 것이다. 여하튼 모형이 꼼꼼할수록 현상을 더 정교하게 설명할 수 있다.

아무런 방향성 없이 모형을 만드는 것은 굉장히 어렵고 창조적인 작업이다. (여러분은 힘이 거리의 제곱에 반비례한다는 만유인력이라는 모형을 독자적으로 생각해낼 수 있겠는가?) 하지만 현상에 대한 탐구를 통해 직관이 생기면 이를 바탕으로 현상을 설명하는 모형을 더 잘 만들 수 있다. 그동안의 물리학 공부를 통해 학생들은 이미 물체의 운동에 대한 지식과 직관을 가지고 있다. 이러한 직관으로 인해 운동방정식의 각 항의 물리적 의미를 이해하는 것이 운동방정식을 푸는 것보다 쉽다.

1) 낙하운동의 모형화

실험실에서 탁구공의 낙하에 따른 운동을 측정하는 상황을 가정하자. 실험을 통해 시간에 따른 물체의 위치를 측정하고 이를 바탕으로 탁구공의 속도를 구해서 다음과 같은 결과를 얻었다고 하자.

t(sec)	0	0.2	0.4	0.6	0.8	1.0	1.2	1.4	1.6	1.8	2.0
v(m/s)	0	2	3.5	4.9	xx	xx	xx	xx	xx	xx	xx

여기서 실험결과는 수로 나타내진 값이라는 것이 중요하며, 그 값이 실제로 얼마인지는 본 논의에서 중요하지 않으므로 모든 칸을 채우지 않았다. 또한 각 칸에 기입된 수치들도 저자들이 임의로 작성한 값들이다. 여하튼 이제 우리는 실험결과를 얻었고 이를 해석해야 한다. 이를 위해 우리는 낙하하는 공의 운동에 영향을 미치는 변인을 고려하여 낙하운동에 대한 모형을 세우고, 이를 바탕으로 운동을 예측하려 한다. 그리고 예측한 운동과 실제로 측정된 운동을 비교하여 모형의 타당성을 검토하려 한다. 모형이 실험결과를 충분히 설명

하면 우리는 낙하운동을 이해했다고 말할 수 있을 것이다. 이를 위해 낙하운동의 상황을 잘 대변하는 모형을 만들어보자.

먼저 낙하 중에 공의 모양 변화가 미미해보이므로 공은 입자 혹은 강체로 근사할 수 있다. 그 다음으로 공에 가해지는 힘을 모형화해야 한다. 일단 공은 지구, 그리고 공을 둘러싼 공기와 상호작용한다고 상정할 수 있다. 따라서 중력과 공기의 저항으로 낙하하는 공이 받는 힘을 모형화할 수 있다. 낙하가 지표면상에서 이루어지므로 중력에 의한 가속도는 일정하다고 가정해도 무방하다. 한편 낙하하는 물체의 저항력에 영향을 줄 것이라 생각되는 요소들로 물체의 속도, 위치, 질량, 이동 방향에 대한 물체의 단면적, 바람의 방향 등을 생각할 수 있다. 그런데 우리가 수행한 실험실 상황에서 바람이 없도록 통제하였다고 가정하자. (바람은 시시각각 변하는 변인이므로 바람이 부는 경우의 운동의 분석은 보다 복잡한 문제가 될 것이다. 이러한 복잡성을 피하기 위해 바람을 실험실 상황에서 통제했다고 생각하자.) 한편 저항력이 공기를 이루는 분자와 물체의 충돌에 기인한다는 것을 생각해보면 물체의 위치는 저항력에 그다지 큰 영향을 주지 않으므로 저항력은 위치에 무관하다고 생각할 수 있다[7]. 또한 물체의 단면적이나 질량은 물체가 움직여도 변화가 없는 상수이다. 따라서 우리의 경우에는 저항력을 물체의 속도에 의존하는 함수로 생각할 수 있다. 이렇게 저항력이 낙하하는 물체의 속도만의 함수라고 가정해도 큰 문제가 없어 보인다. 이상의 논의에서 낙하운동에 대한 모형화된 운동방정식은 다음과 같다.

$$m\frac{d^2x}{dt^2} = -mg - f(v) \tag{2.2.4}$$

저항력은 공과 공기분자와의 충돌로 인한 효과로 판단된다. 무수히 많은 공기입자가 충돌에 관여하기 때문에 저항력에 대한 정밀한 모형을 만드는 것은 쉽지 않다. 여기서는 저항력에 대한 복잡하고 정밀한 모형 대신 간단한 모형을 세워보자. 우리는 경험상 공의 낙하속도가 빠를수록 공기의 저항이 크다는 것을 알고 있다. 이를 반영하여 간단하게 저항력이 공의 속도에 비례한다고 가정하고, 그 비례상수를 b라 놓으면 다음과 같은 모형화가 가능하다[8].

$$m\frac{d^2x}{dt^2} = -mg - bv \tag{2.2.5}$$

---

7) 물체가 구멍이 점점 작아지도록 만든 관 속에서 낙하한다면, 관의 벽에서 튕겨 나온 공기분자가 물체에 부딪치는 등의 경로로 물체의 위치가 저항력에 영향을 줄 수도 있을 테지만 그 효과는 그리 커 보이지 않는다.

8) 이 운동방정식은 위 방향을 +로 놓고 구한 것이다. 구체적인 부호결정 과정은 부록 B를 참고하라. 부호의 결정은 큰 혼란을 유발할 수 있는 과정이므로 이번 기회에 반드시 짚고 넘어가기 바란다.

이때 비례상수는 실험을 통해 결정할 수도 있고, 이론적인 논의를 통해 추정할 수도 있다. 여하튼 공에 대해 b를 추정해서 수치화할 수 있으면 우리는 공의 운동에 대한 모형, 곧 운동방정식을 얻게 된다.

속도에 비례하는 저항력 모형은 공의 속도가 작은 경우에 낙하운동을 만족스럽게 예측한다는 것이 알려져 있다. 물체의 속도가 더 커지면 식 (2.2.5)와 같은 모형은 실제 상황을 충분히 반영하지 않은 것으로 밝혀졌는데, 이 경우에는 다음과 같은 모형이 운동을 더 정밀하게 예측한다는 것이 알려져 있다.

$$m\frac{d^2x}{dt^2} = -mg - bv|v| \qquad (2.2.6)$$

저항력에 대한 보다 정밀한 모형을 만들려면, 공 주위 공기의 흐름에 대한 모형이 필요하다. 이것은 우리의 관심을 벗어나는 주제이므로 더 이상 다루지 않겠다.

예제 2.2.1

(물체의 운동으로부터 운동방정식 구하기) 질량 m인 어떤 물체의 시간에 따른 속도가 $v(t) = v_0 e^{-\alpha t}(\alpha > 0)$로 주어진다. 이 물체가 속도의 함수인 힘을 받는다고 가정할 때 구체적으로 어떤 형태의 힘을 받는지 추론하시오.

풀이

$v(t) = v_0 e^{-\alpha t}$을 시간에 대해 미분하면 다음을 얻는다.

$$\frac{dv}{dt} = -v_0 \alpha e^{-\alpha t} = -\alpha v$$

뉴턴의 2법칙의 형태로 운동방정식을 구하면 다음과 같다.

$$m\frac{d^2x}{dt^2} = m\frac{dv}{dt} = -m\alpha v$$

결과적으로 물체는 운동 방향에 반대 방향인 속도에 비례하는 힘을 받는다고 결론내릴 수 있다. 운동결과로부터 물체가 받는 힘의 함수 형태를 추론하는 것은 통상적으로는 매우 어렵다. 본 예제는 아주 단순한 방법으로 힘의 추론이 가능한 매우 예외적인 경우를 예시한 것이다.

2.3 ● 모형으로부터 운동 예측하기: 운동방정식의 해 구하기

모형을 만들었으면 그것의 타당성을 검토해야 한다. 운동 상황에 대한 모형을 만들 때에는 상당한 주의를 기울여야 한다. 그러나 아무리 노력하더라도 잘못 생각하고 있을 가능성이 있다. 따라서 모형을 만들었으면 모형으로부터 운동을 예측하고 그 예측과 실제의 운동을 비교함으로써 모형의 타당성을 평가해야 한다. 이와 같이 모형의 타당성을 평가하려면 먼저 모형으로부터 운동을 예측할 수 있어야 한다. 이를 위해서 운동방정식을 풀어서 물체의 위치와 속도를 시간의 함수로 구해야 한다. 이렇게 구한 함수와 실제의 운동을 비교하여 모형의 타당성을 검토하는 것이다.

운동방정식을 푸는 것은 곧 모형으로부터 운동을 예측을 하는 것과 같다. 이제 우리의 목표는 운동방정식을 푸는 것이다. 어떤 방법으로 방정식을 풀어야 할까? 우리의 목표가 운동의 예측과 이를 통한 모형의 검토인 이상 방정식을 풀 수만 있다면 어떤 수단을 동원하든 상관없다. 통상의 연구에서 물리학자들은 운동방정식을 풀 때 다음의 세 가지 유형의 방법을 사용한다.

1) 해석적인 방법으로 해를 구하는 것
2) 근사적으로 해를 구하는 것
3) 수치해석으로 해를 구하는 것

지금부터는 저항력이 속도에 비례하는 모형에 대해 위에서 제시한 세 가지 방법으로 각각 운동방정식을 풀고, 각 방법의 장단점을 논의하겠다. 그런 후에 예측과 실제 운동을 비교하여 모형을 평가하는 과정에 대해서도 논의하겠다.

1) 해석적 해 구하기

운동에 대한 모형을 만들고 이를 바탕으로 운동방정식을 만들었으면 그 다음에 해야 할 일은 방정식을 푸는 일이다. 보통의 대수 방정식을 푸는 일이 방정식을 만족하는 미지수를 찾는 것이라면, 운동방정식을 푸는 것은 방정식을 만족하는 미지의 함수를 찾는 것이다. 만일 여러분이 운동방정식을 정성적으로 해석하는 직관을 가졌다면, 방정식을 풀지 않고도 방정식의 형태로부터 운동을 정성적으로 예측할 수도 있다. 이를테면 저항력이 작용하는 낙하운동의 경우에 운동방정식을 직접 풀지 않고 종단속도라는 현상을 예측할 수 있다. 하지만 매 순간의 운동의 상태를 정량적으로 예측하려면 운동방정식을 풀어야 한다. 이를테면 앞 절에서 구한 낙하운동에 대한 다음과 같은 운동방정식을 생각해보자.

$$m\frac{d^2x}{dt^2} = -mg - bv \tag{2.3.1}$$

운동방정식은 운동의 시간에 따른 변화 양상이 담겨 있다. 만일 우리가 물체의 운동을 정확히 예측하려면, 운동방정식뿐만 아니라 물체의 초기 운동을 알아야 한다. 자유낙하 상황을 가정하고 처음 공을 놓는 지점을 원점으로 잡으면, 공의 초기 운동은 $v(0) = 0$, $x(0) = 0$이 된다. 이제 미분방정식을 풀어서 초기조건을 만족하는 $x(t)$(즉 시간에 따른 공의 위치)를 구하는 것이 모형으로부터 운동을 예측하는 것이 된다. 이를 위해 식 (2.3.1)을 먼저 다음과 같이 변형해보자.

$$m\frac{dv}{dt} = -mg - bv \tag{2.3.2}$$

이 식에서 속도와 시간을 각각 좌변과 우변으로 몰아서 정리하면 다음을 얻을 수 있다.

$$\frac{dv}{v + mg/b} = -\frac{bdt}{m} \tag{2.3.3}$$

양변을 적분하면

$$\int_0^v \frac{dv}{v + mg/b} dv = -\frac{bt}{m} \tag{2.3.4}$$

실제로 좌변의 적분을 수행하여 속도를 시간에 대한 함수로 구하면 다음과 같다.

$$\ln \frac{v + \dfrac{mg}{b}}{\dfrac{mg}{b}} = -\frac{bt}{m} \tag{2.3.5}$$

식 (2.3.4)의 적분을 수행하여 위 식을 구할 때, 초기 시각 $t = 0$에서 공의 속도가 $v(0) = 0$인 것을 이용했다. 이제 속도 v를 시간의 함수로 구하면 다음과 같다.

$$v(t) = -\frac{mg}{b}(1 - e^{-\frac{bt}{m}}) \tag{2.3.6}$$

이 식을 다시 시간에 대해 적분하고, 초기조건 $x(0) = 0$을 고려하면 시간에 따른 공의 위치는 다음과 같다.

$$x(t) = \frac{m^2 g}{b^2}\left(1 - \frac{bt}{m} - e^{-\frac{bt}{m}}\right) \qquad (2.3.7)$$

이상에서 우리는 운동방정식을 풀어서 속도와 위치를 시간의 함수로 나타내었다. 우리가 구한 $x(t)$에서는 공의 위치가 시간에 대해 명시적으로 함수의 형태를 띠고 있다. 이렇게 운동방정식에 대해 근사 없이 직접 $x(t)$를 명시적으로 구한 해를 해석적 해(analytic solution)라고 한다. 해석적 해는 깔끔한 형태를 갖으며, 운동을 정성적으로 파악하기 쉽다는 장점이 있다. 그렇지만 운동방정식이 조금만 복잡해져도 해석적 해를 구하기가 쉽지 않다[9].

2) 근사해 구하기

이번에는 해석적 해 대신 근사해를 구해보겠다. 이번에도 우리가 풀려는 방정식은 식 (2.3.1) 혹은 식 (2.3.2)와 같다. 물론 이 방정식은 해석적 해를 구할 수 있는 방정식이다. 하지만 해석적 해를 구하는 데 실패하더라도 우리는 근사법으로 해를 구할 수 있다. 보통은 해석적 해를 구하기 어려운 경우에 근사법으로 해를 구한다. 그렇지만 지금 우리의 논의의 목표는 근사해를 구하는 방법을 소개하는 것이므로 편의상 식 (2.3.2)를 근사해로 풀어보겠다.

근사해를 구할 때에는 먼저 운동방정식을 단순화시킨 후에 방정식의 해를 구한다. 이렇게 구한 해는 원래 방정식의 해가 아니다. 하지만 단순화시킨 해를 출발점으로 하여 순차적으로 점점 더 좋은 근사해를 구할 수 있다. 처음에 운동방정식을 단순화시킬 때에는 어떤 요인을 무시하여 근사할지를 결정해야 하고, 이때 약간의 직관이 필요하다. 이를테면 자유낙하 상황에서는 처음에 낙하속도가 작을 때 공기의 저항을 무시할 수 있다는 것이 근사의 출발점이 된다. 이와 같이 저항을 무시하면 식 (2.3.2)의 운동방정식은 다음과 같이 단순화된다.

$$m\frac{dv}{dt} = -mg \qquad (2.3.8)$$

이 방정식은 쉽게 풀 수 있으며 물체의 초기조건을 고려하여 구한 물체의 속도는 다음과 같다.

---

9) 사실상 해석적 해를 구할 수 있는 운동방정식은 소수에 지나지 않지만, 역학 교재는 해석적 해를 구할 수 있는 경우를 주로 다룬다.

$$v^{(0)} = -gt \tag{2.3.9}$$

여기서 위첨자 (0)는 우리가 구한 해의 근사의 정도를 나타내기 위해 도입한 것이다. $v^{(0)}$는 저항을 무시한 운동방정식의 해이다. 그런데 이러한 근사는 현실과 너무 다르므로 저항을 고려한 보다 좋은 근사해를 구하는 것이 우리의 목표이다. 이제 우리는 $v^{(0)}$로부터 $v^{(1)}$, $v^{(2)}$, $\cdots$, $v^{(n)}$을 차례로 구할 것이다. 이때 첨자 (n)이 커질수록 더 정확한 근사해가 된다.

더 정확한 근사해 $v^{(1)}$을 구하기 위해 식 (2.3.9)의 $v^{(0)}$를 최초에 풀려고 했던 방정식 (2.3.2)의 우변에 대입하여 다음을 얻는다.

$$m\frac{dv}{dt} = -mg - bv^{(0)} = -mg + bgt \tag{2.3.10}$$

이 운동방정식을 적분하여 새로 구한 속도가 $v^{(1)}$이며, 구체적으로 다음과 같이 나타내 짐을 쉽게 확인할 수 있다.

$$v^{(1)} = -gt + \frac{bg}{2m}t^2 \tag{2.3.11}$$

$v^{(0)}$가 공기의 저항을 완전히 무시한 근사인 반면, $v^{(1)}$은 공기의 저항을 고려한 근사가 된다. 이제 이렇게 구한 식 (2.3.11)의 $v^{(1)}$을 이용하여 운동방정식 (2.3.2)를 다음과 같이 바꾼다.

$$m\frac{dv}{dt} = -mg - bv^{(1)} = -mg + bgt - \frac{b^2 g}{2m}t^2 \tag{2.3.12}$$

이 방정식을 풀어서 더 정확한 해인 $v^{(2)}$를 다음과 같이 구한다.

$$v^{(2)} = -gt + \frac{bg}{2m}t^2 - \frac{b^2 g}{6m^2}t^3 \tag{2.3.13}$$

이와 같은 과정을 반복하면 $v^{(n)}$을 구할 수 있다. 처음에 구한 $v^{(0)}$은 공기의 저항을 완전히 무시한 것이었다. 반면 $v^{(1)}$은 공기의 저항을 고려한 것이므로 더 정확한 해가 된다. 이와 같이 차수 n을 높이면서 차례로 근사해를 구할 수 있다. 차수가 높을수록 해의 정확도도 높아진다. 어느 정도까지 정확한 근사를 할 것이냐는 연구자가 필요에 따라 판단할 일이다. 우리의 예에서 만일 근사를 계속 해가면 $v^{(\infty)}$는 식 (2.3.6)에서 구한 해석적 해와 같아진다는 것을 확인할 수 있다. 또한 우리의 예에서는 근사해인 $v^{(1)}$, $v^{(2)}$, $\cdots$, $v^{(n)}$는 모두 해석적 해 (2.3.6)의 지수함수 부분을 테일러 급수로 전개하여 얻는 근사한 값들과 같다.

우리가 계산한 예는 해석적 해를 구하기가 비교적 쉬운 경우이다. 이 경우만 보면 근사해를 구하는 것이 더 복잡하여 굳이 근사해를 구할 필요가 없어 보인다. 하지만 해석적 해를 구할 수 없거나 구하기 힘든 방정식도 많다. 일례로 다음과 같이 모형화된 저항력을 받는 공의 운동을 생각해보자.

$$m\frac{d^2x}{dt^2} = m\frac{dv}{dt} = -mg - bv - cv|v| \tag{2.3.14}$$

이 방정식의 해석적 해를 구하는 것은 쉽지도 않을뿐더러 해석적 해를 구할 수 있다는 보장도 없다. 그렇지만 이러한 경우에도 근사해를 구할 수는 있다. 더구나 구하는 과정이 위에서 예시한 과정과 다르지 않다. 즉 저항력이 어떠한 함수의 형태를 갖더라도 동일한 방법으로 근사해를 구할 수 있다. 이와 같이 근사해를 구하는 방법은 해석적 해를 구하는 방법보다 더 폭넓은 상황에서 적용될 수 있다[10].

3) 수치 해석으로 해 구하기

해석적 해나 근사해 모두 손으로 계산하여 운동방정식을 푸는 것이다. 그런데 컴퓨터의 발달로 연구방법이 극적으로 바뀌었다. 이제 수치해석을 통해 복잡한 모형의 해를 쉽게 구할 수 있으며, 실제의 운동과 비교해야 할 수치를 바로 뽑아낼 수 있다. 지금부터는 수치해석으로 해를 구하는 원리를 살펴보도록 하자. 먼저 수식을 단순화하기 위해 운동방정식을 다음과 같이 표현하겠다.

$$\ddot{x} = f(x, \dot{x}, t) \tag{2.3.15}$$

이 운동방정식에서 힘은 물체의 위치와 속도의 함수가 된다. 이제 이 운동방정식의 해를 구하는 것은 곧 물체의 위치를 시간의 함수로 나타내는 것, 즉 $x(t)$를 구하는 것이다. 한편 운동방정식은 시간에 따른 물체의 운동의 변화를 담고 있다. 물체의 운동을 정확히 알기 위해서는 특정 시간에서의 운동 상태도 주어져야 한다. 이러한 정보를 초기조건이라고 한다.

우리는 식 (2.3.15)처럼 물체의 가속도가 속도와 위치의 함수인 운동방정식을 다루고 있

---

10) 다양한 상황에서 적용할 수 있는 여러 근사법이 개발되었다. 예시한 방법은 순차법이라는 하나의 근사법이다.

다. 이 경우에 처음 시간($t = 0$)에서의 물체의 위치($x(0) = x_0$)와 속도($\dot{x}(0) = v_0$)가 주어지면 초기조건이 주어지는 셈이다. 일단 초기조건이 주어지면 처음 시간($t = 0$)에서의 물체의 가속도는 운동방정식에 의해 다음과 같이 결정된다.

$$\ddot{x}(0) = f(x_0, v_0, t = 0) \tag{2.3.16}$$

이로부터 매우 작은 시간, 즉 미소시간 Δt가 지난 후의 물체의 속도는 근사적으로 다음과 같다.

$$v(\Delta t) = \dot{x}(\Delta t) = \dot{x}(0) + \ddot{x}(0)\Delta t \tag{2.3.17}$$

이 식은 $\dot{x}(\Delta t)$를 $x = 0$에 대해 테일러 전개를 하여 1차항만을 고려한 근사식이다. 이러한 근사는 미소시간 Δt가 충분히 작을 때에만 정당하다. 우리의 논의에서는 오차가 충분히 작도록 작은 값을 갖는 Δt를 가정한다. 한편 미소시간 Δt가 지난 후의 물체의 위치는 다음과 같이 근사된다.

$$x(\Delta t) = x(0) + \dot{x}(0)\Delta t + \frac{1}{2}\ddot{x}(0)(\Delta t)^2 \tag{2.3.18}$$

미소시간 Δt가 지난 후의 물체의 속도와 위치가 결정되면 다시 식 (2.3.15)의 운동방정식에 의해 Δt가 지난 후의 물체의 가속도 $\ddot{x}(\Delta t)$가 결정된다. 이 $\ddot{x}(\Delta t)$를 기반으로 하여 앞에서 설명한 과정을 거치면, 미소시간 Δt만큼이 더 지난 후($t = 2\Delta t$)의 물체의 속도 $\dot{x}(2\Delta t)$와 위치 $x(2\Delta t)$가 결정된다. 이러한 과정을 반복하여 초기의 속도와 위치로부터 미소시간이 지난 후의 물체의 속도와 위치를 계속해서 근사적으로 구할 수 있다. 이렇게 구한 값은 Δt를 작게 잡을수록, 즉 시간을 잘게 쪼개서 계산할수록 더 정확하게 된다.

수치해석을 이용하면 이렇게 위치와 속도가 시간에 대해 어떤 함수인지를 구하지 않고도 매 시간별 위치와 속도의 수치를 바로 구할 수 있다. 이러한 방법은 운동방정식에서 가속도가 속도와 위치의 함수로 정해지는 어떤 모형에 대해서도 성립한다. 즉 식 (2.3.15)와 같은 형태의 운동방정식에 대해서는 구체적인 형태와 무관하게 동일한 방법의 수치해석이 적용될 수 있다. 미소시간 Δt를 잘게 잡을수록 계산양이 많아지고, 그 대신에 수치해석으로 구한 해는 정확하게 된다. 수치해석의 유일한 제한점은 컴퓨터의 계산 용량의 한계이다. 그런데 역학에서 통상적으로 다루는 운동방정식을 풀 때에 컴퓨터의 계산 용량은 전혀 문제가 되지 않는다. 따라서 순전히 운동의 예측이 목적이라면 수치해석을 통해 해를 구하는 것이 가장 강력한 방법이다. 또 연구의 일선 현장에서 가장 유용한 방법도 수치해석이라 할 수 있다.

4) 운동방정식의 해에 대한 일반론

수치해석과 관련된 앞의 논의는 중요한 결과를 함축하고 있다. 곧 운동방정식과 적절한 초기조건이 주어지면 물체의 이후 운동이 완전히 결정된다는 것이다. $x(t)$와 $v(t)$가 운동방정식과 초기조건에 의해 정해진다는 것은 수학적으로도 아주 중요한 의미를 갖는다. 이제 어떤 시간에서 물체의 위치와 속도가 결정되면, 이후의 시간에서 물체가 두 개 이상의 위치나 속도를 갖는 것이 불가능하다. 이는 수학적으로는 적절한 초기조건이 주어질 때 미분방정식의 해가 유일하다는 것을 의미한다.

우리는 운동의 변화 양상을 기술하는 운동방정식이 식 (2.3.15)을 만족하는 경우, 이 방정식과 운동의 처음 상태를 기술하는 초기조건이 이후의 운동을 결정한다는 것을 보았다. 이 논의는 처음 상태를 알고 변화 과정을 알면 나중 상태를 안다는 직관적 견해와 그리 다르지 않다. 그런데 이 논의에 의하면 미래는 현재에 의해 결정되므로 결국 고전역학은 결정론적이다. 또한 힘이 현재의 위치와 속도에만 관계하기 때문에 과거의 위치와 속도는 미래의 운동을 결정하는 데 불필요하다. 결과적으로 식 (2.3.15)의 운동방정식 모형에서는 오직 현재의 상태만이 미래를 결정할 뿐 물체의 운동은 역사성이 없다. 이것은 상당히 의외의 결과이다. 보통 우리는 한 사람의 미래를 알기 위해 그 사람의 과거를 고려하지 않고 현재만 봐도 충분하다고 생각하지 않는다. 이와 대조적으로 식 (2.3.5)와 같이 운동방정식이 주어지면, 현재의 운동만 알더라도 미래를 예측할 수 있다.

자연에서 관찰되는 운동은 대개는 복잡해 보인다. 이때 복잡성을 야기하는 여러 요소를 모두 고려하여 운동방정식을 만들 수 있다. 그런데 이렇게 되면 방정식이 복잡해서 풀기가 힘들다. 풀 수 없는 복잡한 방정식을 만들어봐야 소용이 없는 것이다. 그래서 물리학자들은 전통적으로 자연 현상을 이해하기 위해 먼저 간단한 모형을 다루고, 이를 바탕으로 보다 복잡한 상황에 대해 연구를 확장하는 방식을 취해왔다. 이를테면 물체의 낙하를 다룰 때 처음에는 중력에 의한 효과만을 고려한 식 (2.3.8)과 같은 간단한 모형을 생각한다. 이 모형은 경우에 따라 충분히 성공적일 것이다. 무엇보다 이 모형은 해석적 해를 쉽게 구할 수 있다. 그러나 이 모형은 물체의 낙하속도가 클수록 낙하의 가속도가 줄어드는 현상을 설명할 수 없다. 따라서 물체가 가볍고 낙하의 거리가 긴 상황에서는 보다 정교한 모형이 요구된다. 이를 위해 물체 속도의 함수인 저항력을 고려한 낙하 모형을 세운다. 모형이 보다 정교할수록 저항력의 속도의존성을 잘 담아내어 현상을 더욱 잘 설명할 수 있을 것이다. 그런데 이렇게 만든 모형에 기반을 둔 방정식에 대해 해석적인 해를 구하지 못할 수 있다. 이 경우 근사법으로 해를 구한다.

　도입된 모형이 여러 가지 관련 요인을 포함할수록, 그 모형은 운동을 세세하게 설명할 것이다. 그런데 많은 경우에 여러 가지 요소를 고려하여 모형을 세우고, 이를 바탕으로 운동방정식을 만들어도 그 방정식을 풀 수가 없다. 이를 비껴가기 위해 가장 중요한 요소만을 고려하여 간단한 모형을 만들고 운동방정식을 만든다. 충분히 단순화된 방정식은 일단 해석적 해를 구할 수 있다는 장점이 있고, 간단한 모형은 현상의 모든 면을 설명할 수는 없어도 현상이 갖는 가장 두드러진 특징은 설명할 수 있다. 더 나아가서 섭동법 등 여러 가지 근사법을 사용하면 간단한 모형에서는 무시했던 효과들을 포함하여 운동을 설명할 수 있다.

　그런데 해석적인 해가 알려진 미분방정식은 그리 많지 않으며 그중에서 물리학에서 중요한 의미를 갖는 방정식은 더욱 소수이다. 더구나 많은 물리 현상은 해석적 해를 구할 수 있는 모형으로 설명하기에는 너무 복잡하다. 이런 문제로 현상의 세부적인 부분을 설명하는 것을 포기하고 현상의 중요한 특성을 먼저 설명할 수 있는 간단한 모형을 세우는 것으로 연구의 출발점을 삼을 수 있다. 이렇게 모형을 단순화하면 해석적인 해를 구할 수도 있을 것이고, 이로부터 현상의 중요한 특성을 설명할 수 있다. 그런데 이렇게 구한 해는 시작부터 현상의 세부적인 요소를 무시한 모형에서 구한 해라는 단점이 있다. 이를 극복하기 위해 물리학자들은 초기에 의도적으로 무시했던 요인들을 첨가한 보다 완전한 모형을 바탕으로 방정식을 만들고 근사법을 이용하여 방정식을 근사적으로 푼다. 이때 최초의 모형에서 구한 해석적 해가 새로운 방정식을 푸는 데 이용된다. 이를테면 우리가 앞에서 다룬 근사법을 되돌아보자. 이때 우리는 저항을 무시한 단순한 모형의 해 $v^{(0)}$를 먼저 구한 후에 이를 바탕으로 저항을 고려한 해를 구했다. 이렇게 구한 해 $v^{(n)}$은 $v^{(0)}$보다 세부적인 요인을 더 고려한 방정식을 푼 것이므로 현상을 보다 잘 설명할 수 있게 된다.

　1.7절에서도 논의했지만 물리학 연구에서는 근사를 피하기가 힘들다. 이를테면 중력법칙으로 행성의 운동을 설명하는 과정을 생각해보자. 우리는 이미 태양계에 태양 그리고 많은 행성과 그 위성들이 있음을 알고 있다. 따라서 태양계를 도는 지구의 운동을 정밀하게 설명하기 위해서는 원칙적으로 지구 이외의 모든 행성과 위성, 그리고 태양이 지구에 미치는 인력을 고려해야 한다. 하지만 이 모두를 고려한 운동방정식은 해석적 해를 구하기에는 터무니없이 복잡하다. 다행히 지구에 미치는 인력의 크기를 비교하면, 지구에 영향을 미치는 힘은 주로 태양에서 기인한다는 것을 알 수 있다. 이제 다른 요소를 과감히 무시하고 지구와 태양만을 고려하는 간단한 모형을 세우는 것이 정당화된다. 이렇게 근사한 간단한 모형에 기반을 둔 운동방정식을 풀면 태양을 도는 행성의 운동에 대해 케플러의 1, 2, 3법

칙이라는 경험적 법칙을 모형으로부터 예측할 수 있다. 즉 간단한 모형을 통해 행성의 궤도운동의 가장 핵심적인 특징을 설명할 수 있게 된다. 그런데 우리가 무시한 다른 행성들이 한 행성에 주는 인력이 그 행성의 궤도운동을 타원궤도에서 어느 정도 이탈하게 할 것이다. 이러한 효과를 설명하려면 모든 행성을 고려한 모형을 기반으로 한 방정식을 풀어야 한다. 새로이 고려하는 복잡한 모형에서 행성의 운동은 타원궤도에서 벗어난 운동을 할 것이다. 섭동법(일종의 근사법)을 통해 이를 계산하여 실제 행성의 궤도운동과 비교함으로써 새로운 모형의 타당성을 검토할 수 있다. 실제로 고전 역학은 이러한 과정을 거쳐 그 타당성이 검증된 것이다.

과거에는 운동방정식을 풀어서 수치적인 예측을 하는 과정이 매우 고된 과정이었다. 그런데 컴퓨터의 발달은 이러한 연구 과정을 송두리째 바꿔놓았다. 이제는 더 이상 모형을 단순화하여 해석적 해를 구하고 이로부터 근사법을 이용하여 더 복잡한 모형의 근사해를 구하지 않아도 컴퓨터 계산을 통해 바로 운동을 예측할 수 있다. 그만큼 연구에서 손 계산이 차지하는 비중이 줄어든 셈이지만, 여전히 손 계산의 필요성이 완전히 사라진 것은 아니다.

지금까지 논의한 운동방정식을 푸는 세 가지 방법을 간단히 정리하면 다음과 같다.

해석적 해: 해석적 해는 손 계산으로 푸는 것이다[11]. 운동방정식이 간단한 몇몇 경우에만 해석적 해를 구할 수 있다. 간단한 모형에 대한 해석적 해는 현상의 가장 중요한 특징을 설명해준다. 해석적 해는 더 복잡한 모형에 대한 근사해를 구하는 출발점이 된다. 또한 해석적 해를 구하고 분석하는 과정을 통해 운동에 대한 직관을 키울 수 있다.

근사해: 근사해도 손 계산으로 푸는 것이다. 모형이 복잡하여 운동방정식을 해석적으로 풀 수 없는 경우에 근사해를 구한다. 모형이 많은 요소를 고려했으므로 근사해는 간단한 모형을 푼 해석적 해보다 현상의 보다 세부적인 요소들을 설명할 수 있다.

수치 해석으로 구한 해: 수치 해석은 컴퓨터 프로그램을 짜서 운동방정식을 푸는 것이다. 운동방정식이 복잡하여 해석적 해, 근사해를 구하기 힘든 경우에도 쉽게 해를 구할 수 있다. 다만 너무 컴퓨터 계산에만 의존하면 계산 결과로부터 의미를 구성하지 못할 수 있다. 이러한 우를 범하지 않으려면 수치해를 구하고 나서 구한 결과의 의미를 심도 있게 고찰해야 한다.

---

11) 요즘은 이러한 손 계산도 대신해주는 Mathematica 같은 프로그램이 연구에 활용되기도 한다.

계산의 압박에서 벗어나다:

우리가 만든 모형은 운동방정식의 형태를 띤다. 그런데 실험이나 관찰결과는 수치의 형태를 띤다. 따라서 모형과 현상을 비교하려면 관찰결과의 수치와 비교할 수 있는 수치를 모형으로부터 뽑아내야 한다. 계산기와 컴퓨터가 없던 과거에는 오로지 손 계산으로 이러한 수치를 구해야 했다. 미분방정식으로부터 해석적 해를 구하지 못할 경우에는, 모형으로부터 수치를 뽑아내는 과정에서 수치적분 등의 엄청난 계산을 손으로 해야만 한다. 지금부터는 가상의 예를 통해 손 계산에만 의존하던 시기에 해석적 해를 구하는 것이 얼마나 중요한 일인지를 간단히 생각해보고자 한다.

먼저 해석적 해를 구한 상황부터 생각해보자. 이를테면 어떤 운동방정식을 풀어서 위치를 시간의 함수로 나타낸 해석적 해 $x(t) = e^{-3t}$를 구했다고 하자. 이때 $t = 1$일 때 위치는 $x(1) = e^{-3}$이고 그 수치 값은 테일러 급수로 비교적 쉽게 구해진다. 이렇게 해석적 해를 구하면 특정 시간에 대한 위치를 수치화하는 것이 간단하다.

이번에는 어떤 운동방정식을 풀어서 해석적 해를 구하지 못하고, 다음과 같은 적분형태의 식을 구했다고 하자.

$$x(t) = \int_0^t e^{-\tau^2} d\tau$$

이 경우 $t = 1$일 때의 위치는 다음과 같다.

$$x(1) = \int_0^1 e^{-\tau^2} d\tau$$

이 값을 수치화하려면 결국 정적분을 손으로 계산해야 한다. 즉 폭이 좁은 직사각형들의 면적의 합을 계산하여 $x(t)$의 수치를 근사해야 한다.

이렇게 해석적 해를 구할 수 있느냐에 따라 함수를 수치화하는 계산의 복잡성이 달라지게 된다. 한편으로 더 복잡한 모형을 근사법을 통해 풀기 위해서도 보다 간단한 모형에 대해 구한 해석적 해가 필요하다. 따라서 손으로 하는 계산이 전부이던 시대에 해석적 해를 구하는 것은 연구에 있어서 본질적으로 중요한 일이었다. 오늘날에는 수치해석을 통해서 현상과 비교할 수치를 모형으로부터 보다 쉽게 뽑아낼 수 있게 되면서 계산의 압박에서 벗어나게 되었다.

5) 해의 타당성 검토(모형의 타당성 검토)

모형을 세우고 이에 기반을 두어 예측을 했으면 현상과 비교함으로써 모형을 평가한다. 좋은 모형일수록 현상을 잘 설명하거나 예측할 것이다. 그런데 모형은 하루아침에 만들어지지 않는다. 보통은 간단한 모형에 기반을 두어 연구를 시작하고, 현상과의 비교를 통해 모형을 점점 정교화하여 현상의 보다 세세한 부분을 설명하게 된다. 모형을 평가할 때에는 모형의 예측과 비교할 실제 운동에 대한 측정 자료가 갖는 정밀도가 중요하다. 측정 자료가 정밀할수록 모형의 타당성에 대해 정확하게 말할 수 있으며 이를 바탕으로 보다 정교한 모형을 만들 수 있다.

앞에서 우리는 세 가지 방식으로 운동방정식의 해를 구할 수 있음을 보았다. 자유낙하 모형에 대해 해석적 해와 근사해는 각각 다음과 같았다.

$$v(t) = -\frac{mg}{b}(1 - e^{-\frac{bt}{m}}) \tag{2.3.19}$$

$$v^{(2)} = -gt + \frac{bg}{2m}t^2 - \frac{b^2 g}{6m^2}t^3 \tag{2.3.20}$$

얼핏 보면 해석적 해가 근사해보다 좋아 보인다. 그런데 특정 시간에서의 속도를 수치 값으로 뽑으려면 식 (2.3.19)에서 지수함수를 계산해야 하는데, 이 과정에서 결국 테일러 급수를 바탕으로 한 근사를 사용하게 된다. 여기까지 생각해보면 근사해를 구한 것이나 해석적 해를 구한 것은 큰 차이가 없게 된다. 즉 수치화의 과정을 고려하면 굳이 해석적 해를 좋은 것으로 고집할 필요가 없는 것이다.

앞에서 모형의 타당성을 검토할 때 수치화된 자료와 모형의 예측을 비교한다고 하였다. 그런데 자료와 모형의 예측을 비교할 때 보다 세련된 과정을 거치기도 한다. 많은 경우 수치화된 자료로부터 어떤 패턴을 찾아내어 그 패턴과 모형의 예측 패턴을 비교한다. 예를 들어 케플러의 법칙들은 수치화된 자료로부터 추출된 패턴들이다. 그리고 거리의 제곱에 반비례하는 만유인력이라는 모형은 행성의 타원운동이라는 패턴을 예측함으로써 정당화 된다. 이 경우 비교된 자료는 수치화된 자료가 아니라 자료의 패턴이라 할 수 있다.

자유낙하에 대한 우리의 모형에서도 패턴을 추출할 수 있다. 이를테면 우리가 푼 방정식 의 해로부터 낙하운동의 시작부분(낙하 시작 직후)이나 끝부분(낙하 시작 후 오랜 시간이 지난 후)의 패턴을 다음과 같이 정성적으로 검토할 수 있다.

낙하를 시작한 직후의 속도는 식 (2.3.6)과 식 (2.3.7)에서 다음과 같이 근사된다.

$$v = -\frac{mg}{b}(1 - e^{-\frac{bt}{m}}) \simeq -\frac{mg}{b}\left[1 - \left(1 - \frac{bt}{m} + \frac{1}{2}\left(\frac{bt}{m}\right)^2 - \cdots\right)\right]$$

$$= -gt + \frac{bg}{2m}t^2 + \dots \tag{2.3.21}$$

$$x = -\frac{m^2 g}{b^2}\left(1 - \frac{bt}{m} - e^{-\frac{bt}{m}}\right) \simeq -\frac{1}{2}gt^2 + \frac{bg}{6m}t^3 + \cdots \tag{2.3.22}$$

이 식들에서 지수함수에 대해 테일러 근사를 할 때 테일러 급수 중 2차항까지만을 고려하 였다. 만일 테일러 급수로 1차항까지만 고려한다면 식 (2.3.21)과 식 (2.3.22)의 결과에서 첫째 항들만 남아서 자유낙하와 같은 결과를 얻게 된다.

한편 낙하 후에 오랜 시간이 지난 후에는 식 (2.3.6)과 식 (2.3.7)에서 지수함수를 무시할 수 있으므로 속도와 위치가 다음과 같이 근사된다.

$$v \simeq -\frac{mg}{b} \tag{2.3.23}$$

$$x = -\frac{m^2g}{b^2}\left(1 - \frac{bt}{m}\right) \tag{2.3.24}$$

결국 오랜 시간이 지난 후에 물체는 일정한 속도로 낙하운동을 하게 되는데, 이러한 일정한 속도를 물체의 종단속도라고 한다.

자유 낙하 후에 짧은 시간이 지난 경우와 오랜 시간이 지난 경우에 대한 식 (2.3.21)~ (2.3.23)의 결과가 그럴듯한지를 검토하면 모형의 타당성을 약식으로 확인할 수 있다. 이 검토 과정은 계산을 맞게 했는지를 확인하는 검산에도 이용할 수 있다. 이러한 과정은 운동에 대한 직관을 키우는 과정이기도 하다.

어떤 운동방정식은 물리적으로 매우 유용하면서 비교적 쉽게 해석적인 해를 구할 수 있다[12]. 해석적 해를 갖는 방정식의 기반이 되는 모형은 현상의 여러 요소를 담아내기에는 너무 단순한 것이지만 현상의 가장 중요한 특징들을 잘 드러내어 준다. 어떤 특징들은 여러 현상에서 공통적으로 발견되기도 한다. 이런 경우 여러 현상에 공통된 특징들을 반영하는 간단한 모형은 아주 중요하게 된다. 물리학 교재는 이와 같이 중요성이 인정된 모형 중에서 해석적 해를 갖는 것들을 주로 다룬다. 즉 교재에 소개된 주요 운동방정식은 여러 현상을 통해 검증된 가치 있는 모형들이다. 특히 단순조화진동자는 매우 중요한 모형이다. 감쇠를 고려하여 모형을 보정하여도 해석적 해를 구할 수 있을 뿐 아니라 수많은 자연 현상을 조화진동자의 모형으로 설명할 수 있다는 점에서 다른 모형과 비할 바가 아니다. 교재 속에서 조화진동자에 대해 자세히 논의하는 것은 이 때문이다. 교재를 통해 중요한 모형에 대해 익숙해지면, 물리 현상을 접할 때 익숙해진 모형이라는 관점에서 바라볼 수 있게 된다. 어떤 면에서 교재의 목표 중 하나는 그 안에 소개된 모형을 통해 자연 현상을 바라보는 것이라 해도 과언이 아니다[13].

---

12) 방정식들이 쉽게 풀린다는 말이 의아할 것이다. 풀리지 않는 방정식의 어려움을 생각하면 풀리는 방정식은 여하튼 쉬운 축에 든다.

13) 반면에 어떤 방정식들은 유용성보다는 단지 해석적 해가 존재한다는 이유로 교재의 본문과 연습문제에 소개되기도 한다. 이런 문제를 잘 푼다고 물리에 대한 이해가 높아지는 것은 아닐 수 있으니 공부할 때 주의가 필요하다.

2.4 ● 간단한 운동방정식의 해 구하기

역학에서 다루는 많은 운동 상황에서 한 물체가 따르는 운동방정식은 다음과 같이 주어진다.

$$m\frac{d^2\vec{r}}{dt^2} = \vec{F}(\vec{r}, \vec{v}, t) \tag{2.4.1}$$

한 물체가 일직선에 국한된 일차원 운동을 한다면 일반적으로 운동방정식은 다음과 같이 쓸 수 있다.

$$m\frac{d^2x}{dt^2} = F(x, v, t) \tag{2.4.2}$$

그런데 운동 상황에 대한 모형을 만들다 보면 힘이 항상 t, v, x를 모두 포함하는 함수형태를 갖는 것은 아니다. 때때로 운동을 유발하는 힘은 다음과 같이 보다 단순한 함수형태를 가질 수 있다.

$$m\frac{d^2x}{dt^2} = F(t) \tag{2.4.3}$$

$$m\frac{d^2x}{dt^2} = F(v) \tag{2.4.4}$$

$$m\frac{d^2x}{dt^2} = F(x) \tag{2.4.5}$$

이번 절에서는 이와 같이 힘이 보다 단순한 함수형태를 갖는 경우에 운동방정식의 해를 구하는 방법에 대해 간단히 정리하고자 한다. 먼저 힘이 식 (2.4.3)과 같이 시간의 함수인 경우의 해를 구해보겠다. 우리는 힘이 이미 규명된 경우를 다루므로 힘과 시간의 관계 $F(t)$는 이미 알려진 것으로 보자. 또 시간 $t = 0$에서 물체의 위치와 속도가 각각 x_0, v_0라 놓자. 이때 운동방정식 (2.4.3)을 속도에 대한 것으로 다음과 같이 바꿀 수 있다.

$$m\frac{dv}{dt} = F(t) \tag{2.4.6}$$

이것을 시간에 대해 적분하면 물체의 속도 $v(t)$를 다음과 같이 구할 수 있다.

$$v(t) = v_0 + \frac{1}{m}\int_0^t F(t')dt' \tag{2.4.7}$$

여기서 $v(t) = dx(t)/dt$이므로 식 (2.4.7)을 다시 시간에 대해 적분하면 다음을 얻는다.

$$x(t) = x_0 + v_0 t + \frac{1}{m} \int_0^t \int_0^{t'} F(t'') dt'' \tag{2.4.8}$$

함수의 형태에 따라 계산의 복잡성은 달라지겠지만, 여하튼 힘이 시간의 함수로 주어지면 식 (2.4.7), 식 (2.4.8)의 적분을 수행함으로써 이후의 물체의 위치와 속도를 구할 수 있다.

예제 2.4.1

처음의 위치와 속도가 각각 x_0, v_0인 물체가 일정한 힘으로 가속되어 가속도 a인 등가속운동을 한다. 가속하기 시작한지 시간 t가 지난 후의 물체의 속도와 위치를 각각 구하시오. 이를 바탕으로 물체의 속도와 이동거리 사이의 관계도 구하시오.

풀이

식 (2.4.7)에서 $F(t)/m = a$로 놓고 적분하면 다음과 같다.

$$v(t) = v_0 + at$$

이 결과를 시간에 대해 적분하거나 식 (2.4.8)을 활용하면 다음을 쉽게 구할 수 있다.

$$x(t) = x_0 + v_0 t + \frac{1}{2} at^2$$

두 결과로부터 시간 t를 소거하여 정리하면 다음과 같이 아주 익숙한 결과를 얻는다.

$$v^2 - v_0^2 = 2a(x - x_0)$$

힘이 식 (2.4.4)처럼 속도의 함수로 주어지는 경우에는 앞선 절에서 저항력이 작용하는 경우와 유사하게 변수분리를 활용하여 운동방정식을 풀 수 있다. 이 경우 $v = dx/dt$임을 이용하여 식 (2.4.4)를 우선 다음과 같이 변형할 수 있다.

$$dt = m \frac{dv}{F(v)} \tag{2.4.9}$$

이와 같이 변수를 분리한 후에 양변을 적분하면 아래와 같이 나타낼 수 있다.

$$t = m \int \frac{dv}{F(v)} \tag{2.4.10}$$

이 결과는 시간 t를 속도 v의 함수로 구한 것이므로, 그 역함수를 취하면 $v(t)$를 구할 수 있다. 그리고 $v(t)$를 시간에 대해 적분하면 시간에 따른 위치 $x(t)$도 구할 수 있다.

때때로 물체의 운동을 다룰 때 시간별 위치와 속도를 모두 아는 것 대신에 물체의 위치에 따른 속도를 구하고자 할 때가 있다. 이러한 문제를 풀 때는 $v(t)$, $x(t)$를 모두 구한 후에 시간 t를 소거하는 것은 노력의 낭비일 수 있으므로 위치와 속도의 관계를 직접 구하는 것을 시도해볼 수 있다. 실제로 힘이 식 (2.4.4)처럼 속도만의 함수라면 위치와 속도의 관계를 직접 구하는 것이 가능하다. 이를 위해 운동방정식 (2.4.4)를 다음과 같이 바꿀 수 있다.

$$F(v) = m\frac{d^2x}{dt^2} = m\frac{dv}{dt} = m\frac{dv}{dx}\frac{dx}{dt} = mv\frac{dv}{dx} \tag{2.4.11}$$

이 식에서 v와 x를 다음과 같이 변수분리할 수 있다.

$$dx = m\frac{vdv}{F(v)} \tag{2.4.12}$$

양변을 적분하면 다음과 같이 속도와 위치의 함수 관계를 얻는다.

$$x(v) = m\int \frac{vdv}{F(v)} \tag{2.4.13}$$

예제 2.4.2

$m\dfrac{dv}{dt} = -bv$인 운동방정식을 따르는 물체가 있다. $t = 0$일 때의 속도를 v_0라 할 때 $v(t)$를 구하시오.

풀이

방정식에서 다음과 같이 v, t에 관계되는 항들을 각각 좌변과 우변으로 보내면 다음을 얻는다.

$$\frac{dv}{v} = -\frac{b}{m}dt$$

이때 좌변은 속도의 함수 우변은 시간의 함수로 되었기 때문에 각각을 적분할 수 있다.

$$\int_{v_0}^{v} \frac{dv}{v} = -\int_{0}^{t} \frac{b}{m}dt$$

$t = 0$일 때의 속도를 v_0라 할 때 적분한 결과는 다음의 형태가 된다.

$$v = v_0 e^{-\frac{b}{m}t}$$

예제 2.4.3

질량 m인 물체가 $-kv^2$과 같이 속도의 제곱에 비례하는 저항력을 받고 있다. 이 물체의 속도가 반으로 줄어드는 동안 이동한 거리를 구하시오.

풀이

식 (2.4.12)에서 $F(v) = -kv^2$를 대입하여 정리하면 다음을 얻는다.

$$dx = -\frac{mdv}{kv}$$

양변을 적분하면 다음이 성립한다.

$$x - x_0 = -\frac{m}{k}\ln(v/v_0)$$

따라서 속도가 절반이 되는 동안 이동한 거리는 아래와 같이 나타낼 수 있다.

$$\frac{m}{k}\ln 2$$

힘이 식 (2.4.5)와 같이 위치만의 함수인 경우도 물리학적으로 매우 중요하다. 중력, 전기력 같은 중요한 힘들을 공식화할 때 힘이 위치만의 함수로 나타나기 때문이다. 이 경우 퍼텐셜에너지를 정의하면 운동을 편리하게 다룰 수 있다. 이를 자세히 보기 위해 우선 식 (2.4.5)를 다음과 같이 바꾸어보자.

$$F(x) = m\frac{d^2x}{dt^2} = m\frac{dv}{dt} = m\frac{dv}{dx}\frac{dx}{dt} = mv\frac{dv}{dx} \tag{2.4.14}$$

위 식의 우변을 약간 변형하면 다음도 성립한다.

$$F(x) = \frac{d}{dx}\left(\frac{1}{2}mv^2\right) \tag{2.4.15}$$

양변을 x에 대해 적분하면 다음을 얻는다.

$$\frac{1}{2}mv^2 - \frac{1}{2}mv_0^2 = \int_{x_0}^{x} F(x')dx' \tag{2.4.16}$$

이 식의 좌변에서 $mv^2/2$는 물체의 운동에너지이며, 우변은 힘이 물체에 한 일이다. 결국 위의 식은 힘이 물체에 한 일은 물체의 운동에너지의 변화와 같다는 의미를 갖는다. 이와 같이 일과 운동에너지의 변화 사이의 관계를 나타낸 식 (2.4.16)을 일-에너지 정리라고도 부른다. 식 (2.4.16)은 힘이 위치만의 함수일 조건에서 유도한 것처럼 보인다. 그런데 유도 과정을 잘 살펴보면 힘이 위치만의 함수라는 조건이 없어도 물체의 운동에너지 변화량은 물체에 해준 일과 같다는 일-에너지 정리가 성립한다는 것을 쉽게 확인할 수 있다.

한편 다음을 만족하도록 퍼텐셜에너지(potential energy)를 정의할 수 있다.

$$V(x) = -\int_{x_s}^{x} F(x')dx' \tag{2.4.17}$$

여기서 x_s는 퍼텐셜에너지가 0이 되도록 선정된 기준이 되는 위치이다. 기준 위치는 임의로 선정할 수 있지만 대개 계산하기 편한 기준점을 잡는다. 퍼텐셜에너지의 크기 자체는 중요하지 않고, 한 지점의 퍼텐셜에너지와 기준 지점의 퍼텐셜에너지와의 차이만 물리적 의미를 가진다. 힘을 아는 경우에 식 (2.4.17)을 이용하면 기준점에 대해 퍼텐셜에너지를 계산할 수 있다. 역으로 퍼텐셜에너지 $V(x)$를 알면 다음을 이용하여 힘을 구할 수 있다.

$$-\frac{dV(x)}{dx} = F(x) \tag{2.4.18}$$

한편 식 (2.4.16)과 식 (2.4.17)에서 적분항을 소거하여 정리하면 다음과 같은 등식을 얻게 된다.

$$\frac{1}{2}mv^2 + V(x) = \frac{1}{2}mv_0^2 + V(x_s) = E \tag{2.4.19}$$

이 식의 우변은 상수이고 좌변은 운동에너지와 퍼텐셜에너지의 합이다. 따라서 물체의 운동에너지와 퍼텐셜에너지의 합 E가 운동 중에 보존된다는 결론을 얻게 된다. 물체가 일차원 운동을 하며, 물체가 받는 힘이 위치만의 함수이면 식 (2.4.19)와 같은 역학적 에너지의 보존이 항상 성립한다.

힘이 위치만의 함수일 경우에 식 (2.4.16)과 같은 일-에너지 정리, 혹은 식 (2.4.19) 같은 역학적 에너지 보존을 이용하면 물체의 위치와 속력 사이의 관계를 구할 수 있다. 그렇다면 힘이 위치만의 함수인 경우에 시간에 따른 물체의 위치와 속도 $x(t)$, $v(t)$는 어떻게 구할 수 있을까? 일단 식 (2.4.19)처럼 위치와 속도의 함수 관계를 구하면, 이로부터 $x(t)$, $v(t)$도 구할 수 있다. 이것을 보기 위해 식 (2.4.19)을 다음과 같이 변형해보자.

$$v = \frac{dx}{dt} = \pm\sqrt{\frac{2}{m}(E - V(x))} \tag{2.4.20}$$

이 식을 시간과 위치를 변수분리하여 적분해주면 다음의 형태가 된다.

$$t - t_0 = \pm \sqrt{\frac{m}{2}} \int_{x_0}^{x} \frac{dx}{\sqrt{E - V(x)}} \tag{2.4.21}$$

일단 이 적분을 수행하면 $x(t)$를 구한 셈이 된다. 이 결과를 시간에 대해 미분하면 $v(t)$도 구할 수 있다. 다만 퍼텐셜에너지 $V(x)$의 형태에 따라 식 (2.4.21)을 적분하여 함수형태의 $x(t)$를 구하는 것이 쉬울 수도 있고 어려울 수도 있을 것이다.

한편 식 (2.4.19)에서 퍼텐셜에너지의 형태 $V(x)$를 알고, 초기조건으로부터 물체의 역학적 에너지값(즉, 운동에너지와 퍼텐셜에너지의 합)을 알면 $x(t)$, $v(t)$, $v(x)$ 등의 함수관계를 정확히 구하지 못하더라도 물체가 어떤 운동 양상을 보일지를 대략적으로 예측할 수 있다. 이를테면 퍼텐셜에너지 $V(x)$를 알면 [그림 2.4.1]의 (a)와 같은 형식의 퍼텐셜에너지 그래프를 그릴 수 있다. 이때 물체의 역학적 에너지가 그래프와 같이 E_0이면 물체는 x_0의 위치에서 고정되어 있을 것이다. 만일 물체의 역학적 에너지가 E_1이면 물체는 그래프에서 x_1과 x_2를 오가는 왕복운동을 할 것이다. 한편 물체의 역학적 에너지가 E_2이면 그래프에서 x_3을 향하던 물체는 x_3의 위치에서 운동 방향을 바꾼 후 x_3에서 계속해서 멀어지는 운동을 할 것이다. 이와 같이 물체의 운동 방향이 바뀌는 지점을 전환점(turning point)이라 부른다. 그래프에서 역학적 에너지가 E_2인 경우에는 x_1과 x_2가 전환점이 된다. 어떤 위치 x_p가 전환점이 되려면 우선 그 지점에서의 퍼텐셜에너지 $V(x_p)$가 물체의 역학적 에너지와 같아야 한다. 또한 점 x_p를 전후하여 퍼텐셜에너지 $V(x_p)$와 역학적 에너지의 크기 관계가 뒤집혀야 한다.

퍼텐셜에너지 그래프가 주어질 때의 운동 양상은 퍼텐셜에너지와 같은 모양의 마찰이 없는 궤도 위를 미끄러지는 입자의 운동 양상과 같다. 즉 [그림 2.4.1]의 (a)와 같은 퍼텐셜에너지와 똑같은 모양을 한 마찰이 없는 궤도 (b)를 생각해보자. 이러한 마찰이 없는 궤도에서 그림 (b)처럼 (x_1, E_1)의 위치에서 가만히 입자를 미끄러뜨리면, 입자는 결국 (x_2, E_1)인 위치에서 멈추고 방향을 전환하여 다시 (x_1, E_1)인 위치에서 방향을 전환하는 운동을 반복할 것이다. 또한 왕복운동 중에 (x_1, x_2) 사이의 어떤 지점 x에 대해서도 입자의 중력에 의한 퍼텐셜에너지와 운동에너지의 합인 역학적 에너지는 일정할 것이다. 이러한 운동 양상은 [그림 2.4.1]의 퍼텐셜에너지 그래프에서 역학적 에너지가 E_1인 물체의 운동 양상과 정확히 일치한다. 따라서 퍼텐셜에너지 그래프와 총에너지를 알면 이와 관련된 마찰 없는 궤도에서의 운동 상황을 떠올림으로써 운동 양상이 어떻게 진행될지를 쉽게 추측할 수 있다.

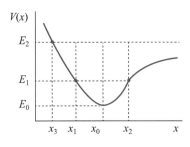 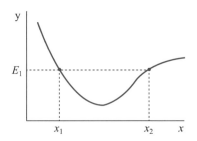

[그림 2.4.1] 퍼텐셜에너지와 물체의 운동
(a) 퍼텐셜에너지 하에서의 운동 (b) 마찰이 없는 궤도 위의 운동

예제 2.4.4

$F(x) = -kx^3$인 복원력을 받으며 초기조건이 $x(0) = x_0 > 0$, $v(0) = 0$인 일차원 운동을 하는 물체가 있다. 이 물체의 위치와 속도 사이의 관계를 구하시오.

풀이

식 $(2.4.16)$에서 $F(x) = -kx^3$를 대입하여 계산하면 다음과 같다.

$$\frac{1}{2}mv^2 + \frac{1}{4}kx^4 = \frac{1}{4}kx_0^4$$

결국 물체는 $x_0 \geq x \geq -x_0$인 범위 내에서 주기적인 왕복운동을 한다.

예제 2.4.5

$F(x) = -kx$인 복원력을 받으며 일차원 운동을 하는 질량 m인 물체가 각진동수 $\sqrt{k/m}$으로 진동함을 보이시오.

풀이

$x = 0$인 지점을 퍼텐셜에너지의 기준점으로 잡으면 식 $(2.4.17)$에서 퍼텐셜에너지는 다음과 같다.

$$V(x) = \frac{1}{2}kx^2$$

또한 역학적 에너지가 보존되므로 초기조건에 의해 결정되는 어떤 상수 E가 존재해서 다음을 만족한다.

$$\frac{1}{2}mv^2 + \frac{1}{2}kx^2 = E$$

$t = 0$일 때의 위치를 x_0라 놓으면 식 $(2.4.20)$은 다음과 같게 된다.

$$t = \sqrt{\frac{m}{2}} \int_{x_0}^{x} \frac{dx}{\sqrt{E - kx^2/2}}$$

$\sqrt{\dfrac{k}{2E}} \, x = \sin\theta$, $\sqrt{\dfrac{k}{2E}} \, dx = \cos\theta d\theta$ 라 치환하여 위의 식을 정리하면 아래와 같다.

$$t = \sqrt{\frac{m}{k}} \int_{\theta_0}^{\theta} d\theta' = \sqrt{\frac{m}{k}} \left(\theta - \theta_0\right)$$

이 결과를 다시 정리하면 다음과 같이 나타낼 수 있다.

$$\theta = \sqrt{\frac{k}{m}} \, t + \theta_0$$

$\sqrt{k/2E} \, x = \sin\theta$ 임을 이용하여 위의 결과에서 $x(t)$를 구하면 다음과 같다.

$$x(t) = \sqrt{\frac{2E}{k}} \sin\left(\sqrt{\frac{k}{m}} \, t + \theta_0\right)$$

이 결과에서 보듯이 물체는 각진동수 $\sqrt{k/m}$ 으로 진동운동을 한다. 한편 E, θ_0은 각각 초기조건에 의해 결정되는 값으로 각각 진동의 진폭과 위상에 관련된다. 진동과 관련한 보다 일반적인 논의는 3장을 참고하자.

예제 2.4.6

(탈출속도) 돌을 최소한 얼마의 속력으로 던져야 돌이 완전히 지구에서 벗어날 수 있는가? (단, 공기의 저항, 지구의 자전, 공전은 무시하고, 지구의 반지름은 R, 지표면에서의 중력가속도는 g이다.)

풀이

지구의 중심을 원점으로 잡자. 이때 위치 $x(> R)$에 있는 질량 m인 돌이 받는 힘은 다음과 같다.

$$F(x) = -G\frac{mM}{x^2}$$

여기서 $-$ 부호는 위치와 반대의 방향으로 힘이 작용한다는 것을 의미한다.

퍼텐셜에너지의 기준점을 원점에서 무한히 먼 위치라 잡으면 아래와 같이 나타낼 수 있다.

$$V(x) = -\int_{\infty}^{x} -G\frac{Mm}{x^2} dx = -G\frac{Mm}{x}$$

지구의 반지름을 R이라 하면 돌이 지구를 완전히 벗어나기 위한 최소 속도 $v_{\min}$은 다음을 만족해야 한다.

$$\frac{1}{2}mv_{\min}^2 - G\frac{Mm}{R} = 0$$

정리하여 $v_{\min}$ 을 구하면 다음과 같다.

$$v_{\min} = \sqrt{\frac{2GM}{R}}$$

한편 질량 m 인 물체가 중력을 받아 지표면에서의 중력가속도 g 로 가속된다면 다음이 성립한다.

$$G\frac{mM}{R^2} = mg$$

이 결과를 위에서 구한 $v_{\min}$ 에 대입 정리하면 아래와 같고,

$$v_{\min} = \sqrt{2gR}$$

이 결과를 토대로 구체적으로 구한 지구탈출속도는 약 $11.2\,\mathrm{km}$ 이다.

2.5 ● 뉴턴 역학 다시 보기를 마무리하며

1장과 2장에서는 뉴턴 역학이 어떤 식으로 운동의 양상들을 설명하는지를 다시 생각해 보고자 하였다. 이 과정에서 운동의 기술과 설명을 구분하였고, 뉴턴 역학의 기본 원리들이 어떻게 운동의 설명에 사용되는지를 살펴보았다. 또한 운동에 대한 설명은 곧 운동 상황에 대한 단순화(근사)를 요구한다는 것도 확인하였다. 이러한 단순화를 통해 운동 상황에 대한 모형을 구성한 결과가 운동방정식이라는 수학적 형태로 나타난다. 그리고 운동방정식을 풀어서 해를 구하는 것은 곧 모형으로부터 현상(혹은 운동)을 예측하는 것과 같다. 이러한 예측과 실제로 관측된 운동의 비교를 통해 모형을 받아들이거나 수정할 수 있다.

2장에서는 특히 운동방정식과 모형의 연관성을 상세히 논했다. 모형을 익히는 것, 즉 운동방정식을 만들고 푸는 일이 중요하지만 역학을 학습한다는 것은 단순히 모형을 배우는 것 이상을 의미하는 것 같다. 역학을 공부할 때 정말로 익혀야 할 것은 모형이라기보다는 그 모형을 지지하고 있는 뉴턴 역학의 기본 원리들의 활용방식이다. 기본 원리들은 운동현상을 다룰 때 일종의 틀 역할을 한다. 우리는 이러한 틀을 가지고 운동을 이해하려 하며 이것이 역학의 목표인 것이다. 이러한 목표를 이루기 위해 우리는 실제의 운동 상황에 이러한 틀을 적용하여 그 상황을 해석하고 이해하려는 시도를 한다. 이때 실제 운동을 틀 안

에서 해석하려는 시도로 운동을 모형화한다. 모형화란 역학의 틀로 운동의 상황을 인식하고 이를 역학의 틀로 개념화시키는 과정이다. 이렇게 운동을 모형화하는 과정에서 최종적으로 기술된 수학적 표현이 운동방정식이다. 운동방정식을 풀고 실제와 비교하는 과정에서 우리의 개념적 틀이 얼마나 성공적인지를 조사할 수 있다. 여러 운동 상황(천체의 운동, 낙하운동, 마찰과 저항이 있는 운동 등)에서 이러한 모형화를 시도하고, 그 결과 역학의 틀로서 운동을 해석하고 이해하고 성공적으로 예측할 수 있다면 우리는 틀을 신뢰할 수 있다.

역학의 틀은 그 타당성을 오랜 기간을 통해 검증받았다. 그렇지만 이 틀은 결과적으로 완전하지 않은 것으로 드러났다. 그 결과로 상대성이론과 양자역학이라는 새로운 틀이 등장했다. 하지만 역학의 틀은 상대성이론과 양자역학이 등장하기 이전에는 역사적으로 가장 성공적인 틀이었다. 이제 여러분이 할 일은 이 틀을 바탕으로 운동을 이해하는 것이다.

역학이든 전자기학이든, 열역학이든 양자역학이든 각각의 분야는 그 분야에 해당하는 현상을 해석하는 틀을 제공한다. 그리고 그 틀에 익숙해져서 현상을 바라보는 것이 곧 물리학을 공부하는 일이다. 그 틀에 익숙해지기 위해 간단한 예를 통해 물리학을 배우게 된다. 여기서 말하는 간단한 예들이란 바로 간단하게 모형화할 수 있는 현상이다. 물론 그 현상은 물리학의 가장 큰 성공들을 담고 있는 것이기도 하다.

01 질량이 m인 어떤 물체의 시간별 속도를 구한 결과가 $v(t) = v_o/(1 + kt)$와 같다. 물체가 받는 힘이 속도만의 함수일 때 이 물체가 만족하는 운동방정식을 구하시오.

02 질량이 m인 어떤 물체의 시간별 위치를 구한 결과가 $x(t) = A(1 - e^{\alpha t})$와 같다. 물체가 받는 힘이 속도만의 함수일 때 이 물체가 만족하는 운동방정식을 구하시오.

03 질량 m인 입자의 속도와 위치와의 관계가 $v = A/x^2$으로 주어진다. 물체가 받는 힘이 위치만의 함수일 때 이 물체가 만족하는 운동방정식을 구하시오.

04 본문 1.4절의 논의에서 근사해 $v^{(n)}$과 $v^{(\infty)}$를 각각 구하시오.

05 식 (2.3.14)의 운동방정식과 초기조건 $x(0) = v(0) = 0$에 대해 미소한 시간 Δt가 지난 후의 근사해 $v^{(1)}$과 $v^{(2)}$를 각각 구하시오.

06 다음과 같은 함수 형태를 갖는 힘을 생각하자.
1) $F(x, v) = f(x)g(v)$
2) $F(x, t) = f(x)g(t)$
3) $F(v, t) = f(v)g(t)$
이 중에서 어떤 경우에 변수분리의 방법을 적용하여 $v(t)$를 구할 수 있는가? 어떤 경우에 변수분리의 방법으로 $v(x)$를 구할 수 있는가?

07 $t = 0$일 때 원점에서 정지해 있는 질량 m인 물체가 다음과 같이 시간의 함수인 힘을 받았을 때 $x(t), v(t)$를 구하시오.
1) $F(t) = A + Bt$
2) $F(t) = A \cos \omega t$
3) $F(t) = Ae^{-\gamma t}$

08 $t = 0$일 때의 속도와 위치가 각각 v_0, x_0인 물체가 $m\ddot{x} = -\alpha \dot{x}^2$와 같이 속도의 제곱에 비례하는 저항력을 받을 때의 $x(t), v(t)$를 구하시오.

09 $t = 0$일 때 원점에서 정지해 있는 질량 m인 물체가 다음과 같이 위치의 함수인 힘을 받아 일차원 운동을 할 때 $v(x)$를 구하시오.

1) $F(x) = A + Bx^2$

2) $F(x) = A\cos kx$

3) $F(x) = Ae^{-\beta x}$

10 연습문제 2.9에 주어진 각 힘에 대해 퍼텐셜에너지 $V(x)$를 구하시오.

11 질량 m이고 초기 속도가 v_0인 입자가 $F(v) = Ae^{-\alpha v}$의 저항력을 받을 때, 입자가 정지할 때까지 이동한 거리를 구하시오.

12 질량 m인 입자가 중심에서 x만큼 떨어져 있을 때 $-kx^2$인 인력을 받는다. 이 입자가 원점에서 d만큼 떨어진 위치에서 정지해 있었다면, 원점에 도달하는 데 걸리는 시간이 $\pi\sqrt{md^3/8k}$임을 보이시오.

13 어떤 입자가 $V(x) = -x^4 + x^2$ 형태의 퍼텐셜에너지의 영향을 받으며 운동하고 있다. 입자가 어떤 구간을 왕복 운동할 때 가질 수 있는 에너지의 최댓값과 최솟값을 구하시오.

14 어떤 입자가 $V(x) = Ax + A/x$인 퍼텐셜에너지를 갖는다. 입자의 역학적 에너지가 $3A$일 때 입자가 왕복운동을 하는 전환점을 구하시오.

Chapter **03**

진동

학습목표

- 진동운동의 중요성을 설명할 수 있다.
- 물리학에서 탐구하는 자연 현상에서 진동이 빈번하게 등장하는 이유를 설명할 수 있다.
- 운동 상황으로부터 진동과 관련된 운동방정식을 도출할 수 있다.
- 단순조화진동과 감쇠진동에 대해 운동방정식을 풀어서 초기조건을 만족하는 해를 구할 수 있다.
- 감쇠진동에서 감쇠의 정도에 따른 운동 양상을 설명할 수 있다.
- 진동계의 품질인자를 구할 수 있다.
- 구동력이 사인 함수나 코사인 함수인 강제진동에서 정상 상태를 구하고 조건에 따라 진동의 진폭과 위상 지연이 어떻게 달라지는지를 설명할 수 있다.
- 강제진동에서 공명조건을 설명할 수 있다.
- 구동력이 짧은 시간에 주어지는 충격의 형태일 때 이후의 진동자의 운동을 설명할 수 있다.
- 운동방정식의 형태를 보고 필요에 따라 중첩원리를 활용하여 운동방정식의 해를 구할 수 있다.
- 주기함수에 대해 푸리에 급수를 구할 수 있다.
- 비선형 진동에서는 진폭에 따라 주기가 달라지고, 기본 진동수의 배수에 해당하는 진동성분이 발생할 수 있다는 것을 설명할 수 있다.

3.1 ● 진동운동의 개요

진동은 가장 중요한 물리 현상이라 할 수 있다. 어떤 물리계가 평형 상태에서 살짝 벗어났을 때, 원래의 평형 상태로 되돌아가려는 경향이 있다면 진동이 발생할 수 있다. 힘과 관련하여 물체가 평형 위치에서 벗어났을 때, 그 벗어난 변위에 반대 방향으로 복원력이 작용하면 진동이라는 운동 양상이 나타날 수 있다. 또 이렇게 평형 위치를 중심으로 상태의 변화가 반복되는 물체계를 진동자(Oscillator)라고 부른다. 진동은 물리학에서 매우 빈번하게 다루어지는 현상이다. 또한 자연계에서 놀랍도록 자주 등장하는 운동 양상이기도 하다.

우리가 진동이라 말할 때 꼭 용수철과 관련된 기계적 진동만을 의미하는 것이 아니다. 대신에 축전지, 인덕터 등으로 이루어진 전기회로에서 진동이 발생할 수 있다. 혹은 원자에 속박된 전자가 전자기파와 상호작용할 때 전자를 일종의 진동자로 볼 수도 있다. 이와 같이 여러 가지 물리적 상황이 진동과 관련되지만 일단 해당 상황에서 진동과 관련된 운동방정식을 도출해내면, 운동방정식의 수학적 구조는 다음과 같은 형태를 가질 경우가 많다.

$$A\frac{d^2s}{dt^2} + B\frac{ds}{dt} + Cs = f(t) \tag{3.1.1}$$

여기서 s는 상황과 관련된 어떤 변수이고, A, B, C는 각각 물리적 상황에 의해 결정될 어떤 파라미터로 상수값을 갖는다. 또한 $f(t)$는 변수 s에 영향을 끼치는 구동항(driving term)이다.

이를테면 축전기(C), 저항(R), 인덕턴스(L)가 직렬로 연결된 회로에 외부에서 기전력 $E(t)$를 가할 때 축전기에 쌓인 전하량을 시간의 함수 $q(t)$로 나타내면, $q(t)$는 다음의 방정식을 만족한다.

$$L\frac{d^2q}{dt^2} + R\frac{dq}{dt} + \frac{q}{C} = E(t) \tag{3.1.2}$$

한편 기체분자 안의 전자가 전자기파에 노출되면 식 (3.1.1)과 비슷한 방식으로 거동한다고 가정할 수 있다. 전자기파가 없을 때 기체분자 내의 전자는 원자핵과 적절히 떨어진 상태로 평형 상태를 이룬다고 생각할 수 있다. 이러한 기체분자에 전자기파를 가하면 전자가 평형 상태로부터 이탈하는데, 이때의 전자의 운동을 다음과 같이 모형화할 수 있다.

$$m\frac{d^2x}{dt^2} + b\frac{dx}{dt} + kx = E_0\cos(\omega t + \phi) \tag{3.1.3}$$

여기서 ω와 ϕ는 각각 전자기파의 진동수와 위상이다. 이러한 모형은 전자와 핵이 쿨롱의 법칙이라는 거리의 제곱에 반비례하는 전기력을 받는다는 것을 무시한 것처럼 보인다. 따라서 식 (3.1.3)은 실제 상황을 지나치게 단순화한 모형으로 보이지만 사실은 매우 유용하다고 판정된 것이 식 (3.1.3)이다.

한편 질량 m인 물체가 용수철 상수 k인 용수철에 매달려서 속도에 비례하는 저항력 $-b\dot{x}$을 받으며, 외부의 구동력 $F(t)$도 받고 있다면 물체의 운동을 결정하는 운동방정식은 다음과 같은 형태를 갖게 된다.

$$m\frac{d^2x}{dt^2} + b\frac{dx}{dt} + kx = F(t) \tag{3.1.4}$$

이러한 운동방정식이 도출되는 과정은 다음 절들에서 논의하기로 하고, 여기서는 식 (3.1.2)부터 식 (3.1.4)까지가 모두 식 (3.1.1)의 특수한 경우라는 것에 주목하자. 따라서 일단 식 (3.1.1)의 형태의 운동방정식을 풀 수 있다면, 식 (3.1.2)부터 식 (3.1.4)까지의 운동방정식도 같은 방법으로 풀 수 있다. 이와 같이 물리적 상황이 달라도 운동방정식의 형태가 같다면, 하나의 운동방정식을 푼 결과를 다른 상황에 그대로 적용할 수 있다.

앞으로 여러분이 물리학을 공부할 때 식 (3.1.1)의 형태의 운동방정식을 계속 마주칠 것이다. 그만큼 이 형태의 운동방정식은 중요하다. 이런 이유로 이번 장에서 여러분이 익혀야 할 최우선적인 목표는 바로 식 (3.1.4)의 기계적 진동에 대한 운동방정식을 풀고 이 결과를 해석하는 것이다. 그런데 식 (3.1.4)가 제법 복잡하므로 가장 쉬운 경우부터 차근차근 운동방정식을 풀고자 한다. 우선 첫째로 다루는 운동방정식은 다음과 같이 저항력이 없고 (즉, $b = 0$) 진동자 외부의 구동력도 없는(즉, $F(t) = 0$) 경우이다.

$$m\frac{d^2x}{dt^2} + kx = 0 \tag{3.1.5}$$

이러한 경우 용수철에 매달린 물체는 일정한 진폭을 갖는 주기운동을 하게 되는데, 이를 단순조화진동이라 부른다. 그 다음으로 다루는 운동방정식은 다음과 같이 저항력이 있지만 (즉, $b \neq 0$), 구동력은 없는 경우이다.

$$m\frac{d^2x}{dt^2} + b\frac{dx}{dt} + kx = 0 \tag{3.1.6}$$

이 경우에 용수철에 매달린 물체는 저항력의 크기, 즉 b의 크기에 따라 운동 양상이 달라진다. 이 경우에는 우선 간단히 말하면 진폭이 줄어드는 왕복운동을 할 수도 있으므로 감쇠진동이라 부른다.

이와 같이 단순조화진동과 감쇠진동의 운동방정식을 푼 후에 저항력과 구동력이 모두 존재하는 식 (3.1.4)의 운동방정식을 푸는 과정을 다룰 것이다. 이들 운동방정식을 푸는 과정을 이해하는 것은 곧 미분방정식의 풀이라는 수학을 이해하는 것과 같다. 따라서 각각의 운동방정식의 풀이 과정에 대한 본문의 논의를 보기 전에 우선 미분방정식에 대한 부록 C와 복소수에 대한 부록 D를 적절히 공부할 필요가 있다. 어찌 보면 부록 C와 부록 D를 이해하는 것이 3장의 내용 이해와 앞으로의 역학 공부의 성패를 좌우한다고 할 수도 있다. 그러니 이번 기회에 관련된 수학을 필요한 만큼 알아두도록 하자.

이번 장에서 우리는 식 (3.1.4)와 같은 운동방정식, 즉 용수철에 구속된 물체의 운동이라는 상황에서 진동운동을 이해하려고 한다. 이때 질량 m, 저항력의 비례상수 b, 용수철 상수 k는 모두 운동 상황에서 정해져 있는 상수값이다. 따라서 부록에서 확인할 수 있듯이 이 운동방정식은 상수계수의 이계 선형 미분방정식이다. 이러한 방정식의 풀이법은 부록 C와 D에서 상세하게 다루었으므로, 관련된 본문을 보면서 막히는 부분이 있으면 부록을 통해 해소하기 바란다.

앞에서 진동과 관련된 운동방정식이 물리학에서 매우 빈번하게 다루어진다고 하였다. 진동은 물리를 공부할 때 계속해서 등장하는 주제이다. 이와 같이 진동이 자연 현상에서 반복되는 이유는 무엇일까? 평형점에서의 퍼텐셜에너지를 생각함으로써 이러한 질문에 대해 대답할 수 있다. 이를 위해 [그림 3.1.1]과 같은 퍼텐셜에너지에서 어떤 물체가 평형점 x_0에 에너지 E_0를 갖고 정지해 있는 상황을 고려하자. 만일 외부에서 외력이 작용하여 물체의 에너지가 살짝 증가하여 E_1이 됐다면, 물체는 위치 x_1과 x_2 사이를 오가는 진동운동을 할 것이다. 이러한 평형점 근처의 작은 진동운동은 근사적으로 단순조화진동이 된다. 이것을 보기 위해 퍼텐셜에너지 $V(x)$를 평형점 x_0를 기준으로 테일러 전개를 하면 다음을 얻는다.

$$V(x) = V(x_0) + \left(\frac{dV}{dx}\right)_{x_0}(x - x_0) + \frac{1}{2}\left(\frac{d^2 V}{dx^2}\right)_{x_0}(x - x_0)^2 + \dots \tag{3.1.7}$$

평형점 x_0에서 퍼텐셜에너지 $V(x)$가 극솟값을 가지므로 다음이 성립한다.

$$\left(\frac{dV}{dx}\right)_{x_0} = 0, \ \left(\frac{d^2 V}{dx^2}\right)_{x_0} \geq 0 \tag{3.1.8}$$

이제 테일러 전개에서 삼차항 이상을 무시하고 $(d^2 V/dx^2)_{x_0} = k$, $x' = x - x_0$라 놓으면 퍼텐셜에너지는 다음과 같이 근사된다.

$$V(x') = \frac{1}{2}kx'^2 + V(0) \tag{3.1.9}$$

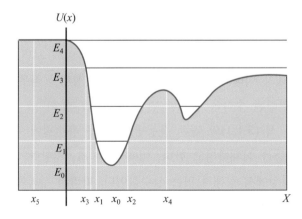

[그림 3.1.1] 퍼텐셜에너지를 통한 단순조화진동 근사

3.2절에서 보겠지만 이러한 퍼텐셜에너지를 갖는 물체는 단순조화진동운동을 한다. 이와 같이 평형 위치를 기준으로 한 작은 진동운동은 근사적으로 단순조화진동으로 볼 수 있다.

일반적으로 평형 상태에 있는 어떤 물리계에 외부에서 작용을 가하면 그 물리계는 평형을 벗어나게 된다. 외부에서 가한 작용이 작은 경우에 물리계는 평형에서 크게 벗어나지 않게 되고 본래의 평형 상태로 돌아가려는 경향을 보인다. 이러한 상황을 진동상황으로 인식할 수 있다. 그리고 평형에서 살짝 벗어난 진동상황은 퍼텐셜에너지의 논의에서 보듯이 근사적으로 단순조화진동을 하는 상황이 되는 것이다. 이런 측면에서 단순조화진동, 더 나아가 일반적인 진동을 여러 상황의 물리 현상에서 볼 수 있는 것은 결코 우연이 아니다.

3.2 ● 단순조화진동

질량 m인 물체가 용수철 상수 k인 용수철에 매달려 저항력으로 인한 감쇠와 외부의 구동력 없이 마찰이 없는 수평면에서 일차원 운동을 하는 상황을 생각해보자. 이러한 운동을 단순조화진동이라 부른다. 단순조화진동의 운동방정식은 다음과 같다.

$$m\frac{d^2x}{dt^2} + kx = 0 \tag{3.2.1}$$

이 방정식은 부록 C에서 구분한 미분방정식의 분류에서 상수계수를 갖는 선형 동차방정식에 해당하므로, 부록 C에 제시된 방법을 따라 일반해를 구할 수 있다[1]. 부록에서도 논의했듯이 일반해에 대한 여러 가지 표현방식이 가능하다. 첫째는 방정식 (3.2.1)을 만족하는 독립인 두 해 $\sin\omega_0 t$, $\cos\omega_0 t$를 이용하여 다음과 같이 나타내는 것이다.

$$x(t) = B_1\sin\omega_0 t + B_2\cos\omega_0 t, \ \omega_0 = \sqrt{\frac{k}{m}} \tag{3.2.2}$$

이러한 진동운동에서 ω_0는 각진동수라 불린다. 식 (3.2.2)로부터 단순조화진동의 경우에 진동자의 위치와 속도가 어떤 시간이 지난 후에는 원래의 값으로 돌아온다는 것을 알 수 있다. 이렇게 진동자의 운동 상태가 원래의 상태로 돌아오는 데 걸리는 시간을 주기라 하며 보통 T로 나타낸다. 주기와 각진동수 사이에는 다음의 관계가 성립한다.

---

[1] 미분방정식에 익숙하지 않은 독자라면 본문을 읽기에 앞서 부록 C부터 공부하도록 하자.

$$T = \frac{2\pi}{\omega_0} \tag{3.2.3}$$

식 (3.2.2)와 (3.2.3)으로부터 단순조화진동의 주기는 용수철 상수 k, 용수철에 매달린 물체의 질량 m과 다음의 관계를 이룬다는 것을 쉽게 알 수 있다.

$$T = 2\pi \sqrt{\frac{m}{k}} \tag{3.2.4}$$

즉, 단순조화진동의 경우 주기는 진동자의 질량이 클수록 커지며, 용수철 상수가 클수록 작아진다.

한편 주기의 역수는 단위시간에 몇 번이나 진동하는지를 나타내며 진동수라 부른다. 진동수는 보통 f로 나타내며, 주기 T와 다음의 관계를 갖는다.

$$f = \frac{1}{T} \tag{3.2.5}$$

식 (3.2.2)에서 B_1, B_2는 초기의 위치와 속도 $x(0)$, $v(0)(= \dot{x}(0))$에 의해 결정되는 미정계수이다. 초기조건, 즉 진동자의 초기의 위치와 속도가 달라지면 미정계수 B_1, B_2의 값도 달라진다.

식 (3.2.2)를 변형한 다음과 같은 표현을 갖는 일반해도 식 (3.2.1)의 운동방정식을 만족하는 해가 된다.

$$x(t) = A \cos(\omega_0 t + \phi) \tag{3.2.6}$$

이러한 표현에서 A는 진폭이라 불리고 ϕ는 위상이라 불린다. 진동의 진폭 A와 위상 ϕ는 초기의 운동 상태에 의해 결정되는 미정계수이다. 즉 진동자의 초기조건에 따라 A와 ϕ의 값이 달라진다. 식 (3.2.6)에서는 일반해를 코사인 함수로 나타내었는데, 일반해를 사인 함수로 나타낼 수도 있다. 이 경우에도 초기조건에 맞게 미정계수를 적절하게 정해주면 된다.

한편 복소수 지수를 이용한 다음과 같은 일반해 표현도 가능하다[2].

$$x(t) = C_1 e^{i\omega_0 t} + C_2 e^{-i\omega_0 t} \tag{3.2.7}$$

이 경우에는 C_1, C_2가 초기조건에 의해 결정되는 미정계수가 된다. 이 식은 복소수 함

---

2) 식 (3.2.2)와 식 (3.2.7)은 겉보기에 매우 달라 보인다. 그런데 오일러 공식 $e^{i\theta} = \cos\theta + i\sin\theta$를 이용하여 식 (3.2.7)을 다시 써주면 식 (3.2.2)의 형태를 쉽게 얻을 수 있다.

수로 표현되었지만 초기조건 $x(0)$, $v(0)$뿐 아니라 이후의 시간 t에서의 위치와 속도 $x(t)$, $v(t)$가 모두 실수여야 한다. 이러한 조건을 만족하려면 초기조건을 만족하는 미정계수 C_1과 C_2는 서로 켤레복소수의 관계여야 한다.

식 (3.2.2), (3.2.6), (3.2.7)에서 제시된 세 일반해가 방정식 (3.2.1)을 만족한다는 것은 직접 대입을 통해서도 확인할 수 있다. 세 일반해는 겉보기에 다른 형태를 갖는다. 그렇지만 진동운동의 초기조건 $x(0)$, $v(0)$가 정해지면 각각의 경우에 미정계수를 구할 수 있고, 그 결과 세 개의 일반해에서 도출된 최종적인 해(초기조건을 만족하는)는 같아진다. 즉, 세 식 중에 어떤 일반해에서 출발하더라도 초기조건을 만족하도록 미정계수를 구하면 같은 결과를 얻게 된다.

예제 3.2.1

질량 m인 물체가 용수철 상수 k인 용수철에 매달려 단순조화진동을 한다.

1) 처음($t=0$)에 물체를 x_0인 위치에서 가만히 놓는 경우의 $x(t)$를 구하시오.

2) 처음($t=0$)에 평형지점에서 가만히 있던 물체에 갑자기 큰 충격을 가하여 위치 변화 없이 v_0인 속력만 갖도록 할 때 $x(t)$를 구하시오.

풀이

1) 식 (3.2.2)의 일반해를 이용하여 풀어보겠다. 문제 상황에서 초기조건은 다음과 같다.

$$x(0) = x_0, \ \dot{x}(0) = 0$$

따라서 식 (3.2.2)에서 $t=0$을 대입하면 아래와 같이 나타낼 수 있다.

$$x(0) = B_2 = x_0$$

한편 식 (3.2.2)를 시간에 대해 미분하면 다음과 같고,

$$\dot{x}(t) = B_1\omega_0\cos\omega_0 t - B_2\omega_0\sin\omega_0 t$$

이 식의 양변에 $t=0$을 대입하면 다음이 성립한다.

$$\dot{x}(0) = B_1\omega_0 = 0$$

이 결과로부터 식 (3.2.2)의 미정계수 B_1, B_2를 소거하여 정리하면 다음과 같다.

$$x(t) = x_0\cos\omega_0 t, \ \omega_0 = \sqrt{k/m}$$

2) 이번에는 식 (3.2.6)의 일반해를 이용하여 풀어보겠다. 주어진 문제에서 초기조건은

$x(0) = 0$, $\dot{x}(0) = v_0$이라 할 수 있다. 따라서 식 (3.2.6)에서 $t=0$을 대입하면 다음과

같이 나타낼 수 있다.

$$x(0) = A\cos\phi = 0$$

한편 식 (3.2.6)을 시간에 대해 미분하여 $t = 0$을 대입하면

$$\dot{x}(0) = -A\omega_0\sin\phi = v_0$$

두 초기조건을 모두 만족하려면 $\phi = \pi/2$, $A = -v_0/\omega_0$이어야 하므로 다음이 성립한다.

$$x(t) = -\frac{v_0}{\omega_0}\cos\left(\omega_0 t + \frac{\pi}{2}\right)$$

이상에서 알 수 있듯이, 일반해를 나타내는 어떤 식에서 출발하든지 간에 올바른 과정을 거치면 초기조건을 만족하는 해를 구할 수 있다. 어떤 과정을 거치든지 운동방정식과 초기조건을 만족하는 해는 유일하다. 이를테면 예제 3.2.1의 1)번 문제를 식 (3.2.6)을 이용하여 다시 풀어도 같은 결과를 얻을 수 있다.

예제 3.2.2

예제 3.2.1의 1)번 상황에서 물체의 가속도의 최댓값을 구하시오.

풀이

앞선 예제에서 구한 시간에 따른 위치는 다음과 같다.

$$x(t) = x_0\cos\omega_0 t, \ \omega_0 = \sqrt{k/m}$$

이것을 시간에 대해 두 번 미분하여 시간에 따른 가속도를 구하면 아래와 같이 나타낼 수 있다.

$$\ddot{x}(t) = -x_0\omega_0^2\cos\omega_0 t, \ \omega_0 = \sqrt{k/m}$$

따라서 가속도의 최댓값은 $x_0 k/m$이다.

지금까지의 단순조화진동 논의는 용수철에 매달린 물체가 마찰이 없는 수평면 위를 진동하는 경우를 가정했었다. 그렇다면 물체가 수직하게 매달리거나 마찰이 없는 경사면 위에서 움직일 때 진동 양상은 어떻게 되는가? 이러한 상황에서는 복원력 이외에도 중력 등의 다른 힘이 작용한다. 그런데 지금부터 보겠지만 우리가 관심을 갖는 많은 경우에 중력이 작용하더라도 전체 진동운동의 양상은 크게 달라지지 않는다. 이것을 보기 위해 [그림 3.2.1]과 같이 용수철이 늘어난 방향이 경사면의 방향과 일치하는 상황에서 물체의 진동

양상을 따져보자. 그림의 상황에서 경사면이 수평면과 이루는 각도를 θ, 물체의 질량을 m, 용수철 상수를 k, 늘어나지 않은 용수철의 길이를 l이라 놓자. 만일 물체를 용수철에 매달아 가만히 놓아 평형을 이루게 하면 용수철이 늘어난 길이 x_{eq}는 다음을 만족할 것이다.

$$kx_{eq} = mg\sin\theta \tag{3.2.8}$$

이제 이 새로운 평형점에서 x만큼 용수철을 더 늘인 후에 물체를 놓으면 물체의 운동방정식은 다음을 만족하게 된다.

$$m\ddot{x} = -k(x_{eq} + x) + mg\sin\theta \tag{3.2.9}$$

식 (3.2.8)을 이용하여 식 (3.2.9)를 정리하면 다음을 얻는다.

$$m\ddot{x} + kx = 0 \tag{3.2.10}$$

즉 중력이 작용한 결과로 물체가 평형 상태를 이룰 때 물체의 위치를 기준으로 잡고, 이 기준점에서 x만큼 용수철을 늘였을 때 물체가 만족하는 운동방정식이 식 (3.2.10)이 된다. 이와 같이 기준점을 잘 잡으면, 중력 같은 힘이 추가로 작용하더라도 운동방정식이 (3.2.10)과 같이 되어 전체 진동 양상에 별다른 변화를 유발하지 않게 된다. 즉 [그림 3.2.1]과 같은 상황에서 중력에 의한 효과는 용수철의 평형점을 이동시킬 뿐 전체 진동 양상을 바꾸지는 않는다. 그림에서 $\theta = \pi/2$인 경우에는 물체를 수직으로 매달은 상황과 같다. 따라서 용수철을 수직으로 매달아도 전체 진동 양상에는 변화가 없게 된다.

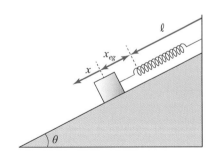

[그림 3.2.1] 마찰이 없는 경사면에서의 진동

예제 3.2.3

어떤 물체를 경사각이 θ인 매끈한 경사면에 나란한 용수철에 매달았더니 용수철이 D만큼 늘어나서 평형을 이루었다. 이 상황에서 용수철을 d만큼 더 잡아당긴 후 가만히 놓았을 때 물체의 위치는 시간에 따라 어떻게 변하는가? (단, 중력가속도는 g이다.)

풀이

물체의 질량을 m, 용수철 상수를 k라 놓으면 처음에 용수철이 D만큼 늘어나서 평형을 이룰 때 다음이 성립한다.

$$-kD + mg\sin\theta = 0$$

따라서 용수철 상수 k는 다음을 만족한다.

$$k = \frac{mg\sin\theta}{D}$$

이 상황에서 용수철을 d만큼 더 잡아당긴 후 놓을 때의 전체 진동의 각진동수는 다음과 같다.

$$\omega_0 = \sqrt{\frac{k}{m}} = \sqrt{\frac{g\sin\theta}{D}}$$

한편 용수철이 원래 길이에서 D만큼 늘어난 평형점을 기준점으로 잡으면, 이 위치에서 x만큼 늘어난 지점에 물체가 있다고 볼 때 $x(t)$는 다음을 만족해야 한다.

$$x(t) = B_1\sin\omega_0 t + B_2\cos\omega_0 t$$

초기조건이 $x(0) = d$, $\dot{x}(0) = 0$인 것을 이용하면 B_1, B_2는 다음을 만족해야 한다.

$$x(0) = B_2 = d$$
$$\dot{x}(0) = B_1\omega_0 = 0$$

따라서 시간에 따른 위치 $x(t)$는 다음과 같다.

$$x(t) = d\cos\left(\sqrt{\frac{g\sin\theta}{D}}\,t\right)$$

이 결과에서 물체의 질량과 용수철 상수가 사용되지 않았다는 것에 주목하자. 사실 이 조건들은 문제에서 주어지지도 않았다.

지금부터 중력은 고려하지 말고 식 (3.2.1)과 같이 마찰이 없는 수평면에서의 진동운동으로 돌아가 보자. 용수철이 늘어나지 않은 평형 위치를 기준점, 즉 $x = 0$으로 잡고 용수철의 복원력에 의한 퍼텐셜에너지를 구하면 다음과 같다.

$$V(x) = -\int_0^x F(x')dx' = \int_0^x kx'dx' = \frac{1}{2}kx^2 \tag{3.2.11}$$

또한 진동자의 역학적 에너지는 다음과 같다.

$$E = T + V = \frac{1}{2}m\dot{x}^2 + \frac{1}{2}kx^2 \tag{3.2.12}$$

2.4절에서 논의한 것처럼 이러한 상황에서는 역학적 에너지가 보존된다. 식 (3.2.6)을 이용하여 진동자의 역학적 에너지를 다시 써주면 역학적 에너지가 다음과 같이 용수철 상수 k와 진동의 진폭 A의 함수임을 알 수 있다.

$$E = \frac{1}{2}kA^2 \tag{3.2.13}$$

예제 3.2.4

질량 m인 추를 길이 l인 실에 매달아서 한 평면 안에서 진동하는 단진자를 만들었다. 수직선과 실이 이루는 각도가 θ인 상황에서 진동자의 역학적 에너지를 θ, $\dot{\theta}$의 함수로 나타내고, 이로부터 θ에 대한 운동방정식을 구하시오.

풀이

추가 최저점을 지날 때 퍼텐셜에너지가 0이 되도록 기준점을 잡으면 실과 수직선 사이의 각도가 θ인 상황의 퍼텐셜에너지는 다음과 같다.

$$V = mgl(1 - \cos\theta)$$

같은 상황에서 운동에너지는 다음과 같다.

$$T = \frac{1}{2}ml^2\dot{\theta}^2$$

이때 역학적 에너지는 다음과 같다.

$$E = T + V = \frac{1}{2}ml^2\dot{\theta}^2 + mgl(1 - \cos\theta)$$

역학적 에너지가 보존되므로 양변을 시간에 대해 각각 미분하면 아래와 같고,

$$ml^2\dot{\theta}\ddot{\theta} + mgl\sin\theta\dot{\theta} = 0$$

여기서 공통된 $ml\dot{\theta}$을 소거하여 운동방정식을 정리하면 다음이 성립한다.

$$\ddot{\theta} + \frac{g}{l}\sin\theta = 0$$

이 운동방정식은 $\theta \ll 1$인 경우에 $\sin\theta \simeq \theta$가 성립하여 다음과 같이 근사된다.

$$\ddot{\theta} + \frac{g}{l}\theta = 0$$

즉, 단진자의 진동은 $\theta \ll 1$인 경우에 근사적으로 단순조화진동과 같아진다.

3.3 ● 감쇠진동

이번 절에서는 [그림 3.3.1]처럼 변위에 비례하는 복원력뿐만 아니라 속도에 비례하는 저항력을 받는 진동운동에 대해 다루고자 한다. 그림처럼 용수철 상수를 k, 물체의 질량을 m, 저항력의 비례상수를 b라 놓자. 평형 위치보다 용수철이 늘어나 있고, 여전히 평형에서 멀어지는 방향으로 물체가 이동하는 상황이라면 그림처럼 복원력과 저항력이 모두 변위의 반대 방향이 된다. 이러한 상황에 대해 부호에 주의하여 운동방정식을 세우면 다음의 결과를 얻을 수 있다.

$$m\frac{d^2x}{dt^2} + b\frac{dx}{dt} + kx = 0 \tag{3.3.1}$$

운동방정식의 부호결정 과정은 부록 B에 자세히 설명하였으므로 식 (3.3.1)의 구체적인 유도 과정은 여러분의 몫으로 남기겠다. 부호의 결정이 여의치 않은 경우에는 부록을 정독한 후에 다시 시도해보자.

식 (3.3.1)과 같은 형태의 선형미분방정식을 푸는 과정은 부록 C에서 상세히 논의하였다. 또한 이 과정에서 사용하면 좋은 수학기법인 복소수 지수에 대해서는 부록 D에서 상세히 설명하였다. 지금부터는 여러분이 이들 부록에 소개한 내용을 충분히 이해하고 있다는 전제를 바탕으로 논의를 진행하고자 한다. 따라서 미분방정식의 풀이방법과 복소수 지수에 대해 생소하다면 우선 부록부터 정독한 후에 본 논의를 보도록 하자.

부록 C에서 설명했듯이, 식 (3.3.1)의 운동방정식의 해로써 다음과 같은 형태의 해가 가능하다.

$$x(t) = e^{rt} \tag{3.3.2}$$

이때 r은 다음의 특성방정식을 만족하는 해이다.

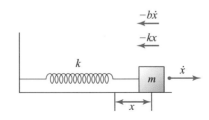

[그림 3.3.1] 감쇠진동의 운동 상황과 물체가 받는 힘

$$mr^2 + br + k = 0 \tag{3.3.3}$$

이 특성방정식은 이차방정식이므로 근의 공식을 통해 다음과 같은 해를 구할 수 있다.

$$r = -\frac{b}{2m} \pm \left[\left(\frac{b}{2m}\right)^2 - \frac{k}{m}\right]^{1/2} \tag{3.3.4}$$

이 식은 다소간 복잡하므로 지금부터는 편의를 위해 다음과 같이 새로운 문자기호를 도입하겠다.

$$\omega_0 = \sqrt{\frac{k}{m}} , \ \gamma = \frac{b}{2m}, \ \omega_1 = \sqrt{\omega_0^2 - \gamma^2} \tag{3.3.5}$$

여기서 ω_0는 저항력이 없는 경우의 각진동수이다. γ는 저항력과 관련된 값으로 이 값이 클수록 저항력의 영향이 크다. 한편 ω_1은 식 (3.3.4)의 근호 안을 간단히 표현하기 위한 것으로 구체적인 의미는 미급감쇠를 논의할 때 설명하겠다. 또한 식 (3.3.4)에서 저항력의 비례상수인 b와 복원력의 비례상수인 k값의 크기에 따라 r이 두 허근이거나 두 실근일 수도 있고 중근일 수도 있다. r의 저항력이 충분히 커서 $\gamma > \omega_0$일 때 r이 두 실근이 되며, 이러한 경우를 과다감쇠라 부른다. $\gamma = \omega_0$인 조건에서 r이 중근이 되었다가 저항력이 더 작아져 $\gamma < \omega_0$이면 r이 두 허근이 된다. 각각의 경우에 물리적으로 어떤 일이 벌어지는지를 지금부터 따져보자.

1) 과다감쇠(overdamping, $\gamma > \omega_0$)

식 (3.3.4)에서 r값이 두 실수일 때 과다감쇠라 부른다. 이 경우에 $\gamma = b/2m$, $q = \sqrt{\gamma^2 - \omega_0^2}$을 사용하여 r값을 나타내면 $-\gamma + q$, $-\gamma - q$이 된다. 따라서 식 (3.3.1)에 대해 다음과 같은 일반해를 구할 수 있다.

$$x(t) = C_1 e^{(-r+q)t} + C_2 e^{(-r-q)t} \tag{3.3.6}$$

이때 C_1, C_2는 초기조건에 의해 결정되는 미정계수이다. 그런데 이 경우 지수항의 계수인 $-\gamma + q$, $-\gamma - q$이 모두 실수이고 음수이다. 이때 구체적인 거동 양상은 초기조건에 따라 약간 달라진다. 그렇지만 과다감쇠의 경우 초기의 운동 상태와 무관하게 진동 양상이 나타나지는 않는다. 대신에 초기조건에 따라 곧바로 평형점에 근접하거나 평형점을 한 번만 지나친 후에 다시 평형점에 근접하는 운동 양상이 나타난다. 이와 관련된 구체적인 계산은 연습문제로 남기겠다.

저항력이 전혀 없다면 물체가 평형점에 도달할 때 처음 이동변위와 반대 방향인 속도를 가지면서 평형점을 지나칠 것이다. 그런데 저항력이 커서 평형점을 반복적으로 지나는 운동이 불가능하게 되고, 대신에 평형점에 접근하는 운동을 하면서 진동은 나타나지 않는 것이 바로 과다감쇠라고 할 수 있다.

2) 임계감쇠(critical damping, $\gamma = \omega_0$)

식 (3.3.4)에서 근호 안이 0이 되어 r이 중근 γ가 되는 경우를 임계감쇠라고 부른다. 식 (3.3.4)와 (3.3.5)로부터 r이 중근일 조건이 $\gamma = \omega_0$임을 쉽게 확인할 수 있다. 이때 부록 D에서 논했듯이 $e^{-\gamma t}$뿐만 아니라 $te^{-\gamma t}$도 운동방정식 (3.3.1)을 만족하는 해가 된다. 이 경우 일반해를 다음과 같이 쓸 수 있다.

$$x(t) = C_1 e^{-\gamma t} + C_2 t e^{-\gamma t} \tag{3.3.7}$$

이 경우에도 전체적인 운동 양상은 과다감쇠와 다르지 않다. 다만 이 경우 임계감쇠라는 별도의 이름이 붙은 이유가 있다. 바로 뒤에서 보겠지만 저항력의 비례상수 b가 임계감쇠의 조건보다 작아지면 비로소 진동이라는 운동 양상이 나타난다. 이와 같이 두 종류의 운동 양상, 즉 진동과 비진동을 가르는 조건이 b의 크기이며, 임계감쇠에 해당하는 b값을 기준으로 운동 양상이 달라진다.

[그림 3.3.2]에는 과다감쇠의 경우와 임계감쇠의 경우의 운동 양상을 비교하였다. 그림에서는 평형 위치에서 진동자를 옮긴 후 가만히 놓았을 때 진동자의 운동 양상을 나타내었다. 이때 과다감쇠보다 임계감쇠일 때가 더 빨리 평형 위치로 근접한다. 이것은 과다감쇠의 경우 저항력이 너무 세서 평형 위치로 빨리 돌아가려는 경향을 방해하여 나타난 결과라고 해석할 수 있다.

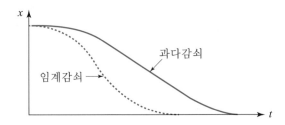

[그림 3.3.2] 정지 상태에서 시작하는 과다감쇠(위)와 임계감쇠(아래) 조건에서의 진동자의 시간에 따른 운동 양상

3) 미급감쇠(underdamping, $\gamma < \omega_0$)

식 (3.3.4)에서 r값이 두 허수일 때 진동 양상을 미급감쇠라 부른다. 이 경우는 저항력의 크기가 과다감쇠와 임계감쇠의 경우보다 작게 된다. 그 결과 저항력의 존재가 복원력에 의한 진동 양상을 막을 수 없게 되어 전체적으로 진동이 나타난다. 다만 저항력의 효과로 인해 시간이 지남에 따라 진동의 진폭은 작아지게 된다.

부록 C에서 상세히 논의했듯이 r값이 두 허수 $-\gamma \pm \omega_1 i$인 경우, 즉 미급감쇠의 경우 식 (3.3.1)의 일반해는 다음과 같이 나타낼 수 있다.

$$x(t) = C_1 e^{-\gamma t + i\omega_1 t} + C_2 e^{-\gamma t - i\omega_1 t} \tag{3.3.8}$$

한편 일반해를 다음과 같이 나타내는 것도 가능하다.

$$x(t) = e^{-\gamma t}(B_1 \cos \omega_1 t + B_2 \sin \omega_1 t) \tag{3.3.9}$$

이것을 변형하여 일반해를 다음과 같이 나타낼 수도 있다.

$$x(t) = A e^{-\gamma t} \cos(\omega_1 t + \phi) \tag{3.3.10}$$

이때 C_1, C_2 혹은 B_1, B_2 또는 A, ϕ는 초기조건에 의해 결정되는 미정계수이다.

식 (3.3.10)에서 지수함수 부분 $e^{-\gamma t}$은 시간이 지남에 따라 진동의 진폭이 작아진다는 것을 담고 있으며, 삼각함수 부분은 진동자가 평형점을 기준으로 진동한다는 것을 담고 있다. 식 (3.3.5)의 ω_1 정의를 보면 미급감쇠에서 진동운동을 대표하는 각진동수 ω_1가 감쇠가 없는 경우의 각진동수 ω_0보다 작게 된다. 이것은 곧 감쇠가 있는 경우, 감쇠가 없는 경우보다 주기가 길어진다는 것을 의미한다. 이렇게 주기가 늘어나는 것은 복원력에 의해 평형 위치로 돌아가려는 경향이 저항력에 의해 방해를 받은 결과로 해석할 수 있다.

엄밀하게 말하면 미급감쇠의 경우, 감쇠 때문에 처음의 운동 상태가 일정 시간 후에 반복되는 완전한 주기운동이 나타나는 것은 아니므로 주기를 정의할 수는 없다. 그렇지만 변위의 극댓값과 그 극댓값 사이의 시간 간격으로 진동의 빠르기를 나타낼 수 있다. 실제로 진동이 일어나면서 진폭은 지수함수의 형태로 계속 작아지지만 변위의 이웃한 극댓값 사이의 시간 간격은 $2\pi/\omega_1$으로 일정하다는 것을 보일 수 있다. 구체적인 계산은 연습문제로 남겨두겠다.

예제 3.3.1

사진과 같은 도어 클로저는 금속 스프링과 오일댐퍼로 이루어져 충격을 완화하여 문이 닫히도록 한다. 댐퍼를 통한 감쇠가 없을 때 어떤 도어 클로저가 달린 문의 단순조화진동 주기가 2초였다. 여기에 댐퍼를 추가하여 임계감쇠가 되도록 한 후에 문을 θ_0만큼 열어 가만히 놓았을 때, 1초 후의 문의 회전 변위는 처음 변위의 몇 배인지 구하시오. (단, θ에 대한 운동방정식이 (3.3.1)의 형태가 된다고 가정하시오.)

풀이

댐퍼를 달게 되면 문은 회전에 대해 감쇠진동을 한다. 또한 문의 질량이 크므로 댐퍼의 추가로 인한 질량 변화를 무시할 수 있다.

임계감쇠의 경우에 식 (3.3.4)와 식 (3.3.5)에서 γ값과 감쇠가 없는 진동의 주기 T 사이에 다음이 성립한다.

$$\gamma = \omega_0 = \frac{2\pi}{T}$$

문제의 조건에서 $T = 2s$이므로 $\gamma = \pi(s^{-1})$

한편 임계감쇠의 일반해는 다음과 같다.

$$\theta(t) = C_1 e^{-\gamma t} + C_2 t e^{-\gamma t}$$

초기조건이 $\theta(0) = \theta_0$, $\dot{\theta}(0) = 0$을 만족하므로 식 (3.3.7)의 미정계수 C_1, C_2는 다음을 만족해야 한다.

$$C_1 = \theta_0$$
$$C_2 - \gamma C_1 = 0$$

결국 $C_1 = \theta_0$, $C_2 = \gamma\theta_0$이므로 다음이 성립한다.

$$\theta(t) = \theta_0 e^{-\gamma t} + \gamma\theta_0 t e^{-\gamma t}$$

1초 후의 변위는 $t = 1$, $\gamma = \pi$이므로 다음과 같다.

$$\theta(1) = \theta_0(1 + \pi)e^{-\pi} \simeq 0.18\theta_0$$

따라서 1초 후의 변위는 처음 변위의 약 0.18배이다.

예제 3.3.2

진공 속에서 질량 m인 추와 실로 이루어진 진폭이 작은 단진자의 주기가 T였다. 이 단진자를 어떤 유체 속에 넣고 감쇠진동을 시키니 주기가 두 배가 됐다. 유체 속에서 추가 v의 속도를 가질 때 추가 받는 저항력의 크기를 구하시오.

풀이

진공 속에서의 단진자의 주기와 각진동수 ω_0 사이에 다음이 성립한다.

$$T = \frac{2\pi}{\omega_0} \tag{1}$$

한편 유체 속에서 진동자의 주기가 두 배가 되므로 다음이 성립한다.

$$2T = \frac{2\pi}{\omega_1} = \frac{2\pi}{\sqrt{\omega_0^2 - \gamma^2}} \tag{2}$$

(1)과 (2)에서 다음이 성립해야 한다.

$$\gamma \equiv \frac{b}{2m} = \frac{\sqrt{3}}{2}\omega_0$$

따라서 저항력에서 속도의 비례상수 b가 다음을 만족한다.

$$b = \sqrt{3}\,m\omega_0 = \frac{2\pi\sqrt{3}\,m}{T}$$

따라서 속도 v일 때 추가 받는 저항력 F_r의 크기는 다음과 같다.

$$|F_r| = bv = \frac{2\pi\sqrt{3}\,mv}{T}$$

감쇠진동의 경우 진동자의 에너지는 시간이 지남에 따라 감소한다. 지금부터는 에너지의 감소율에 대해 간단히 논의해보겠다. 특히 우리가 관심 갖는 경우는 다음과 같이 감쇠가 매우 약한 미급감쇠의 상황이다.

$$\omega_1 = \sqrt{\omega_0^2 - \gamma^2} \simeq \omega_0, \ \gamma/\omega_1 \ll 1 \tag{3.3.11}$$

진동계의 역학적 에너지는 일반적으로 다음과 같이 쓸 수 있다.

$$E = \frac{1}{2}m\dot{x}^2 + \frac{1}{2}kx^2 \tag{3.3.12}$$

감쇠가 없는 경우에는 역학적 에너지가 보존되지만, 감쇠가 있는 경우에는 시간이 지남에 따라 진동운동의 진폭이 작아지면서 역학적 에너지가 줄어들게 된다. 이를 구체적으로 보기 위해 대한 식 (3.3.10)과 같은 일반해를 생각해보자. 이것을 시간에 대해 미분하면 다음을 얻는다.

$$\dot{x}(t) = -\omega_1 A e^{-\gamma t}[\sin(\omega_1 t + \phi) + \frac{\gamma}{\omega_1}\cos(\omega_1 t + \phi)]$$

$$\simeq -\omega_1 A e^{-\gamma t}\sin(\omega_1 t + \phi) \tag{3.3.13}$$

여기서 마지막 근사에는 $\gamma/\omega_1 \ll 1$라는 조건이 이용되었다.

식 (3.3.10)과 식 (3.3.13)을 식 (3.3.12)에 대입하고 감쇠가 작은 경우에 $\omega_1 \simeq \omega_0$임을 이용하면 다음과 같은 근사식을 얻을 수 있다.

$$E(t) \simeq \frac{1}{2}kA^2 e^{-2\gamma t} = E(0)e^{-2\gamma t} \tag{3.3.14}$$

즉, 시간 t에서 진동자의 에너지 $E(t)$는 시간 0에서 진동자의 에너지 $E(0)$가 지수함수의 형태로 감소하는 양상을 보여준다. 이때 저항력이 클수록, 즉 γ가 클수록 에너지 감쇠가 빠르다.

에너지 감쇠의 정도를 나타내는 또 다른 척도로 품질인자(quality factor)가 있다. 이것은 다음과 같이 정의된다.

$$Q = 2\pi\frac{\text{진동자에 저장된 에너지}}{\text{한 주기동안 손실된 에너지}} \tag{3.3.15}$$

품질인자는 진동운동의 특성을 나타내는 다른 파라미터들로 나타낼 수 있다. 이러한 관계를 구하기 위해 식 (3.3.14)로부터 시간당 에너지 변화율을 구하면 다음과 같다.

$$\frac{dE}{dt} = -2\gamma E \tag{3.3.16}$$

이제 어떤 시간 Δt동안 소모되는 에너지 ΔE는 다음과 같다.

$$\Delta E \simeq \left|\frac{dE}{dt}\right|\Delta t = 2\gamma E\Delta t \tag{3.3.17}$$

따라서 한 주기($\Delta t = 2\pi/\omega_1$) 동안의 에너지 변화량 ΔE는 다음과 같다.

$$\Delta E = \frac{4\pi\gamma}{\omega_1} E \qquad\qquad (3.3.18)$$

이 결과를 이용하여 (3.3.15)로 정의된 품질인자를 다시 정리하면 다음을 얻는다.

$$Q = \frac{\omega_1}{2\gamma} \simeq \frac{\omega_0}{2\gamma} \qquad\qquad (3.3.19)$$

즉, 감쇠가 매우 약한 경우에 품질인자는 진동자의 ω_0(혹은 ω_1)과 γ값에 의해 결정된다.

예제 3.3.3

감쇠진동에서 진동자의 시간당 에너지 변화율 dE/dt가 진동자의 속도의 제곱에 비례함을 보이시오.

풀이

진동자의 에너지에 대한 식 (3.3.12)의 양변을 시간에 대해 미분하면 다음과 같다.

$$\frac{dE}{dt} = m\dot{x}\ddot{x} + kx\dot{x} = (m\ddot{x} + kx)\dot{x}$$

위 식의 괄호 안을 운동방정식 $m\ddot{x} + b\dot{x} + kx = 0$을 이용하여 정리하면 다음과 같이 속도의 제곱에 비례하는 변화율을 얻는다.

$$\frac{dE}{dt} = -b\dot{x}^2$$

이렇게 손실되는 에너지는 진동자를 둘러싼 유체에 전달된다.

　지금까지 운동을 결정하는 초기조건으로 항상 초기 시간의 위치와 속도가 사용되었다. 그리고 운동방정식과 초기조건을 통해 이후의 시간에서 물체의 위치와 속도를 구할 수 있었다. 이러한 논의에서 물체의 운동 상태는 결국 어떤 시간에 어떤 위치와 속도를 갖는지로 결정된다. 이러한 통찰을 발달시켜서 오늘날에는 물체의 운동 상태를 물체의 위치와 운동량으로 규정한다. 보다 정확히 말하면 운동 중에 위치와 운동량은 계속 값이 바뀔 수 있고, 이러한 의미에서 위치와 운동량은 운동변수이다. 반면 질량은 (최소한 뉴턴 역학에서는) 고정된 값을 갖는 상수이므로 변수로 취급되지 않는다. 결국 질량 같은 상수가 이미 결정되어 있으면, 위치와 운동량이라는 두 물리량이 정해짐으로써 다른 중요한 물리량들도 정해지게 된다. 이를테면 물체의 운동에너지는 물체의 운동량 p, 질량 m으로 $p^2/2m$로 나타낼 수 있다. 또한 각운동량은 운동량과 위치의 벡터곱으로 정의된다. 이런 의미에서 물체의 위치와 운동량을 가지고 물체의 운동 상태를 규정하는 것은 충분히 합리적이라 할

수 있다.

이와 같이 위치와 운동량이 운동 상태를 규정하면서, 각각 위치와 운동량을 축으로 하는 가상의 공간인 위상공간 개념이 등장했다. 물체는 어떤 순간에 어떤 위치와 운동량을 가질 것인데, 이러한 특정한 운동 상태는 위상공간의 한 점에 대응하게 된다. 또 물체가 운동하면서 운동 상태가 변하게 되면, 그 운동에 대응하는 궤적이 위상공간에서 만들어지게 된다. 위상공간이 실제의 공간이 아니므로 이러한 위상공간에서의 궤적도 실제 운동이 만들어내는 지각 가능한 궤적은 아니다. 그렇지만 이러한 위상공간 개념은 역학, 그리고 통계역학의 이론적 발달에서 중요한 역할을 하였기에 이 시점에서 간단히 소개하고자 한다. 엄밀한 의미에서 위상공간은 위치와 운동량을 축으로 한다. 그런데 본 논의에서는 편의상 운동량 대신 속도를 축으로 하는 위상공간을 논의해보겠다. 일차원 운동의 경우 관습적으로 위상공간의 $\hat{x}$축을 위치로 잡고, 위상공간의 $\hat{y}$축을 속도로 잡는다. 삼차원 운동의 경우 위상공간은 위치에 해당하는 삼차원과 속도에 해당하는 삼차원을 갖는 육차원 공간이 된다.

예제 3.3.4

일차원 단순조화진동이 위상공간에서 어떤 궤적을 갖는지를 구하시오.

풀이

위상공간상의 x좌표인 시간에 따른 위치 $x(t)$는 식 (3.2.6)처럼 다음과 같이 나타낼 수 있다.

$$x(t) = A\cos(\omega_0 t + \phi)$$

이것을 시간에 대해 미분하여 위상공간상의 y좌표를 구하면 아래와 같고,

$$y = \dot{x}(t) = -A\omega_0\sin(\omega_0 t + \phi)$$

두 결과로부터 다음과 같은 타원방정식을 얻는다.

$$\left(\frac{x}{A}\right)^2 + \left(\frac{y}{A\omega_0}\right)^2 = 1$$

여기서 A, $\omega_0 A$는 각각 타원의 장반경과 단반경 중 하나가 된다. 위상공간상의 궤적은 그림과 같다. 시간이 지나면서 진동자의 운동 상태는 타원궤적을 따라 시계 방향으로 돌게 된다.

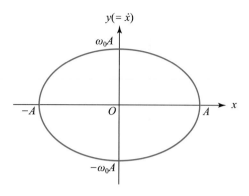

예제 3.3.5

임계감쇠진동하는 진동자의 운동을 위상공간으로 나타냈더니 직선 형태가 되었다. 이것을 가능하게 하는 초기조건을 하나 구하시오.

풀이

임계감쇠인 경우의 일반해는 식 (3.3.7)에서

$$x(t) = C_1 e^{-\gamma t} + C_2 t e^{-\gamma t}$$

이것을 시간에 대해 미분하면 다음과 같다.

$$\dot{x}(t) = -\gamma \left(C_1 e^{-\gamma t} + C_2 t e^{-\gamma t} \right) + C_2 e^{-\gamma t}$$

두 결과를 연립하면 다음을 얻는다.

$$\dot{x} = -\gamma x + C_2 e^{-\gamma t}$$

위상공간에서 궤적이 직선이려면 $C_2 = 0$이어야 한다.

즉, 다음을 만족하면 직선 궤적을 갖는다.

$$x(t) = C_1 e^{-\gamma t}, \ \dot{x}(t) = -C_1 \gamma e^{-\gamma t}$$

결국 위치와 속도의 비가 $-\gamma$인 초기조건이 구하는 답이다.

3.4 ○ 강제진동

외부에서 진동계에 탄성력과 저항력 이외의 힘이 작용하는 경우, 진동계의 운동을 강제진동이라고 한다. 이때 외부에서 가해지는 힘을 구동력이라 부른다. 우리가 다루는 강제진동과 관련한 운동방정식은 다음과 같다.

$$m\frac{d^2x}{dt^2} + b\frac{dx}{dt} + kx = F(t) \tag{3.4.1}$$

원칙적으로 구동력 $F(t)$는 어떠한 형태여도 상관없으나 일반적으로 물리학에서 주로 관심을 갖는 구동력은 몇 가지 형태로 제한된다. 그중에 가장 많이 다루어지는 구동력은 다음과 같이 삼각함수의 형태를 띤다.

$$m\frac{d^2x}{dt^2} + b\frac{dx}{dt} + kx = F_0\cos(\omega t + \theta_0) \tag{3.4.2}$$

한편 구동력이 특정한 짧은 시간 동안에만 가해지는 경우를 생각할 수 있다. 이러한 형태의 구동력이 작용하는 동안 진동계는 큰 충격을 받고 그 이후에는 더 이상 구동력이 작용하지 않는다. 이 경우를 대표하는 가장 간단한 구동력은 매우 짧은 시간 동안만 일정한 크기의 강한 구동력이 가해지는 경우이다. 이번 장에서는 구동력이 삼각함수인 경우와 아주 짧은 시간동안 작용하는 강한 구동력인 경우에 각각 진동계의 운동방정식을 풀 것이다. 보다 더 복잡한 구동력이 작용하는 진동계에 대한 운동방정식을 푸는 방법은 다음 절에서 다룰 것이다.

1) 구동력이 삼각함수인 강제진동

이제 우리가 풀어야 할 운동방정식은 식 (3.4.2)와 같이 구동력이 진동수 ω3)를 갖는 삼각함수의 형태이다. 식 (3.4.2)의 방정식을 확장하여 다음과 같은 복소수 함수에 대한 미분방정식을 생각하자.

$$m\frac{d^2x}{dt^2} + b\frac{dx}{dt} + kx = F_0e^{i(\omega t + \theta_0)} \tag{3.4.3}$$

이 미분방정식의 실수부만 취하면 원래 풀어야 할 운동방정식이 된다. 이제 이 복소수 미분방정식을 풀어서 하나의 복소수 함수인 해 $x_C(t)(= x(t) + iy(t))$를 구하고 나서 그 함수의 실수부 $x(t)$만 취하면, 원래의 미분방정식인 식 (3.4.2)을 만족하는 해가 된다4). 이제 먼저 복소수 미분방정식 (3.4.3)을 만족하는 해를 하나 구해보자.

---

3) 엄밀하게 말하면 ω는 진동수가 아니고 각진동수이다. 우리가 보통 말하는 주기의 역수라는 진동수는 $\omega/2\pi$ 이다. 본 논의에서는 편의상 ω를 진동수라 부르겠다.

4) 원래의 방정식이 선형미분방정식이기 때문에 이러한 풀이가 가능하다. 이와 관련한 자세한 내용은 미분방정식과 복소수에 대한 부록 C와 D를 참고하라.

일단 복소수 미분방정식의 해가 지수함수의 형태일 것이라 추측하고 다음과 같은 해를 갖는다고 가정해보자.

$$x_C(t) = A e^{i(\omega t + \theta_0 - \phi)} \tag{3.4.4}$$

주의할 것은 우리가 시도해보는 해에 미정계수 A와 ϕ가 포함되어 있다는 것이다. 이제부터 최종적으로 해를 구하면서 A와 ϕ를 결정할 것이다.

식 (3.4.4)를 식 (3.4.3)에 대입하여 미분을 수행한 후에 공통 인자 $e^{i(\omega t + \theta_0)}$를 소거한 결과는 아래와 같다.

$$-m\omega^2 A + i\omega b A + kA = F_0 e^{i\phi} = F_0(\cos\phi + i\sin\phi) \tag{3.4.5}$$

위 식의 실수부와 허수부를 각각 정리하면 다음과 같다.

$$A(k - m\omega^2) = F_0\cos\phi \tag{3.4.6}$$

$$b\omega A = F_0\sin\phi \tag{3.4.7}$$

식 (3.4.7)을 식 (3.4.6)으로 나누면 다음을 얻는다.

$$\tan\phi = \frac{b\omega}{k - m\omega^2} \tag{3.4.8}$$

한편 식 (3.4.6)과 식 (3.4.7)을 제곱하여 각 변끼리 더해주면 다음을 얻는다.

$$A^2(k - m\omega^2)^2 + A^2 b^2 \omega^2 = F_0^2 \tag{3.4.9}$$

따라서 A는 다음과 같다.

$$A = \frac{F_0}{\sqrt{(k - m\omega^2)^2 + b^2\omega^2}} \tag{3.4.10}$$

$\omega_0 = \sqrt{k/m}$, $\gamma = b/2m$라 놓고 다시 정리하면 아래와 같이 나타낼 수 있다.

$$\phi(\omega) = \tan^{-1}\frac{2\gamma\omega}{\omega_0^2 - \omega^2} \tag{3.4.11}$$

$$A(\omega) = \frac{F_0/m}{\sqrt{(\omega_0^2 - \omega^2)^2 + 4\omega^2\gamma^2}} \tag{3.4.12}$$

위 식에서 $A(\omega)$, $\phi(\omega)$라 쓴 것은 A, ϕ가 구동력의 진동수 ω의 함수가 됨을 강조한 것이다.

지금까지 우리는 식 (3.4.4)가 방정식 (3.4.3)의 해가 되기 위해 만족해야 할 A와 ϕ의 값을 결정하여 $x_C(t)$를 구하였다. 그런데 우리가 원래 풀려던 방정식은 식 (3.4.2)이고, 이것의 해는 $x_C(t)$의 실수부만 취한 것이다. 결과적으로 식 (3.4.2)의 운동방정식의 하나의 해를 다음과 같이 구할 수 있다.

$$x_p(t) = \frac{F_0/m}{\sqrt{(\omega_0^2 - \omega^2)^2 + 4\omega^2\gamma^2}} \cos(\omega t + \theta_0 - \phi),$$

$$\phi = \tan^{-1}\frac{2\gamma\omega}{\omega_0^2 - \omega^2} \tag{3.4.13}$$

우리는 지금 운동방정식 (3.4.2)의 특수해를 하나 구했다. 일반해를 구하기 위해서는 구동력이 없는 경우의 동차방정식의 일반해를 추가로 구해야 한다. (부록 C를 보라.) 앞 절에서 이미 그러한 계산을 하였다. 이를테면 미급감쇠의 경우 구동력이 없는 동차방정식의 일반해를 다음과 같이 쓸 수 있었다.

$$x(t) = Be^{-\gamma t}\cos(\omega_1 t + \alpha) \tag{3.4.14}$$

이제 우리가 구하는 운동방정식의 일반해는 다음과 같다[5].

$$x(t) = Be^{-\gamma t}\cos(\omega_1 t + \alpha) + \frac{F_0/m}{\sqrt{(\omega_0^2 - \omega^2)^2 + 4\omega^2\gamma^2}} \cos(\omega t + \theta_0 - \phi) \tag{3.4.15}$$

여기서 B, α는 초기조건에 의해 결정되는 값이다. 즉 원칙적으로 초기의 위치와 속도로부터 B, α를 구할 수 있다. 하지만 지금 우리의 관심은 B, α를 구하는 것에 있기 보다는 오랜 시간이 지난 후의 진동자의 거동에 있다.

우리가 구한 강제진동의 일반해는 구동력이 없을 때의 감쇠진동과 구동력에 의한 진동의 합으로 기술된다. 이때 감쇠진동 부분은 시간이 지나면 사라지고 구동력에 의한 진동만이 남는다. 오랜 시간이 지난 후에 진동계가 보이는 운동을 정상 상태(steady state)라 하며, 운동방정식의 해 (3.4.15)에서 $Be^{-\gamma t}\cos(\omega_1 t + \alpha)$항의 효과가 아직 남아있는 운동 상태를 과도 상태(transient state)라고 한다. 강제진동에서 운동의 초기 상태와 상관없이 오랜 시간이 지나면 정상 상태가 된다. 보통 강제진동에서 관심을 갖는 것은 정상 상태인데, 우리가 앞에서 구한 특수해가 운이 좋게도 정상 상태가 되었다. 초기조건이 어떻든지 간에 $Be^{-\gamma t}\cos(\omega_1 t + \alpha)$은 결국 오랜 시간이 지난 후에 사라질 것이므로, 진동계의 정상 상태는 계의 초기조건에 무관하고 진동계의 운동은 결국 구동력을 따라가게 된다. [그림

---

5) 미급감쇠가 아니더라도 구동력이 없는 경우에 해당하는 동차방정식의 일반해를 이용하여 구동력이 있는 경우의 해를 구할 수 있다. 그런데 자연에서 우리가 감쇠진동자로 모형화할 수 있는 계의 대부분이 미급감쇠로 모형화되기 때문에 앞으로는 미급감쇠의 경우만을 다루겠다.

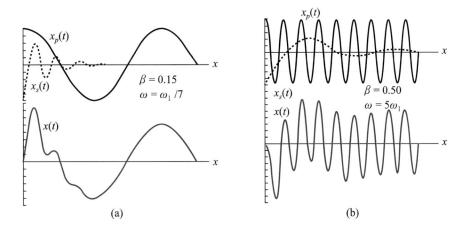

[그림 3.4.1] 과도 상태에서 정상 상태로의 전환. 구동력의 진동수가 고유진동수보다 (a) 작은 경우
　　　　　(b) 큰 경우

3.4.1]은 진동계의 운동이 과도 상태에서 정상 상태로 바뀌는 과정을 보여주고 있다.

　식 (3.4.13)의 정상 상태의 함수형태만 보면 $\cos(\omega t + \theta_0 - \phi)$의 형태이며, 구동력의 함수형태는 $\cos(\omega t + \theta_0)$이다. 두 함수를 비교해보면 구동력과 정상 상태의 위상이 ϕ만큼 차이가 나는 것을 알 수 있다. 즉 ϕ는 구동력의 작용으로 그 진동계에 나타나는 반응이 지연되는 정도를 나타낸다. 결과적으로 구동력에 의해 진동계가 진동하는데, 진동계의 진동수가 구동력의 진동수와 같되, 구동력과 진동계의 진동의 양상 사이에 약간의 지연이 있다. 구동력의 진동수에 따른 진폭 A와 위상 ϕ의 양상을 식 (3.4.11), (3.4.12)로부터 구할 수 있는데, 이를 [그림 3.4.2]에서 나타내었다.

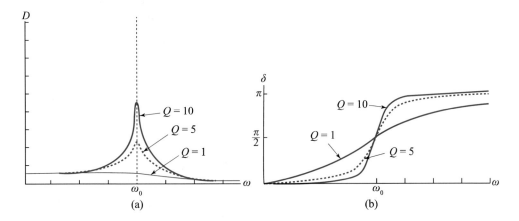

[그림 3.4.2] 구동력의 진동수에 따른 진동계의 (a) 진폭과 (b) 위상의 변화. 그래프에서 품질인자 Q가 클수록 감쇠가 작다. 감쇠가 작을수록 공명이 크고 공명조건을 전후하여 위상변화도 현격하다.

우선 구동력의 진동수가 $\omega \to 0$인 경우처럼 구동력의 진동수가 매우 느리면 식 (3.4.11)에서 $\phi \to 0$이 된다. 이 결과는 진동계가 외부에서 흔들어주는 대로 흔들려서 구동력과 진동계의 위상 차이가 없는 것으로 해석할 수 있다. 한편 $\omega = \omega_0$일 때는 구동력의 진동수와 고유진동수가 같은 경우이다. 이때 식 (3.4.11)에서 $\phi = \pi/2$이고 구동력과 정상 상태의 위상이 $\pi/2$만큼 차이가 난다. 한편 $\omega \to \infty$일 때는 구동력의 진동수가 고유진동수보다 매우 큰 상황이다. 이때 식 (3.4.11)에서 $2\gamma\omega/(\omega_0^2 - \omega^2)$값이 음수이면서 0에 가까운 값을 갖게 되므로 위상차가 π에 가깝게 된다. 이 경우는 구동력이 진동계를 너무 빨리 흔들어서 미처 진동계가 따라가지 못하는 상황으로 해석할 수 있다.

///// ///// /////

위상의 비교

$y_1(t) = \sin(\omega t + \alpha)$와 $y_2(t) = \sin(\omega t + \beta)$의 위상을 비교하는 경우, $2\pi > \alpha - \beta > 0$일 때 $\sin(\omega t + \alpha)$가 $\sin(\omega t + \beta)$보다 $\alpha - \beta$만큼 위상이 빠르다고 말한다. 왜냐하면 $y_1(t)$의 경우에 $t = 0$에서 $y_1(0) = \sin\alpha$이지만, $y_2(t)$의 경우에는 $t = (\alpha - \beta)/\omega$인 시각에서야 $y_2(t = (\alpha - \beta)/\omega) = \sin\alpha$가 될 수 있기 때문이다. 두 함수의 그래프를 그리면 보다 이해가 쉬울 것이다.

///// ///// /////

한편 정상 상태의 진폭 $A(\omega)$은 식 (3.4.12)와 같다. 이 값을 최대로 하는 구동력의 진동수는 $dA/d\omega = 0$인 조건으로부터 구할 수 있고 다음과 같다.

$$\omega_d = \sqrt{\omega_0^2 - 2\gamma^2} \tag{3.4.16}$$

결과적으로 $\omega_0 \gg \gamma$인 조건에서 근사적으로 $\omega = \omega_0$일 때 최대가 된다. 즉 진동자의 고유진동수(ω_0)와 구동력의 진동수(ω)가 일치할 때 구동력을 받는 진동자의 진폭이 커지며 이러한 현상을 공명이라 한다.

정상 상태에서 진동자의 진폭과 위상에 대한 이상의 논의를 요약해보자. 고유진동수 ω_0를 갖는 진동계가 진동수 ω를 갖는 구동력을 받을 때 충분한 시간이 지나 과도(transient) 효과가 사라지면 진동계는 진동수 ω를 가지고 진동하게 된다. 이때 진동계의 진동수를 결정하는 요인은 구동력의 진동수이지 진동계의 고유진동수가 아니다. 대신 고유진동수는 진동의 진폭을 결정하는 요인으로 들어가게 된다. 고유진동수가 구동력의 진동수와 같을 때 (즉 $\omega \simeq \omega_0$) 진동계의 진폭이 가장 커지고, 이러한 현상을 공명이라고 한다. 한편 진동계의 진동은 구동력의 진동보다 위상이 늦게 된다. 구동력의 진동수가 작을 때는 위상차가 거의 없으나, 구동력의 진동수가 고유진동수보다 매우 큰 경우에는 위상차가 π만큼 날 수 있다. 한편으로 공명조건에서의 위상차는 $\pi/2$이다.

이상에서 강제진동의 진폭과 위상 차이를 고유진동수 ω_0, 감쇠율 γ, 구동진동수 ω의 함수로 구했다. 그렇다면 강제진동에서 구동력이 진동자에 해주는 일은 어떻게 될까? 이것을 구하기 위해서 다음과 같은 정상 상태의 변위 $x(t)$에서 논의를 시작해보자.

$$x(t) = \frac{F_0/m}{\sqrt{(\omega_0^2 - \omega^2)^2 + 4\omega^2\gamma^2}} \cos(\omega t + \theta_0 - \phi) \tag{3.4.17}$$

이것을 시간에 대해 미분하면 아래와 같다.

$$\dot{x}(t) = -\frac{\omega F_0/m}{\sqrt{(\omega_0^2 - \omega^2)^2 + 4\omega^2\gamma^2}} \sin(\omega t + \theta_0 - \phi) \tag{3.4.18}$$

공명이 일어날 때 진동자는 구동력으로부터 큰 에너지를 받을 수 있다. 이것을 지금부터 정량적으로 계산해보자. 먼저 구동력은 시시각각 변하므로 구동력이 진동계에 가해주는 순간 일률보다 한 주기 동안 구동력이 진동계에 가해주는 평균일률이 더 의미 있는 값이다. 이 평균일률을 정확히 정의하면 다음과 같다.

$$P_{av} = <\dot{x}(t)F(t)>_T \tag{3.4.19}$$

여기서 첨자 T는 한 주기 동안의 평균임을 강조하기 위한 것이다. 평균값을 구하기 전에 먼저 특정한 시간의 일률 $P(t)$를 구하면 다음과 같다.

$$P(t) = F(t)\dot{x}(t) = -\omega F_0 A \cos(\omega t + \theta_0)\sin(\omega t + \theta_0 - \phi)$$
$$= -\omega F_0 A[\cos(\omega t + \theta_0)\sin(\omega t + \theta_0)\cos\phi - \cos^2(\omega t + \theta_0)\sin\phi] \tag{3.4.20}$$

삼각함수에 대해 구동력의 한 주기라는 시간동안 ($T = 2\pi/\omega$) 적분하면 다음을 확인할 수 있다.

$$\int_0^T \cos(\omega t + \theta_0)\sin(\omega t + \theta_0)dt = 0, \quad \int_0^T \cos^2(\omega t + \theta_0)dt = \frac{T}{2} \tag{3.4.21}$$

이 결과를 이용하여 한 주기 동안의 평균일률을 구하면 다음을 얻는다.

$$P_{av} = <\dot{x}(t)F(t)>_T = \frac{F_0^2 \sin\phi}{2m}\frac{\omega}{\sqrt{(\omega_0^2 - \omega^2)^2 + 4\omega^2\gamma^2}} \tag{3.4.22}$$

여기서 ϕ는 구동력과 진동계의 위상 차이이다. 즉 구동력과 진동계의 위상 차이에 따라 구동력이 물체에 해주는 일률이 다르다. 또한 구동력과 진동계의 위상 차이가 거의 없을 때에는 (앞에서 구한 조건에 따르면 구동력의 진동수가 매우 작을 때) 일률이 0에 가까이 갈 수도 있다.

한편 식 (3.4.11)을 이용하여 $\sin\phi$를 소거하면, 구동력이 해주는 평균일률은 다음과 같이 다시 쓸 수 있다.

$$P_{av} = \frac{F_0^2}{m} \frac{\gamma\omega^2}{(\omega_0^2 - \omega^2)^2 + 4\omega^2\gamma^2} \tag{3.4.23}$$

감쇠가 작은 조건(즉, $\omega_0 \gg \gamma$)에서 평균일률 P_{av}를 ω의 함수로 그려보면 구동력의 진동수가 진동자의 고유진동수와 비슷할 때, 즉 $\omega \doteq \omega_0$일 때 [그림 3.4.3]과 같은 모양의 그래프를 얻을 수 있다.

식 (3.4.23)의 결과를 보다 간단한 형태로 근사할 수도 있다[6]. 우리는 특히 감쇠가 작은 (즉, $\omega_0 \gg \gamma$) 경우에 관심이 있는데, 그중에서도 [그림 3.4.3]의 공진조건 전후에서의 피크의 모양에 관심이 있다. 즉 구동진동수가 고유진동수와 큰 차이가 없는 경우가 우리의 관심사인데, 이를 고려하면 다음과 같은 근사가 가능하다.

$$\omega \simeq \omega_0$$
$$\omega^2 - \omega_0^2 = (\omega + \omega_0)(\omega - \omega_0) \simeq 2\omega_0(\omega - \omega_0) \tag{3.4.24}$$

이를 이용하여 식 (3.4.23)의 P_{av}의 함수형태를 간단하게 바꾸면 다음을 얻게 된다.

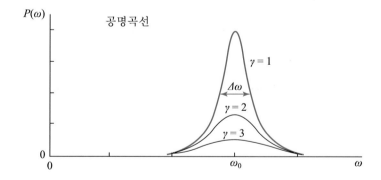

[그림 3.4.3] 구동력의 진동수에 따라 진동계가 받는 일률 곡선. 감쇠가 작을수록 피크가 높다.

---

6) 지금부터 하는 근사는 테일러 급수를 이용한 근사와 달리 체계적이지 않다. 그렇지만 이 근사의 결과가 비교적 정확하고 관련 상황에서 널리 쓰이기 때문에 소개한다.

$$P_{av}(\omega) = \frac{F_0^2}{4m} \frac{\gamma}{(\omega_0 - \omega)^2 + \gamma^2} \tag{3.4.25}$$

결과적으로 일률은 ω, ω_0, γ 등의 함수가 된다. 식 (3.4.25)와 [그림 3.4.3]에서 확인할 수 있듯이 공명조건, 즉 $\omega = \omega_0$ 조건에서 일률이 최대가 된다.

예제 3.4.1

구동력에 의한 일률이 공명조건의 절반으로 떨어지는 두 구동 진동수의 차이를 선폭이라 정의하며, [그림 3.4.3]에서는 기호 $\Delta\omega$를 이용하여 나타냈다. 일률이 식 (3.4.25)로 주어질 때 고유진동수와 선폭으로 품질인자를 나타내시오.

풀이

식 (3.4.25)에서 $\omega = \omega_0$일 때 일률이 최대가 된다. 일률이 이러한 최댓값의 절반이 되도록 하는 구동 진동수 ω는 식 (3.4.25)에서 다음을 만족해야 한다.

$$P_{av}(\omega) = P_{av}(\omega_0)/2$$

이것을 만족하는 ω값은 다음과 같다.

$$\omega = \omega_0 \pm \gamma$$

이 두 진동수의 차이가 선폭 $\Delta\omega$이므로 다음이 성립한다.

$$\Delta\omega = 2\gamma$$

한편 품질인자는 식 (3.3.19)에서 다음과 같다.

$$Q = \frac{\omega_0}{2\gamma}$$

두 결과를 조합하면 품질인자는 다음과 같이 선폭과 고유진동수의 비로 나타내진다.

$$Q = \frac{\omega_0}{\Delta\omega}$$

겉보기엔 어렵지 않은 계산이지만, 이 결과는 중요한 의미를 갖는다. 어떤 진동계의 감쇠율 γ를 실험을 통해 직접 측정하기 힘든 경우가 많다. 반면 공명 곡선은 실험을 통해 구할 수 있는 경우가 많다. 이때 공명 곡선의 선폭을 실험으로 구한 후에 이 결과로부터 감쇠율 γ를 구할 수 있다. 이런 이유로 품질인자를 정의할 때 감쇠율 대신에 선폭을 이용하여 정의하기도 한다.

2) 매우 짧은 순간동안 큰 구동력을 받는 강제진동

지금부터는 감쇠진동을 하는 진동자에 구동력이 매우 짧은 시간동안 강한 충격의 형태로 가해질 때 진동자의 이후 운동을 간단히 살펴보겠다. 충격(구동력)을 주기 전에 진동자가 평형 위치에서 정지해 있는 가장 단순한 상황을 생각해보자. 이때 진동자의 질량이 m, 충격 직후의 속도를 v_0라 할 때 충격이 작용하는 동안 물체가 받는 충격량은 다음과 같다.

$$I = \int F(t)dt = mv_0 \tag{3.4.26}$$

여기서 $F(t)$는 충격시 진동자에 가해지는 힘이다. 충격이 매우 짧은 순간이라 할 수 있는 δt 동안 이루어진다면, 진동하는 물체의 변위는 충격이 가해지는 동안 아주 살짝 이동한다. δt가 충분히 작으면 진동자가 충격을 가하는 동안 거의 변위의 이동이 없이 속력만 바뀐다고 가정해도 무방하다. 충격이 가해지는 동안 단순히 등가속도운동을 따라서 정지해 있던 진동자의 속도가 v_0로 이동거리가 s_0가 되었다고 하면 둘 사이에 $s_0 = v_0 \delta t / 2$이 성립한다. 따라서 매우 짧은 시간 δt 동안 충격이 가해진다고 하면 이동거리 s_0를 0으로 근사할 수 있게 된다. 등가속도운동이 아니라 하더라도 이러한 근사가 타당하다. 이를테면 $\delta t = 0.00001$ s 의 짧은 시간동안 충격이 가해져서 물체의 속도가 1 m/s가 되었다고 하면, 충격이 가해지는 동안 이동한 거리를 대략 추산하면 $x_0 \simeq v_0 \delta t \simeq 0.00001$ m 정도라고 할 수 있다. 이와 같이 충격이 가해지는 시간이 충분히 짧으면 그동안의 변위이동을 무시할 수 있다. 이와 같은 조건에서 구동력에 의한 충격이 끝나는 시각을 t_0라 할 때, 이 시각의 진동자의 운동 상태는 다음과 같다.

$$x(t_0) \simeq 0, \ \dot{x}(t_0) = v_0 \tag{3.4.27}$$

한편 t_0 이후에 진동자는 구동력 없이 단순감쇠진동을 하므로 다음과 같이 일반해를 쓸 수 있다.

$$x(t) = Ae^{-\gamma(t-t_0)}\sin[\omega_1(t-t_0)+\theta] \tag{3.4.28}$$

식 (3.4.27)의 초기조건을 이용하면 식 (3.4.28)의 미정계수 A, θ를 결정할 수 있다.

먼저 $x(t_0) = 0$을 식 (3.4.28)에 대입하면 $\theta = 0$을 얻는다. 한편 $\dot{x}(t_0) = v_0$이므로 식 (3.4.28)을 시간에 대해 미분한 후 $t = t_0$를 대입하면 $v_0 = \omega_1 A$라는 결과를 얻는다. 이러한 결과들을 정리하면 물체의 운동은 다음과 같다.

$$x(t) = \frac{v_0}{\omega_1}e^{-\gamma(t-t_0)}\sin[\omega_1(t-t_0)], \qquad t > t_0 \tag{3.4.29}$$

식 (3.4.6)의 충격량을 이용하여 이 결과를 다시 써주면 다음과 같다.

$$x(t) = \frac{I}{m\omega_1}e^{-\gamma(t-t_0)}\sin[\omega_1(t-t_0)], \qquad t > t_0 \tag{3.4.30}$$

3.5 ● 중첩원리와 푸리에 급수

앞 절에서 우리는 다음과 같은 운동방정식의 풀이에 대해 논하였다.

$$m\frac{d^2x}{dt^2} + b\frac{dx}{dt} + kx = F_0\cos(\omega t + \theta_0) \tag{3.5.1}$$

그 계산 과정은 만만치 않은 것이었지만, 그래도 끝까지 진행할 만한 것이었다. 그런데 구동력이 다음과 같이 두 개의 진동수를 갖는 운동방정식은 어떻게 풀까?

$$m\frac{d^2x}{dt^2} + b\frac{dx}{dt} + kx = F_1\cos(\omega_1 t + \theta_1) + F_2\cos(\omega_2 t + \theta_2) \tag{3.5.2}$$

이 방정식을 처음부터 다시 풀어야 한다면 너무 계산이 복잡할 것이다. 다행히 우리는 앞의 방정식을 푼 결과를 이용하여 이 새로운 방정식을 풀 수 있다. 그 바탕에 다음과 같은 중첩원리가 있다.

중첩원리: $x_n(t)$가 다음과 같이 어떤 구동력 $F_n(t)$를 갖는 강제진동의 운동방정식을 만족하는 해라고 하자.

$$m\frac{d^2x_n}{dt^2} + b\frac{dx_n}{dt} + kx_n = F_n(t) \tag{3.5.3}$$

이제 다음과 같은 복합적인 구동력이 작용하는 경우를 생각해보자.

$$F(t) = \sum_n F_n(t) \tag{3.5.4}$$

이러한 구동력이 작용할 경우에 다음과 같은 해가 운동방정식의 해가 된다.

$$x(t) = \sum_n x_n(t) \tag{3.5.5}$$

이 결과는 식 (3.5.5)를 새로운 운동방정식에 대입하여 다음과 같이 정리함으로써 얻어진다.

$$m\frac{d^2x}{dt^2}+b\frac{dx}{dt}+kx = m\sum_n\frac{d^2x_n}{dt^2}+b\sum_n\frac{dx_n}{dt}+k\sum_n x_n$$

$$= \sum_n\left(m\frac{d^2x_n}{dt^2}+b\frac{dx_n}{dt}+kx_n\right) = \sum_n F_n(t) = F(t) \tag{3.5.6}$$

이와 같이 구동력이 식 (3.5.4)처럼 중첩될 때의 해를 구동력이 $F_n(t)$일 때의 운동방정식의 해 $x_n(t)$의 중첩으로 구할 수 있다.

─── ///// ///// /////

이제 다음과 같이 진동항들이 중첩된 구동력을 생각해보자.

$$F(t) = \sum_n C_n\cos(\omega_n t - \phi_n) \tag{3.5.7}$$

중첩원리와 식 (3.4.13)의 계산 결과를 이용하면 이러한 구동력에 대한 강제진동의 특수해는 다음과 같다.

$$x(t) = \sum_n \frac{C_n}{m}\frac{1}{\sqrt{(\omega_n^2-\omega^2)^2+4\omega_n^2\gamma^2}}\cos(\omega_n t - \phi_n - \delta_n) \tag{3.5.8}$$

$$\phi_n = \tan^{-1}\frac{2\gamma\omega_n}{\omega_0^2-\omega_n^2}$$

여기에 구동력을 없앤 동차방정식의 일반해를 추가함으로써 비동차방정식의 일반해도 구해진다. 이제 원칙적으로 우리는 삼각함수의 중첩으로 표현되는 어떤 구동력에 대해서도 진동계의 거동이 어떻게 되는지를 알 수 있다. 또한 이제부터 논의할 푸리에 급수의 결과까지 고려하면 어떠한 주기적인 구동력이 선형인 운동방정식을 갖는 진동자에 가해지더라도 계의 거동을 예측할 수 있다는 결론이 나온다.

식 (3.5.7)에서 구동력이 삼각함수의 중첩인 경우를 고려하였다. 그런데 삼각함수의 중첩으로 나타낼 수 있는 구동력의 형태는 매우 다양하다. 푸리에 급수에 의하면 주기함수를 삼각함수의 중첩으로 나타낼 수 있기 때문이다. 따라서 우리는 원칙적으로 구동력이 어떤 주기함수이더라도 강제진동 문제를 풀 수 있다. 지금부터는 이 문제를 자세히 살펴보고자 한다.

푸리에 급수를 보다 자세히 논하기 전에 먼저 보다 더 익숙한 테일러 급수를 되돌아보자. 테일러 급수를 사용하는 목적은 어떤 함수를 다항함수로 근사하는 데 있었다. 그때 우리는 어떤 함수에 대해 테일러 급수로 전개하는 것이 좋은지에 대해서는 크게 주목하지 않았다. 그러면 어떤 함수가 테일러 급수로 근사될 수 있는가? 수학적으로 무한히 미분가능한 함수가 테일러 급수를 가진다. 따라서 테일러 급수는 무한히 미분 가능한 함수를 다항식으로 근사하는 방법이다.

그런데 반드시 어떤 함수를 다항식 함수로 근사할 필요가 있는가? 잘 알려진 다른 함수를 이용하여 어떤 함수를 근사할 수는 없을까? 바로 이러한 질문에 대한 답으로 등장하는 것이 푸리에 급수이다. 즉 푸리에 급수의 목적은 삼각함수를 기저(basis)[7]로 하여 함수를 근사하는 것이다. 테일러 급수가 무한히 미분 가능한 특정 부류의 함수를 근사하는 방법을 제공한다면, 푸리에 급수는 주기함수라는 특정한 부류의 함수를 근사하는 방법을 제공한다[8].

우리의 목적은 푸리에 급수를 증명하는 것이 아니고 푸리에 급수를 사용하는 것이다. 따라서 본 논의에서는 증명이 아닌 푸리에 급수를 이용하는 방법에 대해 설명을 하겠다. 이제 푸리에 급수로 근사할 주기가 T인 임의의 함수를 생각하자. 함수 $F(t)$가 주기가 T인 주기함수라는 것은 다음을 만족한다는 뜻이다.

$$F(t + T) = F(t) \tag{3.5.9}$$

이러한 주기함수를 다음과 같이 삼각함수의 급수로 표현할 수 있다는 것이 알려져 있다.

$$F(t) = \frac{1}{2}A_0 + \sum_{n=1}^{\infty}\left(A_n\cos\frac{2\pi nt}{T} + B_n\sin\frac{2\pi nt}{T}\right) \tag{3.5.10}$$

이렇게 삼각함수의 중첩으로 주기함수를 전개한 것이 바로 푸리에 급수이다. 주기함수를 이렇게 표현할 수 있다는 것은 수학적으로 엄밀하게 증명되어야 하는 명제이지만 우리는 그냥 그렇다고 받아들이자. 주기함수에 대해 식 (3.5.10)과 같은 급수 표현이 가능함을 일단 받아들이면 주어진 주기함수를 푸리에 급수로 전개했을 때의 계수 A_n, B_n을 구하는 것은 어렵지 않다. 일단 결과만 보면 주기함수 $F(t)$의 푸리에 급수에서 A_n, B_n은 다음을 만족해야 한다.

$$A_n = \frac{2}{T}\int_0^T F(t)\cos\frac{2\pi nt}{T}dt, \;\; n = 0, 1, 2, \cdots \tag{3.5.11}$$

$$B_n = \frac{2}{T}\int_0^T F(t)\sin\frac{2\pi nt}{T}dt, \;\; n = 1, 2, 3, \cdots \tag{3.5.12}$$

---

7) 기저의 정확한 뜻은 수리물리학 교재를 참고하자. 여기서는 삼각함수를 기저로 하여 함수를 근사할 때 삼각함수의 중첩으로 함수를 표현하는 과정이 필요하다는 정도로 이해하자.

8) 주기함수가 아닌 함수를 삼각함수로 전개하는 방법은 푸리에 변환이라 불리는데, 이에 대해서는 10.8절을 참고하자.

$$\int_0^T \sin\frac{2\pi nt}{T}dt = 0$$

$$\int_0^T \sin\frac{2\pi mt}{T}\sin\frac{2\pi nt}{T}dt = \int_0^T \cos\frac{2\pi mt}{T}\cos\frac{2\pi nt}{T}dt = \frac{T}{2}\delta_{nm}, \quad n, m = 0, 1, 2, \cdots$$

$$\int_0^T \sin\frac{2\pi mt}{T}\cos\frac{2\pi nt}{T}dt = 0, \quad n, m = 0, 1, 2, \cdots$$

여기서 δ_{nm}은 크로네커 델타라고 불리는 기호로 $n = m$일 때에만 1값을 갖고 $n \neq m$일 때에는 0값을 갖는다.

이를 확인하기 위해 일단 다음의 적분을 생각해보자.

$$\int_0^T F(t)\sin\frac{2\pi nt}{T}dt, \ n = 0, 1, 2, \cdots \tag{3.5.13}$$

이 적분 속에 있는 $F(t)$ 대신 식 (3.5.10)의 급수 표현을 대입하면 다음을 얻는다.

$$\frac{1}{2}A_0\int_0^T \sin\frac{2\pi nt}{T}dt + \sum_{m=1}^{\infty}\int_0^T\left(A_m\cos\frac{2\pi mt}{T}\sin\frac{2\pi nt}{T} + B_m\sin\frac{2\pi mt}{T}\sin\frac{2\pi nt}{T}\right)dt$$

$$\tag{3.5.14}$$

이 식을 박스 안의 적분 결과를 이용하여 정리하면 아래와 같고,

$$\int_0^T F(t)\sin\frac{2\pi nt}{T}dt = \frac{T}{2}B_n \tag{3.5.15}$$

이로부터 식 (3.5.12)의 결과를 쉽게 얻을 수 있다. 또한 비슷한 방식으로 식 (3.5.11)도 구할 수 있다.

이렇게 주기함수를 삼각함수의 중첩으로 표현하는 것이 푸리에 급수이다. 우리의 계산에서는 적분구간을 $[0, T]$로 잡았는데, 구간의 길이가 T이기만 하면 적분구간을 어떻게 잡든지 상관없다. 즉, 주기함수이기만 하면 적분구간을 $[t_0, \ t_0 + T]$로 잡아도 무방하다. 다만 주기함수의 형태를 보고 계산하기 편하게 적분구간을 잡는다.

예제 3.5.1

그림과 같이 주기가 T인 사각파의 푸리에 급수를 구하시오.

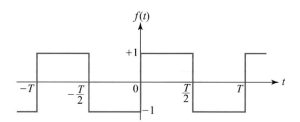

풀이

먼저 그림에서 주어진 주기함수인 사각파의 함수 $f(t)$를 나타내면 아래와 같고,

$$f(t) = \begin{cases} 1 & 0 \leq t < T/2 \\ -1 & T/2 \leq t < T \end{cases}$$

이 함수를 (3.6.12)에 대입하여 푸리에 급수의 계수 B_n을 구하면 다음과 같다.

$$B_n = \frac{2}{T}\left[\int_0^{T/2} \sin\frac{2\pi nt}{T}dt + \int_{T/2}^T (-1)\sin\frac{2\pi nt}{T}dt\right] = \frac{1}{n\pi}(1 - \cos n\pi)$$

한편 같은 방식으로 $A_n = 0$임을 구할 수 있는데 이 결과는 주기함수가 우함수 혹은 기함수인지를 점검하는 것으로써 직접적 계산이 없이도 구할 수도 있다. 구체적인 것은 연습문제를 참고하자.

이상의 결과를 요약하면 사각파 함수는 다음과 같이 전개할 수 있다.

$$F(t) = \sum_{n=0}^{\infty}\left(\frac{2}{n\pi}(1 - \cos n\pi)\right)\sin\frac{2\pi nt}{T}$$

푸리에 급수는 주기함수를 삼각함수의 급수로 표현만 바꾼 것이다. 이 자체로는 근사가 아니다. 그런데 급수 중에 일부 항만을 고려하고 나머지 항을 무시하면 근사가 된다. 이는 테일러 급수에서 모든 항을 고려한 것은 근사가 아니고 몇몇의 항만을 고려하고 나머지 항을 무시할 때 근사가 이루어지는 것과 유사하다. 푸리에 급수의 몇 개의 항까지 고려해야 근사가 충분히 이루어지는지를 판단하는 것은 테일러 급수의 경우처럼 간단하지는 않다. 이와 관련한 엄밀한 논의는 생략하고 대략의 결과만 예시하면 [그림 3.5.1]과 같다. 그림은 예제 3.5.1의 사각파 주기함수의 푸리에 급수 중에 B_n이 0이 아닌 2개의 항, 3개의 항, 4개의 항을 각각 고려한 근사 결과를 보여준다. 그림에서 보듯이 더 많은 급수항을 고려할수록 사각파에 대한 더 좋은 근사가 된다. 또한 전체 푸리에 급수 중에 일부 항만을 고려하는 것으로 사각파에 대한 좋은 근사 결과를 얻을 수 있다.

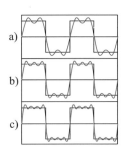

[그림 3.5.1] 사각파 주기함수에 대한 근사. a) B_n이 0이 아닌 2개의 항, b) 3개의 항,
c) 4개의 항을 고려한 근사 결과

3.6* ◦ 비선형진동

진동자의 평형 위치로부터의 변위와 복원력이 비례하지 않는 경우, 진동자의 운동방정식은 더 이상 선형방정식이 아니다. 이러한 비선형진동자는 다음과 같은 특징들을 갖는다. 첫째 선형진동자와 달리 진동수가 진폭과 관련된다. 둘째 기본 진동수의 배수가 되는 고차 진동 성분이 해에 포함되게 된다. 이를 예시하기 위해 복원력이 다음과 같이 훅의 법칙에서 살짝 벗어나는 진동자를 생각해보겠다.

$$\ddot{x} + \omega_0^2 x - \lambda x^3 = 0 \tag{3.6.1}$$

$\lambda = 0$인 경우 이 운동방정식은 단순조화진동자의 경우로 환원된다. 우리는 또한 λ가 충분히 작아서 운동방정식에서 비선형 항 λx^3이 있는 경우가 그것을 무시하는 경우와 비교할 때 진동자의 거동을 약간만 바꾼다고 가정하겠다. 이러한 조건에서 정확한 해를 구하는 것은 일반적으로 쉽지 않으며, 우리는 정확한 해 대신에 연차근사법이라는 방식으로 근사해를 구하는 것으로 만족할 것이다. 우선 $\lambda = 0$ 인 경우, 즉 단순조화진동인 경우를 생각해 보면 다음과 같은 해가 운동방정식의 특수해가 될 수 있다.

$$x(t) = A \cos \omega_0 t \tag{3.6.2}$$

이제 비선형 항 λx^3로 인해 진동자의 거동이 약간만 바뀐다고 가정하면 우선 다음과 같은 형태의 시범해(trial solution)가 운동방정식을 만족하는지를 검토할 수 있다.

$$x(t) = A \cos \omega t \tag{3.6.3}$$

이 시범해를 운동방정식 (3.6.1)에 대입하면 다음을 얻는다.

$$-A\omega^2\cos\omega t + A\omega_0^2\cos\omega t - \lambda A^3\cos^3\omega t = 0 \tag{3.6.4}$$

이 결과에 삼각함수에 대한 항등식 $4\cos^3\theta = 3\cos\theta + \cos3\theta$를 적용하고 $\cos\omega t$, $\cos3\omega t$에 대해 각각 묶어주면 다음을 얻는다.

$$\left(-\omega^2 + \omega_0^2 - \frac{3}{4}\lambda A^2\right)A\cos\omega t - \frac{1}{4}\lambda A^3\cos3\omega t = 0 \tag{3.6.5}$$

따라서 시범해가 운동방정식을 정확하게 만족하려면 다음이 만족되어야 한다.

$$-\omega^2 + \omega_0^2 - 3/4\lambda A^2 = 0$$
$$1/4\lambda A^3 = 0 \tag{3.6.6}$$

하지만 이것은 곧 $A = 0$을 의미하므로 식 (3.6.3)의 시범해는 운동방정식을 정확히 만족할 수 없다. 대신에 λ가 작은 값이므로 식 (3.6.5)에서 $\cos\omega t$항의 계수만 0이 되는 근사해를 취할 수 있다. 즉, 식 (3.6.6)의 첫째 줄의 $-\omega^2 + \omega_0^2 - 3/4\lambda A^2 = 0$를 만족하는 시범해는 일종의 근사해가 될 수 있다. 즉 $x(t) = A\cos\omega t$ 형태의 시범해가 근사해가 되려면 다음을 만족해야 한다.

$$\omega^2 = \omega_0^2 - 3/4\lambda A^2 \tag{3.6.7}$$

따라서 다음과 같이 근사해의 각진동수는 진폭의 함수가 된다.

$$\omega = \omega_0\sqrt{1 - \frac{3\lambda A^2}{4\omega_0^2}} \tag{3.6.8}$$

이와 같이 진동수가 진폭과 관련되는 것은 단순조화진동자에서는 볼 수 없는 비선형진동의 일반적인 특성으로 알려져 있다.

비선형진동의 두 번째 일반적 특성을 보려면 조금 더 정밀한 근사를 시도해야 한다. 앞선 근사에서 식 (3.6.3)의 형태의 시범해를 사용할 경우 식 (3.6.3)에서 $\cos3\omega t$항의 계수를 0으로 맞출 수 없는 문제가 발생하였다. 이를 극복하기 위해 다음과 같은 2차 시범해를 생각해볼 수 있다.

$$x(t) = A\cos\omega t + B\cos3\omega t \tag{3.6.9}$$

이 시범해는 $\cos3\omega t$로 진동하는 성분을 포함하는데, 이렇게 시범해를 잡은 이유는 $x(t) = A\cos\omega t$ 형태의 시범해를 사용한 결과가 $\cos3\omega t$으로 진동하는 항을 만족스럽게 소거하지 못했기 때문이다. 이제 2차 시범해를 운동방정식 (3.6.1)에 대입하고 삼각함수에 대한 항등식 $4\cos^3\theta = 3\cos\theta + \cos 3\theta$를 반복 적용하면 다음과 같은 형태의 계산 결과를 얻는다.

$$\left(-\omega^2 + \omega_0^2 - \frac{3}{4}\lambda A^2\right)A\cos\omega t + \left(-9B\omega^2 + B\omega_0^2 - \frac{1}{4}\lambda A^3\right)\cos 3\omega t$$
$$+ B\lambda\left(\sum_{n=5,,,}(...)\cos n\omega t\right) = 0 \tag{3.6.10}$$

여기서 $\cos\omega t$, $\cos 3\omega t$가 아닌 고차항들은 B와 λ의 곱을 포함한다는 것 외에는 구체적으로 계산하지 않았다. 이 고차항들은 결과적으로 2차 근사에서 무시되기 때문이다. B, λ가 모두 작은 값일 것이므로 이러한 근사가 정당화될 수 있다. 이제 식 (3.6.10)에서 $\cos\omega t$, $\cos 3\omega t$항의 계수가 모두 0이면 2차 시범해가 1차 시범해보다 좋은 근사해라고 볼 수 있다. 이 중에 $\cos\omega t$항의 계수가 0이라는 조건은 1차 시범해의 결과인 식 (3.6.7)과 같다. 이에 더하여 식 (3.6.10)에서 $\cos 3\omega t$항의 계수가 0이라는 조건으로부터 시범해에서 $\cos 3\omega t$항의 진폭을 다음과 같이 구할 수 있다.

$$B = \frac{\lambda A^3}{-32\omega^2} \tag{3.6.11}$$

이 결과를 식 (3.6.9)에 대입하면 2차 근사해는 다음과 같이 정리된다.

$$x(t) = A\cos\omega t - \frac{\lambda A^3}{32\omega_0^2}\cos 3\omega t \tag{3.6.12}$$

이 식의 해는 진동수 ω로 진동하는 항 이외에 진동수 3ω로 진동하는 항도 포함한다. 이와 같이 기본 진동수 ω의 배수가 되는 진동수로 진동하는 항이 추가적으로 나오는 것도 비선형진동의 일반적인 특징으로 알려져 있다.

한편으로 2차 해를 구한 과정과 비슷한 방법을 통해 더 고차적인 근사해를 구할 수 있고, 이 경우 3ω보다 더 큰 진동수로 진동하는 항이 해에 추가되어 나오게 된다. 이렇게 기본 진동수의 배수를 갖는 진동항은 자연 상황에서 중요하다. 이를테면 증폭기나 스피커 같은 소리를 재생하는 기구들은 비선형적 특성을 나타낸다. 그 결과 증폭 과정에서 기본 진동수의 배수를 갖는 진동수에 해당하는 진동항이 발생하여 신호를 왜곡시킬 수 있다. 또한 어떤 진동수의 소리를 매우 크게 발생시키면, 그 소리를 듣는 사람은 해당 진동수의 배수가 되는 진동수의 소리도 듣는 것 같은 경험을 하게 된다. 이러한 경험도 비선형진동과 관련된다.

예제 3.6.1

늘어나지 않은 상태의 길이가 l인 두 용수철이 그림과 같이 길이 $2l$로 늘어난 채로 질량 m인 물체에 연결되어 있었다. 그림처럼 평형 상태에서 용수철 방향에 수직인 방향으로 물체를 이동시킨 후 가만히 놓으면 진동운동을 한다. 이때 평형 위치에서 물체가 $x(\ll l)$만큼 이동한 상황에서 운동방정식을 구하시오.

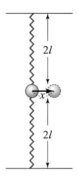

풀이

물체가 평형점에서 x만큼 이동했을 때 용수철과 물체의 이동변위 사이의 각도를 θ라 놓자. 이때 물체가 평형 위치에서 x만큼 이동했을 때의 복원력은 다음과 같다.

$$2k\left(\sqrt{4l^2+x^2}-l\right)\cos\theta = 2k\left(\sqrt{4l^2+x^2}-l\right)\frac{x}{\sqrt{4l^2+x^2}} = 2kx\left(1-\frac{l}{\sqrt{4l^2+x^2}}\right)$$

따라서 운동방정식은 아래와 같이 나타내며,

$$m\ddot{x} = -2kx\left(1-\frac{l}{\sqrt{4l^2+x^2}}\right)$$

테일러 전개를 이용하면 다음이 성립한다.

$$\frac{l}{\sqrt{4l^2+x^2}} = \frac{1}{2\sqrt{1+x^2/4l^2}} \simeq \frac{1}{2}\left(1-\frac{x^2}{8l^2}\right)$$

따라서 운동방정식은 다음과 같다.

$$m\ddot{x}+kx+\frac{k}{8l^2}x^3 = 0$$

이 결과는 식 (3.6.1)과 같은 형태이고 계수만 다르다. 따라서 식 (3.6.1)에 대해 계산한 본문의 결과들을 이용하여 이 운동방정식의 운동 양상을 쉽게 구할 수 있다.

예제 3.6.2

(큰 진폭을 갖는 단진자의 주기) 진폭이 작은 경우에는 단진자의 주기가 진폭과 거의 무관한 것으로 근사할 수 있다. 진폭이 커질 때 진폭 θ와 주기 T의 관계에 대한 보다 좋은 근사식을 구하시오.

풀이

단진자의 운동방정식은 다음과 같다.

$$\ddot{\theta} + \frac{g}{l}\sin\theta = 0 \tag{1}$$

이 운동방정식은 $\theta \ll 1$인 경우에 $\sin\theta \simeq \theta$가 성립하여 다음과 같이 근사된다.

$$\ddot{\theta} + \frac{g}{l}\theta = 0$$

θ가 보다 큰 경우에는 $\sin\theta$를 θ에 대한 삼차식까지 근사하면 $\sin\theta \simeq \theta - \theta^3/6$이므로 운동방정식이 다음과 같이 근사된다.

$$\ddot{\theta} + \frac{g}{l}\theta - \frac{g}{6l}\theta^3 = 0$$

이 운동방정식은 (3.6.1)에서 $\omega_0^2 = g/l$, $\lambda = g/6l$인 경우에 해당한다. 또한 진동 과정에서 추와 연직선이 이루는 최대 각도가 $\theta_{\max}$라 하면 $\theta_{\max}$는 근사적으로 식 (3.6.3)의 A와 같다. 이러한 결과를 식 (3.6.8)에 대입하여 정리하면 다음이 성립한다.

$$\omega = \omega_0\sqrt{1 - \frac{\theta_{\max}^2}{8}}$$

따라서 주기는 아래와 같이 나타낸다.

$$T = \frac{2\pi}{\omega} = 2\pi\sqrt{\frac{l}{g}}\left(1 - \frac{\theta_{\max}^2}{8}\right)^{-1/2} \simeq 2\pi\sqrt{\frac{l}{g}}\left(1 + \frac{\theta_{\max}^2}{16}\right)$$

결과적으로 진폭이 클수록 주기도 커진다.

진폭에 따라 주기가 길어지는 경향은 (1)의 운동방정식에서 정성적인 논의를 통해 바로 도출할 수도 있다. (1)에서 $\sin\theta \simeq \theta$로 근사할 때 주기와 진폭이 무관한 단진동이 된다. 그런데 θ가 클수록 $\sin\theta$가 θ에 비해 작아진다. 따라서 θ가 클수록 복원력이 단진동의 경우에 미치지 못한다고 할 수 있다. 따라서 (1)식의 경우에 단진동의 경우보다 복원력이 작으므로, 평형 위치로 돌아가는 데 그만큼 시간이 걸린다고 할 수 있다. 결국 θ가 크면 단진동의 경우보다 평형 위치로 돌아가는 데 걸리는 시간이 길어지므로 주기도 길어진다고 결론 내릴 수 있다.

연습문제   Chapter 03

01 감쇠진동에서 저항력이 진동자의 속도의 제곱에 비례한다면 중첩원리가 성립하지 않음을 보이시오. 즉 운동방정식을 만족하는 두 해의 합이 운동방정식을 만족하지 않음을 보이시오.

02 각진동수 ω_0로 진동하는 단순조화진동자의 처음의 위치와 속도가 각각 x_0, v_0이다. 이 진동자의 일반해를 식 (3.2.2)으로 나타낼 때 미정계수 B_1, B_2를 구하시오.

03 각진동수 ω_0로 진동하는 단순조화진동자의 처음의 위치와 속도가 각각 x_0, v_0이다. 이 진동자의 일반해를 식 (3.2.6)으로 나타낼 때 진폭 A와 위상 ϕ를 구하시오.

04 단순조화진동자의 일반해를 식 (3.2.6)으로 나타낼 때 위상이 $\phi = -\pi/2$을 만족할 진동자의 초기조건(초기의 운동 상태)을 하나 제시하시오.

05 식 (3.2.7)이 실제의 진동자의 운동을 나타내는 일반해가 되려면 C_1과 C_2가 서로 켤레복소수 관계임을 보이시오.

06 3.2절에서는 중력을 고려해도 중력이 없는 경우에 비해 평형 상태의 위치만 달라지고, 다른 거동이 달라지지 않는 상황만을 다루었다. 이렇게 간단히 중력을 무시할 수 없는 진동상황을 제시하시오.

07 예제 3.2.4와 같은 단진자를 생각하자. 진자와 수직선 사이의 최대 각도가 1보다 매우 작으며, $t = 0$에서 진자가 최저점을 속도 v_0로 지난다고 할 때 $\theta(t)$를 구하시오.

08 단순조화진동에서 위치에너지를 한 주기의 시간에 대해 평균한 값과 운동에너지를 한 주기의 시간에 대해 평균한 값이 같음을 보이시오.

09 식 (3.3.6)에서 C_1, C_2가 각각 양수와 음수일 때의 총 네 가지 경우에 대해 진동자가 어떤 운동 양상을 보이는지를 그래프로 개략적으로 나타내시오.

10 미급감쇠가 발생할 때 변위의 극댓값과 이웃한 극댓값 사이의 시간 간격이 $2\pi/\omega_1$으로 일정함을 보이시오. (단, ω_1은 식 (3.3.5)에서 정의된 값이다.)

11 초기조건이 $x(0) = x_0$, $v(0) = 0$인 미급감쇠진동에서 $x(t)$를 구하시오.

12 임계감쇠하는 진동자의 운동을 위상공간에서 나타내시오. 위상공간에서 진동자의 거동은 어떤 점근선을 따르는가?

13 미급감쇠하는 진동자의 운동을 위상공간에서 개략적으로 나타내시오.

14 별도의 복잡한 계산 없이 본문의 결과를 바탕으로 구동력이 $F_0 \sin(wt + \alpha)$인 경우의 정상 상태를 구하시오. 이번에는 본문의 계산 결과를 이용하지 말고 구동력이 $F_0 \sin(wt + \alpha)$인 경우의 정상 상태를 직접 구하시오.

15 주기함수가 기함수인 경우 식 (3.5.11)에서 $A_n = 0$임을 보이시오. 주기함수가 우함수인 경우 식 (3.5.12)에서 $B_n = 0$임을 보이시오.

16 다음과 같이 톱니 모양을 갖는 주기 T인 주기함수 $f(t)$의 푸리에 급수를 구하시오.

$$f(t) = 2t/T, \ -T/2 \le t < T/2$$

17 구동력이 다음과 같은 주기함수일 때 푸리에 급수를 구하시오.

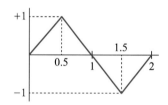

18 예제 3.6.1의 운동방정식에 대해 2차 근사해를 구하시오.

19 전기용량 C, 인덕턴스 L인 인덕터가 직렬 연결된 회로의 총에너지는 다음과 같이 보존된다.

$$\frac{Q^2}{2C} + \frac{1}{2}Li^2 = Constant$$

이 회로에서 축전기에 저장되는 전하량 $Q(t)$의 진동주기를 구하시오.

20 예제 3.6.1의 상황에서 두 용수철을 늘어나지 않을 때의 길이가 $2l$이고 용수철 상수 k인 용수철들로 바꾸었다. 예제처럼 평형 상태에서 용수철의 방향에 수직인 방향으로 물체를 살짝 잡아당긴 후 놓을 때의 운동방정식을 구하시오.

21 예제 3.6.1의 상황에서 $x(0) = x_0 \ll l$, $v(0) = 0$가 되도록 초기조건을 맞추었다. 매우 짧은 시간 $\delta t (\ll 1)$가 지난 후의 물체의 속도 $v(\delta t)$를 근사적으로 구하시오.

22 위치 x에서 복원력 $-kx$ 대신 kx의 힘을 받는 물체의 운동을 위상공간에서 나타내시오. 초기 상태에 따라 위상공간에서의 궤적은 어떻게 달라지는가?

23 주기 T인 함수 $f(t)$를 $\sum_n c_n e^{in\omega t}$, $n = 0, \pm 1, \pm 2, \cdots$로 전개할 때 계수 c_n이 다음을 만족해야 함을 보이시오. (단, $\omega = 2\pi / T$이다.)

$$c_n = \frac{1}{T} \int_{-T/2}^{T/2} f(t) e^{-in\omega t} dt$$

이삼차원 운동

학습목표

- 이삼차원 운동이 일차원 운동에 비해 다루기 어려운 이유를 변수의 얽힘으로 설명할 수 있다.
- 포물체 운동에 대한 운동방정식을 만들고 운동방정식을 풀어서 운동 양상을 설명할 수 있다.
- 이차원 조화진동자의 운동방정식을 만들고 운동에 대해 설명할 수 있다.
- 극좌표, 구면좌표, 원통좌표에 대해 알고, 운동 상황에 따라 적절하게 좌표를 선택하여 운동을 분석할 수 있다.
- 삼차원 운동에서 물체가 받은 일과 운동에너지의 변화를 계산할 수 있다.
- 삼차원 운동에서 퍼텐셜에너지가 정의될 조건을 알고, 퍼텐셜에너지와 힘 사이의 관계를 안다.
- 보존력과 중심력에 대해 이해하고, 퍼텐셜에너지를 구할 수 있다.
- 주어진 힘이 보존력인지 판별할 수 있다.
- 구속된 운동에서 물체의 역학적 에너지가 보존되는 조건을 알고 에너지 보존을 적절하게 활용할 수 있다.

4.1 ● 이삼차원 운동의 일반론

삼차원 운동을 하는 한 입자의 운동에 대한 운동방정식은 많은 경우에 다음과 같은 벡터 방정식의 형태를 갖는다.

$$\vec{F}(\vec{x}, \vec{v}, t) = m\vec{a} \tag{4.1.1}$$

이것은 벡터들 사이의 관계식이며, $\hat{x}$, $\hat{y}$, $\hat{z}$를 단위벡터로 하는 직각좌표를 바탕으로 식 (4.1.1)을 성분별로 나누어 다시 쓰면 다음과 같다.

$$(F_x, F_y, F_z) = (ma_x, ma_y, ma_z) = (m\ddot{x}, m\ddot{y}, m\ddot{z}) \tag{4.1.2}$$

이 결과를 성분별로 정리하면 다음과 같다.

$$F_x = m\ddot{x}, \ F_y = m\ddot{y}, \ F_z = m\ddot{z} \tag{4.1.3}$$

결국 한 입자의 삼차원 운동을 다룬다는 것은 식 (4.1.3)과 같은 세 가지 운동방정식을 다루는 것으로 환원된다. 이렇게만 보면 일차원 운동을 다루는 문제와 삼차원 운동을 다루는 문제 사이에 난이도의 차이는 없어 보인다. 하지만 보다 구체적으로 들여다보면 두 경우에 운동방정식을 푸는 과정의 복잡성에서 차이가 발생한다. 이를 구체적으로 보기 위해

원점으로부터 거리의 제곱에 반비례하는 (크기가 k/r^2인) 인력을 원점 방향으로 받는 물체
의 운동을 생각해보자. 이 물체의 운동방정식을 x, y, z축 성분으로 분해하면 다음과 같다.

$$F_x = -k\frac{x}{\left(x^2 + y^2 + z^2\right)^{3/2}} = m\ddot{x}$$

$$F_y = -k\frac{y}{\left(x^2 + y^2 + z^2\right)^{3/2}} = m\ddot{y}$$

$$F_z = -k\frac{z}{\left(x^2 + y^2 + z^2\right)^{3/2}} = m\ddot{z} \tag{4.1.4}$$

이 결과를 보면 x방향 운동방정식이 변수 x에만 관련되지 않고 변수 y, z에도 관련된
다는 것을 알 수 있다. 이러한 변수 간의 얽힘이 발생하면 운동방정식을 풀어 해를 구하는
것이 매우 어려울 수 있다. 즉 변수 간의 얽힘으로 인해 한 입자의 삼차원 운동을 다루는
것이 일반적으로는 만만치 않은 문제가 된다.

삼차원 운동이 일반적으로 복잡하긴 하지만, 경우에 따라 단순할 때도 있다. 예를 들어
원점으로부터 거리에 비례하는 (크기가 kr인) 인력을 원점 방향으로 받는 물체의 운동을
생각해보자. 이 물체의 운동방정식을 x, y, z축 성분으로 분해하면 다음을 얻는다.

$$F_x = -kx = m\ddot{x}$$

$$F_y = -ky = m\ddot{y}$$

$$F_z = -kz = m\ddot{z} \tag{4.1.5}$$

이 경우는 x방향 운동방정식이 변수 x에만 관련되고, y, z방향에 대해서도 마찬가지다.
이때 x방향 운동방정식을 푸는 것은 순전히 일차원 운동의 운동방정식을 푸는 것과 같다.
이렇게 각각의 변수가 분리되어 한 방향의 운동방정식을 푸는 것이 다른 방향 변수 성분과
무관한 경우를 가리켜서 운동이 분리되었다고 한다.

식 (4.1.5)처럼 운동이 분리된 경우라면 삼차원 운동의 운동방정식을 푸는 것이 일차원
운동의 운동방정식을 푸는 것과 비교해서 추가적인 어려움을 야기하지 않는다. 반면 식
(4.1.4)와 같이 운동이 분리되지 않았다면, 이 운동방정식을 푸는 것은 변수의 얽힘으로 인
해 일차원 운동의 운동방정식을 푸는 것보다 어려운 문제가 된다. 이 경우에 식 (4.1.5)처
럼 x, y, z축 방향의 운동 성분으로 운동을 분해하는 것이 최선의 방책이 아닐 수 있다. 이
러한 경우를 위해 극좌표, 원통좌표, 구면좌표 등의 다양한 좌표들을 소개하고자 한다.

우리가 벡터방정식을 풀 때 어떤 좌표를 선정하여 문제를 풀어도 일단 풀리기만 하면

똑같은 예측 결과를 얻게 된다. 다만 상황에 따라 어떤 운동은 특정 좌표에서 운동방정식을 풀 때 쉽게 풀리게 된다. 따라서 운동 상황을 보고 이 운동을 가장 쉽게 다룰 수 있는 좌표를 선택하여 문제를 푸는 것이 좋다.

이번 장에서는 우선 여러분에게 익숙한 x, y, z축을 기본 축으로 하는 직각좌표로 풀 수 있는 이삼차원 운동 상황에 대해 다룰 것이다. 그리고 나서 극좌표, 원통좌표, 구면좌표를 도입하고 이를 활용하여 이삼차원 운동을 다루는 방법에 대해 논의할 것이다.

4.2 ● 분리 가능한 힘이 작용하는 이삼차원 운동 1: 포물체 운동

포물체는 포사체와 같은 말이며, 쏘아진 대포알처럼 땅 위로 던져진 물체를 말한다. 포물체 운동에 대한 분석은 유감스럽게도 전쟁기술과 관련하여 발전했다. 전쟁에서 사용되는 대포의 정확성을 높이기 위해 포물체 운동의 분석은 필수적이었다.

포물체 운동을 정밀하게 분석하기 위해 가장 먼저 해야 할 일은 운동에 영향을 끼치는 요소들을 세심하게 고려하여 포물체 운동의 모형을 세우는 것이다. 포물체에 작용하는 힘은 중력과 공기의 저항이 주를 이룰 것이다. 포물체의 운동이 지표면 근처에서 이루어지므로 중력에 의한 가속도는 일정하다고 가정해도 무방하다. 낙하 운동과 마찬가지로 포물체 운동을 정확히 다루기 위해서도 저항력을 고려해야 할 필요가 있다. 포물체의 저항력에 영향을 줄 것이라 생각되는 요소들로 물체의 속도, 이동 방향에 대한 물체의 단면적, 물체의 형상, 공기의 밀도, 바람의 방향 등을 생각할 수 있다. 그렇지만 이 모든 것을 고려하는 것은 현실적으로 힘들고 바람직하지도 않다. 그러므로 2장의 낙하 운동에서와 같은 논의를 따라서 우리는 저항력을 물체의 속도에 비례하는 함수로 생각하는 정도에서 우선 만족하기로 하자. 이러한 가정을 바탕으로 낙하운동에 대한 운동방정식을 세우면 다음과 같다.

$$m\frac{d^2\vec{r}}{dt^2} = -mg\hat{z} - b\frac{d\vec{r}}{dt} \tag{4.2.1}$$

지금부터 위의 운동방정식을 해석적으로 풀어보자. 논의를 간단하게 하기 위해 $v_{y_0} = 0$ 이라고 가정하면 이후의 운동이 한 평면 안에서 이루어지는 이차원 운동이 된다. 바람이 없고, 지구의 자전에 의한 효과를 무시할 수 있는 경우라면 어떤 포물체라도 이와 같은 조건을 만족하도록 좌표축을 세울 수 있다.

지금부터는 포물체가 처음에 $(0, 0, 0)$의 위치에서 x, y, z방향으로 각각 $v_{x_0}, 0, v_{z_0}$인 속도성분을 갖도록 발사된다고 하자. 지금부터 우리의 목표는 이러한 초기조건과 식 (4.2.1)의 방정식으로부터 이후의 시간에서의 포물체의 수평거리 x와 수직거리 z의 값을 구하는 것이다. 우선 y방향의 초기 속도가 0이라고 했으므로, 주어진 벡터방정식의 y성분은 고려할 필요가 없다. 따라서 주어진 벡터방정식을 성분별로 분해하여 다음과 같은 두 개의 방정식으로 나타낼 수 있다.

$$m\frac{d^2x}{dt^2} = -b\frac{dx}{dt} \tag{4.2.2}$$

$$m\frac{d^2z}{dt^2} = -mg - b\frac{dz}{dt} \tag{4.2.3}$$

식 (4.2.2)와 앞서 주어진 초기조건을 이용하면,

$$\frac{dv_x}{dt} = -\frac{b}{m}v_x \tag{4.2.4}$$

$$\int_{v_{x_0}}^{v_x} \frac{1}{v_x}\,dv_x = -\frac{b}{m}\int_0^t dt \tag{4.2.5}$$

가 되고 위의 계산을 정리하면 다음 식을 얻게 된다.

$$v_x = v_{x_0}e^{-\frac{bt}{m}} \tag{4.2.6}$$

$$x = \frac{mv_{x_0}}{b}\left(1 - e^{-\frac{bt}{m}}\right) \tag{4.2.7}$$

또 식 (4.2.3)과 앞서 주어진 초기조건을 이용하면,

$$\frac{dv_z}{dt} = -g - \frac{b}{m}v_z \tag{4.2.8}$$

$$\int_{v_{z_0}}^{v_z} \frac{1}{g + \frac{b}{m}v_z}\,dv_z = -\int_0^t dt \tag{4.2.9}$$

가 되고 위의 계산을 정리하면 다음 식을 얻게 된다.

$$v_z = \left(\frac{mg}{b} + v_{z_0}\right)e^{-\frac{bt}{m}} - \frac{mg}{b} \tag{4.2.10}$$

$$z = \left(\frac{m^2 g}{b^2} + \frac{m v_{z_0}}{b} \right) (1 - e^{-\frac{bt}{m}}) - \frac{mg}{b} t \tag{4.2.11}$$

식 (4.2.6), (4.2.7), (4.2.10) 및 (4.2.11)로부터 우리는 임의의 시간 t에서 포물체의 속도와 위치를 알 수 있다. 식 (4.2.7)과 (4.2.11)을 연립해서 t를 소거하면 물체의 궤적도 구할 수 있다. 우선 조금 더 간단한 모양인 식 (4.2.7)로부터 t를 구하면 다음과 같다.

$$t = -\frac{m}{b} \ln\left(1 - \frac{b}{m v_{x_0}} x \right) \tag{4.2.12}$$

식 (4.2.12)를 식 (4.2.11)에 대입하면 다음이 성립한다.

$$z = \left(\frac{m^2 g}{b^2} + \frac{m v_{z_0}}{b} \right) \left[1 - \left(1 - \frac{b}{m v_{x_0}} x \right) \right] - \frac{mg}{b} \left(-\frac{m}{b} \right) \ln\left(\frac{m v_{x_0} - bx}{m v_{x_0}} \right)^{1)}$$

$$z = \left(\frac{mg}{b v_{x_0}} + \frac{v_{z_0}}{v_{x_0}} \right) x + \frac{m^2 g}{b^2} \ln\left(\frac{m v_{x_0}}{m v_{x_0} - bx} \right) \tag{4.2.13}$$

식 (4.2.13)이 바로 xz평면에서의 물체의 궤적을 나타낸다. 여기서 식 (4.2.13)의 뒷부분이 로그 형태로 되어 있으므로 테일러 급수를 이용해서 우리가 조금 더 알기 쉬운 형태로 바꿔보자. 이를 위해 로그함수에 대한 다음과 같은 테일러 급수를 이용하겠다.

$$\ln(1+x) = x - \frac{x^2}{2} + \frac{x^3}{3} - \frac{x^4}{4} + \cdots \tag{4.2.14}$$

식 (4.2.14)을 적용하기 위해 우선 식 (4.2.13)의 뒷부분의 $\ln(m v_{x_0} / (m v_{x_0} - bx))$을 $\ln(1 + bx/(m v_{x_0} - bx))$로 바꾸어 준 후 식 (4.2.14)를 식 (4.2.13)에 적용하면 다음을 얻는다.

$$z = \left(\frac{mg}{b v_{x_0}} + \frac{v_{z_0}}{v_{x_0}} \right) x - \frac{m^2 g}{b^2} \left(\frac{bx}{m v_{x_0} - bx} - \frac{1}{2} \left(\frac{bx}{m v_{x_0} - bx} \right)^2 + \frac{1}{3} \left(\frac{bx}{m v_{x_0} - bx} \right)^3 + \cdots \right) \tag{4.2.15}$$

식 (4.2.15)에 대해 $bx/m v_{x_0} \ll 1$인 조건을 가정하고 이항급수 공식을 적용하면 다음과 같은 결과를 얻는다.

$$z \simeq \frac{v_{z_0}}{v_{x_0}} x - \frac{1}{2} \frac{g}{v_{x_0}^2} x^2 + \frac{1}{3} \frac{bg}{m v_{x_0}^3} x^3 - \cdots \tag{4.2.16}$$

---

1) 계산 과정에서 $e^{\ln f(x)} = f(x)$ 임을 이용하였다.

이 결과는 저항력을 완전히 무시할 수 있는 경우, 즉 $b = 0$인 경우에 간단히 구할 수 있는 계산 결과와 일치한다. (연습문제 4.1을 참고하라.)

포물체의 운동을 정밀하게 예측하려고 한다면 식 (4.2.1)로 나타낸 것에서는 무시했던 효과들을 고려해야 한다. 즉 이상의 계산에서 우리가 고려하지 않았던 바람의 효과, 고도에 따른 공기의 밀도 변화 혹은 지구의 자전에 의한 전향력 효과 등을 고려하면 보다 정밀한 운동의 예측이 가능해진다. 이러한 효과들을 고려하면 운동방정식은 어떻게 달라질까? 식 (4.2.1)에서 우리는 포탄의 속도에 비례하는 저항력을 포탄이 받을 것이라 가정하였다. 하지만 정확히 따진다면 저항력은 단순히 포탄의 속도의 함수라기보다는 주변 공기에 대한 포탄의 상대속도의 함수일 것이다. 따라서 바람의 속도 $\vec{v}_w$를 고려하여 식 (4.2.1)을 수정하면 다음과 같을 것이다.

$$m\frac{d^2\vec{r}}{dt^2} = -mg\hat{z} - b\left(\frac{d\vec{r}}{dt} - \vec{v}_w\right) \tag{4.2.17}$$

실제로 바람의 속도는 시시각각 변화할 것이므로 이 정도만 되어도 운동방정식을 해석적으로 푸는 것은 매우 어렵게 된다.

한편으로 고도에 따른 공기의 저항의 변화를 고려한다고 해보자. 우리는 경험적으로 고도가 높아지면 공기가 희박해짐을 알고 있다. 간단한 계산에 의하면 공기의 밀도는 통상 지표면에서의 높이에 따라 지수함수 꼴로 감소한다. 이것을 고려하여 물체가 위치한 높이를 z로 놓으면 다음과 같은 운동방정식을 얻는다.

$$m\frac{d^2\vec{r}}{dt^2} = -mg\hat{z} - b(e^{-\frac{z}{H}})\frac{d\vec{r}}{dt} \tag{4.2.18}$$

여기서 H는 공기의 밀도가 지표면 보다 $1/e$만큼 줄어드는 높이를 의미하며 대략 8 km 정도임이 알려져 있다. 따라서 H에 비해 포물체의 높이변화가 미미한 경우에만 높이에 따른 밀도변화를 무시할 수 있게 된다. 식 (4.2.18)의 미분방정식을 풀어서 해석적인 해를 구하는 것도 쉽지 않은 일일 것이다. 이 경우 x, y, z에 대해 세 개의 식을 세워보면 x, y에 해당하는 식에도 z가 포함되어 있어 푸는 것이 상당히 까다로운 미분방정식이 되었기 때문이다. 그렇지만 2장에서 논의했듯이 수치해석을 통해 해를 구하는 것은 여전히 가능하므로 이러한 방정식에 대해서 굳이 해석적 해를 구하려고 노력할 필요성도 크지 않다.

4.3 ● 분리 가능한 힘이 작용하는 이삼차원 운동 2: 이차원 조화진동자

우리는 3장에서 일차원의 진동운동만을 다루었다. 이번에는 이차원상의 조화진동을 다루어 보기로 하자. 이 경우 힘이 분리 가능하므로 운동방정식의 각 성분을 푸는 것이 일차원에서의 문제풀이와 크게 다르지 않다. 결과적으로 우선 각각의 일차원 운동의 운동방정식을 풀고 그 결과를 종합하여 이차원 운동을 해석하기만 하면 된다.

이차원 조화진동자는 크게 두 부류로 나눌 수 있다. 각 방향의 용수철 상수가 같은 등방적(isotropic) 진동자와 방향별로 용수철 상수가 다른 비등방적 진동자가 그것이다. 이 절에서는 각각의 경우에 진동자의 운동궤적(즉, $(x(t), y(t))$인 점들의 집합)이 어떻게 되는지를 논하고자 한다. 이를 위해 우선 다음과 같은 운동방정식을 갖는 이차원상의 등방적 진동자를 고려해보자.

$$m\ddot{x} = -kx$$
$$m\ddot{y} = -ky \tag{4.3.1}$$

3장에서 소개한 방법을 따라 이 진동자의 각 성분의 운동방정식의 해를 구하면 다음과 같다.

$$x = A\cos(\omega t + \phi_1), \ y = B\cos(\omega t + \phi_2), \ (\omega = \sqrt{k/m}) \tag{4.3.2}$$

여기서 A, ϕ_1, B, ϕ_2는 진동자의 초기조건에 따라 결정되는 값들이다. 이 등방적 진동자의 운동 궤적을 보기 위해 식 (4.3.2)에서 시간 t를 소거하여 x, y의 함수관계를 구해보겠다. 이를 위해 $\Delta\phi = \phi_2 - \phi_1$이라 놓으면 $y(t)$를 다음과 같이 전개할 수 있다.

$$y = B\cos(\omega t + \phi_1 + \Delta\phi) = B[\cos(\omega t + \phi_1)\cos\Delta\phi - \sin(\omega t + \phi_1)\sin\Delta\phi] \tag{4.3.3}$$

여기에서 $\cos(\omega t + \phi_1) = x/A$를 이용하여 t를 소거하고 정리하면 다음을 얻는다.

$$y = B\left[\frac{x}{A}\cos\Delta\phi \pm \sqrt{1 - \frac{x^2}{A^2}}\sin\Delta\phi\right] \tag{4.3.4}$$

이 식에서 우변의 첫째 항을 이항한 후에 양변을 제곱하여 제곱근을 소거하면

$$\left(\frac{1}{B}y - \frac{\cos\Delta\phi}{A}x\right)^2 = \left(1 - \frac{x^2}{A^2}\right)\sin^2\Delta\phi$$

$$\frac{1}{B^2}y^2 - \frac{2\cos\Delta\phi}{AB}xy + \frac{\cos^2\Delta\phi}{A^2}x^2 = \sin^2\Delta\phi - \frac{\sin^2\Delta\phi}{A^2}x^2 \tag{4.3.5}$$

이 되고, 식 (4.3.5)의 양변에 A^2B^2을 곱하면 다음을 얻는다.

$$A^2y^2 - 2ABxy\cos\Delta\phi + B^2x^2 = A^2B^2\sin^2\Delta\phi \tag{4.3.6}$$

이러한 이차식이 어떤 모양을 갖는지에 대한 수학적 정리가 있다. 이차 곡선의 일반적 형태는 $ax^2 + bxy + cy^2 + ey = f$로 주어지는데, 다음과 같이 판별식에 따라 이 이차곡선의 모양은 다르게 된다.

$$
\begin{aligned}
D &= b^2 - 4ac > 0 \quad \text{쌍곡선 (hyperbola)} \\
D &= b^2 - 4ac = 0 \quad \text{포물선 (parabola)} \\
D &= b^2 - 4ac < 0 \quad \text{타원 (ellipse)}
\end{aligned}
\tag{4.3.7}
$$

이 결과는 e, f가 모두 0이 아닌 경우에 항상 성립한다. 우리가 구한 이차곡선의 식 (4.3.6)에서 판별식 D의 값을 계산하면 $-4A^2B^2\sin^2\Delta\phi$가 되고 이 값은 위상차 $\Delta\phi$가 영이 아닌 조건에서 언제나 음수가 된다. 따라서 등방성(isotropic) 진동자의 두 방향 거동이 위상차를 가지면 전체 진동자의 궤적은 타원궤도를 이루게 된다.

식 (4.3.6)은 가장 익숙한 타원방정식인 $x^2/a^2 + y^2/b^2 = 1$과 형태가 다르다. 그로 인해 진동자의 궤적이 정말로 타원이 맞는지에 대해 의구심이 들 수도 있다. $x^2/a^2 + y^2/b^2 = 1$ 식은 장축과 단축이 각각 x, y축 위에 있는 경우의 타원방정식이다. 축이 x, y축에서 틀어져 있는 경우에는 타원이더라도 식 (4.3.6)처럼 x, y가 곱해진 항이 있다. 한편으로 위상차가 $\Delta\phi = \pm\pi/2$인 경우에는 장축과 단축이 각각 x, y축(또는 y, x축)에 위치한 익숙한 타원궤적이 나온다. 구체적인 것은 예제를 통해 확인하도록 하자.

한편 위상차 $\Delta\phi$가 영인 경우에는 식 (4.3.6)이 일차항을 갖지 않으므로 (즉 e, f가 모두 영이므로) 진동자의 궤적을 정할 때 식 (4.3.7)의 판별식을 사용할 수 없다. 이 경우에는 식 (4.3.4)를 통해 직접 궤적을 구할 수 있는데 그 결과는 $y = Bx/A$라는 직선 궤적이다. 결과적으로 두 진동성분의 거동의 위상차에 따라 이차원상의 등방성 진동자는 타원 궤적 혹은 직선 궤적을 갖게 된다.

예제 4.3.1

퍼텐셜에너지가 $V(x, y) = \dfrac{1}{2}k(x^2 + y^2)$이고 초기조건이 $x(0) = x_0$, $y(0) = 0$, $\dot{x}(0) = 0$, $\dot{y}(0) = v_0$인 진동자의 궤적을 구하시오.

풀이

등방성 진동자이므로 $\omega = \sqrt{k/m}$이라 놓으면 $x(t)$, $y(t)$의 일반해는 각각 다음과 같다. (또는 $F_x = -\dfrac{\partial V}{\partial x} = -kx = m\ddot{x}$, $F_y = -\dfrac{\partial V}{\partial y} = -ky = m\ddot{y}$임을 이용하면 쉽게 해의 모양이 다음과 같다는 것을 구할 수 있다.)

$$x(t) = A\cos\omega t + B\sin\omega t$$
$$y(t) = C\cos\omega t + D\sin\omega t$$

$x(0) = x_0$, $y(0) = 0$, $\dot{x}(0) = 0$, $\dot{y}(0) = v_0$인 초기조건이 성립하려면 A, B, C, D는 다음을 만족해야 한다.

$$x(0) = A = x_0$$
$$y(0) = C = 0$$
$$\dot{x}(0) = B\omega = 0$$
$$\dot{y}(0) = D\omega = v_0$$

이로부터 미정계수를 결정하면 다음 결과를 얻는다.

$$x(t) = x_0\cos\omega t$$

$$y(t) = \frac{v_0}{\omega}\sin\omega t$$

여기서 t를 소거하면 다음과 같은 타원궤적을 얻는다.

$$\frac{x^2}{x_0^2} + \frac{\omega^2 y^2}{v_0^2} = 1$$

지금부터는 용수철 상수가 방향에 따라 다른 값을 갖는 비등방성(anisotropic) 진동자를 다루고자 한다. 이 경우 우리가 다루는 운동방정식은 다음과 같다.

$$m\ddot{x} = -k_1 x$$
$$m\ddot{y} = -k_2 y \tag{4.3.8}$$

각 성분별 진동수를 $\omega_1 = \sqrt{k_1/m}$, $\omega_2 = \sqrt{k_2/m}$ 라 하면 일반해는 다음의 형태를 갖는다.

$$x = A\cos(\omega_1 t + \phi_1)$$
$$y = B\cos(\omega_2 t + \phi_2) \tag{4.3.9}$$

이 경우에는 ω_1과 ω_2의 비에 따라 전체 궤적의 양상이 달라진다. ω_1과 ω_2의 비가 유리수라면 어떤 시간 후에 전체 진동자는 처음의 운동 상태로 돌아가게 되고 이후에 진동자의 운동이 반복되게 된다. 즉 성분별 진동수가 유리수 비를 가질 때 전체 진동자는 주기적인 거동을 갖는다. 반면 ω_1과 ω_2의 비가 무리수라면 원칙적으로 진동자는 처음의 운동 상태로 돌아갈 수 없다. 즉 진동자의 x성분이 처음의 운동 상태로 돌아가는 순간에 y성분은 처음의 운동 상태가 아니게 된다. 이 경우에 결과적으로 진동자의 궤적은 닫혀있지 않고 매 순간 새로운 궤적이 만들어진다. 구체적인 것은 예제를 통해 확인해보자.

예제 4.3.2

이차원 진동자의 두 성분의 진동수가 ω_1, ω_2이고 둘의 비가 $\omega_1/\omega_2 = 3/7$이라 한다. 얼마의 시간이 흘러야 진동자가 원래의 운동 상태로 돌아오는가?

풀이

진동자의 각 성분의 일반해를 ω_1을 사용하여 나타내면 다음과 같다.

$$x = \cos(\omega_1 t + \phi_1)$$
$$y = \cos\left(\frac{7}{3}\omega_1 t + \phi_2\right)$$

여기서 x의 주기는 $T_x = 2\pi/\omega_1$, y의 주기는 $T_y = \dfrac{3}{7} \times 2\pi/\omega_1$가 된다.

결국 $T_y = 3\,T_x/7$이므로 $7\,T_y(= 3\,T_x)$만큼의 시간인 $6\pi/\omega_1$의 시간이 흐른 후에는 x, y가 모두 원래의 운동 상태로 돌아오게 된다.

예제 4.3.3

이차원 진동자의 퍼텐셜에너지가 $V(x, y) = k(x^2 + ay^2)/2$로 주어질 때 이차원 진동자의 궤적이 닫히는 조건을 구하시오.

풀이

$\omega_x = \sqrt{k/m}$, $\omega_y = \sqrt{ka/m} = \sqrt{a}\,\omega_x$ 이므로 $\sqrt{a}$ 가 유리수, 즉 $a = n^2/m^2$인 정수 n, m이 존재하는 a에 대해 진동자의 운동 상태가 원래대로 돌아올 수 있다. 운동 상태가 원래대로 돌아올 수 있다는 것은 곧 궤적이 닫힌다는 것이다.

두 진동성분의 진동수의 비가 유리수인 경우에 얻게 되는 진동자의 닫힌 궤적을 리사주 (Lissajous) 곡선이라고 부른다. [그림 4.3.1]에서 예시한 것처럼 두 진동성분의 진동수 비 와 위상차에 따라 다양한 리사주 곡선을 얻을 수 있다[2].

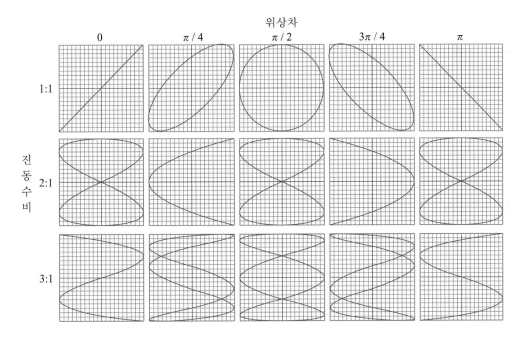

[그림 4.3.1] 진동수의 비와 위상차에 따른 리사주 곡선

---

2) http://physica.gsnu.ac.kr/ [웹교재 → 힘과 운동 → 진동 → 이차원 진동]을 참고하면 이차원 진동 상황에 서 물체가 어떻게 진동하는지 시뮬레이션을 해볼 수 있다. 또한 ω_1과 ω_2의 값과 위상을 변화시키며 다양한 형태의 아름다운 리사주 곡선도 그려볼 수 있다.

예제 4.3.4

퍼텐셜에너지가 $V(x, y) = \dfrac{1}{2}k(x^2 + 4y^2)$이고 초기조건이 $x(0) = x_0$, $y(0) = 0$, $\dot{x}(0) = 0$, $\dot{y}(0) = v_0$인 진동자에 대해 다음 물음에 답하시오.

1) 주어진 초기조건을 만족하는 $x(t)$, $y(t)$를 구하시오.

2) 진동자가 평형점에 근접할 때 리사주 곡선의 점근선의 기울기가 $\pm v_0/\omega x_0$임을 보이시오.

3) 이 결과를 바탕으로 리사주 곡선의 개형을 그려보시오.

풀이

1) $\omega = \sqrt{k/m}$이라 놓으면 $x(t)$, $y(t)$의 일반해는 각각 다음과 같다.

$$x(t) = A\cos\omega t + B\sin\omega t$$

$$y(t) = C\cos 2\omega t + D\sin 2\omega t$$

$x(0) = x_0$, $y(0) = 0$, $\dot{x}(0) = 0$, $\dot{y}(0) = v_0$을 만족하도록 A, B, C, D의 계수를 결정하면 다음 결과를 얻는다.

$$x(t) = x_0\cos\omega t$$

$$y(t) = \frac{v_0}{2\omega}\sin 2\omega t$$

2) 앞에서 구한 $y(t)$는 다음과 같이 바꿔 쓸 수 있다.

$$y(t) = \frac{v_0}{\omega}\sin\omega t\cos\omega t$$

$\cos\omega t = x/x_0$, $\sin\omega t = \pm\sqrt{1 - x^2/x_0^2}$를 이용하여 정리하면

$$y = \pm\frac{v_0}{\omega}\frac{x}{x_0}\sqrt{1 - \frac{x^2}{x_0^2}}$$

진동자가 원점에 접근하면 $x \to 0$이므로 점근선은 다음과 같다.

$$y = \pm\frac{v_0}{\omega x_0}x$$

3) 진동자는 x방향으로 한 번 진동할 때 y방향으로는 두 번 진동해야 한다. 또한 x방향 진동에 걸리는 주기를 8등분하여 시간 $2n\pi/8\omega\,(n = 0, 1, \cdots, 7)$일 때의 진동자의 위치를 구해보면 다음 표를 얻는다.

	0	$2\pi/8\omega$	$4\pi/8\omega$	$6\pi/8\omega$	$8\pi/8\omega$	$10\pi/8\omega$	$12\pi/8\omega$	$14\pi/8\omega$
$x(t)$	x_0	$x_0/\sqrt{2}$	0	$-x_0/\sqrt{2}$	$-x_0$	$-x_0/\sqrt{2}$	0	$x_0/\sqrt{2}$
$y(t)$	0	$v_0/2\omega$	0	$-v_0/2\omega$	0	$v_0/2\omega$	0	$-v_0/2\omega$

이 결과와 앞에서 구한 점근선을 바탕으로 다음과 같은 리본 모양의 궤적 개형을 얻을 수 있다.

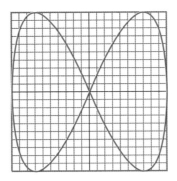

4.4 ● 균일한 전자기장에 놓인 대전입자의 운동

이번 절에서는 균일한 전자기장에 놓인 전하량 q인 대전입자의 운동에 대해서 생각해보 겠다. 이와 관련하여 직각좌표를 사용하여 운동을 다룰 수 있는 경우를 우선 다루고자 한 다. 균일한 전기장만 있을 때의 물체의 운동방정식은 다음과 같이 쓸 수 있다.

$$m\frac{d^2\vec{r}}{dt^2} = q\vec{E} \tag{4.4.1}$$

각 성분이 E_x, E_y, E_z인 균일한 전기장을 생각하면 운동방정식의 x, y, z방향 성분 모 두가 분리 가능한 힘을 갖는 간단한 방정식으로 환원되며, 이것은 쉽게 풀 수 있다. 구체 적인 계산은 여러분의 몫으로 남기겠다.

한편 균일한 자기장에서 전하량 q인 대전입자가 받는 힘은 $\vec{F} = q(\vec{v} \times \vec{B})$가 되고, 이 힘 을 로렌츠 힘(Lorentz force)이라 부른다. 이때 대전입자의 운동방정식은 다음과 같다.

$$m\frac{d^2\vec{r}}{dt^2} = q(\vec{v}\times\vec{B}) \tag{4.4.2}$$

전기장과 자기장이 동시에 존재하는 상황이라면, 힘에 대한 중첩원리에 의해서 대전입자의 운동방정식은 다음과 같게 된다.

$$m\frac{d^2\vec{r}}{dt^2} = q(\vec{E}+\vec{v}\times\vec{B}) \tag{4.4.3}$$

예제 4.4.1

균일한 자기장에서 처음에 $\vec{v}$로 움직이는 대전입자의 운동은 어떤 궤적을 보이는가?

풀이

자기장의 방향을 편의상 z축이라고 놓으면 자기장은 $\vec{B} = B\hat{k}$이 되고, 운동방정식은

$$m\frac{d^2\vec{r}}{dt^2} = q(\vec{v}\times B\hat{k}) = \begin{vmatrix} \hat{i} & \hat{j} & \hat{k} \\ \dot{x} & \dot{y} & \dot{z} \\ 0 & 0 & B \end{vmatrix}$$

이다. 행렬식을 전개하여 운동방정식을 정리하면

$$m(\ddot{x}\hat{i} + \ddot{y}\hat{j} + \ddot{z}\hat{k}) = qB(\dot{y}\hat{i} - \dot{x}\hat{j})$$

이 방정식을 성분별로 쓰면 다음과 같다.

$$m\ddot{x} = qB\dot{y} \tag{1}$$
$$m\ddot{y} = -qB\dot{x} \tag{2}$$
$$m\ddot{z} = 0 \tag{3}$$

이 식들에서 첫 번째와 두 번째 식은 x, y가 얽혀 있으므로 분리 가능한 힘이 아니다. 그렇지만 다음과 같은 방법으로 직접적인 적분을 통해 해를 구하는 것이 가능하다. 우선 위의 세 식을 모두 t에 대해 적분해보자.

$$m\dot{x} = qBy + c_1 \tag{4}$$
$$m\dot{y} = -qBx + c_2 \tag{5}$$
$$m\dot{z} = c_3 \tag{6}$$

(5)식을 (1)식에 대입하여, y와 관련된 항을 모두 소거시키면 다음 결과를 얻는다.

$$m\ddot{x} = qB\left(-\frac{q}{m}Bx + \frac{c_2}{m}\right)$$

$$\ddot{x} + \left(\frac{qB}{m}\right)^2 x = \left(\frac{qB}{m}\right)\left(\frac{c_2}{m}\right) \tag{7}$$

(7)식을 간단히 하기 위해 $qB/m = \omega$, $c_2/m = \omega c_x$로 두면 위의 식은 다음과 같이 정리된다.

$$\ddot{x} + \omega^2 x = \omega^2 c_x$$

이 운동방정식의 해는 다음과 같다.

$$x = c_x + A\cos(\omega t + \phi) \tag{8}$$

이 식을 t에 대해 미분하면 다음을 얻는다.

$$\dot{x} = -\omega A\sin(\omega t + \phi) \tag{9}$$

이렇게 구한 $\dot{x}$를 (4)식에 대입하여 정리하면 다음을 얻는다.

$$y = -\frac{c_1}{qB} - A\sin(\omega t + \phi) \tag{10}$$

이 계산 결과의 의미를 간단히 보기 위해 $-c_1/qB = c_y$로 두고, (8)식과 (10)식에서 t를 소거하면 다음과 같이 대전된 입자의 궤적을 얻을 수 있다.

$$(x - c_x)^2 + (y - c_y)^2 = A^2$$

즉, 물체의 운동을 xy평면에 사영시키면 위의 식과 같이 중심이 (c_x, c_y)이고 반지름이 A인 원이 된다는 것을 알 수 있다.

한편 (10)식을 미분하면 $\dot{y} = -A\omega\cos(\omega t + \phi)$를 얻는데, 이 결과와 (9)식인 $\dot{x} = -\omega A\sin(\omega t + \phi)$와 결합하면 대전입자의 속력에 대해 다음의 결과를 얻는다.

$$v = (\dot{x}^2 + \dot{y}^2)^{1/2} = |AqB/m|$$

A, B, m, q 모두 상수이므로 x, y평면에 사영시켜 보았을 때 대전입자는 등속원운동을 한다고 결론내릴 수 있다. 이때 반지름 A의 값은 대전입자의 초기 속도와 자기장의 세기에 의해 결정된다고 할 수 있다. 이를테면 대전입자의 x, y평면 운동의 처음 속력이 v_0라면 반지름 A는 다음을 만족할 것이다.

$$A = |v_0 m/qB|$$

한편 z방향의 운동방정식은 $\dot{z} = c_3/m$이므로 z방향의 운동은 등속운동임을 알 수 있다. 따라서 본 문제 상황에서 대전입자는 그림과 같은 나선운동을 한다.

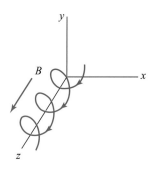

4.5 ○ 극좌표에서 본 운동방정식

　직각좌표(rectangular coordinate)에서는 물체의 운동과 관련 없이 운동을 기술하는 단위벡터 $\hat{x}$, $\hat{y}$, $\hat{z}$가 고정되어 있다. 그 결과 힘의 x, y, z축 성분과 물체 가속도의 x, y, z축 성분 사이에는 아주 단순한 관계가 성립한다. 반면 지금부터 소개할 극좌표의 경우에는 물체의 운동에 따라 이 운동을 기술하는 단위벡터가 더 이상 고정된 값이 아닐 수 있다. 또한 각 좌표에서 도입되는 단위벡터를 기준으로 힘의 성분을 분해한 결과도 상당히 복잡하게 된다. 이러한 복잡성에도 불구하고 극좌표의 도입이 갖는 장점도 분명한데, 이는 앞으로 차차 논의될 것이다.

　극좌표(polar coordinate)는 물체가 이차원 평면에서 운동할 때 유용하게 사용할 수 있다. 이를테면 물체의 위치를 직각좌표 (x, y)로 표시하는 대신에 극좌표 r, θ를 이용하여 표시할 수 있다. 이때 [그림 4.5.1]에서 보듯이 r은 원점으로부터 물체까지의 거리, θ는 x축으로부터 회전한 각도를 나타낸다. 이때 x, y와 r, θ 사이의 관계는 [표 4.5.1]에 정리되어 있다.

　그림과 같이 원점에서 물체로 향하는 방향이고 단위 길이를 갖는 벡터를 $\hat{r}$이라 표기한다. 한편 $\hat{r}$의 방향에서 반시계 방향으로 90°만큼 회전한 방향을 향하고 단위길이를 갖는 벡터를 $\hat{\theta}$라 표기한다. 이 두 단위벡터 $\hat{r}$, $\hat{\theta}$와 직각좌표의 단위벡터 $\hat{x}$, $\hat{y}$ 사이의 관계도 [표 4.5.1]에 정리되어 있다. 한편으로 $\hat{x}$, $\hat{y}$는 물체의 운동과 무관하게 고정된 단위벡터인 반면, $\hat{r}$, $\hat{\theta}$는 물체의 운동과 함께 방향이 변하는 단위벡터이다. 이와 관련하여 $\hat{r}$, $\hat{\theta}$를 θ로 미분한 결과도 [표 4.5.1]에 정리해 두었다. $\hat{r}$, $\hat{\theta}$를 $\hat{x}$, $\hat{y}$를 사용하여 전개한 후에 θ로 미분

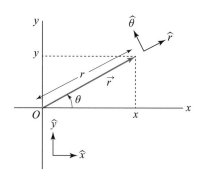

[그림 4.5.1] 극좌표

함으로써 이 결과를 쉽게 유도할 수 있으니 간단히 체크하고 넘어가기 바란다.

[표 4.5.1]의 결과에서 주목할 것은 극좌표의 단위벡터를 θ로 미분한 결과가 0이 되지 않는다는 점이다. 즉, $d\hat{r}/d\theta = \hat{\theta}$, $d\hat{\theta}/d\theta = -\hat{r}$인 결과에 주목하라. 이 결과는 우리가 이미 익숙해져 있는 결과, 즉 $d\hat{x}/dx = 0$이나 $d\hat{y}/dx = 0$인 결과와 다르기 때문에 극좌표를 사용한 계산을 수행할 때 오류가 발생할 수 있으므로 주의하도록 하자. 이 결과는 단위벡터 $\hat{r}$과 $\hat{\theta}$가 θ의 함수이기 때문에 발생한다. 이 결과는 기하학적으로도 증명할 수 있는데, 이를 위해 [그림 4.5.2]를 생각하자. 그림은 θ의 함수로 주어진 두 방향 벡터 $\hat{r}$과 $\hat{\theta}$의 방향을 표시한 것이다. 그림에서 각이 $d\theta$만큼 변할 때, $\hat{r}$의 방향이 $\hat{r}(\theta)$에서 $\hat{r}(\theta + d\theta)$만큼 변하는데 이 차이를 그림처럼 $d\hat{r}$라 놓을 수 있다. 그림에서 각이 $d\theta$만큼 변화했을 때 $\hat{\theta}$의 방향이 $\hat{\theta}(\theta)$에서 $\hat{\theta}(\theta + d\theta)$로 변하고, 이 차이를 그림처럼 $d\hat{\theta}$라 놓을 수 있다. 그림으로부터 우리는 $d\hat{r}$의 방향은 $\hat{\theta}$의 방향이 되고, $d\hat{\theta}$의 방향은 $-\hat{r}$의 방향이 됨을 알 수 있다. 한편 호의 성질로부터 $d\hat{r}$의 크기는 $|\hat{r}|d\theta$, $d\hat{\theta}$의 크기는 $|\hat{\theta}|d\theta$이고, $|\hat{r}| = |\hat{\theta}| = 1$이므로 다음이 성립한다.

[표 4.5.1] 극좌표와 직각좌표의 관계

극좌표와 직각좌표의 변수들의 기본 관계	극좌표와 직각좌표의 단위벡터의 관계	극좌표의 단위벡터의 미분
$x = r\cos\theta$ $y = r\sin\theta$ $r = \sqrt{x^2 + y^2}$ $\theta = \tan^{-1}\left(\dfrac{y}{x}\right)$	$\|\hat{r}\| = 1$ $\|\hat{\theta}\| = 1$ $\hat{r} = \hat{x}\cos\theta + \hat{y}\sin\theta$ $\hat{\theta} = -\hat{x}\sin\theta + \hat{y}\cos\theta$	$\dfrac{d\hat{r}}{d\theta} = -\hat{x}\sin\theta + \hat{y}\cos\theta = \hat{\theta}$ $\dfrac{d\hat{\theta}}{d\theta} = -\hat{x}\cos\theta - \hat{y}\sin\theta = -\hat{r}$

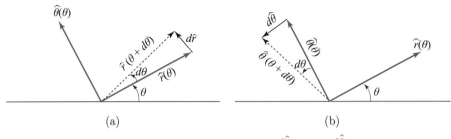

[그림 4.5.2] 극좌표의 미분. (a) $\dfrac{d\hat{r}}{d\theta}$, (b) $\dfrac{d\hat{\theta}}{d\theta}$

$$\frac{d\hat{r}}{d\theta} = \frac{|\hat{r}|d\theta\,\hat{\theta}}{d\theta} = \hat{\theta} \tag{4.5.1}$$

$$\frac{d\hat{\theta}}{d\theta} = \frac{-|\hat{\theta}|d\theta\,\hat{r}}{d\theta} = -\hat{r} \tag{4.5.2}$$

이 결과 때문에 극좌표에서 시간에 대한 미분을 계산할 때 주의해야 한다. 예를 들어 임의의 위치벡터 $\vec{r}$의 속도와 가속도를 극좌표의 단위벡터 $\hat{r}$, $\hat{\theta}$를 기준으로 하여 구해보자. $\vec{r} = r\hat{r}$이라고 쓸 수 있으므로 우선 속도벡터를 먼저 구하면 다음과 같다.

$$\vec{v} = \frac{d\vec{r}(\theta)}{dt} = \frac{dr}{dt}\hat{r} + r\frac{d\hat{r}}{dt} = \frac{dr}{dt}\hat{r} + r\frac{d\hat{r}}{d\theta}\frac{d\theta}{dt} = \dot{r}\hat{r} + r\dot{\theta}\hat{\theta} \tag{4.5.3}$$

이 계산 결과에서 속도 벡터가 $\hat{r}$방향과 $\hat{\theta}$방향의 두 방향으로 나뉘는 것에 주목하라. $\hat{r}$ 방향의 속도 성분을 v_r, $\hat{\theta}$방향의 속도 성분을 v_θ라 할 때 $v_r = \dot{r}$, $v_\theta = r\dot{\theta}$가 성립한다.

속도를 극좌표로 구한 것과 비슷한 방식으로 가속도를 극좌표로 구할 수 있다. 이를 위해 속도벡터를 시간에 대해 한 번 더 미분하여 다음의 결과를 구할 수 있다.

$$\vec{a} = \frac{d\vec{v}}{dt} = \ddot{r}\hat{r} + \dot{r}\frac{d\hat{r}}{dt} + \dot{r}\dot{\theta}\hat{\theta} + r\ddot{\theta}\hat{\theta} + r\dot{\theta}\frac{d\hat{\theta}}{dt} = (\ddot{r} - r\dot{\theta}^2)\hat{r} + (2\dot{r}\dot{\theta} + r\ddot{\theta})\hat{\theta} \tag{4.5.4}$$

결과적으로 가속도의 $\hat{r}$방향과 $\hat{\theta}$방향 성분은 각각 다음과 같다.

$$a_r = \ddot{r} - r\dot{\theta}^2, \; a_\theta = 2\dot{r}\dot{\theta} + r\ddot{\theta} \tag{4.5.5}$$

이 결과를 보면 물체가 운동할 때 물체의 위치의 $\hat{r}$방향 성분이 일정하더라도 $\hat{r}$방향으로 가속도가 있는데, 이것은 일정한 반경을 갖는 등속원운동의 구심가속도에 대응한다. 특히 고정된 반경을 유지하면서 등속원운동을 하는 물체의 경우에는 r, $\dot{\theta}$이 상수이므로 $a_r = -r\dot{\theta}^2$, $a_\theta = 0$이다. 이 결과는 등속원운동 상황에 대한 여러분의 이전 지식과 일치한다.

이제 뉴턴의 2법칙 $\vec{F} = m\vec{a}$를 극좌표를 이용하여 $\hat{r}$, $\hat{\theta}$ 성분별로 정리하면 다음과 같다.

$$F_r = m(\ddot{r} - r\dot{\theta}^2) \tag{4.5.6}$$

$$F_\theta = m(r\ddot{\theta} + 2\dot{r}\dot{\theta}) \tag{4.5.7}$$

여기서 F_r, F_θ는 각각 힘의 $\hat{r}$, $\hat{\theta}$ 성분이다. 얼핏 보면 이 결과는 x, y축을 기본으로 하는 직각좌표를 이용하여 성분을 분리한 결과보다 훨씬 복잡해 보인다. 그럼에도 불구하고 다음의 예제에서 보듯이 직각좌표 대신 극좌표를 사용하여 운동을 다루는 것이 편리한 여러 운동 상황이 있다.

예제 4.5.1

이차원 운동을 하는 입자의 운동에너지를 직각좌표에서 나타내면 다음과 같다.

$$\frac{1}{2}m(\dot{x}^2 + \dot{y}^2)$$

좌표 x, y와 좌표 r, θ의 관계를 이용하여 이차원 운동을 하는 입자의 운동에너지를 극좌표로 나타내시오.

풀이

극좌표의 r, θ는 직각좌표 x, y와 다음 관계를 갖는다.

$$x = r\cos\theta, \ y = r\sin\theta$$

이를 시간에 대해 미분하면 다음을 얻는다.

$$\dot{x} = \dot{r}\cos\theta - r\dot{\theta}\sin\theta$$

$$\dot{y} = \dot{r}\sin\theta + r\dot{\theta}\cos\theta$$

이 결과를 이용하여 운동에너지의 직각좌표 표현을 극좌표 표현으로 바꾸면 다음과 같다.

$$\frac{1}{2}m(\dot{x}^2 + \dot{y}^2) = \frac{1}{2}m(\dot{r}^2 + r^2\dot{\theta}^2)$$

이 계산 결과는 자주 쓰이므로 기억해두도록 하자.

예제 4.5.2

턴테이블의 중심에서 R만큼 떨어진 지점에 작은 동전이 놓여 있다. 정지해 있던 턴테이블이 각가속도 α로 움직이기 시작하였다.

1) 움직이기 시작하여 t시간이 지난 후에 동전의 가속도의 $\hat{r}$, $\hat{\theta}$ 성분을 구하시오. (단, 동전은 미끄러지지 않는다고 가정한다.)

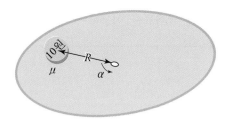

2) 턴테이블과 동전 사이의 정지마찰계수가 μ일 때 동전이 미끄러지는 시간 t를 구하시오.

풀이

1) 동전이 미끄러지지 않을 때 $\ddot{r} = 0$, $\dot{r} = 0$, $\ddot{\theta} = \alpha$이므로 식 (4.5.5)에서 다음을 구할 수 있다.

$$a_r = -R\dot{\theta}^2 = -R\alpha^2 t^2$$

$$a_\theta = R\alpha$$

2) 미끄러지는 순간에 최대정지마찰력만이 동전의 가속을 유발한다.

이 순간 $\hat{r}$방향의 마찰력 성분은 아래와 같고,

$$ma_r = -mR\alpha^2 t^2$$

$\hat{\theta}$방향의 마찰력 성분은 다음과 같다.

$$ma_\theta = mR\alpha$$

두 성분이 서로 수직이므로 미끄러지는 순간 마찰력의 크기는 다음 결과를 얻는다.

$$\mu mg = m\sqrt{R^2\alpha^4 t^4 + R^2\alpha^2}$$

따라서 동전이 미끄러지기 시작하는 시간은 아래와 같이 나타낼 수 있다.

$$t = \left[(\mu^2 g^2 - R^2\alpha^2)/R^2\alpha^4\right]^{1/4}$$

예제 4.5.3

길이 l인 실에 매달린 질량 m인 단진자에 대해 다음 물음에 답하시오.

1) 극좌표와 직각좌표를 각각 이용하여 단진자의 운동방정식을 구하고 어떤 좌표에서 운동을 다루는 것이 편한지를 논하시오.

2) 물체를 작은 각 θ_0에서 가만히 놓을 때 실에 걸리는 장력을 시간의 함수로 구하시오.

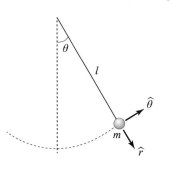

풀이

1) 먼저 극좌표의 경우 $\hat{r}$, $\hat{\theta}$ 방향을 그림과 같이 정의하면 각 성분에 대해 다음의 운동방정식을 얻는다.

$$\hat{r} 성분 : -T + mg\cos\theta = -ml\dot{\theta}^2 \tag{1}$$

$$\hat{\theta} 성분 : -mg\sin\theta = ml\ddot{\theta} \tag{2}$$

여기서 T는 실의 장력으로 항상 $\hat{r}$ 방향에 평행하다.

이 경우 $\hat{\theta}$ 성분의 운동방정식인 (2)식은 오직 θ 라는 변수만을 포함하므로 방정식을 푸는 과정이 일차원 운동을 다루는 경우와 다르지 않다.

한편 직각좌표의 경우 $\hat{x}$, $\hat{y}$ 방향을 각각 수평, 수직 방향이라 놓으면 장력이 $\hat{x}$, $\hat{y}$ 성분 T_x, T_y를 각각 갖는다. 이 경우 다음의 운동방정식을 얻는다.

$$T_y - mg = m\ddot{y}$$

$$-T_x = m\ddot{x}$$

한편 진자의 길이가 l로 고정되어 있고 장력이 항상 $\hat{r}$ 방향이므로 다음의 구속조건이 추가된다.

$$l = \sqrt{x^2 + y^2}, \ T_y / T_x = y / x$$

이 경우 운동방정식의 각 성분이 장력의 성분인 T_x, T_y를 포함하는데 장력도 구해야 하는 상황이므로 방정식을 직접 푸는 것이 매우 어렵게 된다. 이와 같이 단진자의 운동은 직각좌표가 아닌 극좌표에서 훨씬 편리하게 다룰 수 있다.

2) 작은 각도에 대해서 $\hat{\theta}$ 방향 운동방정식인 (2)식은 $\ddot{\theta} = -g\theta/l$로 근사된다. 이 단순조화진동자의 일반해는 다음과 같다.

$$\theta(t) = A\cos\left(\sqrt{g/l}\,t + \phi\right)$$

초기조건이 $\theta(0) = \theta_0$, $\dot{\theta} = 0$이므로 이를 만족하는 해는 다음과 같다.

$$\theta(t) = \theta_0\cos\sqrt{g/l}\,t$$

이 결과를 $\hat{r}$ 방향 운동방정식에 대입하면 다음 결과를 얻는다.

$$T = mg\cos\left[\theta_0\cos\left(\sqrt{g/l}\,t\right)\right] + mg\theta_0^2\sin^2\left(\sqrt{g/l}\,t\right)$$

$\theta_0 \ll 1$이 성립하는 조건이므로 위에서 구한 장력을 더 근사하여 정리할 수도 있을 것이다. 구체적인 계산은 여러분에게 맡기겠다.

예제 4.5.4

길이 $2R$인 속이 빈 긴 빨대가 중심을 기준으로 일정한 각속도 ω로 회전하고 있다. $t = 0$에서 속력 v_0인 물체가 빨대의 중심을 지나가고 있다. 빨대와 물체의 마찰이 없다고 하면 물체가 빨대를 벗어나는 데 걸리는 시간은 얼마인가? (단, 중력은 고려하지 않는다.)

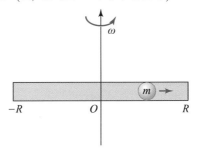

풀이

마찰이 없으므로 물체에 오직 빨대와의 접촉에 의한 수직항력만이 작용한다. 수직항력은 $\hat{\theta}$방향일 것이므로 $\hat{r}$성분의 외력이 없다. 또한 빨대가 일정한 각속도로 회전하므로 $\hat{r}$방향의 운동방정식은 식 (4.5.6)에서 다음과 같이 정리된다.

$$\ddot{r} - r\omega^2 = 0$$

이를 만족하는 $\hat{r}$성분의 일반해 $r(t)$는 다음과 같다.

$$r(t) = Ae^{\omega t} + Be^{-\omega t}$$

운동의 초기조건에서

$$r(0) = A + B = 0$$

$$\dot{r}(0) = A\omega - B\omega = v_0$$

이를 통해 미정계수가 $A = v_0/2\omega$, $B = -v_0/2\omega$임을 구하여, $r(t)$에 대입하면 다음과 같다.

$$r(t) = \frac{v_0}{2\omega}[e^{\omega t} - e^{-\omega t}]$$

한편 물체가 빨대를 막 벗어나는 시간을 t_1라 하면

$$R = \frac{v_0}{2\omega}[e^{\omega t_1} - e^{-\omega t_1}]$$

이 식은 다음과 같이 정리된다.

$$\frac{2\omega R}{v_0}e^{\omega t_1} = e^{2\omega t_1} - 1$$

$$e^{2\omega t_1} - \frac{2\omega R}{v_0}e^{\omega t_1} - 1 = 0$$

$X = e^{\omega t_1}$라 두면

$$X^2 - \frac{2\omega R}{v_0}X - 1 = 0$$

$$X = -\frac{\omega R}{v_0} \pm \sqrt{\left(\frac{\omega R}{v_0}\right)^2 + 1}$$

X는 양수여야 하므로 이 결과에서 +부호만 취한다.

X 대신 $e^{\omega t_1}$을 넣고, 양변을 자연로그를 취하여 t_1에 대해 정리하면

$$t_1 = \frac{1}{\omega}\ln\left(\frac{-\omega R + \sqrt{\omega^2 R^2 + v_0^2}}{v_0}\right)$$

이상에서 다룬 예제들은 r이 고정된 운동이거나 θ를 구하는 것이 간단하여 r방향으로의 운동을 결정하기만 하면 문제가 풀리는 경우가 많았다. 이러한 경우에 극좌표를 이용하는 것이 운동을 다루는 효과적인 방법이 될 수 있을 것이다.

예제 4.5.5

(극좌표 운동방정식에 대한 수치해석 방법) 어떤 입자의 운동방정식을 극좌표로 구한 결과가 다음과 같다.

$$\ddot{r} = e^r\theta, \quad \ddot{\theta} = \dot{r}\theta$$

입자의 초기조건이 $r(0) = 0$, $\dot{r}(0) = 0$, $\theta(0) = \alpha$, $\dot{\theta}(0) = 0$일 때 매우 작은 시간 τ가 지난 후에 입자의 위치를 직각좌표로 나타내시오.

풀이

매우 작은 시간 τ가 지나는 동안 입자의 지름방향운동과 회전운동이 모두 등가속도운동을 한다고 가정할 수 있다. 주어진 운동방정식에서 지름방향의 가속도는 r, θ의 함수인데 초기조건이 $r(0) = 0$, $\theta(0) = \alpha$이므로 등가속도 $\ddot{r}(0)$는 다음을 만족한다.

$$\ddot{r}(0) = e^{r(0)}\theta(0) = \alpha$$

τ라는 짧은 시간동안 지름방향으로 등가속도운동을 한다고 근사할 수 있으므로 다음이 성립한다.

$$r(\tau) = r(0) + \dot{r}(0)\tau + \frac{1}{2}\ddot{r}(0)\tau^2 = \frac{1}{2}\alpha\tau^2$$

한편 회전운동의 가속도는 주어진 운동방정식에 의하면 $\dot{r}$, θ의 함수인데 초기조건이 $\dot{r}(0) = 0$, $\theta(0) = \alpha$이므로

$$\ddot{\theta}(0) = \dot{r}(0)\theta(0) = 0$$

τ의 시간동안 회전운동도 등가속도운동을 한다고 근사할 수 있으므로 다음을 얻는다.

$$\theta(\tau) = \theta(0) + \dot{\theta}(0)\tau + \frac{1}{2}\ddot{\theta}(0)\tau^2 = \alpha$$

τ의 시간 후의 위치를 직각좌표로 나타내면 다음과 같다.

$$x(\tau) = r(\tau)\cos\theta(\tau) = \frac{1}{2}\alpha\tau^2\cos\alpha$$

$$y(\tau) = r(\tau)\sin\theta(\tau) = \frac{1}{2}\alpha\tau^2\sin\alpha$$

이 계산 과정을 잘 살펴보면 알겠지만, 이삼차원 운동의 운동방정식을 수치해석을 이용하여 푸는 것은 일차원 운동에 대해 수치해석을 푸는 것과 거의 똑같은 논리적 구조를 갖는다. (수치해석에 대한 2장의 논의를 참고하라.) 이와 같이 이삼차원 운동이라 하더라도 계산의 증가 이외에 특별한 어려움이 추가되지 않는다는 것은 수치해석의 또 하나의 장점이라고 할 수 있다.

4.6* ○ 원통좌표와 구면좌표: 상황에 맞는 좌표의 선택

앞 절에서 이차원 운동의 경우 극좌표를 사용하여 운동을 다루는 것이 편한 운동 상황이 있다는 것을 알았다. 마찬가지로 삼차원 운동의 경우에도 직각좌표 대신에 새로운 좌표에서 운동을 다루는 것이 편한 상황이 존재한다. 이를 염두에 두고 원통좌표와 구면좌표를 소개하고자 한다.

원통좌표(cylindrical coordinate)는 극좌표에서 z축 성분이 더해지는 방식으로 삼차원으로 확장된 좌표이다. 어떤 운동 상황에서 원통좌표가 유용하게 사용될 수 있는지는 나중에 논의하기로 하고 우선 원통좌표 자체에 대해 생각해보자. [그림 4.6.1]처럼 원통좌표의 단위벡터는 $\hat{\rho}, \hat{\phi}, \hat{z}$로 나타낸다. 이 중에 $\hat{\rho}$와 $\hat{\phi}$는 z축 방향 위에서 내려다보았다고 생각한다면 극좌표에서의 $\hat{r}$과 $\hat{\theta}$와 동일하다. 그리고 $\hat{z}$는 직각좌표에서의 $\hat{z}$와 동일하다. 원통좌표와 직각좌표 사이의 기본 관계와 단위벡터, 그리고 단위벡터미분 결과는 [표 4.6.1]에 정리하였다.

원통좌표는 앞 절에서 논의한 극좌표에서 z방향으로의 축 하나를 더 추가한 것이다. 그 결과로 원통좌표의 단위벡터미분을 보면 ρ와 ϕ의 미분관계가 극좌표의 r과 θ의 관계와 같다는 것을 알 수 있을 것이다. 속도와 가속도에 대한 원통좌표 표현도 다음과 같이 극좌

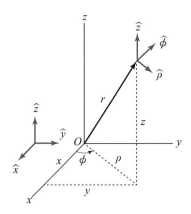

[그림 4.6.1] 원통좌표와 단위벡터

표에서 얻은 결과와 같으며, 다만 $\hat{z}$의 방향이 하나 추가될 뿐이다.

$$\vec{v} = \dot{\rho}\hat{\rho} + \rho\dot{\phi}\hat{\phi} + \dot{z}\hat{z}$$

$$\vec{a} = (\ddot{\rho} - \rho\dot{\phi}^2)\hat{\rho} + (\rho\ddot{\phi} + 2\dot{\rho}\dot{\phi})\hat{\phi} + \ddot{z}\hat{z} \tag{4.6.1}$$

한편 원통좌표로 표시한 임의의 벡터 $\vec{A}$의 미분 결과는 다음과 같다.

$$\vec{A} = A_\rho\hat{\rho} + A_\phi\hat{\phi} + A_z\hat{z}$$

$$\frac{d\vec{A}}{dt} = \frac{dA_\rho}{dt}\hat{\rho} + A_\rho\frac{d\hat{\rho}}{d\phi}\frac{d\phi}{dt} + \frac{dA_\phi}{dt}\hat{\phi} + A_\phi\frac{d\hat{\phi}}{d\phi}\frac{d\phi}{dt} + \frac{dA_z}{dt}\hat{z}$$

$$= \left(\frac{dA_\rho}{dt} - A_\phi\frac{d\phi}{dt}\right)\hat{\rho} + \left(\frac{dA_\phi}{dt} + A_\rho\frac{d\phi}{dt}\right)\hat{\phi} + \frac{dA_z}{dt}\hat{z} \tag{4.6.2}$$

[표 4.6.1] 원통좌표와 직각좌표의 관계

원통좌표와 직각좌표의 변수들 사이의 기본 관계	원통좌표와 직각좌표의 단위벡터 사이의 관계	원통좌표의 단위벡터 미분
$x = \rho\cos\phi$ $y = \rho\sin\phi$ $z = z$ $\rho = \sqrt{x^2 + y^2}$ $\phi = \tan^{-1}\left(\dfrac{y}{x}\right)$	$\hat{\rho} = \hat{x}\cos\phi + \hat{y}\sin\phi$ $\hat{\phi} = -\hat{x}\sin\phi + \hat{y}\cos\phi$	$\dfrac{d\hat{\rho}}{d\phi} = \hat{\phi}$ $\dfrac{d\hat{\phi}}{d\phi} = -\hat{\rho}$

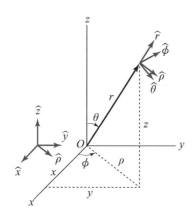

[그림 4.6.2] 구면좌표와 단위벡터

한편 구면좌표는 직각좌표에서 (x, y, z)로 표시하는 위치를 (r, θ, ϕ)로 바꾸어서 표시한다. [그림 4.6.2]에서 보듯이 r은 원점에서 한 지점의 위치까지의 거리이고 단위벡터 $\hat{r}$의 방향은 원점에서 한 지점을 향하는 방향이다. θ는 $\vec{r}$이 z축과 이루는 각을 나타내며, 관련된 단위벡터 $\hat{\theta}$의 방향은 그림처럼 $\hat{r}$에 수직이면서 θ가 커지는 방향이다. 마지막으로 ϕ는 그림처럼 $\vec{r}$을 xy평면에 사영한 $\vec{\rho}$와 x축이 이루는 각도이며, 관련된 단위벡터인 $\hat{\phi}$의 방향은 $\vec{\rho}$에 수직인 채 ϕ가 증가하는 방향이다. 구면좌표와 직각좌표 사이의 기본관계와 단위벡터, 그리고 단위벡터미분 결과는 [표 4.6.2]에 정리하였다. 구체적인 계산 과정은 연습문제로 남겨놓겠다.

[표 4.6.2] 구면좌표와 직각좌표의 관계

변수들 사이의 기본관계	단위벡터 사이의 관계	구면좌표의 단위벡터 미분
$x = r\sin\theta\cos\phi$ $y = r\sin\theta\sin\phi$ $z = r\cos\theta$ $r = \sqrt{x^2+y^2+z^2}$ $\theta = \tan^{-1}\dfrac{\sqrt{x^2+y^2}}{z}$ $\phi = \tan^{-1}\dfrac{y}{x}$	$\hat{r} = \hat{\rho}\sin\theta + \hat{z}\cos\theta$ $\quad = \hat{x}\sin\theta\cos\phi + \hat{y}\sin\theta\sin\phi + \hat{z}\cos\theta$ $\hat{\theta} = \hat{\rho}\cos\theta - \hat{z}\sin\theta$ $\quad = \hat{x}\cos\theta\cos\phi + \hat{y}\cos\theta\sin\phi - \hat{z}\cos\theta$ $\hat{\phi} = -\hat{x}\sin\phi + \hat{y}\cos\phi$	$\dfrac{\partial\hat{r}}{\partial\theta} = \hat{\theta},\ \dfrac{\partial\hat{\theta}}{\partial\theta} = -\hat{r}$ $\dfrac{\partial\hat{\phi}}{\partial\theta} = 0,\ \dfrac{\partial\hat{r}}{\partial\phi} = \hat{\phi}\sin\theta$ $\dfrac{\partial\hat{\theta}}{\partial\phi} = \hat{\phi}\cos\theta$ $\dfrac{\partial\hat{\phi}}{\partial\phi} = -(\hat{r}\sin\theta + \hat{\theta}\cos\theta)$

[표 4.6.2]의 결과를 바탕으로 위치벡터 $\vec{r}$을 미분하여 속도와 가속도를 구면좌표로 표현한 결과는 다음과 같다.

$$\vec{r} = r\hat{r} = r\hat{r}(\theta, \phi) \tag{4.6.3}$$

$$\vec{v} = \frac{d\vec{r}}{dt} = \dot{r}\hat{r} + r\frac{d\hat{r}}{dt} = \dot{r}\hat{r} + r\frac{\partial\hat{r}}{\partial\theta}\frac{\partial\theta}{\partial t} + r\frac{\partial\hat{r}}{\partial\phi}\frac{\partial\phi}{\partial t} \tag{4.6.4}$$
$$= \dot{r}\hat{r} + r\dot{\theta}\hat{\theta} + (r\dot{\phi}\sin\theta)\hat{\phi}$$

$$\vec{a} = \frac{d\vec{v}}{dt} = \hat{r}(\ddot{r} - r\dot{\theta}^2 - r\dot{\phi}^2\sin^2\theta) + \hat{\theta}(r\ddot{\theta} + 2\dot{r}\dot{\theta} - r\dot{\phi}^2\sin\theta\cos\theta) \tag{4.6.5}$$
$$+ \hat{\phi}(r\ddot{\phi}\sin\theta + 2\dot{r}\dot{\phi}\sin\theta + 2r\dot{\phi}\dot{\theta}\cos\theta)$$

한편 임의의 벡터 $\vec{A}$에 대한 시간미분을 구면좌표로 나타내면 다음과 같다.

$$\vec{A} = A_r\hat{r} + A_\theta\hat{\theta} + A_\phi\hat{\phi} \tag{4.6.6}$$

$$\frac{d\vec{A}}{dt} = \hat{r}\left(\frac{dA_r}{dt} - A_\theta\frac{d\theta}{dt} - A_\phi\sin\theta\frac{d\phi}{dt}\right) + \hat{\theta}\left(\frac{dA_\theta}{dt} + A_r\frac{d\theta}{dt} - A_\phi\cos\theta\frac{d\phi}{dt}\right)$$
$$+ \hat{\phi}\left(\frac{dA_\phi}{dt} + A_r\sin\theta\frac{d\phi}{dt} + A_\theta\cos\theta\frac{d\phi}{dt}\right) \tag{4.6.7}$$

이 대목에서 학생들이 궁금해 하는 질문이 있다. $d\vec{r}/dt$과 $d\vec{A}/dt$의 결과가 차이가 나는 이유는 무엇인가? $d\vec{r}/dt$과 $d\vec{A}/dt$의 결과를 보면 $d\vec{A}/dt$가 $d\vec{r}/dt$보다 훨씬 복잡한 형태임을 알 수 있다. 다 같이 어떤 벡터를 한 번 미분한 것인데 왜 이렇게 결과에서 차이가 많이 나는가? 그 비밀은 벡터를 미분하기 전의 형태인 $\vec{r}$과 $\vec{A}$를 보면 알 수 있다. 원래 벡터인 $\vec{r}$의 경우, 구면좌표에서 다른 방향 성분은 가지지 않고 오직 $\hat{r}$의 성분만을 가지고 있지만 $\vec{A}$의 경우는 $\hat{r}, \hat{\theta}, \hat{\phi}$의 성분을 모두 가지고 있다. 결과적으로 구면좌표에서는 각 방향 벡터들을 시간 미분하면 다른 방향의 벡터 성분들이 나오기 때문에 처음부터 더 성분을 많이 가지고 있었던 $\vec{A}$가 훨씬 복잡한 형태를 띨 수밖에 없다.

구면좌표의 단위벡터 $\hat{r}, \hat{\theta}, \hat{\phi}$를 직각좌표의 단위벡터로 나타내는 것이 어렵다면 아래 그림을 참고해서 생각해볼 수 있을 것이다. (아래의 모든 그림은 이차원으로, 여러분의 생각을 돕기 위해 그린 것이다.)

$$\hat{r} = \hat{\rho}\sin\theta + \hat{z}\cos\theta \quad (\hat{\rho} = \hat{x}\cos\phi + \hat{y}\sin\phi)$$
$$= \hat{x}\sin\theta\cos\phi + \hat{y}\sin\theta\sin\phi + \hat{z}\cos\theta$$

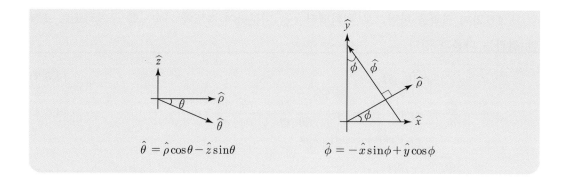

이렇게 구한 구면좌표의 결과를 이용하여 한 입자의 삼차원 운동을 성분별로 정리하기 위해 다음과 같이 뉴턴의 2법칙을 구면좌표 성분으로 분해해보자.

$$(F_r, F_\theta, F_\phi) = (ma_r, ma_\theta, ma_\phi) \tag{4.6.8}$$

여기서 a_r, a_θ, a_ϕ는 각각 가속도의 $\hat{r}, \hat{\theta}, \hat{\phi}$ 방향의 성분의 크기이다. 이를 r, θ, ϕ로 전개한 식 (4.6.5)을 식 (4.6.8)에 적용하여 성분별로 나타내면 다음과 같이 복잡한 관계식을 얻는다.

$$F_r = m(\ddot{r} - r\dot{\theta}^2 - r\dot{\phi}^2 \sin^2\theta) \tag{4.6.9}$$

$$F_\theta = m(r\ddot{\theta} + 2\dot{r}\dot{\theta} - r\dot{\phi}^2 \sin\theta\cos\theta) \tag{4.6.10}$$

$$F_\phi = m(r\ddot{\phi}\sin\theta + 2\dot{r}\dot{\phi}\sin\theta + 2r\dot{\phi}\dot{\theta}\cos\theta) \tag{4.6.11}$$

이와 같이 구면좌표를 선택하여 운동방정식을 풀어 쓴 결과는 겉보기에 매우 복잡하다. 구면좌표를 접하면서 '도대체 이렇게 복잡한 좌표를 왜 배워야 하는가?'라는 생각이 드는 학생도 있을 것이다. 그렇지만 각각의 좌표는 모두 다른 좌표가 가지지 못하는 장점을 가질 수 있다는 것을 명심하자. 즉 물체의 운동을 구면좌표로 기술하는 것이 직각좌표로 기술하는 것보다 쉬운 운동 상황이 있는 것이다. 이에 대한 몇 가지 예를 드는 것으로 이 절의 논의를 마치고자 한다.

예를 들어 [그림 4.6.3]은 $r = \theta$를 만족하는 궤적을 나타낸 것으로, 아르키메데스 와선으로 알려져 있다. 이 궤적을 직각좌표의 기본 변수인 x, y의 함수로 나타내는 것은 가능하지만 함수관계를 직각좌표 대신에 극좌표로 표시하는 것이 더 간단하다. 한편으로 [그림 4.6.4]의 궤적을 나타내는 관계식은 무엇일까? 극좌표로 구한 답은 $r = \sin 2\theta$이다. 이 경우에도 직각좌표로 구한 관계식보다 극좌표로 구한 관계식이 훨씬 간단하다.

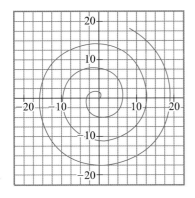

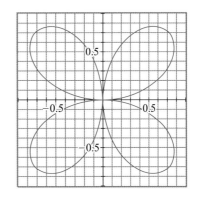

[그림 4.6.3] 아르키메데스 와선($r = \theta$) **[그림 4.6.4]** 나선($r = \sin 2\theta$)

구면좌표 혹은 원통좌표로 운동을 다루면 좋을 수 있는 보다 실전적인 운동 상황은 다음과 같다. 그림처럼 원통 혹은 원뿔의 표면에 구속되어 물체가 운동한다면 이 운동을 원통좌표에서 다루는 것이 편할 수 있다. 한편 물체가 그림처럼 어떤 구면 안에 구속된 운동을 하는 경우에는 구면좌표를 사용하여 운동을 다루는 것이 편할 수 있다. 이들 운동 상황

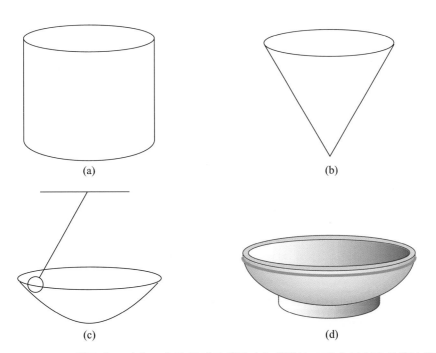

[그림 4.6.5] (a) 원통의 표면에 구속된 물체의 운동 (b) 원뿔의 표면에 구속된 물체의 운동 (c) 평면 안에 국한되지 않는 구면진자의 운동 (d) 구면 사발 안에서 운동하는 물체의 운동

에서 직각좌표 대신에 원통좌표 혹은 구면좌표를 사용하는 것은 사실상 고려해야 할 운동의 차원을 줄이는 효과를 갖는다. 이를테면 원통의 표면에서 움직이는 물체의 운동을 원통좌표로 다룬다면 ρ가 일정하므로 물체의 운동의 θ, z 성분을 구하는 것으로 전체 운동이 결정되게 된다. 한편으로 실의 길이가 일정하지만 한 평면으로 운동이 제한되지 않는 일반적인 구면진자의 운동을 구면좌표로 다루면 r이 일정하므로 θ, ϕ 성분의 운동 양상을 구하는 것으로 전체 운동이 결정되게 된다.

4.7 ● 삼차원 운동에서의 일–에너지 정리

물체에 가해진 일은 물체의 운동에너지의 변화를 유발한다. 이러한 관계를 정량적으로 나타낸 것이 일-에너지 정리이다. 일차원 운동에서의 일-에너지 정리에 의하면 물체에 가해진 일의 양은 물체의 운동에너지의 변화량과 같다. 지금부터는 삼차원 운동에 대해서도 같은 결론을 얻을 수 있다는 것을 살펴보겠다.

우선 물체에 가해진 힘과 물체의 이동변위의 방향에 상관없이 물체에 가해진 일은 다음과 같이 두 벡터의 내적으로 정의된다.

$$dW = \vec{F} \cdot \vec{ds} \tag{4.7.1}$$

또한 물체에 가해지는 일률과 물체가 받는 힘, 물체의 속도는 다음의 관계를 갖는다.

$$P \equiv \frac{dW}{dt} = \vec{F} \cdot \vec{v} \tag{4.7.2}$$

여기에 뉴턴의 2법칙을 적용하여 정리하면 다음의 관계식을 얻는다.

$$\vec{F} \cdot \vec{v} = m\frac{d\vec{v}}{dt} \cdot \vec{v} = \frac{d}{dt}\left(\frac{1}{2}m\vec{v} \cdot \vec{v}\right) = \frac{dT}{dt} \tag{4.7.3}$$

위 식의 양변을 시간에 대해 적분하면 각각 다음의 결과를 얻는다.

$$\int_{t_i}^{t_f} \frac{d}{dt}\left(\frac{1}{2}m\vec{v} \cdot \vec{v}\right)dt = \frac{1}{2}mv_f^2 - \frac{1}{2}mv_i^2 \tag{4.7.4}$$

$$\int_{t_i}^{t_f} \vec{F} \cdot \vec{v}\, dt = \int_{t_i}^{t_f} \vec{F} \cdot \frac{d\vec{r}}{dt}\, dt = \int_{r_i}^{r_f} \vec{F} \cdot d\vec{r} \tag{4.7.5}$$

이 두 결과가 같아야 하므로 다음과 같은 삼차원 운동에서의 일-에너지 정리를 얻는다.

$$W = \int_{r_i}^{r_f} \vec{F} \cdot d\vec{r} = T_f - T_i = \Delta T \tag{4.7.6}$$

즉 한 입자의 삼차원 운동에 대해서도 입자가 받은 일은 입자의 운동에너지의 변화와 같다. 일–에너지 정리에서 힘 F는 알짜힘이라는 것에 유의하자.

물체가 삼차원 운동을 할 경우 물체는 다양한 곡선 경로로 이동할 수 있다. 이러한 상황에서 물체가 받는 일을 직접 계산하려면 수학적으로 선적분이라 불리는 계산을 수행해야 한다. [그림 4.7.1]처럼 어떤 경로 C를 따라서 벡터 $\vec{A}$(위치 $\vec{r}$의 함수인)를 적분하여 다음과 같이 계산하는 것을 선적분이라 한다.

$$\int_C \vec{A} \cdot d\vec{r} \tag{4.7.7}$$

그림처럼 $\vec{A}$와 $d\vec{r}$의 사이 각이 θ인 경우 선적분은 다음과 같이 쓸 수 있다.

$$\int_C \vec{A} \cdot d\vec{r} = \int_C A \cos\theta \, dr \tag{4.7.8}$$

한편 $\vec{A}$와 $d\vec{r}$의 x, y, z성분을 분해하면 선적분을 다음과 같이 쓸 수도 있다.

$$\int_C \vec{A} \cdot d\vec{r} = \int_C (A_x, A_y, A_z) \cdot (dx, dy, dz) = \int_C A_x dx + A_y dy + A_z dz \tag{4.7.9}$$

물체가 곡선 경로를 거치는 과정에서 물체가 받는 일을 계산하는 것은 전형적인 선적분 문제가 된다. 한편 x, y, z가 시간 t와 같이 어떤 파라미터의 함수일 때 식 (4.7.9)를 다음과 같이 다시 쓸 수 있다.

$$\int_C \vec{A} \cdot d\vec{r} = \int \left(A_x \frac{dx}{dt} + A_y \frac{dy}{dt} + A_z \frac{dz}{dt} \right) dt \tag{4.7.10}$$

여기서 파라미터가 꼭 시간 t일 필요는 없으며, s, θ 등 상황에 따라 그럴듯한 파라미터

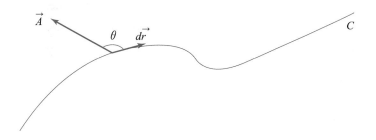

[그림 4.7.1] 곡선에서의 선적분

를 선정하면 된다. 아래에는 선적분을 직접 수행하여 물체가 받은 일을 계산하는 몇 가지 예제를 제시하였다.

예제 4.7.1

$\vec{F} = ay\hat{i} - ax\hat{j}$로 주어지는 힘을 받는 물체가 다음의 세 경로를 통해 $(-R, -R)$에서 (R, R)로 이동할 때 주어진 힘에 의해 물체가 받는 일을 구하시오.

1) $(-R, -R)$에서 $(-R, R)$로 직선 이동한 후에 다시 (R, R)로 직선 이동하는 경우

2) $(-R, -R)$에서 (R, R)로 직선 이동하는 경우

3) 원점이 중심인 반지름 $R\sqrt{2}$인 위쪽 반원을 따라 $(-R, -R)$에서 (R, R)로 이동하는 경우

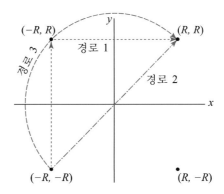

풀이

1) $(-R, -R)$에서 $(-R, R)$로 이동한 직선 경로를 C_1, 그동안 물체가 받은 일을 W_1으로 두면 식 (4.7.9)에서

$$W_1 = \int_{C_1} \vec{F} \cdot d\vec{r} = \int_{C_1} F_x dx + F_y dy$$

주어진 경로에서 $x = -R$, $dx = 0$이므로 다음과 같다.

$$W_1 = \int_{-R}^{R} aR\,dy = 2aR^2$$

한편 $(-R, R)$에서 다시 (R, R)로 이동할 때 한 일을 W_2로 두면, 이 경로에서 $y = R$, $dy = 0$이므로 아래와 같이 나타낼 수 있다.

$$W_2 = \int_{-R}^{R} aR\,dx = 2aR^2$$

따라서 물체가 받은 총 일은 $W_1 + W_2 = 4aR^2$이다.

2) 문제의 직선 경로에서 $y = x$가 성립하므로 다음과 같다.

$$W = \int_C \vec{F} \cdot \vec{dr} = \int_C F_x dx + F_y dy$$

$$= \int_{-R}^{R} (ax - ax) \, dx = 0$$

3) 물체의 위치를 극좌표로 나타내면 $\hat{r}$ 성분은 일정한 값 R을 가지며 운동 중에 $\hat{\theta}$ 성분만이 변한다. 이 θ 를 파라미터로 삼아서 선적분을 계산하겠다. 이때 x, dx, y, dy 를 θ 로 나타내면 각각 다음과 같다.

$$x = R\cos\theta, \ dx = -R\sin\theta d\theta, \ y = R\sin\theta, \ dy = R\cos\theta d\theta$$

한편 θ 로 힘 $\vec{F}$ 를 다시 쓰면

$$\vec{F} = aR\sin\theta\,\hat{i} - aR\cos\theta\,\hat{j}$$

반원 경로를 따라서 운동하는 동안 물체가 받은 일은 다음과 같다.

$$W = \int_C \vec{F} \cdot \vec{dr} = \int_C F_x dx + F_y dy$$

$$= \int_{5\pi/4}^{\pi/4} [-aR\sin^2\theta - aR\cos^2\theta] d\theta = \int_{\pi/4}^{5\pi/4} aR \, d\theta$$

$$= aR\pi$$

이 예제의 경우 결과적으로 세 가지 경로에 대해 물체가 받은 일의 크기가 모두 다르다.

예제 4.7.2

$(0, 2R)$ 에 있던 질량 m 인 정지한 입자가 원점을 향하는 거리에 비례하는 힘 $-k\vec{r}$ 을 받아 원점에 도달한다. 다음 두 경우에 대해 입자가 원점에 도달할 때의 속력을 구하시오.

1) 원점과 $(0, 2R)$ 를 양 끝으로 갖는 마찰이 없는 반원궤도를 따라서 원점에 도착할 때
2) 직선궤도를 따라서 원점에 도착할 때

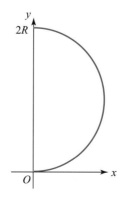

풀이

1) 식 (4.7.8)을 이용하여 일을 계산하겠다. 아래 그림처럼 입자가 호를 따라 이동한 거리를 s, 원궤도의 중심에서 볼 때 그동안 입자가 회전한 각도를 α라 하면 그림에서 $\vec{F}$와 $\vec{dr}$ 사이의 각도는 $(\pi - \alpha)/2$이므로 다음과 같다.

$$W = \int_C \vec{F} \cdot \vec{dr} = \int_0^{\pi R} F\cos\left(\frac{\pi - \alpha}{2}\right)ds = \int_0^{\pi} F\cos\left(\frac{\pi - \alpha}{2}\right)Rd\alpha$$

한편 원점에서 r만큼 떨어진 지점에 작용하는 힘은 아래와 같고,

$$F = -kr\hat{r}$$

그림의 이등변 삼각형에서 다음을 구할 수 있다.

$$r = 2R\sin\alpha/2$$

이 결과들을 종합하면 다음 결과를 얻는다.

$$W = \int_0^{\pi} 2kR^2 \sin\frac{\alpha}{2}\cos\frac{\alpha}{2}d\alpha$$

$$= \int_0^{\pi} kR^2 \sin\alpha\, d\alpha = 2kR^2$$

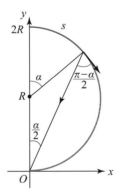

2) 직선 경로에 대해서는

$$W = \int \vec{F} \cdot \vec{dr} = \int F\, dy = \int_{2R}^0 -ky\, dy = 2kR^2$$

예제 4.7.1의 결과와 달리 본 예제에서는 두 가지 다른 경로에 대해 입자가 받은 일이 똑같다. 다음 절에서 보겠지만 이것은 단순한 우연이 아니고, 본 예제에서 입자에 작용하는 힘이 보존력이기 때문에 나타난 결과이다.

일차원 운동에서 힘이 위치의 함수 $F(x)$의 형태를 갖는다면 항상 퍼텐셜에너지 $V(x)$를 정의할 수 있었다. 역으로 이렇게 퍼텐셜에너지가 정의되면 물체가 받는 힘은 $F(x) = -dV(x)/dx$로 쓸 수 있었다. 또한 퍼텐셜에너지를 정의할 수 있는 경우에 운동 중 퍼텐셜에너지와 운동에너지의 합이 일정하게 보존되었다. 그렇다면 일차원상의 운동에서의 퍼텐셜에너지 논의를 이삼차원 운동에 대해서도 확장할 수 있는가? 이 절에서는 이삼차원 운동 상황에서는 어떤 조건에서 퍼텐셜에너지를 정의하여 역학적 에너지 보존을 주장할 수 있는지에 대해 논의하고자 한다.

우선 일차원 운동과 마찬가지로 위치만의 함수 $\vec{F}(\vec{r})$의 형태를 갖는 힘에 대해 생각해보자. 일차원 운동에서는 이러한 형태의 힘에 대해 항상 퍼텐셜에너지를 정의할 수 있었다. 그런데 이삼차원 운동의 경우는 상황이 복잡해지는데, 그것은 이삼차원 운동의 경우에는 두 지점을 연결하는 경로가 무수히 많을 수 있기 때문이다. 만일 퍼텐셜에너지가 일차원 운동과 마찬가지로 위치만의 함수가 되려면 힘에 대한 다양한 경로의 선적분이 모두 같은 값을 가져야 한다. 이를테면 점 A에서 점 B로 가는 임의의 두 경로 1과 2에 대해 다음이 만족되어야 위치만의 함수인 퍼텐셜에너지를 정의할 수 있다.

$$\int_{path1} \vec{F} \cdot d\vec{r} = \int_{path2} \vec{F} \cdot d\vec{r} \tag{4.8.1}$$

이와 같이 어떤 힘에 대한 선적분이 경로에 무관하고 시작점과 끝점에만 관계하는 위치의 함수가 되면 그러한 힘을 보존력이라 부른다. 여기서 보존력이란 명칭은 역학적 에너지보존이 성립하기 때문에 붙은 것이다.

어떤 힘이 보존력인 경우에는 선적분이 중간경로에 무관하므로 다음과 같이 위치만의 함수인 퍼텐셜에너지 $V(\vec{r})$를 정의할 수 있다.

$$V(\vec{r}) = -\int_{\vec{r_0}}^{\vec{r}} \vec{F}(\vec{r}) \cdot d\vec{r} \tag{4.8.2}$$

여기서 $\vec{r_0}$는 퍼텐셜에너지의 기준점이 되는 위치로 식 (4.8.2)처럼 퍼텐셜을 정의하면 기준점에서의 퍼텐셜은 $V(\vec{r_0}) = 0$이어야 한다. 대개는 계산하기 편리한 곳에 기준 위치를 잡는다. 이를테면 중력에 대한 기준 위치는 중력의 원점에서 무한히 멀리 떨어진 점들 중 하나를 선택하여 잡는다. 힘이 보존력이 아닌 경우에는 경로에 따라 선적분의 결과가 다르므로 위의 식처럼 위치만의 함수인 퍼텐셜에너지를 정의할 수 없다.

퍼텐셜에너지를 이용하면 임의의 시작점 A와 끝점 B를 갖는 운동 과정에서 보존력이 한 일을 다음과 같이 쉽게 구할 수 있다.

$$\int_{\vec{A}}^{\vec{B}} \vec{F}(\vec{r}) \cdot d\vec{r} = \int_{\vec{r_0}}^{\vec{B}} \vec{F}(\vec{r}) \cdot d\vec{r} - \int_{\vec{r_0}}^{\vec{A}} \vec{F}(\vec{r}) \cdot d\vec{r} = - V(\vec{B}) + V(\vec{A}) \qquad (4.8.3)$$

즉 두 위치 사이의 임의의 경로에 대한 보존력의 선적분은 중간에 어떤 경로를 거쳤는지는 무관하고, 오직 두 위치에서 퍼텐셜에너지의 차이에 의해 결정된다. 한편 식 (4.7.6)의 일-에너지 정리에서 위치 B와 A에서의 운동에너지 T와 보존력이 한 일 사이에 다음이 성립한다.

$$\int_{\vec{A}}^{\vec{B}} \vec{F}(\vec{r}) \cdot d\vec{r} = T(\vec{B}) - T(\vec{A}) \qquad (4.8.4)$$

식 (4.8.3)과 (4.8.4)를 합하여 정리하면 다음과 같이 역학적 에너지 보존이라는 결론을 얻게 된다.

$$T(A) + V(A) = T(B) + V(B) \qquad (4.8.5)$$

즉, 보존력을 받는 물체는 운동 중에 퍼텐셜에너지와 운동에너지의 합이 보존된다.

식 (4.8.2)에서 보듯이 어떤 보존력이 갖는 함수형태를 알면 이로부터 퍼텐셜에너지의 함수를 규정할 수 있다. 역으로 퍼텐셜에너지 $V(\vec{r})$을 알면 이로부터 힘이 어떤 함수형태인지를 구할 수 있다. 즉, 식 (4.8.2)의 양변을 각각 미분하여 다음과 같이 퍼텐셜에너지에 대해 그레이디언트(gradient)를 구함으로써 힘을 구할 수 있다.

$$\vec{F}(\vec{r}) = - \nabla V(\vec{r}) \qquad (4.8.6)$$

위 식을 성분별로 풀어쓰면 다음과 같다.

$$F_x = - \frac{\partial V}{\partial x}, \ F_y = - \frac{\partial V}{\partial y}, \ F_z = - \frac{\partial V}{\partial z} \qquad (4.8.7)$$

보존력이 주어질 때 이로부터 퍼텐셜에너지를 구하는 것 혹은 퍼텐셜에너지가 주어질 때 이로부터 힘을 구하는 구체적인 계산은 예제들을 참고하자.

예제 4.8.1

다음 힘들이 보존력이라 가정하고 위치 (x, y, z)의 퍼텐셜에너지를 구하시오. (단, 원점의 퍼텐셜에너지를 0이라 놓으시오.)

1) $\vec{F} = Ax\hat{i} + By\hat{j} + Cz\hat{k}$

2) $\vec{F} = -yz\hat{i} - zx\hat{j} - xy\hat{k}$

풀이

두 가지 방법으로 퍼텐셜에너지를 구해보자. 첫째는 퍼텐셜에너지가 경로에 무관하게 정의되는 것을 이용하여 구하는 것이다. 둘째는 $\vec{F}(\vec{r}) = -\nabla V(\vec{r})$을 이용하는 것이다. 1)과 2)의 힘들에 대해 각각의 방법을 적용한 결과는 다음과 같다.

1) 원점을 퍼텐셜에너지의 기준점이라 놓고 계산의 편의를 위해 원점과 $\vec{R} = (X, Y, Z)$를 잇는 직선경로를 생각하면 다음과 같다.

$$V(\vec{R}) = -\int_0^{\vec{R}} \vec{F}(\vec{r}) \cdot d\vec{r} = -\int_0^X Ax\,dx - \int_0^Y By\,dy - \int_0^Z Cz\,dz$$

$$= -\frac{1}{2}(AX^2 + BY^2 + CZ^2)$$

따라서 $V(x, y, z) = -\dfrac{1}{2}(Ax^2 + By^2 + Cz^2)$이다.

2) 우선 식 (4.8.7)을 본 예제에 적용하면 아래와 같고,

$$F_x = -\partial V/\partial x = yz$$

양변을 x에 대해 적분하면 다음과 같다.

$$V = xyz + f(y, z)$$

여기서 $f(x, y)$라는 함수는 z와 무관하며 최종적으로 우리는 이 함수의 형태를 구해야 한다. 그런데 이렇게 구한 V를 y로 편미분한 결과는 다음과 같다.

$$F_y = -\partial V/\partial y = -zx - \partial f/\partial y = -zx$$

따라서 f는 z의 함수로 y와 무관하다.
한편 V를 z로 편미분한 결과는 다음과 같다.

$$F_z = -\partial V/\partial z = -xy - \partial f/\partial z = -xy$$

따라서 f는 z와도 무관하므로 $V = xyz + V_0$라고 쓸 수 있으며, 여기서 V_0는 기준점인 원점에서의 퍼텐셜이다. 문제에서 원점에서 퍼텐셜이 0이라 하였으므로 $V_0 = 0$이고 $V(x, y, z) = xyz$가 구하는 답이다.

보존력 중에서 가장 중요한 부류는 중심력이라 불리는 것이다. 두 입자 사이에 작용하는 힘이 두 입자를 연결하는 선의 방향으로 작용하며, 그 크기가 입자 사이의 거리에만 관계

할 때 이 힘을 중심력이라 한다. 특히 우리가 관심을 갖고 있는 많은 경우는 상호작용하는 두 물체 중 하나가 상대적으로 매우 큰 질량을 갖게 되어 상호작용 중에 큰 물체의 움직임을 무시할 수 있는 상황이 많다. 이 경우 움직임을 무시하는 큰 물체를 원점으로 잡으면, 상대적으로 작은 질량을 갖는 다른 물체는 상호작용의 결과로 항상 원점 방향으로 힘을 받게 된다. 이러한 상황에서 움직이는 작은 물체가 받는 힘은 항상 원점(중심)을 향하므로 '중심력'이란 이름이 붙은 것이다.

중심력이 보존력인 것을 보기 위해 [그림 4.8.1]처럼 물체에 가해지는 중심력의 근원이 원점(중심점) O의 위치에 있고, 중심력의 방향은 물체의 바깥쪽을 향하고 있는 경우를 생각해보자. 여기서 바깥 방향은 논의의 편의를 위해 가정한 것으로 힘의 방향이 원점을 향해도 상관없다. 이제 [그림 4.8.1]에 표시된 두 경로, 즉 경로 1과 경로 2를 따라 한 물체를 A에서 B까지 움직인다고 생각해보자. 우리의 목적은 경로 1 혹은 경로 2를 따라 물체를 이동해갈 때, 각 경로에서의 중심력의 선적분의 크기(일의 크기)를 비교하는 것이다. 이를 위해 [그림 4.8.1]에서 점선으로 표시된 것과 같이 O점을 중심으로 한 두 동심원을 생각해보자. 두 동심원의 반지름의 크기는 미소 반지름 dr만큼 차이가 난다. 그림의 경로 1과 경로 2를 따라 작은 동심원 위의 점에서 큰 동심원 위의 점으로 이동하는 과정을 통해 중심력이 한 일 $\vec{F_1} \cdot \vec{dr_1}$과 $\vec{F_2} \cdot \vec{dr_2}$를 계산해보자. 중심력의 크기는 입자 사이의 거리에만 관계하는데, 동심원상의 두 영역과 O점으로부터의 거리가 같으므로 두 힘 $\vec{F_1}$과 $\vec{F_2}$의 크기는 같다. 또, 두 경로에서 $dr_1\cos\theta_1$과 $dr_2\cos\theta_2$의 크기도 같다. 따라서 임의의 경로 1과 경로 2에 대해 다음이 성립한다.

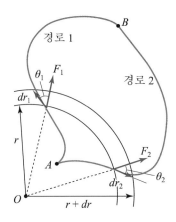

[그림 4.8.1] 두 경로에 대해 중심력이 한 일의 동등성

$$\vec{F_1} \cdot \vec{dr_1} = \vec{F_2} \cdot \vec{dr_2} \tag{4.8.8}$$

우리는 이와 같은 주장을 A에서 B까지의 모든 동심원들에 대해 적용할 수 있으므로 결과적으로 다음과 같이 두 경로에 대한 선적분 결과가 같게 된다.

$$\int_{path1} \vec{F} \cdot \vec{dr} = \int_{path2} \vec{F} \cdot \vec{dr} \tag{4.8.9}$$

중심력의 선적분이 경로와 무관하고 시작점과 끝점에 의해 결정되므로 중심력은 보존력이다. 또한 중심력에 대해 퍼텐셜에너지를 생각할 수 있으며 중심력을 받는 물체의 역학적 에너지는 보존된다.

예제 4.8.2

삼차원 퍼텐셜이 $V(\vec{r}) = V_0 e^{-ar^2}$의 형태일 때 힘을 구하시오. 이 힘은 중심력인가?

풀이

식 (4.8.6)을 적용하면 다음과 같다.

$$\begin{aligned} \vec{F(r)} &= -\nabla V_0 e^{-a(x^2+y^2+z^2)} \\ &= -V_0 e^{-a(x^2+y^2+z^2)} (2ax\hat{i} + 2ay\hat{j} + 2az\hat{k}) \\ &= -2aV_0 e^{-ar^2} \vec{r} \end{aligned}$$

힘의 크기가 $|\vec{r}|$에만 관련하고 힘이 $\vec{r}$방향으로 작용하므로 이 힘은 중심력이다.

지금까지의 논의에서 우리는 힘이 위치만의 함수인 경우에 국한하여 논의를 전개하였다. 힘이 속도에 의존하는 경우에 대해서도 상황에 따라 퍼텐셜에너지를 정의할 수 있다[3].

> ① 중력 퍼텐셜에너지
>
> 퍼텐셜의 원천이 되는 고정된 원점에 놓인 큰 물체의 질량을 M, 운동하는 물체의 질량을 m이라 할 때, 퍼텐셜에너지가 0이 되는 기준점을 원점에서 무한대로 떨어진 위치에 두면 원점으로부터 r 만큼 떨어진 지점에서의 퍼텐셜에너지는 다음과 같다.
>
> $$U = -\int_{\infty}^{r} -\frac{GMm}{s^2} ds = -\frac{GMm}{r}$$

---

[3] 대학원 수준의 역학 교재를 참고하자.

② 전기 퍼텐셜에너지

퍼텐셜의 원천이 되는 물체의 전하량을 Q, 운동하는 물체의 전하량을 q라 할 때, 퍼텐셜에너지가 0이 되는 기준점을 원점에서 무한대로 떨어진 위치에 두면 원천으로부터 r만큼 떨어진 지점에서의 퍼텐셜에너지는 다음과 같다.

$$U = -\int_{\infty}^{r} \frac{kqQ}{s^2} ds = \frac{kqQ}{r}$$

여기서 인력인지 척력인지에 따라 퍼텐셜에너지의 부호가 바뀜에 주의하자.

③ 자기 퍼텐셜에너지

외부 자기장을 $\vec{B}$, 물체가 가지고 있는 자기 모멘트를 $\vec{\mu}$라고 하면 다음과 같이 표현된다.

$$U = -\vec{\mu} \cdot \vec{B}$$

이 경우에는 퍼텐셜에너지가 위치에 무관하다. 대신 자기 모멘트 $\vec{\mu}$와 외부 자기장 $\vec{B}$의 방향 차이, 즉 둘 사이의 각도 θ가 위치의 역할을 한다.

예제 4.8.3

정지마찰력과 운동마찰력은 보존력인가? 그렇게 판단하는 이유를 설명하시오.

풀이

정지마찰력은 힘 자체가 위치의 함수로 주어지지 않는다. 최대정지마찰력에 도달할 때까지 마찰력을 제외한 외력의 크기가 마찰력의 크기를 결정하기 때문이다. 따라서 정지마찰력은 보존력일 수 없다. 운동마찰력의 경우에는 운동마찰이 한 일의 크기는 운동의 경로의 길이와 관련된다. 따라서 경로에 무관한 선적분 값을 갖지 않으므로 보존력이 아니다.

4.9 ● 보존력 판별법

예제 4.8.1에서는 보존력이라고 가정된 힘들에 대해 퍼텐셜에너지를 구하였다. 그러면 어떤 힘이 보존력인지는 어떻게 판별하는가? 현재까지 우리는 이 질문에 대해 부분적인 답변만을 소개하였다. 즉 중심력이라는 중요한 힘들이 보존력임을 앞 절에서 확인하였다. 사실 물리적으로 중요하게 다루어지는 상황은 대부분 중심력이 작용하는 상황이다. 따라서 우리가 실제로 접할 물리적 상황(아마도 중심력이 관련될)에서 관련된 힘이 보존력인지를 판단하는 것은 그다지 어려운 일이 아니다. 한편으로 순전히 이론적 호기심에서 보존력의 유무를 판별하는 좋은 방법이 없는지를 고민할 수도 있을 것이다. 지금부터는 그러한 방법을 소개하고자 한다.

어떤 힘이 보존력이라면 시작점과 끝점을 공유하는 임의의 경로들에 대한 힘의 선적분이 같아야 한다. 그런데 이러한 정의는 어떤 힘이 보존력인지를 판별하는 데 거의 도움을 주지 못한다. 가능한 모든 경로를 적분하여 선적분이 같은 값이라는 것을 확인해야만 보존력이라고 결론내릴 수 있기 때문이다. 따라서 보다 편리하고 현실적인 판별기준이 요구된다. 그러한 기준을 결과만 제시하면 다음과 같다.

위치에만 관계하는 힘 $\vec{F}(\vec{r})$ 이 $\nabla \times \vec{F}(\vec{r}) = 0$ 을 만족하는 것이 힘이 보존력일 필요충분조건이다.

여기서 '$\nabla \times$'는 컬(curl)이라 불리는 벡터에 대해 정의되는 연산자로 다음과 같이 벡터를 입력으로 받아 벡터를 출력하도록 정의된 연산자이다.

$$\nabla \times \vec{F} = \begin{vmatrix} \hat{i} & \hat{j} & \hat{k} \\ \dfrac{\partial}{\partial x} & \dfrac{\partial}{\partial y} & \dfrac{\partial}{\partial z} \\ F_x & F_y & F_z \end{vmatrix}$$

$$= \hat{i}\left(\frac{\partial F_z}{\partial y} - \frac{\partial F_y}{\partial z}\right) + \hat{j}\left(\frac{\partial F_x}{\partial z} - \frac{\partial F_z}{\partial x}\right) + \hat{k}\left(\frac{\partial F_y}{\partial x} - \frac{\partial F_x}{\partial y}\right) \tag{4.9.1}$$

따라서 이 판별기준에 의하면 주어진 힘 함수에 컬이라는 벡터연산자를 적용하여 그 결과가 0이 되는지를 확인함으로써 주어진 힘이 보존력인지를 판별할 수 있다. 이러한 판별조건의 구체적인 유도 과정은 다음과 같다.

① 필요조건 증명

힘이 보존력이면 퍼텐셜에너지 $V(\vec{r})$이 있어서 $\vec{F} = -\nabla V$를 만족한다. 이 식의 양변에 컬 연산을 적용하면 아래와 같이 나타낼 수 있다.

$$\nabla \times \vec{F}(r) = -\nabla \times \nabla V \tag{4.9.2}$$

퍼텐셜에너지에 대해 그레이디언트(gradient) 연산 후에 컬 연산을 한 결과가 항상 0이 된다는 것은 두 연산의 정의로부터 쉽게 계산된다. 이를테면 다음이 성립한다.

$$\frac{\partial F_z}{\partial y} - \frac{\partial F_y}{\partial z} = -\frac{\partial V}{\partial y \partial x} + \frac{\partial V}{\partial x \partial y} = 0 \tag{4.9.3}$$

나머지 계산도 식 (4.9.3)의 방법으로 구할 수 있다.

② 충분조건 증명

스토크스의 정리(Stokes' theorem)에 따르면 다음이 성립한다.

$$\oint_C \vec{F} \cdot \vec{dr} = \iint_S \hat{n} \cdot (\nabla \times \vec{F})\, dS \tag{4.9.4}$$

여기서 좌변의 $\oint_C$ 은 어떤 닫힌 경로(즉 원위치로 돌아오는 경로)에 대한 선적분을 의미한다. 한편 우변은 닫힌 경로로 둘러싸인 면적에 대한 적분이다. 결과적으로 스토크스의 정리는 닫힌 경로에 대한 선적분이 경로로 둘러싸인 면적에 대해 컬을 적분한 결과와 같다는 것을 의미한다. 이제 어떤 힘의 컬이 0이면 $\nabla \times \vec{F(r)} = 0$ 이므로 그 힘에 대한 닫힌 경로의 적분도 다음과 같이 0이다.

$$\oint_C \vec{F} \cdot \vec{dr} = 0 \tag{4.9.5}$$

즉, $\nabla \times \vec{F(r)} = 0$ 이면 임의의 닫힌 경로에 대한 선적분 값이 0이다. 이제 A점에서 출발하여 B점에서 끝나는 임의의 두 경로를 생각해보자. 이때 두 경로의 선적분에 대해 다음이 성립한다.

$$\int_{path1} \vec{F} \cdot \vec{dr} - \int_{path2} \vec{F} \cdot \vec{dr} = \oint \vec{F} \cdot \vec{dr} = 0 \tag{4.9.6}$$

즉, 두 경로의 선적분은 같아야 하고 따라서 힘 $\vec{F(r)}$ 는 보존력이 된다[4].

예제 4.9.1

컬(curl) 계산을 이용하여 다음 힘들 중 퍼텐셜에너지를 갖지 못하는 힘을 찾으시오.

1) $\vec{F} = e^{-ar^2}\vec{r}$

2) $\vec{F} = yz\,\hat{i} + zx\,\hat{j} + xy\,\hat{k}$

3) $\vec{F} = -y\,\hat{i} + x\,\hat{j}$

---

[4] 이러한 충분조건의 증명은 스토크스의 정리에 의존하므로 판별조건을 적용할 수 있는 기준은 스토크스의 정리가 성립하는 조건에 국한된다고 말하는 것이 정확할 것이다. 또한 필요조건의 증명 과정에서도 식 (4.9.3)에서 보듯이 편미분이 교환된다는 것을 이용했으므로 교환법칙이 성립하는 조건이 증명에서 요구된다. 이러한 조건들에 대한 구체적인 내용은 미적분학 교재나 수리물리 교재를 참고하라.

풀이

1)
$$\nabla \times \vec{F} = \begin{vmatrix} \hat{i} & \hat{j} & \hat{k} \\ \dfrac{\partial}{\partial x} & \dfrac{\partial}{\partial y} & \dfrac{\partial}{\partial z} \\ xe^{-ar^2} & ye^{-ar^2} & ze^{-ar^2} \end{vmatrix}$$

$$= \hat{i}(2yzae^{-ar^2} - 2yzae^{-ar^2}) + \hat{j}(2zxae^{-ar^2} - 2zxae^{-ar^2})$$

$$+ \hat{k}(2xyae^{-ar^2} - 2xyae^{-ar^2}) = 0$$

$\nabla \times \vec{F} = 0$ 이므로 보존력이다. 힘이 중심력이므로 이 결과는 당연하다.

2) $\nabla \times \vec{F} = \begin{vmatrix} \hat{i} & \hat{j} & \hat{k} \\ \dfrac{\partial}{\partial x} & \dfrac{\partial}{\partial y} & \dfrac{\partial}{\partial z} \\ yz & zx & xy \end{vmatrix} = \hat{i}(x-x) + \hat{j}(y-y) + \hat{k}(z-z) = 0$ 이므로 보존력이다.

3) $\nabla \times \vec{F} = \begin{vmatrix} \hat{i} & \hat{j} & \hat{k} \\ \dfrac{\partial}{\partial x} & \dfrac{\partial}{\partial y} & \dfrac{\partial}{\partial z} \\ -y & x & 0 \end{vmatrix} = 2\hat{k} \neq 0$ 이므로 보존력이 아니고 퍼텐셜에너지를 가질 수 없다.

4.10 ○ 구속 운동하는 물체의 역학적 에너지 보존

앞에서 우리는 보존력이 작용하는 물체의 경우, 역학적 에너지 보존이 성립한다는 것을 보았다. 에너지가 보존되면 역학 문제를 보다 쉽게 풀 수 있는 경우가 많으므로 어떤 힘이 보존력이라는 것을 아는 것은 운동을 다룰 때 매우 중요하다. 그런데 여러분의 그동안의 문제풀이 경험을 가만히 되돌아보면 보존력만 작용하는 상황이 아닌데도 불구하고, 역학적 에너지 보존을 이용하여 문제를 푼 경우가 많았다.

이를테면 질량 m인 물체가 길이 l인 줄에 매달려 단진자 운동을 하는 [그림 4.10.1]과 같은 문제 상황을 생각해보자. 줄이 연직 방향과 θ의 각도를 이루고 있을 때 물체를 가만히 놓는다면 이 물체가 가장 낮은 지점을 통과할 때의 속도는 어떻게 되는가? 예전에 여러분은 별다른 고민 없이 이와 같은 상황에서 물체의 속도를 역학적 에너지 보존을 이용하여 구했던 기억이 있을 것이다. 그런데 보존력인 중력 외에도 줄의 장력이 이 물체에 작용하고 있다. 이렇게 추가적인 힘이 존재하는 상황에서 역학적 에너지 보존을 이용해서 문제

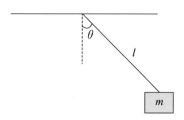

[그림 4.10.1] 구속력이 작용하는 물체의 운동(단진자)

를 풀어도 되는가? 결론부터 말하면 가능한데, 지금부터 그 이유를 살펴보겠다.

물체가 어떤 곡선이나 곡면을 벗어나지 않고 운동할 때 그 물체는 구속운동(constrained motion)을 한다고 말한다. 앞에서 예를 든 평면 안에서 운동하는 단진자는 정해진 곡선을 따라 운동하는 경우에 해당할 것이고, 진자의 움직임이 한 평면을 벗어나는 경우에는 구면이라는 정해진 곡면을 따라 운동하는 경우에 해당할 것이다. 또, 롤러코스터의 운동 같은 경우는 정해진 곡선을 따라 움직이는 구속운동, 매끄러운 사발의 안쪽에서 운동하는 구슬의 경우는 정해진 곡면을 따라 움직이는 구속운동이라고 볼 수 있다. 구속력이 작용하는 상황에서 물체는 보존력 이외에 장력, 수직항력 같은 구속력의 영향도 받게 된다[5]. 이와 같은 상황에서 물체에 작용하는 중력 같은 보존력을 $\vec{F}$, 물체를 구속된 공간에서만 움직이게 하는 힘을 $\vec{F_C}$ 라고 하면 물체의 운동방정식은 다음과 같이 쓸 수 있다.

$$m\frac{d\vec{v}}{dt} = \vec{F} + \vec{F_C} \tag{4.10.1}$$

이 식의 양변에 속도와의 내적을 취하면 다음 결과를 얻는다.

$$m\frac{d\vec{v}}{dt} \cdot \vec{v} = \vec{F} \cdot \vec{v} + \vec{F_C} \cdot \vec{v} \tag{4.10.2}$$

마찰이 없다면 곡선이나 곡면에서의 물체의 운동 상황에서 $\vec{F_C}$는 곡선이나 곡면에 수직이다. 보다 정확히 말하면 물체의 위치에서의 접선과 $\vec{F_C}$가 수직이다. 한편 $\vec{v}$는 곡선이나 곡면에서 물체가 있는 위치에서의 접선 방향이 된다. 따라서 식 (4.10.2)의 우변의 두 번째 항은 없어지고, 남은 항들은 다음과 같이 정리할 수 있다.

$$m\frac{d\vec{v}}{dt} \cdot \vec{v} = \frac{d}{dt}\left(\frac{1}{2}m\vec{v} \cdot \vec{v}\right) = \vec{F} \cdot \vec{v} \tag{4.10.3}$$

---

5) 구속력에 대한 보다 상세한 논의는 9.4절을 참고하라.

이제 위의 식 중간에 놓인 항을 시간에 대해 적분하면

$$\int_{t_1}^{t_2} \frac{d}{dt}\left(\frac{1}{2}m\vec{v}\cdot\vec{v}\right)dt = \frac{1}{2}mv_2^2 - \frac{1}{2}mv_1^2 \tag{4.10.4}$$

여기서 v_1, v_2는 각각 물체의 초기 속력과 나중 속력이다. 한편 식 (4.10.3)의 우변에 있는 힘은 보존력이므로 이를 적분하여 다음을 얻는다.

$$\int_{t_1}^{t_2} \vec{F}\cdot\vec{v}\,dt = \int_{r_1}^{r_2}\vec{F}\cdot d\vec{r}$$

$$= \int_{r_1}^{r_0}\vec{F}\cdot d\vec{r} + \int_{r_0}^{r_2}\vec{F}\cdot d\vec{r} = -V(r_1) + V(r_2) \tag{4.10.5}$$

식 (4.10.3), 식 (4.10.4), 식 (4.10.5)로부터 다음과 같은 역학적 에너지 보존 관계를 얻을 수 있다.

$$\frac{1}{2}mv_1^2 + V(r_1) = \frac{1}{2}mv_2^2 + V(r_2) \tag{4.10.6}$$

즉, 물체가 구속운동을 하는 경우에도 마찰이 없고 구속력이 물체의 운동에 수직한 방향으로 작용한다면 역학적 에너지가 보존된다.

예제 4.10.1

크기를 무시할 수 있는 질량이 m인 물체가 반지름이 R인 매끄러운 반구의 꼭대기 부분에 놓여 있다. 이 물체를 오른쪽으로 살짝 밀었을 때 어떤 각도에서 이 물체가 반구에서 벗어나게 되는가?

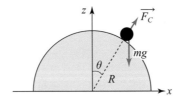

풀이

물체가 구속 운동을 하는 동안이라면 에너지 보존 관계를 이용하여 물체가 벗어나기 전의 임의의 각 θ의 위치에 있을 때의 속도를 구할 수 있다. 즉,

$$mgR = \frac{1}{2}mv^2 + mgR\cos\theta$$

이 결과를 정리하면

$$v^2 = 2gR(1 - \cos\theta) \tag{1}$$

한편, 그림과 같이 물체가 θ의 위치에 있을 때 지름 방향의 운동방정식을 수직항력 $\overrightarrow{F_C}$를 포함하여 생각하면 다음과 같다.

$$mg\cos\theta - F_C = \frac{mv^2}{R} \tag{2}$$

(1)을 (2)에 대입한 후 F_C에 대해 정리하면 다음을 얻는다.

$$F_C = -2mg + 3mg\cos\theta \tag{3}$$

물체가 반구에서 벗어나게 된다는 말은 더 이상 구속운동을 하지 않는 상태, 즉 수직항력(구속력)이 0이 되는 상태를 의미한다. 따라서 $F_C = 0$이 되는 위치, 즉 $\cos\theta = 2/3$이 되는 각도인 $\theta \simeq 48.2°$에서 물체는 반구를 벗어난다.

예제 4.10.2

$y = x(x - 2R)$인 고정된 틀을 따라 입자가 이동하여 $(0, 2R)$에서 $(0, 0)$지점으로 이동한다. 틀에서 입자에 작용하는 마찰력은 없다. 또한 입자가 원점으로부터 $-k\overrightarrow{r}$의 힘을 받으며 질량은 m이다. $(0, 2R)$에서 정지해 있던 입자가 원점에 도달할 때의 속력을 구하시오.

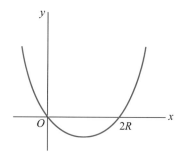

풀이

입자가 틀을 따라 이동하는 동안 작용하는 구속력은 일종의 수직항력으로 입자의 이동 방향에 수직이다. 따라서 구속력이 있어도 식 (4.10.6)의 에너지 보존식을 적용할 수 있다. 퍼텐셜에너지의 기준점을 원점으로 놓으면 입자와 원점의 거리가 r일 때 퍼텐셜에너지는 $kr^2/2$이다. 따라서 원점에서의 속력은 에너지 보존에서 다음을 만족한다.

$$\frac{1}{2}k(2R)^2 = \frac{1}{2}mv^2$$

따라서 원점에서의 속력은 $v = 2R\sqrt{k/m}$이다.

예제 4.10.3

그림과 같이 어떤 물체가 반지름 r인 원형 고리 안에서만 마찰 없이 움직일 수 있다. 또 이 물체에 용수철 상수 k인 용수철이 연결되어 있고 용수철의 반대쪽 끝은 원형 고리의 한 점 P에 고정되어 있다. 용수철의 원래 길이는 $3r$이며 물체는 그림과 같이 P의 반대편 Q에서 평형 상태에 놓이게 된다. 이 물체를 고리를 따라 살짝 이동시킨 후 놓았을 때 물체의 운동주기를 구하시오.

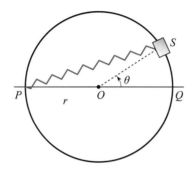

풀이

그림과 같이 원의 중심을 O, 물체의 위치를 S이라 하고, 각 $\angle QOS$을 θ라 놓자. 이때 그림에서 각도 θ인 위치에서 물체의 속력을 v, 용수철의 길이를 l이라 하면 물체의 총 역학적 에너지는 다음과 같다.

$$\frac{1}{2}mv^2 + \frac{1}{2}k(l-3r)^2 \tag{1}$$

보존되는 역학적 에너지를 시간에 대해 미분하여 운동방정식을 구하면 아래와 같다.

$$mv\dot{v} + k(l-3r)\dot{l} = 0 \tag{2}$$

한편 그림에서 $l = 2r\cos(\theta/2)$, $v = r\dot{\theta}$이고 이것을 시간에 대해 미분하면 다음 결과를 얻는다.

$$\dot{l} = -r\sin(\theta/2)\dot{\theta}$$
$$\dot{v} = r\ddot{\theta}$$

이 결과를 운동방정식 (2)에 반영하면 다음을 얻는다.

$$m\ddot{\theta} - k(2\cos(\theta/2) - 3)\sin(\theta/2) = 0 \tag{3}$$

각도 θ가 작은 값이므로 $\cos\theta \simeq 1$, $\sin\theta \simeq \theta$ 근사를 적용하여 정리하면 다음과 같은 운동방정식이 얻어진다.

$$2m\ddot{\theta} + k\theta = 0$$

방정식이 단순조화진동자의 경우와 같으므로 주기는 $2\pi\sqrt{\dfrac{2m}{k}}$ 이다.

📖 **연습문제** Chapter 04

---

01 포탄을 속력 v_0로, 지표면에서 각도 θ를 이루는 각도로 발사하였다. 공기의 저항을 무시할 때 이후의 포탄의 궤적이 포물선이 됨을 보이고, 이 결과와 본문의 식 (4.2.16)을 비교해 보시오.

02 포탄을 지표면에서 각도 α를 이루는 경사면을 따라 발사하였다. 포탄이 처음에 지표면과 이루는 각도를 θ라 하면 포탄이 경사면에 떨어질 때 다음과 같은 거리를 이동했음을 보이시오. (단, 공기의 저항은 무시하시오.)

$$\frac{2v_0^2\cos\theta\sin(\theta-\alpha)}{g\cos^2\alpha}$$

03 포탄이 속도에 비례하는 저항력을 받으며 포탄이 운동 중에 종단속도에 도달한다고 가정할 때 포탄의 궤적의 개형을 그리시오.

04 포탄을 속력 v_0로 지표면에서 각도 θ를 이루는 방향으로 발사하였다.
  1) 공기의 저항을 무시할 때 포탄이 다시 지면에 도달하는 동안 수평으로 이동한 거리를 구하시오.
  2) 포탄이 속도에 비례하는 작은 저항력 $-b\vec{v}$를 받을 때 포탄이 다시 지면에 도달하는 동안 수평으로 이동한 거리를 근사적으로 구하시오.

05 이차원상의 등방성 진동자가 원형 궤적을 갖는다. 어떤 순간에 x성분의 운동은 $x(0)=0$, $\dot{x}(0)=v_0$이었다. 원형궤적을 가지려면 같은 시간에 y성분의 운동은 어떻게 되어야 하는가? (단, 진동자의 각속도는 ω이다.)

06 두 성분의 진동수의 비가 무리수일 때 이차원 진동자는 아무리 많은 시간이 흘러도 원래의 운동 상태(즉, 위치와 속도)로 정확하게 돌아올 수 없음을 보이시오.

07 퍼텐셜에너지가 다음과 같은 삼차원 조화진동자를 생각해보자.

$$V=\frac{1}{2}\left(k_1x^2+k_2y^2+k_3z^2\right)$$

이러한 진동자가 얼마의 시간 후에 원래의 운동 상태로 정확하게 돌아오려면 k_1, k_2, k_3은 어떤 조건을 만족해야 하는가?

08 균일한 자기장 B를 갖는 영역에 수직으로 v의 속력으로 입사한 질량 m, 전하량 q인 입자가 원운동을 한다고 보고 그 원운동의 궤도반지름을 구하시오. (궤도의 반지름을 구하는 것은 궤도가 원운동을 한다는 것을 보이는 것에 비해 쉬운 방법으로 구할 수 있다.)

09 y축 방향의 균일한 전기장 $E\hat{y}$, z축 방향의 균일한 자기장 $B\hat{z}$이 형성된 공간에서 질량 m, 전하량 q인 입자가 x축으로 $v_0\hat{x}$의 초속도로 움직이기 시작하였다. 입자의 궤적이 다음과 같은 형태의 사이클로이드 곡선이 된다는 것을 보이시오.
$$x(t) = A\sin\omega + Bt, \ \ y(t) = A(1 - \cos\omega t), \ \ z(t) = 0$$

10 질량 m인 작은 고리가 회전하는 직선막대를 따라 돌고 있다. 시간 t일 때 회전중심에서 고리까지의 거리는 $3t^3$, 회전각속도는 αt라고 한다. 시간 t에서 고리에 작용하는 알짜힘의 크기를 구하시오.

11 어떤 입자의 시간에 따른 위치를 극좌표로 나타내면 다음과 같다.
$$r = r_0 e^{\omega_0 t}, \ \theta = \omega_0 t \ \ (r_0, \ \omega_0 \ : \ \text{상수})$$
이 입자의 속도와 가속도를 극좌표로 나타내면 다음과 같음을 보이시오.
$$\vec{v} = r_0 e^{\omega_0 t} \omega_0 (\hat{r} + \hat{\theta}), \ \vec{a} = 2r_0\omega_0^2 e^{\omega_0 t}\hat{\theta}$$

12 예제 4.5.4의 상황에서 시간 t일 때 빨대 안의 물체가 받는 알짜힘의 크기를 구하시오. 이 힘은 어떤 힘인가?

13 예제 4.5.4의 상황처럼 일정한 각속도 ω로 회전하는 길이 $2R$인 빨대를 생각하자. 이 빨대의 한쪽 끝으로 물체를 던져서 반대편 끝으로 나오게 하려면 최소한 어느 정도의 초기 속력으로 물체를 빨대 안으로 던져야 하는가?

14 각속도 ω로 회전하는 빨대의 중심에 용수철 상수 k인 용수철에 질량 m인 물체가 매달려 있다. 물체는 일정한 각속도 ω로 회전하는 빨대 안에서 지름 방향으로만 움직인다. 물체가 지름 방향으로 진동운동을 할 때 주기를 구하시오. (모든 마찰을 무시하시오.)

15 턴테이블의 중심으로부터 R만큼 떨어진 지점에 동전이 놓여 있다. 정지해 있던 턴테이블이 일정한 각가속도 α로 가속되다가 어느 순간 동전이 미끄러졌다. 동전이 미끄러지기 시작한 방향은 그 순간의 $\hat{r}$방향과 $\hat{\theta}$방향의 정중앙이었다. 턴테이블과 동전 사이의 마찰계수를 주어진 값들로 나타내시오.

16 식 (4.6.1)과 식 (4.6.5)를 유도하시오.

17 시간 t에서 구면좌표로 다음과 같은 속도를 갖는 물체가 있다.

$$\vec{v} = a\hat{r} + b\sin\omega t\,\hat{\theta} + ct\hat{\phi}$$

이 물체의 가속도를 구하시오.

18 힘 $\vec{F} = axy\hat{i} + bx^2 y\hat{j}$가 작용하는 공간에서 질량 m인 물체가 A에서 C로 이동하는 두 경로에 대해 물체에 가해진 일을 구하시오.

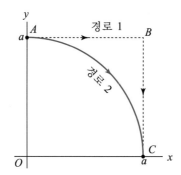

19 다음 힘은 보존력인가? 보존력이라면 대응되는 퍼텐셜에너지를 구하시오.

1) $F_x = axy$ $\qquad\qquad$ $F_y = -az^2$ $\qquad\qquad$ $F_z = -ax^2$

2) $F_x = ay(y^2 - 3z^2)$ $\qquad$ $F_y = 3ax(y^2 - z^2)$ $\qquad$ $F_z = -6axyz$

3) $F_x = x$ $\qquad\qquad\qquad$ $F_y = 2y$ $\qquad\qquad\qquad$ $F_z = 3z$

4) $F_x = 3ayz^3 - 20bx^3y^2$ $\quad$ $F_y = 3axz^3 - 10bx^4y$ $\quad$ $F_z = 9axz^2y$

20 경사면에 정지해 있던 작은 물체가 미끄러져서 그림과 같이 반지름 R인 원형 고리를 따라 이동한다. 물체가 고리에서 벗어나지 않고 굴러가려면 물체를 최소한 어느 정도 높이에서 가만히 놓아야 하는가?

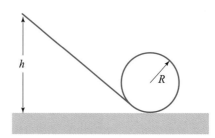

21 그림과 같이 질량 m인 물체가 반지름 r인 원형 레일 안에서만 마찰 없이 움직일 수 있다. 또 이 물체는 원래 길이가 $r\sqrt{2}$이고 용수철 상수가 k인 두 용수철에 그림처럼 연결되어 있다. 이 물체를 레일을 따라 살짝 이동시킨 후 놓았을 때 물체의 운동주기를 구하시오.

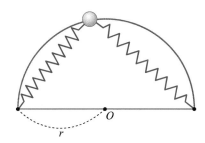

22 경사면의 x, y좌표가 $y = x^2/100$을 만족하는 마찰이 없는 경사면이 있다. 이 경사면에서 x는 0.1 m인 지점에서 물체가 가만히 미끄러질 때 물체가 경사면의 최하점에 도달하는 데 걸리는 시간을 구하시오. (속도의 수직 방향 성분을 무시하는 근사를 사용하시오.)

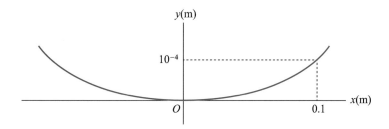

23 예제 4.5.5의 상황에서 $t = \tau$일 때의 속도를 직각좌표로 나타내시오.

24 질량 m인 공이 처음에 막대튜브의 회전축 끝에서 정지해 있었다. 막대튜브는 축을 기준으로 각속도 ω_0로 회전하고 있으며 처음에는 수평 방향을 향하고 있었다. 공이 막대튜브 안에 있는 동안 공과 회전축 사이의 거리는 시간에 따라 어떻게 되는가?

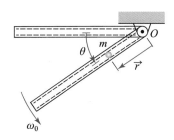

Chapter 05

중력과 중심력

MECHANICS

학습목표

- 역사적으로 뉴턴 역학이 어떤 과정을 통해 물리학자들에게 수용되었는지를 간단히 기술할 수 있다.
- 구각정리를 이용하여 균일한 구체 사이에 작용하는 중력을 계산할 수 있다.
- 중심력을 받는 물체가 보여주는 운동의 일반적인 양상이 무엇인지를 설명할 수 있다.
- 극좌표를 이용하여 중심력을 받는 물체의 운동 양상을 설명할 수 있다. 특히 유효퍼텐셜을 이용하여 중심력을 받는 물체의 지름 방향의 운동을 설명할 수 있다.
- 뉴턴 역학으로 케플러의 1, 2, 3법칙을 설명할 수 있다.
- 중심력을 받는 물체의 궤도가 안정될 수 있는 조건을 구할 수 있다.
- 세차와 극지각 개념을 이용하여 행성의 운동을 설명할 수 있다.
- 충돌변수, 미소산란단면적 등을 이용하여 러더퍼드 산란을 설명할 수 있다.
- 중력과 관련된 물리학 역사를 통해 과학이론의 안정성과 잠정성을 논의할 수 있다.

5.1 ○ 서론: 중력을 통한 천체 운동의 설명

뉴턴의 역학 체계는 행성들의 운동을 성공적으로 설명해냄으로써 세상 사람들로부터 널리 인정받게 되었다. 이 과정에서 뉴턴의 역학 체계의 이론적 예측이 행성의 실제 운동으로부터 추출된 자료와 비교되었고, 뉴턴의 역학 체계가 행성 운동의 특성들을 잘 설명한다고 결론지어졌다. 이를 통해 뉴턴의 역학은 가장 성공적인 과학으로 인정받았고 한때는 이후의 모든 과학의 본보기가 되기도 하였다. 이번 장에서는 뉴턴의 역학 체계의 성공의 과정을 따라가면서 이 역학 체계의 위력을 경험해 보고자 한다.

뉴턴이 활약하던 당시에는 천체의 운동에 대해 크게 세 가지 설이 있었다. 첫째는 프톨레마이오스(Klausios Ptolemaios; Ptolemy)의 주장으로 지구를 우주의 중심에 놓고 원운동에 기초하여 행성의 운동을 설명하였다. 둘째는 코페르니쿠스(Nicolaus Copernicus)의 주장으로 태양이 중심이 되는 원운동에 기초하여 행성의 운동을 설명하였다. 프톨레마이오스나 코페르니쿠스의 제안에서 행성의 운동은 단순한 원운동만으로는 설명이 안 되었기 때문에 주전원 등 오늘날에는 사용하지 않는 개념이 도입되기도 하였다. 마지막으로 케플러(Johannes Kepler)의 주장은 행성이 태양을 한 초점으로 하는 타원궤도를 갖는다는 것이었다. 오늘날에는 케플러의 주장이 확고하게 받아들여지고 있지만 당시에 이러한 주장들 중에 어떤 것이 옳은 것이냐를 논증하는 일은 결코 쉽지 않은 일이었다. 흔히들 코페르니쿠스의 주장이 프톨레마이오스의 주장보다 당연히 합리적이라고 무심코 말하는데, 코페르니쿠스의 주장은 당시의 물리학의 관점에서 보았을 때 많은 난점이 있어서 티코 브라헤 (Tycho Brahe)같은 당대의 과학자도 받아들이지 않았다. 권위에 의존하지 않고 지구가 움직인다는 주장과 일상 경험과의 겉보기 불일치를 합리적으로 극복하는 것은 쉬운 일이 아니다. 이 난점을 갈릴레이(Galileo Galilei)가 논리적으로 해결하였지만, 당시에 지구가 움직이지만 그 움직임을 느낄 수 없다는 주장을 불편함 없이 받아들이는 사람은 많지 않았다. 이러한 상황에서 뉴턴은 자신이 집대성한 역학 체계를 가지고, 행성이 태양주위를 타원운동을 할 수 있음을 보여서 논란의 종지부를 찍었다. 뉴턴의 이론이 너무나 매력적이었고, 성공적으로 적용되었기 때문에 사람들은 우주로 진출하여 직접적인 탐사를 수행하지 않고도 지구가 태양 주위를 타원으로 돈다는 사실을 받아들이게 되었다.

이제는 태양계로 탐사 위성을 직접 쏘아 올려 행성의 궤도가 타원이라는 것을 확인할 수 있는 시대가 됐다. 오늘날의 발달한 기술을 바탕으로 측정한 자료들에 의하면 행성의 궤도는 근사적으로만 타원이다. 하지만 이러한 타원궤도로부터의 이탈을 포함하여 여전히 대부분의 행성의 운동이 뉴턴의 역학 체계로 설명되고 예측될 수 있다. 이 중에서 우리는 다음과 같은 현상들에 대한 뉴턴 역학의 설명을 이번 장에서 다루고자 한다.

1) **케플러의 1법칙:** 태양계의 행성들은 태양을 초점으로 하는 타원을 따라 돈다.
2) **케플러의 2법칙:** 태양에서 행성까지 이은 직선은 같은 시간동안 같은 면적을 쓸고 지나간다.
3) **케플러의 3법칙:** 행성이 태양을 도는 주기의 제곱이 행성이 갖는 타원궤도의 장반경의 세제곱에 비례한다.
4) **행성궤도의 안정성:** 태양계는 태양, 행성, 혜성, 소행성들로 이루어진 다입자계이다. 그런데 행성의 운동은 오랜 시간동안 다른 행성의 영향을 받으면서도, 그로 인해 행성의 궤도가 타원을 크게 이탈하여 공전운동이 깨지는 일은 일어나지 않았는데 이를 궤도의 안정성이라 부른다.
5) **세차운동:** 행성의 운동을 보다 정밀하게 관측한 결과에 의하면 행성의 궤도는 정확한 타원이 아니다. 특히 행성이 공전하는 동안 타원궤도의 장축이 살짝 회전하는 경향이 나타나는데 이를 세차운동이라 한다.
6) **러더포드 산란:** α입자를 알루미늄 박막에 입사시킬 때 입자의 방향이 때때로 산란되는 현상을 러더포드 산란이라 부른다. 이 현상은 뉴턴 역학이 태양계의 운동뿐만 아니라 원자 수준의 운동도 설명할 수 있다는 것을 보였다는 점에서, 뉴턴 역학의 또

다른 성공사례이다.

이번 장에서는 이들 현상들을 뉴턴의 역학 체계 안에서 중력이라는 힘의 모형을 추가하여 설명하고자 한다. 이런 현상들을 설명해낸 것이 뉴턴 역학의 눈부신 이론적 성취라는 것은 아무리 강조해도 지나치지 않을 것이다.

5.2 ● 균일한 구체 사이의 중력

뉴턴은 다음과 같이 나타내지는 중력법칙을 통해 행성의 운동을 설명하였다.

$$F = G\frac{Mm}{r^2} \tag{5.2.1}$$

여기서 G는 중력상수, M, m는 각각 점입자의 질량, r은 둘 사이의 거리이다. 그런데 이 법칙을 실제의 행성운동에 적용하려면 다음과 같은 질문에 답할 수 있어야 한다. 두 입자가 아닌 크기를 가지는 두 물체에 대해서도 식 (5.2.1)과 같은 간단한 공식이 성립하는가? 만약 그렇다면 점입자가 아니어서 물리적으로 하나의 점에 행성을 위치시킬 수 없는 상황에서 행성의 위치, 그리고 행성 사이의 거리를 규정하는 기준점을 어떻게 잡아야 하는가?

극단적으로 크기가 매우 큰 울퉁불퉁한 두 물체가 아주 근접해 있는 상황을 생각하면 이러한 문제에 대해 명쾌한 해답을 제시하는 것이 쉬운 일은 아니라는 것이 명백해진다. 이 정도까지는 아니더라도 그 유명한 뉴턴의 사과도 관련된 문제를 갖는다. 지표면에 근접해있는 사과가 받는 힘을 계산할 때 지구를 대표하는 위치로 지구의 기하학적 중심을 선택하여 식 (5.2.1)을 적용할 수 있는지의 여부는 전혀 자명한 문제가 아니기 때문이다. 실제로 이 문제는 자신의 역학이론을 수립하고 이를 천체의 운동에 적용하는 과정에서 뉴턴이 겪었던 최대의 난제 중 하나였다. 각고의 노력 끝에 뉴턴은 다음의 유명한 정리를 유도하여 문제를 해결하였다.

"구각정리: 구형대칭인 질량분포를 갖는 구각 외부에 있는 점입자에 작용하는 중력은 구각의 중심에 질량이 뭉쳐있을 때 점입자에 작용하는 중력과 같다. 같은 구각의 내부의 점입자는 구각으로부터 중력을 받지 않는다."

구각정리를 이용하여 다음의 결론을 얻는 것은 어렵지 않다.

"정리 1: 질량분포가 구형대칭을 이루는 구형 물체가 점입자에 작용하는 중력은 구형 물체의 질량이 구의 중심에 뭉쳐있을 때 점입자에 작용하는 중력과 같다."

그런데 태양뿐 아니라 행성도 크기를 가지므로 중력을 천체의 운동에 적용할 때 위에서 제시한 정리만으로는 충분치 않다. 따라서 천하의 뉴턴이 정리 1에서 멈추었을 리 없었고, 그는 이어서 다음과 같은 결론도 도출하였다.

"정리 2: 질량분포가 구형대칭을 이루는 구형 물체들 사이에 작용하는 중력은 각 물체의 질량이 구의 중심에 뭉쳐있을 때 작용하는 중력과 같다."

이제부터는 이 모든 결론의 출발점인 구각정리를 유도하고자 한다. 이를 위해 구각의 질량, 밀도, 반지름을 각각 M, ρ, R이라 놓고 적분을 위해 [그림 5.2.1]과 같이 변수를 설정하겠다. 이때 그림의 구각에서 색칠된 얇은 고리 부분의 원형 둘레는 $2\pi R\sin\theta$이고 두께는 $Rd\theta$이므로 고리 부분의 질량 dM은 다음과 같다.

$$dM = \rho(2\pi R^2)\sin\theta d\theta \tag{5.2.2}$$

이 질량이 점 P에 가하는 중력은 대칭성에 의해 구각의 중심을 향하게 되며 그 크기는 다음과 같다.

$$dF = G\frac{mdM}{s^2}\cos\phi \tag{5.2.3}$$

여기서 $\cos\phi$는 고리 위의 한 지점에 의해 점입자가 받는 중력 중에 구각의 중심을 향하는 성분만이 살아남기 때문에 붙게 된 것이다.

식 (5.2.2)와 식 (5.2.3)을 종합하면 그림의 고리가 점입자 P에 가하는 중력은 다음과 같다.

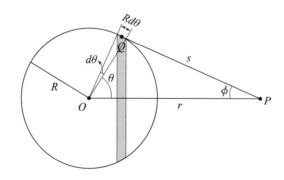

[그림 5.2.1] 균일한 구각에 의해 점 P의 위치에 있는 질량 m에 작용하는 중력

$$dF = G\frac{m\rho(2\pi R^2)\cos\phi\sin\theta d\theta}{s^2} \tag{5.2.4}$$

구각을 이루는 모든 고리가 P에 가하는 중력은 다음과 같은 적분형태가 된다.

$$F = Gm\rho(2\pi R^2)\int_0^\pi \frac{\cos\phi\sin\theta d\theta}{s^2} \tag{5.2.5}$$

여기에서 적분기호 속의 θ, ϕ를 소거하고, 대신에 [그림 5.2.1]의 변수 s와 구각의 중심과 점 P 사이의 거리인 r을 이용하여 식 (5.2.5)를 나타낼 수 있다. 이를테면 그림에서 삼각형 OPQ의 각 ϕ에 대해 코사인 2법칙을 적용하면 다음을 얻는다.

$$\cos\phi = \frac{r^2 + s^2 - R^2}{2rs} \tag{5.2.6}$$

한편 삼각형 OPQ의 각 θ에 대해 코사인 2법칙을 적용하면 아래와 같다.

$$s^2 = r^2 + R^2 - 2rR\cos\theta \tag{5.2.7}$$

이것을 미분하면 다음을 얻는다.

$$2sds = 2rR\sin\theta d\theta \tag{5.2.8}$$

식 (5.2.6)과 식 (5.2.8)을 식 (5.2.5)에 적용하여 θ, ϕ를 소거한 결과는 다음과 같다.

$$F = \frac{Gm\rho(2\pi R^2)}{2r^2 R}\int_{r-R}^{r+R}\left(1 + \frac{r^2 - R^2}{s^2}\right)ds \tag{5.2.9}$$

식 (5.2.5)에서 식 (5.2.9)으로 변할 때 적분구간이 $[0, \pi]$에서 $[r-R, r+R]$로 바뀐 것에 유의하자. 또한 구각과 점입자 P가 정해지면 식 (5.2.9)에서 r, R은 상수이고 적분과정에서 변수는 오직 s뿐이다. 또 구각의 밀도와 질량 사이에 $M = \rho(4\pi R^2)$인 관계가 성립하므로 식 (5.2.9)를 적분하여 다음 결과를 얻을 수 있다.

$$F = G\frac{Mm}{r^2} \tag{5.2.10}$$

여기서 M은 구각의 질량이므로, 모든 질량이 구각의 중심에 놓인 것처럼 구각이 외부에 중력을 가한다는 결론이 도출된 셈이다.

만일 점입자 P가 그림과 달리 구각의 내부에 있는 상황에 대해 점입자가 받는 중력을 계산한다면 달라지는 것은 식 (5.2.9)뿐이다. 이 식에서 적분구간만 $[r-R, r+R]$ 대신에 $[R-r, R+r]$로 바꾸어서 적분을 수행한 값은 0이 된다. 그 결과 대칭성을 갖는 균일한 구각은 구각 내부의 어떤 점입자에 중력을 작용하지 않게 된다.

이와 같이 유도한 구각정리로부터 정리 1의 결과는 매우 쉽게 얻어진다. 대신에 정리 1에서 정리 2의 결과를 얻는 과정은 제법 생각을 요하는데, 구체적으로는 다음과 같다. 우선 [그림 5.2.2]의 (a)처럼 구형 대칭을 갖는 질량 M, m인 두 물체가 각각 A, B에 위치하고 있을 때 질량 m인 물체에 작용하는 중력을 구해야 하는 상황을 생각하자. 정리 1에 의하면 구형 대칭을 갖는 질량 m인 물체에 가해지는 중력은 [그림 5.2.2]의 (b)처럼 질량 M인 물체의 질량이 그것의 중심 A에 뭉쳐 있는 상황에서 질량 m에 가해지는 중력과 같다. 한편 작용반작용의 법칙에 의해 [그림 5.2.2]의 (b)처럼 질량 m에 가해지는 중력과 같은 크기의 반대 방향 힘이 중심에 뭉친 질량 M에 작용한다. 그림 (b)에서 질량 M에 작용하는 이 힘에 대해 정리 1을 다시 적용하면 그림 (b)에서 뭉친 질량 M이 받는 힘은 그림 (c)처럼 질량 m이 그것의 중심 B에 뭉쳐 있는 상황에서 뭉친 질량 M에 작용하는 중력과 같다. 그림 (c)에서 다시 작용반작용의 법칙을 적용하면 그림 (c)에서 질량 m이 받는 힘이 질량 M이 받는 힘과 같은 크기이다. 이와 같이 [그림 5.2.2]의 (a)상황에서 질량 m이 받는 힘과 [그림 5.2.2]의 (c)의 상황에서 뭉친 질량 m이 받는 힘이 같다는 결론, 즉 정리 2가 도출된다.

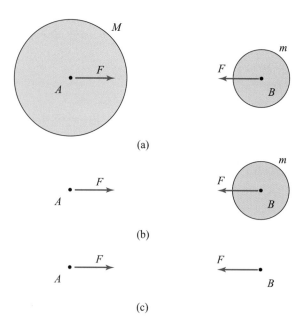

[그림 5.2.2] 정리 2의 유도를 위한 도해

구각 정리 및 이어지는 정리들이 구형 대칭인 질량분포를 만족하는 조건에서 성립한다는 것을 눈여겨보자. 실제로 구형 대칭이 아닌 질량분포를 갖는 물체가 한 입자에 작용하는 중력은 물체의 중심에 질량이 뭉쳐 있을 때 한 입자에 작용하는 중력과 다를 수 있다. 이와 관련된 간단한 사례를 연습문제를 통해 확인해 보기 바란다.

예제 5.2.1

균일한 밀도의 질량 M, 반지름 R인 구형 천체에 중심을 관통하는 직선 터널을 뚫었다. 물체를 터널의 한 끝에서 가만히 놓을 때 이후의 운동이 단순조화진동을 함을 보이시오. (단, 마찰과 공기저항은 무시한다.)

풀이

물체가 천체의 중심에서 거리 x만큼 떨어진 지점에 있을 때 받는 중력을 구해보자. 이 경우 구각 정리, 정리 1에 의해 천체의 중심으로부터 거리 x인 구 안에 있는 질량 Mx^3/R^3 만이 물체에 중력을 가하므로 물체가 받는 중력의 크기는 아래와 같이 나타낼 수 있다.

$$G\frac{m}{x^2}\left(M\frac{x^3}{R^3}\right)$$

이 힘이 가속을 유발하므로 물체의 운동방정식은 다음과 같다.

$$m\ddot{x} = -G\frac{mM}{R^3}x$$

이 결과는 물체가 중심으로부터 거리에 비례하는 복원력을 받는 것을 의미하므로 물체는 단순조화진동을 하게 된다.

천체를 관통하는 터널이라는 상황은 역사적으로 갈릴레이가 아리스토텔레스의 물리학을 반박하기 위해 생각해낸 사고실험 중 하나이다. 아리스토텔레스의 물리학에 의하면 물체는 지구의 중심에서 멈추어야 하는데 갈릴레이는 이러한 결론이 부당하므로 아리스토텔레스의 물리학도 부당하다고 논증하였다.

예제 5.2.2

질량 M, 반지름 R인 균일한 구형 천체가 있을 때 중력에 의한 퍼텐셜에너지를 구의 중심에서의 거리의 함수로 구하시오. (단, 천체에서 무한히 멀리 떨어진 지점에서 퍼텐셜에너지가 0이라 놓으시오.)

풀이

천체의 중심을 원점으로 잡을 때 어떤 지점 $\vec{r}$에서의 중력과 퍼텐셜에너지는 각각 $\vec{r}$, $r = |\vec{r}|$의 함수이다. 힘의 크기만 구하면 예제 5.2.1과 마찬가지로 다음의 결과를 얻는다.

$$F(r) = -G\frac{mM}{R^3}r, \quad r < R$$

$$F(r) = -G\frac{mM}{r^2}, \quad r \geq R$$

퍼텐셜에너지 식은 $V(r) = -\int_{r_s}^{r} F dr$이며, 기준점($r_s$)을 무한히 먼 곳으로 잡자.

$r \geq R$인 조건에서의 퍼텐셜에너지는 다음과 같다.

$$V(r) = \int_{\infty}^{r} G\frac{mM}{r^2}dr = -G\frac{mM}{r}$$

$r < R$인 지점에서의 퍼텐셜에너지는 다음과 같다.

$$V(r) = -\int_{\infty}^{r} F(r)dr = \int_{\infty}^{R} G\frac{mM}{r^2}dr + \int_{R}^{r} G\frac{mM}{R^3}rdr = -G\frac{mM}{2R^3}(3R^2 - r^2)$$

거리 r에 따른 퍼텐셜에너지의 개형이 어떻게 되는지는 직접 확인해보자.

5.3 ● 중력을 받는 행성 운동의 일반론

두 입자가 힘을 주고받는 상황을 생각해보자. 만일 이들이 주고받는 힘의 방향이 이 입자들을 연결한 직선과 일치하고 그 크기가 입자 사이의 거리에만 관련될 때 그러한 힘을 중심력이라고 부른다는 것을 4장에서 논의했다. 앞으로 우리는 주로 행성의 운동을 다룰 터인데, 이 경우에 태양과 특정 행성(이를테면 지구)이 힘을 주고받는 상황을 고려할 것이다. 그런데 태양의 질량이 지구에 비해 압도적으로 크기 때문에 태양을 고정되어 있다고 보고 태양을 중심으로 놓고 지구의 운동만을 고려해도 큰 문제가 없게 된다. (태양의 움직임을 고려하는 방법은 7.1절을 참고하라.) 이때 태양을 좌표계의 원점으로 설정하고 지구의 위치를 $\vec{r}$로 표시할 수 있다. 지구와 태양의 질량을 각각 m, M이라 할 때 지구가 태양으로부터 받는 중력은 다음과 같이 주어진다.

$$\vec{F} = G\frac{mM}{r^2}\hat{r} \tag{5.3.1}$$

이때 지구에 작용하는 중력은 $\vec{F} = \hat{r}F(r)$의 함수 형태를 가지므로 중심력으로 취급된다.

일반적으로 중심력이 두 물체 사이에 작용하고, 한 물체가 상대적으로 매우 커서 그 물체를 고정된 원점으로 잡는 경우, 작은 물체가 받는 중심력의 크기는 원점으로부터의 거리만의 함수이고 중심력의 방향은 원점에서 본 물체의 위치와 평행하다[1]. 4장에서 논의했듯이 중심력은 보존력의 일종이고, 따라서 중심력을 받는 물체의 역학적 에너지가 보존된다. 그런데 이에 더하여 중심력을 받는 물체의 각운동량도 보존되게 되는데 이에 대해 조금 더 자세히 살펴보겠다. 물체의 각운동량은 다음과 같이 정의된다.

$$\vec{L} = \vec{r} \times \vec{p} = \vec{r} \times m\vec{v} \tag{5.3.2}$$

여기서 $\vec{r}$은 어떤 기준점을 기준으로 정의되므로, 각운동량도 어떤 기준점을 기준으로 정의되는 것으로 볼 수 있다. 즉 같은 운동 상황에 대해서도 기준점에 따라 각운동량의 크기가 달라질 수 있다. 이것은 그다지 큰 문제는 아니다. 퍼텐셜에너지를 생각해보면, 기준점을 어디에 두느냐에 따라 퍼텐셜에너지의 크기가 달라지지만 그것의 절대적인 크기가 중요하지 않았는데, 각운동량의 경우도 마찬가지이다.

여하튼 어떤 물체에 중심력이 가해질 때, 식 (5.3.2)을 시간에 대해 미분하여 구한 각운동량의 변화율은 다음과 같다.

$$\frac{d\vec{L}}{dt} = \vec{v} \times \vec{p} + \vec{r} \times \frac{d\vec{p}}{dt} = \vec{r} \times \vec{F} = \vec{r} \times \hat{r} F(r) = 0 \tag{5.3.3}$$

위의 식에서 같은 방향의 벡터의 외적은 0이 됨을 이용하였다. 즉 중심력을 받아도 물체의 각운동량은 보존된다. 만일 어느 시간에 한 평면 내에 있던 물체의 운동이 다른 시간에 다른 평면 내에 있게 된다면, 두 경우에 각운동량의 방향이 달라져야 한다. 그런데 중심력을 받는 물체의 각운동량이 보존되기 때문에 물체의 운동은 각운동량의 방향에 수직인 하나의 평면 안에서 이루어지게 된다. 즉 중심력을 받는 물체의 운동은 삼차원 운동이 아닌 이차원 운동이 된다.

이제 한 평면에서 운동이 일어나므로, 중심력을 받는 물체의 운동을 극좌표로 기술할 수 있으며, 이때 $\hat{r}$, $\hat{\theta}$ 방향 성분의 운동방정식은 다음과 같다.

$\hat{r}$ 성분: $m\ddot{r} - mr\dot{\theta}^2 = F(r)$

$\hat{\theta}$ 성분: $mr\ddot{\theta} + 2mr\dot{\theta} = 0$ $\tag{5.3.4}$

여기서 $\hat{\theta}$ 성분 방정식은 다음과 같이 다시 쓸 수 있다.

---

[1] 이렇게 한 물체가 고정된 경우를 보면, 중심력이라 이름을 붙인 이유를 알 수 있을 것이다.

$$\frac{d}{dt}\left(mr^2\dot\theta\right)= 0 \tag{5.3.5}$$

그런데 한 평면에서 움직이는 물체의 각운동량을 원통좌표계로 쓰면 다음과 같다.

$$\vec{L} = \vec{r}\times m\vec{v} = r\hat{r}\times m(\dot{r}\hat{r}+r\dot\theta\hat\theta) = mr^2\dot\theta\hat{z} \tag{5.3.6}$$

즉, 식 (5.3.5)의 괄호 안은 곧 각운동량이므로 중심력을 받는 상황에서 다음과 같이 각운동량이 보존된다는 결론에 도달한다.

$$\frac{d}{dt}\left(mr^2\dot\theta\right) = \frac{dL}{dt} = 0 \tag{5.3.7}$$

즉, 식 (5.3.4)의 $\hat\theta$방향 성분 운동방정식은 각운동량 보존을 나타낸다고 할 수 있다.

예제 5.3.1

지표면에서 발사각이 $60°$ 되는 방향으로 포탄을 쏘았다. 포탄이 지면에서 가장 높이 올라가는 높이가 지구반지름 R과 같을 때 포탄의 초속도를 지표면에서의 중력가속도 g와 지구반지름 R로 나타내시오. (단, 지구의 자전과 공기의 저항은 무시하시오.)

풀이

포탄의 질량을 m, 초기 속력을 v_i, 최고 높이에서의 속력을 v_f라고 하면 각운동량 보존에서 다음이 성립한다.

$$mRv_i\cos 60° = m(2R)v_f$$

따라서 최고 높이에서의 포탄의 속력은 초기 속력의 $1/4$이다. (이와 같이 각운동량 보존에 의하면 지면에 평행한 방향의 포탄의 속도성분은 원칙적으로 높이에 따라 달라진다. 다만 지표면에서는 이 효과가 워낙 미약하여 지표면에서 수평한 방향의 운동은 등속이라 가정하는 것이다.)

한편 자전과 공기저항을 무시했으므로 지구의 질량을 M이라 하면 에너지 보존에서 다음이 성립한다.

$$\frac{1}{2}mv_i^2 - G\frac{mM}{R} = \frac{1}{2}m\left(\frac{v_i}{4}\right)^2 - G\frac{mM}{2R}$$

정리하여 초기 속력을 구하면 다음과 같다.

$$v_i = \sqrt{\frac{16\,GM}{15\,R}}$$

이 결과에서 지표면에서의 중력가속도와 지구반지름과의 관계 $GmM/R^2 = mg$를 이용하여 G, M을 소거하면 다음을 얻는다.

$$v_i = \sqrt{\frac{16\,gR}{15}}$$

중심력이 작용하는 물체의 운동방정식인 식 (5.3.4)은 r, θ가 뒤섞인 연립미분방정식의 형태를 갖는다. 변수들이 뒤섞인 방정식은 일반적으로는 풀기가 힘들지만 중심력의 경우에는 교묘한 방법으로 이를 극복할 수가 있다. 중심력을 받는 운동의 경우 물체의 에너지와 각운동량이 보존되는데, 지금부터 이러한 불변성을 이용하여 운동방정식을 푸는 방법을 소개하고자 한다.

식 (5.3.4)에서 보듯이 중심력을 받는 상황에서 지름($\hat{r}$) 방향의 운동방정식에는 r과 θ가 모두 포함되어 있다. 그런데 각운동량이 보존되므로 그 값을 $L(= mr^2\dot{\theta})$이라 하면 식 (5.3.4)의 지름 방향의 운동방정식이 다음과 같이 바뀐다.

$$m\ddot{r} = F(r) + \frac{L^2}{mr^3} \tag{5.3.8}$$

위의 식을 보면 $\hat{r}$성분의 가속을 결정하는 힘이 중심력 $F(r)$에 어떤 다른 요인 L^2/mr^3이 더해진 형태이다. 이 힘은 원심력으로 다음과 같이 생각할 수 있다. 원래 중심력을 받는 물체는 r, θ가 모두 변한다. 그런데 물체가 회전하는 만큼 같이 도는 기준틀에서 보면 θ방향의 운동은 없고 r방향의 운동만 남는다. 그러한 기준틀에서 보면 물체의 운동은 r만 변하는 일차원 운동이 된다. 그런데 이러한 기준틀은 비관성 기준틀이므로 이러한 기준틀에서 r의 변화를 기술하는 운동방정식은 비관성 기준틀에서 도입되는 원심력을 고려해주어야 한다. 즉 $mr^2\dot{\theta}$ 또는 L^2/mr^3은 비관성 기준틀에서 운동을 설명하기 위해 포함시켜야 하는 관성력(원심력)으로 해석할 수 있고 이러한 비관성 기준틀에서 본 일차원 운동의 r의 변화를 기술하는 운동방정식이 식 (5.3.8)인 것이다[2].

한편 중심력을 받는 물체의 운동에서 각운동량이 보존되므로 물체가 운동하는 도중에 다음이 항상 성립한다.

$$mr^2\dot{\theta} = L \tag{5.3.9}$$

한편 중심력은 보존력이므로 역학적 에너지도 다음과 같이 보존된다.

$$T + V = \frac{1}{2}m\dot{r}^2 + \frac{1}{2}mr^2\dot{\theta}^2 + V(r) = E \tag{5.3.10}$$

2) 비관성 기준틀과 원심력에 대해서는 6장을 참고하라.

식 (5.3.9)를 이용하여 식 (5.3.10)에서 $\dot{\theta}$를 소거하면 다음을 얻는다.

$$\frac{1}{2}m\dot{r}^2 + \frac{L^2}{2mr^2} + V(r) = E \tag{5.3.11}$$

이 식은 변수 r과 그 미분만을 포함하므로 마치 일차원 운동으로 취급할 수 있다. 이제 다음과 같이 유효퍼텐셜을 정의해보자.

$$V_{eff}(r) = V(r) + \frac{L^2}{2mr^2} \tag{5.3.12}$$

그러면 에너지가 다음과 같이 표현된다.

$$\frac{1}{2}m\dot{r}^2 + V_{eff}(r) = E \tag{5.3.13}$$

이렇게 바꾸고 나면 물체의 운동의 $\hat{r}$방향 성분의 운동은 유효퍼텐셜 $V_{eff}(r)$의 영향에 놓인 일차원 운동으로 볼 수 있다. 이제 식 (5.3.11)을 다음과 같이 변형할 수 있다.

$$\dot{r} = \frac{dr}{dt} = \sqrt{\frac{2}{m}} \left[E - V(r) - \frac{L^2}{2mr^2} \right]^{1/2} \tag{5.3.14}$$

이제 다음과 같이 변수분리를 통해 위치 r을 시간의 함수로 구하는 것이 원칙적으로 가능하다.

$$\int_{r_0}^{r} \frac{dr}{\left[E - V(r) - \frac{L^2}{2mr^2} \right]^{1/2}} = \sqrt{\frac{2}{m}}\, t \tag{5.3.15}$$

퍼텐셜 $V(r)$의 구체척인 함수형태에 따라 적분이 어려워져서 해석적 해를 못 구할 수도 있지만 그 경우에도 수치해석을 이용할 수 있다. 이와 같은 방법으로 $r(t)$를 일단 구하면 $\theta(t)$는 다음과 같은 추가적인 계산을 거쳐 구할 수 있다.

$$\dot{\theta} = \frac{d\theta}{dt} = \frac{L}{mr^2} \Rightarrow \theta = \theta_0 + \int_0^t \frac{L}{mr^2} dt \tag{5.3.16}$$

이와 같이 해서 중심력을 받는 물체의 운동은 극좌표계에서 원칙적으로 풀 수 있다. 우리의 풀이에서 에너지와 각운동량이 보존된다는 것이 매우 중요했는데, 이들 값들은 물체의 운동의 초기조건으로부터 정해지는 값들이다.

물체의 회전운동을 따라가는 회전비관성 기준틀에서 본 일차원 운동은 유효퍼텐셜을 가

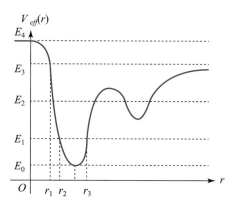

[그림 5.3.1] 유효퍼텐셜과 총에너지에 따른 물체의 운동

지고 정성적으로 기술할 수 있다. 그 방법은 퍼텐셜에너지를 이용하여 일차원 운동을 정성적으로 기술하는 방법과 똑같다. 이를테면 유효퍼텐셜이 [그림 5.3.1]과 같이 주어진다고 하자. 이때 물체의 역학적 에너지가 E_3과 같으면 r_1에서 반사된 물체는 중심에서 영원히 멀어져갈 것이다. 반면 물체의 역학적 에너지가 E_1와 같으면 물체는 원점으로부터 거리가 r_2와 r_3의 사이에 있는 영역 안에서 중심에서 가까워졌다 멀어지는 진동운동을 할 것이다. 그래프에서 물체의 역학적 에너지가 E_1인 경우처럼 유효퍼텐셜을 r에 대한 이차함수로 근사할 수 있는 경우에는 물체의 $\hat{r}$방향 운동도 단순조화진동으로 근사할 수 있을 것이다.

지금까지 중심력을 받는 경우에 물체의 경로 $r(t)$, $\theta(t)$를 구하는 방법을 논의하였다. 이렇게 구한 값은 시간에 따른 위치정보를 모두 포함하게 된다. 그런데 케플러의 1법칙처럼 경우에 따라 우리는 시간에 따른 위치정보 대신 물체가 가지는 궤도에만 관심을 가질 수도 있다. 즉 시간에 따른 위치정보 $r(t)$, $\theta(t)$ 대신 물체의 회전각 θ에 따른 원점에서부터 물체까지의 거리 r을 의미하는 함수 $r(\theta)$에 관심을 가질 수 있다. 이러한 상황에서 이론과 관측결과를 비교하려면 $r(\theta)$를 이론적으로 구할 수 있어야 하는데, 지금부터는 이와 관련된 계산방법을 소개하고자 한다. r, θ의 관계를 구할 때 다음과 같이 새로운 변수 u를 이용하는 것이 도움이 된다는 것이 알려져 있다.

$$u \equiv \frac{1}{r} \tag{5.3.17}$$

이때 $\dot{u} = \dfrac{du}{dt} = \dfrac{du}{d\theta}\dfrac{d\theta}{dt}$, $\dot{\theta} = \dfrac{L}{mr^2}$ 이므로, 다음이 성립한다.

$$\dot{r} = -\frac{1}{u^2}\dot{u} = -\frac{1}{u^2}\dot{\theta}\frac{du}{d\theta} = -\frac{L}{m}\frac{du}{d\theta} \tag{5.3.18}$$

$$\ddot{r} = -\frac{L}{m}\frac{d}{dt}\left(\frac{du}{d\theta}\right) = -\frac{L}{m}\frac{d\theta}{dt}\left(\frac{d^2u}{d\theta^2}\right) = -\frac{L^2u^2}{m^2}\frac{d^2u}{d\theta^2} \tag{5.3.19}$$

위 식을 이용하여 $\hat{r}$ 성분 운동방정식인 식 (5.3.8)을 변형하면 다음을 얻는다.

$$\frac{d^2u}{d\theta^2} = -u - \frac{m}{L^2u^2}F\left(\frac{1}{u}\right) \tag{5.3.20}$$

이 미분방정식은 u, θ와 관련된 것이고 이것을 풀면 $u(\theta)$를 얻게 되는데, u와 r이 역수 관계임을 생각하면 결국 $r(\theta)$도 구하게 되는 셈이다. 이때 작용하는 중심력의 형태에 따라 $r(\theta)$, 즉 물체의 궤도가 달라진다.

$\hat{r}$방향에 대한 운동이 진동운동일 경우에 그 주기를 T_r이라 하자. 한편 $\hat{\theta}$ 성분에 대한 운동에서 물체가 한 바퀴 도는 데 걸리는 시간을 T_θ이라 하자[3]. 일반적으로 T_θ와 T_r이 같을 이유가 없으므로 중심력의 형태에 따라 [그림 5.3.2]와 같은 궤도운동도 가능해진다. 즉 중심력을 받는 이차원 운동이 일반적으로 주기운동이 될 이유는 없다. 특정한 중심력의 경우에만 물체의 운동은 닫힌 궤도를 가질 수 있다. T_θ와 T_r의 비가 유리수인 경우에만 물체가 닫힌 궤도로 운동하게 된다. 다음 절에서 보겠지만, 힘의 크기가 거리의 제곱에 반비례하는 만유인력의 경우에 궤도가 매우 간단해진다는 것이 알려져 있다. 이 경우 물체의 총 역학적 에너지에 따라 물체는 원, 타원, 포물선 혹은 쌍곡선 궤도로 운동한다.

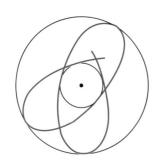

(a) 중심력 하의 일반적 궤도운동

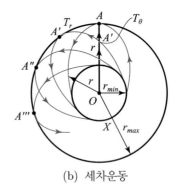

(b) 세차운동

[그림 5.3.2] 중심력을 받는 물체의 가능한 운동궤적

---

3) 엄밀하게 말하면 $\hat{\theta}$ 성분에 대한 운동에서 물체가 한 바퀴 도는 데 걸리는 시간이 돌 때마다 일정하다는 보장이 없기 때문에 일반적인 경우에 한 바퀴 도는 시간 T_θ는 고정된 값이 아니므로 이러한 T_θ라는 표기는 근사적인 것이다.

한편 T_θ와 T_r이 비슷하지만 다른 값을 가질 경우에는 세차운동이라는 흥미 있는 궤도 운동을 보여준다. 이를테면 T_r이 T_θ보다 살짝 큰 경우에는 [그림 5.3.2]의 (b)와 같이 물체가 기준점에서 가장 먼 지점(원일점)이 공전 과정에서 A에서 A', A''으로 이동하게 된다. 이와 같은 원일점의 회전이 세차운동의 대표적인 특징이다. T_θ와 T_r에 대응하는 각속도를 각각 ω_θ, ω_r이라 하면 원일점이 회전하는 세차각속도 ω_p는 다음과 같이 정의된다.

$$\omega_p = \omega_r - \omega_\theta \tag{5.3.21}$$

예제 5.3.2

질량 m인 어떤 입자가 중심력을 받아서 $r = 2\theta$의 형태인 나선형궤도를 따라 움직인다. 이 입자의 각운동량을 l이라 할 때 입자가 받는 중심력의 형태를 구하시오.

풀이

$u = 1/r = 1/2\theta$를 θ에 대해 미분하면 다음과 같고,

$$\frac{du}{d\theta} = -\frac{\theta^{-2}}{2}, \quad \frac{d^2u}{d\theta^2} = \theta^{-3} = 8u^3$$

이 결과를 식 (5.3.20)에 대입하면 다음이 성립한다.

$$8u^3 + u = -\frac{1}{ml^2u^2}F\left(\frac{1}{u}\right)$$

그러므로 아래와 같은 결과를 얻는다.

$$F\left(\frac{1}{u}\right) = -ml^2(8u^5 + u^3)$$

따라서 문제의 궤적을 만들어내는 중심력은 다음과 같다.

$$F(r) = -ml^2(8r^{-5} + r^{-3})$$

예제 5.3.3

예제 5.3.2의 궤도운동에서 물체의 기준점에서의 거리 r, 각도 θ를 시간 t의 함수로 구하시오.

풀이

식 (5.3.9)에서 $r = 2\theta$를 적용하면 다음이 성립한다.

$$\dot{\theta} = \frac{L}{mr^2} = \frac{L}{4m\theta^2}$$

θ와 t를 변수분리하여 적분하면,

$$\int_0^\theta \theta^2 \, d\theta = \int_0^t \frac{L}{4m} dt$$

$$\therefore \frac{\theta^3}{3} = \frac{Lt}{4m}$$

한편 $r = 2\theta$인 궤도를 따르므로 r과 t 사이에는 다음 관계가 성립한다.

$$r^3 = 6Lt/m$$

예제 5.3.4

중심력이 k/r^3의 형태일 때 구체적인 초기조건을 모르는 상태에서 $r(\theta)$이 어떤 형태인지를 구하시오. (단, 물체의 각운동량 L과 질량 m, 중심력의 크기와 관련된 비례상수 k가 $mk < L^2$를 만족한다.)

풀이

식 (5.3.20)에서 $F(1/u) = ku^3$을 대입하면 다음을 얻는다.

$$\frac{d^2u}{d\theta^2} + \left(1 - \frac{mk}{L^2}\right)u = 0$$

$mk < L^2$인 조건이므로 이 미분방정식은 θ가 t로 바뀐 것을 제외하면 단순조화진동자의 운동방정식과 같다. 따라서 미분방정식의 일반해는 다음의 형태를 갖는다.

$$\frac{1}{r} = u(\theta) = A\cos\left(\sqrt{1 - \frac{mk}{L^2}}\,\theta + \phi\right)$$

여기서 A, ϕ는 초기조건에 의해 결정되는 상수이다.

5.4 ● 중력을 이용한 케플러 법칙의 설명

이제 중력을 이용하여 케플러의 1, 2, 3법칙이라는 천체의 운동패턴을 설명하고자 한다. 우선 가장 설명 과정이 쉬운 케플러 2법칙부터 보자. 중심력을 받는 물체는 평면 위에서 움직인다는 것은 이미 앞 절에서 보였다. 이제 평면에서 처음의 위치를 $\vec{r}$, 시간 dt 이후의 물체의 위치변화를 $\vec{dr}$, 그동안 물체가 쓸고 지나가는 면적을 dS라 하면 다음이 성립한다.

$$dS = \frac{1}{2}|\vec{r} \times d\vec{r}| = \frac{1}{2}|\vec{r} \times \vec{v}\,dt| = \frac{L}{2m}dt \tag{5.4.1}$$

물체가 단위시간당 쓸고 지나가는 면적과 물체의 각운동량의 크기 사이에 다음이 성립한다.

$$\frac{dS}{dt} = \frac{L}{2m} = \frac{1}{2}r^2\dot{\theta} \tag{5.4.2}$$

즉 물체가 중심력을 받을 때 단위시간당 물체가 쓸고 지나가는 면적은 각운동량에 의해 결정된다. 중심력이 작용하는 경우 물체의 각운동량이 보존되므로 결국 단위시간당 물체가 쓸고 지나가는 면적도 시간에 무관하게 일정한 값이 된다. 케플러의 2법칙은 이렇게 중심력의 작용의 결과로 설명된다. 즉 케플러의 2법칙은 태양과 행성 사이의 만유인력이 거리의 제곱에 반비례하기 때문에 나오는 결과라기보다는 태양과 행성 사이의 만유인력이 중심력이기 때문에 나오는 결과이다.

예제 5.4.1

k/r^3 형태의 중심력을 받는 물체가 있다. 이 물체가 중심에서 가장 가까워질 때 중심과의 거리가 a이고 속력이 v_0이다. 물체가 중심에서 가장 가까워진 상태에서 시간 τ 동안 쓸고 지나간 면적을 구하시오.

풀이

중심에서 가장 가까운 거리에 있을 때 물체는 중심력에 수직인 방향으로 이동한다. 따라서 보존되는 각운동량의 크기는 mv_0a이다.

한편 단위시간당 쓸고 지나는 면적은 식 (5.4.2)에서 다음이 성립한다.

$$\frac{dS}{dt} = \frac{v_0a}{2}$$

면적속도가 일정하므로 시간 τ동안 쓸고 지나간 면적은 다음과 같다.

$$\frac{v_0a\tau}{2}$$

예제 5.4.2

장반경과 단반경이 각각 a, $a/2$인 타원궤도를 갖는 어떤 행성의 공전주기가 T라고 한다. 이 행성이 태양(타원의 한 초점)으로부터 거리 a인 한 지점(그림에서 A)을 출발하여 원일점(궤도상에서 태양과 가장 멀리 떨어진 지점)을 지나 태양으로부터 거리 a인 다른 지점(그림에서 B)에 도달하는 동안 소요되는 시간을 구하시오.

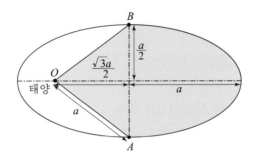

풀이

한 공전 주기 동안 행성이 쓸고 지나는 면적은 타원의 면적이므로 $\pi a^2/2$이다.

한편 문제에서 주어진 기간 동안 행성이 쓸고 지나간 면적은 그림과 같이 삼각형 OAB와 타원의 절반을 합친 영역이다. 태양(타원의 초점)에서 타원의 중심 사이의 거리는 피타고라스의 정리에서 $\sqrt{3}\,a/2$이므로 삼각형 OAB의 면적은 $\sqrt{3}\,a^2/4$이다. 따라서 행성이 쓸고 간 면적은 다음과 같다.

$$\frac{\pi a^2}{4} + \frac{\sqrt{3}\,a^2}{4}$$

문제에서 구하고자 하는 시간 간격을 t라 하면 케플러의 2법칙에서 다음의 비례식이 성립한다.

$$\frac{\pi a^2}{2} : \frac{\pi a^2 + \sqrt{3}\,a^2}{4} = T : t$$

따라서 주어진 운동을 위해 소요되는 시간은 다음과 같다.

$$t = \left(\frac{\pi + \sqrt{3}}{2\pi} \right) T$$

이제 행성이 타원궤도로 태양을 공전한다는 케플러의 1법칙이 어떻게 설명될 수 있는지를 살피자. 우선 공전 운동 과정에서 태양과 행성의 거리변화가 어떻게 설명되는지를 유효퍼텐셜의 관점에서 살펴보도록 하자. 거리의 제곱에 반비례하는 힘(인력인지 척력인지)의 유효퍼텐셜이 [그림 5.4.1]에 나와 있다. 힘이 인력인지 척력인지에 따라, 또한 각운동량에 따라 유효퍼텐셜의 모양이 달라지고 운동의 정성적인 양태도 달라진다. 그리고 역학적 에너지의 크기에 따라서도 운동 양상이 다르다. 이를테면 힘이 역제곱법칙을 만족하는 경우

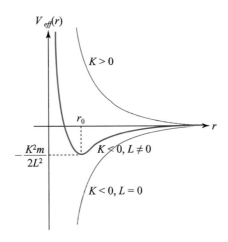

[그림 5.4.1] 유효퍼텐셜의 개형

유효퍼텐셜(effective potential)은 다음의 형태를 갖게 된다.

$$V_{eff}(r) = \frac{K}{r} + \frac{L^2}{2mr^2} \tag{5.4.3}$$

힘이 인력인 경우에 K는 음수가 되고 이때 유효퍼텐셜은 그림처럼 $r_0 = -L^2/Km$인 지점에서 최솟값을 갖게 된다는 것을 쉽게 확인할 수 있다. 또한 그림으로부터 물체의 총 역학적 에너지 값이 음수인 경우에 제한된 영역에서 운동을 한다는 것을 확인할 수 있다. 한편 총 역학적 에너지가 $E = -K^2m/2L^2$인 경우에 물체가 중심으로부터 일정한 거리 r_0인 원궤도를 도는 원운동을 하게 된다. K가 0이거나 양수인 경우에 대해서도 비슷한 방식으로 운동을 정성적으로 파악할 수 있다.

태양으로부터 만유인력을 받는 행성의 유효퍼텐셜에너지(effective potential energy)는 다음과 같게 된다.

$$V_{eff}(r) = -\frac{GMm}{r} + \frac{L^2}{2mr^2} \tag{5.4.4}$$

여기서 M, m은 각각 태양과 행성의 질량, L은 태양을 기준으로 한 행성의 각운동량이다. 이 경우에 행성의 총 역학적 에너지가 음수인 경우에 구속된 운동, 0 이상인 경우에는 구속되지 않은 운동을 하게 된다는 것을 알 수 있다. 뒤에서 보겠지만, 각각의 경우에 실제의 행성의 운동은 타원, 포물선 혹은 쌍곡선을 그리게 된다.

※ 이차곡선의 극좌표 표현

본격적으로 뉴턴 역학으로 케플러 법칙을 설명하기 전에 먼저 이차곡선의 극좌표 표현부터 간단히 정리해보자. 이차곡선은 초점을 원점으로 하여 다음과 같이 극좌표 형태로 바꾸어 쓸 수 있다는 것이 알려져 있다.

$$\frac{1}{r} = B + A\cos\theta \qquad (1)$$

이때 다음이 각각 성립한다.

i) $B > A$인 경우: 타원(특히 $A = 0$인 경우에 원)

ii) $B = A$인 경우: 포물선

iii) $B < A$인 경우: 쌍곡선

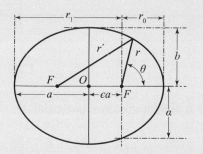

F, F' : 타원의 두 초점

a : 장반경

b : 단반경

$$b = \sqrt{1 - \epsilon^2}\, a$$

ϵ : 이심률. 초점은 중심에서 ϵa만큼 떨어져 있음.

α : 표축(또는 통경(通經), Latus rectum). 초점과 초점을 지나는 장반경에 수직한 선이 타원과 만나는 점까지의 거리 $\alpha = (1 - \epsilon^2)a$

r_0 : 초점에서 근점까지의 거리

$$r_0 = (1 - \epsilon)a$$

r_1 : 초점에서 원점까지의 거리

$$r_1 = (1 + \epsilon)a$$

[그림 5.4.2] 타원의 기하학적 특성을 나타내는 변수들: 장반경, 단반경, 이심률, 근점, 원점

이차곡선은 다음과 같이 정의되는 이심률을 갖는다.

$$\epsilon = \frac{2\overline{OF}}{2a} = \text{(초점 간 거리)}/\text{(장축의 길이)}$$

앞에서의 극좌표 표현에서 이심률은 다음과 같이 써진다.

$$\epsilon = \frac{A}{|B|}$$

이심율과 장반경(장축의 길이의 절반) a를 이용한 이차곡선의 극좌표 표현은 다음과 같다.

i) $\epsilon < 1$인 경우: 타원 (특히, $\epsilon = 0$이면 원)

$$r = \frac{a(1 - \epsilon^2)}{1 + \epsilon\cos\theta} \qquad (2)$$

ii) $\epsilon = 1$인 경우: 포물선

$$r = \frac{a}{1 + \epsilon \cos \theta} \tag{3}$$

iii) $\epsilon > 1$인 경우: 쌍곡선

$$r = \frac{a(\epsilon^2 - 1)}{\pm 1 + \epsilon \cos \theta} \tag{4}$$

타원의 경우 앞에서 도입한 극좌표 표현의 계수 A, B와 a, ϵ 사이에 다음이 성립한다.

$$B = \frac{1}{a(1 - \epsilon^2)}, \quad A = \frac{\epsilon}{a(1 - \epsilon^2)} \tag{5}$$

케플러의 법칙은 궤도의 모양에 대한 것이다. 즉 그것은 극좌표로 나타낼 때 행성의 궤도를 $r(\theta)$의 형식으로 표현한 것이다. 따라서 어떤 이론이 케플러의 법칙을 설명하는지를 알기 위해서 이론으로부터 구해야 하는 값이 $r(\theta)$이지 $r(t)$, $\theta(t)$가 아니다. 따라서 우리는 식 (5.3.20)의 운동방정식으로부터 $r(\theta)$를 구해야 한다. 그리고 우리가 답을 알고 싶은 상황은 다음과 같이 거리의 제곱에 반비례하는 중심력이 작용하는 경우이다.

$$\vec{F}(r) = \frac{K}{r^2} \hat{r} \tag{5.4.5}$$

이것을 식 (5.3.20)에 넣어주면

$$\frac{d^2 u}{d\theta^2} + u = -\frac{mK}{L^2} \tag{5.4.6}$$

이것은 조화진동자의 운동방정식과 유사한 선형미분방정식으로 그 일반해는 다음과 같이 쉽게 구할 수 있다.

$$u = \frac{1}{r} = -\frac{mK}{L^2} + A \cos (\theta - \theta_0) \tag{5.4.7}$$

여기서 A, θ_0는 보통 초기조건에 의해 결정되어는 미정계수가 된다.

식 (5.4.7)은 이차곡선의 극좌표 표현인 박스의 (1)식과 같은 형태이다. 따라서 $r(\theta)$의 궤도는 이차곡선이 된다. 구체적으로 어떤 이차곡선인지는 중심력이 인력이냐, 척력이냐에 따라, 그리고 물체가 가진 역학적 에너지의 크기에 따라 다르다. 이하에서는 타원인 경우 (즉 중심력이 인력이고 역학적 에너지가 $E < 0$)를 자세히 다루고 나머지 경우에는 결과만

간단히 정리하겠다. 타원궤도라면 식 (5.4.7)에서 다음과 같이 두 반환점이 있어야 한다.

$$\frac{1}{r_1} = -\frac{m}{L^2}K + A$$

$$\frac{1}{r_2} = -\frac{m}{L^2}K - A \tag{5.4.8}$$

한편 유효퍼텐셜에너지를 생각하면, 역학적 에너지가 $E < 0$일 때 반환점 r_i $(i = 1, 2)$ 은 다음을 만족해야 한다. ($E \geq 0$이면 반환점이 둘일 수 없다. [그림 5.4.1]을 참고하라.)

$$V_{eff}(r_i) = \frac{K}{r_i} + \frac{L^2}{2mr_i^2} = E \tag{5.4.9}$$

이것을 r_i에 대해 정리하면, 유효퍼텐셜로부터 구한 반환점은 다음을 만족해야 한다.

$$\frac{1}{r_1} = -\frac{mK}{L^2} + \left[\left(\frac{mK}{L^2}\right)^2 + \frac{2mE}{L^2}\right]^{1/2}$$

$$\frac{1}{r_2} = -\frac{mK}{L^2} - \left[\left(\frac{mK}{L^2}\right)^2 + \frac{2mE}{L^2}\right]^{1/2} \tag{5.4.10}$$

이 결과와 식 (5.4.8)의 결과가 같아야 하므로 식 (5.4.8)의 미정계수 A를 다음과 같이 정할 수 있다.

$$A = \left[\left(\frac{mK}{L^2}\right)^2 + \frac{2mE}{L^2}\right]^{1/2} \tag{5.4.11}$$

한편 이차곡선의 극좌표 표현인 박스의 (1)식과 식 (5.4.7)의 계수를 비교하여 다음을 얻는다.

$$B = -\frac{mK}{L^2} \tag{5.4.12}$$

인력인 경우에 K가 음수이므로 r_1이 양수가 된다. r_2는 $E < 0$인 경우에만 양수가 된다. 따라서 인력이고 $E < 0$인 경우에 반환점이 두 개가 있음을 확인할 수 있다. 이상의 논의는 타원궤도를 가정하고 전개한 것이나 원궤도, 포물선궤도, 쌍곡선궤도에 대해서도 같은 논의가 적용될 수 있다. 다만 포물선궤도, 쌍곡선궤도의 경우 반환점이 하나가 되는데, 이 때 r_2가 음수가 되어 r_1만이 물리적 의미를 갖는 반환점이 된다[4].

---

4) 극좌표계에서는 정의상 $r \geq 0$을 만족하므로 음수 값을 갖는 r은 아무런 의미가 없다.

이상에서 우리는 물체가 거리의 제곱에 반비례하는 인력을 받아서 구속된 운동(즉 $E < 0$)을 할 경우에 그 궤도가 타원임을 보였다. r_2가 음수인 경우에는 물리적으로 의미가 없고 이 경우에는 반환점은 r_1 하나뿐이다. 이렇게 반환점이 하나뿐인 경우의 궤도는 포물선, 혹은 쌍곡선이 되며 결과만 써보면 다음과 같다.

i) 역학적 에너지가 $E = 0$인 경우에는 포물선궤도가 된다.

ii) $E > 0$인 경우에는 쌍곡선궤도가 된다.

한편 중심력이 척력인 경우에는 K가 양수이고, [그림 5.4.1]에서 보듯이 역학적 에너지의 크기에 상관없이 반환점은 r_1 하나뿐이다. 이 경우에 역학적 에너지가 $E > 0$일 수밖에 없고 쌍곡선궤도를 갖게 된다. 여러 가지 경우의 운동을 정리하면 [표 5.4.1]과 같다.

우리가 운동방정식을 풀어서 구한 궤도를 정확하게 쓰면 아래와 같다.

$$\frac{1}{r} = -\frac{mK}{L^2} + \left[\left(\frac{mK}{L^2} \right)^2 + \frac{2mE}{L^2} \right]^{1/2} \cos(\theta - \theta_0) \tag{5.4.13}$$

이 결과로부터 궤도의 형태를 결정하는 것은 각운동량과 에너지임을 알 수 있다. 두 물리량 모두 운동 중에 불변인 상수라는 점에 유의하자.

이 결과와 박스의 (5)식으로부터 이심률을 구하면 다음과 같다.

$$\epsilon = \left(1 + \frac{2EL^2}{mK^2} \right)^{1/2} \tag{5.4.14}$$

한편 박스의 (2)식과 식 (5.4.13)이 같다는 것에서 다음이 성립한다.

$$a(1 - \epsilon^2) = \frac{L^2}{mK} \tag{5.4.15}$$

[표 5.4.1] 거리의 제곱에 반비례하는 힘의 방향과 행성의 각운동량에 따른 행성의 궤도

힘의 구분	각운동량의 크기	궤도
척력	$L = 0$	직선궤도
	$L \neq 0$	쌍곡선궤도
인력	$L = 0$	직선궤도
	$L \neq 0$	$E < 0$이면 타원궤도
		$E = 0$이면 포물선궤도
		$E > 0$이면 쌍곡선궤도

이 결과를 식 (5.4.14)를 이용하여 정리하면 다음을 얻는다.

$$E = -\frac{K}{2a} \tag{5.4.16}$$

즉 타원궤도를 갖는 물체의 총에너지는 궤도의 장반경에 관계된다. 특히 질량 M인 태양으로부터 중력을 받는 질량 m인 행성의 총에너지는 다음과 같다.

$$E = -\frac{GMm}{2a} \tag{5.4.17}$$

예제 5.4.3

태양으로부터 r만큼 떨어졌을 때 속력이 v인 혜성의 장반경을 구하시오. (단, 태양의 질량은 M, 중력상수는 G이다.)

풀이

혜성의 질량을 m이라 하면 혜성의 총에너지 E는 다음과 같다.

$$E = \frac{1}{2}mv^2 - G\frac{mM}{r}$$

이 식과 식 (5.4.17)을 결합하여 장반경을 구하면 다음이 성립한다.

$$E = -\frac{GMm}{2a} = \frac{1}{2}mv^2 - \frac{GMm}{r}$$

따라서 장반경은 다음과 같다.

$$a = \frac{GM}{-v^2 + G\dfrac{M}{r}}$$

예제 5.4.4

장반경과 단반경이 각각 a, $\sqrt{3}\,a/2$인 타원궤도를 갖는 질량 m인 행성이 태양(질량 M)을 공전하며 가질 수 있는 최대 속도를 구하시오. (단, 다른 행성의 존재는 무시하고 만유인력 상수는 G라 놓는다.)

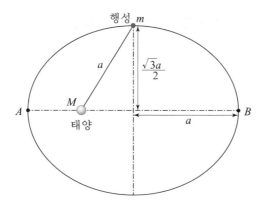

풀이

태양은 공전궤도를 이루는 타원의 한 초점에 있다. 이때 그림을 통해 태양과 타원의 중심 사이의 거리가 $\sqrt{a^2 - 3a^2/4} = a/2$임을 알 수 있다. 따라서 태양과 행성궤도상의 근일점(그림에서 A) 까지의 거리, 그리고 원일점(그림에서 B)까지의 거리는 각각 $a/2$, $3a/2$이다. 에너지가 보존되므로 행성의 속력은 근일점에서 최대이고 이때 최대 속도는 $v_{\max}$는 다음을 만족한다.

$$\frac{1}{2}mv_{\max}^2 - G\frac{mM}{a/2} = -G\frac{mM}{2a}$$

$$\therefore \ v_{\max} = \sqrt{\frac{3GM}{a}}$$

예제 5.4.5

질량 $2m$인 인공위성이 반지름 r인 원운동을 하고 있었다. 이 인공위성이 질량 m인 두 부분으로 나누어져서 한 부분은 원궤도의 접선 방향으로 원래 속력의 $3/4$이 되어 이동하기 시작했다. 다른 부분이 가지는 새로운 공전궤도의 장반경을 구하시오. (분리 과정에서 각 부분의 속도변화는 오로지 분리 과정에서의 충격에 의해 발생했다고 가정하시오.)

풀이

지구의 질량을 M이라 놓으면 인공위성이 분리 전에 원궤도를 이룰 때 중력이 구심가속도를 유발하므로 아래와 같이 나타낼 수 있다.

$$G\frac{M(2m)}{r^2} = 2m\frac{v^2}{r}$$

따라서 분리 전의 위성의 초기 속력은 다음과 같다.

$$v = \sqrt{\frac{GM}{r}}$$

한편 분리하는 동안 운동량(각운동량)이 보존되므로 한 부분의 속력이 $3v/4$라면 같은 질량의 나머지 부분의 속력은 $5v/4$가 된다. 문제에서 구하고자 하는 이 $5v/4$인 속력을 갖는 부분의 새로운 궤도운동의 장반경을 a라 할 때 다음이 성립한다.

$$E = \frac{1}{2}m\left(\frac{5v}{4}\right)^2 - G\frac{mM}{r} = -G\frac{mM}{2a}$$

원운동 상황에서 구한 결과로 v를 소거시켜 정리하면 다음과 같다.

$$\frac{1}{2}m\left(\frac{5}{4}\right)^2\frac{GM}{r} - \frac{GMm}{r} = -\frac{GMm}{2a}$$
$$a = \frac{16r}{7}$$

예제 5.4.6

원운동을 하는 인공위성의 궤도반경을 증가시키는 그림과 같은 방법이 있다. 먼저 궤도반경 r인 인공위성을 궤도에 접선 방향으로 추진시킨 후 타원궤도로 반 바퀴를 공전하도록 한다. 반 바퀴 공전한 상황에서 다시 인공위성을 궤도에 접선 방향으로 추진시켜서 궤도반경이 $2r$인 원궤도를 다시 이루게 한다. 이와 같은 방식으로 인공위성이 두 번의 추진을 겪게 될 때 각 추진 상황에서의 속력변화를 구하시오. (단, 지구의 질량은 M이라 놓자.)

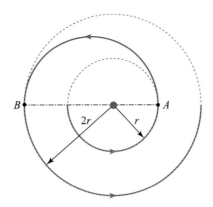

풀이

인공위성의 질량을 m이라고 놓으면 추진 전의 위성의 속도는 다음과 같다.

$$m\frac{v_1^2}{r} = G\frac{Mm}{r^2} \Rightarrow v_1 = \sqrt{\frac{GM}{r}}$$

그림처럼 위치 A에서 한 번 추진이 있으면 이후에 위성은 장축이 $3r$인 타원 궤도로 공전하게 된다. 추진 후의 속력을 v_{1f}라 놓으면 다음의 형태가 된다.

$$\frac{1}{2}mv_{1f}^2 - G\frac{mM}{r} = -G\frac{mM}{3r} \Rightarrow v_{1f} = \sqrt{\frac{4GM}{3r}}$$

따라서 처음 추진에서의 속력변화는 다음과 같다.

$$v_{1f} - v_1 = \sqrt{\frac{GM}{r}}\left(\frac{2}{\sqrt{3}} - 1\right)$$

한편 v_{1f}의 속력이었던 위성은 반바퀴를 도는 동안 근일점(그림에서 A)에서 원일점(그림에서 B)으로 향한다. 따라서 반바퀴 공전 후의 원일점에서의 속력 v_2는 다음을 만족한다.

$$\frac{1}{2}mv_2^2 - G\frac{mM}{2r} = -G\frac{mM}{3r} \Rightarrow v_2 = \sqrt{\frac{GM}{3r}}$$

위치 B에서의 2차 추진 후 위성은 반지름 $2r$인 원운동을 하므로 최종 속력 v_{2f}는 다음을 만족한다.

$$m\frac{v_{2f}^2}{2r} = G\frac{Mm}{4r^2} \Rightarrow v_{2f} = \sqrt{\frac{GM}{2r}}$$

따라서 2차 추진 동안의 속력변화는 다음과 같다.

$$v_{2f} - v_2 = \sqrt{\frac{GM}{r}}\left(\frac{1}{\sqrt{2}} - \frac{1}{\sqrt{3}}\right)$$

한편 케플러의 2법칙에서 한 주기 τ동안 행성이 쓸고 지나간 면적은 $S = L\tau/2m$인데 타원궤도일 경우 타원의 면적은 $S = \pi ab = \pi a^2 (1-\epsilon^2)^{1/2}$가 된다. 또한 박스의 (5)식에서 A, B는 타원의 장축과 다음의 관계를 가짐을 알 수 있다.

$$a = \left|\frac{B}{A^2 - B^2}\right| \tag{5.4.18}$$

여기에 식 (5.4.11), (5.4.12), (5.4.16)을 종합하면 행성의 궤도운동의 주기는 다음과 같다.

$$\tau^2 = 4\pi^2 a^3 \left|\frac{m}{K}\right| \tag{5.4.19}$$

중력의 경우 $K = GMm$이므로 다음 결과를 얻는다.

$$\tau^2 = \frac{4\pi^2 a^3}{GM} \tag{5.4.20}$$

이와 같이 케플러의 3법칙도 거리의 제곱에 반비례하는 중력으로부터 유도될 수 있다. 이렇게 하여 뉴턴의 중력 이론을 가지고 케플러의 1, 2, 3법칙을 모두 설명할 수 있다.

예제 5.4.7

두 인공위성이 매우 가까운 거리를 유지한 체 지구 중심에 대해 반지름 r인 원궤도로 돌고 있었다. 어느 순간 한 인공위성이 궤도에 접선 방향으로 가속하더니 가속된 위성이 네 번 공전하는 동안 다른 인공위성은 다섯 번 공전하여 다시 만났다. 가속된 위성은 공전 중에 지구와의 거리가 얼마나 멀리 떨어질 수 있는가?

풀이

가속 후의 공전주기는 가속 전의 공전주기의 $5/4$배이므로 케플러의 3법칙에 의하면 가속 후의 인공위성의 장반경은 다음과 같아야 한다.

$$a = (5/4)^{2/3} r$$

한편 가속을 시작할 때 인공위성은 새로운 타원궤도의 근일점에 있었고 이때 지구와의 거리가 r 이므로 위성과 지구와의 거리의 최댓값 $r_{\max}$(원일점에서의 거리)는 다음과 같다.

$$r_{\max} = 2a - r = \left[2\left(\frac{5}{4} \right)^{2/3} - 1 \right] r$$

5.5* ● 행성궤도의 안정성과 세차운동

한 행성에 영향력을 미치는 천체는 태양만이 아니다. 혜성과 소행성의 영향을 미미한 것으로 무시하더라도 행성들 간의 인력은 완전히 무시할 수 없다. 또한 천체의 모양이 자전 등의 이유로 정확한 구형대칭이 아니라는 것을 고려하여 보정하면 행성이 태양으로부터 받는 힘은 정확히 거리의 제곱에 반비례하지 않는다. 행성의 운동에 대한 케플러의 법칙을 유도하는 과정에서 무시했던 이러한 효과들을 고려하면 다음과 같은 문제제기가 가능하다. 여러 효과들을 무시하고 태양이 한 행성에게 미치는 힘이 둘 간의 거리의 제곱에 반비례한 다고 가정하면 행성은 타원궤도로 운동할 것이다. 그렇다면 다른 행성의 인력의 영향, 혹은 다른 효과가 쌓여서 행성의 타원궤도운동이 어긋나서 아예 공전운동이 깨져버리는 일이 벌어질 수 있지 않은가? 그런데 실제로 오랜 시간 동안 그러한 공전운동의 깨짐은 일어나지 않았다. 즉, 기나긴 시간동안 기본적으로 행성의 운동은 약간의 변이는 있었지만 공전궤도가 깨지지는 않았다. 공전운동이 이렇게 오랜 시간동안 유지된 것을 일컬어 궤도운동의 안정성이라 부른다. 한편 여러 효과들을 고려하여 보다 정확한 운동방정식을 세우고 궤도운동을 예측할 때 나타나는 전형적인 운동 양상이 5.3절에서 간단히 도입했던 세차운동이다. 앞 절에서 논의했던 닫힌 타원의 형태를 갖는 공전궤도는 힘이 정확히 거리의 제곱에 비례한다는 가정 아래에서 얻어진 결과였다. 그런데 행성이 실제로 받는 힘은 여러 이유로 이러한 가정을 정확하게 충족하지 않으므로 세차운동이 나타나게 된다.

이 절에서는 궤도운동의 안정성과 세차운동에 대해 보다 정량적인 접근을 시도하고자 한다. 우선 궤도운동의 안정성을 생각해보자. 이와 관련하여 가장 큰 문제는 공전 중에 행성 간의 거리가 우연히 가까워지는 것이다. 그 경우가 행성 간의 인력이 가장 크기 때문이다. 그러다가 행성 간의 거리가 다시 멀어지게 되면 행성에 의한 영향은 작아질 것이다. 이러한 상황을 단순화시켜서 다음과 같이 가정해보자.

1) 행성은 태양의 인력을 통해 특정 궤도를 갖는다.
2) 다른 행성이 가까워질 때 행성은 특정 궤도를 살짝 벗어난다.
3) 다른 행성이 다시 멀어지면 행성 간의 인력은 무시하고 태양의 인력이 이후의 행성의 궤도를 결정한다.

이렇게 바꾸어 생각하는 것은 행성과 행성이 근접할 때에만 행성의 궤도가 영향을 받고, 행성 간의 거리가 멀어지면 행성의 궤도를 결정하는 것은 태양이라고 보는 것이므로 상당한 근사라고 할 수 있다. 그렇지만 이러한 근사를 받아들이면 다음에서 보듯이 길지 않은 논의를 통해 행성궤도의 안정성이 설명된다. 이제부터는 다른 행성의 영향 이전에 행성의 궤도가 원궤도인 간단한 상황을 가정하고 논의를 전개하겠다. 또한 중심력의 형태는 거리의 제곱에 반비례하는 것으로 한정하지 않고 일반적인 함수 $F(r)$로 놓고 논의를 전개할 것이다. 5.3절에 의하면 $F(r)$의 형태를 갖는 일반적인 중심력을 받는 행성의 지름 방향 운동은 다음의 운동방정식을 따른다.

$$m\ddot{r} = F(r) + \frac{L^2}{mr^3} \tag{5.5.1}$$

최초에 다른 행성의 영향을 받기 전에 행성이 정확히 원운동을 하는 초기 상황을 가정하자. 이때 원운동의 반지름을 r_0라 놓으면 중심력이 원운동을 일으키므로 다음이 성립한다.

$$F(r_0) = -\frac{L^2}{mr_0^3} \tag{5.5.2}$$

다른 행성이 근접하게 되면 원운동을 하던 행성이 원궤도를 살짝 벗어나게 되고 이후 행성이 다시 멀어지면 행성은 원래의 중심력 $F(r)$을 받지만 원궤도가 아닌 상태로 운동을 유지할 것이다. 이러한 상황을 다루기 위해 다음과 같이 정의되는 변수 x를 도입하겠다.

$$x = r - r_0 \tag{5.5.3}$$

이제 변수 x로 식 (5.5.1)의 운동방정식을 다시 쓰면 다음과 같다.

$$m\ddot{x} = F(x + r_0) + \frac{L^2}{m(x+r_0)^3} \tag{5.5.4}$$

이 식을 r_0에 대해 급수전개 하여 x에 대한 1차항까지만 남긴 결과는 다음과 같다.

$$m\ddot{x} + \left(-F'(r_0) - \frac{3}{r_0}F(r_0)\right)x = 0 \tag{5.5.5}$$

이 식은 괄호 안이 양수일 때 단순조화진동을 하게 되어 안정된 평형에 머무르게 된다[5]. 즉 다음과 같은 조건이라면 원궤도에서 살짝 벗어난 궤도운동이 원궤도 근방을 계속해서 유지하게 된다.

$$F'(r_0) + \frac{3}{r_0}F(r_0) < 0 \tag{5.5.6}$$

식 (5.5.6)과 동등한 결과를 유효퍼텐셜을 통해서도 얻어낼 수 있다. 5.3절에서 우리는 다음과 같은 유효퍼텐셜을 사용하여 행성의 궤도운동을 논의할 수 있다는 것을 알았다.

$$V_{eff}(r) = V(r) + \frac{L^2}{2mr^2} \tag{5.5.7}$$

이때 퍼텐셜 $V(r)$의 형태에 따라 유효퍼텐셜의 형태도 달라진다. 유효퍼텐셜이 어떤 극점을 갖고 그 극점이 안정된 평형을 이룰 때 행성의 궤도운동은 안정되어 있다고 할 수 있다. 구체적인 과정은 연습문제로 남겨두겠다.

---

5) 안정 평형에 대해서는 8.6절의 논의를 참고하라.

예제 5.5.1

중심력이 $F(r) = -Kr^n$ 형태의 인력을 받는 행성이 안정된 원궤도를 가질 n의 조건을 구하시오.

풀이

$F(r) = -Kr^n$이면 그 도함수는 다음과 같다.

$$F'(r) = -Knr^{n-1}$$

이 결과를 식 (5.5.6)에 대입하면 다음의 형태가 된다.

$$F'(r) = -Kr^n - Knr^n/3 < 0$$

따라서 $n > -3$인 조건에서 원궤도는 안정된다.

이 결과는 $n = 1$인 이차원 조화진동운동과 $n = -2$인 중력에 의한 궤도운동이라는 두 중요한 사례를 포함한다.

행성이 원궤도에서 살짝 벗어나게 되는 경우에도 세차운동이 가능하다. 이를 자세히 논의하는 과정에서 극지점(apsis), 극지각(apsidal angle)의 개념이 유용하다. 극지점이란 공전 중에 중심에서 행성까지의 거리가 극대나 극소를 이루는 궤도상의 점을 말한다. 거리가 극대인 지점을 원일점, 극소인 경우를 근일점이라 부른다. 한편 두 이웃한 극지점(즉 극대점과 극소점 혹은 그 반대) 간의 지름 방향 벡터가 만드는 각을 극지각이라 한다.

거의 원궤도를 유지하는 운동의 경우 궤도의 극지각을 어렵지 않게 구할 수 있다. 우선 지름 방향의 진동주기 T_r은 식 (5.5.5)에서 다음과 같다.

$$T_r = 2\pi \sqrt{\frac{m}{-F'(r_0) - 3F(r_0)/r_0}} \tag{5.5.8}$$

진동 과정에서 중심에서 거리가 최대인 위치에서 최소인 위치까지 행성이 공전하는 동안 걸리는 시간은 이 진동주기의 절반인 $T_r/2$이다. 그동안 거의 원운동을 유지하므로 궤

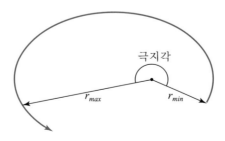

[그림 5.5.1] 극지각의 정의

도의 반경이 r_0로 거의 일정하다고 근사할 수 있다. 이때 공전의 각속도 $\omega_\theta (= \dot{\theta})$도 다음과 같이 상수로 근사할 수 있다.

$$\omega_\theta \simeq \frac{L}{mr_0^2} \tag{5.5.9}$$

원운동 조건 $F(r_0) = -mr_0\omega_\theta^2$을 이용하여 다시 정리하면 아래와 같다.

$$\omega_\theta = \sqrt{\frac{-F(r_0)}{mr_0}} \tag{5.5.10}$$

극지각 ψ은 $T_r/2$의 시간 동안 회전한 각으로 근사적으로는 $\omega_\theta \times T_r/2$이므로 다음과 같다.

$$\psi = \pi\sqrt{\frac{F(r_0)}{3F(r_0) + r_0 F'(r_0)}} \tag{5.5.11}$$

예제 5.5.2

중심력이 $F(r) = -Kr^n$ 형태의 인력을 받는 행성이 원운동에 가까운 공전을 하면서 거의 닫힌 궤도운동을 할 조건을 구하시오.

풀이

$F(r) = -Kr^n$이면 극지각에 대한 식 (5.5.11)은 다음과 같이 정리된다.

$$\psi = \frac{\pi}{\sqrt{n+3}}$$

이 극지각이 한 번 공전하는 회전각인 2π의 유리수배가 되면 닫힌 궤도운동을 하게 된다. 이를테면 $n = 1, -2$일 때의 궤도운동의 양상은 각각 그림과 같다. $n = 6, -3/4$ 등 다른 경우의 닫힌 궤도운동의 양상은 연습문제로 남겨둔다. 이러한 결과가 식 (5.5.5), 식 (5.5.9) 같은 근사식에 기반하므로 문제에서 '닫힌 궤도' 대신에 '거의 닫힌 궤도'라는 표현을 썼다.

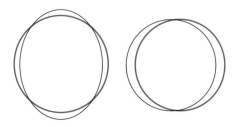

$n = 1$(왼쪽), $n = -2$(오른쪽)일 때의 궤도의 양상

예제 5.5.3

중심력이 $F(r) = -K/r^2 + \epsilon/r^4$ 형태의 인력을 받는 행성이 반지름 r_0이고 공전주기 T인 원운동에 가까운 공전운동을 유지한다고 할 때 극지각과 세차각속도를 구하시오. (단, 중심력 중에 $-K/r^2$ 성분이 ϵ/r^4 성분보다 매우 크다고 가정하시오.)

풀이

식 (5.5.11)에서 $F(r_0) = -K/r_0^2 + \epsilon/r_0^4$이고 $K/r_0^2 \gg \epsilon/r_0^4$인 경우이므로 다음과 같다.

$$\frac{F(r_0)}{3F(r_0) + r_0 F'(r_0)} = \frac{-\dfrac{K}{r_0^2} + \dfrac{\epsilon}{r_0^4}}{-\dfrac{K}{r_0^2} - \dfrac{\epsilon}{r_0^4}} \simeq \left(1 - \frac{\epsilon}{Kr_0^2}\right)^2$$

따라서 극지각은 다음과 같다.

$$\psi = \pi\left(1 - \frac{\epsilon}{Kr_0^2}\right)$$

한편 궤도운동이 근일점에서 시작하여 다시 근일점에 도달하는 동안 걸린 시간은 근사적으로 행성의 공전주기 T이고, 이때 행성의 근일점들 사이의 회전각도는 근사적으로 다음과 같다.

$$2\psi - 2\pi = -\frac{2\pi\epsilon}{Kr_0^2}$$

따라서 세차각속도 ω_p는 아래와 같다.

$$\omega_p = -\frac{2\pi\epsilon}{Kr_0^2 T}$$

이 예제에서 다룬 형태의 중심력은 실제로도 매우 중요하다. 행성이 태양으로부터 받는 중력을 일반상대성이론으로 보정한 결과가 이와 같은 형태이기 때문이다.

5.6 ● 러더퍼드 산란

앞선 논의에서 뉴턴의 역학 체계가 비록 완벽하게는 아니지만 천체의 운동을 매우 성공적으로 설명한다는 것을 알았다. 이제 다음과 같은 질문을 생각해보자. 뉴턴의 역학 체계는 어떤 상황에서도 성공적인가? 이러한 질문에 대한 답을 얻고자 미시 세계에 대해서도 뉴턴의 역학 체계를 적용하려는 시도가 있었고, 이 시도는 부분적으로 상당히 성공을 거두었다. 이번에 논의할 러더퍼드 산란(Rutherford scattering)은 미시세계에 대해 뉴턴 역학이 성공적으로 적용된 하나의 예라고 할 수 있다.

러더퍼드 산란은 전하를 띤 입자가 표적물질에 입사할 때 입사한 방향에서 산란되어 다른 방향으로 진행하는 현상을 말한다. 이를테면 전하량이 q인 한 대전 입자가 전하량 Q를 갖는 정지한 다른 입자를 향해 움직이고 있다고 하자. 이때 정지한 입자가 어떤 다른 힘에 의해 고정되어 움직일 수 없다고 하자. 그러면 정지한 입자를 원점으로 하는 좌표계에서 볼 때 움직이는 입자가 받는 전기력은 다음과 같이 쿨롱의 법칙으로 표현된다는 것이 알려져 있다.

$$F = k\frac{qQ}{r^2} = \frac{K}{r^2} \tag{5.6.1}$$

이 힘은 두 입자가 같은 부호의 입자로 대전되었느냐 아니냐에 따라 척력일 수도 인력일 수도 있다. 여하튼 이러한 힘을 받는 움직이는 입자는 이차곡선의 궤도를 갖는다는 것이 앞 절의 논의였다. 특히 척력이 작용하는 경우에 궤도는 쌍곡선을 그리게 된다.

쌍곡선은 두 개의 점근선을 가지며 이 점근선을 이용하여 대전된 입자의 운동을 기술할 수 있다. [그림 5.6.1]을 보면, 정지한 입자는 초점 F에 정지해 있고, 움직이는 입자는 하나의 점근선에 근접하여 정지한 입자에게 다가오다가 다른 점근선을 따라 멀어지는 운동을 하게 된다. 운동의 시작과 끝만을 생각하면 움직이는 입자의 운동의 방향이 달라지는데, 이러한 현상을 산란(scattering)이라고 한다. 산란은 일종의 충돌로 생각할 수 있다[6].

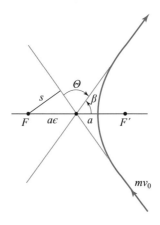

[그림 5.6.1] 러더퍼드 산란에서 입사입자의 궤적

---

6) 흔히 두 물체가 충돌했다고 할 때 두 물체가 표면에서 접촉했다고 생각한다. 이와 반해 지금 논의하는 산란은 두 물체가 직접 접촉하지는 않는 것처럼 보인다. 그런데 물체 사이의 직접 접촉이라는 것도 우리가 그렇게 모형화하여 생각하는 것이고, 미시적으로 들여다보면 직접 접촉이란 결국은 산란과 그리 다르지 않다.

이때 고정된 입자를 산란중심이라고 부른다. 한편 입사한 입자의 운동 방향이 변하는 정도를 산란각으로 정의할 수 있다. 쌍곡선궤도의 경우에 산란각은 [그림 5.6.1]처럼 쌍곡선의 두 점근선의 사이 각 Θ가 된다.

이제 [그림 5.6.1]처럼 움직이는 입자가 고정된 입자로부터 거리의 제곱에 반비례하는 척력을 받는 경우 산란각과 이심율의 관계를 구해보자. [그림 5.6.1]을 통해 주어진 쌍곡선의 극좌표 표현은 다음과 같다.

$$r = \frac{a(\epsilon^2 - 1)}{1 - \epsilon \cos \theta} \tag{5.6.2}$$

이때 수평축에 대해 점근선이 이루는 각 β는 다음 과정을 거쳐 구할 수 있다. 점근선의 정의상 쌍곡선의 극좌표 표현에서 r이 무한히 커질 때의 각도 θ가 각 β가 된다. 그런데 r이 무한히 크려면 식 (5.6.2)의 분모가 0이 되어야 하고 그 결과 $\cos \beta = 1/\epsilon$이어야 한다. 한편 각도 β와 산란각 Θ은 [그림 5.6.1]에서 $\Theta = \pi - 2\beta$의 관계를 가지므로 산란각과 이심률은 다음의 관계를 갖는다.

$$\tan \frac{\Theta}{2} = \cot\beta = \left(\varepsilon^2 - 1\right)^{-\frac{1}{2}} = \left(\frac{mK^2}{2EL^2}\right)^{\frac{1}{2}} \tag{5.6.3}$$

이 관계를 유도할 때 삼각함수의 성질들[7]과 이심률에 대한 식 (5.4.14)를 이용하였다. 식 (5.6.3)의 결과를 한마디로 정리하면 산란각이 입자가 가진 각운동량과 에너지에 의해 결정된다는 것이다.

그런데 움직이는 입자가 정지한 입자와 초기에 아주 멀리 떨어져 있고 초속도 v_0로 움직이고 있었다고 할 때 에너지와 각운동량은 다음과 같다.

$$E = \frac{1}{2}mv_0^2, \qquad L = mv_0 s \tag{5.6.4}$$

여기서 s는 움직이는 입자가 힘을 받지 않고 직진한다고 가정할 때 정지한 입자에 가장 가까이 갈 수 있는 거리로 충돌변수(impact parameter)라고 부른다. ([그림 5.6.1]을 참고하라.) 식 (5.6.4)를 식 (5.6.3)에 대입하여 정리하면 다음을 얻는다.

$$\tan \frac{\Theta}{2} = \frac{K}{msv_0^2} \tag{5.6.5}$$

---

7) $\tan\left(\frac{\pi}{2} - \beta\right) = \cot\beta$, $\cot\beta = \frac{\cos\beta}{\sqrt{1 - \cos^2\beta}}$ 을 이용하였다.

즉, 이론적으로 산란각은 초기의 속도와 충돌변수에 의해 결정된다. 그런데 산란에 대한 실제 실험에서는 입자의 초기의 속도가 제어되므로, 실험 상황에서는 산란각을 충돌변수만의 함수로 생각할 수 있게 된다.

한편 미소산란단면적 $d\sigma$은 그 단면적에 입사하는 입자가 산란각이 Θ와 $\Theta + d\Theta$ 사이의 각도로 산란되도록 하는 영역으로 정의된다. [그림 5.6.2]를 보면 미소산란단면적은 정지한 입자를 중심으로 한 얇은 고리 모양 영역의 면적이라는 것을 알 수 있다. 또한 [그림 5.6.2]에서 미소산란단면적과 충돌변수 사이에 다음의 관계가 있음을 알 수 있다.

$$d\sigma = 2\pi s \, ds \tag{5.6.6}$$

한편 식 (5.6.5)을 미분하면 산란각과 충돌변수 사이에 다음이 성립한다.

$$\frac{1}{2\cos^2\left(\dfrac{\Theta}{2}\right)}d\Theta = -\frac{K}{ms^2v_0^2}ds \tag{5.6.7}$$

따라서 원자핵 주위의 미소산란단면적과 산란각은 다음의 관계를 갖는다.

$$d\sigma = \left(\frac{K}{2mv_0^2}\right)^2 \frac{2\pi\sin\Theta}{\sin^4\left(\dfrac{\Theta}{2}\right)}d\Theta \tag{5.6.8}$$

잠시 숨을 고르고 이 결과를 해석해보자. 정지한 입자 주변의 영역 중 어떤 영역으로 입자가 입사하느냐에 따라서 산란각이 달라진다. 이때 하나의 입자가 입사해서 산란각이 Θ와 $\Theta + d\Theta$ 사이의 각도가 되도록 산란되려면 산란의 중심인 원자핵 주위로 $d\sigma$의 면적을 갖는 영역 안에 입자가 입사해야 한다. 이 해석은 하나의 입자가 입사하여 하나의 산란중심에 대해 산란하는 경우에 성립한다.

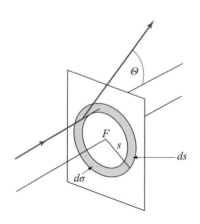

[그림 5.6.2] 미소산란단면적

예제 5.6.1

러더퍼드 산란에서 입사입자가 고정핵에 가장 가까워질 때의 거리 d를 구하시오. 단 충돌변수는 $s\,(\neq 0)$, 입사입자의 질량과 원거리에서의 속력을 각각 m, v_0, 입사입자와 고정핵의 전하량을 각각 q, Q로 놓으시오.

풀이

두 입자가 최소 거리일 때의 속력을 v'이라 놓으면 각운동량 보존은 다음과 같이 나타낸다.

$$mv_o s = mv'd$$

한편 입자 사이의 중력에 의한 퍼텐셜에너지는 입자 사이의 전기력에 의한 퍼텐셜에너지에 비해 매우 작아서 무시할 수 있으므로 에너지 보존은 다음과 같다.

$$\frac{1}{2}mv_0^2 = \frac{1}{2}mv'^2 + \frac{kqQ}{d}$$

두 보존식을 연립하면, 다음과 같이 d에 관련된 이차방정식을 세워서 구할 수 있다.

$$\frac{1}{2}m\left\{v_0^2 - \left(\frac{v_0 s}{d}\right)^2\right\} = \frac{kqQ}{d}$$

$$d^2 - \frac{2kqQ}{mv_0} - s^2 = 0$$

$$d = \frac{kqQ}{mv_0^2} + \sqrt{\left(\frac{kqQ}{mv_0^2}\right)^2 + s^2}$$

이상의 논의는 순전히 이론적인 논의였다. 이제 산란과 관련된 실험 상황을 고려해보자. 러더퍼드 산란이라 불리는 산란실험은 얇은 은박지에 여러 무리의 α입자를 입사시켜서 산란시키는 실험이다. 이러한 경우를 해석하기 위해 먼저 단위면적에 하나의 산란중심(이 경우에 알루미늄의 원자핵)만 있는 경우를 생각해보자. α입자가 무작위로 입사할 때 단위면적 중에 미소산란단면적 $d\sigma$로 입사할 확률은 $d\sigma$(산란단면적/단위면적)이다. 따라서 하나의 α입자가 단위면적에 입사하여 Θ와 $\Theta + d\Theta$ 사이의 각도로 산란될 확률은 $d\sigma$이다. 만일 총 N개의 α입자가 입사하고 그중에 dN개만이 Θ와 $\Theta + d\Theta$ 사이의 각도로 산란된다면 통계적으로 다음이 성립해야 한다.

$$\frac{dN}{N} = d\sigma / 단위 면적 = d\sigma \tag{5.6.9}$$

즉, 통계적으로 $dN = Nd\sigma$이어야 한다. 만일 단위면적에 n개의 산란중심이 있다면 총

N개의 α입자가 입사할 때 Θ와 $\Theta + d\Theta$ 사이의 각도로 산란되는 입자의 개수 dN은 다음을 만족해야 한다.

$$dN = Nn\,d\sigma \tag{5.6.10}$$

식 (5.6.10)은 한 개의 산란중심이 있는 경우보다 n개의 산란중심이 있는 경우에 Θ와 $\Theta + d\Theta$ 사이의 각도로 산란되는 입자의 개수가 n배가 된다고 말하고 있다. 이러한 주장의 타당성은 보다 엄밀히 따져볼 필요가 있으며 다음과 같은 문제들이 있다.

1) 단위면적당 n개의 산란중심이 있고 각 산란중심마다 입사한 입자를 Θ와 $\Theta + d\Theta$ 사이의 각도로 산란하게 하는 미소산란단면적 $d\sigma$을 가질 때 n개의 미소산란단면적이 겹치지 않아야 식 (5.6.10)이 정확한 표현이 된다. 그런데 n개의 미소산란단면적이 겹칠 수 있다. 그런데 $d\sigma = 2\pi s\,ds$이므로 ds를 아주 작게 잡아서 극한을 보내면 이러한 산란단면적의 겹침 효과는 무시할 수 있게 된다.

2) 식 (5.6.10)에서는 산란중심이 많아지면 산란되는 입자의 수가 증가한다. 그런데 실제의 산란에서는 산란중심이 많아져도 산란되는 입자의 총 수는 입사하는 입자의 총 수로 제한되며 산란중심의 수와 무관하다. 이러한 모순적 상황을 해결하기 위해서는 식 (5.6.10)은 어느 정도 산란각이 큰 상황에서만 적용되는 식이라는 점을 인식해야 한다. 통상의 산란 실험의 경우 대부분의 입사입자는 그냥 통과하게 된다. (정확히 말하면 매우 작은 각으로 산란되어서 그냥 통과하는 것처럼 보인다고 해석해야 한다.) 입사된 입자 중 소수의 입자만이 큰 각으로 산란된다. 식 (5.6.10)에서 산란중심이 n개가 될 때 산란되는 입자의 수가 n배가 되는 것은 이와 같이 입자가 통과하지 않고 어느 정도 큰 각으로 산란되는 경우에만 성립한다. 실제로 산란실험을 통해 식 (5.6.9) 혹은 식 (5.6.10)의 타당성을 검증할 때 산란각이 어느 정도 이상인 경우만을 측정하여 식으로부터 예측되는 결과와 비교한다.

3) 식 (5.6.10)에는 하나의 입사입자가 하나의 산란중심에 의해 산란된다는 가정을 포함하고 있다. 만일 두 산란중심의 중간지점으로 입사하는 입자는 큰 각도로 산란되지 않고 그냥 통과할 것이다. 앞에서 논의했듯이 이렇게 통과되는 입자에 대해서는 식 (5.6.10)을 적용할 수 없다. 만일 여러 산란중심 중에 하나의 산란중심에 근접하여 입사하는 경우에는 다른 산란중심에 의한 영향은 미약하고 그 하나의 산란중심에 의한 영향이 산란각을 결정할 것이다. 이런 맥락에서 하나의 입사입자가 하나의 산란중심에 의해 산란된다는 가정이 큰 문제가 안 된다.

4) 식 (5.6.10)은 Θ와 $\Theta + d\Theta$ 사이의 각도로 산란되는 입사입자의 수에 대한 것이다. 알루미늄 박막 속의 산란중심이 하나뿐이라면 산란각 Θ를 정의하는 것에 문제가 전혀 없다. 그런데 산란중심이 여러 개라면 검출기에 의해 검출된(즉, 산란된 것으로 추정되는) 입자가 알루미늄 박막 속의 어떤 산란중심의 영향으로 산란되었는지에 따라 산란각이 다를 수 있다. 이러한 효과는 산란된 입자를 검출하는 검출기를 충분히 먼 거리에 위치시켜서 알루미늄 박막의 면적을 점으로 생각해도 되는 경우에 무시될 수 있다.

이상과 같이 식 (5.6.10)이 비록 그 자체로 여러 가지 근사를 가정한 식이지만 1)~4)의 논의에 의해 산란각이 너무 작지 않은 경우에는 받아들일 만한 식이 된다. 이 결과와 식 (5.6.8)을 합하면 다음을 얻게 된다.

$$dN = Nn\left(\frac{K}{2mv_0^2}\right)^2 \frac{2\pi\sin\Theta}{\sin^4\left(\dfrac{\Theta}{2}\right)} d\Theta \qquad (5.6.11)$$

실제로 원자핵이 산란중심인 산란 실험의 결과를 분석해보면 1)~4)의 효과를 무시한 결과인 식 (5.6.11)이 비교적 정확함을 확인할 수 있다[8].

이 결과로부터 은박지에 여러 무리의 α입자를 입사시켜서 산란시킬 때 산란각에 따른 산란된 α입자의 비율을 알 수 있다. 이를테면 은박지에 일정한 시간 동안 일정한 세기의 α입자를 입사시키고 산란각을 바꾸어가며 산란되는 α입자의 개수를 셀 수 있다. 이렇게 산란각에 따른 산란된 α입자의 세기를 측정하여 우리가 계산한 결과의 타당성을 확인할 수 있다. 이러한 연구를 통해 러더포드는 뉴턴 역학을 산란연구에 성공적으로 적용하였다. 그 이전에 뉴턴 역학의 성공은 주로 천문학 현상에 대한 것이었다. 러더포드의 연구는 뉴턴 역학이 원자세계에도 적용될 수 있음을 보여준 것이다. 하지만 러더포드의 성공에도 불구하고 결국 뉴턴 역학이 원자세계의 다양한 현상을 설명하는 아주 좋은 이론적 틀은 아님이 밝혀졌고 양자역학이라는 새로운 이론 체계가 등장하게 되었다.

---

8) 이 모든 논의에서 우리는 산란중심이 움직이지 않는다고 가정하였는데, 정밀성을 높이기 위해서는 이러한 가정은 추가적인 계산을 통해 보정되어야 한다.

5.7 ● 중력이론의 일반성과 과학이론의 잠정성

중력에 대한 이론, 더 나아가 뉴턴의 운동법칙이 뼈대를 구성하는 뉴턴 역학이라는 이론은 단순관찰을 넘어서는 상상을 통해 고안된 것이다. 이렇게 추론된 이론이 세계를 얼마나 잘 설명하는지는 관찰 혹은 실험을 통해 검증해야 한다. 이러한 검증 과정에서 케플러의 법칙을 설명해냄으로써 뉴턴 역학의 위대한 성취가 시작되었다. 케플러의 법칙은 브라헤의 관찰 결과로부터 도출된 법칙이다. 브라헤의 관찰은 망원경을 사용한 것은 아니지만 이전의 다른 관찰 결과보다 정밀했다. 이를 바탕으로 케플러는 행성의 타원궤도를 찾았다. 이제 케플러의 법칙을 설명하는 보다 근본적인 이론이 요구되었는데, 이때 등장한 것이 뉴턴의 역학 이론이었던 것이다.

뉴턴이 케플러의 법칙을 설명하기 위해서는 많은 난관을 극복해야 했다. 그는 태양과 행성들이 서로 인력을 주고받는다고 생각했는데, 이를 모두 고려하지 않고 태양과 행성들이 주고받는 힘만을 고려했다. 즉 행성과 행성 사이의 힘을 무시한 것이다. 한편 태양과 행성이 힘을 주고받으면 두 개체가 모두 가속된다. 그런데 상호작용하는 두 개체의 질량의 차이가 매우 클 때 한 개체가 정지해 있고 상대적으로 가벼운 개체만 가속된다고 가정해도 된다. 이러한 근사의 타당성과 이렇게 근사한 결과를 보정하는 방법은 7장에서 다룰 것이다.

한편으로 지구와 태양은 모두 부피를 가지고 있다. 물체가 크기를 가지면 두 물체의 거리를 어디를 기준으로 정해야 하느냐의 문제가 생긴다. 또한 입자에 대해 역제곱 법칙이 성립하더라도, 입자들로 이루어진 두 물체의 질량중심에 대해 역제곱 법칙이 만족한다는 보장은 없다. 이러한 문제를 해결하기 위해 뉴턴은 균일한 두 구형 물체에 대해서 역제곱 법칙이 성립함을 증명하였다. 이렇게 상황을 간단하게 바꾸고 나서 뉴턴은 역제곱 법칙을 만족하는 힘에 의한 물체의 운동이 타원궤도를 가짐을 보였다.

그런데 망원경이 개선되고 보다 정교한 관측이 가능해지면서 행성의 궤도가 타원이 아님이 밝혀졌다. 이러한 궤도운동의 이탈은 뉴턴의 중력이론에 의해 예견된 것이기도 했다. 뉴턴의 처음 계산에서 그는 행성 간의 인력을 무시하고 오직 태양과 행성 간의 인력만을 고려했기 때문이다. 그런데 앞서 언급했듯이 태양계에는 많은 행성들이 있고 이론에 의하면 그들은 모두 서로에 대해 인력을 작용하고 있다. 그런 요소들을 무시하고 얻은 결과가 타원운동이었던 것이다. 이런 요소들을 포함하여 계산함으로써 행성의 궤도운동이 보다 정밀한 수준에서 설명되었고 뉴턴 역학의 성공은 계속되었다. 그러던 중 몇 번의 위기가 발생했는데, 바로 천왕성의 궤도가 뉴턴 역학으로 설명되지 않는다는 사실의 발견이었다. 이 상황에서 과학자들은 천왕성의 특이한 궤도운동은 뉴턴 역학의 문제가 아니라, 발견되지 않은 행성의 인력에 의한 것이라고 보고 뉴턴의 중력이론의 타당성을 믿고 미지의 행성의 위치를 추론하여 새로운 행성을 발견하였는데 그것이 바로 해왕성이다[9].

이와 같이 천체의 운동에 대해 계속하여 성공적인 설명과 예측을 가능하게 하면서 뉴턴의 중력이론은 확고부동한 진리의 모범으로 인식되었다. 이러한 성공이 당대의 사람들에게 얼마나 인상적이었는지, 뉴턴의 중력이론이 확고부동한 영원한 진리라고 생각하는 사람들도 있었다. 하지만 보다 정밀한 측정기술이 발달되고, 새로운 기술에 의한 측정결과를 설명하지 못함으로써 결국 뉴턴의 중력이론도 제한된 범위에서만 성립하는 이론임이 밝혀졌다. 오늘날에는 과학 이론의 위상은 항상 잠정적인 것이다. 과학에서 모든 영역에서 성립하는 확고부동한 진리는 없다. 이론이 얼마나 현상을 설명하는지는 조사되어야 하는 것이다. 당시에는 흠이 없이 자연현상을 설명하는 것으로 보이는 이론이라 할지라도, 더 정밀한 측정 결과를 설명하지 못할 수 있다. 이론으로 측정결과를 설명하려는 여러 시도가 실패하면, 이론의 한계가 드러난 것으로 결론 내릴 수도 있다. 새로운 측정기술이 나와서 보다 정밀한 측정이 가능해지고, 그 결과 이론의 한계를 보여주지 말라는 법은 없다. 그러므로 모든 이론은 사고를 통해 만들어낸 잠정적인 산물이지 확고부동한 진리는 아니다. 하지만 완전한 진리는 아니라고 하더라도 뉴턴의 중력이론이 보여주는 성취는 매우 놀라운 것이다. 오늘날 상대성이론, 양자역학이 등장했어도 뉴턴의 이론의 중요성은 여전하다. 또한 모든 범위에 걸쳐서 성립하지 않을 뿐이지, 뉴턴의 이론은 매우 넓은 영역에서 성립한다. 그동안 축적된 뉴턴 이론의 성과도 여전히 유효하다. 자연 현상으로부터 추론된 체계적인 이론이 다양한 자연 현상을 잘 설명할 수 있다는 보장은 전혀 없다. 그런 면에서 이론의 성공, 특히 뉴턴 역학 같은 광범위하게 적용되는 이론의 성공은 불가사의한 일이고 신비스럽기까지 하다.

예제 5.7.1

(암흑물질의 존재가능성 추론) 천문학자들은 은하계의 항성의 밀도를 조사하여 우리 은하계의 질량은 대부분 핵 내부에 집중되어 있다고 추측하였다. 이러한 추측을 바탕으로 은하의 중심에서 반지름 R 인 구 안에 은하의 질량이 균일하게 분포하고 반지름을 벗어난 영역의 항성들의 질량은 무시할 만큼 작다고 가정할 때 은하의 중심에서 거리 r만큼 떨어진 항성이 은하를 공전하는 속도를 추정하시오. (단, 은하의 총 질량을 M, 중력상수를 G로 놓으시오.)

---

9) 같은 이유와 뉴턴 역학의 적용이라는 유사한 방법으로 명왕성도 발견되었지만 명왕성은 오늘날 행성으로 분류되지는 않는다.

풀이

5.2절에서 소개한 구각정리 등의 결과를 이용하여 이 문제도 풀 수 있다. 항성과 은하중심 사이의 거리가 $r < R$인 경우와 $r > R$인 경우로 나누어서 풀겠다.

$r < R$인 경우 은하의 중심에서 반지름 r 내부에 놓인 질량은 다음과 같다.

$$M\frac{r^3}{R^3}$$

이 질량에 의한 구심가속도로 질량 m 공전반지름 r인 항성이 공전한다면 5.2절의 정리 1에 의해 아래와 같이 나타낼 수 있다.

$$G\frac{Mmr}{R^3} = m\frac{v^2}{r}$$

따라서 공전속도는 다음과 같다.

$$v = \sqrt{\frac{GM}{R^3}}\,r$$

한편 $r > R$인 경우에는 질량 M인 은하의 핵에 의한 중력이 질량 m, 공전반지름 r인 항성을 잡아당겨서 항성이 공전운동을 하므로 다음과 같다.

$$G\frac{Mm}{r^2} = m\frac{v^2}{r}$$

따라서 공전속도는 다음을 만족한다.

$$v = \sqrt{\frac{GM}{r}}$$

결과적으로 은하의 핵 안에서만 균일한 질량분포를 갖는 간단한 모형을 가정하면 은하핵 안의 항성의 공전속도는 항성의 공전반지름에 비례한다. 반면 은하핵 바깥의 항성의 공전속도는 공전반지름의 제곱근에 반비례한다. 이러한 계산 결과를 실제의 관측결과와 비교할 때 은하핵 안의 항성에 대해서는 어느 정도 잘 들어맞는다. 그런데 은하핵 바깥의 항성의 실제 공전속도 양상은 계산 결과와 전혀 일치하지 않는다. 실제 공전속도는 계산한 결과에 비해 터무니없는 수준으로 큰 것으로 판명되었다.

이러한 실패에 대해 어떤 결론을 내릴 수 있는가? 하나의 방안은 뉴턴 역학 자체를 버리는 것이다. 이를테면 뉴턴 역학 대신 일반상대성이론을 취할 수 있을 것이다. 그런데 상대성이론을 적용하더라도 대개는 뉴턴 역학의 예측을 일부 보정할 수 있는 수준으로만 계산결과가 바뀔 뿐이다. 그런데 이 상황에서의 뉴턴 역학의 예측과 실제 관측결과의 차이는 그런 정도로 작은 수준이 아니다. 따라서 뉴턴 역학을 버리고 상대성이론을 취해서 관측결과를 설명하려는 시도는 현명하지 못하다고 할 수 있다. 이러한 상황에서 물리학자들은 뉴턴 역학을 버리는 대신에 다른 아주 대담한 가설을 생각하게 되었다. 바로 질량을 가지고 있으나 관측되지 않는 암흑물질이 은하핵 외부의 영역에 존재하여 관측된 공전속도의 증가에 기여한다는 것이다. 일단 이렇게 도입된 암흑물질이 은하의 공전과 무관해 보이는 다른 현상의 설명에도 기여하게 된다면 암흑물질의 존재라는 가설에 대한 믿음도 보다 커질 수 있을 것이다. 한편 암흑물질이라는 관측되지 않은 물질의 존재를 과감하게 가정하게 할 정도이니 뉴턴 역학에 대한 물리학자들 혹은 천문학자들의 믿음은 양자역학과 상대성이론이 등장한 현대에도 참으로 크다고 할 수 있다.

연습문제

01 각각의 질량이 m인 4개의 점입자가 정사각형의 각 꼭짓점인 $(a, a, 0)$, $(-a, a, 0)$, $(a, -a, 0)$, $(-a, -a, 0)$에 하나씩 위치하고 있다. 이 점입자들에 의해 질량 M인 다른 점입자가 $(0, 0, z)$인 위치에 있을 때 받는 중력의 크기를 구하시오. 이 힘과 질량이 각각 m인 4개의 점입자 대신에 질량 $4m$인 점입자가 $(0, 0, 0)$인 위치에 있었다면 질량 M인 점입자가 받는 힘을 비교하시오.

02 예제 5.2.1의 행성에 대해 직선터널을 중심을 관통하는 대신에 터널의 길이가 행성의 반지름 R이 되도록 비껴나가게 뚫었다. 이러한 터널의 한 끝에서 가만히 물체를 놓았을 때 반대편 끝에 물체가 도달하는 데 걸리는 시간을 구하시오.

03 거리의 제곱에 반비례하는 중심력이 물체에 작용하고 있다. 다음의 각 경우에 유효퍼텐셜을 그리고 $\hat{r}$성분의 운동을 정성적으로 기술하시오.
1) 척력인 경우.
2) 인력인 경우. (각운동량이 0일 때와 0이 아닐 때, 역학적 에너지가 음수인 경우와 양수인 경우를 각각 고려하자.)

04 예제 5.3.2와 예제 5.3.3의 상황에서 물체의 속력을 시간의 함수로 구하시오.

05 예제 5.3.2와 예제 5.3.3의 상황에서 물체의 총에너지를 구하시오. (단, 물체가 기준점에서 무한히 먼 거리에 있을 때 물체의 퍼텐셜에너지가 0이라 놓는다.)

06 케플러의 법칙에 의하면 행성은 태양 주위를 타원궤도로 돈다. 그런데 물리학을 처음 배울 때 지구의 중력의 결과로 인공위성이 원운동을 한다고 배우며 그 반지름을 구하기도 하였다. 이러한 논의에서 무엇이 잘못되었는가?

07 어떤 사람이 지표면에서 뛰어올라 최대 H만큼의 높이를 점프할 수 있다. 이 사람이 지구와 같은 밀도를 갖는 구형 소행성을 점프하여 탈출하고자 한다. 탈출하기 위한 소행성의 반지름의 한계를 구하시오.

08 예제 5.3.1에서 포탄이 지면에서 높이 $R/2$인 지점에 도달했을 때의 속도를 구하시오.

09 공을 던져서 높이가 100 m 올라가는 동안 지면에 평행한 방향의 속도성분이 몇 %나 변하는지 계산하시오. (단, 공기저항은 무시하시오.)

10 식 (5.5.7)에서 시작하여 궤도운동의 안정성에 대한 식 (5.5.6)을 유도하시오.

11 예제 5.5.2에서 $n = 6, -3/4$일 때의 원궤도에 가까운 궤도운동의 양상을 그림으로 정확하게 묘사하시오.

12 힘이 다음과 같은 형태일 때 원형궤도가 안정될 조건을 구하시오.

$$F(r) = -\frac{k}{r^2} - \frac{\epsilon}{r^4}$$

13 어떤 천체가 받는 중력이 역제곱 법칙의 형태를 살짝 벗어난 다음의 형태를 갖는다고 하자.

$$F(r) = -\frac{k}{r^2} + \epsilon r$$

위 식에서 둘째항의 크기가 첫째 항에 비해 매우 작을 때 천체가 반지름 a인 원운동에 가깝게 공전하는 과정에서의 극지각을 구하시오.

14 러더퍼드 산란에서 산란 후에 입자가 입사한 경로로 되돌아갈 때 입사입자와 고정핵 사이의 최소 거리를 구하시오. (단, 입사입자와 고정핵의 전하량을 각각 q, Q로 놓고 입사입자의 에너지를 E로 놓으시오.)

15 중심력이 $\vec{F} = \frac{K}{r^3}\hat{r}$로 작용하는 공간속을 질량 m인 입자가 운동할 때, 미소산란단면적의 넓이가 $d\sigma = \frac{K\pi^2(\pi - \theta)}{mv_0^2\theta^2(2\pi - \theta)^2\sin\theta}d\theta$임을 보이시오.

Chapter 06

비관성 기준틀과 관성력

6.1 ● 비관성 기준틀: 무엇이 문제인가?

1장에서 우리는 뉴턴의 역학 체계는 오직 관성 기준틀에서 적용되어야 한다고 논의하였다. 그리고 하나의 관성 기준틀을 결정하는 방법에 대해 논의하였다. 그런데 1장에서 우리는 비관성 기준틀에서 뉴턴의 역학 체계를 적용하면 어떤 문제점이 있는지, 그리고 어떻게 그 문제를 처리하는지에 대해서는 자세히 논의하지 않았다. 이번 장에서 우리는 관성 기준틀이 아닌 기준틀, 즉 비관성 기준틀에서 운동을 다루는 방법에 대해 논의할 것이다.

먼저 관성 기준틀에서 뉴턴의 1, 2, 3법칙이 성립한다는 의미를 생각해보자. 1법칙에 의하면, 관성 기준틀에서 볼 때 어떤 물체에 힘이 작용하지 않으면 이 물체의 가속도는 0이 된다. 따라서 1법칙이 성립하는지를 확인하기 위해서는 관성 기준틀의 원점을 기준으로 가속도를 측정해야 한다. 물체가 힘을 받지 않더라도 관성 기준틀의 원점에 대해 가속 운동을 하는 다른 기준점에서 본 물체의 가속도는 0이 아닐 수 있다. 즉, 다른 기준점을 기준으로 하면 뉴턴의 1법칙이 성립하지 않는 것처럼 보일 수 있다.

한편 뉴턴의 2법칙에 의하면 질량 m인 물체에 크기 F인 힘이 작용할 때 물체의 가속도의 크기는 F/m가 된다. 정확히 말하면 이 가속도도 관성 기준틀의 원점을 기준으로 한 것이다. 따라서 크기 F인 힘이 물체에 작용할 때 관성 기준틀의 원점으로부터 가속되는 다른 기준점(혹은 다른 관찰자의 입장)에서 본 가속도는 F/m가 아닐 수 있다. 즉, 다른 기준점을 기준으로 하면 뉴턴의 2법칙이 성립하지 않는 것처럼 보일 수 있다.

한편 뉴턴의 3법칙에 의하면 두 물체가 서로에게 작용하는 힘의 크기는 같다. 만일 외부와 고립된 질량 m_1, m_2인 두 물체가 오직 서로에게 힘을 작용하는 상황을 생각해보면 두 물체의 가속도의 크기 a_1, a_2는 다음을 만족하게 된다.

$$m_1 a_1 = m_2 a_2 \qquad\qquad (6.1.1)$$

엄밀히 말하면 이러한 등식도 관성 기준틀의 원점을 기준점으로 한 가속도의 경우에 그렇다. 그런데 다른 기준점에 대한 가속도를 생각하면 위의 등식이 만족하지 않을 수 있다. 즉, 기준점이 달라지면 겉보기에는 마치 뉴턴의 3법칙이 성립하지 않는 것처럼 보인다.

뉴턴의 역학 체계는 상호작용으로서의 힘과 그로 인한 운동 양상 모두에 대한 논의를 포함한다. 여기서 상호작용과 관련한 매우 중요한 질문을 하나 해보겠다. 만일 관성 기준틀이 아닌 다른 좌표계에서 보면 물체 사이의 상호작용이 실제로 달라질까?

관찰자가 달라진다고 물체 사이의 상호작용이 실제로 달라질 수 있다고 생각하는 것은 지나친 주장 같다. 그 주장을 확고한 근거를 가지고 논리적으로 반박하기 어렵지만 말이다. 대신에 물체 사이의 상호작용은 물체들 사이의 문제이고, 제3의 관찰자가 개입할 수 없다는 가정이 직관적으로 더 그럴듯하다. 이러한 가정은 입증하는 것도 반증하는 것도 쉽지 않아 보인다. 그러니 증명하려고 하지 말고 관찰자가 달라진다고 해서 실제의 상호작용이 달라지지는 않는다고 일단 믿어 보자. 이 가정은 어찌 보면 직관적으로 너무도 당연한 것이어서 굳이 언급할 필요도 없다고 생각할지 모른다. 여하튼 이 가정은 앞으로의 논의를 위한 중요한 초석이 된다.

상호작용과는 달리 물체의 운동 양상은 관찰자에 따라서 다르게 보일 수 있다. 한 관찰자를 기준으로 움직이지 않는 물체가 다른 관찰자의 기준으로는 가속될 수 있다. 결과적으로 실제로 작용하는 힘은 관찰자와 무관한 반면, 물체의 운동 양상은 관찰자에 따라 달라질 수 있다. 이러한 이유로 어떤 기준점(혹은 관성 기준틀)에서 보면 뉴턴의 법칙들이 성립하는 것처럼 보이지만, 어떤 기준점(혹은 비관성 기준틀)에서 보면 뉴턴의 운동법칙이 성립하지 않는 것으로 보인다.

뉴턴의 운동법칙이 성립하지 않는 좌표계를 비관성 기준틀이라고 부른다. 비관성 기준틀에서 운동을 다룬다면 뉴턴의 1, 2, 3법칙을 그대로 적용하면 안 된다. 대신 비관성 기준틀에서는 관성력이라는 가상의 힘[1]을 추가로 상상하여 뉴턴의 1, 2, 3법칙을 적용하는 방식으로 물체의 운동을 다루어야 한다. 이번 장에서는 비관성 기준틀, 관성력을 사용하여 운동을 다루는 방법에 대해 구체적으로 살펴볼 것이다.

굳이 왜 비관성 기준틀에서 운동을 다루는 방법을 배우는가? 운동을 관성 기준틀 대신에 비관성 기준틀에서 다루는 것이 편한 경우가 있기 때문이다[2]. 예를 들어 우리는 흔히

---

1) '가상의 힘'이라는 것이 정확히 무엇을 의미하는지, 그것이 '실제 힘'과 어떻게 다른 것인지를 아는 것이 이번 장의 핵심의 하나이다.

2) 관성력에 대한 오해로 관성 기준틀에서 다룰 수 있는 상황을 비관성 기준틀로 다루는 경향이 있다. 이러한

지표면상의 한 점을 중심으로 좌표계를 설정한다. 이를테면 관찰자의 위치를 기준으로 북쪽, 동쪽 그리고 연직 방향을 세 축으로 설정하는 좌표계가 우리가 흔히 쓰는 좌표계이다. 이 좌표계를 편의상 지표좌표계라 부르겠다. 그동안 우리는 지표좌표계를 관성 기준틀로 여기고, 그 타당성에 대해서는 거의 의심하지 않았다. 그런데 관성 기준틀로 공인되는 항성좌표계와 지표좌표계를 비교해보면, 지표좌표계는 관성 기준틀이 아니다. 항성좌표계에 대해 지표좌표계는 병진운동과 회전운동을 하고 있기 때문이다. 다만 지표 좌표계를 관성 기준틀로 근사하여도, 그로 인한 효과가 일상생활에서 두드러져 보일 정도로 크지 않기 때문에 지표좌표계를 근사적으로 관성 기준틀로 가정하는 것이다. 그런데 포탄을 발사하여 정확한 위치에 도달하도록 하는 문제같이 보다 정밀한 계산을 수행해야 하는 상황이 있다. 앞으로 보겠지만 이 경우에는 우리가 기준으로 삼는 지표좌표계가 관성 기준틀이 아니라는 것을 고려해야 한다.

그러면 우리가 설정한 좌표계가 관성 기준틀이 아니고, 이로 인한 효과를 무시할 수 없는 경우에 어떻게 운동을 다루어야 하는가? 첫째 방법은 관성 기준틀을 사용하여 운동을 다루는 것이다. 그런데 이 방법은 경우에 따라 그다지 효율적이지 않을 수 있다[3]. 이를테면 지표좌표계가 관성 기준틀이 아니더라도, 항성좌표계를 사용하여 지구상의 운동을 다루는 것은 매우 비효율적이다. 항성좌표계에서 운동을 다루고, 이 결과를 지표좌표계로 바꾸는 복잡한 과정이 필요하기 때문이다. 따라서 이왕이면 지상에서의 운동을 비관성 기준틀인 지표좌표계에서 직접 분석할 수 있는 방법이 있으면 좋을 것이다. 이렇게 운동을 관성 기준틀 대신에 비관성 기준틀에서 직접 다루기 위해 도입된 개념이 바로 관성력이다.

그런데 관성력 개념은 그것에 대해 틀리지 않은 설명을 찾는 것이 쉽지 않을 정도로 수많은 오해를 양산하는 개념이다. 강조하건대 비관성 기준틀에서 운동을 다루는 방법, 그중에서 특히 관성력을 이해하려면 무수한 오개념의 지뢰밭을 통과해야 한다. 부디 이번 기회를 통해 관성력에 대한 오개념을 온전히 교정할 기회를 갖기 바란다.

비관성 기준틀에 대한 편향은 사실상 거의 오개념과 연관된다. 보다 자세한 내용은 6.6절을 참고하라.

3) 이러한 접근이 항상 좋지 않다는 것은 아니다. 이를테면 우리는 관성 기준틀에서의 접근을 통해 코리올리 힘을 보다 직관적으로 이해할 수 있음을 볼 것이다.

6.2 ● 직선 가속 비관성 기준틀과 관성력의 본질

앞에서 언급했듯이 비관성 기준틀에서는 뉴턴의 운동법칙이 그대로 성립하지 않지만, 약간의 수정을 통해 비관성 기준틀에서 직접 뉴턴의 운동법칙을 적용할 수 있다. 지금부터 그 방법에 대해 살펴보자. 우리가 지금부터 하는 논의는 원칙적으로 모든 비관성 기준틀에 대해 적용될 수 있다. 다만 회전과 관련된 비관성 기준틀의 경우에는 관련된 수학이 상당히 복잡하다. 따라서 우리는 먼저 수학적으로 가장 간단한 경우를 통해 개념적 이해를 도모할 것이다. 즉 관성 기준틀에 대해 직선 방향으로 가속되는 비관성 기준틀, 즉 회전운동 없이 병진운동만 있는 비관성 기준틀에서 뉴턴 역학을 적용하는 방법을 살펴보겠다.

이제 한 물체의 운동이 관성 기준틀과 직선 방향으로 가속되는 비관성 기준틀에서 어떻게 다른지 살펴보겠다. 이를 위해 한 물체의 운동을 관찰자 갑돌이는 관성 기준틀을 기준으로 다루고, 관찰자 을순이는 비관성 기준틀을 기준으로 다루는 상황을 고려하자. 관성 기준틀과 비관성 기준틀의 원점을 각각 O, O^*으로 놓고 고려하는 물체의 위치를 P라 놓자. 또한 [그림 6.2.1]처럼 $\vec{r}$, $\vec{r^*}$을 각각 두 좌표계에서 물체의 위치를 나타내는 변위, $\vec{h}$를 O를 기준으로 한 O^*의 변위라 놓으면 다음이 성립한다.

$$\vec{r} = \vec{r^*} + \vec{h} \tag{6.2.1}$$

한편 $\vec{v}$, $\vec{v^*}$, $\vec{v_h}$를 다음과 같이 각각 관성 기준틀에서 본 물체의 속도, 비관성 기준틀에서 본 물체의 속도, O를 기준으로 한 O^*의 속도라고 정의하자.

$$\vec{v} = \frac{d\vec{r}}{dt},\ \vec{v^*} = \frac{d\vec{r^*}}{dt},\ \vec{v_h} = \frac{d\vec{h^*}}{dt} \tag{6.2.2}$$

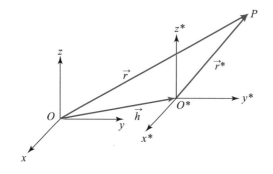

[그림 6.2.1] 원점 O에 대해 병진운동하고 있는 좌표계에서 본 운동

이때 다음이 성립한다.

$$\vec{v} = \vec{v^*} + \vec{v_h} \tag{6.2.3}$$

비슷하게 $\vec{a}$, $\vec{a^*}$, $\vec{a_h}$를 각각 관성 기준틀에서 본 물체의 가속도, 비관성 기준틀에서 본 물체의 가속도, O를 기준으로 한 O^*의 가속도라고 정의하면 다음이 성립한다.

$$\vec{a} = \vec{a^*} + \vec{a_h} \tag{6.2.4}$$

한편 $\vec{F}$를 외부세계와의 실제적 상호작용을 통해 물체가 받는 힘이라고 하자. 이때 관성 기준틀에서 뉴턴의 법칙이 성립하므로, 관성 기준틀에서 본 물체의 운동방정식은 다음의 형태이다.

$$\vec{F} = m\vec{a} \tag{6.2.5}$$

이 운동방정식에 식 (6.2.4)의 관계식을 적용하면 다음과 같다.

$$\vec{F} = m\vec{a^*} + m\vec{a_h} \tag{6.2.6}$$

위 식으로부터 비관성 기준틀에서 본 물체의 가속도는 물체의 외력뿐 아니라, 비관성 기준틀의 원점 O^*의 가속도에도 영향을 받는다는 것을 알 수 있다. 만일 $\vec{a_h} = 0$이면, O^*을 원점으로 하는 좌표계도 관성 기준틀이 된다. 일반적으로는 $\vec{a_h} \neq 0$일 수 있고, 이러한 비관성 기준틀에서는 뉴턴의 2법칙이 성립하지 않는다고 할 수 있다. 그런데 식 (6.2.6)을 다음과 같이 다시 써보자.

$$\vec{F} - m\vec{a_h} = m\vec{a^*} \tag{6.2.7}$$

식 (6.2.7)에서 $-m\vec{a_h}$ 항은 외부에서 물체에 작용하는 힘은 아니다. 그렇지만 $-m\vec{a_h}$을 외부에서 물체에 작용하는 힘이라고 상상해보자. 그러면 식 (6.2.7)은 실제 상호작용에 의해 물체에 작용하는 힘 $\vec{F}$와 상상의 힘 $-m\vec{a_h}$가 함께 작용한 결과로 물체에 $\vec{a^*}$의 가속도가 작용한 것처럼 생각할 수 있다. 즉, 비관성 기준틀에서 본 물체는 마치 힘 $\vec{F}$와 상상의 힘 $-m\vec{a_h}$가 물체에 작용한 결과로 가속도 $\vec{a^*}$로 가속되는 것처럼 여길 수 있다. 이렇게 상상의 힘 $-m\vec{a_h}$를 도입함으로써 비관성 기준틀에서 마치 뉴턴의 2법칙이 성립하는 것처럼 여길 수 있다.

지금까지 가상의 힘을 가정함으로써 비관성 기준틀에서 본 운동도 뉴턴의 2법칙을 만족하는 것처럼 다룰 수 있음을 보았다. 이때 도입한 가상의 힘을 관성력(inertia force) 혹은 유사힘(fictitious force)이라고 부른다. 두 용어 중에서 유사힘이라는 표현에 주목할 필요가 있는데, 이 표현에는 실제 상호작용이 아닌 가짜 힘이라는 관성력의 본질이 담겨 있기 때문이다.

제법 복잡했던 이상의 결과를 요약하면 다음과 같다.

1) 비관성 기준틀에서는 뉴턴의 법칙들이 성립하지 않는다.
2) 그러나 관성력(유사힘)을 도입함으로써 비관성 기준틀에서도 뉴턴의 법칙들이 성립하는 것처럼 생각할 수 있다.
3) 관성력을 가상적으로 추가하기만 하면, 비관성 기준틀에서 운동을 다루는 것에 아무런 문제가 없다.

우리가 관성 기준틀에 대해 직선운동을 하는 비관성 기준틀의 운동을 다룰 때 관성력은 매우 간단하다. 즉 물체에 $-m\vec{a_h}$ 만큼의 관성력이 작용한다고 추가로 상상하기만 하면 비관성 기준틀에서 운동을 다룰 수 있다. 관성 기준틀에 대해 복잡한(이를테면 회전운동을 포함하는) 운동을 하는 비관성 기준틀에 대해서도 운동방정식을 적용하기 위해 관성력을 추가로 상상해야 한다는 사실에는 변함이 없다. 다만 이 경우에는 상상해야 하는 관성력의 형태가 훨씬 복잡해질 뿐이다. 뒤에서 우리는 이러한 경우를 정량적으로 다루고, 코리올리 힘과 원심력이라는 관성력을 도입할 것이다. 회전운동을 하는 비관성 기준틀의 경우에 수학적 복잡성만 증가했을 뿐 개념적으로는 지금 논의한 것을 벗어나지 않는다. 즉 어떤 경우이던지 관성력은 실제 상호작용에 의한 힘이 아니고, 머리로 상상해낸 힘이라는 것이다.

끝으로 논의를 마치면서 관성력과 관련한 매우 심각한 오해인 관성력을 느낄 수 있다는 오해에 대해 짚고 넘어가고자 한다. 이러한 오해는 너무나도 깊게 뿌리박혀 있기 때문에, 아마도 이 글을 읽고 있는 여러분 대부분이 접해보았거나 가지고 있는 오해일 것이다. 그렇지만 다시 한 번 강조하지만 관성력은 머릿속에만 있는 가상의 힘이고, 실제의 물리적 상호작용과 전혀 관련이 없다. 또 관성력은 상호작용과 관련이 없기 때문에 감각적으로 느낄 수 있는 힘이 아니다. 한편 힘에 대한 감각적인 체험은 우리 몸의 변형과 관련된다. 그런데 몸의 변형을 야기하는 것은 실제로 상호작용하는 힘이다. 즉 몸의 변형을 야기하는 것은 상호작용에 의한 실제의 힘이고, 우리가 느끼는 힘은 바로 실제의 상호작용을 통한 힘이다. 우리는 관성력을 느낄 수 없고, 다만 머릿속으로 상상할 수 있을 뿐이다. 관성력이 느낄 수 없는 것이라는 주장은 여러분에게 매우 생소하고 당혹스러운 것일 수 있다. 이와 관련된 보다 자세한 논의는 6.6절을 참고하자.

6.3 ◦ 회전을 포함한 비관성 기준틀

앞에서 우리는 관성 기준틀에 대해 직선상으로 가속되는 비관성 기준틀에서 운동을 다루는 방법을 논의하였다. 이러한 비관성 기준틀은 좌표계의 회전을 포함하고 있지 않다. 그런데 응용이라는 관점에서 보면, 회전을 포함한 비관성 기준틀이야말로 중요하다. 지구 표면에서의 운동을 다룰 때 사용하는 지표좌표계가 관성 기준틀에 대해 회전운동을 포함하는 비관성 기준틀이기 때문이다. 지금부터는 회전을 포함한 비관성 기준틀에서 운동을 다루는 방법에 대해 논의하겠다. 이 논의는 수학적으로 꽤 복잡하지만 앞선 논의와 개념적으로 다른 점은 없다.

우리가 관성 기준틀로 선정한 태양을 기준점으로 하는 항성좌표계에 대해 지구는 자전과 공전을 하고 있다. 따라서 지표면의 기준점에서 북쪽 방향, 동쪽 방향, 연직면 방향을 각각 축으로 하는 지표좌표계는 항성좌표계에 대해 병진운동과 회전운동을 하고 있는 셈이다. 따라서 지구상에서의 운동을 엄밀히 다루려면 지표좌표계를 비관성 기준틀로 취급해야 한다. 그런데 일상적인 운동 상황에서는 지표좌표계를 관성 기준틀로 취급할 때 예측되는 운동과 비관성 기준틀로 취급할 때 예측되는 운동 사이에 두드러진 차이가 없다. 이런 이유로 편의상 지표좌표계를 관성 기준틀로 다루어도 큰 문제가 생기지 않는다. 그런데 탄환의 궤적 및 낙하지점을 찾는 문제와 같이 물체의 원거리 이동에 대한 정밀한 예측이 필요한 경우에 지표좌표계를 비관성 기준틀로 놓고 운동방정식을 풀어야 한다.

지표좌표계는 항성좌표계에 대해 병진운동과 회전운동을 포함하는 운동을 한다. 그렇지만 논의가 복잡해지는 것을 피하기 위해 일단 관성 기준틀에 대해 회전운동만을 하는 좌표계에 대한 논의부터 시작하기로 하자. 이를테면 회전하는 원판 위의 구슬의 운동을 생각해보자. 이 구슬의 운동을 원판 밖의 관찰자가 관찰하는 것이 관성 기준틀에서 구슬을 관찰하는 것이라면 원판 안의 관찰자는 회전하는 비관성 기준틀에서 구슬을 관찰하고 있다고 할 수 있다.

회전 기준틀에서의 운동을 논하기 전에 먼저 어떤 벡터 $\vec{r}$이 Q축을 중심으로 각속도 $\vec{\omega}$로 회전하는 상황을 생각해 보자. 이때 시간에 따른 벡터 $\vec{r}$의 변화는 다음과 같다.

$$\frac{d\vec{r}}{dt} = \vec{\omega} \times \vec{r} \tag{6.3.1}$$

이 결과는 [그림 6.3.1]를 통해서 유도할 수 있다. 미소 시간 Δt 동안의 $\vec{r}$의 변화량 $\Delta \vec{r}$을 먼저 구해보자. 그림에서 $\Delta \vec{r}$의 크기는 $\Delta r = \omega r \sin\theta \, \Delta t$라는 것을 쉽게 확인할 수 있다.

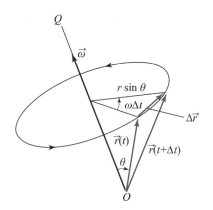

[그림 6.3.1] 회전하는 벡터의 시간에 따른 변화

따라서 Δr을 Δt로 나누면, $\omega r \sin\theta$ 을 얻는다. 즉, 식 (6.3.1)의 좌변과 우변은 크기가 같다. 한편 [그림 6.3.1]을 통해서 식 (6.3.1)의 좌변과 우변은 같은 방향을 가리킨다는 것을 쉽게 확인할 수 있다. 결과적으로 식 (6.3.1)의 좌변과 우변은 같다.

앞으로 식 (6.3.1)을 적용할 때 벡터 $\vec{r}$이 꼭 위치벡터여야 할 필요는 없다. 즉 벡터이기만 하면 식 (6.3.1)을 적용할 수 있다. 그렇지만 $\vec{r}$을 위치벡터로 생각하는 것이 논의를 이해하는 데 도움이 될 수 있다.

이제 우리가 하고자 하는 일은 관성 기준틀에 대해 회전하고 있는 좌표계를 기준으로 뉴턴의 2법칙이 어떻게 표현되는지를 구하는 것이다. 우리가 할 일은 특히 새로운 비관성 기준틀에서 관성력이 어떤 형태를 갖는지를 구하는 것이다. 이 과정에서 우리는 코리올리 힘과 원심력이라는 두 종류의 관성력을 구별할 것이다.

본격적인 논의에 앞서 [그림 6.3.2]의 회전 기준틀을 생각하자. 그림에서 $\hat{x}$, $\hat{y}$, $\hat{z}$는 각각 관성 기준틀의 좌표축이다. 반면 $\hat{x}^*$, $\hat{y}^*$, $\hat{z}^*$는 각각 회전 기준틀의 좌표축이다. 이 회전 기준틀은 관성 기준틀에 대해 각속도 $\vec{\omega}$로 회전하고 있는 상황이다.

이때 $\hat{x}^*$, $\hat{y}^*$, $\hat{z}^*$는 각각 회전축에 대해 $\vec{\omega}$로 회전하는 벡터들이므로 식 (6.3.1)에 의해 다음이 성립한다.

$$\frac{d\hat{x}^*}{dt} = \vec{\omega} \times \hat{x}^*$$

$$\frac{d\hat{y}^*}{dt} = \vec{\omega} \times \hat{y}^*$$

$$\frac{d\hat{z}^*}{dt} = \vec{\omega} \times \hat{z}^* \tag{6.3.2}$$

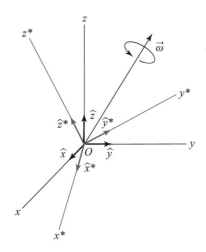

[그림 6.3.2] 회전 기준틀의 좌표축

이것으로 회전 기준틀에서의 운동방정식을 유도할 기초 준비가 끝났다. 지금부터는 회전 기준틀에서의 운동방정식을 구할 텐데, 이를 위해 2차 도함수(이를테면 $d^2\vec{r}/dt^2$)를 계산해야 한다. 그런데 우리의 계산에서 이차도함수를 한 번에 구하기가 어렵기 때문에 중간 과정으로 1차 도함수($d\vec{r}/dt$)를 먼저 계산할 것이다. 또 그 결과를 바탕으로 2차 도함수를 구하는 과정을 거칠 것이다.

1) 회전 기준틀에서 벡터 $\vec{r}$의 시간에 따른 도함수 구하기

관성 기준틀에서 $\vec{r}$로 표기는 되는 벡터가 있다고 하자. 관성 기준틀에서 이 벡터의 시간변화량은 $d\vec{r}/dt$로 표기하고, 회전 기준틀에서 본 이 벡터의 시간변화량은 $d^*\vec{r}/dt$라고 표기하도록 하자. 지금부터 다소 복잡한 수학적 논의를 진행할 텐데 우리의 목적은 일차적으로 $d\vec{r}/dt$과 $d^*\vec{r}/dt$ 사이의 관계를 구하는 데 있다는 것을 기억하고 논의를 읽어나가도록 하자.

우선 $\vec{r}$는 관성 기준틀에서 다음과 같이 표현된다.

$$\vec{r} = r_x\hat{x} + r_y\hat{y} + r_z\hat{z} \tag{6.3.3}$$

한편 $\vec{r}$은 회전 기준틀에서 다음과 같이 표현된다.

$$\vec{r} = r_x{}^*\hat{x}^* + r_y{}^*\hat{y}^* + r_z{}^*\hat{z}^* \tag{6.3.4}$$

한편 관성 기준틀에서 본 $\vec{r}$의 시간에 따른 변화율을 얻기 위해 식 (6.3.3)을 미분하면 다음과 같다.

$$\frac{d\vec{r}}{dt} = \dot{r_x}\,\hat{x} + \dot{r_y}\,\hat{y} + \dot{r_z}\,\hat{z} \tag{6.3.5}$$

반면 회전 기준틀에서 본 $\vec{r}$의 시간에 따른 변화율을 얻기 위해 식 (6.3.4)을 미분하면 다음과 같다.

$$\frac{d^*\vec{r}}{dt} = \dot{r_x}^*\,\hat{x}^* + \dot{r_y}^*\,\hat{y}^* + \dot{r_z}^*\,\hat{z}^* \tag{6.3.6}$$

한편 식 (6.3.3)과 식 (6.3.4)는 같은 위치벡터를 표현만 달리 한 것이므로 식 (6.3.4)를 미분하여 $d\vec{r}/dt$를 구할 수 있는데, 그 결과는 다음과 같다.

$$\frac{d\vec{r}}{dt} = \dot{r_x}^*\,\hat{x}^* + \dot{r_y}^*\,\hat{y}^* + \dot{r_z}^*\,\hat{z}^* + r_x\frac{d\hat{x}^*}{dt} + r_y\frac{d\hat{y}^*}{dt} + r_z\frac{d\hat{z}^*}{dt} \tag{6.3.7}$$

식 (6.3.7)에 대해, 식 (6.3.6)과 식 (6.3.2)를 적용하면, 다음을 얻는다.

$$\frac{d\vec{r}}{dt} = \frac{d^*\vec{r}}{dt} + r_x^*(\vec{\omega}\times\hat{x}^*) + r_y^*(\vec{\omega}\times\hat{y}^*) + r_z^*(\vec{\omega}\times\hat{z}^*) \tag{6.3.8}$$

이 결과는 다음과 같이 정리된다.

$$\frac{d\vec{r}}{dt} = \frac{d^*\vec{r}}{dt} + \vec{\omega}\times\vec{r} \tag{6.3.9}$$

식 (6.3.9)에서 $d\vec{r}/dt = \vec{v}$를 대입하면 $\vec{v} = \vec{v}^* + \vec{\omega}\times\vec{r}$의 관계를 알 수 있다. 또한 연산자[4] d/dt와 d^*/dt는 다음의 관계를 가진다.

$$\frac{d}{dt} = \frac{d^*}{dt} + \vec{\omega}\times \tag{6.3.10}$$

또한 식 (6.3.9)에 임의의 벡터 $\vec{r}$ 대신 각속도 $\vec{\omega}$를 대입해 보면 다음 결과를 쉽게 얻는다.

$$\frac{d\vec{\omega}}{dt} = \frac{d^*\vec{\omega}}{dt} \tag{6.3.11}$$

즉, 관성 기준틀에서 본 각가속도는 회전 기준틀에서 본 각가속도와 같다.

---

4) d/dt와 d^*/dt는 모두 함수를 취하여 다른 함수로 바꾸어 주는 기능을 한다. 이러한 수학적 개체들을 연산자라 부른다.

2) 회전 기준틀에서 벡터 $\vec{r}$의 시간에 따른 이차 도함수 구하기

식 (6.3.9)를 바탕으로 하여 회전 기준틀에서 벡터의 이차 도함수를 구하여 보자. 이차 도함수(가속도)를 알아보는 이유는 앞서 밝힌 것과 같이 물체의 운동을 다루기 위한 뉴턴 방정식을 이끌어내기 위함이다. 식 (6.3.9)를 시간에 관해 미분하면 다음과 같다.

$$\frac{d^2\vec{r}}{dt} = \frac{d}{dt}\left(\frac{d\vec{r}}{dt}\right) = \frac{d}{dt}\left(\frac{d^*\vec{r}}{dt} + \vec{\omega}\times\vec{r}\right) \tag{6.3.12}$$

식 (6.3.10)을 이용하여 d/dt를 바꾸어주면 다음과 같다.

$$\begin{aligned}\frac{d^2\vec{r}}{dt} &= \left(\frac{d^*}{dt} + \vec{\omega}\times\right)\left(\frac{d^*\vec{r}}{dt} + \vec{\omega}\times\vec{r}\right)\\ &= \frac{d^{*2}\vec{r}}{dt^2} + \frac{d^*\vec{\omega}}{dt}\times\vec{r} + \vec{\omega}\times\frac{d^*\vec{r}}{dt} + \vec{\omega}\times\frac{d^*\vec{r}}{dt} + \vec{\omega}\times(\vec{\omega}\times\vec{r})\end{aligned} \tag{6.3.13}$$

이 결과에서 같은 항끼리 합하고, 식 (6.3.11)을 적용하면 다음을 얻는다.

$$\frac{d^2\vec{r}}{dt} = \frac{d^{*2}\vec{r}}{dt^2} + \vec{\omega}\times(\vec{\omega}\times\vec{r}) + 2\vec{\omega}\times\frac{d^*\vec{r}}{dt} + \frac{d\vec{\omega}}{dt}\times\vec{r} \tag{6.3.14}$$

이제 운동방정식을 구하기 위해, 식 (6.3.14)에서 양변에 질량 m을 곱하여, 회전 기준틀의 입장에서 정리하면 다음을 얻는다.

$$m\frac{d^{*2}\vec{r}}{dt^2} = \vec{F} - m\vec{\omega}\times(\vec{\omega}\times\vec{r}) - 2m\vec{\omega}\times\frac{d^*\vec{r}}{dt} - m\frac{d\vec{\omega}}{dt}\times\vec{r} \tag{6.3.15}$$

식 (6.3.15)는 복잡해보이지만, 원리적으로는 식 (6.2.7) ($\vec{F} - m\vec{a_h} = m\vec{a^*}$)과 크게 다르지 않다. 즉, 식 (6.3.15)의 우변에서 $\vec{F}$를 제외한 다른 항들은 모두 관성력으로 생각할 수 있으며, 식 (6.3.15)은 관성력을 포함한 회전 기준틀에서의 운동방정식이 된다. 식 (6.3.15)의 각 항들은 구체적으로 다음과 같은 의미를 갖게 된다.

i) $m\dfrac{d^{*2}\vec{r}}{dt^2}$: 회전 기준틀(비관성 기준틀)에서 본 물체에 작용하는 알짜힘이다. 한편 $\dfrac{d^{*2}\vec{r}}{dt^2}$은 회전 기준틀에서 본 물체의 가속도가 된다.

ii) $\vec{F}$: 다른 계와의 상호작용을 통해 물체에 작용하는 실제 힘이다. 관성 기준틀에서는 $\vec{F} = m\dfrac{d^2\vec{r}}{dt^2}$ 가 성립할 것이다.

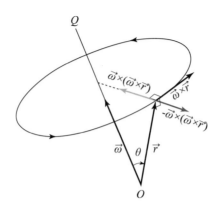

[그림 6.3.3] 회전과 구심가속도

iii) $-m\vec{\omega}\times(\vec{\omega}\times\vec{r})$: 관성력의 일종으로 원심력(centrifugal force)이라 불린다. 식 (6.3.15)에서 $\vec{\omega}\times(\vec{\omega}\times\vec{r})$은 축 주위로 회전하는 물체의 구심가속도이다. [그림 6.3.3]에서 다음과 같이 구심가속도의 크기와 방향을 알 수 있다.

$$|\vec{\omega}\times(\vec{\omega}\times\vec{r})| = \omega^2 r\sin\theta = \frac{v^2}{r\sin\theta} \tag{6.3.16}$$

식 (6.3.16)에서 $R = r\sin\theta$라 놓으면 $\vec{\omega}\times(\vec{\omega}\times\vec{r}) = v^2/R$으로 우리에게 익숙한 구심가속도 공식으로 환원된다. 한편 음의 부호로 인해 관성력의 방향은 원의 중심에서 반대 방향이다.

iv) $-2m\vec{\omega}\times\dfrac{d^*\vec{r}}{dt}$: 일종의 관성력으로 코리올리 힘(Coriolis Force, 전향력(轉向力))이라 부른다.

한편 $2\vec{\omega}\times\dfrac{d^*\vec{r}}{dt}$ 는 코리올리 가속도(Coriolis' acceleration)라 불린다. [그림 6.3.4]를 통해 코리올리 힘의 방향을 알 수 있다. 코리올리 힘은 그림처럼 $\vec{\omega}$와 $\vec{v}^*$ $(= d^*\vec{r}/dt)$에 동시에 수직한 방향이며, 그 결과 물체는 이동하면서 진행 방향이 휘게 된다. 또한 코리올리 힘의 크기는 $\vec{\omega}$와 $\vec{v}^*$의 크기에 비례한다. 결과적으로 회전 기준틀이 관성 기준틀에 비해 빨리 회전할수록 또는 회전 기준틀에서 물체의 운동속도가 빠를수록 코리올리 힘이 커진다. 한편 회전 기준틀에서 물체가 정지해 있거나 물체가 회전축의 방향으로 움직이면(즉 $\vec{\omega}$와 $\vec{v}^*$이 평행) 코리올리 힘이 0이 된다.

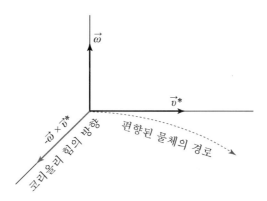

[그림 6.3.4] 코리올리 힘을 받는 물체의 경로

v) $-m\dfrac{d\vec{\omega}}{dt}\times\vec{r}$: 관성 기준틀에 대한 회전 기준틀의 각 가속도가 0이 아닐 때 나타나는 힘으로 가로힘(transverse force)이라 불린다. 각속도가 일정한 경우에 소거된다. 우리가 관심을 갖는 많은 경우에 회전 기준틀의 각속도는 일정하므로 가로힘을 우리가 고려할 일은 별로 없을 것이다.

원심력과 코리올리 힘에 대해 다시 한 번 짚고 넘어갈 것이 있다. 이 두 힘은 중력이나 전기력, 장력 등 상호작용에 의한 힘이 아니다. 원심력과 코리올리 힘은 비관성 기준틀에서도 뉴턴의 방정식과 같은 비슷한 식을 만들기 위해 상상으로 도입된 힘이다. 예를 들어 물체가 원점을 중심으로 회전하고 있을 때 중력 또는 장력 같은 힘이 실제로 물체에 작용하여 구심가속을 발생시킬 수 있다. 이 상황에서 물체와 함께 회전하는 관찰자 입장에서 물체에 작용하는 겉보기 알짜힘이 0이라는 요구를 맞추기 위해 관측자가 상상의 힘을 가정한 것이다. 이러한 보정은 어디까지나 인위적인 것으로 뉴턴 방정식의 모양을 비관성 기준틀까지 확장하여 사용하려고 했기에 추가로 도입한 것이다. 원심력과 마찬가지로 코리올리 힘의 경우에도 회전하는 물체에 대한 상대운동을 기술하기 위해 도입된 것이다.

지금까지 우리는 비관성 기준틀이 관성 기준틀에 대해 회전만 하는 경우를 다루었다. 보다 일반적으로는 비관성 기준틀이 관성 기준틀에 대해 회전과 병진운동을 병행할 수 있다. 이를테면 비관성 기준틀의 원점이 관성 기준틀의 원점에 대해 가속도 $\vec{A}$로 가속되면서 각속도 $\vec{\omega}$로 회전하고 있다고 하면 비관성 기준틀에서의 운동방정식은 다음과 같이 바뀐다.

$$m\frac{d^{*2}\vec{r}}{dt^2}=\vec{F}-m\vec{\omega}\times(\vec{\omega}\times\vec{r})-2m\vec{\omega}\times\frac{d^{*}\vec{r}}{dt}-m\frac{d\vec{\omega}}{dt}\times\vec{r}-m\vec{A} \qquad (6.3.17)$$

이번 절에서 우리는 구체적인 운동 상황을 다루지 않았다. 대신에 식 (6.3.15)을 유도하고, 각 항이 어떤 의미를 갖는지를 설명한 것이 이번 절에서 논의한 것의 전부이다. 간단히 말해서 식 (6.3.15)은 회전 기준틀에서 뉴턴의 2법칙을 기술한 것이다. 구체적인 상황에 대해 회전 기준틀을 기준으로 하여 운동을 다루는 것은 다음 절에서 다룰 것이다.

6.4 ◆ 회전하는 원판 위에서의 운동

앞에서 회전 기준틀을 기준으로 운동방정식이 어떻게 되는지를 구했다. 지금부터 새로운 운동방정식을 실제 운동 상황에 적용하여 보겠다. 이를 위해 간단한 상황인 회전하는 원판 위의 운동으로 논의를 시작하고, 보다 복잡한 상황인 자전하는 지구상에서의 운동은 다음 절에서 다루겠다.

대개의 경우 우리가 다루는 예시에서 원판의 회전각속도가 일정하다. 이런 상황에서 관성력 없이 관성 기준틀로 운동을 다루고자 할 때 극좌표계를 이용하는 것이 편리할 것이다. 즉 다음과 같은 극좌표계에서의 운동방정식을 이용하여 운동을 다룰 수 있다.

$$F_r = m(\ddot{r} - r\dot{\theta}^2)$$
$$F_\theta = m(2\dot{r}\dot{\theta} + r\ddot{\theta}) \tag{6.4.1}$$

같은 상황을 이제 원판과 같이 회전하는 기준틀에서 살펴볼 수도 있다. 회전각속도가 일정하다면 식 (6.3.15)가 다음과 같이 간단해진다.

$$m\frac{d^{*2}\vec{r}}{dt^2} = \vec{F} - m\vec{\omega} \times (\vec{\omega} \times \vec{r}) - 2m\vec{\omega} \times \frac{d^*\vec{r}}{dt} \tag{6.4.2}$$

이 방정식에서 $\vec{F}$는 물체에 작용하는 실제 힘이다. 한편 $-m\vec{\omega} \times (\vec{\omega} \times \vec{r})$과 $-2m\vec{\omega} \times \frac{d^*\vec{r}}{dt}$는 각각 원심력과 코리올리 힘이다. 회전 기준틀의 좌표축을 각각 $\hat{x}^*$, $\hat{y}^*$라고 하면 4장에서 사용한 극좌표계의 단위벡터 $\hat{r}$, $\hat{\theta}$가 각각 $\hat{x}^*$, $\hat{y}^*$에 대응될 수 있다[5]. 결국 원심력과 코리올리 힘을 고려함으로써 일정한 각속도로 회전하는 원판 위에서의 운동을 다룰 수 있게 된다. 이를 바탕으로 몇 가지 예제들을 풀어보자.

---

5) $\hat{r}$, $\hat{\theta}$도 서로 수직한 단위벡터이기 때문에 가능하다. 4.5절을 참고하여라.

예제 6.4.1

회전각속도 ω인 원판 위에서 바라볼 때 질량 m인 물체가 반지름 r_0, 속력 v인 원운동을 하고 있다. 물체의 원운동을 유발하는 실제 힘이 마찰력이라고 할 때 다음을 구하시오.

1) 마찰력의 크기와 방향
2) 물체와 같이 회전하는 좌표계에서 본 관성력의 종류와 크기
3) 원판과 같이 회전하는 좌표계에서 본 관성력의 종류와 크기

풀이

1) 관성 기준틀에서 본 물체의 구심가속도는 $(v+r_o\omega)^2/r_0$이다.

이 가속도가 마찰력에 의해 유발되므로 마찰력(F_{fric})의 방향은 원판의 중심 방향이고 그 크기는 다음과 같다.

$$F_{fric} = m\frac{(v+r_o\omega)^2}{r_0}$$

2) 물체와 같이 회전하는 좌표계에서 물체의 운동이 없으므로 식 (6.4.2)에서 코리올리 힘 항이 0이고 원심력 항만 남는다. 회전 기준틀에서 물체의 가속이 없으므로 그 크기는 마찰력과 같고 방향은 반대이다.

3) 원판과 같이 회전하는 좌표계에서 보면 물체가 v로 이동하므로 $2mv\omega$인 크기의 코리올리 힘이 있다. 또한 $mr_0\omega^2$인 크기의 원심력도 있다. 이 경우 계산을 통해 원심력과 코리올리 힘이 같은 방향이 된다는 것을 얻을 수 있다. ([그림 6.3.3]을 참고하여라.) 또한 마찰력(F_{fric}), 원심력(F_{cent}), 코리올리 힘(F_{cori})이 중첩된 결과 물체가 반지름 r_0, 속력 v인 등속원운동을 한다. 이것을 다음과 같이 정리할 수 있다.

$$F_{fric} + F_{cent} + F_{cori} = m\frac{(v+r_o\omega)^2}{r_0} - mr_0\omega^2 - 2mv\omega = m\frac{v^2}{r_0}$$

물체 혹은 원판과 같이 회전하는 좌표계들의 비교에서 알 수 있듯이 좌표계에 따라 어떤 종류의 관성력이 관련되는지가 달라진다. 어떤 경우에서든 관성력은 실제의 힘이 아니고, 다만 보정을 위해 머릿속에서 도입된 힘이다. 또한 어떤 과정을 취하더라도 관성력 개념을 올바르게 적용하기만 하면 문제될 것은 하나도 없다.

예제 6.4.2

질량 m인 물체가 고정된 축에 대해 일정한 각속도 ω로 회전하는 바퀴 위에서 운동하고 있다. 바퀴에서 볼 때 물체는 중심에서 직선 바퀴살을 따라 일정한 속력 v로 바깥으로 향한다. 물체가 중심에서 r만큼 떨어져 있을 때 바퀴살이 물체에 가하는 실제 힘의 크기와 방향을 관성 기준틀과 회전 기준틀에서 각각 구하시오.

풀이

먼저 관성 기준틀에서 운동을 다루어보자. 이 경우 물체는 바퀴 위에서 운동하므로 곡선운동을 하는 것으로 보인다. 또한 바퀴가 일정한 각속도로 회전하므로 극좌표를 사용하면 이 운동을 보다 쉽게 다룰 수 있다. 물체는 바퀴살 위에서 볼 때 등속직선운동을 하며, 바퀴살이 관성 기준틀에 대해 ω의 각속도로 회전운동하므로, 식 (6.4.1)에서 $\ddot{r}=0$, $\dot{r}=v$, $\dot{\theta}=\omega$, $\ddot{\theta}=0$이다. 이러한 가속을 유발하는 힘이 바퀴살이 물체에 가하는 힘일 것이다. 따라서 바퀴살이 가하는 힘의 각 성분은 다음과 같다.

$$F_r = -mr\omega^2, \ F_\theta = 2mv\omega$$

결과적으로 물체가 문제에서 제시된 운동을 하려면 지름 방향($\hat{r}$)과 이에 수직한 방향($\hat{\theta}$)으로 각각 $F_r = -mr\omega^2$, $F_\theta = 2mv\omega$만큼의 실제 힘이 물체에 전달되어야 한다.

같은 상황을 이제 바퀴와 같이 회전하는 회전 기준틀에서 살펴보자. 이 경우 회전 기준틀에서 등속운동이므로 식 (6.4.2)가 다음과 같이 정리된다.

$$0 = \vec{F} - m\vec{\omega}\times(\vec{\omega}\times\vec{r}) - 2m\vec{\omega}\times\vec{v}$$

회전 기준틀의 좌표축을 각각 $\hat{x}^*$, $\hat{y}^*$라고 하자. 이때 앞에서 사용한 극좌표계의 $\hat{r}$, $\hat{\theta}$가 각각 $\hat{x}^*$, $\hat{y}^*$에 대응될 수 있다. 원심력과 코리올리 힘을 각각 계산하면 $mr\omega^2\hat{x}^*$, $-2mv\omega\hat{y}^*$가 된다. 실제 힘 $\vec{F}$가 이들과 상쇄되어야 회전 기준틀에서 등속운동이 가능하므로 실제 힘의 $\hat{x}^*$, $\hat{y}^*$ 성분(혹은 $\hat{r}$, $\hat{\theta}$성분)은 각각 $-mr\omega^2$, $2mv\omega$을 만족한다.

예제 6.4.3

각속도 ω로 반시계 방향으로 회전하는 마찰이 없는 원판에서 물체를 바깥 방향으로 속도 v로 쏘았다. 원판 위에서 볼 때 물체는 진행 방향에서 오른쪽으로 편향되게 된다. 작은 시간 간격 Δt 동안의 편향거리를 회전 기준틀에서 구하시오.

풀이

마찰이 없으므로 회전 기준틀에서는 실제적인 힘의 작용 없이 원심력과 코리올리 힘에 의해 가속 운동을 한다. $\hat{x}^*$, $\hat{y}^*$을 각각 회전 기준틀에서의 좌표축이라 하고, 최초에 물체가 $\hat{x}^*$축으로 발사되었다고 하면 운동방정식은 다음과 같다. (그림도 참고하자.)

$$m\frac{d^{*2}\vec{r}}{dt^2} = -m\omega^2 x^*\hat{x}^* - 2m\omega v\hat{y}^*$$

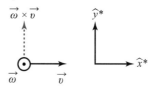

여기서 반지름 방향의 힘인 원심력은 물체의 초기 속도와 같은 방향이므로 운동 방향의 편향과는 무관하다. 한편 반지름에 수직인 방향으로 코리올리 힘이 작용하며 이것이 운동 방향의 편향을 유발한다. 짧은 시간 Δt 동안에는 원판에서 보더라도 물체의 속도 v가 일정하다고 근사하여 일정한 코리올리 힘 $-2m\omega v\hat{y}^*$을 받는다고 가정할 수 있다. 그 결과 코리올리 힘에 의한 가속도도 $2\omega v$로 일정하다고 근사할 수 있으므로, 편향거리 s는 다음과 같다.

$$s = \frac{1}{2}2\omega v(\Delta t)^2 = \omega v(\Delta t)^2$$

이때 편향된 방향은 $\hat{y}^*$의 반대 방향이 된다.

앞의 예제는 코리올리 힘 개념의 도입 없이도 관성 기준틀에서 다룰 수 있다. 이를 살펴보기 위해 [그림 6.4.1]처럼 원판이 도는 상황을 분석해보자. 원판 위에서 볼 때 회전하는 원판 위에 놓여 있던 물체가 중심에서 r만큼 떨어진 점 A를 출발하여 v의 속력으로 바깥으로 운동을 한다. 만약 원판이 회전하지 않았다면 물체는 점 A에서 $v\Delta t$만큼 떨어진 점 B로 이동할 것이다. 그런데 원판이 회전하고 있으므로 물체는 선분 $\overline{AB}$에 수직인 방향으로 초기 속도를 갖는다. 이 초기 속도로 인해 Δt의 시간 후에 물체는 B의 위치가 아닌 C의 위치에 있게 된다. 한편 원판 위의 점 B는 원판의 회전으로 인해 Δt의 시간 후에 D의 위치로 옮겨간다. 물체의 진행 방향을 기준으로 C가 D의 오른편에 있다는 것에 주목하자. 결과적으로 원판에서 볼 때 물체는 이동 중에 오른편으로 편향되는 것처럼 보인다.

물체가 이동하는 시간 Δt가 매우 작다고 하면 삼각형 ΔOAE와 삼각형 ΔECD가 근사적으로 닮음이라는 것을 이용하여 구체적인 편향거리를 추정할 수 있다. 즉 $\overline{OA}$와 $\overline{EC}$의 길이 비는 $\overline{AE}$와 $\overline{DC}$의 길이 비와 같다. 그런데 $\overline{EC}$의 길이는 v의 속력으로 Δt만큼 간 거리이므로 $v\Delta t$이다. 또한 $\overline{AE}$의 길이는 Δt시간 동안의 회전에 의한 점 A의 변위이

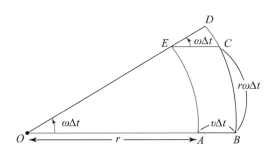

[그림 6.4.1] 회전하는 원판 위에서의 운동

므로 Δt가 매우 작다는 조건에서 $r\omega\Delta t$가 된다. $\overline{DC}$는 Δt가 매우 작다고 하면, 회전하는 동안 물체가 회전원판에서 뒤쳐진(편향된) 거리이며 우리가 구하고자 하는 값이다. 이제 닮음관계에서 다음과 같은 비례식이 도출된다.

$$r : v\Delta t = r\omega\Delta t : \overline{DC} \tag{6.4.3}$$

따라서 물체가 원판에서 뒤쳐진 거리는 다음과 같다.

$$\overline{DC} = v\omega(\Delta t)^2 \tag{6.4.4}$$

이 결과는 마치 물체가 원판에 비해 $2v\omega$의 등가속도로 뒤쳐지는 것과 같다.

이와 같이 비관성 기준틀에서 코리올리 힘에 의한 효과인 식 (6.4.4)와 같은 편향을 관성 기준틀에서 관성력의 도입 없이 바로 구할 수 있다. 이상의 계산 과정을 개념적으로 요약하면 다음과 같다. 관성 기준틀에서 볼 때 물체의 관성에 의한 효과가 물체가 원판에 비해 덜 회전하는 효과를 낳는다. 비관성 기준틀에서는 이것이 코리올리 힘과 관련된다. 즉 관성 기준틀에서 관성에 의한 효과가 비관성 기준틀에서는 코리올리 힘에 의한 효과가 된다. 따라서 코리올리 힘은 관성과 관련된다고 말할 수 있다. 그렇지만 관성력 자체가 관성과 관련된다고 보기는 힘든데, 이와 관련된 구체적인 논의는 6.6절을 참고하자.

6.5 ● 자전하는 지구 위에서의 운동

자전을 고려하면 지표좌표계는 관성 기준틀이 아니다. 비록 그 효과가 미미하여, 많은 경우에 우리는 지표좌표계를 관성 기준틀로 가정하고 문제를 풀었지만 말이다. 그러나 지금부터는 지표좌표계가 비관성 기준틀임을 고려하여 지표면 위에서의 운동을 보다 정교하게 다루고자 한다. 지표좌표계에서 운동을 다룰 때 엄밀히 말해서 지구의 자전과 공전 등을 모두 고려해야 한다. 그러나 우리가 다루는 문제들에 대해서는 지구의 자전만을 고려하는 정도로 충분하므로 오직 자전만을 고려하겠다[6].

1) 연직선

실에 매달아 놓은 추를 생각해보자. 이때 늘어진 실이 지구의 중심을 향할 것이라 흔히 생각한다. 그렇지만 지구의 자전을 고려할 때, 오직 극점과 적도에서만 실이 지구의 중심

---

6) 1장의 예제1.5.1에서 보았듯이 지구의 공전 등 다른 요인에 의한 효과가 지구의 자전에 비해 훨씬 더 작다.

을 향한다. 지표 위의 다른 지점에서 매달린 실은 지구의 중심을 향하지 않는다. 지금부터 그 벗어난 정도를 정량적으로 계산해보자.

지구의 중심을 원점으로 하고 자전과 함께 회전하는 좌표계를 기준으로 하여 실에 매달려 정지해 있는 추에 대한 운동방정식을 생각해보자. 이 경우 추가 정지해 있으므로, 코리올리 힘이 없으며, 지구의 자전각속도는 일정하다. 또한 추에 작용하는 실제 힘은 지구가 추에 작용하는 중력과 실에 의한 장력뿐이다. 결과적으로 지구의 중심을 기준으로 자전속도로 회전하는 좌표계에서 볼 때 운동방정식은 다음과 같다.

$$m\frac{d^{*2}\vec{r}}{dt^2} = 0 = \vec{T}' + m\vec{g} - m\vec{\omega}\times(\vec{\omega}\times\vec{r}) \tag{6.5.1}$$

여기서 $\vec{g}$는 중력에 의한 가속도로 지구가 구대칭이라는 가정 하에 지구의 중심을 향한다. 그런데 중력 이외에 원심력이 작용하므로 결과적으로 실이 향하는 방향, 다시 말해 물체를 가만히 놓을 때 물체가 운동하는 방향은 지구의 중심에서 벗어날 수 있다. 식 (6.5.1)에서 뒤의 두 항을 묶은 $m[\vec{g} - \vec{\omega}\times(\vec{\omega}\times\vec{r})]$은 중력에 원심력이 더해진 것이다. 이것으로부터 다음과 같이 유효중력가속도를 $\vec{g_e}$를 정의한다.

$$\vec{g_e}(r) = \vec{g}(r) - \vec{\omega}\times(\vec{\omega}\times\vec{r}) \tag{6.5.2}$$

이 $\vec{g_e}$의 방향이 바로 지표 가까이에서 가만히 늘어뜨린 추가 향하는 방향이 되며, 이 방향의 직선을 연직선(plumb line)이라 부른다. 이제 [그림 6.5.1]을 통해 지구상의 어떤 지점 $\vec{r}$에서 $\vec{g_e}$의 크기와 방향을 구해보자.

우선 원심력에 의한 가속도의 크기를 계산해보면 지구의 자전주기가 하루이므로 자전각속도 ω는 7.27×10^{-5} rad/s이 된다. 또한 r은 지구반지름으로 6.38×10^6 m이므로 식 (6.5.2)의 뒤의 항의 크기는 3.37×10^{-2} m/s^{2}이다. 이 값은 우리가 흔히 사용하는 중력가속도 값 9.8 m/s^{2}의 0.34 %에 해당되는 값이다. 따라서 이러한 정확도를 요구하는 경우에만 원심력에 의한 유효중력가속도의 변화를 고려해도 큰 문제가 되지 않는다. 한편 $\vec{g_e}$의 방향을 계산하기 위해 [그림 6.5.1]의 삼각형을 고려해보자. 그림에서 각도 ϕ는 지구상의 위도에 대응하는 각이며, θ는 원심력에 의한 유효중력가속도의 방향의 변화를 나타내는 각도이다. [그림 6.5.2]의 삼각형에서 사인(sin)정리를 사용하면 다음이 성립한다.

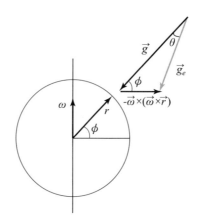

[그림 6.5.1] 위도 ϕ인 위치에서의 유효중력가속도

$$\frac{\sin\theta}{r\omega^2\cos\phi} = \frac{\sin\phi}{g_e} \tag{6.5.3}$$

앞에서 원심력의 크기가 중력의 크기에 비해 매우 작으므로 각 θ의 크기도 작게 된다. 결과적으로 $\sin\theta \simeq \theta$의 근사가 가능하고, 이를 식 (6.5.3)에 적용하면 θ는 다음을 만족한다.

$$\theta = \frac{r\omega^2}{g_e}\sin\phi\cos\phi = \frac{r\omega^2}{2g_e}\sin2\phi \tag{6.5.4}$$

위도에 따라 각도의 변화는 사라질 수 있다. 즉 ϕ가 0°이거나 90°일 때, 다시 말해 적도와 극지점에서 θ는 0이 된다. 중력과 유효중력의 각도차가 최대가 되는 조건인 ϕ가 45°인 경우에는 θ가 1.72×10^{-3} rad(혹은 0.1°)가 된다. 이처럼 자전효과로 나타난 유효중력의 크기와 방향 변화가 매우 작기 때문에 이 효과가 일상적인 계산에서는 크게 중요하지 않다. 그렇지만 물체의 운동을 매우 정밀하게 다룰 필요가 있을 때에는 이 효과가 중요하게 된다.

2) 지표면 근처에서 움직이는 물체의 운동

지표면 근처의 운동을 다루기 위해 [그림 6.5.2]와 같은 회전 기준틀을 생각하자. 이때 회전 기준틀의 원점 O^*는 지구의 중심이 아니다. 또한 회전 기준틀의 세 축 $\hat{x}^*$, $\hat{y}^*$, $\hat{z}^*$은 지구의 자전과 함께 회전한다. 따라서 이 좌표계는 관성 기준틀에 대해 병진운동과 회전운동을 병행하는 좌표계이므로 비관성 기준틀의 운동방정식인 식 (6.3.17)로부터 논의를 시작

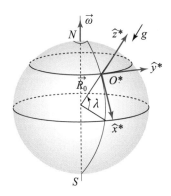

[그림 6.5.2] 지표면의 한 점(O^*)을 원점으로 하는 회전좌표계

하겠다. 물체에 작용하는 실제 힘을 지구에 의한 중력 $m\vec{g}$와 다른 힘 $\vec{F}_{other}$로 구분하자. 한편 원점 O^*는 자전을 주기로 원운동을 하므로 원점 O^*의 병진운동에 의한 관성력은 지구의 중심에서 원점 O^* 사이의 변위를 $\vec{R}_0$라 할 때 $-m\vec{\omega}\times(\vec{\omega}\times\vec{R}_0)$이다. 한편 O^*를 기준으로 한 좌표계의 회전에 대응하는 원심력은 원점 O^*을 기준으로 한 물체의 위치를 $\vec{r}^*$이라 할 때 $-m\vec{\omega}\times(\vec{\omega}\times\vec{r}^*)$이 된다. 한편 지표면 근처의 운동에서 $|\vec{R}_0| \gg |\vec{r}^*|$이므로 $-m\vec{\omega}\times(\vec{\omega}\times\vec{R}_0)$에 비해 $-m\vec{\omega}\times(\vec{\omega}\times\vec{r}^*)$를 무시할 수 있다. 또한 지구의 자전각속도가 일정하다고 가정하고 유효중력가속도에 대한 식 (6.5.2)를 이용하면 지표면 위의 물체에 대한 운동방정식은 다음과 같게 된다.

$$m\frac{d^{*2}\vec{r}}{dt^2} = \vec{F}_{other} - m\vec{g}_e(r) - 2m\vec{\omega}\times\frac{d^*\vec{r}}{dt} \tag{6.5.5}$$

특히 자유낙하 운동같이 중력 이외의 실제 힘($\vec{F}_{other}$)이 작용하지 않는 경우에 지표좌표계에서 본 운동방정식은 다음과 같다.

$$m\frac{d^{*2}\vec{r}}{dt^2} = -m\vec{g}_e(r) - 2m\vec{\omega}\times\frac{d^*\vec{r}}{dt} \tag{6.5.6}$$

예제 6.5.1

지면에서 높이 h인 지점에서 자유낙하 하는 입자가 지면에 도달할 때 코리올리 힘에 의한 수평 방향의 편향거리를 구하시오.

풀이

식 (6.5.6) 양변에 질량을 나누어 가속도에 대해서만 나타내면

$$\frac{d^{*2}\vec{r}}{dt^2} = -\vec{g_e}(r) - 2\vec{\omega} \times \frac{d^*\vec{r}}{dt} \tag{1}$$

이다. 이때 $\vec{r^*}$의 세 성분 x^*, y^*, z^*에 대한 운동방정식을 구해보자.

먼저 지구의 자전에 의한 좌표계의 각속도는 [그림 6.5.2]에서 다음과 같다.

$$\omega_x = -\omega\cos\lambda, \ \omega_y = 0, \ \omega_z = \omega\sin\lambda$$

정확히 말하면 코리올리 힘의 결과로 낙하 중에 $\hat{x}^*$방향과 $\hat{y}^*$방향에도 작은 속도 성분이 나타나지만, $\dot{x}$, $\dot{y}$는 수직 방향의 성분 $\dot{z}$과 비교해서 무시할 수 있다. 또한 $\hat{z}^*$는 근사적으로 등가속운동으로 볼 수 있으므로 다음과 같은 근사가 가능하다.

$$\dot{x} \simeq 0, \ \dot{y} \simeq 0, \ \dot{z} \simeq -g_e t$$

여기서 $\dot{z}$는 초기에 정지한 물체가 낙하했다고 가정하고 구한 것이다.

이러한 근사를 바탕으로 코리올리 힘에 의한 가속도를 계산하면 다음과 같다.

$$2\vec{\omega} \times \vec{v_r} \simeq 2\begin{vmatrix} \hat{x}^* & \hat{y}^* & \hat{z}^* \\ -\omega\cos\lambda & 0 & \omega\sin\lambda \\ 0 & 0 & -g_e t \end{vmatrix} \simeq -2\omega g_e t \cos\lambda \, \hat{y}^*$$

한편 $\vec{g_e} = -g\hat{z}^*$라 근사할 수 있으므로 식 (1)을 x^*, y^*, z^* 성분별로 정리하면 다음과 같게 된다.

$$\ddot{x} \simeq 0$$

$$\ddot{y} \simeq 2\omega g t \cos\lambda$$

$$\ddot{z} \simeq -g$$

이리하여 코리올리 힘은 $+\hat{y}^*$방향, 즉 동쪽으로 가속도를 생기게 하고, $\ddot{y}$를 시간에 대해 2회 적분하면 편향되는 거리는 다음과 같다.

$$y(t) \simeq \frac{1}{3}\omega g t^3 \cos\lambda$$

한편 h의 높이만큼 자유낙하 하는 시간은 근사적으로 $t \simeq \sqrt{2h/g}$ 이다. 따라서 위도 λ, 높이 h의 정지 상태에서 낙하하는 입자가 바닥에 닿을 때 동쪽으로 편향되는 거리는 다음과 같다.

$$d \simeq \frac{1}{3}\omega\cos\lambda\sqrt{\frac{8h^3}{g}}$$

이 결과에 따르면 위도 $45°$에서 $100\,\mathrm{m}$의 높이로부터 낙하하는 물체에 대해서는 (공기의 저항을

무시하면) 대략 1.55 cm의 편향이 발생한다. 이와 같은 방식으로 편향거리를 구할 때 제법 여러 단계의 근사를 사용하였다는 것을 잊지 말자. 또 어디에서 근사가 쓰였는지, 그리고 그러한 근사가 왜 가능한지를 꼼꼼히 따져보도록 하자.

예제 6.5.2

위도 λ에 있는 한 지점에서 경도선을 따라 정북 방향으로 수평하게 v의 속도로 공을 던졌다. 이 공이 지표면을 따라 마찰이 없이 미끄러질 때 t초 후에 경도선상에서 어느 쪽으로 얼마만큼 벗어난 지점에 공이 도달하는지를 설명하시오. (단, 회전 기준틀을 사용하지 말고 풀고, 공의 위도변화는 매우 작다고 가정하고 근사하시오.)

풀이

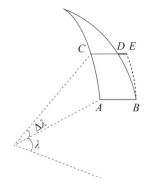

공이 출발하는 위도를 λ, 시간 t 후의 공의 위도를 $\lambda + \Delta\lambda$라 놓자.

공이 출발하는 위치 A는 지구 자전(각속도 ω)에 의해 시간 t동안 위치 B로 이동하며 위도선을 따른 이동거리는 다음과 같다.

$$s_1 = R\cos\lambda\,\omega t \tag{1}$$

한편 공의 출발점 A으로부터 vt만큼 북쪽에 있는 지구상의 위치 C는 시간 t 동안 위치 D로 이동하며 위도선을 따라 이동한 거리는 다음과 같다.

$$s_2 = R\cos(\lambda + \Delta\lambda)\omega t \tag{2}$$

따라서 A에서 출발한 공이 시간 t 후에 도착한 위치를 E라 하면 공의 도달위치 E와 위치 D는 같은 위도지만 다음과 같은 거리만큼 떨어져 있게 된다.

$$\Delta s = s_1 - s_2 = R\omega t(\cos\lambda - \cos(\lambda + \Delta\lambda))$$
$$= R\omega t(\cos\lambda - \cos\lambda\cos\Delta\lambda + \sin\lambda\sin\Delta\lambda) \tag{3}$$

여기서 $\cos\Delta\lambda \simeq 1$, $\sin\Delta\lambda \simeq \Delta\lambda$를 사용하여 근사하면 다음과 같다.

$$\Delta s = R \omega t \sin\lambda \, \Delta\lambda \qquad (4)$$

한편 지구의 반지름을 R, 공의 속력을 v라 하면 시간 t 동안의 공의 위도변화는 다음과 같다.

$$\Delta\lambda = \frac{vt}{R} \qquad (5)$$

식 (5)를 (4)에 대입하면 공의 편향거리(Δs)는 다음과 같다.

$$\Delta s = \omega v \sin\lambda t^2$$

6.6 ● 관성력은 몸으로 체험할 수 있는 힘이 아니다[7)]

뉴턴 역학에서 관성력은 물체 사이의 상호작용과 무관한 가짜 힘으로 실제의 힘과 다르다. 그런데 교재에서 관성력의 성질, 특히 관성력과 실제 힘의 차이에 대해 제대로 설명하지 않는 경우가 많다. 오히려 많은 교재에서 관성력에 대해 가상의 힘이라고 진술하는 동시에 관성력을 쏠림 체험을 통해 체험할 수 있는 힘이라고 설명함으로써 학습자의 혼란을 유발한다. 이를테면 다음과 같이 신체의 변형을 동반한 쏠림체험을 관성력과 바로 연관시키는 설명을 교재에서 빈번하게 찾을 수 있다.

"엘리베이터가 올라가기 시작할 때 체중이 무거워지는 것을 느껴본 경험이 있을 것이다. 이것은 엘리베이터의 가속도에 의한 관성력이 우리 몸에 아래쪽으로 작용하기 때문이다."

한편 관성력과 관성을 직접 연관시키는 경향도 교재에서 쉽게 발견할 수 있다. 이를테면 다음과 같은 설명을 교재에서 발견할 수 있다.

"자동차 안에서 느끼는 원심력은 실제 힘이 아니고, 자동차 안의 사람은 관성에 의해 원운동의 순간 운동 방향인 접선 방향으로 운동하려고 하는데 자동차가 원운동하기 때문에 몸이 원운동의 바깥쪽으로 넘어지는 것처럼 느끼게 되는 힘이다. 원심력과 같이 관성 때문에 느끼는 힘을 관성력이라고 한다."

이러한 두 설명들, 즉 관성력을 신체의 변형을 동반한 쏠림으로 체험할 수 있다는 설명, 그리고 관성과 관성력이 직접적으로 관련된다는 설명은 상당히 심각한 난점을 갖는 좋지 못한 설명이다. 지금부터는 왜 이러한 설명들이 문제가 되는지, 그러면 쏠림 상황은 어떻

---

7) 6.6절은 다음 논문의 내용 일부를 다듬은 것이다. 정용욱, 송진웅(2011). 새물리, 61, 713-721. 보다 상세한 논의는 논문을 참고하기 바란다.

게 이해해야 하는지에 대해 논의해보겠다. 이를 위해 앞으로의 논의에서는 가속 상황에서 신체의 변형이 유발하는 힘 체험을 쏠림체험으로 지칭하겠다. 쏠림체험을 해석하기 위해서는 신체를 질점도 강체도 아닌 변형 가능한 물체로 다루어야 한다는 점을 염두에 두고 앞으로의 논의를 잘 곱씹어보도록 하자.

1) 관성력이 쏠림을 통해 체험할 수 있는 힘이라는 설명의 문제점 및 적절한 대안 찾기

두 가지 원운동 상황을 생각해보자. 먼저 등속원운동을 하는 원판 위에 앉아있는 사람의 경우를 생각하면, 사람은 바깥으로 쏠리는 느낌을 경험한다. 반면 지구를 돌고 있는 인공위성 안에 떠 있는 사람은 쏠리는 느낌을 경험하지 않는다. 두 경우 모두 사람을 정지한 것으로 보는 회전 기준틀에서 분석하려면 원심력(관성력)을 도입해야 한다. 그렇지만 두 경우에 사람이 느끼는 체험은 다르다. 즉 한 경우에는 쏠림을 경험하고 다른 경우에는 쏠림을 경험하지 않는다. 그렇다면 두 경우에 신체의 체험이 다른 이유는 무엇인가? 두 상황에서의 체험의 차이는 신체에 작용하는 실제 힘이 다르다는 것에 기인한다. 회전판의 경우에 사람에게 작용하는 실제 힘은 접촉력의 일종인 마찰력이다. 이 경우 신체의 일부, 즉 원판과 신체의 접촉면에서만 마찰력이 작용하여 신체에 변형을 유발할 수 있다. 반면 인공위성의 경우에는 사람에게 작용하는 실제 힘이 원거리력의 일종인 중력이다. 이 경우 중력에 의한 신체의 각 부분의 가속도가 거의 균일하므로 신체에 감지 가능한 변형이 일어나지 않는다. 즉 접촉력처럼 명백하게 균일하지 않은 실제 힘이 작용하는 경우에만 감지 가능한 신체의 변형이 유발되어 쏠림체험이 가능하다.

이상의 논의에서 접촉력이 실제 힘으로 작용하는 경우에만 감지 가능한 쏠림체험이 발생한다는 설명은 관성 기준틀에서 성립하는 것이다. 따라서 이 논의에서는 쏠림체험의 설명을 위해 관성력을 사용하지 않았다. 비관성 기준틀에서 보더라도 관성력은 신체의 전 영역에 동일한 가속효과를 유발하므로 관성력이 신체에 어떤 변형을 야기한다고 볼 수 없다. 뒤에서 더욱 자세히 논의하겠지만 신체의 각 부분에 균일하지 않은 가속도를 유발하는 실제 힘이 작용해야 신체의 변형이 일어난다. 이러한 신체의 변형은 관성 기준틀에서나 비관성 기준틀에서나 동일하다. 따라서 어떤 좌표계를 기준으로 하더라도 신체의 변형 및 쏠림체험은 접촉력과 같은 균일하지 않은 가속을 유발하는 힘과 관련된다. 결과적으로 관성력은 균일한 중력과 마찬가지로 신체의 변형을 통한 힘 체험과 직접적으로 관련되지 않는다. 이상의 논의를 요약하면 다음과 같다.

(1) 충분한 신체의 변형이 있어야만 쏠림체험이 가능하다.

(2) 지각 가능할 정도의 신체의 변형이 일어나려면 접촉력처럼 신체의 각 부분에 명백하게 불균일한 가속도를 유발하는 실제 힘이 작용해야 한다.

(3) 관성력은 신체의 각 부분에 균일한 가속효과를 유발하므로 신체의 변형 및 쏠림체험과 직접적 관련이 없다.

2) 관성력과 관성이 직접 관련된다는 설명의 문제점 및 적절한 대안해석

지금부터는 관성과 관성력을 직접적으로 관련시키는 설명의 문제점을 살펴볼 것이다. 이 과정에서 접촉력이 작용할 때, 감지 가능한 신체의 변형이 일어난다는 앞선 논의의 근거도 보다 상세히 제시될 것이다. 이를 위해 신체 혹은 물체를 용수철로 연결된 입자들의 집합으로 보는 모형이 유용하다. 이러한 모형을 활용해서 관성과 관성력이 직접적으로 관련되지 않는다는 것과 접촉력이 입자들의 상대적 위치를 바꾸어서 전체 계의 모양을 바꿀 수 있다는 것을 보다 구체적으로 볼 수 있다. 그런데 논의를 더 간단히 하기 위해 여러 입자들의 집합 대신 [그림 6.6.1]과 같이 한 용수철로 연결된 두 물체로 이루어진 계에 대해 생각해보자.

먼저 [그림 6.6.1]의 (a)와 같은 지표면 근처에서의 자유낙하 상황을 생각해보자. 초기에 용수철이 압축되지 않았고, 두 물체의 초속도가 같다고 가정하자. 이 경우에 낙하 도중에 중력에 의한 두 물체의 가속도가 거의 같으므로, 물체 사이의 거리가 거의 일정하게 유지되어서 전체 계의 모양이 변하지 않는다. 이와 같이 거의 균일한 가속도를 유발하는 원거리력만 계에 작용할 때 가속되는 도중에 계의 모양은 변하지 않는다고 봐도 무방하다.

한편 [그림 6.6.1]의 (b)와 같이 용수철로 연결된 두 물체 중에 한 물체를 미는 상황을 생각해보자. 그림에서 물체 A에 힘을 가하여 미는 순간만을 보면 물체 A는 가속되는 반면

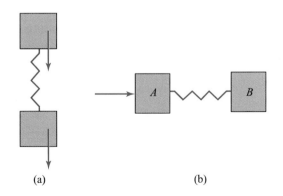

(a)   (b)

[그림 6.6.1] 용수철로 연결된 두 물체가 받는 힘 (a) 지표 근처에서 자유낙하 하고 있는 경우 (b) A만 미는 경우

물체 B는 용수철의 압축이 없고 이로 인한 탄성력을 받지 않는 상황에서 등속운동을 한다. 그 과정에서 두 물체 사이의 용수철이 압축되고, 결과적으로 물체 B도 용수철로부터 힘을 받게 된다. 따라서 물체 A에만 작용한 미는 힘이 용수철을 통해 물체 B에 영향을 미치는 과정 혹은 계의 압축 과정이 관성과 관련된다. 일반적으로 전체 계를 이루는 물체 중에 일부에 대해서만 접촉력을 가하면, 외력을 직접 받지 않는 물체들의 관성이 관련되어서 물체들 사이의 용수철이 압축 혹은 이완되면서 전체계가 변형된다. 그런데 이 과정은 실제 힘이 작용하는 과정이고 모든 설명은 관성 기준틀에서 이루어진 것이다. 결과적으로 접촉력과 같이 균일하지 않은 힘이 작용할 때 물체가 변형되는(혹은 신체가 쏠리는) 현상은 관성 기준틀에서 관성으로 설명된다.

한편 [그림 6.6.1]의 (a)의 상황을 물체와 같이 움직이는 비관성 기준틀에서 분석해보자. 이 경우에 관성력에 의한 물체 A와 물체 B의 가속도가 같으므로 관성력에 의해서 두 물체로 이루어진 계의 모양이 변하지 않는다. 같은 이유로 [그림 6.6.1]의 (b)의 상황에서도 관성력에 의한 물체 A와 물체 B의 가속도가 같으므로 관성력을 통해 물체가 변형된다고 말할 수 없다. 결과적으로 두 상황을 비관성 기준틀에서 보더라도 관성력에 의한 계의 변형이 없으며, 접촉력이 작용해야 감지 가능한 신체의 변형 및 그로 인한 쏠림체험이 발생한다. 따라서 일상생활에서의 신체의 변형과 쏠림체험은 균일하지 않은 접촉력과 관성을 통해서 설명된다. 관성력에 의한 가속도가 균일하므로 그로 인한 신체의 변형과 쏠림이 발생하지 않기 때문에 쏠림체험이 관성력과 관련된다는 설명은 부적절하다. 이와 같이 일반적으로 쏠림체험은 관성과 관계되지만 관성력과 직접적 관련은 없다. 따라서 쏠림체험에 대해 관성과 관성력을 직접적으로 연관시키는 것은 부적절하다[8].

예제 6.6.1

수평 방향으로 a로 가속되는 용기 속의 유체의 표면이 수평면과 이루는 각도를 구하시오. 이때 관성력을 사용하지 않는 방법과 사용하는 방법의 두 가지 방식으로 구하시오.

풀이

먼저 관성력을 사용하지 않는 방법은 다음과 같다. 그림처럼 밀도 ρ인 유체 안에서 작은 부피를 차지하는 (단면적이 A, 수평 방향 길이가 x인) 직육면체 유체를 생각하자. 정상 상태에서 유체는 가속도 a로 가속된다. 이때 직육면체를 둘러싼 유체가 직육면체에 작용하는 압력이 가속을 유발하는 실제 힘이다. 즉, 그림처럼 유체가 기울어야 압력차에 의해 직육면체에 수평 방향의 알짜

---

8) 그렇지만 관성과 관성력이 완전히 무관하다고 말할 수는 없다. 앞 절의 예제들에서 보았듯이 관성력의 일종인 코리올리 힘에 의한 효과는 관성 기준틀에서 관성으로 설명할 수 있기 때문이다.

힘이 가해진다. 그림 (a)처럼 높이 h_1, h_2를 잡으면, 직육면체가 압력에 의해 받는 수평 방향의 알짜힘은 다음과 같이 구한다.

$$\rho A(h_1 - h_2)g$$

이 힘이 질량 ρAx인 직육면체에 작용하여 a의 가속도를 유발하므로 뉴턴의 2법칙에 의해 다음이 성립한다.

$$\rho A(h_1 - h_2)g = \rho Axa$$

이 식을 정리하면, 다음과 같이 중력가속도 g와 수평가속도 a의 비율에 따라 유체가 기우는 기울기 θ가 달라지는 결과를 얻는다.

$$\frac{h_1 - h_2}{x} = \frac{a}{g} = \tan\theta$$

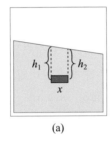 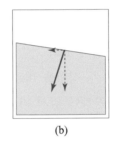

(a)　　　　　　　(b)

한편 관성력을 사용하는 교묘한 방법도 있다. 이 경우 부피가 V인 유체에 가속도 a에 대응하는 ρVa의 관성력이 그림의 (b)처럼 수평 방향으로 작용한다. 한편 같은 유체에 대해 수직 방향으로 ρVg만큼의 중력이 작용하므로 중력과 관성력의 벡터 합은 그림 (b)처럼 기운 방향이 된다. 유체의 수면은 벡터합의 방향에 수직이 되므로 다음이 성립한다.

$$\tan\theta = \frac{a}{g}$$

이 방법은 앞선 방법에 비해 놀라울 정도로 단순하다. 그런데 잘 생각해보면, 이 풀이는 중력에 의한 효과와 관성력에 의한 효과가 같다는 가정, 즉 일반상대론의 기본 가정이 암묵적으로 사용된 것이다. 그동안 이 방법으로 문제를 푼 경험이 있다면, 여러분은 자신도 모르게 일반상대성이론의 달콤한 열매를 즐기고 있었던 셈이다!

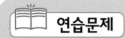 **연습문제**

01 정지한 자동차가 출발할 때 자동차에 앉아 있는 사람은 뒤로 쏠리는 느낌을 받는다. 이러한 느낌은 어떤 힘과 관련되는가?

02 원심력과 코리올리 힘, 관성력에 대한 여러 진술들을 인터넷에서 찾아보자. 찾아낸 진술들이 어떤 개념적 오류를 유발할 수 있는지 토의해 보자.

03 반시계 방향으로 각속도(ω)로 회전하는 회전판에서 질량 m인 쇠구슬을 굴리려고 한다. 쇠구슬을 회전판 바깥에서 중심 방향으로 초속도(v_0)로 굴린다고 할 때, 이 쇠구슬이 받는 코리올리 힘의 방향과 크기를 구하시오.

04 아래 그림과 같이 질량 m인 구슬이 원통형 관 내부에 놓여 있다. 처음에 원통을 각속도 ω로 회전시키고, 또 구슬을 v_r의 속도로 굴렸다고 하자. 이 계의 각 운동량이 보존된다고 할 때 구슬에는 어떤 힘들이 작용하는가?
1) 관성 기준틀의 입장에서
2) 비관성 기준틀의 입장에서

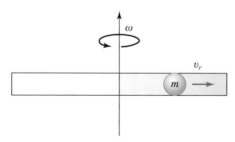

05 예제 6.5.1의 상황에서 코리올리 힘을 사용하지 말고 관성 좌표계의 논의를 통해 편향거리를 추정해 보시오. 계산 결과는 코리올리 힘을 사용한 경우와 같은가?

06 적도상의 한 위치에서 연직 방향으로 속력 v인 공을 던졌다. 공이 땅에 도달할 때 원래의 위치에서 얼마만큼 이동한 지점에 떨어지는가?

07 위도 θ인 지점에서 북쪽을 향하여 지표면에서 위로 45°되는 각도로 속력 v인 공을 던졌다. 공이 땅에 도달할 때 동쪽으로 얼마만큼 편향되는가?

08 원심분리기의 원리를 원심력 개념을 사용하지 말고 설명하시오.

Chapter **07**

입자계의 운동

학습목표

- 질량중심과 환산 질량을 이용하여 두 물체로 이루어진 계의 운동을 다룰 수 있고, 이러한 방법의 장점에 대해 설명할 수 있다.
- 운동량과 에너지를 고려하여 두 물체의 충돌 상황을 다룰 수 있다.
- 운동량, 각운동량, 에너지를 바탕으로 다입자계의 운동을 다룰 수 있다.
- 질량이 변하거나(컨베이어 벨트, 로켓 문제), 모양이 변하는 경우(줄의 운동)에 대해 운동방정식을 세우고, 운동을 설명할 수 있다.

7.1 ● 두 물체로 이루어진 계의 운동

1장에서 5장까지 주로 다루었던 한 물체의 운동에 대한 논의들을 간단히 정리해보자. 먼저 우리는 역학의 기본 체계를 검토하였다. 이를 바탕으로 한 물체의 일차원 운동 상황에 대해 모형을 세워서 운동방정식을 설정하고 이를 풀어 보면서 그 상황에서의 운동을 예측하였다. 그리고 한 물체가 삼차원 운동을 할 수 있는 상황에서 비슷한 과정을 반복했다. 한 물체의 삼차원 운동의 경우에 일반적으로 세 변수가 뒤얽힌 운동방정식을 얻을 수 있는데, 이렇게 되면 방정식을 풀어서 해를 구하기가 힘들다. 그런데 만일 변수들이 분리되어 각각의 변수에 대한 운동방정식이 모두 독립적으로 되도록 할 수 있으면, 삼차원 운동방정식이더라도 푸는 방법이 일차원 운동의 경우와 크게 다르지 않다. 이에 착안하여 삼차원 운동의 경우에 좌표계를 적절히 설정함으로써, 혹은 에너지와 각운동량 등의 보존량을 이용하여 변수를 분리한 운동방정식을 만듦으로써 운동방정식을 풀기 쉬운 형태로 바꿀 수 있는 경우가 있음을 보았다. 결과적으로 역학의 기본 체계를 한 물체의 운동에 적용할 때 우리가 한 일은 주로 운동방정식을 쉽게 풀 수 있는 형태로 바꾼 후에 해를 구해서 운동을 예측하는 것이었다. 5장의 중심력을 받는 한 물체의 운동방정식을 푸는 과정에서 보았듯이, 한 물체의 운동을 푸는 과정도 상당히 복잡할 수 있다. 따라서 두 물체가 상호작용하는 운동 상황에서 운동방정식을 푸는 것도 만만치 않은 과정이라 생각할 수 있을 것이다. 다행히 만능은 아니지만, 두 물체가 상호작용하는 상황에서 운동방정식을 비교적 간단하게 풀 수 있는 체계적인 방법이 있다. 이번 절에서는 이에 대해 소개하고자 한다.

두 물체로 이루어진 계에 대해 논의하기 위해 어떤 상자 안에 있는 하나의 수소원자의 운동을 생각해 보자. 이때 수소원자의 운동을 핵과 전자로 이루어진 이체(두 물체)의 운동으로 생각할 수 있다. 또한 핵과 전자는 전기력을 주고받으며 상호작용하고 있으며, 중력이라는 외력이 핵과 전자에 모두 작용할 수 있다[1]. 이렇게 두 물체가 상호작용을 주고받으면서, 또한 경우에 따라 어떤 외력을 받으며 운동할 때 두 물체의 운동을 이체 운동(two-body motion)이라 부른다. 두 입자의 질량이 각각 m_1, m_2이고 위치가 각각 $\vec{r_1}(=(x_1, y_1, z_1))$, $\vec{r_2}(=(x_2, y_2, z_2))$라고 하면 두 입자계의 운동방정식은 다음과 같은 형태를 띠게 된다.

$$m_1 \frac{d^2 \vec{r_1}}{dt^2} = \vec{F_1}^i + \vec{F_1}^e \tag{7.1.1}$$

$$m_2 \frac{d^2 \vec{r_2}}{dt^2} = \vec{F_2}^i + \vec{F_2}^e \tag{7.1.2}$$

여기서 $\vec{F_1}^i$, $\vec{F_2}^i$는 두 입자가 주고받는 내력으로 뉴턴의 3법칙에 의해 서로 반대 방향으로 작용하는 같은 크기의 힘이고 $\vec{F_1}^e$, $\vec{F_2}^e$는 두 입자에 가해지는 외력이다. 그런데 내력이 두 입자 사이의 위치에만 의존하는 비교적 간단한 경우를 생각하더라도 다음과 같이 내력이 총 6개의 변수와 관련될 수 있게 된다.

$$F_1^{\ i} = F_1^{\ i}(x_1, y_1, z_1, x_2, y_2, z_2) \tag{7.1.3}$$

이를 염두에 두면 식 (7.1.1), 식 (7.1.2)는 일반적으로 총 6개의 변수가 뒤얽힌 연립방정식이 될 수 있으며, 방정식의 해를 구하는 것이 만만치 않은 작업이 될 수 있다. 그런데 한 물체의 삼차원 운동에 대한 운동방정식 풀이를 되돌아보면, 변수들이 분리된 운동방정식을 구한 후에 방정식을 푸는 것이 도움이 되었다. 그렇다면 두 물체의 운동이더라도 우리가 먼저 시도할 일은 변수들을 최대한 분리한 운동방정식을 구하는 것이라 할 수 있다. 이러한 목적을 위해 우리는 질량중심과 환산질량이라는 새로운 개념을 도입하여 운동방정식을 다시 쓰고자 한다.

먼저 질량이 각각 m_1, m_2인 두 물체의 질량중심 $\vec{R}$은 다음과 같이 정의된다.

$$\vec{R} = \frac{m_1 \vec{r_1} + m_2 \vec{r_2}}{m_1 + m_2} \tag{7.1.4}$$

---

[1] 일반적으로 어떤 입자들로 이루어진 계가 있다면, 입자들 사이에 주고받는 힘을 내력, 계 외부에서 입자들에게 가해지는 힘을 외력이라고 구분한다는 것을 상기하자.

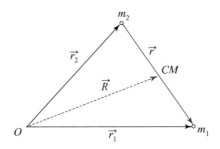

[그림 7.1.1] 두 물체의 질량중심

한편 다음과 같이 물체 2에 대한 물체 1의 상대적인 위치를 $\vec{r}$로 정의하겠다.

$$\vec{r} = \vec{r_1} - \vec{r_2} \tag{7.1.5}$$

[그림 7.1.1]을 참고하여 $\vec{r_1}$과 $\vec{r_2}$를 $\vec{R}$과 $\vec{r}$로 나타내면 다음과 같다.

$$\vec{r_1} = \vec{R} + \frac{m_2}{m_1 + m_2}\vec{r} \tag{7.1.6}$$

$$\vec{r_2} = \vec{R} - \frac{m_1}{m_1 + m_2}\vec{r} \tag{7.1.7}$$

[그림 7.1.1]에서 $\vec{R}$이 $\vec{r_1}$과 $\vec{r_2}$를 m_1 대 m_2로 내분하는 점임을 참고하면 이 관계식을 쉽게 끌어낼 수 있을 것이다.

한편 두 물체가 서로 주고받는 내력은 뉴턴의 3법칙에 의해 서로 상쇄되어야 하므로 식 (7.1.1)과 식 (7.1.2)를 더하면 다음을 얻는다.

$$(m_1 + m_2)\frac{d^2\vec{R}}{dt^2} = \vec{F_1}^e + \vec{F_2}^e \tag{7.1.8}$$

두 입자의 총 질량을 M, 두 입자에 가해지는 총 외력을 $\vec{F_e}$라고 하면 이 식은 다음과 같이 간단하게 쓸 수 있다.

$$M\frac{d^2\vec{R}}{dt^2} = \vec{F^e} \tag{7.1.9}$$

한편 식 (7.1.1)에 m_2를 곱하고, 식 (7.1.2)에 m_1을 곱한 다음 양변끼리 빼서 정리하면 다음을 얻는다.

$$m_1 m_2 \frac{d^2 \vec{r}}{dt^2} = (m_1 + m_2)\overrightarrow{F_1^{\,i}} + m_1 m_2 \left(\frac{\overrightarrow{F_1^{\,e}}}{m_1} - \frac{\overrightarrow{F_2^{\,e}}}{m_2} \right) \tag{7.1.10}$$

위 식의 마지막 정리 과정에서 $\overrightarrow{F_1^{\,i}} = -\overrightarrow{F_2^{\,i}}$를 사용하였다. 한편 우리가 관심을 갖는 많은 이체 운동 상황에서 $\overrightarrow{F_1^{\,e}}/m_1 = \overrightarrow{F_2^{\,e}}/m_2$가 성립하여 식 (7.1.10)의 두 번째 항이 소거된다. 이를테면 앞서 예로 든 중력을 받는 수소원자에서 원자핵과 전자가 받는 외력(지표면에서의 중력)은 모두 원자핵과 전자의 질량에 비례하므로 식 (7.1.10)의 두 번째 항이 소거된다. 이와 같은 조건에서는 식 (7.1.10)을 다음과 같이 간단하게 다시 쓸 수 있다.

$$\frac{m_1 m_2}{m_1 + m_2} \frac{d^2 \vec{r}}{dt^2} = \overrightarrow{F_1^{\,i}} \tag{7.1.11}$$

여기서 환산질량 μ를 다음과 같이 정의한다.

$$\mu = \frac{m_1 m_2}{m_1 + m_2} \tag{7.1.12}$$

환산질량을 이용하여 식 (7.1.11)의 운동방정식을 다시 쓰면 다음과 같다.

$$\mu \frac{d^2 \vec{r}}{dt^2} = \overrightarrow{F_1^{\,i}} \tag{7.1.13}$$

지금까지 우리가 한 것을 정리해보자. 우리는 질량중심 $\vec{R}$, 상대위치 $\vec{r}$, 총 질량 M, 환산질량 μ를 이용하여 연립방정식인 운동방정식 (7.1.1), (7.1.2)로부터 새로운 연립방정식인 운동방정식 (7.1.9)와 (7.1.13)을 구했다. 만일 운동방정식 (7.1.9)와 (7.1.13)을 풀어서 $R(t)$, $r(t)$를 구한다면, 관계식 (7.1.6), (7.1.7)을 이용하여 $r_1(t)$, $r_2(t)$를 구할 수 있을 것이다. 따라서 방정식 (7.1.1), (7.1.2)를 직접 풀기 어려운 경우에 방정식 (7.1.9), (7.1.13)을 먼저 풀어볼 수 있다.

그런데 방정식 (7.1.1), (7.1.2)를 직접 풀지 않고 이렇게 새로운 방정식 (7.1.9), (7.1.13)을 구하는 것이 어떤 이점이 있는가? 식 (7.1.3)을 보면 운동방정식 (7.1.1), (7.1.2)는 $\vec{r_1}$, $\vec{r_2}$가 뒤얽혀 있고, 운동방정식 (7.1.1)과 (7.1.2)는 결과적으로 6개의 변수 x_1, y_1, z_1, x_2, y_2, z_2가 뒤얽힌 방정식일 것이다. 반면에 $\vec{R}$, $\vec{r}$에 대한 운동방정식 (7.1.9), (7.1.13)의 경우에는 우리가 관심을 갖는 두 물체의 운동 상황에 따라 질량중심 ($\vec{R}$)과 상대위치($\vec{r}$)가 분리된 형태일 수 있다. 이를테면 방정식 (7.1.13)에서 두 물체의 내력이 중심력이라면 식 (7.1.13)에서 내력 $\overrightarrow{F_1^{\,i}}$은 $\vec{R}$과 무관하고 오직 $\vec{r}$에만 관계하는 방정식이 된다. 또한 방정식 (7.1.9)도 $\vec{r}$에는 무관하고 오직 $\vec{R}$에만 관계되는 상황이 많다. 게다가 외력이 없는 상황이라면 질량중심 $\vec{R}$은 등속운동을 유지하므로 특별히 식 (7.1.9)를 열심히 풀어서 질량중심의 거동을 구할 필요도 없어진다. 이렇게 변수분리가 성공적으로 수행되면 우리는 변수들이 뒤얽힌 운동방정식 (7.1.1), (7.1.2) 대신 $\vec{R}$과 $\vec{r}$이 분리된 보다 풀만한 운동방정식을 얻게 된다.

변수 $\vec{R}$과 $\vec{r}$이 성공적으로 분리되는 경우에 운동방정식이 어떤 변수와 관련되는지를 명시적으로 나타내보면 다음과 같다.

$$M\frac{d^2\vec{R}}{dt^2} = \vec{F^e}(\vec{R}) \tag{7.1.14}$$

$$\mu\frac{d^2\vec{r}}{dt^2} = \vec{F_1^i}(\vec{r}) \tag{7.1.15}$$

여기서 한 가지 주의해야 할 점을 짚고 넘어가고자 한다. 모든 두 물체의 운동 상황에 대해서 운동방정식이 식 (7.1.14), 식 (7.1.15)와 같이 변수가 분리된 형태로 나타낼 수 있는 것이 아니라는 것이다. 대신에 운동방정식을 식 (7.1.14), 식 (7.1.15)처럼 변수가 분리된 형태로 쓸 수 있는 운동 상황이 존재하고, 우리가 관심을 갖는 중요한 경우에 이러한 분리가 가능하다. 이를테면 다음의 운동 상황에서 제시한 예를 통해 운동방정식이 실제로 (7.1.14), (7.1.15)의 형태로 나타내지는지는 직접 확인해보자.

(1) 외력이 없고 두 물체 간 내력이 중심력인 경우
(2) 상대적으로 가까이 위치한 두 물체의 내력이 중심력이고, 매우 먼 거리의 제3의 물체로부터 두 물체에 거리의 제곱에 반비례하는 외력(이를테면 중력)이 작용하는 경우
(3) 지표면에서의 수소원자
(4) 지표면에서의 이원자분자[2]

이제 $\vec{R}$과 $\vec{r}$이 분리된 운동방정식 (7.1.14), (7.1.15)는 모두 한 물체의 삼차원 운동을 나타내는 운동방정식과 수학적으로 같은 형태를 갖는다. 따라서 한 물체의 삼차원 운동에 대한 운동방정식을 푸는 방법을 적용하여 방정식 (7.1.14), (7.1.15)를 풀 수 있다. 이렇게

---

2) 두 개의 원자로 이루어진 분자를 이원자분자라 한다. 원자가 핵과 전자들로 이루어진 것을 생각하면, 이원자분자는 두 물체 상황이라고 보기 어렵다. 대신에 원자 하나를 한 입자로 가정한 근사적인 모형에서는 이원자분자를 두 물체 운동 상황이라 볼 수 있다.

$\vec{R}(t)$, $\vec{r}(t)$를 구한다면, 식 (7.1.6), 식 (7.1.7)을 이용하여 $\vec{r_1}(t)$, $\vec{r_2}(t)$를 구함으로써 두 물체의 운동을 예측할 수 있게 된다. 결과적으로 두 물체의 운동에 대한 변수분리가 성공하면 두 물체의 운동방정식을 푸는 것과 한 물체의 운동방정식을 푸는 것이 크게 다르지 않게 된다.

두 물체로 이뤄진 계의 운동에너지와 각운동량도 질량중심과 환산질량을 이용하여 다시 써줄 수 있다. 이를테면 식 (7.1.4)을 시간에 대해 미분하면 각 물체의 속도 $\vec{v_1}$, $\vec{v_2}$와 질량중심의 속도 $\vec{V}$ 사이의 다음 관계를 얻는다.

$$\vec{V} = \frac{m_1\vec{v_1} + m_2\vec{v_2}}{m_1 + m_2} \tag{7.1.16}$$

또한 식 (7.1.5)을 시간에 대해 미분하면 상대속도 $\vec{v}$와 각 물체의 속도 $\vec{v_1}$, $\vec{v_2}$ 사이의 다음 관계를 얻는다.

$$\vec{v} = \vec{v_1} - \vec{v_2} \tag{7.1.17}$$

이제 식 (7.1.16), (7.1.17)과 질량중심 $(\vec{R})$, 총 질량 $(M = m_1 + m_2)$, 상대위치 $(\vec{r})$, 환산질량(μ)을 이용하여 두 물체의 운동에너지를 다시 쓰면 다음과 같음을 쉽게 확인할 수 있다.

$$T = \frac{1}{2}MV^2 + \frac{1}{2}\mu v^2 \tag{7.1.18}$$

구체적인 계산은 연습문제로 남기겠다. 또한 외력 없이 두 물체가 중심력을 주고받는 상황에서 두 물체계의 총 역학적 에너지는 다음과 같게 된다.

$$E = \frac{1}{2}MV^2 + \frac{1}{2}\mu v^2 + V(r) \tag{7.1.19}$$

여기서 $V(r)$은 두 물체 사이의 내력과 관련되는 퍼텐셜에너지이다. 한편 두 물체계의 각운동량은 다음과 같이 각각의 각운동량의 합이다.

$$\vec{L} = m_1(\vec{r_1} \times \vec{v_1}) + m_2(\vec{r_2} \times \vec{v_2}) \tag{7.1.20}$$

이것을 다시 표현하면 다음과 같이 됨을 쉽게 확인할 수 있다.

$$\vec{L} = M(\vec{R} \times \vec{V}) + \mu(\vec{r} \times \vec{v}) \tag{7.1.21}$$

식 (7.1.18)과 식 (7.1.21)을 보면 두 물체계의 운동을 기술할 때 질량중심을 원점으로 잡으면 계산이 편리할 수 있다는 것을 알 수 있다. 특히 두 물체계가 외부와 상호작용하지 않는 고립계를 이룰 때 질량중심을 원점으로 잡는 것이 유용할 수 있다.

예제 7.1.1

질량이 각각 $m, 3m$인 두 행성이 고립계를 이루며 서로 공전하고 있다. 질량 $3m$인 행성이 반지름 r인 등속원운동을 한다고 할 때 질량 m인 행성의 속력을 구하시오.

풀이

질량 $3m$인 물체가 원운동을 할 때 그 중심은 전체계의 질량중심이어야 한다. 또한 질량 m인 행성은 이 질량중심을 기준으로 반지름 $3r$인 원운동을 해야 고립계의 질량중심이 고정된다. 또한 두 행성은 질량중심을 기준으로 같은 각속도로 돌며 둘 사이의 거리는 $4r$로 고정된다. 이러한 상황에서 중력에 의해 질량 m인 행성이 반지름 $3r$인 원운동을 하므로 다음이 성립한다.

$$m\frac{v^2}{3r} = G\frac{3m^2}{16r^2}$$

따라서 구하는 속력은 다음과 같다.

$$v = \sqrt{\frac{9Gm}{16r}}$$

두 물체가 상호작용할 때 우리는 많은 경우 무의식적으로 큰 물체의 운동을 무시하고 분석을 진행하곤 한다. 이를테면 3장에서 우리는 용수철 상수 k인 용수철로 벽에 연결된 질량 m인 물체의 진동주기(τ)는 다음과 같다는 것을 구했다.

$$\tau = 2\pi\sqrt{\frac{m}{k}} \tag{7.1.22}$$

그런데 이러한 결과는 사실 우리가 당연하게 생각하는 어떤 근사가 들어간 것이다. 이 상황에 대해 우리는 은연중에 물체의 운동만을 고려하여 진동주기를 구하게 된다. 즉 한 물체의 운동으로 운동 상황을 규정하는 것이다. 그런데 물체가 운동하는 동안 벽은 완벽하게 고정될 수 없다. 매달린 물체가 운동하는 동안 벽, 더 정확하게 말하면 벽을 포함한 지구 전체가 반동운동을 하게 된다. 이와 같이 엄밀히 말하면 물체와 벽(지구를 포함한)이 상호작용하는 상황에서 정지한 것은 벽이 아니라 전체계의 질량중심이다. 그렇다면 이러한 벽의 움직임을 고려할 때 물체의 진동주기는 어떻게 변할까?

한편 5장에서 우리는 행성의 운동을 다룰 때 행성이 고정된 태양 주위를 공전한다고 보았다. 그렇지만 태양과 특정한 행성이라는 두 천체의 운동을 생각해보면, 두 천체가 상호작용한 결과로 행성뿐만 아니라 태양도 가속된다. 그럼에도 우리는 태양의 운동을 무시하고 태양을 고정된 것으로 가정하여 행성의 운동을 분석하였다. 그 결과 행성의 공전주기 τ에 대해 다음과 같은 결과를 얻었다.

$$\tau^2 = \frac{4\pi^2 a^3}{GM} \tag{7.1.23}$$

여기서 M은 고정된 것으로 보았던 태양의 질량이고 a는 타원궤도의 장반경이었다. 그렇다면 태양과 행성의 운동을 모두 고려하면 행성의 공전주기는 어떻게 바뀔까?

이와 같이 상호작용하는 두 물체의 운동을 모두 고려한다면 한 물체의 운동에 대해 우리가 구했던 결과들을 수정해야 한다. 다행히 이러한 보정작업은 큰 어려움 없이 수행될 수 있다. 또 두 물체의 질량 차이가 클수록 이러한 보정의 결과도 미미해진다. 결과만 간략히 말하면 보정 전의 값이 작은 물체의 질량과 관련되는 경우 작은 물체의 질량 대신에 환산질량을 대입하는 것으로 보정이 가능해진다. 한편 보정 전의 값이 큰 질량과 관련되는 경우에는 대체로 큰 질량 대신에 두 물체의 총 질량을 대입하는 것으로 보정이 가능해지는 경우가 많다. 구체적인 것은 예제를 통해 확인하도록 하자.

예제 7.1.2

용수철 상수 k이고 길이 l인 용수철에 연결된 질량 m_1, m_2인 두 물체가 마찰이 없는 평면 위에 놓인 채로 진동하고 있다. 공기의 저항을 무시할 때 진동주기를 구하시오. 특히, 두 물체가 같은 질량 m일 때 주기는 어떻게 되는가? 또한 $m_1 \gg m_2$일 때(즉, 한 물체의 질량이 압도적으로 클 때) 주기는 어떻게 근사되는가?

풀이

알짜 외력이 없으므로 식 (7.1.9)에서 질량중심이 가속되지 않는다. 따라서 질량중심을 원점으로 잡고 문제를 풀 수 있다. 질량 m_1, m_2인 두 물체의 위치를 각각 r_1, r_2(각 물체가 일차원 운동을 하므로 벡터기호는 생략하겠다)라 놓으면 m_1과 m_2의 운동방정식은 다음과 같다.

$$m_1 \ddot{r}_1 = k(r_2 - r_1 - l) \tag{1}$$
$$m_1 \ddot{r}_2 = -k(r_2 - r_1 - l) \tag{2}$$

(1)식에 m_2를 곱한 것에서 (2)식에 m_1을 곱한 것을 빼주어 정리하면 다음을 얻는다.

$$m_1 m_2 (\ddot{r}_1 - \ddot{r}_2) = (m_1 + m_2) k (r_2 - r_1 - l)$$

환산질량 μ와 상대위치 r을 이용하여 이 식을 다시 써주면 다음과 같다.

$$\mu \ddot{r} = -k(r+l) \tag{3}$$

이렇게 구한 운동방정식은 단순조화진동의 운동방정식과 유사하다. 운동방정식에서 우변의 $-kl$ 항은 주기와 무관하며 평형점의 위치를 바꾸게 하는 역할만을 한다.

한편 $m\ddot{x} = -kx$인 형태의 단순조화진동의 주기는 $2\pi\sqrt{m/k}$이므로, 운동방정식이 가진 수학적 형태의 유사성으로부터 (3)의 운동방정식의 주기는 다음과 같아야 한다.

$$2\pi\sqrt{\frac{\mu}{k}} = 2\pi\sqrt{\frac{m_1 m_2}{k(m_1 + m_2)}}$$

이와 같이 단지 작은 질량 m_2를 환산질량 μ로 치환함으로써 보정된 값을 얻을 수 있다.

두 물체의 질량이 같을 때 환산질량은 $m/2$가 되므로 주기는 다음과 같다.

$$2\pi\sqrt{\frac{m}{2k}}$$

한편 $m_1 \gg m_2$일 때에는 환산질량이 다음과 같이 근사된다.

$$\mu = \frac{m_1 m_2}{(m_1 + m_2)} \simeq m_2$$

따라서 주기는 다음과 같이 근사된다.

$$2\pi\sqrt{\frac{m_2}{k}}$$

이 근사결과는 질량 m_1이 고정된 것으로 보고 진동주기를 구한 것과 같다. 결과적으로 보면 상호작용하는 두 물체 중 하나의 질량(여기서는 m_2)이 매우 작은 경우에는 나머지 거대질량 m_1이 고정된 것으로 보고 주기를 구하는 근사가 가능하다.

예제 7.1.3

(탈출속도) 예제 2.4.6에서 구한 질량 m인 물체가 질량 $M(\gg m)$, 반지름 R인 행성을 벗어나기 위한 탈출속도는 $\sqrt{2GM/R}$이었다. 이 결과는 m이 탈출하는 동안 발생하는 행성의 되팅김, 즉 행성의 운동을 무시하고 근사적으로 구한 결과이다. 질량 M인 행성의 되팅김을 고려하여 보다 정확한 탈출속도(행성에서 본 물체의 속도)를 구하시오.

풀이

행성과 물체의 질량중심을 고정된 원점으로 잡을 수 있다. 질량중심을 기준으로 물체가 처음 던져질 때의 속도를 v, 이때 행성의 되튕긴 속도를 V(질량중심의 속도가 아니다)라 놓으면 질량중심이 고정되므로 다음이 성립한다.

$$mv + MV = 0$$

한편 이렇게 던져진 물체가 가까스로 행성을 탈출한다면 탈출 후에 운동에너지와 퍼텐셜에너지가 모두 영이 되므로 에너지 보존에 의해 다음이 성립한다.

$$E = \frac{1}{2}mv^2 + \frac{1}{2}MV^2 - G\frac{Mm}{R} = 0$$

두 식을 연립하여 v, V를 각각 구하면 다음과 같다.

$$v = \sqrt{\frac{2GM^2}{(M+m)R}}$$

$$V = -\sqrt{\frac{2Gm^2}{(M+m)R}}$$

이로부터 탈출속도(v_{es})를 다음과 같이 구할 수 있다.

$$v_{es} = v - V = \sqrt{\frac{G(M+m)}{R}}$$

이 결과는 행성의 되튕김을 무시하는 (즉, 행성이 고정된다고 보는) 가정으로 구한 결과에서 M 대신에 $M+m$을 대입한 것과 같다.

예제 7.1.4

태양의 움직임을 고려할 때 태양의 공전주기와 관련된 식 (7.1.23)은 어떻게 변하는가? (단, 행성의 질량은 m이다.)

풀이

이 경우 태양과 특정 행성 사이의 중력이 둘 사이에 작용하는 유일한 내력으로 보고 다른 외력 (이를테면 다른 행성들에 의한 중력)을 무시하면 식 (7.1.15)은 다음과 같이 바뀐다.

$$\frac{mM}{m+M}\frac{d^2\vec{r}}{dt^2} = -G\frac{mM}{r^3}\vec{r}$$

이 방정식을 다음과 같이 변형할 수 있다.

$$m\frac{d^2\vec{r}}{dt^2} = -G\frac{m(M+m)}{r^3}\vec{r} \tag{1}$$

태양을 고정된 것으로 근사하였을 때의 운동방정식은 다음과 같은 형태이다.

$$m\frac{d^2\vec{r}}{dt^2} = -G\frac{mM}{r^3}\vec{r} \tag{2}$$

결과적으로 (2)에서 M 대신에 $M+m$을 대입하면 (1)의 운동방정식의 형태를 얻는다. 따라서 (2)에서 얻은 공전주기인 식 (7.1.23)에서 M 대신에 $M+m$을 대입하면 다음과 같이 (1)식에 대한 보정된 공전주기 관계식을 얻는다.

$$\tau^2 = \frac{4\pi^2 a^3}{G(M+m)}$$

이 결과는 큰 질량(M)의 운동을 무시하는 (즉, 태양이 고정된다고 보는) 가정에서 구한 결과에서 M 대신에 $M+m$을 대입한 것과 같은 결과이다. 태양에서 가장 큰 행성인 목성의 질량도 태양의 질량의 1/1000도 되지 않는다. 그 결과 태양을 고정된 것으로 보는 것이 비록 근사이긴 해도 이 근사가 상당한 수준의 정밀성을 보장하게 된다.

7.2 ● 충돌

지금부터는 외부와 고립되어 있는 두 물체 사이의 충돌을 다루겠다. 충돌 과정에서 두 물체가 밀착되면서 두 물체는 순간적으로 모양이 바뀔 수 있고 이 과정에서 힘을 주고받을 수 있다. 또는 두 물체가 직접 부딪히지 않고 원거리에서 힘을 주고받으며 서로의 운동 양상이 달라질 수도 있다. 어떤 경우이던 두 물체가 주고받는 힘은 시간에 따라 다를 수 있지만, 뉴턴의 3법칙에 의해 충돌하는 두 물체는 크기는 같지만 방향은 반대인 힘을 받게 된다. 그 결과로 충돌 전의 각 물체의 운동량을 $m_i\vec{v_i}(i=1, 2)$, 충돌 후의 각 물체의 운동량을 $m_i\vec{v_i}'(i=1, 2)$라 할 때 다음과 같이 운동량 보존이 항상 성립한다.

$$m_1\vec{v_1} + m_2\vec{v_2} = m_1\vec{v_1}' + m_2\vec{v_2}' \tag{7.2.1}$$

한편 탄성충돌이라면 충돌 전후의 두 물체의 에너지도 보존될 것이다. 그렇지만 일반적으로 충돌 과정은 운동에너지의 증감을 동반할 수 있다. 충돌 과정에서의 겉보기 운동에너지 증감을 Q라 하면 충돌 전후의 일반적인 에너지 관계식은 다음과 같이 나타낼 수 있다.

$$\frac{1}{2}m_1v_1^2 + \frac{1}{2}m_2v_2^2 = \frac{1}{2}m_1{v_1'}^2 + \frac{1}{2}m_2{v_2'}^2 + Q \tag{7.2.2}$$

이때 $Q = 0$, 즉 충돌 전후의 운동에너지의 합이 보존되는 경우를 탄성충돌(elastic)이라 한다.

식 (7.2.1)과 식 (7.2.2)에서는 충돌 전후로 두 물체의 질량이 유지된다는 것을 은연중에 가정하였다. 그런데 이 부과조건과 달리 충돌 전후에 충돌하는 두 계의 질량이 달라질 수도 있다. 이러한 경우에도 운동량과 총에너지가 보존된다는 것에는 변함이 없다. 이 경우에는 충돌 후의 질량을 m_1', m_2'로 놓고 식 (7.2.1)과 식 (7.2.2)를 적절히 변형하여 충돌 문제를 다룰 수 있다. 충돌에 대한 일반론은 이것으로 마치고, 지금부터는 비교적 단순한 충돌을 보다 세부적으로 논의하고자 한다. 우선 충돌을 전후하여 모든 운동이 일차원 직선 상에서 이루어지는 정면충돌을 논의한 후에 보다 일반적인 상황인 비스듬한 충돌을 다루겠다.

[그림 7.2.1]과 같이 질량 m_1인 물체가 질량 m_2인 물체를 일직선으로 따라가서 부딪히고 충돌 후에 되튕겨도 처음의 직선을 벗어나지 않는 정면충돌 상황을 생각해보자. 이와 같은 충돌 상황에서 물체들이 충돌 전에 어떤 속도를 갖느냐에 따라 충돌 후의 속도도 달라진다. 그런데 충돌 전후의 물체간의 상대속도의 절댓값의 비는 물체들의 초기 속도와 무관한 경향을 갖는다는 실험결과가 알려져 있다. 이로부터 다음과 같이 물체 사이의 충돌에서 반발계수(coefficient of restitution)를 정의할 수 있다.

$$\epsilon = \frac{|v_2' - v_1'|}{|v_2 - v_1|} \tag{7.2.3}$$

여기서 v_1, v_2는 충돌 전의 두 물체의 속도이고 v_1', v_2'는 충돌 후의 두 물체의 속도가 된다. 그림에서 충돌이 일어나려면 $v_1 > v_2$여야 하고 충돌 후에는 $v_2' > v_1'$이어야 하므로 반발계수는 다음과 같이 다시 쓸 수 있다.

$$\epsilon = -\frac{v_2' - v_1'}{v_2 - v_1} \tag{7.2.4}$$

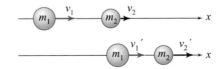

[그림 7.2.1] 일차원 충돌

한편 충돌 전후의 운동이 한 직선상에서 이루어진다면 운동량 보존에 의해 다음이 성립한다.

$$m_1 v_1 + m_2 v_2 = m_1 v_1{}' + m_2 v_2{}' \qquad (7.2.5)$$

식 (7.2.4), 식 (7.2.5)를 $v_1{}'$, $v_2{}'$에 대한 일차방정식으로 보고 두 식을 연립하여 충돌 후의 속도 $v_1{}'$, $v_2{}'$를 충돌 전의 속도 v_1, v_2로 나타내면 다음을 얻는다.

$$v_1{}' = \frac{(m_1 - \epsilon m_2)v_1 + (m_2 + \epsilon m_2)v_2}{m_1 + m_2}$$

$$v_2{}' = \frac{(m_1 + \epsilon m_1)v_1 + (m_2 - \epsilon m_1)v_2}{m_1 + m_2} \qquad (7.2.6)$$

결과적으로 충돌 후의 각 물체의 속도는 충돌 전의 속도, 두 물체의 질량비, 그리고 물체 사이의 반발계수에 의해 결정된다고 할 수 있다.

반발계수에 따라 식 (7.2.2)의 충돌 전후의 운동에너지 차이(Q)가 달라진다. 이를 보기 위해 두 물체의 운동에너지의 합은 다음과 같이 질량중심의 병진운동, 환산질량, 상대속도를 사용하여 다시 쓸 수 있다는 것을 상기해보자 (식 (7.1.18) 참고).

$$T = \frac{1}{2} M v_{cm}^2 + \frac{1}{2} \mu v^2 \qquad (7.2.7)$$

여기서 $M(= m_1 + m_2)$은 두 물체의 전체 질량, v_{cm}는 질량중심의 속도, $\mu(= m_1 m_2 / (m_1 + m_2))$는 환산질량, $v(= v_1 - v_2)$는 두 물체 사이의 상대속도이다.

충돌 전후에 운동량이 보존되므로, 질량중심의 속도는 충돌 전후에 변하지 않는다. 반면 식 (7.2.6)에서 충돌 후의 상대속도 v'와 충돌 전의 상대속도 v는 $v' = -\epsilon v$의 관계를 갖는다. 따라서 충돌 전의 운동에너지(T)를 식 (7.2.7)과 같이 쓴다면, 충돌 후의 운동에너지(T')는 다음과 같게 된다.

$$T' = \frac{1}{2} M v_{cm}^2 + \frac{1}{2} \mu \epsilon^2 v^2 \qquad (7.2.8)$$

결국 충돌 전과 후의 운동에너지의 차이인 Q는 다음과 같다.

$$Q = \frac{1}{2} \mu (1 - \epsilon^2) v^2 \qquad (7.2.9)$$

특히 $Q = 0$, 즉 운동에너지가 보존되는 탄성충돌의 경우에는 반발계수가 $\epsilon = 1$을 만족하게 된다. 이러한 결과로부터 탄성충돌을 $\epsilon = 1$인 충돌로 정의하기도 한다. 한편 $\epsilon = 0$인 경우는 완전비탄성충돌(totally inelastic collision)로 부른다. 완전비탄성충돌이 일어나면 충돌 후에 두 물체가 하나로 합쳐지고 두 물체의 속도차가 없게 된다. 한편 $0 < \epsilon < 1$인 경우에는 비탄성 충돌이라 부른다.

예제 7.2.1

질량이 같은 두 물체가 정면으로 탄성충돌 할 때 두 물체의 속도는 어떻게 되는가? 물체가 벽에 정면으로 탄성충돌 할 때 충돌 후에 공의 속도는 어떻게 되는가?

풀이

질량이 같은 두 물체의 탄성충돌의 경우에는 식 (7.2.6)에서 $m_1 = m_2$, $\epsilon = 1$을 대입하면 다음을 얻는다.

$$v_1{}' = v_2, \ v_2{}' = v_1$$

즉, 두 물체의 속도가 서로 뒤바뀌는 결과가 나타난다.

한편 공이 벽에 탄성충돌 하는 경우는 벽을 질량이 무한대(즉 $m_2 = \infty$)인 물체로 볼 수 있다. 이때 식 (7.2.6)에서 $\epsilon = 1$, $m_2 = \infty$, $v_2 = 0$이므로 다음이 성립한다.

$$v_1{}' = \frac{(m_1 - m_2)v_1 + 2m_2 v_2}{m_1 + m_2} = -v_1$$

$$v_2{}' = \frac{2m_1 v_1 + (m_2 - m_1)v_2}{m_1 + m_2} = 0$$

결과적으로 물체가 벽에 탄성충돌하면 속력은 그대로이고 운동 방향만 반대로 된다.

예제 7.2.2

마찰이 없는 평면 위에 그림과 같이 한 면에 용수철 상수 k인 질량을 무시할 수 있는 용수철이 달린 질량이 M인 물체가 놓여 있다. 질량 m인 물체가 초속도 v_0로 다가와서 용수철을 최대로 압축시키는 상황에서 질량 m인 물체의 속도를 구하시오. 이때 용수철이 압축되는 길이는 얼마인가?

풀이

용수철이 최대로 압축된 순간에는 두 물체의 속도가 같다. 이 속도를 v_f라 놓으면 운동량 보존에서 다음이 성립한다.

$$mv_0 = (m + M)v_f$$

$$\therefore\ v_f = \frac{mv_0}{m + M}$$

한편 처음 운동에너지와 나중 운동에너지의 차이만큼이 용수철에 퍼텐셜에너지의 형태로 저장되므로 용수철이 압축된 길이 x는 다음을 만족한다.

$$\frac{1}{2}mv_0^2 = \frac{1}{2}(m + M)\left(\frac{mv_0}{m + M}\right)^2 + \frac{1}{2}kx^2$$

따라서 압축된 길이는 다음과 같다.

$$\therefore\ x = v_0 \sqrt{\frac{mM}{k(m + M)}}$$

핵물리학 등 많은 물리학 분야에서 멈추어 있는 표적입자에 운동량을 갖는 다른 입자를 충돌시킨 후 산란된 방향에 따른 입자들의 특성을 조사하는 실험들이 빈번히 이루어진다. 지금부터는 [그림 7.2.2]에서 제시한 것과 같은 비스듬한 충돌 상황에 대해 보다 상세히 분석해 보고자 한다.

입사하는 입자의 질량과 속도를 각각 m_1, $\vec{v}_1$이라 놓고 정지해 있는 표적입자의 질량을 m_2라 놓자. 한편 실험 상황에서 m_1, m_2를 직접 구할 수 있다고 가정하자. 또한 입사하는 입자의 속도도 조절 가능한 경우가 많으므로 입자의 속도 $\vec{v}_1$도 이미 알고 있다고 가정하자. 그렇다면 충돌 후에 두 입자의 속도 $\vec{v}_1{}'$, $\vec{v}_2{}'$와 m_1이 산란되는 각도 θ, m_2가 산란되는 각도 ϕ가 충돌을 규정하는 주요 물리량이 될 것이다. 즉, 사실상 이 네 물리량이 어떻게 되는지가 충돌을 통한 상태 변화를 결정한다고 할 수 있다. 그런데 충돌 후에 이들 네 물

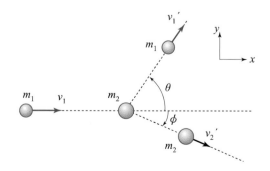

[그림 7.2.2] 정지한 표적 입자에 대한 비스듬한 충돌

리량의 값이 얼마인지를 알기 위해서 이들 모두를 측정할 필요는 없다. 지금부터 논의하겠지만 이 중에서 가장 측정이 용이한 θ를 측정하는 것으로도 나머지 값을 결정할 수 있다. m_1, m_2, $\vec{v}_1$, θ를 안다면 운동량과 에너지보존을 통해 나머지 물리량이 결정될 수 있기 때문이다. 이를테면 [그림 7.2.2]에서 입사입자의 초기 운동 방향에 평행한 성분(x축)의 운동량 보존에서 다음이 성립할 것이다.

$$mv_1 = m_1 v_1' \cos\theta + m_2 v_2' \cos\phi \tag{7.2.10}$$

한편 입사입자의 운동에 수직한 성분(y축)의 운동량 보존에서 다음도 성립한다.

$$m_1 v_1' \sin\theta = m_2 v_2' \sin\phi \tag{7.2.11}$$

탄성충돌이라면 에너지와 관련하여 다음이 성립한다.

$$\frac{1}{2}m_1 v_1^2 = \frac{1}{2}m_1 v_1'^2 + \frac{1}{2}m_2 v_2'^2 \tag{7.2.12}$$

v_1', v_2', ϕ를 세 미지수로 놓으면 식 (7.2.10), 식 (7.2.11), 식 (7.2.12)라는 세 방정식을 풀어서 미지수 v_1', v_2', ϕ를 다른 알려진 값 m_1, m_2, v_1, θ로 나타낼 수 있다. 미지수가 셋이고 방정식도 셋이기 때문에 이 방정식을 풀 수 있다. 이를테면 v_1'을 구하려면 세 방정식에서 v_2', ϕ를 소거하여 v_1'를 m_1, m_2, v_1, θ로 나타내야 한다. 이를 위해 우선 식 (7.2.10)과 식 (7.2.11)의 양변을 각각 제곱하여 더한 후에 m_1^2으로 나누면

$$v_1^2 + (v_1')^2 - 2v_1 v_1' \cos\theta = \frac{m_2^2}{m_1^2}(v_2')^2 \tag{7.2.13}$$

이 식과 식 (7.2.12)로부터 v_2'을 소거한 후에 v_1'에 대해 정리하면 다음 결과를 얻는다.

$$v_1' = \frac{m_1}{m_1 + m_2}\left[\cos\theta \pm \sqrt{\cos^2\theta - \left(1 - \frac{m_2^2}{m_1^2}\right)}\right]v_1 \tag{7.2.14}$$

식은 복잡하지만 이 결과가 의미하는 바는 명확하다. 질량 m_1, m_2와 입사속도 v_1이 결정되어 있다면 입사하는 입자가 산란된 속도 v_1'는 산란각 θ에 의해 결정된다는 것이다. 따라서 직접적 측정이 힘든 v_1', v_2'를 굳이 직접 구하지 않더라도 산란각 θ를 측정하는 것으로 v_1', v_2'의 값을 결정할 수가 있다.

예제 7.2.3

입사하는 입자의 질량이 정지한 표적입자의 질량의 두 배일 때 입사입자의 최대 산란각을 구하시오. 입사하는 입자의 질량이 더 커지면 최대 산란각은 어떻게 되는가?

풀이

식 (7.2.14)에서 산란된 속력 v_1'은 실수여야 하므로 근호 안에서 다음이 만족되어야 한다.

$$\cos^2\theta \geq 1 - \frac{m_2^2}{m_1^2} = \frac{3}{4}, \quad (m_1 = 2m_2)$$

따라서 최대 산란각 θ_m은 다음을 만족한다.

$$\theta_m = \cos^{-1}\sqrt{\frac{3}{4}} = 30°$$

식 (7.2.14)에서 최대 산락각은 다음을 만족한다.

$$\cos^2\theta_m = 1 - \frac{m_2^2}{m_1^2}$$

따라서 입사하는 입자의 질량이 클수록 최대 산란각이 작아진다. 입사입자의 질량이 매우 크면 입사입자는 거의 직진할 것이므로 이러한 결과는 직관에도 부합한다.

예제 7.2.4

입사입자와 표적입자의 질량이 같고 탄성충돌을 하는 경우에 충돌 후 두 입자의 이동 방향 사이의 각도를 구하시오.

풀이

충돌 전의 입사입자의 운동량을 $\vec{p_1}$, 충돌 후의 두 입자의 운동량을 각각 $\vec{p_1}'$, $\vec{p_2}'$라 놓으면 운동량 보존에서 다음이 성립한다.

$$\vec{p_1} = \vec{p_1}' + \vec{p_2}'$$

양변을 제곱하면 다음과 같다.

$$\vec{p_1} \cdot \vec{p_1} = (\vec{p_1}' + \vec{p_2}') \cdot (\vec{p_1}' + \vec{p_2}') = (p_1')^2 + (p_2')^2 + 2\vec{p_1}' \cdot \vec{p_2}'$$

입사입자와 정지입자가 각각 [그림 7.2.2]와 같이 θ, ϕ의 방향으로 산란되었다면 위의 식은 다음과 같이 정리된다.

$$p_1^2 = (p_1')^2 + (p_2')^2 + 2p_1'p_2'\cos(\theta + \phi) \tag{1}$$

한편 질량이 같은 두 입자의 에너지 보존에서 다음이 성립한다.

$$\frac{p_1^2}{2m} = \frac{(p_1')^2}{2m} + \frac{(p_2')^2}{2m} \tag{2}$$

(1)과 (2)에서 $\cos(\theta + \phi) = 0$ 이어야 하므로 충돌 후에 두 입자의 진행 방향 사이의 각도는 $90°$ 이다.

산란과 관련된 실험결과는 실험실이 정지된 것으로 보는 실험실좌표계를 통해 기록된다. 그런데 이와 관련된 이론적 계산은 실험실좌표계 대신에 충돌과 관련되는 입자들의 질량 중심을 원점으로 놓는 질량중심좌표계(center of mass coordinate system)에서 하는 경우가 많다. 이와 같이 질량중심좌표계에서 어떤 계산을 수행한다면, 그 계산 결과를 실험실 좌표계로 변환할 수 있어야 실제 실험과 이론의 비교가 가능하다. 이러한 이유로 인해 충돌상황에 대해서 실험실좌표계에서 계산한 결과와 질량중심좌표계에서 계산한 결과를 비교하는 방법을 지금부터 소개하고자 한다.

[그림 7.2.3]의 왼편 (a)과 오른편 (b)은 각각 실험실좌표계와 질량중심좌표계에서 충돌을 도식화한 것이다. 즉 실험실좌표계에서는 그림처럼 산란각이 θ, ϕ라 놓고 질량중심 좌표계에서는 산란각이 θ_c라고 놓을 수 있다. 그림에서 실험실좌표계의 경우 충돌 후 입자의 방향을 나타내기 위해 두 개의 각도 θ, ϕ가 필요한 반면, 질량중심좌표계에서는 하나의 산란각 θ_c로 충돌 후 입자의 방향을 나타낼 수 있다는 것에 주목하자. 이 결과는 다음과 같이 쉽게 설명된다. 질량중심좌표계에서 본 운동량은 충돌 전후에 0으로 보존되어야 한다. 그런데 이 좌표계에서 질량 m_1인 입자와 질량 m_2인 입자의 산란각이 다르다면 충돌 후에

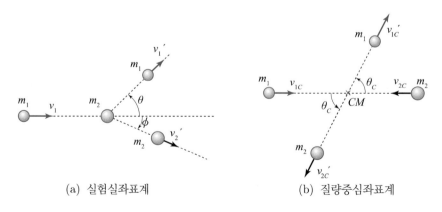

(a) 실험실좌표계 (b) 질량중심좌표계

[그림 7.2.3] 실험실좌표계와 질량중심좌표계

운동량은 0일 수 없다. 따라서 두 산란각이 같아야 되고 질량중심좌표계에서는 그림처럼 하나의 산란각 θ_c로 충돌을 나타낼 수 있다.

그렇다면 두 좌표계에서 본 산란각 θ와 θ_c 사이에는 어떤 관계가 있을까? 지금부터 이러한 관계를 구해보겠다. 이를 위해 [그림 7.2.3]처럼 실험실좌표계에서 본 충돌 전의 m_1, m_2의 속도를 각각 $\vec{v}_1$, $\vec{v}_2$라 놓고 충돌 후의 속도는 각각 $\vec{v}_1{}'$, $\vec{v}_2{}'$라 놓자. 또한 질량중심좌표계에서 본 충돌 전후의 m_1, m_2의 속도를 각각 $\vec{v}_{1c}$, $\vec{v}_{2c}$, $\vec{v}_{1c}{}'$, $\vec{v}_{2c}{}'$라 놓자. 이제 실험실좌표계에서 본 질량중심의 속도 $\vec{v}_{cm}$은 다음을 만족한다.

$$\vec{v}_{cm} = \frac{m_1 \vec{v}_1}{m_1 + m_2} \tag{7.2.15}$$

한편 $\vec{v}_{cm}$, $\vec{v}_{1c}$, $\vec{v}_{1c}{}'$ 사이에는 다음의 관계가 성립한다.

$$\vec{v}_{1c}{}' = \vec{v}_1{}' - \vec{v}_{cm} \tag{7.2.16}$$

이러한 벡터관계를 그림으로 그린 것이 [그림 7.2.4]이다. 그림에서 벡터 $\vec{v}_{1c}{}'$와 $\vec{v}_1{}' - \vec{v}_{cm}$의 수평, 수직성분이 같다는 것을 이용하면 다음을 얻는다.

$$v_{1c}{}'\cos\theta_c = v_1{}'\cos\theta - v_{cm} \tag{7.2.17}$$

$$v_{1c}{}'\sin\theta_c = v_1{}'\sin\theta \tag{7.2.18}$$

두 식을 각 변끼리 서로 나누어 정리하면 다음을 얻는다.

$$\tan\theta = \frac{\sin\theta_c}{\gamma + \cos\theta_c} \tag{7.2.19}$$

여기서 γ는 다음과 같이 정의되는 변수이다.

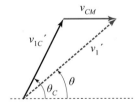

[그림 7.2.4] 실험실좌표계와 질량중심좌표계의 속도 벡터

$$\gamma \equiv \frac{v_{cm}}{v_{1c}'} \tag{7.2.20}$$

충돌상황에 따라 구체적인 γ값이 달라진다. 특히 탄성충돌의 경우에는 γ값이 두 입자의 질량의 비와 같아진다. 이 결과를 얻으려면 식 (7.2.20)에서 v_{1c}'과 v_{cm}의 크기를 비교할 수 있어야 한다. 우선 질량중심좌표계에서 본 충돌 전의 m_1의 속력 v_{1c}는 다음을 만족한다.

$$v_{1c} = v_1 - v_{cm} = \frac{m_2 v_1}{m_1 + m_2} \tag{7.2.21}$$

여기서 중간에 v_{cm}에 대한 식 (7.2.15)를 이용하였다. 그런데 탄성충돌의 경우에 질량중심에서 본 각 입자의 속력은 충돌을 전후하여 달라지지 않으므로 다음이 성립한다.

$$v_{1c}' = \frac{m_2 v_1}{m_1 + m_2} \tag{7.2.22}$$

이제 식 (7.2.15)과 식 (7.2.22)를 식 (7.2.20)에 대입하여 정리하면 다음을 얻는다.

$$\gamma \equiv \frac{m_1}{m_2} \tag{7.2.23}$$

만약 표적입자의 질량 m_2가 입사입자의 질량 m_1보다 매우 커서 $m_2 \gg m_1$인 조건이라면 식 (7.2.19)에서 $\gamma \simeq 0$ 이므로 $\theta \simeq \theta_c$ 가 성립한다. 즉, 입사입자의 산란각은 실험실좌표계에서 볼 때와 질량중심좌표계에서 볼 때에 큰 차이가 나지 않는다. 한편 표적입자와 입사입자의 질량이 같은 경우 즉 $m_2 = m_1$이면 식 (7.2.19)에서 다음이 성립한다.

$$\tan\theta = \frac{\sin\theta_c}{1 + \cos\theta_c} = \frac{2\sin(\theta_c/2)\cos(\theta_c/2)}{2\cos^2(\theta_c/2)} = \tan\frac{\theta_c}{2} \tag{7.2.24}$$

즉, 실험실좌표계에서 본 입사입자의 산란각 θ는 질량중심좌표계에서 본 입사입자의 산란각 θ_c의 절반이 된다.

예제 7.2.5

질량중심좌표계에서 본 입사입자의 산란각이 $30°$이다. 입사입자와 표적입자의 질량이 같을 때 충돌 후에 표적입자는 실험실좌표계를 기준으로 할 때 어느 방향으로 이동하는가?

풀이

식 (7.2.24)에서 실험실좌표계에서 본 입사입자의 산란각은 $60°$가 된다. 예제 7.2.4에서 두 입자의 질량이 같을 때 충돌 후에 입사입자와 표적입자의 운동 방향은 $90°$를 이룬다. 따라서 모든 충돌이 한 평면 안에서 일어나므로 충돌 후에 표적입자는 처음에 입자가 입사한 방향에 대해 $30°$를 이루는 방향으로 이동한다.

7.3 ● 입자계의 운동량, 각운동량, 에너지

지금부터는 N개의 입자(혹은 물체)로 구성된 계(system)를 생각해보자. 각 입자의 질량은 m_1, m_2, $\cdots$, m_N이라 하고, k번째 입자 m_k는 나머지 $N-1$개의 입자들과 상호작용할 수 있는 상황을 생각한다. k번째 입자에 가해지는 힘은 크게 두 가지로 나눌 수 있다. 첫째는 N개의 입자가 아닌 외부와의 상호작용으로 이러한 힘을 외력이라 부르고 $\vec{F}_k^e$로 쓰겠다. 한편 N개의 입자로 이루어진 계에 속하는 다른 입자들이 k번째 입자에 가하는 힘은 내력이라 부르며 $\vec{F}_k^i$라 쓰겠다. 이와 같이 내력과 외력을 구분하면 k번째 입자의 운동방정식은 다음과 같이 나타낼 수 있다.

$$m_k \frac{d^2 \vec{r}_k}{dt^2} = \vec{F}_k^e + \vec{F}_k^i, \ \ k = 1, 2, \cdots, N \tag{7.3.1}$$

각 입자별로 벡터의 성분을 나누면 3개의 미분방정식을 구할 수 있으므로 N개의 입자로 이루어진 계의 전체 미분방정식은 총 $3N$개의 연립방정식이 될 것이다. 이러한 상황에서 계를 이루는 모든 입자의 운동을 정확히 추적하여 운동방정식을 푸는 것은 매우 어려울 것이다. 따라서 일반적으로는 $N-$입자계의 운동을 입자별로 정확히 풀려는 시도는 어리석은 짓일 수 있다. 이러한 경우에 각각의 입자의 운동을 정확하게 추적하지는 못하더라도 전체 입자계의 거동 양상을 종합적으로 분석할 수는 있다. 지금부터 보겠지만 이러한 분석 과정에서 대개는 전체 입자계의 운동량, 에너지, 각운동량이 어떻게 되는지를 따지는 것이 도움이 된다.

본격적인 논의에 앞서 하나의 입자(혹은 물체)에 대한 운동량, 에너지, 각운동량과 관련된 일반물리학의 중요 결론들을 복습해보자. 이전에 운동량, 에너지, 각운동량과 관련하여 배웠던 핵심적인 결과들을 정리하면 다음과 같다.

$$\vec{F} = \frac{d\vec{p}}{dt} \tag{7.3.2}$$

$$T_2 - T_1 = \int_{r_1}^{r_2} \vec{F} \cdot d\vec{r} \tag{7.3.3}$$

$$\vec{N} = \frac{d\vec{L}}{dt} \tag{7.3.4}$$

식 (7.3.2)는 한 입자에 가해지는 힘이 입자의 운동량 변화와 관련된다는 뉴턴의 2법칙이다. 한편 식 (7.3.3)은 한 입자에 가해지는 일이 입자의 운동에너지 변화를 유발한다는 일-에너지 정리이다. 한편 식 (7.3.4)는 한 입자에 가해지는 토크가 입자의 각운동량 변화율과 같다는 것으로 이 결과는 뉴턴의 2법칙과 토크, 각운동량의 정의로부터 유도된다.

한 입자에 대한 결과들인 식 (7.3.2), (7.3.3), (7.3.4)를 여러 입자계에 대해 확장하려면, 우선 여러 입자계의 운동량, 에너지, 각운동량을 정의해야 한다. 입자계의 운동량 $\vec{P}$는 개별입자의 운동량 $\vec{p_k}$의 총 합으로 정의된다. 입자계의 각운동량 $\vec{L}$은 개별입자의 각운동량 $\vec{L_k}$의 총 합으로 정의된다. 한편 입자계의 역학적 에너지 E는 개별입자의 운동에너지 T_k와 입자들 사이의 퍼텐셜에너지 V_{kj}의 합으로 정의된다. 이러한 정의를 바탕으로 식 (7.3.2), (7.3.3), (7.3.4)를 확장한 의미 있는 결과들을 지금부터 논의하고자 한다.

입자계에 어떤 외력이 가해지면, 그에 따라 계를 이루는 입자들 사이의 내력도 달라지는 경우가 많다. 이러한 경우에 내력의 변화를 일일이 추적하는 것은 바람직하지 않을 수 있다. 이런 점에서 식 (7.3.1)처럼 내력과 외력을 구분하는 것이 도움이 될 수 있다. 이러한 구분을 바탕으로 지금부터는 식 (7.3.2)를 N-입자계로 확장하여 보겠다.

우선 입자계의 총 운동량은 각 입자의 운동량의 합이므로 다음이 성립한다.

$$\frac{d\vec{P}}{dt} = \sum_{k=1}^{N} \frac{d\vec{p_k}}{dt} = \sum_{k=1}^{N} \vec{F_k^e} + \sum_{k=1}^{N} \vec{F_k^i} \tag{7.3.5}$$

이 식에서 외력과 내력을 구분하여 각각 더했다. 그런데 내력의 합은 영이 된다는 것을 다음과 같이 확인할 수 있다. k번째 입자가 받는 내력 $\vec{F_k^i}$은 다음과 같이 다른 입자 j에 의해 k번째 입자가 받는 내력 $\vec{F_{kj}^i}$의 합이다.

$$\vec{F_k^i} = \sum_{j=1}^{N} \vec{F_{kj}^i} \tag{7.3.6}$$

이 식에서 만일 입자 j가 입자 k에 아무런 힘을 가하지 않는다면 $\vec{F_{kj}^i}$는 0일 것이다. 또

입자는 스스로에게 힘을 가하지 않으므로 $\vec{F}_{kk}^i$는 0이다. 식 (7.3.6)을 이용하여 식 (7.3.5)의 내력의 합을 다시 써주면 다음을 얻는다.

$$\sum_{k=1}^{N} \vec{F}_k^i = \sum_{k=1}^{N} \sum_{j=1}^{N} \vec{F}_{kj}^i \qquad (7.3.7)$$

식 (7.3.7)에서 입자 k가 입자 j에 가하는 힘 $\vec{F}_{jk}^i$와 입자 j가 입자 k에 가하는 힘 $\vec{F}_{kj}^i$는 작용-반작용 관계이므로 두 힘의 합이 소거된다. 그 결과 식 (7.3.7)의 전체 합이 소거된다. 이와 같이 입자계의 내력의 총합이 소거되므로 식 (7.3.5)는 다음과 같이 다시 쓸 수 있다.

$$\frac{d\vec{P}}{dt} = \sum_{k=1}^{N} \vec{F}_k^e \qquad (7.3.8)$$

즉, 입자계의 총 운동량의 변화율은 입자계가 받는 총 외력의 합과 같다. 이와 같이 입자계의 총 운동량의 변화는 내력과 무관하고 입자계가 받는 외력에 의해서 결정된다. 특히 외력이 입자계에 작용하지 않는다면 입자계의 총 운동량은 일정하게 보존된다.

한편으로 한 입자에 가해지는 힘은 그 입자의 가속도를 유발한다. 그렇다면 입자계에 가해지는 외력은 어떤 가속도를 유발할까? 이와 같은 질문에 대답하는 과정에서 등장하는 개념이 질량중심 개념이다. 질량중심에 대해서는 8.2절에서 구체적인 예에 대한 계산을 포함하여 상세하게 다룰 것이므로 여기서는 질량중심의 개념만 간략하게 소개하고자 한다. 개별입자의 질량과 위치를 각각 m_k, $\vec{r}_k$, 입자계의 전체 질량을 M이라 할 때 입자계의 질량중심 $\vec{r}_{cm}$은 다음과 같이 정의된다.

$$\vec{r}_{cm} = \frac{1}{M} \sum_{k=1}^{N} m_k \vec{r}_k \qquad (7.3.9)$$

질량중심을 사용하여 입자계의 총 운동량을 표현하면 다음과 같다.

$$\vec{P} = \sum_{k=1}^{N} m_k \frac{d\vec{r}_k}{dt} = M \frac{d\vec{r}_{cm}}{dt} \qquad (7.3.10)$$

이 결과와 식 (7.3.8)로부터 다음을 얻는다.

$$\vec{F}^e = M \frac{d^2 \vec{r}_{cm}}{dt^2} \qquad (7.3.11)$$

즉 입자계에 외력 $\vec{F}^e$가 가해지면 그에 상응하여 입자계의 질량중심이 가속되게 된다.

이때 질량중심의 가속도는 내력과는 무관하며 외력과 입자계의 전체 질량에 의해 결정되게 된다.

예제 7.3.1

질량 m, 반지름 R인 공이 질량 $2m$, 반지름 $2R$인 구각 안에 있고, 구각은 마찰이 없는 지면에 놓여 있다. 처음에 그림 (a)와 같은 상태에서 공을 가만히 놓아준 후 어느 정도 시간이 지난 후에 공이 그림 (b)와 같은 위치에서 멈추었을 때 구각의 위치 변화를 구하시오.

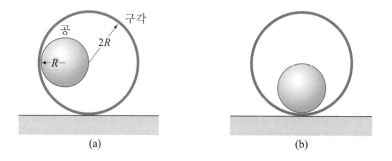

(a)   (b)

풀이

바닥과 구각 사이의 마찰이 없으므로 공과 구각을 합한 계에 가해지는 외력은 바닥에 평행한 성분을 갖지 않는다. 따라서 운동량의 바닥에 평행한 성분도 보존된다. 처음에 공과 구각이 모두 정지해 있으므로 질량중심도 정지해 있다. 운동량 보존에 의해 질량중심의 바닥에 평행한 성분이 등속도운동을 하므로 결국 질량중심의 수평성분은 계속 정지해 있다. 즉, (b) 상황의 질량중심의 수평성분 x_{cm} 는 (a)의 상황에서의 질량중심과 일치한다. (a)의 상황에서 구각의 중심을 원점으로 잡으면 x_{cm} 은 다음을 만족한다.

$$-mR + 2m \times 0 = 3m \times x_{cm}$$

$$\therefore x_{cm} = -\frac{R}{3}$$

따라서 (b)와 같이 되는 과정에서 구각은 $R/3$만큼 왼쪽으로 이동해야 한다.

질량중심을 이용하여 입자계의 각운동량과 에너지를 나타내는 것이 운동의 분석에 도움이 될 수 있다. 이것은 8장에서 강체를 다룰 때 더 분명해질 것이다. 논의를 위해 입자계의 질량중심의 위치와 속도를 각각 $\vec{r}_{cm}$, $\vec{v}_{cm}$ 으로 놓고, 질량중심에서 본 i번째 입자의 위치와 속도를 각각 $\vec{r}_i$, $\vec{v}_i$라 놓자. 이때 어떤 기준점에서 본 입자계의 총 각운동량은 다음과 같다.

$$\vec{L} = \sum_i (\vec{r}_{cm} + \vec{r}_i) \times m_i (\vec{v}_{cm} + \vec{v}_i)$$

$$= \sum_i (\vec{r}_{cm} \times m_i \vec{v}_{cm}) + \sum_i (\vec{r}_{cm} \times m_i \vec{v}_i) + \sum_i (\vec{r}_i \times m_i \vec{v}_{cm}) + \sum_i (\vec{r}_i \times m_i \vec{v}_i)$$

$$(7.3.12)$$

그런데 질량중심에서 본 입자계의 운동량은 영이어야 하므로 식 (7.3.12)의 둘째 항은 다음과 같이 영이 된다.

$$\sum_i (\vec{r}_{cm} \times m_i \vec{v}_i) = \vec{r}_{cm} \times \left(\sum_i m_i \vec{v}_i\right) = 0 \tag{7.3.13}$$

한편 질량중심을 기준점으로 하면 질량중심의 위치는 원점에 놓이므로 식 (7.3.12)의 셋째 항도 다음과 같이 영이 된다.

$$\sum_i (\vec{r}_i \times m_i \vec{v}_{cm}) = \left(\sum_i m_i \vec{r}_i\right) \times \vec{v}_{cm} = 0 \tag{7.3.14}$$

결과적으로 입자계의 총 각운동량은 다음과 같이 정리된다.

$$\vec{L} = \vec{r}_{cm} \times M\vec{v}_{cm} + \sum_i (\vec{r}_i \times m_i \vec{v}_i) \tag{7.3.15}$$

식 (7.3.15)의 첫째 항은 질량이 질량중심에 뭉쳐 있을 때의 각운동량이고, 둘째 항은 질량중심에서 본 입자계의 각운동량이다. 결과적으로 입자계의 총 각운동량은 질량중심의 각운동량과 질량중심에서 본 각 입자의 각운동량 합으로 나타낼 수 있다.

비슷한 계산을 통해 입자계의 운동에너지도 질량중심을 이용하여 다음과 같이 나타낼 수 있다.

$$T = \frac{1}{2} M v_{cm}^2 + \sum_i \frac{1}{2} m_i v_i^2 \tag{7.3.16}$$

이 식의 첫째 항은 질량이 질량중심에 뭉쳐 있을 때의 운동에너지이고, 둘째 항은 질량중심에서 본 입자계의 운동에너지이다. 따라서 입자계의 운동에너지도 질량중심의 운동에너지와 질량중심에서 본 각 입자의 운동에너지의 합으로 나타낼 수 있다. 구체적인 유도는 연습문제로 남겨두겠다. 식 (7.3.15)와 식 (7.3.16)은 강체의 운동을 다룰 때도 매우 유용한데, 구체적인 것은 8장을 참고하자.

지금부터는 식 (7.3.3)의 한 입자에 대한 일-에너지 정리를 여러 입자(입자계)로 확장해보겠다. 우선 입자계에 작용하는 총 일 W_{tot}은 다음과 같이 각 입자에 작용하는 힘과 이로 인한 각 입자의 변위의 내적의 합으로 정의될 수 있다.

$$W_{tot} = \sum_k \int_1^2 \overrightarrow{F_k} \cdot \overrightarrow{dr_k} \tag{7.3.17}$$

여기서 1, 2는 각각 처음 상태, 최종 상태를 나타낸다. 입자계의 운동에너지가 각 입자의 운동에너지의 합이라는 것을 생각하면 N 입자계에 대한 다음과 같은 일-에너지 정리가 쉽게 도출된다.

$$T_2 - T_1 = \sum_k \int_1^2 \overrightarrow{F_k} \cdot \overrightarrow{dr_k} \tag{7.3.18}$$

여기서 T_2, T_1은 각각 최종과 처음의 입자계의 총 운동에너지이다. 그런데 식 (7.3.18)에서 각 입자에 가해지는 힘은 내력과 외력을 모두 포함하는 것이다. 그런데 여러 입자계의 내력을 일일이 알아내는 것은 불가능에 가깝고 따라서 식 (7.3.18)을 특정한 운동 상황에 적용하여 의미 있는 결론을 얻는 것은 힘들다. 즉 식 (7.3.18)은 쉽게 유도되지만 그다지 유용한 결과는 아니다. 일과 에너지와 관련하여 보다 의미 있는 결론을 얻으려면 입자가 받는 내력과 외력을 구분할 필요가 있다. 이렇게 구분하고 내력이 보존력이라면 다음과 같이 일과 에너지 사이의 보다 유용한 관계식을 얻을 수 있다.

$$T_2 + U_{int,2} - T_1 - U_{int,1} = \sum_k \int_1^2 \overrightarrow{F_k^e} \cdot \overrightarrow{dr_k} \tag{7.3.19}$$

여기서 $\overrightarrow{F_k^e}$은 k번째 입자에 작용하는 외력이고, 식 (7.3.19)의 우변은 외력이 입자계에 하는 일이다. 한편 우변에서 T, U_{int}는 각각 입자계의 운동에너지와 입자계의 내력에 의한 퍼텐셜에너지이고, 첨자 1, 2는 각각 처음 상태와 최종 상태를 나타내기 위한 것이다. 결국 식 (7.3.19)는 외력이 입자계에 가한 일은 운동에너지와 퍼텐셜에너지를 포함한 입자계의 총에너지의 변화와 같다는 것이다. 이 결과는 식 (7.3.18)에서 내력과 외력을 구별하고 내력에 해당하는 퍼텐셜에너지를 정의함으로써 도출된다. 구체적인 계산은 연습문제로 남겨두겠다.

외력이 없는 경우에 식 (7.3.19)는 다음과 같이 단순해진다.

$$T_2 + U_{int,2} = T_1 + U_{int,1} \tag{7.3.20}$$

즉, 외력이 없는 경우에 입자계의 운동에너지와 퍼텐셜에너지를 합한 역학적 에너지는 보존된다.

한편 식 (7.3.19)는 강체의 운동을 분석할 때 유용하게 사용될 수 있다. 강체는 정의상 강체를 이루는 입자들의 거리가 일정하게 유지된다. 따라서 강체가 운동할 때에는 내력에 의한 퍼텐셜에너지가 일정하게 유지된다. 그 결과 강체의 운동에서는 식 (7.3.19)가 다음과 같이 단순해진다.

$$T_2 - T_1 = \sum_k \int_1^2 \overrightarrow{F_k^e} \cdot \overrightarrow{dr_k} \tag{7.3.21}$$

즉, 강체의 운동에서는 외력에 의한 일이 강체의 운동에너지 변화와 같게 된다.

한편 식 (7.3.19)에서 외력에 의한 퍼텐셜에너지도 정의되는 경우에는 다음과 같은 에너지보존 관계식을 얻을 수 있다.

$$T + U_{int} + U_{ext} = 일정 \tag{7.3.22}$$

여기서 T, U_{int}, U_{ext}은 각각 입자계의 운동에너지, 입자계의 내력에 대한 퍼텐셜에너지, 외력에 대한 퍼텐셜에너지이다.

지금까지 식 (7.3.18), (7.3.19), (7.3.20), (7.3.21), (7.3.22) 등 일과 에너지에 대한 여러 관계식을 소개하였다. 이 중에서 식 (7.3.18)을 제외한 네 관계식은 운동의 분석에 상당히 유용하게 적용될 수 있다. 이번 절에서는 특히 식 (7.3.20)을 적용할 수 있는 운동에 대한 예제를 주로 소개하고, 다른 식들이 도움이 되는 그 외의 운동 사례는 8장에서 제시하겠다.

예제 7.3.2

질량이 m이고 전하량이 $+q$로 대전된 세 공을 길이 l인 절연된 늘어나지 않는 실들로 연결한 정삼각형 모양의 구조물이 있다. 한 실을 끊은 후에 세 공이 일자로 늘어서게 되는 순간의 세 공들의 속도를 각각 구하시오. (단, 실의 질량과 공 사이의 중력은 무시하고 오직 쿨롱힘만 작용한다고 가정하시오.)

풀이

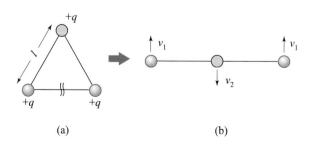

(a)   (b)

세 공으로 이루어진 계는 고립계이므로 운동량과 에너지가 보존된다. 또 세 공이 일직선을 이루는 순간에 대칭성에 의해 양쪽의 공은 같은 속력이고 가운데의 공만 다른 속력이다(그림 (b)). 또한 실의 길이가 일정하므로 일직선이 되는 순간 세 공은 오직 일직선에 수직한 방향의 속도만을 가질 수 있다. 질량중심을 원점으로 잡고 그림처럼 양쪽 공의 속도를 $\vec{v}_1$, 가운데 공의 속도를 $\vec{v}_2$라 놓으면 운동량 보존에 의해 다음이 성립한다.

$$\vec{P} = 2m\vec{v}_1 + m\vec{v}_2 = 0 \tag{1}$$

한편 공들이 그림 (a)처럼 정삼각형을 이룬 채 정지해 있을 때의 역학적 에너지는 다음과 같다.

$$E_a = U_a = \frac{1}{4\pi\epsilon_0}\frac{q^2}{l}\times 3$$

한편 세 공이 나란한 순간의 퍼텐셜에너지는 다음과 같다.

$$U_b = \frac{1}{4\pi\epsilon_0}\frac{q^2}{l}\times 2 + \frac{1}{4\pi\epsilon_0}\frac{q^2}{2l}$$

식 (7.3.20)의 역학적 에너지 보존에 의해 다음이 성립한다.

$$\frac{1}{2}mv_1^2\times 2 + \frac{1}{2}mv_2^2 + \frac{1}{4\pi\epsilon_0}\frac{q^2}{l}\times 2 + \frac{1}{4\pi\epsilon_0}\frac{q^2}{2l} = \frac{1}{4\pi\epsilon_0}\frac{q^2}{l}\times 3 \tag{2}$$

(1), (2)에서 v_1, v_2를 각각 구하면 다음과 같다.

$$v_1 = \frac{q}{\sqrt{24\pi\epsilon_0 ml}}, \ v_2 = -\frac{q}{\sqrt{6\pi\epsilon_0 ml}}$$

예제 7.3.3

질량이 m이고 전하량이 q로 대전된 세 공을 길이 l인 절연된 늘어나지 않는 두 실로 연결한 일직선 모양의 구조물이 있다. 구조물의 중앙에 있는 공을 일직선에 수직한 방향으로 살짝 칠 때 근사적으로 단순조화진동의 운동 양상이 나타남을 보이시오. (단, 실의 질량과 공 사이의 중력은 무시하고 오직 쿨롱힘만 작용한다고 가정하시오.)

풀이

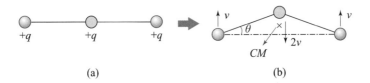

(a)　　　　　　　　　　　(b)

우선, 질량중심(CM)을 원점으로 잡자. 그림 (b)에서 θ가 작다면 각 공이 구조물에 수직한 방향으로만 움직인다고 근사할 수 있다. 또한 외력이 없으므로 질량중심을 원점으로 하면 가운데의 공의 속력은 양쪽 공의 속력의 두 배가 되어야 한다. 양쪽 공의 속력을 v라 하면 총 운동에너지는 근사적으로 다음과 같다.

$$T = \frac{1}{2}mv^2 \times 2 + \frac{1}{2}m(2v)^2$$

한편 그림과 같이 $\theta(\ll 1)$를 잡으면 질량중심과 중앙 공 사이의 거리는 $2l\cos\theta/3$이고 중앙 공의 속력에 대해 다음이 성립한다.

$$2v \simeq \frac{2}{3}l\cos\theta\dot{\theta} \simeq \frac{2}{3}l\dot{\theta} \quad (\because \cos\theta \simeq 1)$$

이것을 이용하면 세 공의 전체 운동에너지는 다음과 같다.

$$T = \frac{1}{2}m\left(\frac{1}{3}l\dot{\theta}\right)^2 \times 2 + \frac{1}{2}m\left(\frac{2}{3}l\dot{\theta}\right)^2$$

한편 공들이 그림 (b)와 같이 위치할 때의 퍼텐셜에너지는 다음과 같다.

$$U = \frac{1}{4\pi\epsilon_0}\frac{q^2}{l} \times 2 + \frac{1}{4\pi\epsilon_0}\frac{q^2}{2l\cos\theta}$$

따라서 운동에너지와 퍼텐셜에너지를 합친 역학적 에너지는 다음과 같다.

$$E = \frac{1}{3}ml^2\dot{\theta}^2 + \frac{1}{2\pi\epsilon_0}\frac{q^2}{l} + \frac{1}{8\pi\epsilon_0}\frac{q^2}{l\cos\theta}$$

외력이 없는 상황에서는 운동 중에 역학적 에너지가 보존되므로 에너지를 시간에 대해 미분하고 공통항인 $\dot{\theta}$를 소거하면 다음과 같은 운동방정식을 얻을 수 있다.

$$\frac{2}{3}ml^2\ddot{\theta} + \frac{1}{8\pi\epsilon_0}\frac{q^2}{l}\sec\theta\tan\theta = 0$$

$\theta \ll 1$이므로 $\sec\theta\tan\theta \simeq \theta$로 근사하면 다음과 같은 단순조화진동의 운동방정식을 얻는다.

$$\frac{2}{3}ml^2\ddot{\theta} + \frac{1}{8\pi\epsilon_0}\frac{q^2}{l}\theta = 0$$

결과적으로 공에 대전된 전하량 q가 클수록 복원력이 커지고 이웃한 공 사이의 거리 l이 클수록 복원력이 작아지는 단순조화진동의 운동이 나타난다.

지금부터는 한 입자에 작용하는 토크와 각운동량의 변화와 관련된 식 (7.3.4)가 다입자계에서는 어떻게 확장되는지 살펴보겠다. 매우 일반적인 상황을 다루기 위해 우리는 일단

각운동량과 토크의 기준점(Q)이 가속될 수도 있는 일반적인 상황을 생각하겠다. 이때 $\vec{r}_Q, \vec{v}_Q, \vec{a}_Q$를 각각 기준점 Q의 위치, 속도, 가속도, $\vec{r}_k, \vec{v}_k, \vec{a}_k$를 k번째 입자의 위치, 속도, 가속도라 놓자. 이때 Q를 기준으로 한 입자계의 각운동량은 다음과 같다.

$$\vec{L}_Q = \sum_k m_k(\vec{r}_k - \vec{r}_Q) \times (\vec{v}_k - \vec{v}_Q) \tag{7.3.23}$$

이것을 시간에 대해 미분하면 다음을 얻는다.

$$
\begin{aligned}
\frac{d\vec{L}_Q}{dt} &= \sum_k m_k(\vec{v}_k - \vec{v}_Q) \times (\vec{v}_k - \vec{v}_Q) + \sum_k m_k(\vec{r}_k - \vec{r}_Q) \times (\vec{a}_k - \vec{a}_Q) \\
&= \sum_k m_k(\vec{r}_k - \vec{r}_Q) \times (\vec{a}_k - \vec{a}_Q) \\
&= \sum_k (\vec{r}_k - \vec{r}_Q) \times m_k(\vec{a}_k - \vec{a}_Q) \\
&= \sum_k (\vec{r}_k - \vec{r}_Q) \times (\vec{F}_k^e + \vec{F}_k^i - m_k\vec{a}_Q) \tag{7.3.24}
\end{aligned}
$$

여기서 첫째 줄에서 둘째 줄로 넘어갈 때 같은 벡터의 외적은 영이 된다는 것을 이용하였다. 또 마지막 줄의 $\vec{F}_k^e$, $\vec{F}_k^i$는 각각 입자 k에 작용하는 외력과 내력이다.

식 (7.3.24)에서 내력과 관련된 항은 모두 소거된다. 우선 식 (7.3.7)과 관련된 설명에서 보았듯이 내력의 합은 영이 되므로 식 (7.3.24)의 마지막 줄에서 내력과 관련된 항들 중 일부는 다음과 같이 간단히 소거된다.

$$\sum_k \vec{r}_Q \times \vec{F}_k^i = \vec{r}_Q \times \left(\sum_k \vec{F}_k^i\right) = 0 \tag{7.3.25}$$

한편 내력과 관련된 나머지 항도 다음과 같이 소거된다.

$$\sum_k \vec{r}_k \times \vec{F}_k^i = 0 \tag{7.3.26}$$

이것을 보기 위해 우선 k번째 입자에 작용하는 내력 $\vec{F}_k^i$가 다른 입자들이 k번째 입자에 작용하는 힘들의 합인 것을 이용하여 식 (7.3.26)을 다음과 같이 바꿀 수 있다.

$$\sum_k \sum_j \vec{r}_k \times \vec{F}_{kj}^i = 0 \tag{7.3.27}$$

여기서 $\vec{F}_{kj}^i$는 입자 j가 입자 k에 가하는 내력을 의미한다. 그런데 식 (7.3.27)의 여러 항들 중에 입자 k와 입자 j라는 두 입자에 대한 다음 항들을 짝지을 수 있다.

$$\vec{r}_k \times \vec{F}^i_{kj} + \vec{r}_j \times \vec{F}^i_{jk} \tag{7.3.28}$$

여기서 $\vec{F}^i_{kj}$와 $\vec{F}^i_{jk}$가 서로 작용반작용 관계이므로 두 힘은 크기가 같고 방향이 반대이다. 따라서 식 (7.3.28)을 다음과 같이 다시 쓸 수 있다.

$$(\vec{r}_k - \vec{r}_j) \times \vec{F}^i_{kj} \tag{7.3.29}$$

그런데 뉴턴의 3법칙의 강한 형태에 의하면 두 입자 사이에 작용하는 힘은 두 입자를 연결한 직선과 나란하므로 식 (7.3.29)은 결국 영이 된다. 이로 인해 결국 식 (7.3.27)과 식 (7.3.26)도 성립하게 된다. 결과적으로 식 (7.3.24)의 마지막 식에서 내력과 관련된 항들이 소거되어 다음을 얻게 된다.

$$\frac{d\vec{L}_Q}{dt} = \sum_k (\vec{r}_k - \vec{r}_Q) \times (\vec{F}^e_k - m_k \vec{a}_Q) \tag{7.3.30}$$

다음과 같이 Q를 기준으로 외력에 의한 토크 $\vec{N}_Q$를 정의할 수 있다.

$$\vec{N}_Q = \sum_{k=1}^{N} (\vec{r}_k - \vec{r}_Q) \times \vec{F}^e_k \tag{7.3.31}$$

또 입자계의 총 질량을 M이라 놓고 질량중심을 $\vec{r}_{cm}$이라 놓으면 식 (7.3.30)은 다음과 같이 정리된다.

$$\frac{d\vec{L}_Q}{dt} = \vec{N}_Q - M(\vec{r}_{cm} - \vec{r}_Q) \times \frac{d^2\vec{r}_Q}{dt^2} \tag{7.3.32}$$

만일 Q가 등속도로 운동하는 점이거나 질량중심일 때는 다음과 같은 간단한 결과가 나온다.

$$\frac{d\vec{L}_Q}{dt} = \vec{N}_Q \tag{7.3.33}$$

따라서 외력에 의한 돌림힘이 없을 때 Q가 등속도로 운동하는 점이거나 질량중심일 때는 Q를 기준으로 한 각운동량이 보존된다. 결과적으로 각운동량과 외력에 의한 돌림힘 사이에 항상 식 (7.3.33)과 같은 간단한 관계가 성립하는 것은 아니다. 기준점에 따라 식 (7.3.33) 대신에 식 (7.3.32)를 적용해야 할 수도 있다는 것에 주의하도록 하자. 이러한 관계식들의 적용 범위에 대해서는 8장에서 강체의 운동을 다룰 때 특히 주의할 필요가 있다.

예제 7.3.4

질량 m인 두 공이 질량을 무시할 수 있는 길이 l인 단단한 막대에 연결된 아령이 마찰 없는 지면에 놓여 있다. 이 아령의 한 공에 막대와 수직한 방향으로 외력 F를 가할 때 외력을 직접 받는 공의 가속도를 구하시오.

풀이

힘을 가하면서 아령에는 병진운동과 회전운동이 모두 유발된다. 외력 F가 작용하면 질량 $2m$인 아령의 질량중심의 병진운동의 가속도 a_{cm}은 (7.3.11)에서 다음을 만족한다.

$$F = 2ma_{cm}$$
$$\therefore a_{cm} = \frac{F}{2m} \tag{1}$$

한편 질량중심을 기준으로 보면 외력 F가 유발하는 돌림힘에 의해 회전운동이 유발된다고 할 수 있다. 만일 아령이 ω의 각속도로 회전한다면 아령의 각운동량은 다음과 같다.

$$L = \frac{ml^2\omega}{2}$$

아령의 길이 l이 고정되므로 아령의 각운동량의 시간미분을 아령의 각가속도 α로 나타내면

$$\frac{dL}{dt} = \frac{ml^2\alpha}{2}$$

결과적으로 식 (7.3.33)을 이 상황에 적용하면 다음과 같이 구할 수 있다.

$$N = F\frac{l}{2} = \frac{ml^2\alpha}{2}$$
$$\therefore \ \alpha = \frac{F}{ml} \tag{2}$$

(1), (2)에서 힘을 받는 공의 가속도 a는 다음과 같이 질량중심의 병진가속도와 질량중심을 기준으로 한 회전에 의한 가속도의 합이다.

$$a = a_{cm} + \frac{l}{2}\alpha = \frac{F}{m}$$

예제 7.3.5

질량이 모두 m인 어떤 두 천체가 처음에 거리 $2R$만큼 떨어진 체 질량중심을 기준으로 각속도 ω로 돌고 있었다. 중력에 의해 두 천체가 가까워지면서 거리가 R로 줄어들게 되었을 때, 두 천체 사이의 거리가 줄어드는 속력을 구하시오. (단, 중력상수는 G이고, 처음에 두 천체가 가까워지는 속력은 0이었다.)

풀이

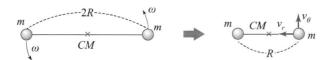

두 천체의 질량중심을 원점으로 놓으면 운동 중에 각운동량과 에너지가 보존되게 된다. 한편 그림처럼 두 천체의 거리가 R일 때 각 천체의 지름 방향 속도성분을 v_r, 그에 수직한 속도성분을 v_θ라고 놓자. 처음에 두 천체가 거리 $2R$만큼 떨어져 있을 때의 각운동량은 $2mR^2\omega$이고 각운동량이 보존되므로 다음이 성립한다.

$$2mR^2\omega = 2\frac{R}{2}mv_\theta$$

$$\therefore \ v_\theta = 2R\omega \tag{1}$$

한편 처음에 거리 $2R$일 때의 두 천체의 총 역학적 에너지는 다음과 같다.

$$2 \times \frac{1}{2}m(R\omega)^2 - G\frac{m^2}{2R}$$

한편 두 천체의 거리가 R일 때의 한 천체의 운동에너지는 다음과 같다.

$$\frac{1}{2}m(v_r^2 + v_\theta^2)$$

따라서 거리 R일 때의 두 천체의 총 역학적 에너지는 다음과 같다.

$$2 \times \frac{1}{2}m(v_r^2 + v_\theta^2) - G\frac{m^2}{R}$$

역학적 에너지가 보존되므로 다음이 성립한다.

$$2 \times \frac{1}{2}m(v_r^2 + v_\theta^2) - G\frac{m^2}{R} = 2 \times \frac{1}{2}m(R\omega)^2 - G\frac{m^2}{2R} \tag{2}$$

(1), (2)를 연립하여 v_r을 구하면 다음을 얻는다.

$$v_r = \sqrt{\frac{Gm}{2R} - 3R^2\omega^2}$$

한편 두 천체가 서로 접근하고 있으므로 거리가 줄어드는 속도는 다음과 같다.

$$2v_r = 2\sqrt{\frac{Gm}{2R} - 3R^2\omega^2}$$

7.4 ◦ 질량이나 모양이 변하는 계의 운동

그동안 우리는 하나의 입자, 혹은 두 입자의 운동으로 환원되는 운동 상황에 대해 주로 운동방정식을 풀었다. 더 많은 입자로 이루어진 계의 운동 같은 보다 복잡한 운동을 이해하기 위해서 우리는 개개의 입자의 운동방정식을 푸는 시도 대신에 입자계의 운동량, 각운동량, 에너지를 고려하여 논의를 전개하였다. 지금부터는 이 결과를 바탕으로 여러 입자로 이루어진 계의 운동을 다루고자 한다. 이번 절에서는 먼저 질량이나 모양이 변하는 계의 운동을 살펴보고 8장에서는 강체의 운동을 다룰 것이다.

분명한 것은 질량이나 모양이 변하는 계의 경우에 운동을 예측하는 것은 일반적으로는 매우 어려운 일이라는 것이다. 다만 질량이나 모양이 변하는 계이더라도 운동에 대해 간단한 모형을 설정하여 운동을 이해할 수 있는 몇 가지 상황이 있다. 이번 절에서는 간단한 모형화가 가능한 운동 상황의 예로, 컨베이어 벨트에 일정량의 모래가 지속적으로 유입되는 상황, 로켓의 분사, 줄의 낙하운동 등을 살펴보겠다. 앞으로 차차 보겠지만 이들 운동들을 분석할 때 계를 이루는 입자 사이에 작용하는 내력을 직접 다루는 대신 운동량 보존, 에너지 보존 등이 유용하게 이용될 것이다.

우리가 그동안 다루었던 운동방정식은 주로 다음과 같은 형태의 뉴턴의 2법칙에서 출발하여 구한 것이었다.

$$\vec{F} = m\frac{d^2\vec{x}}{dt^2} \tag{7.4.1}$$

그런데 이 식에는 운동 중에 관심을 갖는 계의 질량이 변하지 않는다는 가정이 은연중에 담겨 있다. 따라서 질량 m이 변하는 계의 경우에 이 방정식을 그대로 사용할 수 없다. 대신에 계의 질량이 변할 수 있는 경우에 기본이 되는 것은 뉴턴의 2법칙의 다음과 같은 표현이다.

$$\vec{F} = \frac{d\vec{p}}{dt}, \ (\vec{p} = m\vec{v}) \tag{7.4.2}$$

이 식은 계의 질량이 변하는 경우에도 적용 가능하므로 식 (7.4.1)보다 더 적용 범위가 넓다. 지금부터 이 방정식을 바탕으로 질량이 바뀌는 계의 운동 중 몇 가지 경우를 논의하겠다.

1) 컨베이어 벨트 위로 떨어지는 모래

[그림 7.4.1]과 같이 깔때기 모양의 저장고에서 끊임없이 모래가 컨베이어 벨트에 떨어져서 컨베이어 벨트를 타고 이동하는 상황을 생각하자. 우리가 다루고자 하는 상황은 다음과 같다. 등속도로 돌고 있는 컨베이어 벨트로 매 순간 일정한 비율로 모래가 떨어져서 유입되고 있다. 모래가 유입되는 동안 벨트가 수평 방향으로 v의 속력을 계속 유지하려면 컨베이어 벨트를 돌리는 모터가 벨트와 벨트 위의 모래로 이루어진 계에 일을 해주어야 한다. 그렇다면 매 순간 얼마의 일을 가해야 컨베이어 벨트가 v의 속력을 유지할 수 있을까?

이러한 문제를 풀기 위해서 컨베이어 벨트와 전체 모래(벨트에 떨어져 있는 모레와 벨트에 떨어질 모래를 모두 포함하는)로 이루어진 계를 생각하자. 우리가 설정한 계에서 전체 모래의 양은 일정하지만 Δt만큼 시간이 흐른 뒤에 컨베이어 벨트 위에 놓인 모래의 양이 Δm만큼 증가하게 된다. 즉, Δt의 시간동안 컨베이어 벨트 위에서 v의 속력으로 이동하는 모래의 양이 Δm만큼 증가하므로, 전체 계의 증가된 운동량 Δp는 다음과 같다.

$$\Delta p = (\Delta m)v \tag{7.4.3}$$

계의 전체 운동량이 증가했으므로 계에 작용하는 외력이 있다. 이때 계에 외력을 가해주는 것이 바로 컨베이어 벨트를 구동하는 모터이다. Δt를 매우 짧게 잡고 식 (7.4.2)를 적용하면 모터가 가해주는 힘은 다음과 같게 된다.

$$F = \frac{dp}{dt} = \frac{dm}{dt}v = \dot{m}v \tag{7.4.4}$$

여기서 $\dot{m}$은 단위시간당 모래의 유입률이다. 이제 모래와 컨베이어 벨트를 일정한 속력 v로 유지하기 위해 모터가 벨트와 모래로 이루어진 계에 가하는 일률 P는 다음과 같다.

$$P = Fv = \dot{m}v^2 \tag{7.4.5}$$

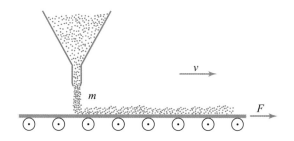

[그림 7.4.1] 컨베이어 벨트에 떨어지는 모래

결국 모래의 유입률이 클수록 컨베이어 벨트의 이동을 유지하기 위해 모터가 가해야 하는 힘이 커진다.

한편 Δt의 시간이 흐른 후에 v의 속력으로 이동하는 모래의 양이 Δm만큼 증가하므로, 그동안의 계의 운동에너지 변화량은 다음과 같다.

$$\Delta K = \frac{1}{2}(\Delta m)v^2 \tag{7.4.6}$$

따라서 계의 겉보기 운동에너지의 변화율은 다음과 같다.

$$\frac{dK}{dt} = \frac{1}{2}\dot{m}v^2 \tag{7.4.7}$$

즉 계가 얻는 운동에너지의 변화율은 계에 가해지는 일률의 절반이 된다. 이와 같은 결과는 역학적 에너지가 보존되지 않는 것을 의미한다. 그렇다면 모터가 계에 가해준 에너지 중 계의 거시적 운동에너지로 전환되지 않은 나머지 절반은 어디로 갔을까? 모래가 컨베이어 벨트에 떨어지면 마찰에 의해 미끄러지면서 수평 방향으로 가속되어 결국 v의 속력을 갖게 된다. 짧은 시간이지만(모래의 속력이 $0 \rightarrow v$로 변하는 동안) 컨베이터 벨트와 모래 사이에 작용한 마찰력에 의해 증가된 내부에너지가 그 절반인 셈이다. 이와 같이 마찰에 의한 미끄러짐으로 인해 벨트와 모래로 이루어진 계의 내부에너지가 증가한다. 마찰시 발생하는 온도 증가는 이러한 내부에너지 증가를 반영하는 것이다.

2) 로켓

우주로 로켓을 발사하는 것은 매우 수준 높은 공학 기술을 요구한다. 이를테면 로켓을 성공적으로 발사시키기 위해 중요한 것 중 하나는 추진 중에 로켓이 뒤집히지 않는 것이다. 이러한 과제의 어려움은 여러분도 직접 경험할 수 있다. 이를테면 손바닥에 볼펜을 세워 놓고 손을 위로 가속시켜 보면 볼펜이 쓰러지는 것을 피하기 힘들다는 것을 쉽게 확인할 수 있을 것이다. 이때 볼펜은 손바닥과의 접촉면에서 가속을 받는데 하단에서 로켓이 추진될 때에도 로켓의 하단에서 힘이 작용한다. 이렇게 하단에서 로켓이 추진되는 경우, 추진 중에 뒤집히지 않는 것이 중요하다.

로켓의 자세제어의 안정성과 관련된 이야기는 이쯤에서 멈추고 지금부터는 로켓이 추진되는 원리를 간단한 모형을 통해 살펴보고자 한다. 이를 위해 먼저 [그림 7.4.2]와 같이 계를 기술하는 것이 좋다. (그림과 관련된 각각의 변수의 의미도 그림에서 제시하고 있다.)

여기서 로켓과 로켓에서 분출된 연료까지 모두 하나의 계로 생각한다. 또한 보다 일반적인 논의를 하기 위해 외력 $\vec{F}$가 전체계에 작용한다고 가정하자. 실제의 로켓추진 상황에서 $\vec{F}$는 중력과 저항력을 포함할 수 있다. 이제 어느 시간 t에서의 전체계의 운동량을 다음과 같이 놓자.

$$\vec{P}(t) = (M + \Delta m)\vec{v} \tag{7.4.8}$$

한편 그로부터 조금의 시간이 더 흐른 후(즉 $t + \Delta t$)의 전체계의 운동량은 다음과 같다.

$$\vec{P}(t + \Delta t) = M(\vec{v} + \Delta \vec{v}) + \Delta m(\vec{v} + \Delta \vec{v} + \vec{u}) \tag{7.4.9}$$

따라서 Δt 동안의 전체계의 운동량 변화는 다음과 같이 나타낸다.

$$\Delta \vec{P} = \vec{P}(t + \Delta t) - \vec{P}(t) = M\Delta \vec{v} + (\Delta m)\vec{u} + \Delta m \Delta \vec{v} \tag{7.4.10}$$

이 식의 양변을 Δt로 나눈 후, Δt를 0으로 보내는 극한을 생각하면

$$\frac{d\vec{P}}{dt} = M\frac{d\vec{v}}{dt} + \vec{u}\frac{dm}{dt} = \vec{F} \tag{7.4.11}$$

식 (7.4.11)을 얻는 과정에서 식 (7.4.10)의 $\Delta m \Delta \vec{v}$ 관련 항은 극한을 취할 때 영으로 수렴하여 없어진다.

한편 연료의 시간에 따른 질량 증가율은 로켓의 시간에 따른 질량 감소율과 같다. 즉,

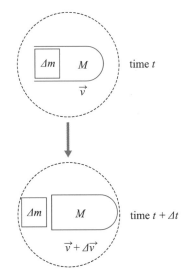

M : 어떤 시간 t에서의 로켓 질량

$\vec{v}$: (고정된 좌표에 대한) 어떤 시간 t에서의 로켓의 속도

$\vec{u}$: (우주선에 대한) 분출된 연료의 속도

$\vec{v} + \Delta \vec{v} + \vec{u}$[3]: (고정된 좌표 대한) 어떤 시간 $t + \Delta t$에서 분출된 연료의 속도

$\Delta m (>0)$: Δt의 시간 간격 동안 분사되는 연료

$\vec{v} + \Delta \vec{v}$: Δm이 분사된 후 로켓의 속도

[그림 7.4.2] 로켓의 추진 원리

---

3) 고정된 좌표에 대한 연료의 속도를 $\vec{v} + \vec{u}$로 가정할지, $\vec{v} + \Delta \vec{v} + \vec{u}$로 가정할지 애매할 것이다. 어떤 것을 선택하더라도 앞으로 얻게 될 결론에 차이가 없다.

로켓으로부터 연료가 계속 빠져나가므로,

$$\frac{dM}{dt} = -\frac{dm}{dt} \tag{7.4.12}$$

결국 식 (7.4.11)과 식 (7.4.12)로부터 다음을 얻는다.

$$\frac{d\vec{P}}{dt} = M\frac{d\vec{v}}{dt} - \vec{u}\frac{dM}{dt} \tag{7.4.13}$$

위 식의 우변의 두 번째 항인 $-\vec{u}dM/dt$은 얼핏 보면 힘이 아닌 것처럼 보인다. 그런데 잘 살펴보면 이 항은 힘과 같은 차원을 갖는다는 것을 알 수 있으며, 이 값을 로켓의 '추진력'이라고 부른다.

예제 7.4.1

무중력 상태의 우주공간에서 정지해 있던 로켓이 연료를 매 순간 로켓에 대해 $\vec{u}$의 속도로 분사하였다. 분사 후에 로켓의 질량이 처음의 절반이 되었을 때 로켓의 속도를 구하시오.

풀이

우주공간에서 다른 외력이 없으므로 식 (7.4.13)은 다음과 같이 바뀐다.

$$M\frac{d\vec{v}}{dt} = \frac{dM}{dt}\vec{u}$$

양변에 dt를 곱하고 변수 분리하여 적분하면 다음과 같다.

$$\int_{v_0}^{v}\vec{dv} = \int_{M_0}^{M_f}\frac{\vec{u}}{M}\,dM$$

여기서 $\vec{v_f}$, $\vec{v_0}$, M_0, M_f는 각각 로켓의 최종 속도, 초기 속도, 로켓의 초기 질량, 분사한 연료를 제외한 로켓의 최종 질량이다. 실제로 적분을 수행하여 정리하면 다음을 얻는다.

$$\vec{v_f} = \vec{v_0} - \vec{u}\ln\frac{M_0}{M_f} \tag{1}$$

처음에 정지해 있었고 분사 과정에서 로켓의 질량이 절반으로 줄었으므로 최종 속도는 다음과 같다.

$$\vec{v_f} = -\vec{u}\ln2$$

(1)식에서 알 수 있듯이 로켓의 최종 속도가 커지려면 분사되는 연료의 속도 $\vec{u}$의 값이 크거나 처음과 나중에 로켓의 질량비 M_0/M_f가 커야 한다. 또한 최종 속도는 로켓의 처음과 나중의 질량비와 관련되며, 매 순간 어떤 비율로 연료가 분사되는지와는 무관하다.

예제 7.4.2

지구상에서 정지해 있던 로켓이 연료를 매 순간 로켓에 대해 $\vec{u}$ 의 속도로 분사하였다. 분사 후에 t 만큼의 시간이 지난 후에 최종적으로 로켓이 정지했다면 로켓의 질량은 처음의 몇 배로 줄었는가? (단, 중력가속도는 $\vec{g}$ 로 놓고 공기에 의한 저항은 무시한다.)

풀이

로켓이 지표면 근처에서 추진되어 중력가속도가 일정하다고 가정하고 공기저항을 무시하는 경우에는 식 (7.4.13)에서 외력 $M\vec{g}$ 가 로켓의 전체 운동량의 변화를 유발한다고 볼 수 있으므로 다음이 성립한다.

$$M\frac{d\vec{v}}{dt} - \frac{dM}{dt}\vec{u} = M\vec{g}$$

일차원 운동이므로 지표에서 멀어지는 방향을 (+) 방향로 잡으면, 다음과 같이 간단히 다시 쓸 수 있다.

$$M\frac{dv}{dt} + \frac{dM}{dt}u = -Mg$$

양변을 M 으로 나누고, dt 를 곱하면 다음과 같다.

$$dv = -u\frac{dM}{M} - g\,dt$$

양변을 적분하면 다음을 얻는다.

$$v_f = u\ln\frac{M_0}{M_f} - gt$$

여기서 M_0, M_f 는 각각 로켓의 초기 질량, 분사한 연료를 제외한 로켓의 최종 질량이며, 로켓이 처음에 정지해 있다는 조건이 이용되었다. 최종 속도가 영이려면 처음과 나중의 질량비는 다음을 만족해야 한다.

$$\frac{M_f}{M_0} = e^{-gt/u}$$

3) 줄의 운동

지금부터는 줄이 운동하는 상황을 분석하고자 한다. 이 경우에 줄의 질량은 변화하지 않지만, 그 모양이 변화하고 그에 따라 줄의 각 요소가 받는 힘이 달라질 수 있기 때문에 운

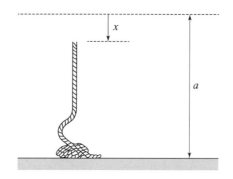

[그림 7.4.3] 바닥에 떨어지는 줄

동방정식을 세울 때 이를 적절히 고려해야 한다. 여기서는 간단한 모형을 만들어서 줄의 운동 문제를 풀어 보겠다.

먼저 줄의 위쪽 끝을 잡고 늘어뜨려 아래쪽 끝이 바닥에 닿을락 말락한 상황에서 줄을 놓는 경우를 생각해 보자. 즉, [그림 7.4.3]처럼 길이 a, 선밀도가 ρ인 줄을 세로로 곧게 편 후, 끝을 살짝 놓았다. 이때 그림과 같이 줄의 위쪽 끝이 x만큼 낙하한 순간, 줄이 지면에 가하는 힘은 얼마일까?

줄을 여러 입자로 이루어진 계로 생각해 보자. 이때 줄을 이루는 각각의 입자에 작용하는 내력을 알지 못하므로, 각각의 입자의 운동을 추적하는 것은 무모한 일이다. 대신에 줄에 가해지는 외력에 의해 줄이 갖는 역학적 에너지가 어떻게 변화하는지는 비교적 쉽게 모형화할 수 있다.

일단 줄이 바닥에 가하는 힘은 크게 두 가지 효과의 결합으로 생각할 수 있다. 첫째는 전체 줄 중 바닥에 놓인 부분의 중력이고 둘째는 줄이 낙하하면서 지면에 충돌하여 주는 힘이다. 첫째 효과를 정량화해보면, 지면에 놓인 줄의 길이가 x일 때 이에 해당하는 중력은 다음과 같다.

$$F_g = \rho g x \tag{7.4.14}$$

두 번째 효과의 정량화는 보다 복잡하다. 이 경우 매순간 줄이 지면에 충돌하고 있으므로, 지면이 충돌에 의한 힘을 받게 된다. 아주 짧은 시간 dt동안 질량 $\rho(vdt)$ 만큼의 줄이 속력 v로 지면에 충돌하고, 이 줄의 속력이 충돌에 의해 0으로 변한다고 가정하면 운동량의 변화는 다음과 같다[4].

---

4) 이것은 곧 바닥에 의한 줄의 되튕김 효과를 무시하는 것인데, 그 타당성은 경험적으로 판단할 수 있을 것이다. 줄이 매우 잘 튀는 경우에는 이러한 모형이 잘 맞지 않을 것이다. 여하튼 지금부터 하는 계산은 현실을 단순화한 것이라는 것을 잊지 말자.

$$dp = \rho v \, dt (v - 0) = \rho v^2 dt \tag{7.4.15}$$

결과적으로 줄의 충돌 시 지면이 줄에 가하는 힘 F_c은 다음과 같다.

$$F_c = \frac{dp}{dt} = \rho v^2 \tag{7.4.16}$$

또한 작용반작용에 의해 이 힘이 바로 줄이 충돌을 통해 지면에 가하는 힘이 된다. 이 식에서 충돌에 의한 힘은 줄의 속도와 관계하는데, 문제의 상황에서 줄의 낙하거리만이 주어졌으므로 충돌에 의한 힘을 낙하거리의 함수로 다시 구해보자. 보통 속도와 거리와의 관계를 구할 때 에너지보존 논의를 이용하는 경우가 많으므로, 우리의 문제를 풀기 위해 다입자계의 일에너지 정리를 이용해보자. 공기저항을 무시하면 이 줄에 가해지는 외력은 중력과 바닥이 줄에 가하는 수직항력뿐이다. 그런데 수직항력은 일정한 지점에 작용하므로 일을 하지 않는다. 따라서 외력이 줄에 해준 일은 근사적으로 중력이 줄에 해준 일과 같다. 구체적으로 중력이 줄의 각 부분에 해준 일은 다음과 같다.

$$\rho(a-x)gx + \int_0^x \rho y g \, dy = \rho(a-x)gx + \frac{\rho g x^2}{2} \tag{7.4.17}$$

여기서 $\rho(a-x)gx$항은 줄이 x만큼 낙하하는 동안 중력이 줄의 위쪽 $(a-x)$ 길이만큼의 부분에 해준 일이다. 한편 처음에 줄을 놓을 때 지면에서 $y(<x)$만큼 떨어진 지점의 줄의 미소질량 ρdy 부분이 중력에 의해 받은 일은 $\rho y g \, dy$이고, 따라서 줄이 x만큼 낙하하는 동안 중력이 줄의 아래쪽 x만큼의 부분에 해준 일은 식 (7.4.17)의 두 번째 항과 같다. 그런데 줄의 아래쪽으로 x만큼의 부분은 결국 정지하게 되므로 이 부분이 받은 일은 결국 줄의 운동에너지로 전환되는 대신 내부에너지(이를테면 줄의 모양 변화에 의한 내부에너지 증가나 열에너지 증가)로 전환된다고 보는 것이 적절하다. 따라서 중력이 해준 일 중 줄의 운동에너지로 전환되는 것은 식 (7.4.17)의 첫째 항인 $\rho(a-x)gx$만큼이라고 생각할 수 있다. 한편 낙하한 x만큼의 줄은 지면에 닿은 후에 운동에너지가 없으며, 낙하 중인 $a-x$만큼의 줄은 줄 전체가 일정한 속력 v를 갖는다고 가정하면[5], 거리 x만큼 낙하하는 동안 줄이 얻은 운동에너지는 다음과 같다.

$$\frac{1}{2}\rho(a-x)v^2 \tag{7.4.18}$$

---

5) 이 가정은 줄이 바닥에서 되튕기지 않으며, 낙하 중에 줄의 길이가 늘어나지 않는다고 가정하는 것과 같다. 이러한 가정이 근사라는 것은 분명하지만, 이 가정에 바탕을 둔 모형이 터무니없지는 않다.

중력이 줄에 해준 일로 인해 줄의 에너지가 증가할 것이다. 그런데 줄의 모양 변화에 의한 내부에너지 변화를 무시하면 다음이 성립한다.

$$\rho(a-x)gx = \frac{1}{2}\rho(a-x)v^2 \tag{7.4.19}$$

이로부터 줄의 속도 v와 낙하한 거리 x 사이에 다음의 관계가 성립한다[6].

$$v = \sqrt{2gx} \tag{7.4.20}$$

이것과 식 (7.4.16)으로부터 다음을 얻는다.

$$F_c = \frac{dp}{dt} = 2\rho gx \tag{7.4.21}$$

결국 식 (7.4.14)와 식 (7.4.21)을 이용하여 충격에 의해 줄이 지면에 가하는 힘과 지면에 놓여 있는 줄의 질량이 지면에 가하는 힘을 합한 합력을 구하면 다음과 같다.

$$F = F_c + F_g = 3\rho gx \tag{7.4.22}$$

낙하하는 줄과 관련된 다른 문제로 번지 점프 문제가 있다. 번지 점프의 경우 점프하는 사람의 순간 낙하 가속도가 (저항력을 무시할 수 있을 때) 중력가속도 g보다 클 수 있다. 왜 그런지에 대한 정성적 설명은 뒤에서 제시하기로 하고 (여러분이 충분히 생각할 수 있는 내용이다.) 여기서는 번지점프 상황의 운동방정식을 구해보겠다. 논의를 간단하게 하기 위해 물체를 매달지 않고 줄만 낙하시키는 경우를 고려해보자. [그림 7.4.4]의 (a)와 같이 A, B 두 지점에 줄을 고정시키고, 이후 A는 계속 고정시킨 채 B 부분의 줄을 살짝 놓아주었다고 하자. 줄의 선밀도는 ρ, 전체 줄의 길이는 a라면, B쪽 끝에 있던 줄이 낙하하는 가속도 $\ddot{x}$는 줄의 낙하거리 x와 어떤 관계일까? 지금부터 이 관계를 구해보겠다.

문제 상황이 조금 복잡한데, 일단 역학적 에너지 보존을 이용해서 문제를 풀어보도록 하자. 먼저 이 문제의 경우에 공기저항을 무시하면 중력과 천장에서의 접촉력이 줄에 작용하는 외력이 된다. 그런데 천장에서의 접촉력은 정지한 지점에만 작용하므로 일을 하지 않는다. 따라서 에너지보존을 이용할 때 접촉력을 고려하지 않고 중력만을 생각해도 된다. 또한 줄이 강체가 아니므로 줄의 내력이 원칙적으로 일을 할 수 있는 상황이지만, 그 효과를 무시하기로 하자. 즉 운동 중에 내력에 의한 퍼텐셜에너지의 변화가 없다고 가정하자. 이

---

6) 어떤 교재에서는 단순히 이 상황에서 줄이 자유낙하 한다고 보고 $v = \sqrt{2gx}$ 라는 관계를 유도하고 있으나, 이 문제의 상황에서 줄의 운동은 자유낙하와 분명히 다르다. 따라서 식 (7.4.20)을 자유낙하로 설명하는 대신에 우리는 제법 복잡한 에너지 논의를 제시하였다.

제 줄의 한 끝이 x만큼 낙하하는 동안, 중력에 대한 줄의 퍼텐셜에너지의 변화를 구해보자. 천장을 퍼텐셜에너지의 기준으로 잡으면 (a) 상태에 있을 때, 줄의 질량중심이 기준점 (줄이 고정된 지점 A)보다 $a/4$만큼 낮은 채로 정지해 있으므로 줄의 역학적 에너지는 다음과 같다.

$$E_0 = -\frac{1}{4}\rho g a^2 \tag{7.4.23}$$

[그림 7.4.4]의 (b)와 같이 줄의 끝부분이 x만큼 낙하한 이후의 퍼텐셜에너지는 계산이 약간 복잡하지만 비슷한 방식으로 구할 수 있다. [그림 7.4.4]의 (c)를 이용하여 (b)의 상태에서 질량중심의 위치(결과적으로 퍼텐셜에너지)를 구해보자. 줄의 전체 길이가 a라는 사실을 이용하고 줄의 접힌 부분이 전체 길이에 비해 작다고 가정하고 무시하면, 그림의 왼쪽 줄의 질량중심은 천장으로부터 $(a+x)/4$만큼 아래에, 오른쪽 줄의 질량중심은 천장으로부터 $(a+3x)/4$만큼 아래에 위치해 있다.

따라서 왼쪽 줄과 오른쪽 줄의 중력에 의한 퍼텐셜에너지의 합은 다음과 같다.

$$-\rho g \frac{1}{2}(a+x)\frac{1}{4}(a+x) - \rho g \frac{1}{4}(a-x)\left(\frac{1}{4}a+\frac{3}{4}x\right) \tag{7.4.24}$$

이를 정리하면 줄의 끝부분이 x만큼 낙하한 이후의 퍼텐셜에너지는 다음과 같다.

$$U = -\frac{1}{4}\rho g(a^2 + 2ax - x^2) \tag{7.4.25}$$

한편 줄의 왼쪽 부분은 정지해 있고 줄의 오른쪽 부분만 줄 전체가 고른 속도로 운동하고 있다고 볼 수 있으므로 x만큼 낙하한 후의 줄의 운동에너지는 다음과 같다.

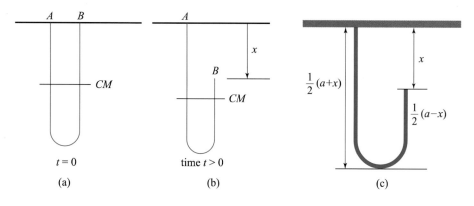

[그림 7.4.4] 번지 점프

$$T = \frac{\rho}{4}(a-x)\dot{x}^2 \tag{7.4.26}$$

줄의 모양 변화는 줄의 내부에너지의 변화를 유발하지만 그 효과를 무시하면 에너지보존에 의해 다음이 성립한다.

$$-\frac{1}{4}\rho g a^2 = -\frac{1}{4}\rho g(a^2 + 2ax - x^2) + \frac{\rho}{4}(a-x)\dot{x}^2 \tag{7.4.27}$$

이 식을 정리하면

$$(a-x)\dot{x}^2 - 2gax + gx^2 = 0 \tag{7.4.28}$$

이 식을 $\dot{x}^2$에 대해 정리하면

$$\dot{x}^2 = \frac{g(2ax - x^2)}{a-x} \tag{7.4.29}$$

임을 알 수 있다. 다시 식 (7.4.28)을 t에 대해서 미분하고 양변을 $\dot{x}$으로 나누면

$$-\dot{x}^2 + 2(a-x)\ddot{x} - 2ag + 2gx = 0 \tag{7.4.30}$$

식 (7.4.30)에 식 (7.4.29)을 대입하여 정리하면 최종적으로 다음의 운동방정식을 얻는다.

$$\ddot{x} = g + \frac{g(2ax - x^2)}{2(a-x)^2} \tag{7.4.31}$$

이 식이 바로 번지 점프에서 한쪽 줄의 낙하가속도를 낙하거리와 관련짓는 운동방정식이며, 이로부터 줄의 끝부분의 가속도가 g보다 크다고 예측할 수 있다. 이 운동방정식은 비선형 운동방정식이고 손으로 풀기가 쉽지 않다는 것을 한눈에 알아볼 수 있을 것이다. 그럼에도 수치해석을 사용하면 초기의 운동 조건에 따른 낙하운동을 예측할 수 있다.

그런데 이렇게 낙하가속도가 g보다 크다는 우리의 결론을 정성적으로는 어떻게 설명할 수 있을까? 줄이 접히는 부분을 고려해 보자. 이 접합부를 기준으로 왼편의 줄은 정지해 있고 오른편의 줄은 낙하하고 있다. 이때 낙하하던 오른편의 줄이 왼편으로 이동하면서 정지하므로 이 과정에서 왼편으로 넘어가는 줄은 감속된다. 이것은 곧 왼편으로 넘어가는 줄이 위 방향으로 힘을 받는다는 것을 의미한다. 이때 왼편으로 넘어가는 줄과 연결된 오른쪽 줄은 아래 방향으로 힘을 받게 된다. 이 힘이 중력에 더해져서 오른편 줄의 낙하가속도가 커진다고 이해할 수 있다.

이상에서 우리는 줄의 낙하와 관련된 두 가지 운동 상황을 고려하였다. 줄을 내력을 주

고받는 매우 많은 수의 입자계로 상상할 수도 있다. 그렇지만 내력은 매우 복잡할 것이므로, 내력의 효과를 일일이 살펴보는 것은 불가능한 일이다. 우리는 내력의 효과를 무시하여 문제 상황을 비교적 단순하게 만들어서 논의를 전개하였다. 우리가 고려하는 상황에서 비록 줄의 모양이 변하고 그에 따라 내력의 효과를 무시하는 것이 명백한 근사이지만 그 대가로 정량적으로 다룰 수 있을 만큼 간단한 운동방정식을 구할 수 있었다. 만일 이러한 가정(모형)이 실험결과와 근접한 예측을 하지 못한다면 우리의 모형은 실패한 것이 된다. 그런데 몇몇 실험결과를 보면, 비록 간략화된 것이지만 이러한 모형의 예측이 실제 실험결과와 터무니없을 정도로 차이가 나는 것은 아니다.

📖 **연습문제**

01 질량 M인 수레 위에 질량 m인 추와 길이 l인 실로 만들어진 진자가 매달려 있다. 어떤 순간에 수레는 정지한 채로 진자가 자신이 지날 수 있는 궤적의 최저점을 v이 속도로 지나고 있었다. 이후에 진자가 지날 수 있는 최고점의 높이를 구하시오. (단, 수레와 바닥의 마찰은 무시한다.)

02 식 (7.1.18)과 식 (7.1.21)을 유도하시오.

03 진자가 흔들릴 때 지구도 흔들린다. 이러한 효과를 고려하여 진폭이 작은 진자의 주기를 구하시오. (단, 진자의 질량을 m, 실의 길이를 l, 지구의 질량을 M으로 놓으시오.)

04 지붕이 반지름 R인 아래로 볼록한 반구 모양을 갖는 질량 $2m$인 물체가 있다. 질량이 m인 크기를 무시할 수 있는 작은 물체가 처음에 반구의 최저점에 위치해 있었다. m을 살짝 쳐준 후에 발생하는 진동의 주기를 구하시오. (단, 모든 경계면에서 마찰이 없다고 가정하시오.)

05 우주공간에서 질량이 각각 m과 M인 두 물체가 매우 멀리 떨어져 있었다. 중력에 의해 두 물체가 가까워져서 거리 d만큼 떨어지게 되었을 때의 두 물체의 상대속도를 구하시오.

06 질량이 m인 물체가 질량이 M인 정지한 물체에 완전비탄성충돌을 할 때 초기의 운동에너지 중에 얼마나 열에너지로 전환되는가?

07 높이 H인 지점에서 작은 공을 가만히 떨어뜨렸다. 공과 바닥의 반발계수가 ϵ이고 공기의 저항을 무시할 때 바닥에서 한 번 튀어 오른 공의 최고 높이는 얼마인가? 이 공을 바닥에서 계속 튕기도록 놓아두었을 때 공의 총 이동거리는 어떻게 되는가?

08 공을 높이 H인 지점에서 가만히 놓았더니 바닥에 닿은 후에 튀어 오른 높이가 h였다. 이 결과로부터 공과 바닥 사이의 반발계수를 구하시오.

09 농구공 위에 작은 콩알을 얹어서 가만히 떨어뜨렸다. 바닥에 충돌 직전과 직후의 콩알의 속도비를 구하시오. (단, 콩알의 질량은 농구공에 비해 매우 작다고 가정하고 모든 충돌이 완전탄성충돌이라 가정하시오.)

10 마찰이 없는 평면 위에서 질량이 m으로 같은 두 물체가 각각 $2v$, $-v$의 속도로 마주오고 있다. 충돌 후에 두 물체의 운동에너지가 처음의 1/3배가 되었다면 두 물체 사이의 반발계

수는 얼마인가?

11 그림과 같은 탄동진자(ballistic pendulum)는 총알처럼 빠른 투사체의 속도를 간접적으로 결정하는 데 사용할 수 있다. 진자의 질량이 M이고 질량 m인 총알이 날아와서 진자에 박힐 때 진자의 높이가 h만큼 상승하였을 때 총알의 초속도를 구하시오. 총알이 박히면서 발생한 열에너지의 크기를 구하시오. (단, 총알이 박히는 동안 진자의 이동거리가 매우 짧다고 가정하시오.)

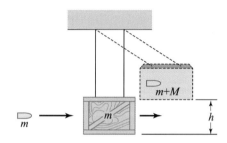

12 운동에너지 K를 갖는 입사입자를 정지한 표적입자에 충돌시켰더니 입사입자의 운동 방향이 $30°$만큼 변했다. 두 입자의 질량이 같고 탄성충돌이 일어났다고 가정할 때 충돌 후 두 입자의 운동에너지를 각각 구하시오.

13 질량이 m, 운동에너지 K인 공이 정지해 있는 질량 $2m$인 공에 탄성 충돌한 후에 질량 m인 공의 진행 방향이 $90°$만큼 바뀌었다. 충돌 후에 질량 $2m$인 공의 운동에너지를 구하시오.

14 질량이 m인 입사입자가 질량이 같은 정지한 표적입자에 충돌한 후에 두 입자의 운동량의 크기를 각각 p_1', p_2', 두 입자의 운동 방향 사이의 각도를 ψ라 할 때 충돌에 기인한 에너지 손실이 $(p_1'p_2'\cos\psi)/m$임을 보이시오.

15 질량이 m_1인 입자가 질량이 m_2인 정지한 표적입자에 충돌할 때 충돌 후에 두 입자의 진행 방향 사이의 각도 ψ는 m_1인 입자의 산란각 θ와 다음의 관계를 만족함을 보이시오.

$$\psi = \frac{\pi}{2} + \frac{\theta}{2} - \frac{1}{2}\sin^{-1}\left(\frac{m_1}{m_2}\sin\theta\right)$$

16 식 (7.3.16)을 유도하시오.

17 식 (7.3.19)를 유도하시오.

18 질량이 m이고 전하량이 q로 대전된 세 공을 길이 l인 절연되어 늘어나지 않는 두 실로 연결한 일직선 모양의 구조물이 있다. 한 실을 끊은 후에 실이 끊긴 쪽의 공 하나가 d만큼 이

동했을 때 이 공의 속도를 구하시오.

19 질량이 m이고 전하량이 q로 대전된 네 개의 공을 길이 l인 절연되어 늘어나지 않는 네 실로 연결한 정사각형 모양의 구조물이 있다. 한 실을 끊은 후에 네 공이 일자로 늘어서게 되는 순간의 네 공들의 속도를 각각 구하시오. (단, 공들 사이의 중력은 무시하고 오직 쿨롱힘만 고려하시오.)

20 질량이 m으로 같은 세 입자가 한 변의 길이 l인 정삼각형의 꼭짓점에 놓인 채로 정지해 있었다. 입자들 간의 중력에 의해 입자들은 시간이 지남에 따라 더 짧은 길이의 정삼각형의 세 꼭짓점에 놓임을 보이시오. 또 입자들이 만드는 정삼각형의 한 변의 길이가 $l/2$가 되었을 때 각 입자의 속력을 구하시오.

21 질량이 m이고 전하량이 q로 대전된 네 개의 공을 길이 l인 절연되어 늘어나지 않는 네 실로 연결한 정사각형 모양의 구조물이 있다. 이 구조물을 살짝 변화시켰다가 가만히 놓으면 근사적으로 단순조화진동을 할 수 있다. 가능한 단순조화진동의 양상을 모두 구하고 주기를 구하시오[7].

22 질량이 m이고 전하량이 q로 대전된 여섯 개의 공을 길이 l인 절연되어 늘어나지 않는 여섯 실로 연결한 정육각형 모양의 구조물이 있다. 이 구조물을 살짝 변화시켰다가 가만히 놓으면 근사적으로 단순조화진동을 할 수 있다. 가능한 단순조화진동의 양상을 모두 구하고 주기를 구하시오.

23 양의 전하량 Q로 대전된 질량 m인 두 공이 길이 L인 절연된 실로 연결된 체 각속도 ω로 회전하고 있었다. 실을 갑자기 끊은 이후 두 공의 거리가 $2L$로 변했을 때 두 공이 멀어지는 속력을 하시오.

24 [그림 7.4.4]의 번지점프에서 한쪽 줄이 x만큼 낙하했을 때 천장이 반대편 줄의 끝(천장과의 접촉점)에 가하는 힘을 구하시오.

25 [그림 7.4.4]의 번지점프에서 떨어지는 줄의 끝에 질량 m인 추가 매달려 있다면, 식 (7.4.31)은 어떻게 바뀌는가?

26 낙하하면서 주변의 습기를 흡수하는 물방울에 대한 운동방정식을 구하시오. 단, 물방울은 구형을 유지하며 커지고, 더해지는 습기는 물방울의 단면적과 낙하속도에 각각 비례한다고 가정하시오. 특히 물방울이 정지 상태에서 아주 작은 크기로 낙하하기 시작하면 낙하 가속도가 중력가속도의 1/7배임을 보이시오.

---

7) 연습문제 7.21과 7.22는 정해준 학생이 경기과학고 재학생일 때 만든 문제이다.

27 그림은 길이가 L인 쇠사슬이 책상 아래로 a만큼 내려와 걸쳐 있는 것을 나타낸 것이다. 마찰이 없을 때 쇠사슬이 책상을 떠나는 순간의 속력을 구하시오.

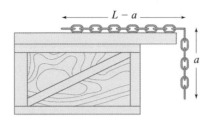

28 질량이 M인 수레가 정지 상태로부터 외력 F를 받고 가속되기 시작하였다. 가속과 동시에 석탄이 $\alpha = dm/dt$의 비율로 수레에 쌓이기 시작하였다. 수레에 질량 m만큼의 석탄이 쌓일 때의 수레의 속도를 구하시오.

29 그림처럼 일직선으로 놓인 선밀도 ρ, 길이 L인 줄의 끝을 손으로 잡고 반대편으로 줄을 당겼다. 줄이 접히면서 손으로 잡은 줄의 끝이 정지한 줄과 평행하게 일정한 속력 v로 이동하려면 손으로 얼마의 힘을 가해야 하는가? (단, 중간 과정에서 줄이 완전히 접히고, 접힌 부분의 한쪽은 움직이지 않고, 다른 한 부분은 속력 v로 이동한다고 가정한다.) 줄이 다시 접힘 없이 펼쳐질 때까지 손이 한 일은 얼마인가? 그동안 열로 손실된 에너지는 얼마인가?

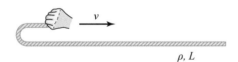

Chapter **08**

강체의 평면 운동

MECHANICS

- 운동하는 물체를 강체로 근사할 수 있는 조건을 설명할 수 있다.
- 강체의 운동을 다룰 때 질량중심과 관성 모멘트가 중요한 이유를 설명할 수 있다.
- 다양한 모양의 강체의 질량중심을 계산할 수 있다.
- 다양한 모양의 강체의 관성 모멘트를 계산할 수 있다.
- 다입자계의 운동방정식을 바탕으로 강체의 운동에 활용 가능한 운동방정식을 유도할 수 있다.
- 강체의 평면 운동에서 유도된 운동방정식의 제한 조건을 설명할 수 있다.
- 충돌과 회전 상황에서 강체의 운동을 예측하고 이를 실생활의 강체 운동과 연결지을 수 있다.
- 강체의 운동방정식을 통해 강체가 균형을 이루기 위한 조건을 설명할 수 있다.
- 강체로 구성된 진동자의 진동 주기를 예측할 수 있다.

8.1 ㅇ 강체의 운동

　강체에 대해 직관적으로 떠오르는 생각은 운동 중에 크기와 모양이 변하지 않는 물체라는 것이다. 강체를 보다 엄밀하게 정의할 수 있는데, 어떤 물체를 구성하고 있는 입자들 간의 거리가 운동 중에 불변인 채로 남으면, 그 물체를 강체라고 부른다. 정의에서 보듯이 강체는 매우 이상화된 개념으로 실제로 완벽한 강체는 자연에서는 존재하지 않는다. 왜냐하면 모든 물체의 구성 입자는 원칙적으로 상대운동을 할 수 있기 때문이다. 그러나 때때로 우리는 어떤 물체를 강체로 가정하고 그 물체의 운동을 다룰 수 있다. 이를테면 겉보기에 '딱딱한' 물체에 대해서는 물체 내의 상대운동을 무시하고 물체를 강체로 근사할 수 있다.

　오늘날 우리는 겉보기에 매우 단단해 보이는 물체를 구성하는 입자라 하더라도 그 입자들의 상대거리가 일정하지 않다는 것을 알고 있다. 물체를 이루는 입자는 물체의 절대온도에 비례하는 무작위한(random) 운동을 갖고 있다고 보기 때문이다. 따라서 어떤 물체가 완벽한 강체이려면 물체의 온도가 절대영도이어야 한다. 그런데 보통 우리가 경험하는 상온은 대략 293 K 이므로, 우리가 딱딱한 것으로 여기는 물체의 무작위한 운동으로 인한 운동에너지는 상온에서도 매우 크다. 하지만 운동 전후에 물체의 온도가 바뀌지 않는다면 거시적인 운동을 다룰 때 딱딱한 물체를 구성하는 내부입자들의 무작위한 운동을 무시하는 것이 가능해진다.

한편, 거시적인 물체는 운동 중에 모양이 변화할 수 있는데 이러한 모양 변화를 고려해 보아도 거시적인 물체는 이상적인 강체일 수 없다. 아무리 딱딱한 물체이더라도 큰 외력을 가해주면 모양이 변하기 때문이다. 만일 모양의 변화가 훅의 법칙을 만족하는 범위 내에서 이루어진다면 실험적으로 물체의 탄성계수를 정의할 수 있다. 이 경우 탄성계수를 아는 물체의 운동에서 물체의 모양 변화를 정밀하게 측정하고 그에 따른(탄성력에 대한) 퍼텐셜에너지를 추정한 결과가 물체의 운동에너지에 비해 매우 작다면 운동 중의 모양 변화를 무시할 수 있게 된다.

강체를 이루는 내부입자의 무작위한 운동 및 운동 중의 모양 변화를 생각할 때 이상적인 강체는 자연에 존재하지 않을 것이다. 따라서 우리가 물체를 강체로 가정하는 것은 일종의 이상화이다. 이러한 이상화가 가능한 이유를 위에서 언급했지만, 이 논의는 우리가 어떤 물체를 강체로 볼 수 있다는 필연성을 제공하는 것은 아니다. 오히려 세계에 존재하는 어떤 물체를 강체로 볼 수 있는가라는 질문에 답하려면 그 물체의 운동을 실험적으로 조사해야 한다. 즉 우리가 어떤 물체를 강체로 가정해서 그 물체의 운동을 성공적으로 예측할 수 있다면 우리는 그 물체를 강체로 볼 수 있고, 그렇지 못하다면 우리는 그 물체를 강체로 볼 수 없다[1]. 이러한 검증 결과 '딱딱한' 물체는 대체로 강체로 보아도 무방하다는 것이 오늘날의 결론이다[2].

강체모형을 이용하여 많은 것을 설명할 수 있지만 여전히 어려움은 남는다. 강체의 운동을 삼차원에서 완벽하게 다루는 것은 상당히 복잡한 수학을 필요로 한다. 때문에 보다 복잡한 삼차원 운동 상황은 11장으로 미루고 이 장에서는 강체의 운동 상황 중 비교적 간단하게 다룰 수 있는 평면운동의 상황만을 고려하고자 한다. 여기서 말하는 평면운동 상황이란 강체의 회전축이 한 평면에 수직으로 남아있는 운동을 말한다. 즉, 회전축이 이동할 수는 있어도 여전히 한 평면에 수직인 운동만을 이번 장에서 다룬다. 특히 운동과 관련한 몇 가지 방정식 혹은 관계식들이 유도될 터인데, 각각의 식들이 성립하기 위한 조건들이 무엇인지 면밀하게 파악하고, 그 조건을 염두에 두고 강체의 운동에 이 방정식들을 적용해야 할 것이다.

우리는 이미 다입자계에서의 논의를 통해 강체에서도 유용한 운동방정식들을 유도한 적

---

1) 현실의 물체들은 완전히 강체인 것도 아니고 완전히 유체(변형이 쉽고 흐르는 성질을 갖고 있는)인 것도 아니다. 어떤 물체는 강체에 가깝고 어떤 물체는 유체에 가깝다.

2) 예외는 있다. 63빌딩을 지지하기 위해 1층의 기둥으로 쓰이는 골재가 얼마나 튼튼해야 하는지를 추정해야 하는 상황에서는 기둥골재를 강체로 보는 모형이 성립하지 않을 것이다. 이 경우 외력에 의한 기둥의 모양 변화나 기둥을 파괴할 수 있는 힘의 크기 같은 것들을 추정할 수 있어야 한다. 강체모형은 물체의 모양 변화를 용납하지 않기 때문에 이러한 문제를 해결할 수 없다.

이 있다. 먼저 우리는 다입자계에서 계의 질량중심에 대해 다음과 같은 운동방정식이 성립함을 보였다.

$$M\frac{d^2\vec{R}}{dt^2} = \vec{F}$$

(8.1.1)

여기서 $\vec{F}$는 강체의 외부에서 작용하는 외력임을 유의하라. 식 (8.1.1)에 의해 우리는 원칙적으로 강체에 작용하는 외력을 알고 있을 때, 질량중심의 운동변화를 알 수 있다. 한편, 각운동량에 대해서는 다입자계에서의 논의를 통해 다음과 같은 관계식을 유도했었다.

$$\frac{d\vec{L_Q}}{dt} = \vec{N_Q} + \sum_{k=1}^{N}(\vec{r_k} - \vec{r_Q}) \times \vec{F_k^i} - M(\vec{R} - \vec{r_Q}) \times \frac{d^2\vec{r_Q}}{dt^2}$$

(8.1.2)

식 (8.1.2)에서 Q는 물체의 각운동량을 계산할 때 기준이 되는 점이고, 식 (8.1.2)을 유도하는 과정에서 Q점 자체가 움직일 수 있다고 생각하고 유도하였다. 한편 k는 임의의 입자의 고유번호에 해당하고, $\vec{F_k^i}$는 k번째 입자에 작용하는 내력이었다. 그리고 $\vec{R}$은 질량중심의 위치를 가리키는 벡터이고 $\vec{r_k}$와 $\vec{r_Q}$는 각각 임의의 입자와 Q의 위치를 가리키는 벡터였다. 앞으로 논의를 전개하는 과정에서 여기서 사용된 기호들을 계속 사용하겠다. 이 식의 두 번째 항은 뉴턴의 3법칙의 강한 형태[3])를 만족한다고 가정하면 사라짐을 보일 수 있었다. 한편 물체의 각운동량은 각운동량의 기준점 Q의 위치에 따라 달라진다. 이를테면 식 (8.1.2)의 세 번째 항은 우리가 고려하고 있는 기준점 Q가 정지해 있거나 등속도운동을 할 때(즉, $d^2\vec{r_Q}/dt^2 = 0$), 또는 우리가 고려하고 있는 기준점이 질량중심일 때(즉, $\vec{R} = \vec{r_Q}$) 없어진다. 이런 조건에서 식 (8.1.2)은 다음과 같이 간단하게 바뀔 수 있다.

$$\frac{d\vec{L_Q}}{dt} = \vec{N_Q}$$

(8.1.3)

문제를 풀 때 물체의 회전 운동을 고려할 기준점 Q가 정지해 있거나 질량중심일 경우가 많으므로 식 (8.1.3)은 매우 유용하다. 하지만 식 (8.1.3)이 항상 성립하는 것이 아니므로 식 (8.1.3)이 성립하기 위한 가정을 잘 기억해야 한다. 또한 가속되는 물체가 넘어지는 조건을 구할 때에는 식 (8.1.3) 대신 식 (8.1.2)가 논의의 출발점이 되므로 식 (8.1.2) 자체도 매우 중요하다. 앞으로 우리는 물체의 회전운동을 다룰 수 있는 유용한 방정식들을 유도할 예정이다. 식 (8.1.1)과 식 (8.1.3)은 강체의 운동을 다룰 때 사용할 수 있는 가장 기

---

3) 두 입자가 서로를 연결하는 직선을 따라 반대 방향으로 같은 크기의 힘을 가한다는 가정.

본적인 두 식이 된다. 강체의 경우 식 (8.1.1)로부터 물체의 질량중심의 병진운동을 기술하고, 식 (8.1.3)으로부터 회전 운동을 기술하면 강체의 운동을 모두 설명할 수 있다[4].

8.2 ● 질량중심

본격적으로 강체의 운동을 다루기에 앞서 강체의 운동을 다루는 데 있어서 유용하게 사용되는 두 가지 개념인 질량중심과 관성 모멘트에 대해 간략히 알아보자. 우리가 질량중심을 알아야 하는 이유는 질량중심이 어떤 시스템을 대표하는 점이 될 수 있기 때문이다. 질량중심의 유용성은 식 (8.1.1)로부터 바로 알 수 있다. 어떤 시스템의 외부에서 작용하는 힘에 의해 질량중심의 위치변화가 결정된다. 이와 같은 이유로 질량중심은 부피가 있는 물체를 대표하는 위치가 된다. 질량중심은 또한 두 가지 다른 이유로 강체를 대표하는 위치가 될 수 있다. 첫째는 지표면에서의 중력과 같은 균일한 보존력이 작용하는 경우에, 보존력과 관련되는 퍼텐셜에너지 값이 질량중심의 함수가 된다. 둘째는 고정축에 대한 중력에 의한 돌림힘을 계산할 때 마치 중력이 질량중심에만 작용하는 것으로 간단하게 생각할 수 있다. 이런 이유들로 질량중심은 강체의 운동에서 강체를 대표하는 위치가 된다.

질량과 변위가 각각 m_k, $\vec{r_k}$인 N개의 입자로 이루어진 총 질량 M인 물체의 질량중심은 다음과 같이 정의한다.

$$\vec{R} \equiv \frac{1}{M}\sum_{k=1}^{N} m_k \vec{r_k} = (\bar{x}, \bar{y}, \bar{z}) \tag{8.2.1}$$

식 (8.2.1)에서 보듯이 질량중심은 마치 입자들의 질량의 분포에 대한 평균 위치를 나타내는 역할을 한다. 식 (8.2.1)은 크기가 없다고 가정하는 입자들의 질량중심을 나타낸 식이다. 이 식만으로는 어떤 모양을 갖는 실제 강체의 질량중심을 계산하기가 쉽지 않다. 이를테면 반지름 R인 밀도가 균질한 구의 질량중심을 계산하고자 할 때 식 (8.2.1)을 직접 이용하는 것은 부적절하다. 대신에 강체를 속이 꽉 찬 연속체로 보고 질량중심을 다음의 적분 형식으로 정의하여 계산할 수 있다.

$$\vec{R} = \frac{1}{M}\int \vec{r}\, dm \tag{8.2.2}$$

---

4) 강체의 운동을 병진운동과 회전운동의 혼합으로 생각하는 것은 직관적으로 꽤나 설득력이 있다. 이러한 직관은 수학적으로도 뒷받침되는데, Charles의 정리에 의하면 강체의 운동은 어떤 한 점의 병진운동과 그 점을 중심으로 한 회전운동으로 나누어 생각할 수 있다.

우리는 때때로 강체를 여러 입자의 모임으로 모형화하기도 하고 속이 꽉 찬 연속체로 모형화하기도 한다. 입자의 모임으로 볼 때 우리는 모든 물체가 원자로 이루어졌다는 이론을 바탕으로 강체를 모형화하는 것이다. 반면 속이 꽉 찬 연속체라는 모형은 강체에 대한 우리의 경험으로부터 유래한다. 어떤 모형으로 바라보든지, 각각의 모형에는 장단점이 있다. 이를테면 강체의 성질에 대한 형식적인 논의를 전개하기에는 강체를 입자의 모임으로 보는 입장이 편하다. 반면 구의 질량중심의 계산과 같은 실제적인 계산 결과를 얻으려면 강체를 연속체로 보는 입장이 편하다.

식 (8.2.1)은 크기가 없다고 가정하는 입자들의 질량중심이었다. 그렇다면 크기를 갖는 N개의 물체로 이루어진 계의 질량중심은 어떻게 될까? 이때 각각의 물체의 질량과 질량중심의 변위가 m_k, $\vec{r}_{cm,k}$인 N개의 물체를 생각하면 이들로 이루어진 총 질량 M인 물체의 질량중심은 다음과 같다.

$$\vec{R} = \frac{1}{M} \sum_{k=1}^{N} m_k \vec{r}_{cm,k} \tag{8.2.3}$$

이 결과는 식 (8.2.1)의 질량중심의 정의로부터 쉽게 유도할 수 있는데, 구체적인 과정은 연습문제로 남겨 놓겠다.

강체가 대칭의 형태를 갖는 경우에는 다음과 같은 규칙들이 질량중심을 쉽게 계산하는 데 도움이 된다.
- 물체가 한 평면에 대해 대칭이면 질량중심은 그 평면에 있다.
- 물체가 두 평면에 대해 대칭이면 질량중심은 두 평면이 만나는 선 위에 있다.
- 물체가 한 점에서 만나는 세 평면에 대해 대칭이면 질량중심은 세 평면이 만나는 점 위에 있다.
- 물체가 한 축에 대해 대칭이면 질량중심은 그 축 위에 있다.

예제 8.2.1

균일한 밀도를 갖고 길이가 a인 일차원 막대의 질량중심의 위치를 구하시오.

풀이

일차원 막대이므로 질량중심의 x좌표만 구하면 된다.

식 (8.2.2)을 이용하면 질량중심의 x좌표는 다음과 같다.

$$\overline{x} = \frac{1}{M} \int_0^a x\, dm = \frac{1}{M} \int_0^a x\rho\, dx = \frac{1}{2}a$$

별해

막대 모양의 대칭성에 의해 막대가 x축에 대해 대칭일 뿐만 아니라 $x = \frac{1}{2}a$인 축에 대해서도 역시 대칭이라는 것을 알 수 있다. 따라서 질량중심의 좌표는 $\left(\frac{1}{2}a, 0 \right)$임을 쉽게 알 수 있다.

예제 8.2.2

그림은 반지름 $2a$인 큰 구에서 반지름 a인 작은 구만큼을 뺀 물체의 xy평면상의 단면을 나타낸 것이다. 이 물체의 질량중심을 구하시오. (단, 밀도는 균일하다.)

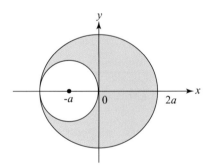

풀이

비록 그림은 이차원상에 나타내었지만 이 그림이 z방향으로도 부피가 있는 구멍 뚫린 구라고 가정해 보자. 이 구가 x축에 대해 대칭이므로 질량중심의 위치는 x축상에 위치할 것임을 어렵지 않게 알 수 있다. 즉, $\overline{y} = \overline{z} = 0$이다. 이제 질량중심의 x축상의 위치를 구해야 하는데, 식 (8.2.2)을 직접 적용하여 적분하는 것은 계산이 복잡할 것이니 다른 방법을 생각해 보자. 여기서 다음과 같은 생각을 하면 질량중심의 위치를 쉽게 구할 수 있다. 먼저 속이 꽉 찬 구의 질량중심은 구멍 뚫린 구의 질량중심과 작은 구(질량이 있다고 가정했을 때)의 질량중심을 이용하여 구할 수 있다. 역으로 구멍 뚫린 구의 질량중심도 속이 꽉 찬 구의 질량중심과 작은 구(질량이 있다고 가정했을 때)의 질량중심을 이용하여 구할 수 있다. 이를테면 작은 구의 질량을 m, 구멍이 있는 구의 질량을 $7m$, 둘을 합친 전체 질량을 $8m$이라 놓자. 작은 구의 질량중심은 $-a$, 구멍이 있는 구의 질량중심을 $\overline{x}$라 하면 둘을 합친 질량중심이 0임을 이용하여 다음의 관계식을 얻는다.

$$0 = m \cdot (-a) + 7m\bar{x}$$

따라서 구하고자 하는 구멍이 있는 구의 질량중심은 $(a/7,\, 0,\, 0)$이다.

예제 8.2.3

반지름 a, 질량 m인 균일한 반구의 질량중심을 구하시오.

풀이

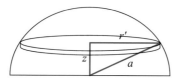

반구의 밀도를 ρ라 하면

$$m = \frac{2\pi}{3}\rho a^3$$

반구를 삼차원 직각좌표계의 원점에 두면, 대칭성에 의해 $\bar{x} = \bar{y} = 0$임을 쉽게 알 수 있다. 한편 $\bar{z}$를 구하기 위해 그림과 같이 반구의 중심에서 z만큼 떨어진 반구를 구성하는 얇은 원판을 생각해보자. 반구는 이러한 원판의 합이므로 질량중심의 정의에 의해 다음이 성립한다.

$$\bar{z} = \frac{1}{m}\int z\,dm = \frac{1}{m}\int_0^a z\,(\rho\pi r'^2 dz)$$

$$= \frac{1}{m}\int_0^a z\,\rho\pi(a^2 - z^2)dz = \frac{3}{8}a$$

$$\therefore\ (\bar{x},\, \bar{y},\, \bar{z}) = \left(0,\, 0,\, \frac{3}{8}a\right)$$

8.3 ○ 관성 모멘트

질량이 같은 두 아령의 회전을 생각해보자. 손으로 아령을 돌려보면 길쭉한 아령일수록 회전시키기가 더 힘들다는 것을 알 수 있다. 즉, 같은 질량의 아령이라도 회전축으로부터 질량이 어떻게 분포되는지에 따라 회전시키기 더 쉬울 수도 있고, 더 어려울 수도 있다. 이와 같은 현상을 설명하기 위해 관성 모멘트 개념이 도입되었다.

정지해 있는 물체가 계속해서 정지하고 운동하는 물체가 직선운동을 계속하려는 것처럼 어떤 축 주위를 회전하는 물체는 외력이 작용하지 않으면 같은 회전축 주위를 계속해서 회전하려고 한다. 회전 상태에 있는 물체의 운동을 변화시키려는데 저항하는 물체의 성질을 회전 관성 또는 관성 모멘트라고 한다. 외부의 영향이 없으면 회전하는 팽이는 계속해서 회전하며, 정지해 있는 팽이는 계속해서 정지해 있으려 한다. 회전 관성은 회전축에 대한 질량분포와 관계가 있다.

[그림 8.3.1]과 같이 물체가 어떤 축(이를테면 z축)을 중심으로 회전하고 있다고 할 때, 그 축에 대한 관성 모멘트는 다음과 같이 정의한다.

$$I = \sum_{k=1}^{n} m_k r_k^2 \tag{8.3.1}$$

여기서 r_k는 질량 m_k인 입자가 축으로부터 떨어져 있는 거리이다. 관성 모멘트는 질량중심과 마찬가지로 연속 물체의 경우 적분형으로 나타낼 수 있는데 그 형태는 다음과 같다.

$$I = \int r^2 dm \tag{8.3.2}$$

관성 모멘트는 그 값이 클수록 물체의 회전에 대해 저항하려는 성질이 크다. 그래서 회전 관성이라고도 불린다. 식 (8.3.1)은 강체를 여러 입자의 모임으로 보고 관성 모멘트를 정의하였고, 식 (8.3.2)은 강체를 속이 찬 연속체로 보고 관성 모멘트를 정의한 것이다. 실제로 모양이 주어진 어떤 물체의 관성 모멘트를 구할 때에는 식 (8.3.2)이 유용하다. 일반

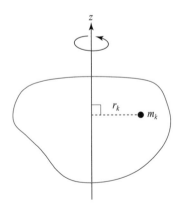

[그림 8.3.1] 관성 모멘트

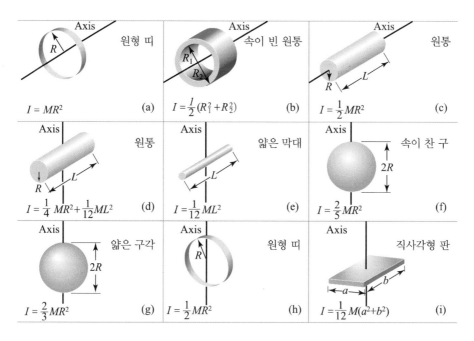

[그림 8.3.2] 여러 가지 물체의 관성 모멘트

적으로 모양이 복잡한 물체의 관성 모멘트를 정확히 계산하는 것은 어려운 일이다. 몇몇 간단한 경우에만 관성 모멘트를 정확하게 계산할 수 있다. 밀도가 균일하며 간단한 모양을 갖는 물체에 대한 관성 모멘트들을 [그림 8.3.2]에 나타내었다. [그림 8.3.2]에서 회전축과 대칭축이 일치하는 (a) 원형 띠, (b) 속이 빈 원통, (c) 원통, (e) 얇은 막대, (f) 속이 찬 구, (g) 얇은 구각(구의 껍질)의 관성 모멘트는 식 (8.3.2)을 이용하여 직접 적분하여 어렵지 않게 구할 수 있다. 이 중에 (e), (f), (g)의 직접 적분은 예제에서 직접 다룰 것이다. 나머지의 (a), (b), (c)는 비교적 간단하므로 여러분이 직접 해보기 바란다. (d), (h), (i)의 경우에는 직접적인 적분이 만만치 않으나, 수직축정리와 평행축 정리를 이용하면 관성 모멘트를 비교적 쉽게 계산할 수 있다. 이들과 관련한 계산방법은 본문에서 수직축 정리와 평행축 정리를 도입한 후 이어지는 예제에서 소개하였다.

예제 8.3.1

질량 m, 길이 l인 균일한 가는 막대의 관성 모멘트를 막대의 중심을 지나는 막대에 수직한 축에 대해 구하시오.

풀이

막대의 선밀도를 λ 라고 하면

$$I = \int r^2 dm = \int_{-\frac{l}{2}}^{\frac{l}{2}} r^2 \lambda dr = \frac{1}{12} m l^2$$

예제 8.3.2

중심을 지나는 축에 대한 반경 R, 질량 m인 속이 찬 균일한 구의 관성 모멘트를 구하시오.

잘못된 풀이

식 (8.3.2)을 활용하여 직접 구의 관성 모멘트를 구할 때 흔히 다음과 같은 실수를 많이 한다. 균일한 구의 중심에서 미소 질량까지의 거리를 r이라 하면

$$I = \int r^2 dm = \int r^2 \rho \, dV = \int r^2 \rho \, dr (r \, d\theta)(r \sin\theta \, d\phi) = \frac{3}{5} m R^2$$

이 풀이의 잘못된 점을 발견할 수 있는가? 관성 모멘트를 구할 때 미소질량까지의 거리 r은 미소 질량이 회전축으로부터 떨어진 거리이다. 여기서는 중심에서 떨어진 거리를 이용했기 때문에 관성 모멘트를 잘못 구한 것이다. 다음은 구면좌표계에서 구의 관성 모멘트를 제대로 구한 풀이이다.

풀이

구의 관성 모멘트는 직접 적분 외에도 다양한 방식으로 구할 수 있다. 예를 들어 구를 미소원판의 모임으로 생각하여 구할 수도 있고 미소구각의 모임으로 생각하여 구할 수도 있다. 여기서는 미소원판의 모임으로 생각하여 구하는 풀이를 제시하고, 미소구각의 모임으로 생각하는 풀이는 연습문제로 남겨 두겠다.

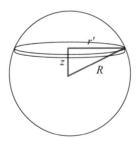

그림과 같이 구의 중심으로부터 z만큼 떨어진 미소원판을 생각하자. 원판의 관성 모멘트는 $\frac{1}{2} m R^2$이므로, 미소원판의 관성 모멘트는 $dI = \frac{1}{2} dm \, r'^2$이다. 이를 구의 형태를 구성하는 모든 원판에 대해 적분하면 우리가 원하는 관성 모멘트를 구할 수 있다. 즉,

$I = \int dI = \int \frac{1}{2} r'^2 dm = \int \frac{1}{2} r'^2 (\rho \pi r'^2 dz)$이고, 피타고라스 정리를 이용하면

$r'^2 = R^2 - z^2$이므로,

$$I = \frac{1}{2}\rho\pi\int_{-R}^{+R}(R^2 - z^2)^2 dz = \frac{8}{15}\rho\pi R^5 = \frac{2}{5}mR^2$$

참고로 다음과 같은 풀이도 가능하다.

$$I = \int(r\sin\theta)^2 dm = \int(r\sin\theta)^2 \rho\,dV = \int_0^R \rho r^4 dr \int_0^\pi \sin^3\theta\,d\theta \int_0^{2\pi} d\phi = \frac{2}{5}mR^2$$

여기서 마지막 계산은 $\displaystyle\int_0^\pi \sin^3\theta\,d\theta = \int_0^\pi \sin^2\theta\sin\theta\,d\theta = \int_0^\pi (1 - \cos^2\theta)\sin\theta\,d\theta$에서

$\cos\theta = t$로 치환하여 적분하여 구할 수 있다.

 구의 관성 모멘트를 잘 구했다면, 구각의 경우는 어렵지 않게 구할 수 있을 것이다. 다만 구각의 경우는 면적분을 해야 하는 것이 조금 다르다. 다음의 예제를 보자.

예제 8.3.3

질량 m, 반지름 R인 구각의 중심을 지나는 축에 대한 관성 모멘트를 구하시오.

풀이1

구각의 면을 고리 형태로 나누어서 이를 적분해보자.

우선 구각의 면밀도 σ는 $4\pi R^2\sigma = M$을 만족한다.

구면좌표계를 활용하면 얇은 고리의 반지름은 $R\sin\theta$가 되므로,

$$I = \int(R\sin\theta)^2 \sigma dA = \int_0^\pi (R\sin\theta)^2 \sigma(2\pi R\sin\theta)(Rd\theta) = \frac{2}{3}mR^2$$

풀이2

한편 구각의 관성 모멘트는 구의 관성 모멘트를 반지름 방향으로 미분해서 구할 수도 있다. 구의 밀도를 ρ라고 하면 예제 8.3.2에서 구의 관성 모멘트를 $I = \frac{8}{15}\rho\pi R^5$라고 쓸 수 있다.

이를 반지름 방향으로 미분하면 다음과 같다.

$$\frac{dI}{dR} = \frac{8}{3}\rho\pi R^4 = \frac{2}{3}mR^2$$

여기서 밀도는 구각의 밀도$(\rho = m/4\pi R^2)$임을 유의하자.

한편, 관성 모멘트를 쉽게 구하기 위해 주로 사용되는 두 가지 정리가 있다. 다음의 두 가지 정리를 살펴보자.

1) 평행축 정리(Parallel Axis Theorem)

평행축 정리는 한 마디로 어떤 주어진 축에 대한 한 물체의 관성 모멘트 I는 질량중심을 지나는 나란한 축에 대한 관성 모멘트 I_G에, 물체의 모든 질량이 질량중심에 있는 것과 같은 관성 모멘트를 더한 결과가 된다는 것이다. 즉, $I = I_G + Mr_G^2$이 성립하는 데 구체적인 유도 과정은 다음과 같다.

[그림 8.3.3]에서 z축에 대한 관성 모멘트 I는

$$I = \sum m_i r_i^2 \tag{8.3.3}$$

[그림 8.3.3]에서 질량중심과 회전 중심이 다른 경우

$$\vec{r_i} = \vec{r_G} + \vec{r_i}' \tag{8.3.4}$$

식 (8.3.4)를 식 (8.3.3)에 대입하면

$$I = \sum m_i (\vec{r_G} + \vec{r_i}')^2 = \sum m_i r_G^2 + \sum 2m_i \vec{r_G} \cdot \vec{r_i}' + \sum m_i r_i'^2 \tag{8.3.5}$$

질량중심의 정의에 의해 $\sum m_i \vec{r_G} = 0$이고, $\sum m_i = M$, $\sum m_i r_i'^2 = I_G$임을 활용하면 식 (8.3.5)는

$$I = Mr_G^2 + I_G \tag{8.3.6}$$

과 같이 간단하게 고쳐 쓸 수 있다.

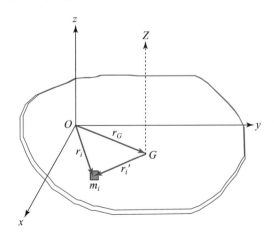

[그림 8.3.3] 평행축 정리의 증명

예제 8.3.4

질량 m, 길이 l인 균일한 가는 막대의 관성 모멘트를 막대의 끝점을 지나는 수직한 축에 대해 구하시오. 구한 결과가 평행축 정리를 만족함을 확인하시오.

풀이

관성 모멘트를 직접 적분으로 구하고, 평행축 정리를 적용한 결과와 비교해보자. 막대의 한쪽 끝을 원점으로 두고 직접 계산하면 다음과 같다.

$$I = \int r^2 dm = \int_0^l r^2 \lambda dx = \frac{1}{3}ml^2$$

한편 예제 8.3.1에서 질량중심을 지나는 수직축에 대한 막대의 관성 모멘트는 $I_G = \dfrac{1}{12}ml^2$이었으므로, 평행축 정리를 적용하면 다음이 성립한다.

$$I = \frac{1}{12}ml^2 + m\left(\frac{l}{2}\right)^2 = \frac{1}{3}ml^2$$

이와 같이 두 계산 방법이 같은 결과를 준다.

예제 8.3.5

평행축 정리를 사용하여 각 변이 각각 a, b이고 질량 m인 균일한 직사각형 평판의 관성 모멘트를, 질량중심을 지나면서 평판에 수직인 축(그림에 표시되어 있지 않은 z축)에 대해 구하시오.

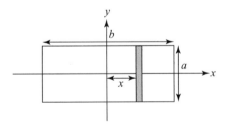

풀이

그림은 가로 b, 세로 a인 직사각형의 중심을 좌표축의 원점에 놓은 것을 나타낸 것이다. 중심에서 x만큼 떨어진 긴 세로 모양의 미소 사각형의 관성 모멘트를 고려하면 다음과 같다.

$$dI = dI_G + dm\,x^2 = \frac{1}{12}dm\,b^2 + dm\,x^2$$

직사각형판의 관성 모멘트는 미소 사각형의 관성 모멘트를 모두 더하면 되므로 σ를 면밀도라고 하면 다음이 성립한다.

$$I = \int dI = \int dI_G + dm\,x^2 = \int_{-\frac{a}{2}}^{\frac{a}{2}} \left(\frac{1}{12}b^2 + x^2 \right)(\sigma b\,dx) = \frac{1}{12}ma^2 + \frac{1}{12}mb^2$$

예제 8.3.6

평행축 정리를 사용하여 반지름 R, 길이 L, 질량 m인 원기둥의 관성 모멘트를, 그림의 y축에 대해 구하시오. (단, 원기둥의 원형단면적의 법선벡터는 x축과 평행한 상황으로 놓는다.)

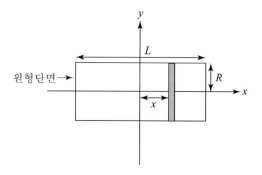

풀이

중심에서 x만큼 떨어진 미소원판의 관성 모멘트를 고려하면 다음과 같다.

$$dI = dI_G + dm\,x^2 = \frac{1}{4}dmR^2 + dm\,x^2$$

원기둥의 관성 모멘트는 미소원판의 관성 모멘트를 모두 더하면 되므로 ρ를 밀도라고 놓으면,

$$I = \int dI = \int \left(\frac{1}{4}R^2 + x^2 \right) dm = \int_{-\frac{L}{2}}^{\frac{L}{2}} \left(\frac{1}{4}R^2 + x^2 \right)(\rho\pi R^2 dx) = \frac{1}{4}mR^2 + \frac{1}{12}mL^2$$

이 과정에서 사용한 $dI_G = \dfrac{1}{4}dmR^2$라는 결과의 유도는 수직축 정리를 소개한 후에 예제 8.3.8 에서 다루었다.

---

2) 수직축 정리(Perpendicular Axis Theorem)

수직축 정리는 오직 얇은 판 모양의 물체에만 적용되는 정리이다. 이때 얇은 판 모양의 물체가 어떤 평면에 있다고 하면, 그 평면에 속한 어떤 두 수직축에 대한 관성 모멘트의 합은 평면에 수직이면서 평면 내의 두 축이 만나는 점을 지나는 한 축에 대한 관성 모멘트

와 같다. 수직축 정리는 질량이 단 하나의 평면에 집중되어 있는 평면층(plane lamina)을 가지는 물체에만 적용할 수 있다. 수직축 정리를 적용하는 데 있어서 이 조건을 간과하기 쉬우므로 주의하도록 하자. 수직축 정리의 유도 과정은 다음과 같다. 우선 평면에 속하는 두 축을 각각 x, y축이라고 하자. x축에 대한 관성 모멘트를 I_x, y축에 대한 관성 모멘트를 I_y, 미소질량과 x축까지의 거리를 y, 미소질량과 y축까지의 거리를 x라고 하면,

$$I_x = \sum m_i y_i^2 \tag{8.3.7}$$

$$I_y = \sum m_i x_i^2 \tag{8.3.8}$$

한편 두 축이 만나는 점을 지나고 평면에 수직인 축을 z축이라고 하면, z축에 대한 관성 모멘트 I_z는

$$I_z = \sum m_i r_i^2 = \sum m_i(x_i^2 + y_i^2) = I_x + I_y \tag{8.3.9}$$

즉, I_z는 I_x와 I_y의 합이라고 할 수 있다. 한편 관성 모멘트와 관련하여 다음과 같은 물리량을 정의하는 것이 수식을 전개할 때 도움을 줄 때가 있다.

$$Mk_z^2 = I_z \tag{8.3.10}$$

여기서 M은 강체의 총 질량이고, z축에 대한 관성 모멘트를 I_z라고 했을 때, k_z는 강체의 모든 질량이 회전축으로부터 같은 거리만큼 떨어져 있다고 생각할 수 있는 반경이다. 이런 반경을 회전반경(radius of gyration)이라고 부른다. 뒤에서 이렇게 정의한 회전반경 개념의 유용성을 다시 한 번 확인할 수 있을 것이다.

예제 8.3.7

수직축 정리를 사용하여 그림과 같이 가로 a, 세로 b인 직사각형 평판의 z축에 대한 관성 모멘트를 구하시오.

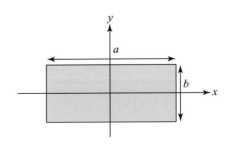

풀이

$$I_z = I_x + I_y = \frac{1}{12}mb^2 + \frac{1}{12}ma^2$$

예제 8.3.8

반지름 R, 질량 m인 원판을 그림의 y축에 대해 회전시킬 때의 관성 모멘트를 수직축 정리를 사용하여 구하시오.

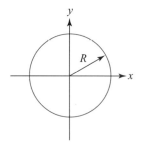

풀이

대칭성에 의해 $I_x = I_y$임을 알 수 있고, $I_z = \frac{1}{2}mR^2$으로 주어지는 것은 직접 적분에 의해 쉽게 구할 수 있다. 수직축 정리를 이용하면 $I_z = \frac{1}{2}mR^2 = I_x + I_y = 2I_y$

$$\therefore \ I_y = \frac{1}{4}mR^2$$

이처럼 수직축 정리를 적절히 활용하면 평판의 관성 모멘트를 비교적 쉽게 구할 수 있다.

8.4 ○ 강체의 평면 운동 일반론

질량중심과 관성 모멘트를 이해하면 이제 물체의 회전을 다루기 위한 첫 번째 기본 준비는 끝난 셈이다. 이를 바탕으로 물체의 회전 운동을 이해할 수 있다. 강체 이전의 논의에서 우리는 물체의 운동을 이해하기 위해 주로 두 가지 방법을 사용하였다. 하나는 운동방정식을 사용하는 것이고, 다른 하나는 보존법칙을 이용하는 것이었다. 강체의 경우에도 이 두 가지 접근은 매우 유용하다. 여기서는 강체의 운동 상황에 대해서 두 가지 접근법을

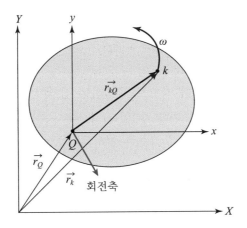

[그림 8.4.1] 강체의 평면 운동

설명하고자 한다. 보다 일반적인 상황에 대한 논의는 다음으로 미루고, 이 장에서는 강체의 회전축이 특정한 방향을 유지하는 상황을 고려하겠다. 즉, 축 자체는 병진 운동할 수 있어도 축의 방향은 고정된 경우가 우리의 관심사이다. 이러한 조건에서의 강체의 운동을 강체의 평면운동이라고 부른다. 특히 고정된 축을 중심으로 회전하거나(예를 들면 벽면시계의 추의 운동), 방향이 일정한 회전축이 질량중심을 통과하는 상황(예를 들면 회전하면서 자유 낙하하는 야구공의 운동)만을 고려하겠다. 이 절의 결과들을 운동에 적용할 때 위의 조건들을 잘 만족하는지 주의하도록 하자[5].

[그림 8.4.1]은 XY평면에 대해 대칭인 임의의 강체를 나타낸 것이다. 여기서 강체는 Q점을 지나면서 Z축에 평행한 축을 중심으로 각속도 ω로 회전하고 있고, Q점 또한 운동하는 일반적인 상황이다. XY좌표계는 강체의 전체적인 움직임을 파악하기 위한 기준 좌표계로 관성 기준틀이다. xy좌표계는 Q점을 기준으로 한 회전운동을 다루기 위해 설정된 좌표계로 Q점이 원점인 이 좌표계는 관성 기준틀에서의 Q점의 운동에 따라 비관성 기준틀일 수 있다. 강체의 임의의 한 점의 위치는 k를 이용해서 표시했다. 이때 관성 기준틀의 원점에서 본 임의의 점 k의 운동은 다음과 같이 회전 기준점 Q에서 본 점 k의 운동과 원점에 대한 점 Q의 운동을 합한 것과 같다.

$$\overrightarrow{v_k} = \overrightarrow{v_Q} + \overrightarrow{v_{kQ}} \tag{8.4.1}$$

여기서 $\overrightarrow{v_k}$는 k점의 관성 기준틀에 대한 속도, $\overrightarrow{v_Q}$는 Q점의 속도이고, $\overrightarrow{v_{kQ}}$는 Q점을 기

---

5) 일반물리학 수준에서 회전운동을 다룰 때 이러한 조건에 대해 거의 주의를 기울이지 않기 때문에 특히 강조한다.

준으로 한 k점의 속도를 나타낸다. 한편 식 (8.4.1)의 양변을 미분하면

$$\vec{a_k} = \vec{a_Q} + \vec{a_{kQ}} \tag{8.4.2}$$

임을 알 수 있다. 점 k가 점 Q를 축으로 회전하는 상황이므로 $\vec{a_{kQ}}$를 점 Q를 원점으로 하는 극좌표로 나타내는 것이 편할 수 있다. 4장에서 구한 결과에 따르면 변위가 $\vec{r}$인 어떤 입자의 가속도는 극좌표계에서 다음과 같이 표현되었다.

$$\vec{a} = (\ddot{r} - r\dot{\theta}^2)\hat{r} + (r\ddot{\theta} + 2\dot{r}\dot{\theta})\hat{\theta} \tag{8.4.3}$$

이 식에서의 $\vec{r}$은 우리의 논의 상황에서의 $\vec{r_{kQ}}$와 같다. 한편 축이 고정된 강체의 운동에서 $|\vec{r_{kQ}}| = r$은 고정된 값이므로 우리의 논의에서의 가속도는 다음과 같다.

$$\vec{a_{kQ}} = (-r\dot{\theta}^2)\hat{r} + (r\ddot{\theta})\hat{\theta} \tag{8.4.4}$$

식 (8.4.4)에서 $\dot{\theta}$는 ω로, $\ddot{\theta}$는 α로 표현을 바꾸면 다음이 성립한다.

$$\vec{a_{kQ}} = -\omega^2 \vec{r_{kQ}} + (\vec{\alpha} \times \vec{r_{kQ}}) \tag{8.4.5}$$

이제 k점에 작용하는 돌림힘을 구해보면 아래와 같이 나타낼 수 있다.

$$\vec{N} = \vec{r_{kQ}} \times \vec{F} = m_k \vec{r_{kQ}} \times \vec{a_k} \tag{8.4.6}$$

식 (8.4.6)에 식 (8.4.2)와 식 (8.4.5)을 대입하여 정리하면, 관성 기준틀에서의 돌림힘의 Z성분의 크기는

$$N_Z = m_k(-ya_X + xa_Y + \alpha r_{kQ}^2) \tag{8.4.7}$$

임을 알 수 있다. 여기서 x, y는 $\vec{r_{kQ}}$의 성분을, a_X, a_Y는 $\vec{a_Q}$의 성분을 나타낸 것임에 유의하라. 이제 강체의 모든 점들을 고려하면 강체에 작용하는 총 돌림힘은

$$N_Z = a_X \sum_{k=1}^{n} m_k(-y) + a_Y \sum_{k=1}^{n} m_k x + \alpha \sum_{k=1}^{n} m_k r_{kQ}^2 \tag{8.4.8}$$

이고, 질량중심과 관성 모멘트의 정의로부터 식 (8.4.8)을 다음과 같이 간단히 쓸 수 있다.

$$N_Z = a_X M(-\bar{y}) + a_Y M\bar{x} + I_Q \alpha \tag{8.4.9}$$

이 식에 우리가 앞서 했던 가정들을 대입해보자. 만약 우리가 고려하는 축이 고정축이라면 $\vec{a_Q} = a_X = a_Y = 0$이므로 식 (8.4.9)는 $N_Z = I_Q \alpha$와 같이 간단한 형태가 되며, 우리

가 고려하는 축이 질량중심을 지나면 $\overline{x} = \overline{y} = 0$이 되어 똑같이 $N_Z = I_Q\,\alpha$임을 알 수 있다. 즉, 축이 고정축이거나 질량중심을 지날 경우 다음과 같다.

$$N_Z = I_Q\,\alpha \tag{8.4.10}$$

또한 같은 조건에서 성립한 식 (8.1.3)에서 $\dfrac{d\vec{L}}{dt} = \vec{N}$임을 알고 있으므로, 식 (8.1.3)과 식 (8.4.10)으로부터 다음을 얻는다.

$$\frac{d\vec{L}}{dt} = I_Q\,\alpha \tag{8.4.11}$$

식 (8.4.11)의 양변을 시간에 대해 적분하면 우리에게 이미 익숙한 식

$$\vec{L} = I_Q\vec{\omega} \tag{8.4.12}$$

을 얻을 수 있다.

식 (8.1.1), 식 (8.1.3), 식 (8.4.10)은 강체에 대한 운동을 다루는 기본 운동방정식이 된다. 이제 우리는 필요한 운동방정식을 모두 구했다. 이제 이들 운동방정식을 이용하여 운동을 이해하는 것은 여러 예제 상황을 통해 익히도록 하자. 예제들을 접할 때 주의할 것은 이들 운동방정식들은 항상 성립하는 것이 아니므로, 주어진 문제의 조건을 잘 고려하여 상황에 맞게 운동방정식을 적용하여야 한다는 것이다.

한편, 같은 문제 상황에서 역학적 에너지 보존을 이용하여 문제를 풀 수 있다. 이를 위해서는 먼저 강체의 운동에너지를 구할 필요가 있다. 회전운동이 포함된 경우에는 강체를 이루는 각 부분의 속도가 다르므로 병진운동만이 가능한 경우보다 강체의 운동에너지를 표현하기가 복잡해진다. 그래도 다행히 회전운동을 고려하더라도 충분히 간단하게 운동에너지를 표현할 수 있다. 여기서는 앞서와 같이 k인 점의 운동에너지를 먼저 구해보고, 마지막에 질점들을 다 합하는 방법을 취하겠다. k로 표시된 질점의 운동에너지는 다음과 같다.

$$T = \frac{1}{2}m_k v_k^2 \tag{8.4.13}$$

식 (8.4.1)을 활용하여 $\vec{v_k}$를 구하면 다음 결과를 얻는다.

$$\vec{v_k} = \vec{v_Q} + \vec{v_{kQ}} = v_X\hat{X} + v_Y\hat{Y} + \omega\hat{Z}\times(x\hat{X} + y\hat{Y}) = (v_X - \omega y)\hat{X} + (v_Y + \omega x)\hat{Y} \tag{8.4.14}$$

여기서 사용된 기호도 v_X, v_Y는 v_Q의 성분, $-\omega y$, ωx는 $\dfrac{d}{dt}\vec{v_{kQ}}$의 성분을 나타낸다.

식 (8.4.13)을 이용해서 v_k^2을 구하면 아래와 같고,

$$v_k^2 = \overrightarrow{v_k} \cdot \overrightarrow{v_k} = v_Q^2 - 2v_X\omega y + 2v_Y\omega x + \omega^2 r^2 \tag{8.4.15}$$

식 (8.4.15)를 식 (8.4.13)에 넣고, 모든 질점에 대해서 더하면 다음과 같다.

$$
\begin{aligned}
T &= \frac{1}{2}v_Q^2\sum_{k=1}^{n}m_k - v_X\omega\sum_{k=1}^{n}m_k y + v_Y\omega\sum_{k=1}^{n}m_k x + \frac{1}{2}\omega^2\sum_{k=1}^{n}m_k r_k^2 \\
&= \frac{1}{2}Mv_Q^2 - v_X\omega M\overline{y} + v_Y\omega M\overline{x} + \frac{1}{2}I_Q\omega^2
\end{aligned}
\tag{8.4.16}
$$

이 식에도 앞에서와 마찬가지로 고정축 혹은 질량중심축이라는 상황을 가정해보자. 고정축인 경우 $v_Q = v_X = v_Y = 0$이므로 식 (8.4.16)은

$$T = \frac{1}{2}I_Q\omega^2 \tag{8.4.17}$$

질량중심축일 경우 $\overline{x} = \overline{y} = 0$이므로, 식 (8.4.16)은 다음과 같다.

$$T = \frac{1}{2}Mv_{cm}^2 + \frac{1}{2}I_{cm}\omega^2 \tag{8.4.18}$$

식 (8.4.17)은 고정축일 경우 물체의 병진운동은 없으므로 회전운동 에너지만 고려하면 된다는 것을 나타내고 있으며, 식 (8.4.18)은 질량중심축일 경우는 질량중심의 병진운동 에너지에 질량중심을 기준으로 한 회전운동 에너지를 모두 고려해야 한다는 것을 나타내고 있다.

강체의 각운동량도 운동에너지와 마찬가지로 질량중심의 병진운동에 의한 것과 질량중심을 기준으로 한 회전에 의한 것으로 나눌 수 있다. 이를 보기 위해 어떤 기준점에 대한 강체의 각운동량을 다음과 같이 써보자.

$$\overrightarrow{L} = \int \overrightarrow{r} \times \overrightarrow{v}\,dm \tag{8.4.19}$$

여기서 $\overrightarrow{r}$, $\overrightarrow{v}$는 각각 기준점에 대한 미소질량 dm의 위치와 속도를 나타낸다. 한편 기준점에 대한 강체의 질량중심의 위치와 속력을 각각 $\overrightarrow{r_{cm}}$, $\overrightarrow{v_{cm}}$ 질량중심에 대한 미소질량의 위치와 속도를 각각 $\overrightarrow{r'}, \overrightarrow{v'}$라 놓으면 다음이 성립한다.

$$
\begin{aligned}
\overrightarrow{L} &= \int (\overrightarrow{r_{cm}} + \overrightarrow{r'}) \times (\overrightarrow{v_{cm}} + \overrightarrow{v'})\,dm \\
&= M\overrightarrow{r_{cm}} \times \overrightarrow{v_{cm}} + \int \overrightarrow{r'} \times \overrightarrow{v'}\,dm
\end{aligned}
$$

$$= M\overrightarrow{r_{cm}} \times \overrightarrow{v_{cm}} + I_{cm}\overrightarrow{\omega} \tag{8.4.20}$$

위의 식에서 첫째 줄에서 둘째 줄로 넘어갈 때 질량중심의 정의에 의해 다음과 같이 교차항이 0이 된다는 것이 이용되었다.

$$\int \overrightarrow{r_{cm}} \times \overrightarrow{v'} dm = \int \overrightarrow{r'} \times \overrightarrow{v_{cm}} dm = 0 \tag{8.4.21}$$

또한 식 (8.4.20)에서 둘째 줄에서 셋째 줄로 넘어갈 때 질량중심을 기준으로 한 각운동량이 관성 모멘트와 식 (8.4.12)의 관계에 있다는 것을 이용하였다.

마지막으로 고정축에 대한 회전운동과 병진운동 사이에는 [표 8.4.1]과 같은 대응관계가 성립하는데, 이 대응관계를 기억하면 회전운동을 보다 익숙하게 다룰 수 있다.

[표 8.4.1] 병진운동과 고정축 중심의 회전운동의 물리량 비교

병진운동		고정축 중심의 회전운동	
변위	x	각변위	θ
속도	$v = \dot{x}$	각속도	$\omega = \dot{\theta}$
가속도	$a = \ddot{x}$	각가속도	$\alpha = \ddot{\theta}$
힘	F	돌림힘	N_z
질량	m	관성 모멘트	I_z
위치에너지	$V(x) = -\int_{x_s}^{x} F(x)dx$ $F(x) = -\dfrac{dV}{dx}$	위치에너지	$V(\theta) = -\int_{\theta_s}^{\theta} N_z(\theta)\,d\theta$ $N_z = -\dfrac{dV}{d\theta}$
운동에너지	$T = \dfrac{1}{2}m\dot{x}^2$	운동에너지	$T = \dfrac{1}{2}I_z\dot{\theta}^2$
선운동량	$p = m\dot{x}$	각운동량	$L = I_z\dot{\theta}$

예제 8.4.1

그림과 같이 질량이 m이고 길이가 L인 두 개의 막대를 마찰이 있는 바닥에서 θ의 각도로 기울인 후 가만히 놓아 쓰러뜨린다. 두 막대 중 한 막대에는 꼭대기에 질량 m인 추를 붙였고, 막대는 균질하다면 두 막대 중 어느 막대가 먼저 쓰러지겠는가? (단, 막대는 미끄러지지 않는다.)

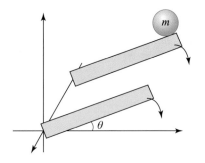

풀이

막대는 고정축을 중심으로 회전하는 상황이므로, 고정축의 회전에 대해 성립하는 관계식들을 활용할 수 있다.

고정축을 기준으로 본 추가 없는 막대의 관성 모멘트는 $I_1 = mL^2/3$.

그림처럼 막대가 수평면에서 θ의 각을 이룰 때 중력에 의해 추가 없는 막대에 작용하는 돌림힘은 $N = r \times F = Lmg\cos\theta/2$.

두 결과를 식 (8.4.10)에 적용하여 추가 없는 경우의 각속도를 구하면 다음과 같다.

$$\alpha_1 = \frac{3}{2L}g\cos\theta$$

한편 추가 달린 막대의 관성 모멘트는 다음과 같다.

$$I_2 = mL^2 + \frac{1}{3}mL^2 = \frac{4}{3}mL^2$$

추가 달린 막대에 작용하는 돌림힘은

$$N = r \times F = Lmg\cos\theta + \frac{1}{2}Lmg\cos\theta = \frac{3}{2}Lmg\cos\theta = I_2\alpha_2$$

두 결과를 연립해 푼 결과는 다음의 형태가 된다.

$$\alpha_2 = \frac{9}{8L}g\cos\theta$$

두 경우의 각가속도를 비교하면 $\alpha_1/\alpha_2 = 4/3$로 추가 없는 막대의 각가속도가 추가 달린 막대의 각가속도보다 4/3배 더 크다.

다음은 경사면에서 미끄러지지 않고 굴러가는 원판의 회전운동에 대해 살펴보자. 이 문제는 다음 예제와 같이 여러 가지 방법으로 풀 수 있으니, 잘 살펴보고 앞으로 문제를 풀 때 상황에 맞게 편한 방법을 선택할 수 있도록 하자.

예제 8.4.2

그림은 질량 M, 반지름 R인 원판이, 경사면 θ인 빗면을, 미끄러짐 없이 굴러 내려가고 있는 것을 나타낸 것이다. 원판이 굴러 내려가는 가속도를 구하시오.

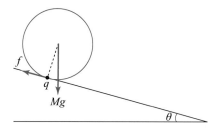

풀이1 질량중심축에서 병진과 회전운동 고려

질량중심축에서 병진과 회전운동을 각각 고려하여 운동방정식을 만들어서 문제를 풀어보자. 이렇게 문제를 풀기 위해 앞서 논의했던 식 (8.1.1)과 식 (8.4.10)이 사용된다.

v, a를 각각 질량중심의 속도와 가속도의 빗면 방향 성분이라고 놓자. 먼저 질량중심의 병진운동에 대한 운동방정식을 세우면 빗면에 평행하게 작용하는 힘은 중력의 빗면 성분 $Mg\sin\theta$와 마찰력 f이므로

$$Ma = Mg\sin\theta - f$$

한편 질량중심을 기준으로 한 돌림힘 방정식을 구하면

$$N_c = fR = I_{cm}\alpha = I_{cm}\frac{a}{R}$$

이때 α는 질량중심을 기준으로 한 각속도로 미끄러짐이 없으므로 a/R과 같다.

그리고 앞의 두 식에서 마찰력을 소거하여 정리하면 다음의 형태가 된다.

$$Ma = Mg\sin\theta - \frac{I_{cm}}{R^2}a$$

이를 정리하며 다음과 같은 가속도를 얻게 된다.

$$a = \frac{g\sin\theta}{1 + I_{cm}/MR^2}$$

균일한 원판이라면 다음을 얻게 된다.

$$I_{cm} = \frac{1}{2}MR^2, \ a = \frac{2}{3}g\sin\theta$$

원판이 아니라 균일한 공이 구르는 문제였다면 가속도는 다음과 같다.

$$I_{cm} = \frac{2}{5}MR^2, \; a = \frac{5}{7}g\sin\theta$$

풀이2 에너지 보존을 활용한 풀이

이번에는 힘 대신에 에너지를 활용하여 구르는 문제를 풀어보겠다. 이를 위해 회전하는 강체의 운동에너지에 대한 식 (8.4.18)을 사용하겠다. 어떤 순간의 총 역학적 에너지의 각 항들은 다음과 같다.

질량중심의 운동에너지 $= \frac{1}{2}Mv^2$

질량중심에 대한 회전운동에너지 $= \frac{1}{2}I_{cm}\omega^2$

질량중심의 위치에 의한 퍼텐셜에너지 $= Mgh$ (h는 기준점에 대한 질량중심의 높이)

굴러 내리는 강체에게 작용하는 외력은 중력, 마찰력, 수직항력이다. 중력은 보존력이고, 미끄러짐이 전혀 없다면 마찰력에 의한 변위가 없고 수직항력에 의한 변위도 없으므로 이들 접촉력이 일을 하지 않는다. 따라서 이 상황의 역학적 에너지가 보존된다.

한편 구르는 조건에서 $\omega = v/R$이므로 구르는 강체의 총 역학적 에너지는 다음과 같다.

$$E = \frac{1}{2}\left(M + \frac{I_{cm}}{R^2}\right)v^2 + Mgh$$

역학적 에너지가 상수이기 때문에, 이것을 시간에 대해서 미분하여 운동방정식을 다음과 같이 구할 수 있다.

$$\frac{dE}{dt} = \left(M + \frac{I_{cm}}{R^2}\right)v\frac{dv}{dt} + Mg\frac{dh}{dt} = 0$$

여기서 $dh/dt = -v\sin\theta$, $dv/dt = a$이므로

$$\left(M + \frac{I_{cm}}{R^2}\right)va - Mgv\sin\theta = 0$$

양변을 v로 나누어주면 결국 다음의 가속도를 얻는다.

$$a = \frac{g\sin\theta}{1 + I_{cm}/MR^2}$$

물론 이 결과는 앞에서 구한 값과 동일하다.

다양한 상황에 대해 강체의 운동을 분석하는 것은 좋은 연습이 된다. 다음의 예제들을 잘 익혀서 평면운동에 대한 이해를 보다 심화시키기 바란다.

예제 8.4.3

질량 m, 속력 v인 작은 공이 길이 l, 질량 M인 정지한 막대의 한 쪽 끝에 수직으로 충돌한다. 막대는 그 중심을 지나는 수직한 회전축에 대해 회전할 수 있고 충돌 전에 정지해 있었다. 충돌 후 공이 막대에 달라붙어서 막대의 회전축을 축으로 막대와 함께 회전한다고 할 때 각속도를 구하시오.

풀이

완전비탄성 충돌 상황이므로 이 상황에서 에너지는 보존되지 않는다. 또한 충돌 과정에서 회전축에서 막대에 힘을 가하므로 운동량도 보존되지 않는다. 대신에 충돌 과정에서 작용하는 외력은 축에서 막대에 가하는 힘뿐이므로 회전축을 기준으로 한 각운동량이 보존된다. 충돌 전의 각운동량은 아래와 같이 나타낼 수 있다.

$$L_i = \frac{1}{2}lmv$$

충돌 후의 각운동량은

$$L_f = I\omega = \left(\frac{1}{12}Ml^2 + \frac{1}{4}ml^2\right)\omega$$

충돌 전후의 각운동량이 같으므로 각속도는 다음과 같다.

$$\therefore \omega = \frac{\frac{1}{2}lmv}{\frac{1}{12}Ml^2 + \frac{1}{4}ml^2} = \frac{6mv}{(M+3m)l}$$

예제 8.4.4

질량이 m, 길이가 L인 균일한 막대가 그림과 같이 마찰이 없는 홈통에 걸쳐 있는 체로 평면 안에서만 운동하는 상황에 대해 다음 물음에 답하시오.

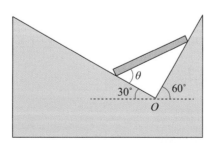

1) 막대가 평형 상태에 있을 때 각 θ를 구하고, 막대의 무게중심이 O점 바로 위에 있음을 보이시오.
2) 막대가 평형점에서 살짝 벗어나서 오른편으로 움직이기 시작하였다. 막대가 오른편에 부딪힐 때의 질량중심의 속도와 막대의 각속도를 구하시오.

풀이

1) 그림에서 왼쪽과 오른쪽의 접촉점에서 막대에 가해지는 수직항력을 각각 N_1, N_2라 하면 x, y축에 대한 힘의 평형식에서 다음이 성립한다.

$$N_1 \sin 30° = N_2 \sin 60°,$$

$$N_1 \cos 30° + N_2 \cos 60° - mg = 0$$

두 식을 연립하면 다음과 같다.

$$N_1 = \frac{\sqrt{3}}{2} mg, \ N_2 = \frac{1}{2} mg$$

한편 왼쪽 접촉점에 대한 돌림힘 관계식에서

$$N_2 \sin\theta L - \frac{1}{2} mgL \cos(\theta - 30°) = 0$$

앞서 구한 N_2를 위의 식에 대입 정리하면 다음과 같다.

$$\sin\theta = \cos(\theta - 30°)$$

따라서 평형을 이룰 때 $\theta = 60°$이고 그 결과 막대의 질량중심은 O점 바로 위에 오게 된다.

2) 그림과 같이 막대가 한쪽 경사면에서 각도 θ를 이루고 있을 때 원점 O와 질량중심(막대의 중심)을 잇는 선분과 수평선 사이의 각도, 연직선 사이의 각도는 각각 $\frac{\pi}{6} + \theta$, $\frac{\pi}{3} - \theta$이다.

이때 원점 O를 기준으로 한 막대의 퍼텐셜에너지는 $\dfrac{mgL\cos(\pi/3 - \theta)}{2}$,

한편 원점 O를 기준으로 원운동을 하는 막대의 질량중심의 운동에너지는 $\dfrac{1}{2}m\left(\dfrac{L}{2}\dot{\theta}\right)^2$,

또한 막대의 질량중심을 기준으로 한 회전운동에너지는 $\dfrac{1}{2}\dfrac{1}{12}mL^2\dot{\theta}^2$이다.

따라서 막대의 총 역학적 에너지는 다음과 같다.

$$\frac{1}{6}mL^2\dot{\theta}^2 + \frac{mgL\cos(\pi/3 - \theta)}{2}$$

한편 역학적 에너지가 보존되고 초기의 역학적 에너지 값이 $mgL/2$이므로 다음이 성립한다.

$$\frac{1}{6}mL^2\dot{\theta}^2 + \frac{mgL\cos(\pi/3 - \theta)}{2} = \frac{mgL}{2}$$

각속도에 대해 정리하면 다음과 같다.

$$\dot{\theta} = \sqrt{\frac{3mg(1 - \cos(\pi/3 - \theta))}{L}}$$

벽에 부딪힐 때에는 $\theta = \pi/2$이므로 각속도는 $\omega_f = \sqrt{3mg/2L}$가 된다.

이때 질량중심의 속도는 다음과 같다.

$$v_f = \frac{L}{2}\omega_f = \sqrt{\frac{3mgL}{8}}$$

별해

막대의 질량중심이 O점 바로 위에 있음은 두 수직항력의 연장선이 만나는 점을 기준으로 돌림힘을 생각해보면 쉽게 보일 수 있다. 두 수직항력의 연장선이 만나는 점을 기준으로 돌림힘을 따져보면, 수직항력들에 의한 돌림힘은 0이고, 질량중심에 작용하는 중력에 의한 돌림힘만 남는다. 막대가 평형이려면 전체 돌림힘의 합이 0이어야 하므로, 질량중심과 기준점은 연직선상에 위치해야 한다. 따라서 막대의 질량 중심은 O점 바로 위에 있어야 한다. 한편, 막대의 질량 중심이 O점 바로 위에 있으면, 기하학적 구조에 의해 $\theta = 60°$임도 쉽게 보일 수 있다.

예제 8.4.5

반지름 R, 질량 m, 관성 모멘트 I인 원통이 마찰이 있는 면 위를 초기에 회전 없이 v_0의 속도로 미끄러지기 시작하였다. 마찰력의 작용으로 원통이 미끄러짐 없이 구르게 될 때의 속력을 구하시오. (단, 면에서의 마찰은 고르지 않다.)

풀이

병진 운동에 관한 운동방정식과 회전운동에 관한 운동방정식을 세우면, 원통에 작용하는 것은 마찰력뿐이므로 다음이 성립한다.

$$-f = ma$$
$$Rf = I\alpha$$

두 식에서 마찰력 f를 소거하면

$$a = -\frac{I}{mR}\alpha$$

미끄러지는 동안의 속도 변화 Δv와 각속도 변화 $\Delta \omega$ 사이에 다음 관계가 성립한다.

$$\Delta v = -\frac{I}{mR}\Delta \omega$$

따라서 구르기 시작하는 순간의 속도와 각속도를 각각 v, ω라 하면 다음이 성립한다.

$$v - v_0 = -\frac{I}{mR}\omega$$

한편 미끄러짐 없이 구르기 위해서는 v, ω가 다음을 만족한다.

$$v = R\omega$$

두 결과에서 ω를 소거하면 다음을 얻는다.

$$v = \frac{v_0}{1 + I/mR^2}$$

결과적으로 관성 모멘트가 클수록 구르게 될 때의 속력은 작아진다. 왜 최종 속력이 관성 모멘트와 관련되는가? 관성 모멘트가 커지면 물체의 회전 관성이 커져서 물체를 회전시키기 어렵기 때문에 더 오랜 시간동안 마찰력이 작용하여 물체의 각속도를 충분히 크게 만들어주어야 하기 때문이다.

예제 8.4.6

반지름 R인 두 개의 원판이 반지름 $r(< R)$인 원기둥으로 연결된 질량 M, 관성 모멘트가 I인 대칭 형태의 아령을 생각하자. 이 아령이 그림과 같은 각도 θ인 경사면을 원기둥만 접촉된 채 미끄러짐 없이 굴러 내려오다가 바닥에 도착하여 원판이 접촉된 채로 구르게 되는 상황을 생각하자. 경사면의 끝부분에서 원판이 탁자의 면에 닿기 직전의 각속도가 ω_0라 할 때 평면에서 미끄러짐이 끝나고 다시 구르게 되는 순간의 속도는 얼마인지 구하시오.

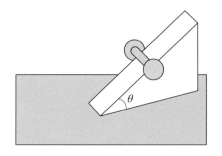

풀이

아령의 운동 양상을 먼저 정성적으로 상세히 분석해보자. 경사면에서 아령은 중력과 마찰력을 받아서 미끄러짐 없이 굴러 내려올 것이다. 이 과정에서 질량중심의 속도뿐만 아니라 질량중심을 축으로 하는 회전각속도 역시 증가할 것이다. 이때 각가속도 α는 질량중심의 가속도 a와 $a = r\alpha$의 관계를 가진다. 이제 아령이 지면에 닿게 되는 순간을 생각해보자. 이때 질량중심의 속도 중 지면에 평행한 성분은 $r\omega_0\cos\theta$이다. 한편 아령이 지면에 처음으로 닿는 지점을 Q라 하면, Q는 접촉직전에 질량중심에 대해 $-R\omega_0$의 속도를 갖는다. 결과적으로 지면에서 보았을 때 Q는 지면에 닿기 직전에 $R\omega_0 - r\omega_0\cos\theta$의 속도를 가지며, 지면에 닿으면서 마찰에 의해 감속을 겪게 된다. 일단 지면에 닿으면 아령은 더 이상 경사면과 접촉하지 않으며, 이제 아령의 수평 방향 운동에 영향을 주는 힘은 마찰력뿐이다. 이 마찰력은 아령의 회전 각속도를 감소시키는 역할을 함과 동시에 아령의 질량중심의 병진운동을 증가시키는 역할을 한다. 이 과정에서 아령의 질량중심의 속도가 증가하고 동시에 아령의 회전각속도가 감속되어서 지면과 아령의 접촉점에서 미끄러짐이 없어지는 순간이 온다. 그 이후에 아령은 미끄러짐 없이 구르게 된다.

이상의 논의를 정량적으로 정리해보자. 처음에 아령이 굴러 내릴 때 수직 방향으로도 어떤 속도를 갖는다. 그러다가 지면에 아령이 닿은 이후에 매우 짧은 시간동안 수직 방향의 속도가 0이 된다. (아령이 수직 방향으로 튕길 가능성은 일단 무시하자.) 이것은 곧 지면에 닿을 때 매우 큰 감속이 이루어진다는 뜻이고, 그동안 매우 강한 수직항력이 작용하여 수직 방향 속도를 감속시킨다고 볼 수 있다. 지면에 닿는 시각을 $t = 0$, 미끄러짐이 끝나는 시각을 $t = \delta t$라 하자. 이 시간 동안 수직항력은 일정한 크기를 갖지 않고 그에 따라 마찰력도 일정한 크기를 갖지 않을 것이다. 따라서 시간에 따라 변하는 마찰력을 $f(t)$라 놓는다면 지면에서 미끄러지는 순간에 아령의 질량중심의 운동방정식은 다음과 같다.

$$f(t) = M\ddot{x}$$

지면에 닿는 순간의 속도의 수평성분이 $r\omega_0\cos\theta$이므로 미끄러짐이 끝나고 구르기 시작할 때의 질량중심의 속도 v는 다음과 같다.

$$v = r\omega_0\cos\theta + \int_0^{\delta t} \frac{f(t)}{M}dt \tag{1}$$

한편 질량중심을 기준으로 본 회전운동 방정식은 다음과 같다.

$$f(t)R = I\ddot{\theta}$$

지면에 닿는 순간의 회전각속도가 ω_0이므로 미끄러짐이 끝나고 구르기 시작할 때의 회전각속도 ω는 다음과 같다.

$$\omega = \omega_0 - \int_0^{\delta t} \frac{f(t)R}{I}dt \tag{2}$$

미끄러짐이 없다면 $v = R\omega$이므로 (1), (2)에서 다음을 얻게 된다.

$$\int_0^{\delta t} f(t)dt = \frac{R\omega_0 - r\omega_0\cos\theta}{\dfrac{1}{M} + \dfrac{R^2}{I}}$$

이것을 이용하여 미끄러짐 없이 구르기 시작할 때의 질량중심의 속도를 다시 나타내주면 다음과 같다.

$$r\omega_0\cos\theta + \frac{R\omega_0 - r\omega_0\cos\theta}{\left(1 + \dfrac{MR^2}{I}\right)}$$

이 결과는 질량중심의 속도가 증가한다는 것을 예측하게 해준다.

그러나 질량중심의 속도가 증가한다고 해서 아령의 운동에너지가 증가하는 것은 아니다. 이를테면 지면에 닿기 직전의 운동에너지는 다음과 같다.

$$T = \frac{1}{2}(Mr^2 + I)\,\omega_0^2$$

한편 지표면에서 미끄러짐이 없다면 $v = R\omega$이므로, 아령의 운동에너지는 다음과 같다.

$$T = \frac{1}{2}(MR^2 + I_{cm})\,\omega^2$$

$r < R$이므로 경사면에서보다 지표면에서 전체 운동에너지 중에 질량중심의 병진운동이 차지하는 비중이 커지게 된다. 지면과의 마찰을 통해 질량중심의 병진운동 에너지가 증가하면서 회전운동 에너지가 작아지게 된다. 전체적인 운동에너지는 작아지게 될 터인데 구체적인 계산은 여러분의 몫으로 남기겠다.

8.5 ● 충돌과 회전

[그림 8.5.1] 과 같이 점 O를 지나는 고정된 축에 대하여 자유롭게 도는 야구 방망이 모양의 물체를 생각하자. 축에서 거리 l만큼 떨어진 점 O'을 $\overline{OO'}$에 수직으로 $F\,'$의 힘으로 강하게 때리면, 충격이 점 O에도 전해진다. 즉 충격으로 인해 물체가 점 O의 고정축에 힘을 가하고 그 반작용으로 고정축도 이 물체에 F의 힘을 가해주게 된다. 그런데 충격이 가해지는 지점 O'을 잘 선정하면, 고정축이 물체에 가하는 힘 F가 없을 수도 있다. 우선 회전축 O와 질량중심의 위치 G가 정해진 상황이라 가정하고 고정축이 물체에 가하는 힘이 없게 되는 O'의 위치를 구해보자.

일단 논의를 간단하게 하기 위해 막대가 정지해 있는 상황에서 힘 $F\,'$이 가해지는 상황에서 시작해보자. 힘 $F\,'$에 의해 축이 막대에 가해주는 힘 F가 유도되면 막대의 병진운동

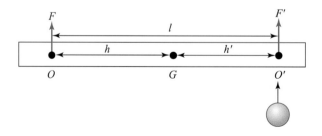

[그림 8.5.1] 축이 고정된 야구 방망이

과 관련한 운동방정식은 다음과 같다.

$$F + F' = M\ddot{y}_{cm} = Mh\ddot{\theta} \tag{8.5.1}$$

한편 고정축 O를 기준으로 한 회전운동과 관련한 운동방정식은 다음과 같다.

$$N = F'l = (I_{cm} + Mh^2)\ddot{\theta} \tag{8.5.2}$$

두 식에서 F'을 소거하면 다음의 형태가 된다.

$$F = \frac{1}{l}(Mhh' - I_{cm})\ddot{\theta} \tag{8.5.3}$$

따라서 $Mhh' = I_{cm}$를 만족하면 축이 막대에 아무런 힘을 가하지 않으며, 역으로 축에 아무런 힘이 가해지지 않는다. 이와 같이 점 O'에 어떤 충격을 주어도 점 O에서는 아무런 충격량도 느낄 수 없게 하는 O'을 O에 대한 충격중심(center of percussion)이라고 한다. 여기서 h가 정해지면 h'가 하나의 값으로 정해짐을 알 수 있다. 만약 이 논의를 거꾸로 하여 고정된 축을 O'으로 정하면 O가 O'에 대한 충격중심이 된다.

이 문제는 야구 경기에 나서는 타자에게 매우 중요한데, 타자들의 경우 손(O)에 대한 충격중심(O')에 공을 맞춰야 손에 받는 충격이 없다. 만약 선수가 공을 맞춘 지점이 충격중심에서 멀리 떨어져 있다면, 그의 손은 큰 충격을 받을 것이다.

이제 이 논의를 다른 관점에서 생각해보자. [그림 8.5.2]와 같이 야구공이 날아와 자유롭게 놓여 있는 야구 방망이에 부딪혔다고 하자. 야구 방망이를 강체로 보면 방망이는 P로 표시된 선운동량을 가지게 될 것이다. 하지만 동시에 야구 방망이는 축에 대해 반시계 방향으로 회전하려고도 할 것이다. 손잡이의 입장에서 보면 선운동량의 효과는 위로, 각운동량의 효과는 아래로 작용하는 것과 같이 된다. 충격중심이 아닌 지점에 공이 맞는다면 두 효과가 완전히 상쇄되지 않을 것이고, 그에 따른 충격이 손목에 가해지게 된다. 이러한 논의를 활용하여 충격중심을 구해보자. 야구 방망이가 받는 충격량을 P라고 하고, 충돌 후

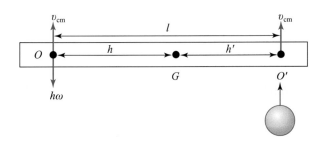

[그림 8.5.2] 자유롭게 놓여 있는 야구 방망이

야구 방망이의 질량중심의 병진운동 속도를 v_{cm}이라고 하면 다음이 성립한다.

$$P = Mv_{cm} \tag{8.5.4}$$

한편, 식 (8.4.12)를 질량중심축에 대해 활용하면 다음의 형태가 되고,

$$L = I_{cm}\omega = h'P \tag{8.5.5}$$

두 식을 활용하여 충돌 후 야구 방망이의 손잡이(O점) 부분의 속력을 구하면 다음과 같다.

$$v = v_{cm} - h\omega = \frac{P}{M} - h\left(\frac{h'P}{I_{cm}}\right) \tag{8.5.6}$$

손잡이 부근에 충격이 없으려면 $v = 0$의 조건을 만족하면 된다. 따라서 $Mhh' = I_{cm}$를 만족할 때 손잡이 부근에 충격이 없다는 결론을 다시 얻을 수 있다.

예제 8.5.1

그림과 같이 질량 m인 점입자가 v_0의 속력으로 입사하여 질량 m, 길이 l인 균일한 막대의 끝에 수직으로 충돌한다. 충돌 후 입자는 막대에 달라붙어 함께 움직였다. 충돌 후에 점입자가 부착된 막대 끝의 속력의 최댓값과 최솟값을 구하시오. (단, 모든 운동은 마찰이 없는 평면 위에서 일어난다고 가정한다.)

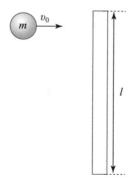

풀이

충돌 전후에 각운동량이 보존되고, 충돌 후 막대와 접입자계는 둘의 질량중심을 축으로 회전한다. 충돌 후 막대와 접입자계의 질량중심은 막대의 질량중심을 원점으로 하면,

$$x = \frac{m \times 0 + m \times 0.5l}{2m} = \frac{1}{4}l$$

충돌 전후 각운동량 보존의 관계식을 충돌 직후 막대와 점입자계의 질량중심을 기준으로 세워 보면 다음과 같다.

$$\frac{1}{4}lmv_0 = \left\{\frac{1}{12}ml^2 + m\left(\frac{1}{4}l\right)^2 + m\left(\frac{1}{4}l\right)^2\right\}\omega, \quad \therefore \omega = \frac{6v_0}{5l}$$

한편, 막대와 점입자계의 질량중심의 속도를 v_{cm}이라고 하면, 운동량 보존에 의해 다음이 성립한다.

$$mv_0 = 2mv_{cm}, \quad \therefore v_{cm} = 0.5v_0$$

막대 끝의 최대 속력은 질량중심의 속도의 방향과 회전 방향이 일치할 때, 막대 끝의 최소 속력은 질량중심의 속도의 방향과 회전 방향이 반대일 때이므로 다음 결과를 얻는다.

$$v_{\max} = \frac{1}{2}v_0 + \frac{1}{4}l\omega = \frac{1}{2}v_0 + \frac{3}{10}v_0 = \frac{4}{5}v_0$$

$$v_{\min} = \left|\frac{1}{2}v_0 - \frac{1}{4}l\omega\right| = \left|\frac{1}{2}v_0 - \frac{3}{10}v_0\right| = \frac{1}{5}v_0$$

예제 8.5.2

그림과 같이 반지름 R, 질량 m인 균일한 공이 초기속력 v_0로 미끄럼 없이 구르고 있다. 이 공이 높이 h인 사각턱에 매우 짧은 시간 동안 충돌한 후에 턱을 넘어서 진행하기 위해 필요한 공의 초기속력의 최솟값을 구하시오.

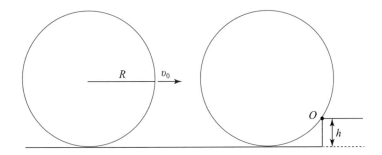

풀이

충돌 상황이 완전 탄성 충돌이 아니므로, 충돌 전후에 에너지가 보존되지 않는다는 점에 주의하자. 하지만 충돌 전후에 각운동량은 보존된다. 따라서 문제풀이 전략으로 충돌 전후의 각운동량 보존 관계를 이용하여 충돌 직후의 공의 각속도를 구하고, 충돌 직후부터 턱을 넘을 때까지는 에너지 보존 관계를 이용하겠다. 충돌 전후 사각턱의 O점에 대한 각운동량 보존에서

$$(R-h)mv_0 + \frac{2}{5}mRv_0 = I_O\omega \tag{1}$$

위의 식에서 좌변의 첫 항은 질량중심의 병진운동에 의한 각운동량이고, 두 번째 항은 질량중심을 기준으로 v_0/R의 각속도로 회전하는 것에 의한 각운동량을 나타낸 것이다. (각운동량과 관련

하여 식 (8.4.20)을 참고하라.)

한편 O점에서 공에 가하는 힘은 일을 하지 않으므로 충돌 직후의 운동에너지가 높이차 h의 문턱을 넘어서기 위한 최솟값은

$$\frac{1}{2}I_O\omega^2 = mgh \tag{2}$$

여기서 I_O는 다음과 같다.

$$I_O = \frac{2}{5}mR^2 + mR^2 = \frac{7}{5}mR^2 \tag{3}$$

(1), (2), (3)을 종합하여 ω, I_o를 소거하면 다음 결과를 얻는다.

$$\therefore\ v_0 = \sqrt{70gh}\,\frac{R}{7R - 5h}$$

즉, 공이 이 값보다 빠르게 굴러오면 문턱을 넘을 수 있다. 한편 문턱의 높이가 $h > 7R/5$이면 아무리 공이 빠르게 굴러도 문턱을 넘을 수 없다는 것에 유의하자.

8.6 ● 전복과 안정 평형

다리를 펴고 허리를 구부려서 손끝으로 발등을 접촉한 채로 가만히 있어보자. 여러분 대부분이 큰 어려움 없이 이러한 자세를 유지할 수 있다. 그런데 벽에 바싹 붙어서 등을 기대면 이야기가 달라진다. 이제 다리를 펴고 허리를 구부리다가는 몸이 앞으로 기울고 만다. 왜 벽에서는 같은 자세를 유지할 수 없는가? 이러한 동작의 어려움 혹은 불가능함과 관련되는 것이 바로 질량중심이다.

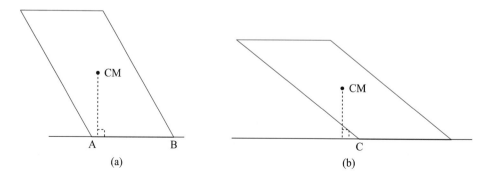

[그림 8.6.1] 균형의 유지 전복과 질량중심의 관계

일반적으로 어떤 물체가 넘어지지 않고 서 있는 채로 유지되려면 그 물체의 질량중심에서 수직선을 내렸을 때 바닥과 만나는 점의 양쪽에 지지점이 있어야 한다. 이를테면 [그림 8.6.1]의 (a)를 보면 질량중심의 양쪽 지점, 즉, 그림에서 A, B점이 지지되고 있고, 이 경우 물체는 쓰러지지 않고 서 있을 수 있다. 한편 그림의 (b)를 보면 질량중심의 바로 밑점을 기준으로 한쪽만이 지지되고 있다. 이 경우 물체는 (b)의 C점을 기준으로 회전하여 넘어지게 될 것이다.

예제 8.6.1

한 변의 길이가 d인 균일한 세 정육면체를 붙여서 만든 기역자 모양의 구조를 그림처럼 세울 수 있는가?

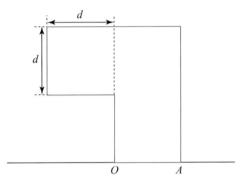

풀이

그림에서 점 O를 원점으로 놓고 질량중심을 구해보자.

O의 왼편에 있는 정육면체 하나의 질량중심의 x좌표는 $-d/2$이다.

한편 O의 오른편에 있는 정육면체 두 개의 질량중심의 x좌표는 $d/2$이다.

정육면체 하나의 질량을 m으로 두면 기역자 구조 전체 질량중심의 x좌표는 다음과 같다.

$$\frac{m(-d/2)+2m(d/2)}{3m} = \frac{d}{6}$$

이 물체의 질량중심이 O점 오른쪽에 있어 수직선을 내렸을 때 양쪽이 그림처럼 O, A로 지지되므로 구조를 세울 수 있다.

한편, 지지점이 가속되는 경우 물체가 안정을 유지할 수 있는지에 대한 것을 고려해 보자. 지지점이 가속되는 경우는 앞의 논의를 직접 적용할 수 없다. 예를 들어 그림과 같이 나무판자 위에 네모난 물체를 세워 두고 왼쪽으로 a만큼 가속시킬 때 물체가 어느 정도의 가속도 a로 가속시킬 때 넘어지는지에 대한 문제를 푼다고 하자.

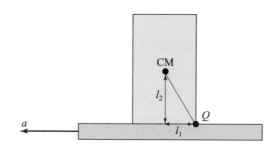

[그림 8.6.2] 가속되는 물체의 전복

문제 상황에서 네모난 물체는 넘어질 때 Q점을 중심으로 회전하게 될 것이다. 따라서 우리는 Q점에 대한 회전을 고려하여야 한다. 하지만 Q점은 a의 가속도로 가속되고 있다. 따라서 앞서 논의했던 운동방정식을 이 상황에 직접 적용할 수는 없다. 대신 Q점의 운동 여부에 관계없이 적용할 수 있었던 식 (8.1.2)를 활용해 보자. 식 (8.1.2)에서 뉴턴의 3법칙의 강한꼴이 적용될 때 다음과 같은 식을 만족한다고 했다.

$$\frac{d\overrightarrow{L_Q}}{dt} = \overrightarrow{N_Q} + M(\vec{R} - \overrightarrow{r_Q}) \times \frac{d^2}{dt^2}\overrightarrow{r_Q} \tag{8.6.1}$$

여기서 $\overrightarrow{N_Q}$는 관성 기준틀에서 본 외부의 돌림힘이고 외력은 중력밖에 없으므로, N_Q의 크기는 $l_1 Mg$이며 방향은 물체를 반시계 방향으로 돌리는 방향이다. 한편 주어진 식의 나머지 오른쪽 항을 고려하면

$$M(\vec{R} - \overrightarrow{r_Q}) \times \frac{d^2}{dt^2}\overrightarrow{r_Q} = M\sqrt{l_1^2 + l_2^2}\, a \frac{l_2}{\sqrt{l_1^2 + l_2^2}} = Mal_2 \tag{8.6.2}$$

이고, 방향은 물체를 시계 방향으로 돌리는 방향이다. 두 번째 항의 크기가 우리가 가해주는 가속도 a의 크기에 따라 달라지는 반면 외력에 의한 돌림힘의 크기는 일정함에 유의하라. 따라서 물체는 두 번째 항의 크기가 첫 번째 항의 크기보다 커질 때, 즉 $Mal_2 > Ml_1 g$일 때 넘어진다. 따라서 물체를 넘어뜨리기 위해 가속도의 크기는 $l_1 g/l_2$ 보다 커야 한다.

예제 8.6.2

가속되는 방향의 폭과 높이가 모두 d인 정육면체 상자가 나무판자 위에 놓여 있다. 둘 사이의 최대정지마찰계수는 1.1, 운동마찰계수는 0.9이다. 나무판자에 점점 큰 힘을 가하여 가속도를 계속 키울 때 판자 위의 상자가 미끄러지는지 혹은 넘어지는지 근거를 가지고 결정하시오.

물체가 미끄러지기 위한 가속도는 다음과 같다.

$$\mu_s mg < ma \qquad \therefore \ a > 1.1g$$

한편, 물체가 넘어지기 위한 가속도는 앞의 본문에서

$$\frac{l_1}{l_2}g = g < a$$

으로 물체가 넘어지는 상황의 가속도가 더 작으므로, 물체는 미끄러지기 전에 넘어진다.

예제 8.6.3

그림과 같이 질량이 M인 버스가 평평한 수평면에서 반지름이 R인 원운동을 하고 있다. 버스의 폭 (바퀴 사이의 거리)은 d이고 수평면으로부터 버스의 질량중심까지의 높이는 h일 때, 버스가 전복되지 않기 위한 최대 속력을 구하시오. (단, 중력 가속도는 g이다.)

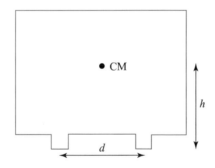

바깥 바퀴와 지면의 접촉 부위를 회전축으로 놓자. 전복상황의 원운동 각속도를 ω라 하면 회전축을 기준으로 한 돌림힘은 식 (8.6.1)에 의해 다음을 만족한다.

$$Mg\frac{d}{2} - M\left(R + \frac{d}{2}\right)\omega^2 h < 0$$

버스(질량중심)의 속도와 각속도 사이에 $\omega = v/R$가 성립하므로 전복되지 않을 자동차의 최대 속력은 다음과 같다.

$$\sqrt{\frac{gR^2 d}{h(2R+d)}}$$

이 값은 $d \ll R$인 조건일 때에 $\sqrt{gRd/2h}$로 단순해진다.

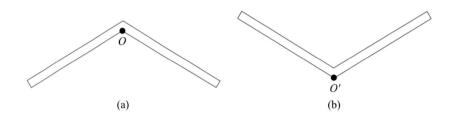

[그림 8.6.3] 안정 평형과 불안정 평형

이번에는 [그림 8.6.3]과 같은 구부러진 막대를 지지하는 상황을 생각해보자. 그림에서 (a)와 같이 구부러진 막대를 O점으로 지지하는 것은 쉽다. 이 경우 막대를 살짝 쳐서 막대를 O점을 기준으로 흔들어도 시간이 지나면 이내 평형에 도달한다. 반면 (b)와 같이 구부러진 막대를 O'점으로 지지하는 것은 보통 어려운 일이 아니다. 이 경우 막대는 평형 상태에서 살짝만 흔들려도 회전이 가속되어 이내 평형에서 멀어진다.

두 경우의 차이는 질량중심과 퍼텐셜에너지 개념을 통해 쉽게 설명된다. 먼저 (a)의 경우는 회전의 기준점 O에 비해 질량중심이 낮다. 또한 막대가 평형을 이루는 점에서의 퍼텐셜에너지가 가장 낮다. 반면 막대를 살짝 쳐서 평형 위치에서 θ만큼 회전시키면 평형 위치일 때보다 퍼텐셜에너지가 커지게 된다. 이러한 상황은 [그림 8.6.4]의 퍼텐셜에너지 그래프에서 점 A와 대응한다. 즉 평형점에서 살짝 벗어나면 퍼텐셜에너지가 커진다. 이때 마치 단진동처럼 평형점을 벗어난 물체는 원위치로 돌아가는 복원력을 받게 된다. 이와 같이 변위와 복원력이 반대 방향이 되므로 결국 평형 위치를 크게 벗어나지 않는 거동이 이어진다. 한편 (b)의 경우는 회전의 기준점 O'에 비해 질량중심이 높다. 이 경우 막대가 평형을 이루는 점에서의 퍼텐셜에너지가 가장 높다. 반면 막대를 살짝 쳐서 평형 위치에서 θ

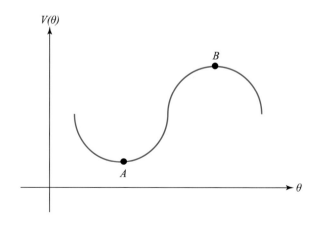

[그림 8.6.4] 퍼텐셜에너지 그래프와 안정, 불안정 평형

만큼 회전시키면 평형 위치일 때보다 퍼텐셜에너지가 작아지게 된다. 이러한 상황은 [그림 8.6.4]의 퍼텐셜에너지 그래프에서 점 B와 대응한다. 평형점에서 살짝 벗어나면 퍼텐셜에너지가 작아지고, 한번 평형점에서 벗어나면 계속하여 평형점에서 멀어지는 방향으로 힘을 받게 된다. [그림 8.6.3]의 (a)의 경우 혹은 [그림 8.6.4]의 점 A를 안정 평형(stable equilibrium)이라 한다. 반면 [그림 8.6.3]의 (b)의 경우 혹은 [그림 8.6.4]의 점 B를 불안정 평형(unstable equilibrium)이라 한다.

예제 8.6.4

그림 (a)와 같이 접촉면의 모양이 반지름 R인 구이고, 질량중심과 바닥의 거리가 h로 질량중심이 구의 중심보다 아래에 있으면 오뚝이가 된다. 이 오뚝이가 안정 평형을 이루는지를 논하시오.

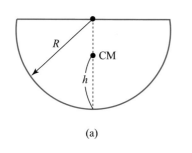

(a)

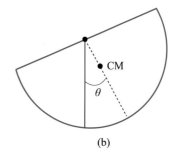

(b)

풀이

오뚝이가 평형에서 굴러서 각도 θ만큼 기울 때의 퍼텐셜에너지를 구해보자. 바닥을 퍼텐셜에너지의 기준점으로 하면 $\theta = 0$일 때의 퍼텐셜에너지는

$$V(0) = mgh$$

이고, θ만큼 기울 때의 퍼텐셜에너지는 그림 (b)에서

$$V(\theta) = mg(R - (R-h)\cos\theta)$$

이다. 이를 두 번 미분하여 평형점에서의 2차 도함수를 구하면 다음과 같다.

$$V'' = mg(R-h)\cos\theta$$

$\theta = 0$일 때의 값은

$$V''(0) = mg(R-h) > 0$$

즉, 평형점에서 $V(\theta)$는 아래로 볼록인 함수이므로 오뚝이는 안정된 평형을 이룬다.

8.7 ○ 강체로 구성된 진동자

1) 단진자

고정축에 대한 회전을 이용해서 우리가 익히 잘 알고 있는 단진자의 운동도 다룰 수 있다. [그림 8.7.1]에서 O점을 지나면서 지면에 수직인 축을 Z축이라고 하고, 질량 m인 물체를 질점처럼 생각하면 O점을 기준으로 한 단진자의 관성 모멘트와 진자에 가해지는 돌림힘은 각각 다음과 같다.

$$I_Z - ml^2 \tag{8.7.1}$$

$$N_Z = - mgl \sin\theta \tag{8.7.2}$$

여기서 돌림힘의 방향은 θ가 가속되는 방향과 항상 반대이기 때문에 음의 부호를 붙였다. 이제 식 (8.4.10)에 식 (8.7.1)과 식 (8.7.2)를 대입하면 다음과 같은 운동방정식을 얻을 수 있다.

$$\ddot{\theta} = - \frac{g}{l} \sin\theta \tag{8.7.3}$$

또, θ의 값이 작은 경우에는 $\sin\theta \simeq \theta$의 근사가 가능하므로 다음과 같은 잘 알려진 결과를 얻게 된다.

$$\ddot{\theta} + \frac{g}{l}\theta \simeq 0 \tag{8.7.4}$$

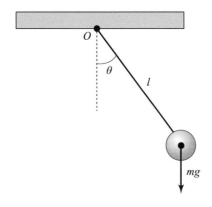

[그림 8.7.1] 단진자

2) 복합진자

강체를 고정된 축을 기준으로 회전할 수 있게 만든 것을 복합진자라고 한다. [그림 8.7.2]와 같은 복합진자를 생각해보자. O점을 축으로 한 강체의 관성 모멘트를 I, 질량중심을 축으로 한 강체의 관성 모멘트를 I_{cm}, 고정축에 속한 O점과 질량중심 사이의 거리를 h라고 하자. 평행축 정리에 의해 O점을 축으로 한 관성 모멘트 I는 다음과 같이 구할 수 있다.

$$I = I_{cm} + Mh^2 \tag{8.7.5}$$

O점에 대한 돌림힘은 이 강체의 모든 질량이 질량중심에 모여 있다고 생각하여 구할 수 있다. 중력의 크기는 Mg이므로 축에 대한 돌림힘은 다음과 같다.

$$N = - Mgh\sin\theta \tag{8.7.6}$$

여기서 '−' 부호는 돌림힘이 각에 반대 방향으로 작용하기 때문이다. 식 (8.7.5)와 식 (8.7.6)을 식 (8.4.10)에 적용하면 다음을 얻는다.

$$(I_{cm} + Mh^2)\ddot{\theta} + Mgh\sin\theta = 0 \tag{8.7.7}$$

$\theta \ll 1$인 범위에서의 진동을 고려하면 앞에서 다룬 단진동에서와 같은 $\sin\theta \simeq \theta$의 근사가 가능하므로 다음과 같은 운동방정식을 얻을 수 있다.

$$(I_{cm} + Mh^2)\ddot{\theta} + Mgh\theta = 0 \tag{8.7.8}$$

이를 풀면 진자가 다음과 같은 각 진동수 ω로 진동하게 된다.

$$\omega = \sqrt{\frac{Mgh}{I_{cm} + Mh^2}} = \sqrt{\frac{Mgh}{I}} \tag{8.7.9}$$

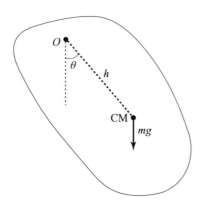

[그림 8.7.2] 복합진자

예제 8.7.1

반지름 r, 질량 m인 균일한 밀도의 구형 추가 길이 $l - r$인 실에 매달려서 한 평면 내에서 작은 진폭으로 진동하고 있다. 실이 팽팽하고, 실의 연장선에 추의 중심이 놓인 상태에서 진동이 시작되었을 때 진자의 주기를 구하시오. (단, 실의 질량은 무시하시오.)

풀이

진자의 끝(고정점)을 기준으로 한 진자의 관성 모멘트는

$$ml^2 + \frac{2}{5}mr^2$$

이 결과를 물리진자의 주기공식에 대입하여 구하면

$$T = 2\pi\sqrt{\frac{I}{mgl}} = 2\pi\sqrt{\frac{l + \dfrac{2r^2}{5l}}{g}}$$

이 결과에서 알 수 있듯이 추의 크기가 매우 작을 때에만 널리 알려진 주기공식이 성립하게 된다.

강체를 가지고 다양한 종류의 진동자를 만들 수 있다. 이때 진동자가 반드시 고정축을 중심으로 진동할 필요는 없다. 다음의 예제들에서 고정된 축을 가지지 않는 다양한 진동자들을 제시하였다.

예제 8.7.2

그림과 같이 길이 $H(= 2d)$인 균일한 막대의 양 끝을 길이 L인 두 실에 부착하여 수평하게 매단 상황을 생각하자. 이 막대를 중심을 기준으로 미소각 θ만큼 회전시켰을 때 막대의 진동주기를 구하시오.

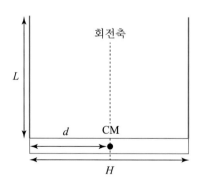
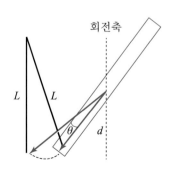

풀이

막대의 질량중심을 원점으로 놓고 회전 전의 막대가 x축상에 놓인다고 좌표축을 잡자. 이때 회전 전에 막대의 한쪽 끝의 좌표는 $(d, 0, 0)$이다. 한편 이 막대 끝과 연결된 실의 고정점의 좌표는 $(d, 0, L)$이다. 만일 막대의 한쪽 끝이 그림처럼 미소각 θ만큼 회전할 때 막대가 수직 방향으로 h만큼 상승한다고 하면 막대의 한쪽 끝의 새로운 좌표는 $(d\cos\theta, d\sin\theta, h)$이다. 이 끝에 접해 있는 줄의 다른 끝의 좌표는 $(0, 0, L)$이다. 회전 후에 실의 길이가 변하지 않았다고 가정하면 $(d\cos\theta, d\sin\theta, h)$과 $(d, 0, L)$ 사이의 거리는 L이어야 하므로

$$d^2(1 - \cos\theta)^2 + d^2\sin^2\theta + (L - h)^2 = L^2$$

h에 대해 정리하면

$$h = L - \sqrt{L^2 - 4d^2\sin^2(\theta/2)}$$

θ가 작을 때 다음의 근사가 성립한다.

$$h \simeq L - \sqrt{L^2 - d^2\theta^2} \simeq \frac{d^2\theta^2}{2L}$$

결과적으로 평형 위치를 퍼텐셜에너지의 기준점으로 잡을 때 막대가 질량중심을 지나는 수직한 축을 중심으로 미소각 θ만큼 회전할 때 중력에 의한 퍼텐셜에너지는 다음과 같다.

$$mg\frac{d^2\theta^2}{2L}$$

또한 막대의 총 역학적 에너지는 보존되며 그 값은 다음과 같다.

$$\frac{1}{2}I\dot{\theta}^2 + mg\frac{d^2\theta^2}{2L}$$

양변을 시간에 대해 미분하여 정리하면 다음의 운동방정식을 얻는다.

$$I\ddot{\theta} + \frac{mgd^2}{L}\theta = 0$$

따라서 주기는 $T = 2\pi\sqrt{\dfrac{IL}{mgd^2}}$ 이다.

이 경우 막대의 관성 모멘트는 $md^2/3$이므로

$$T = 2\pi\sqrt{\frac{L}{3g}}$$

예제 8.7.3

반지름이 R인 원통면 내부에 반지름이 r인 작은 원통이 미끄러지지 않고 구른다. 작은 원통이 평형점 주위를 구르면서 진동할 때 작은 원통의 진동운동의 각진동수를 구하시오.

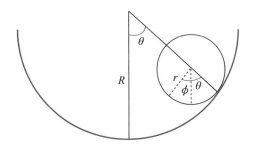

풀이

작은 원통의 중심이 큰 원통의 중심에 대해 최저 지점에서 θ만큼 이동한 위치에 있는 상황에서 질량중심을 기준으로 한 작은 원통의 각속도를 ω, 작은 원통의 질량중심의 속도를 V_{cm}, θ만큼 이동한 결과로 발생한 질량중심의 높이 변화를 h라 하고 퍼텐셜에너지의 기준점을 평형 위치에서의 질량중심이라고 할 때 작은 원통의 에너지는 다음과 같다.

$$E = \frac{1}{2}I_{cm}\omega^2 + \frac{1}{2}mV_{cm}^2 + mgh$$

여기서 $v_{cm} = r\omega = (R-r)\dot{\theta}$이고, $h = (R-r)(1 - \cos\theta) \simeq \frac{1}{2}(R-r)\theta^2$이므로 다음과 같은 근사가 가능하다.

$$E = \frac{1}{2}I_{cm}\left(\frac{R-r}{r}\right)^2\dot{\theta}^2 + \frac{1}{2}m(R-r)^2\dot{\theta}^2 + \frac{1}{2}mg(R-r)\theta^2 = const$$

양변을 시간에 대해 미분한 결과를 $\dot{\theta}$로 나누어서 정리하면 다음과 같다.

$$(R-r)\left(\frac{I_{cm}}{r^2} + m\right)\ddot{\theta} + mg\theta = 0$$

이는 앞에서 살펴본 진자의 미분방정식과 동일하다. 작은 원통의 관성 모멘트가 $I_{cm} = mr^2/2$이므로, 각진동수는 다음과 같다.

$$\omega = \sqrt{\frac{2g}{3(R-r)}}$$

예제 8.7.4

그림처럼 질량 m, 반지름 R인 균일한 원통에 용수철이 부착되어 있다. 용수철의 길이는 l_0이며 원통의 중심에서 R만큼 높은 지점에서 늘어나지 않은 채로 부착되어 있다. 이 원통을 가만히 굴려서 미소각 θ만큼 회전시켜서 용수철을 늘인 후에 가만히 놓아 진동을 유발하는 상황에서 원통의 진동주기를 구하시오. (단, 이 과정에서 원통은 미끄러짐 없이 구른다고 가정한다.)

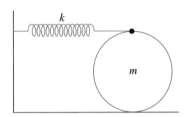

풀이

평형 위치에서 미소각 θ만큼 회전하면서 원통이 구르면 원통의 질량중심이 $R\theta$만큼 이동하고, 질량중심에 대해 원통이 θ만큼 회전한다. 그 결과 용수철의 끝의 위치가 평형 위치에서 $(R\sin\theta + R\theta, R(\cos\theta - 1))$만큼 이동하므로 용수철의 길이가 다음과 같이 바뀐다.

$$l = \sqrt{(l_0 + R\sin\theta + R\theta)^2 + R^2(1 - \cos\theta)^2}$$

원통이 미끄러짐 없이 구르므로 용수철의 길이를 l, 원통의 각속력을 ω라 할 때 진동자의 역학적 에너지는 다음과 같다.

$$E = \frac{3}{4}mR^2\omega^2 + \frac{1}{2}k(l - l_0)^2 = const$$

이 값이 보존되므로 에너지를 시간에 대해 미분하면 다음의 운동방정식을 얻는다.

$$\frac{3}{2}mR^2\dot{\theta}\ddot{\theta} + k(l - l_0)\dot{l} = 0$$

한편 용수철의 늘어난 길이에 대해 $\cos\theta \simeq 1$, $\sin\theta \simeq \theta$ 근사를 적용하여 정리하면 $l \simeq l_0 + 2R\theta$이고 $\dot{l} = 2R\dot{\theta}$도 성립한다. 이 결과를 운동방정식에 적용하여 정리하면 다음과 같다.

$$3m\ddot{\theta} + 8k\theta = 0$$

따라서 진동주기는 $2\pi\sqrt{\dfrac{3m}{8k}}$ 이다.

 **연습문제**

01 다음 물체의 질량중심을 구하시오.

1) 반지름 R인 균일한 반원
2) 밑면의 반지름이 R이고 높이가 H인 원뿔
3) 반지름이 R인 균일한 반구껍질

02 길이 l, 질량 m인 얇은 직선 막대의 임의의 지점의 밀도가 막대의 한 끝에서 떨어진 거리에 비례한다.

1) 막대의 질량중심을 구하시오.
2) 막대의 가벼운 끝점을 지나 막대에 수직인 축에 대해 막대의 관성 모멘트를 구하시오.

03 어떤 강체에 작용하는 중력에 의한 돌림힘을 계산할 때 그 강체의 질량중심에 중력이 작용한 다고 가정해도 됨을 보이시오.

04 질량중심의 정의로부터 식 (8.2.3)을 유도하시오.

05 질량중심이 $\overrightarrow{r_{cm}}$이고 질량이 M인 크기를 갖는 어떤 물체의 각 부분에 균일한 외력이 가해 질 때 총 외력 $\overrightarrow{F_e}$에 의해 그 물체에 작용하는 돌림힘이 $\overrightarrow{r_{cm}} \times \overrightarrow{F_e}$임을 보이시오.

06 꼭지각이 2α, 두 변의 길이가 l인 균일한 이등변 삼각형 평판이 있다. 길이가 같은 두 변이 만나는 꼭짓점과 밑변의 중심을 지나는 축에 대한 삼각형의 관성 모멘트를 구하시오. (힌트: 이등변 삼각형을 밑변에 평행한 가는 막대들로 분할하고 평행축 정리를 적용해 보시오.)

07 그림은 반지름 R인 원통에서 반지름 $R/2$인 원통을 빼낸 입체의 단면을 나타낸 것이다.

1) 이 입체의 질량중심을 구하시오.
2) 질량중심을 지나고 원통의 중심축에 평행한 축에 대한 입체의 관성 모멘트를 구하시오.

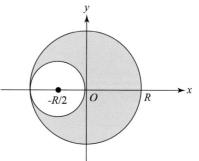

08 밑면의 반지름이 r인 원뿔이 있다. 이 원뿔의 중심축에 대한 관성 모멘트를 구하시오.

09 얇은 구각의 관성 모멘트를 이용하여 속이 꽉 찬 균일한 구의 관성 모멘트를 구하시오.

10 예제 8.4.1 대신에 추가 막대의 다른 곳에 부착된 상황을 생각하자. 같은 초기조건에서 시작하여 막대가 지면에 도달하는 시간이 추가 있는 경우와 추가 없는 경우가 같았다면 추가 부착된 위치는 어디인가?

11 질량 M, 반지름 R인 균일한 원판이 각속도 ω로 돌고 있다. 질량 m, 반지름 $R/10$인 균일한 동전을 원판의 중심을 향하도록 던졌다. 동전이 미끄러지다가 원판에 내접하는 위치에서 원판과 함께 돌 때의 각속도는 얼마인가?

12 예제 8.2.2의 입체가 수평면을 미끄러짐 없이 구르면서 직선운동을 하고 있다. 입체가 가장 느리게 움직일 때 입체와 밑면의 접촉점의 속도가 거의 0이라면 입체가 가장 빠르게 움직일 때 접촉점의 속도는 얼마인가?

13 그림과 같이 안쪽 반지름 r, 바깥쪽 반지름 R인 실패가 있다. 그림과 같이 실과 지면의 각도가 θ가 되도록 잡아당길 때 실패의 운동 양상이 θ의 각도에 따라 어떻게 달라지는지 설명하시오. (가속의 방향, 구름의 유무 등에 주의하여 설명하시오.)

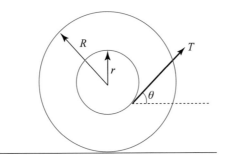

14 평평한 수평면에 놓인 반지름 R인 균일한 당구공에 대해 수평 방향으로 힘 F를 가하려고 한다. 힘이 가해지는 지점의 높이에 따라 마찰력의 크기와 방향이 어떻게 달라지는지 구하시오. (단, 힘이 가해질 때 당구공은 미끄러짐 없이 구른다고 가정하시오.)

15 평평한 수평면에 놓인 반지름 R인 균일한 당구공의 중앙에 수평 방향으로 힘 F를 가하려고 한다. 지면과 당구공 사이의 최대정지마찰계수가 1이라 할 때, 당구공이 미끄러지지 않기 위한 F의 최솟값을 구하시오.

16 경사면에 정지해 있던 균일한 구가 굴러 내려와서 그림과 같이 반지름 R인 원형 고리를 따라 구른다. 구가 고리에서 벗어나지 않고 한 바퀴 돌기 위한 경사면의 높이 h의 최솟값을 구하시오.

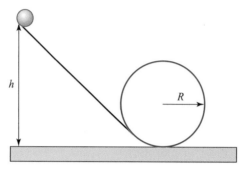

17 매끄러운 평면 위에 질량 M, 길이 L인 균일한 막대를 연직 방향으로 세운 후에 놓아주었다.
1) 막대가 지면에 충돌하기 직전 질량중심의 속력을 구하시오.
2) 막대가 지면과 $45°$ 각도를 이루는 순간의 회전각속도를 구하시오.

18 질량 m, 길이 l인 균일한 가는 막대를 수직인 벽에 연직으로 기대어 놓았다. 막대를 살짝 건드려 그림처럼 미끄러지는 상황을 생각하자. 막대가 벽에서 떨어지는 순간 막대가 지면과 이루는 각도를 구하시오. (단, 모든 마찰은 무시한다.)

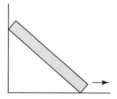

19 그림처럼 질량 m인 점입자가 v_0의 속력으로 입사하여 질량 m, 길이 l인 균일한 막대에 수직으로 충돌하였다. 둘 사이의 충돌은 완전탄성충돌이며 충돌시간은 매우 짧다. 충돌 후 둘의 질량중심이 같은 속도라면 점입자는 막대의 어느 부위에 충돌했는지 구하시오.

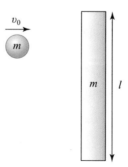

20 마찰이 없는 얼음판 위에 놓인 질량 M, 길이 L인 막대의 한 쪽 끝에 질량이 m인 작은 물체가 v의 속력으로 막대에 수직하게 탄성 충돌하였다. 충돌 후 작은 물체와 막대의 선속력, 막대의 각속력을 각각 구하시오.

21 질량 M, 길이 L인 균일한 막대의 한 끝에 수직 방향으로 강한 충격을 매우 짧은 시간동안 가하였다. 그 결과 막대의 질량중심이 v로 움직이게 되었다면 충격 직후 충격을 받은 지점의 속력은 얼마인가? 충격 후 막대가 반 바퀴 회전하였을 때 충격이 가해졌던 곳의 속력은 얼마인가?

22 그림과 같이 너비 b, 높이 h, 질량 M인 상자가 수평면 위에 놓여 있다. 이 상자에 수평면으로부터 높이가 y인 곳에 수평 방향으로 F의 힘을 가한다. 다음 물음에 답하시오. (단, 중력가속도는 g이고 바닥과 상자 사이의 마찰계수는 상자가 미끄러지지 않을 만큼 충분히 크다고 가정한다.)

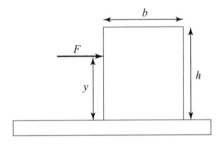

1) 상자가 넘어지지 않을 y의 최댓값을 구하시오.
2) 1)에서 구한 위치에 힘 F를 가할 때 마찰계수가 어떤 조건을 만족해야 상자가 기울어지는 대신에 미끄러지겠는가?

23 한 변이 고정된 회전축인 변의 길이가 L인 정사각형 평판 위에 한 변이 a인 정육면체가 그것의 한 모서리와 회전축이 평행하도록 놓여 있다. 평판이 각속도 ω로 회전하며 정육면체를 들어 올릴 때 정육면체가 쓰러지려면 각속도의 크기는 어떤 조건을 만족해야 하는가? (평판과 정육면체 사이의 마찰계수는 상자가 미끄러지지 않을 만큼 충분히 크다고 가정한다.)

24 자전거에 사람이 타서 직선운동을 할 때 전체 질량중심의 높이가 h였다. 이들이 평면 위에서 등속원운동을 하고 있다. 자전거의 바퀴가 지나는 궤적의 반지름이 R이라 할 때 사람과 자전거의 질량중심은 연직면에 대해 어느 정도 기울어져 있는가?

25 예제 8.2.2의 입체가 질량중심이 가장 낮은 위치에 놓인 채 평형을 이루고 있었다. 이 입체를 살짝 쳐서 미끄러짐 없이 구르게 하였을 때 입체의 진동주기는 얼마인가?

26 그림과 같이 반지름 R인 바닥면 위에 각각의 변이 $2a$, $2b$인 직사각형이 놓여 평형을 이루고 있다. 직사각형을 살짝 건드릴 때 안정된 평형을 이룰 조건을 구하시오. 이러한 조건에서 직사각형을 살짝 건드릴 때의 운동주기를 구하시오. (단, 직사각형과 바닥면 사이에 미끄러짐은 없다고 가정한다.)

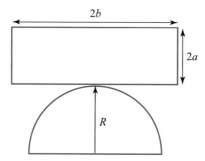

27 그림과 같은 천장에 질량 M인 막대가 구속되어 있다. 즉, 막대의 양 끝은 각각 천장과 접촉한 체 미끄러질 수만 있다. 전체 막대는 한 평면 내에서 움직이며, 마찰이 없다는 것을 가정할 때 다음을 구하시오.

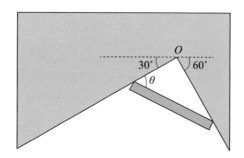

1) 막대가 평형을 이루는 각도 θ를 구하시오.
2) 막대를 평형점에서 살짝 벗어나게 한 후 가만히 놓을 때 막대의 진동주기를 구하시오.

28 질량 M, 반지름 R인 균일한 구가 수평면을 미끄러짐 없이 속도 v로 구르고 있다. 구가 수평면의 끝에서 절벽을 만났을 때 절벽 모서리를 지나는 구의 거동은 속도 v와 반지름 R의 값에 따라 답이 어떻게 달라지는가? 모서리를 지나면서 구가 바로 모서리와 분리되지 않고 모서리를 따라 회전할 조건을 구하시오. 이러한 회전 과정에서 미끄러짐이 없다고 가정할 때 구는 얼마나 회전한 후에 모서리에서 떨어지는가?

라그랑지안

- 현상과 이론의 차이를 정확히 설명할 수 있다.
- 최소시간의 원리를 활용하여 반사와 굴절 상황에서 빛의 진행 경로를 설명할 수 있다.
- 함수와 범함수의 정의 및 특징을 구분하여 설명할 수 있다.
- 변분법의 의미와 변분법에서 사용하는 기호들을 이해한다.
- 해밀턴의 원리로부터 라그랑지 방정식이 유도되는 과정을 이해하고 그 속에 들어있는 가정들을 이해한다.
- 구속조건과 구속력의 의미를 설명할 수 있다.
- 구속조건을 적절히 이용하여 운동을 다룰 수 있다.
- 자유도의 개념을 이해하고, 그것이 일반화 좌표에 바탕한 라그랑지 방정식을 유도하는 데 어떤 역할을 하는지 설명할 수 있다.
- 뉴턴 역학의 방식과 라그랑지안의 방식의 장단점을 비교할 수 있다.
- 여러 가지 상황에서 운동을 다루기 편리한 일반화 좌표를 선택하여 운동방정식을 구할 수 있다.
- 변분기호 δf의 의미를 이해하고 이 기호를 사용한 수식을 다룰 수 있다.
- 달랑베르의 원리를 이용하여 라그랑지 방정식을 유도할 수 있다.
- 해밀토니안 형식을 이해하고, 이를 통해 정준방정식을 구할 수 있다.
- 라그랑지안의 형식에서 보존 원리가 성립하기 위한 조건을 설명할 수 있다.

9.1 ● 빛의 반사, 굴절 상황과 최소시간의 원리

지금 이 글을 읽고 있는 누구라도 빛이 거울에 반사될 때 빛이 입사하는 각도와 반사되는 각도가 동일하다는 것을 알고 있을 것이다. 이러한 빛의 반사를 알기 쉽게 나타낸 것이 [그림 9.1.1]이다. [그림 9.1.1]은 화살표가 포함된 꺾인 선분으로 빛의 진행을 표현하고 있다. 지금은 너무도 익숙해져서 이러한 그림을 당연하게 받아들이지만, 이와 같이 빛을 직선(혹은 선분)에 기반하여 표현하는 것, 즉 빛을 광선으로 표현하는 것은 광선으로서의 빛

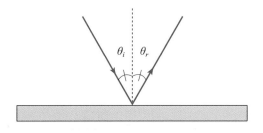

[그림 9.1.1] 반사의 법칙

개념이 없는 사람에게는 전혀 당연한 것이 아니다. 엄밀히 말해서 광선으로 빛을 표현하는 것은 자연 현상 그대로를 표현하는 것이라기보다 빛이라는 자연 현상에 대한 인간의 이해를 담고 있다고 할 수 있다. 이렇듯 광선은 실제의 빛의 모습이 아닌 빛을 표현하는 한 방식이다.

그렇다면 광선이라는 표현 방식에 가장 유사한 방식으로 경험 가능한 빛으로는 어떤 것이 있을까? 쉽게 연상하겠지만 레이저는 이상적인 광선에 가까운 광원이다. 따라서 레이저를 사용하면 [그림 9.1.1]의 꺾인 선과 매우 유사한 시각적 경험을 체험할 수 있다. 레이저를 가지고 입사각을 바꾸어가며 반사각을 조사하면, 입사광선과 반사광선이 한 평면 안에 있고 입사각과 반사각이 항상 같다는 것을 실험적으로 확인할 수 있다. 이것이 빛의 반사법칙이 담고 있는 내용이다.

레이저에 대한 이러한 반사 법칙은 실험적으로 도출된 일종의 현상이라고 말할 수 있다. 이제 이 현상을 설명하는 그럴싸한 원리 혹은 이론 체계를 찾거나 만들 수 있을까? 반사 법칙이라는 현상에 대한 그럴듯한 설명 체계를 찾는 과정에서 물리학자들이 내놓은 대답이 '최소시간의 원리'이다.

[그림 9.1.2]를 염두에 두고 논의를 진행해보자. 당신이 A점을 출발하여 거울을 찍고 B 지점으로 가는 상황을 생각하자. 이때 당신이 거울의 어떤 지점에서 반사하여 진행하는 것이 A지점에서 B지점으로 가는 최소거리가 될까? 그림처럼 거울 면에 대해 B와 대칭인 점 B'을 생각하고 선분 AB'과 거울면의 교점을 C라 하자. 이때 $A-C-B$의 경로의 길이와 $A-C-B'$의 경로의 길이가 같다. 또한 $A-C-B'$ 경로는 A와 B'을 연결하는 가장 짧은 경로이다. 두 점을 연결하는 가장 짧은 경로가 직선이기 때문이다. 따라서 만일 당신이 거울상의 C가 아닌 다른 지점 D에서 방향을 튼다면 $A-D-B$ 경로의 길이는 $A-D-B'$ 경로의 길이와 같고 $A-C-B$ 경로의 길이보다 길어지게 된다. 즉, A에서 출발하여 거울을 찍고 B로 가는 경로 중에 가장 짧은 경로는 C를 거치는 것이다. 그런데 이렇게 최단 경로에 관계하는 반사점 C를 살펴보면 각 ACE와 각 $B'CF$는 맞꼭지각으로 크기가 같다. 또한 거울 면에

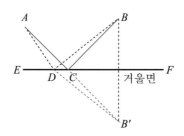

[그림 9.1.2] 거울에서의 반사경로

대해 대칭이므로 각 BCF와 각 $B'CF$의 크기도 같다. 결과적으로 각 ACE와 각 BCF의 크기가 같다. 즉, 당신이 가장 짧은 경로를 택한다면 당신의 입사각과 반사각은 같다.

이제 빛의 경우로 돌아가 보면 빛의 반사법칙은 빛이 반사할 때 입사각과 반사각이 같다는 것을 말해주고 있다. 두 각이 같다는 것은 현상을 기술한 것이다. 이 현상에 대해 다음과 같이 해석해 보자. "빛은 다른 경로들을 놔두고 A에서 B로 진행하는 가장 짧은 경로를 거친다."[1] 이러한 해석은 빛이 한 점 A에서 다른 점 B로 진행할 때 이동거리가 가장 짧은 경로로 이동한다는 '최소거리의 원리'로 입사각과 반사각이 같다는 현상을 설명한 것이다. 한편 수학자이자 물리학자였던 페르마[2]는 빛이 한 점 A에서 다른 점 B로 진행할 때 최단 시간이 소요되는 경로로 진행한다는 '최소시간의 원리'를 제안했다. 매질 내에서 빛의 속도가 일정하다면 최소거리를 거치는 경로는 곧 최소의 시간이 걸리는 경로가 된다. 이런 점에서 빛의 반사 법칙은 최소시간의 원리로도 설명이 가능하다.

빛의 반사만을 설명하는 것이 목적이라면 최소거리의 원리와 최소시간의 원리가 동등하게 성공적이라 할 수 있다. 그런데 빛의 굴절을 고려하면 두 원리의 예측은 달라질 수 있다. [그림 9.1.3]에 빛의 굴절과 관련된 전형적인 빛의 경로와 다른 경로들이 담겨 있다.

[그림 9.1.3]에서 A를 출발하여 B에 도달하는 빛이 최소거리의 원리를 따른다면 그림에서 점선의 경로를 거칠 것이다. 그런데 잘 알다시피 빛이 공기와 물이 맞닿은 경계면을 통과하여 전파될 때 빛의 입사각 θ_i와 굴절각 θ_r은 다음의 관계를 갖는다.

$$\sin\theta_i / \sin\theta_r = n \tag{9.1.1}$$

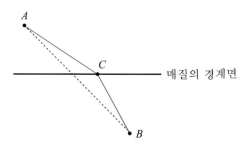

[그림 9.1.3] 빛의 굴절

---

1) 엄밀히 말하면 A에서 B로 가는 최단 경로는 선분 AB이므로 $A-C-B$ 경로가 최단 경로가 아니다. 따라서 최소거리의 원리는 빛의 반사라는 상황에서 적용되는 것으로 보아야 할 것이다. 마찬가지로 앞으로 다루게 될 최소시간의 원리는 빛의 반사와 굴절이라는 맥락에서 적용되는 것으로 보아야 한다.
2) 부족한 여백으로 여러 수학자들을 고생시켰던 그 페르마이다.

입사각이 바뀌고, 그에 따라 굴절각이 바뀌어도 이 관계는 여전히 성립한다. 이를 스넬 (Snell)의 법칙이라 하며, 입사각 혹은 굴절각에 무관한 상수 n을 물의 굴절률이라 부른다. 스넬의 법칙은 굴절과 관련된 관찰 결과에서 찾아낸 패턴을 기술하고 있다.

이제 이 현상, 식 (9.1.1)로 주어지는 규칙성을 설명하는 원리와 이론 체계를 찾아야 한다. 최소거리의 원리가 굴절을 설명할 수 없다는 것은 분명하다. 대신에 최소시간의 원리가 과학자들이 찾은 스넬의 법칙을 설명하는 원리이다. 어떻게 최소시간의 원리가 스넬의 법칙을 설명할 수 있는가? 요점은 매질에 따라 빛의 속도가 달라질 수 있다는 것이다. 만일 물이라는 매질에서의 빛의 전파속도가 공기 중에서의 빛의 전파속도보다 느리다면 [그림 9.1.3]에서 빛이 AB의 직선 경로를 거치는 것보다 $A-C-B$의 경로를 거치는 데 걸리는 시간이 더 짧아질 수 있다. 이러한 논리를 수학적으로 정교화하면 빛의 굴절 상황에서 물속에서의 빛의 속도가 공기 중에서의 빛의 속도보다 $1/n$배만큼 느려진다면 A지점에서 B지점으로 진행하는 가장 적은 시간이 걸리는 경로는 식 (9.1.1)을 만족해야 함을 보일 수 있다. 그 증명은 어렵지 않으므로 연습문제로 남겨둔다.

스넬의 법칙이라는 현상에 대해 최소시간의 원리가 유효하려면 매질에서의 빛의 속도가 공기 중에서의 빛의 속도보다 $1/n$배만큼 느려져야 한다. 페르마가 최소시간의 원리를 처음 제안했을 때에는 빛의 속도를 매질별로 측정하는 기술이 없었기 때문에 최소시간의 원리의 예측이 옳은지 확인할 수 없었다. 측정 기술의 발달로 매질 내에서의 빛의 속도를 측정할 수 있게 되자, 스넬의 법칙에서 정의된 굴절률 n을 갖는 매질에서의 빛의 전파속도가 진공 중의 광속 c의 $1/n$배임이 확인되었다. 결과적으로 최소시간의 원리는 빛의 속도를 성공적으로 예측하였다.

지금까지 우리는 빛의 진행과 관련하여 최소거리의 원리와 최소시간의 원리라는 두 가지 원리에 대해 논의했다. 최소시간의 원리가 보다 일반적인 상황에서 적용될 수 있고 현상에 대한 예측력도 뛰어나다는 것을 확인할 수 있었을 것이다. 이러한 원리들은 자연 현상이라기보다는 현상을 설명하기 위해 창안된 설명 체계라고 보는 것이 맞을 것이다. 이렇게 찾은 원리들이 얼마나 정확한 것인지 혹은 어디까지 적용될 수 있는지에 대해 쉽게 단언하는 것은 과학의 범위를 벗어나는 것이다. 이러한 질문들에 대해서 답하려면 원리들로부터 도출되는 예측과 실제의 자연 현상을 비교하는 구체적인 탐구를 수행해야 한다. 그리고 이러한 탐구과정을 거쳐 물리학자들은 최소시간의 원리가 설명력과 예측력이 뛰어난 원리라는 것을 확인하였다.

9.2 ● 최소작용의 원리

최소거리의 원리, 최소시간의 원리 모두 최소라는 단어를 포함한다. 이러한 원리를 보면 자연 현상이 효율적이라는 생각도 들 것이다. 어찌하여 이러한 간단한 원리로 자연 현상이 설명될 수 있는 것일까? 겨우 빛의 반사와 굴절을 설명한 것뿐인데 별거 아닌 것 같고 호들갑 떤다고 생각할지도 모르겠다. 그런데 이러한 '최소' 자가 들어가는 원리는 단순히 빛의 반사와 굴절만을 설명하는 것이 아니다. 놀랍게도 물리학의 매우 많은 영역들, 그리고 핵심적인 이론적 영역들은 '최소' 자가 들어가는 원리들로 설명될 수 있다[3]. 우리는 앞으로 뉴턴 역학을 '최소작용의 원리'라는 '최소' 원리의 결과물로 재구성 할 것이다. 역학을 설명하는 여러 유형의 '최소' 원리들이 있다. 이러한 원리들 중 역학의 상황에서 가장 유용한 것으로 여겨지는 원리를 물리학자이자 수학자인 해밀턴(Hamilton)이 제안했다. 그의 최소 작용의 원리는 다음과 같다.

역학계(입자 혹은 입자의 모임)가 어떤 특정한 시간동안 한 위치에서 다른 위치로 이동할 때, 계가 지나가는 실제의 경로는 모든 가능한 경로 중에 운동에너지와 퍼텐셜에너지[4]의 차이의 시간 적분이 최소가 되는 경로[5]이다.

단일 입자에 대해 이 원리를 조금 더 풀어서 생각해 보자. 이를 위해 어떤 입자가 초기 시각 t_1에 위치 x_1에 있고 시각 t_2에 위치 x_2에 있다고 하자. 이 입자가 위치 x_1에서 x_2로 이동하려면 어떤 경로를 따라 이동할 것이다. 이때 입자가 실제로 이동하는 경로가 있을 것이고, 그 경로에 대해 운동에너지(T)와 퍼텐셜에너지(U)의 차이를 시간 적분할 수 있다. 이때 두 에너지의 차이 $L(\equiv T-U)$을 계의 라그랑지안(Lagrangian, Lagrange function)이라 부른다. 또한 해밀턴의 원리에서 말하는 시간적분은 다음과 같이 쓸 수 있다.

$$\int_{t_1}^{t_2} L dt \tag{9.2.1}$$

라그랑지안은 속도($\dot{x}(t)$)와 관련된 운동에너지와 위치($x(t)$)와 관련된 퍼텐셜에너지를

---

3) 파인만의 물리학 강의 1권의 26장 및 2권의 19장에서 관련된 흥미로운 논의들을 찾을 수 있을 것이다.

4) 퍼텐셜에너지를 말하고 있다는 것은 최소작용의 원리가 보존계에 대해 적용하는 원리라는 것이다. 비보존계에 대한 논의는 우리의 범위를 넘어서므로 라그랑지안 역학을 다루는 이 장에서는 비보존계를 고려하지 않겠다. 즉 우리는 보존계에서의 라그랑지 방정식만을 다루겠다.

5) 경로와 궤적을 구분하고자 한다. '궤적'을 전체 운동에서 위치에 대한 정보만을 담고 있는 것으로 생각하자. 반면 '경로'는 시간에 따른 위치 정보, 즉, 시간과 위치에 대한 정보를 모두 담고 있는 것으로 보겠다. 이러한 구분이 일상적이지는 않지만, 9장의 우리의 논의에서 경로를 이렇게 정의해야 혼란이 없다.

포함하므로 이 적분은 입자가 어떤 경로($x(t)$)를 거치는지에 따라 다른 값을 갖게 된다. 해밀턴의 원리는 입자가 실제로 거치게 되는 경로에 대한 적분값이 다른 가능한 경로에 대한 적분값보다 크지 않다는 것이다.

우리는 지금 해밀턴의 원리에 대해 기술했지만 이 원리가 정말로 운동을 이해하는 데 유용한지를 이론만으로는 판단할 수 없다. 원리의 유용성은 실제의 현상에의 응용을 통해 판단할 수 있다. 보다 일반적인 논의는 뒤에서 하도록 하고 여기서는 일단 우리가 알고 있는 간단한 운동 상황에 대해 해밀턴의 원리가 성립하는지를 살펴보도록 하자. 그 과정에서 여러분에게 변분법이라는 생소한 수학도구도 소개하고자 한다.

해밀턴의 원리가 실제의 운동을 이해하는 데 유용한지를 판단하려면, 원칙적으로는 해밀턴의 원리로부터 특정 운동 상황에 대해 운동을 예측하고 이를 실제의 운동과 비교하여야 한다. 그런데 우리는 이미 뉴턴의 역학 체계가 실제의 운동을 성공적으로 예측한다는 것을 알고 있다. 따라서 해밀턴의 원리로부터 예측한 운동결과가 뉴턴의 역학 체계로부터 예측한 운동 결과와 같다는 것을 보임으로써 해밀턴의 원리의 유용성을 입증하고자 한다.

물체의 실제 운동이 해밀턴의 원리를 만족하는지를 확인할 수 있는 간단한 운동으로 어떤 것이 있을까? 우리가 알고 있는 가장 간단한 일차원 운동을 생각해보면 일견 두 가지 상황이 떠오른다. 하나는 일정한 중력을 받는 일차원 자유낙하 운동, 다른 하나는 일차원 조화진동운동이다. 본문에서는 자유낙하 운동에 대해 해밀턴의 원리가 만족됨을 보이겠다. 조화진동자의 경우에는 연습문제로 남겨두겠다.

이제 일정한 중력하에 물체가 자유 낙하하는 상황을 생각해보자. 잘 알다시피 뉴턴 역학은 물체가 등가속도운동을 함을 말해준다. 이때 최초의 위치와 속도가 모두 0이라고 하면, 뉴턴 역학에서 예측된 물체의 시간에 따른 위치와 속도는 다음과 같다.

$$y_0(t) = -\frac{1}{2}gt^2 \tag{9.2.2}$$

$$\dot{y}_0(t) = -gt \tag{9.2.3}$$

우리가 이상적인 자유낙하의 상황에서 물체의 이동경로를 안다고 말할 때 우리는 시간에 따른 물체의 위치, 즉 식 (9.2.2)를 알고 있는 것이다[6]. 우리의 정의에서 경로는 시간에 대한 위치라는 함수관계에 관련되므로, 시간에 따른 운동변화에 대한 정보도 포함하고 있다. 이 경로를 그래프로 그리면 일차원 선분이 그려지는데, 이렇게 그려진 선분은 우리의

---

6) 정확히 말하면 이것은 물체의 실제 경로가 아니고 뉴턴 역학이 예측하는 물체의 경로이다. 이상적인 조건을 만들면, 실제의 낙하경로가 뉴턴 역학이 예측하는 낙하경로와 거의 같다는 것을 염두에 두고 앞으로의 논의를 이해해 보자.

정의에서 경로가 아니라 궤적이라는 것을 명심하자. 그래프로 그려진 선분은 시간에 대한 정보를 포함하고 있지 않다는 점에서 우리가 말하는 경로가 아닌 궤적이다. 우리가 정의한 경로는 시간에 따른 변화에 대한 정보를 포함하고 있으며, 경로를 미분하면 속도에 대한 정보도 얻을 수 있다[7].

이제 물체가 처음 위치에서 나중 위치로 이동하는 다른 임의의 경로를 상상해보자. 이러한 경로는 다음과 같이 나타낼 수 있다.

$$y(\alpha, t) = y(0, t) + \alpha\eta(t) \tag{9.2.4}$$

여기서 $y(0, t)$는 물체의 실제 이동경로, 즉 식 (9.2.2)의 $y_0(t)$를 관례에 따라 다르게 표현한 것이고, $\alpha\eta(t)$는 우리가 고려하고자 하는 가상의 경로가 실제의 경로와 벗어난 차이이다. $\alpha = 0$일 때 우리가 고려하는 경로는 실제의 운동경로가 된다. 한편 우리는 처음 (t_1)과 나중(t_2)의 위치 y_1, y_2를 고정한 상황에서 여러 경로를 고려하고 있으므로, 우리가 고려하는 모든 경로에 대해 $\eta(t_1) = \eta(t_2) = 0$을 만족한다. 우리는 가상의 경로가 실제의 경로와 벗어난 정도를 표현하기 위해 변수 α와 $\eta(t)$라는 두 값을 새로이 도입했다. 가상의 경로가 실제 이동경로와 다른 정도를 나타내기 위해 $\eta(t)$뿐만 아니라 α까지 도입했다는 것을 주목하자. 이렇게 $\eta(t)$뿐 아니라 α까지 도입한 것이 얼마나 중요한 것이었는지를 여러분이 지금 당장은 알지 못하더라도 모든 논의가 끝난 후에는 알고 있어야 한다.

이제 자유낙하운동으로 다시 우리의 관심을 돌리자. 이때 우리가 상상할 수 있는 경로들에 대해 운동에너지 및 퍼텐셜에너지는 다음과 같다.

$$T = \frac{1}{2}m\dot{y}^2 = \frac{1}{2}m[-gt + \alpha\dot{\eta}(t)]^2 \tag{9.2.5}$$

$$U = mgy = mg\left[-\frac{1}{2}gt^2 + \alpha\eta(t)\right] \tag{9.2.6}$$

정의에 의해 계의 라그랑지안의 경로적분은 다음과 같다.

$$J(\alpha) \equiv \int_{t_1}^{t_2} Ldt = \int_{t_1}^{t_2} m[g^2t^2 - \alpha g[t\dot{\eta}(t) + \eta(t)] + \frac{1}{2}\alpha^2\dot{\eta}^2(t)]dt \tag{9.2.7}$$

위의 식에서 우리는 적분값을 지칭하기 위해 $J(\alpha)$를 도입했고, 이는 변수 α의 함수이다. 물론 적분값 J는 어떤 경로에 대해 적분했느냐에 따라 다른 값을 가지므로 $\eta(t)$에도 관련된 값이다. 그런데 뒤에서 보겠지만, 우리의 논의에서는 J가 α의 함수라는 것만 중요

---

7) 다시 한 번 말하지만 일반적으로 우리는 경로와 궤적을 잘 구분하지 않는다. 여기서 둘을 구분하는 이유는 본 논의에서 '경로'라는 말을 사용할 때, 경로가 시간에 대한 정보를 포함한다는 것을 강조하기 위해서이다.

하게 되므로 J의 $\eta(t)$의존성은 기호에서 생략했다.

우리가 확인하고 싶은 것은 자유낙하의 경우, 물체가 실제로 운동하는 경로가 과연 식 (9.2.7)의 값을 최소로 하는가의 여부이다. 이를 확인하기 위해 부분적분을 활용하면 식 (9.2.7)에서 α에 비례하는 항은 다음과 같이 소거됨을 알 수 있다.

$$\int_{t_1}^{t_2}[t\dot{\eta}(t)+\eta(t)]dt = [t\eta(t)]_{t_1}^{t_2} - \int_{t_1}^{t_2}\eta(t)dt + \int_{t_1}^{t_2}\eta(t)dt = 0 \tag{9.2.8}$$

이때 우리가 고려하는 모든 경로에 대해 $\eta(t_1)=\eta(t_2)=0$라는 조건이 이용되었다. 이 결과를 이용하여 식 (9.2.7)을 다시 α의 함수로 정리하면 다음과 같다.

$$J(\alpha) = \frac{1}{3}mg^2(t_2^3-t_1^3) + \frac{1}{2}\alpha^2\int_{t_1}^{t_2}m\dot{\eta}^2(t)dt \tag{9.2.9}$$

위의 식에서 적분항은 제곱항만을 포함하므로, $\eta(t)$가 어떤 함수이든 간에 0 이상이다. 따라서 $J(\alpha)$가 최소가 되려면 $\alpha=0$이어야 한다. 따라서 식 (9.2.9)의 적분값을 최소가 되게 하는 경로는 식 (9.2.4)의 $y(0,t)$, 즉 식 (9.2.2)의 $y_0(t)$이다. 이 경로는 뉴턴 역학에서 예측하는 물체의 운동 경로와 같다. 지금 우리가 구한 결과는 최소 작용의 원리를 만족하는 경로가 뉴턴 역학에서 예측하는 자유낙하의 운동경로와 같다는 것이다. 즉 뉴턴 역학의 자유낙하 운동이 실제의 운동을 잘 설명하듯이, 최소 작용의 원리도 실제의 자유낙하 운동을 잘 설명할 수 있다.

우리가 다룬 문제는 일종의 최솟값을 구하는 문제로 보인다. 그동안 접했던 최솟값과 관련된 문제들을 여러분은 어떻게 풀었는가? 아마도 가장 일반적으로는 미분을 이용하여 최댓값, 최솟값을 구했을 것이다. 미분을 이용하여 함수의 최댓값, 최솟값을 구할 때 하나의 변수 혹은 여러 개의 변수들이 최댓값, 최솟값을 찾으려는 함수의 정의역이 되었다. 즉 여러분에게 익숙한 최대, 최소 문제는 하나의 변수 혹은 여러 개의 변수가 변할 수 있을 때, 변수들이 어떤 입력 값을 가질 때 주어진 함수가 최대, 최소가 되는지를 구하는 것이었다.

그런데 지금 우리가 구한 최솟값은 그 성질이 다르다. 우리는 가상의 여러 경로에 대해 라그랑지안을 시간 적분한 것의 최솟값을 구했다. 그런데 하나의 경로는 변수라기보다는 이미 함수이다. 즉 우리는 함수의 집합을 정의역으로 갖는 함수의 최솟값을 구한 것이다. 우리가 그동안 알고 있던 함수들은 변수의 집합을 정의역으로 갖는 것들이었다. 따라서 함수의 집합을 정의역으로 갖는 것은 엄밀히 말하면 새로운 범주의 수학적 객체이다. 이렇게 함수의 집합을 정의역으로 갖는 것들을 범함수(functional)라고 부른다. 그리고 우리가 지금 고려한 최소 문제는 함수가 아닌 범함수의 최소를 구하는 것이었다. 우리가 다룬 문제는 가능한 여러 경로 중에서 실제의 운동경로라는 특정 경로가 적분값을 최소로 함을 확인하는 것이었다. 이 문제는 단순히 변수만을 변화시켜서 최솟값을 구하는 것이 아니고 함수를 변화시키는 경우이므로 최솟값을 구하는 새로운 방법이 필요해 보인다. 어떻게 모든 가능한 입력함수를 다 조사할 수 있을까? 이 문제에 대한 첫 인상은 참으로 막막하다는 것이다. 그런데 다행히도 수학자들이 기발한 기교를 생각해냈다. 그것이 바로 함수(경로)의 변화를 변수 α와 함수 $\eta(t)$로 나누어 생각하는 것이다. 이렇게 분리하여 계산한 결과를 토대로 식 (9.2.7)에 대해 부분적분을 거친 식 (9.2.9)를 보라. 이제 함수 $\eta(t)$가 어떤 함수이건 간에 변수 α가 0이 되어야 적분이 최솟값을 갖게 된다. 결과적으로 변수 α가 0이 되는 조건에서 적분이 최솟값이 되는 결과를 얻게 되며, 그와 동시에 $\eta(t)$와 상관없이 최소의 적분값을 주는 경로가 결정되게 된다. 식 (9.2.9)에서 우리는 $\eta(t)$와 상관없이 변수 α가 0이 되는 조건에서 적분을 최소로 하는 경로가 실제로 물체가 이동하는 경로임을 확인했다. 이런 식의 기교를 사용하면 보다 일반적인 상황에서도 범함수를 최소가 되게 하는 입력함수(우리의 경우 $y(t)$)를 찾을 수 있다[8].

이제 함수와 범함수의 차이를 강조하고 일목요연하게 보기 위해 [표 9.1.1]에 둘의 차이를 요약해놓는 것으로 본 절을 마치고자 한다. 이를 통해 둘의 차이에 대해 확실히 정리하고 넘어가도록 하자.

지금까지 우리는 최소거리의 원리, 최소시간의 원리, 최소작용의 원리(해밀턴의 원리) 등을 논의했다. 이러한 원리들은 자연의 효율성을 대변하는 듯하다. 게다가 이러한 원리들은 우아한 느낌을 주기도 한다. 그러나 아무리 원리가 아름답고 그럴싸해 보여도 그것이 실제의 자연 현상을 이해하는 데 도움이 안 되면 힘들게 배울 필요가 없을 것이다. 지금 다루는 최소의 원리들은 물리학의 역사를 통해 지극히 유용한 것으로 밝혀졌기 때문에 배우는 것이다.

[표 9.1.1] 함수와 범함수

비　고	함수	범함수
정의역	실수	함수관계
최대, 최소를 구하기 위한 조사 영역	가능한 실수	가능한 함수관계
최대, 최소 구하는 법	미분	변분

---

8) 사실은 지금 다룬 문제에 대해서는 변수 α와 함수 $\eta(t)$를 구분해서 계산할 필요는 없다. 여러분이 앞선 논의를 주의 깊게 검토한다면 그 불필요성을 알 수 있을 것이다. 그렇지만 변수 α와 함수 $\eta(t)$를 구분하는 계산이 앞으로의 논의에서 매우 중요한 기교이기 때문에 익숙해지라는 의미에서 지금 소개하였다.

최소의 원리들은 자연을 이해하는 아주 단순한 지침을 제공한다[9]). 그러한 지침들로 자연을 설명할 수 있다는 것은 참으로 놀라운 일이다. 자연은 도대체 왜 '최소'의 원리로 설명될 수 있는가? 이러한 질문들에 대해 딱 부러지게 이것이라고 대답할 수 있는 사람은 없다. 하지만 많은 과학자, 철학자들은 이러한 질문을 제기하고, 또 탐구하며 자연에 대한 경외감을 느꼈다. '최소'의 원리는 감각 경험이 주는 아름다움과는 다른 종류의 아름다움을 우리에게 선사한다. 이러한 종류의 아름다움은 물리학이 우리에게 주는 선물이라고 할 수 있다.

9.3 ● 해밀턴의 원리와 라그랑지 방정식

동역학계의 운동을 설명하기 위해 제안된 해밀턴의 원리는 다음과 같다.

해밀턴의 원리

역학계가 어떤 특정한 시간 동안 한 위치에서 다른 위치로 이동할 때, 계가 실제로 이동하는 경로는 (운동의 시작조건과 끝 조건을 만족하는) 모든 가능한 경로 중에 운동에너지와 퍼텐셜에너지의 차이의 시간 적분이 최소(보다 정확히 말하면 극값)가 되는 경로이다.

논의를 간단하게 하기 위해 한 입자계의 일차원 운동에서부터 시작하겠다. 이 상황에서 해밀턴의 원리가 말하는 것을 구체적으로 정리해보자. 먼저 시각 t_1에서 x_1의 위치에 있던 입자가 시각 t_2에서 x_2의 위치로 이동한 상황을 생각하자. 우리가 직면한 상황은 초기 위치와 최종 위치는 알고 있지만 중간에 어떤 경로를 거쳐서 운동이 진행 됐는지는 모르는 상황이다. 이 상황에서 우리의 목표는 해밀턴의 원리를 이용하여 시간적분이 최소가 되는 경로를 찾고, 이렇게 찾은 경로를 실제로 입자가 이동한 경로와 비교하는 것이다. 해밀턴의 원리에서 언급한 시간 적분을 수식을 이용하여 표현하면 다음과 같다.

$$J = \int_{t_1}^{t_2}(T - U)dt = 0 \tag{9.3.1}$$

---

9) '최소'의 원리에 대한 이상의 논의는 사실 약간 수정되어야 한다. 엄밀히 말하면, 앞선 논의에서 실제의 운동 경로는 $J(\alpha)$ 값을 최솟값이 되도록 하는 경로가 아니라 극값이 되도록 하는 경로이다. 이런 점에서 '최소 작용의 원리'라는 용어 대신 '정상(stationary) 작용의 원리'라는 표현을 사용해야 한다는 주장도 있다. 이와 관련하여 연습문제 9.3번을 풀어보기 바란다.

앞 절에서 언급했듯이 해밀턴의 원리는 수학적으로 최솟값을 구하는 것과 관련된다. 하지만 우리가 다룰 문제는 미분에서 다루는 최소 문제와 다르다. 이를 보다 명확히 하기 위해 위 식의 각각의 항을 보다 자세히 분석해보겠다. 먼저 직각좌표계에서 운동에너지와 퍼텐셜에너지는 보통은 각각 다음과 같이 속도와 위치만의 함수로 표현된다.

$$T = \frac{1}{2}m\dot{x}^2 = T(\dot{x}), \ \ U = U(x) \tag{9.3.2}$$

앞 절에서 정의했듯이 라그랑지안 L은 두 에너지의 차이로 정의된다. 그런데 위치 x와 속도 $\dot{x}$는 모두 시간 t의 함수이다. 이를 고려하면 라그랑지안 L을 다음과 같은 형태로 표현할 수 있다.

$$L = L(x(t), \ \dot{x}(t) \ ; \ t) \tag{9.3.3}$$

여기서 $L = L(x(t), \dot{x}(t), t)$라 쓰지 않고 세미콜론을 사용하여 $L = L(x(t), \dot{x}(t) \ ; \ t)$라고 쓴 이유를 생각해보자. $L = L(x(t), \dot{x}(t), t)$라는 기호를 사용할 때 우리는 t와 x, t와 $\dot{x}$의 관계가 고정된 것으로 생각하기 쉽다. 그런데 우리가 다루는 문제에서는 이들의 관계 자체가 변할 수 있는데, 이를 표현하기 위해 세미콜론을 사용한 것이다. 이제 식 (9.3.1)은 다음과 같이 쓸 수 있다.

$$J = \int_{t_1}^{t_2} L(x(t), \ \dot{x}(t) \ ; \ t)dt \tag{9.3.4}$$

우리는 여러 가능한 경로 중에서 적분을 최소로 하는 경로를 찾아야 한다. 이때 L과 x, $\dot{x}$, t의 관계는 식 (9.3.2)에서 보듯이 우리가 조사하는 경로와 무관하게 고정되어 있다. 그런데 t와 x, t와 $\dot{x}$의 관계는 우리가 탐색하는 경로에 따라 변하게 된다. 즉 우리가 여러 경로를 탐색할 때 시간에 따른 위치($x(t)$)와 속도($\dot{x}(t)$)라는 함수관계가 변화한다. 또 이러한 함수관계는 식 (9.3.3)에서 보듯이 L의 입력성분이다. 이런 의미에서 L, 나아가 J는 함수관계를 입력 값으로 갖는다. J는 표현에서 시간 t를 포함하지만, 시간에 대해 정적분을 한 형태를 가지므로 J는 t를 정의역으로 하는 함수가 아니다. 대신에 J는 t와 x, t와 $\dot{x}$의 관계에 의해 결정된다. 우리가 보통 함수라고 부르는 수학적 객체들은 변수를 입력 값으로 갖는다. 반면 지금 우리가 다루는 것은 함수관계를 입력 값으로 갖고 이러한 수학적 객체를 범함수라고 부른다[10].

---

10) 식 (9.3.3)을 보면, L을 시간 t에 관련된 합성함수로 볼 수도 있다. 이때에는 L은 t를 정의역으로 하는 함수가 된다. 반면에 J는 명백하게 t의 함수가 아니다. 대신에 t와 x, t와 $\dot{x}$의 함수관계에 따라 정의되는

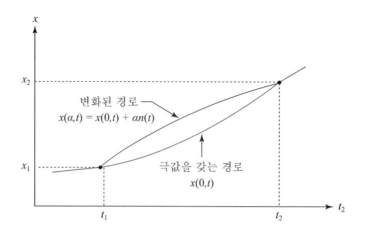

[그림 9.3.1] 극값을 갖는 경로와 변화된 경로

범함수의 최대, 최소를 다루는 수학적 기법이 변분법이다. 이제 변분법을 통해 범함수의 최소를 찾는 방법을 살펴보자. 이를 위해 J를 최소로 하는 경로를 $x(0, t)$라 하자. 이 기호는 최소 경로에서 위치 x가 시간 t의 함수임을 표현한다. 또한 우리는 J를 최소로 하는 경로에서 벗어난 가상의 경로를 다음과 같이 표현하겠다.

$$x(\alpha, t) = x(0, t) + \alpha \eta(t) \tag{9.3.5}$$

우리는 변화된 경로를 기술하기 위해 α라는 매개변수와 $\eta(t)$라는 경로를 도입했다. ([그림 9.3.1]을 참고하라.) $\eta(t)$가 어떤 함수이건 간에 $\alpha = 0$일 때 식 (9.3.5)의 경로는 $x(0, t)$, 즉 우리가 찾고자 하는 최소 경로가 된다. 또한 시작점과 끝점이 정해져 있으므로 어떤 $\eta(t)$이건 $\eta(t_1) = \eta(t_2) = 0$가 성립해야 한다. 또한 우리는 꺾임이 없는 부드러운 경로, 즉 $\eta(t)$의 일차미분 $\eta(t)/dt$이 존재한다고 가정하겠다. 이들 조건 이외에는 $\eta(t)$에 대한 다른 제한은 없다[11].

우리가 찾고자 하는 경로 $x(0, t)$와 우리가 탐색하는 경로의 차이를 기술하기 위해 $\eta(t)$를 도입하는 것은 자연스럽다. 그런데 매개변수 α를 추가로 도입하는 것은 생각하기 쉽지 않은 일이다. 뒷부분에서도 살펴보겠지만, 이렇게 α를 추가로 도입하는 것이 우리의 결론 유도에서 매우 중요한 역할을 하게 된다.

이제 탐색하는 경로가 매개변수 α의 함수가 되었으므로 J는 다음과 같이 α의 함수가 된다.

것으로 볼 수도 있고 이때 J는 범함수가 된다.

11) 결과적으로 우리는 모든 경로 대신에 부드러운 모양의 곡선 경로만을 고려하는 것이다. 그럼에도 불구하고 일일이 조건을 달기 번거로우니 그냥 '모든 경로에 대해'라고 간단히 쓰겠다.

$$J(\alpha) = \int_{t_1}^{t_2} L(x(\alpha, t), \dot{x}(\alpha, t) ; t)dt \qquad (9.3.6)$$

또한 $x(0, t)$라는 경로를 적분 값이 최소가 되는 경로로 정의했으므로, $J(\alpha)$는 $\alpha = 0$일 때 최소가 된다. 따라서 $J(\alpha)$를 α에 대해 미분할 때 다음이 성립해야 한다.

$$\left.\frac{\partial J}{\partial \alpha}\right|_{\alpha = 0} = 0 \qquad (9.3.7)$$

이 식의 의미는 $x(0, t)$가 적분값을 최소로 하는 경로라면 이로부터 벗어난 다른 어떤 경로 $x(\alpha, t)$에 대해서도, 즉 어떠한 $\eta(t)$를 고려하더라도 매개변수 α에 대한 미분은 위의 식을 만족해야 한다는 것이다.

일반적으로 함수가 극값을 가지려면 그 지점에서의 미분이 0이 되어야 한다. 하지만 그역이 항상 성립하지는 않는다. 즉, 그 지점에서 미분이 0이 된다고 그 지점에서 함수가 극값을 갖는 것은 아니다. 이런 이유로 어떤 경로가 위의 식을 만족한다고 해서 그 경로가 적분값을 최소가 되게 한다는 보장은 없다. 하지만 어떤 경로가 적분값을 최소가 되게 하려면 그 경로를 중심으로 경로를 변화시킬 때 적분값 J는 위의 식을 만족해야 한다[12].

이제 해밀턴의 원리로부터 라그랑지 방정식을 유도할 것이다. 먼저 논의를 간단하게 하기 위해 한 입자계의 일차원 운동부터 생각해보자. 더 복잡한 경우는 이후에 논의하도록 하겠다. 앞선 논의를 따라 적분을 최소화하는 경로를 $x(0, t)$, 여기서 벗어난 경로를 $x(\alpha, t) = x(0, t) + \alpha\eta(t)$라 쓰자. 이때 앞 식의 조건을 식 (9.3.6)에 적용하고 α에 대해 편미분하면 다음과 같다.

$$\frac{\partial J}{\partial \alpha} = \frac{\partial}{\partial \alpha} \int_{t_1}^{t_2} L(x, \dot{x} ; t)dt \qquad (9.3.8)$$

t와 α가 서로 독립이기 때문에 α에 대한 편미분을 적분기호 안으로 넣을 수 있다. 그리고 연쇄법칙(chain rule)을 적용하면 다음의 식을 얻는다.

$$\frac{\partial J}{\partial \alpha} = \frac{\partial}{\partial \alpha} \int_{t_1}^{t_2} \left(\frac{\partial J}{\partial x} \frac{\partial x}{\partial \alpha} + \frac{\partial J}{\partial \dot{x}} \frac{\partial \dot{x}}{\partial \alpha} \right)dt \qquad (9.3.9)$$

한편 경로를 α에 대해 미분한 결과는 다음과 같다.

---

12) 뒤의 논의를 보면 알겠지만, 운동방정식을 유도하기 위해 우리가 사용하는 조건은 식 (9.3.7)이다. 그런데 식 (9.3.7)을 만족한다고 해서 J가 최솟값을 가지는 것은 아니므로, 계의 실제의 운동은 작용을 최소화하는 경로라는 진술은 다소간 부정확한 표현이라는 것을 다시 강조해둔다.

$$\frac{\partial x}{\partial \alpha} = \eta(t), \; \frac{\partial \dot{x}}{\partial \alpha} = \dot{\eta}(t) \tag{9.3.10}$$

그러면 식 (9.3.9)는 다음과 같이 된다.

$$\frac{\partial J}{\partial \alpha} = \frac{\partial}{\partial \alpha} \int_{t_1}^{t_2} \left(\frac{\partial J}{\partial x} \eta(t) + \frac{\partial J}{\partial \dot{x}} \dot{\eta}(t) \right) dt \tag{9.3.11}$$

적분 안의 두 번째 항을 부분적분[13]을 이용하여 정리하면 다음의 형태가 된다.

$$\int_{t_1}^{t_2} \frac{\partial J}{\partial x} \dot{\eta}(t) dt = \left[\frac{\partial L}{\partial \dot{x}} \eta(t) \right]_{t_1}^{t_2} - \int_{t_1}^{t_2} \frac{d}{dt} \left(\frac{\partial L}{\partial \dot{x}} \right) \eta(t) dt \tag{9.3.12}$$

여기서 $\eta(t_1) = \eta(t_2) = 0$이므로 우변의 두 번째 항만 남는다. 식 (9.3.11), 식 (9.3.12)을 종합하면 다음과 같다.

$$\frac{\partial J}{\partial \alpha} = \frac{\partial}{\partial \alpha} \int_{t_1}^{t_2} \left[\frac{\partial L}{\partial x} - \frac{d}{dt} \left(\frac{\partial L}{\partial \dot{x}} \right) \right] \eta(t) dt \tag{9.3.13}$$

그런데 적분을 최소화하는 경로 $x(0, t)$라면, 그 경로에 대한 임의의 경로 변화 $\eta(t)$에 대해 $\left. \frac{\partial J}{\partial \alpha} \right|_{\alpha = 0} = 0$을 만족해야 하므로 다음의 조건을 만족해야 한다.

$$\frac{\partial L}{\partial x} - \frac{d}{dt} \left(\frac{\partial L}{\partial \dot{x}} \right) = 0 \tag{9.3.14}$$

이 과정에서는 다음과 같은 논리가 사용되었다. 임의의 수 x에 대해 $\alpha x = 0$이려면 $\alpha = 0$이어야 하듯이, 임의의 함수 $\eta(t)$에 대해 $\int f(t)\eta(t)dt = 0$이려면 $f(t) = 0$이어야 한다.

결과적으로 어떤 경로 함수 $x(t)$가 적분을 최소화하는 경로라면, 이 경로는 식 (9.3.14)의 방정식을 만족해야 한다. 이 식을 라그랑지 방정식이라 부른다. 이 방정식은 뉴턴방정식과 형태가 다르게 보이지만 구체적인 운동 상황에서 라그랑지 방정식을 구해 보면 뉴턴방정식과 같다. 다음 예제에서 이를 간단히 확인할 수 있을 것이다. 두 가지 방법이 같은 결과를 준다는 것에 대한 보다 일반적인 논의는 9.8절을 참고하라.

---

13) $\int u \, dv = uv - \int v \, du$

예제 9.3.1

일차원 단순조화운동을 하는 물체의 운동에 대해 라그랑지 방정식을 구하시오. (물체의 질량을 m, 용수철 상수를 k로 놓으시오.)

풀이

먼저 단순 조화진동자의 라그랑지안 L은 다음과 같다.

$$L = T - U = \frac{1}{2}m\dot{x}^2 - \frac{1}{2}kx^2$$

이 결과를 식 (9.3.14)의 라그랑지 방정식에 대입하고 $\dfrac{\partial x}{\partial \dot{x}} = \dfrac{\partial \dot{x}}{\partial x} = 0$임을 이용하여 정리하면 다음과 같이 간단한 결과를 얻는다.

$$\frac{\partial L}{\partial x} = -kx$$

$$\frac{d}{dt}\left(\frac{\partial L}{\partial \dot{x}}\right) = \frac{d}{dt}(m\dot{x}) = m\ddot{x}$$

결과적으로 구한 라그랑지 방정식은 다음과 같다.

$$m\ddot{x} + kx = 0$$

이 결과에서 볼 수 있듯이, 해밀턴의 원리로 구한 라그랑지 방정식과 뉴턴 역학의 운동방정식은 같다. 또한 해밀턴의 원리로부터 예상한 운동의 궤적이 뉴턴 역학으로 예상한 운동의 궤적과 같다고 말할 수도 있다.

앞에서 우리는 하나의 입자의 라그랑지 방정식을 유도하였다. 이를 구속[14]이 없는 N개의 입자의 경우로 일반화하겠다. 구속이 없는 N개의 입자에 대한 논의는 하나의 입자에 대한 논의와 크게 다르지 않다. 그럼에도 구속이 없는 N개의 입자에 대해 별도로 논의하는 이유는 이러한 논의가 구속이 있는 N개의 입자를 논의하기 전에 거쳐야 하는 중간과정으로 의의를 가지기 때문이다. 앞선 논의와 마찬가지로 우리는 직각좌표계에서 라그랑지 방정식을 유도할 것이다. 앞으로 보겠지만 구속이 있는 경우에는 직각좌표계에서 라그라지안 방정식을 유도하기 어려워지고, 이를 극복하기 위해 적절한 좌표계를 선택하여 라그랑지안 방정식을 유도해야 한다. 이때 새로운 좌표가 필요한 이유를 명확히 하기 위해, 구속이 없는 N개의 입자에 대해 라그랑지 방정식을 유도해보는 것이 도움이 된다.

N개의 입자 중에 j-번째 입자의 위치를 직각좌표계로 나타낼 때 (x_j, y_j, z_j) 대신에

---

14) 구속이란 계의 공간적 위치에 대한 제약조건이다. 구속에 대한 구체적인 정의는 다음 장을 참고하라.

$(x_{j,1}, x_{j,2}, x_{j,3})$라고 쓰겠다. 또한 논의를 간단히 하기 위해 퍼텐셜에너지와 운동에너지에 대해 다음과 같은 간단한 기호를 도입하겠다.

$$T = T(\dot{x}_{j,i}) = T(\dot{x}_{1,1}, \dot{x}_{1,2}, \dot{x}_{1,3}, \cdots \dot{x}_{N,1}, \dot{x}_{N,2}, \dot{x}_{N,3})$$

$$U = U(x_{j,i}) = T(x_{1,1}, x_{1,2}, x_{1,3} \cdots x_{N,1}, x_{N,2}, x_{N,3})$$

$$L = T - U = L(x_{j,i}, \dot{x}_{j,i}\,;\,t)$$

$$J = \int_{t_1}^{t_2} L(x_{j,i}(t), \dot{x}_{j,i}(t)\,;\,t)dt \tag{9.3.15}$$

이때 j-번째$(j = 1, \cdots N)$ 입자의 i-번째$(i = 1, 2, 3)$ 좌표에 대해 적분값 J를 최소화하는 경로를 $x_{j,i}(0, t)$라 하자. 또한 J를 최소로 하는 경로에서 살짝 벗어난 j-번째 입자의 가상의 경로를 다음과 같이 표현하겠다.

$$x_{j,i}(\alpha, t) = x_{j,i}(0, t) + \alpha\eta_{j,i}(t) \tag{9.3.16}$$

이때 구속조건이 없으므로 최적의 경로에서 살짝 벗어난 경로 $\eta_{j,i}(t)$들은 서로 독립이다[15]. 이제 구속이 없는 여러 입자의 운동을 고려하는 상황에서 식 (9.3.8)은 다음과 같이 바뀐다.

$$\frac{\partial J}{\partial \alpha} = \frac{\partial}{\partial \alpha} \int_{t_1}^{t_2} L(x_{j,i}, \dot{x}_{j,i}\,;\,t)dt \tag{9.3.17}$$

t와 α가 서로 독립이기 때문에 α에 대한 편미분을 적분기호 안으로 넣을 수 있다. 그리고 연쇄법칙을 적용하면 다음의 식을 얻는다.

$$\frac{\partial J}{\partial \alpha} = \frac{\partial}{\partial \alpha} \int_{t_1}^{t_2} \sum_{j,i} \left(\frac{\partial L}{\partial x_{j,i}} \frac{\partial x_{j,i}}{\partial \alpha} + \frac{\partial L}{\partial \dot{x}_{j,i}} \frac{\partial \dot{x}_{j,i}}{\partial \alpha} \right) dt \tag{9.3.18}$$

한편 식 (9.3.16)에서 경로를 α에 대해 미분한 결과는 다음과 같다.

$$\frac{\partial x_{j,i}}{\partial \alpha} = \eta_{j,i}(t)\,;\,\frac{\partial \dot{x}_{j,i}}{\partial \alpha} = \dot{\eta}_{j,i}(t) \tag{9.3.19}$$

그러면 식 (9.3.18)은 다음과 같이 된다.

$$\frac{\partial J}{\partial \alpha} = \frac{\partial}{\partial \alpha} \int_{t_1}^{t_2} \sum_{j,i} \left(\frac{\partial L}{\partial x_{j,i}} \eta_{j,i}(t) + \frac{\partial L}{\partial \dot{x}_{j,i}} \dot{\eta}_{j,i}(t) \right) dt \tag{9.3.20}$$

---

15) 구속이 있는 것과 없는 것의 차이는 $\eta_{j,i}(t)$가 독립인지 아닌지의 차이를 낳는다. 이 차이가 논의 과정에서 아주 중요하다는 것을 주의해서 확인해보라.

적분 안의 $\sum$ 의 뒷부분을 부분적분을 이용하여 정리하면 다음의 형태가 된다.

$$\int_{t_1}^{t_2} \frac{\partial L}{\partial \dot{x}_{j,i}} \dot{\eta}_{j,i}(t) = \left[\frac{\partial L}{\partial \dot{x}_{j,i}} \eta_{j,i}(t) \right]_{t_1}^{t_2} - \int_{t_1}^{t_2} \frac{\partial L}{\partial \dot{x}_{j,i}} \eta_{j,i}(t) dt \tag{9.3.21}$$

여기서 $\eta_{j,i}(x_1) = \eta_{j,i}(x_2) = 0$ 이므로 우변의 두 번째 항만 남는다. 식 (9.3.20), 식 (9.3.21)을 종합하면 다음과 같이 나타낼 수 있다.

$$\frac{\partial J}{\partial \alpha} = \frac{\partial}{\partial \alpha} \int_{t_1}^{t_2} \sum_{j,i} \left(\frac{\partial L}{\partial x_{j,i}} - \frac{d}{dt} \left(\frac{\partial L}{\partial \dot{x}_{j,i}} \right) \right) \eta_{j,i}(t) dt \tag{9.3.22}$$

아무런 구속조건이 없으므로 적분을 최소화하는 경로 $x_{j,i}(0, t)$ 에 대한 임의의 경로 변이 $\eta_{j,i}(t)$ 는 서로 독립이다. 또한 독립인 $\eta_{j,i}(t)$ 에 대해 $\left. \frac{\partial J}{\partial \alpha} \right|_{\alpha=0} = 0$ 을 만족해야 하므로 식 (9.3.22)의 각 $\eta_{j,i}(t)$ 항들의 계수들이 0이어야 하고 결국 다음의 조건을 만족해야 한다.

$$\frac{\partial L}{\partial x_{j,i}} - \frac{d}{dt} \left(\frac{\partial L}{\partial \dot{x}_{j,i}} \right) = 0, \;\; i = 1, 2, 3, \; ; j = 1, \, , \, N \tag{9.3.23}$$

즉 어떤 경로 $x_{j,i}(t)$ 가 적분을 최소화하는 경로라면, 이 경로는 위의 방정식을 만족해야 한다. 이것이 구속이 없는 N 개의 입자에 대한 라그랑지 방정식이다. 결과적으로 $3N$ 개의 이계미분방정식이 라그랑지 방정식을 이룬다.

이 유도에서 구속조건이 없다는 것이 어떻게 쓰였는지를 확실히 알 필요가 있다. 식 (9.3.22)에서 라그랑지 방정식 (9.3.23)을 얻는 과정에서 $\eta_{j,i}(t)$ 들이 독립이라는 것을 이용하였다. 만일 구속조건이 있다면 $\eta_{j,i}(t)$ 가 독립일 수 없고 따라서 식 (9.3.23)을 바로 유도할 수 없다[16]. 구속조건이 있는 경우의 라그랑지 방정식은 다음 절에서 구속조건과 일반화 좌표를 도입한 후에 구할 것이다.

예제 9.3.2

지면에서 비스듬히 던져진 포사체의 라그랑지 방정식을 구하시오. (물체의 질량을 m, 중력가속도를 g 로 놓고 공기의 저항은 무시하시오.)

---

16) x, y 가 독립이고 모든 x, y 에 대해 $ax + by = 0$ 이라면, $a = 0$, $b = 0$ 이라고 결론내릴 수 있다. 하지만 x, y 가 독립이 아닌 모든 x, y 에 대해 $ax + by = 0$ 이라고 해서, $a = 0$, $b = 0$ 가 반드시 성립하는 것은 아니다.

풀이

먼저 포사체의 라그랑지안 L은 다음과 같다.

$$L = T - U = \frac{1}{2}m(\dot{x}^2 + \dot{y}^2) - mgy$$

이 결과를 식 (9.3.23)의 라그랑지 방정식에 대입하고, 변수 y에 대한 운동방정식을 구하면

$$\frac{\partial L}{\partial y} = -mg$$

$$\frac{d}{dt}\left(\frac{\partial L}{\partial \dot{y}}\right) = \frac{d}{dt}(m\dot{y}) = m\ddot{y}$$

이고, 결과적으로 구한 라그랑지 방정식은 다음과 같다.

$$m\ddot{y} = mg$$

비슷한 계산을 통해 변수 x에 대한 라그랑지 방정식을 구하면 다음이 성립한다.

$$m\ddot{x} = 0$$

이 결과에서 볼 수 있듯이, 포사체의 운동 상황에서도 해밀턴 원리로 구한 라그랑지 방정식과 뉴턴 역학의 운동방정식은 같다.

9.4 ● 구속조건, 일반화 좌표와 라그랑지안

일정한 길이의 줄에 매달려 움직이는 진자를 생각해보자. 진자라고 하면 우리는 보통 평면진자만을 생각하는데, 진자의 운동이 일반적으로 한 평면에 위치할 이유는 없다. 이렇게 평면에 국한되지 않는 일반적인 진자운동을 구면진자 운동이라 부른다. 구면진자 운동의 상황에서는 평면진자에 대해 우리가 알아낸 규칙들, 이를테면 진자가 연직방향에 θ만큼 기울어진 위치에서 정지하는 순간의 장력의 크기가 $mg\cos\theta$라는 종류의 규칙들이 그다지 도움이 되지 않는다. 그러면 구면진자의 운동은 어떻게 다룰 수가 있을까? 일단 진자에 가해지는 힘을 따져보면 중력과 장력 두 가지이다. 중력은 이미 공식화된 힘으로, 운동에 대한 중력의 영향을 고려하는 것은 어렵지 않다. 그런데 장력의 경우에 운동을 보고 장력의 크기와 방향을 추론하는 것은 가능해도, 장력의 크기와 방향을 알아서 이로부터 운동을 예측하는 것은 힘들다[17]. 장력을 구하지 않고서도 운동이 어떻게 되는지를 예측할 수 있을

까? 우리는 장력에 대한 공식을 가지지 않은 대신에 진자의 길이가 일정하다는 조건을 가지고 있다. 물체의 운동에 제한을 가하는 이러한 부가조건을 구속(constraint)조건이라 부른다. 구속조건을 잘 이용하면, 장력을 구하지 않고서도 진자의 운동을 예측할 수 있다. 지금부터 우리는 힘 대신에 구속조건을 이용하여 운동을 예측하는 방법에 대해 논의하고자 한다.

역학 문제를 풀다 보면 우리가 관심을 갖는 계에 작용하는 힘이 중력과 같이 우리가 잘 공식화할 수 있는 힘인 경우도 있고, 장력과 같이 공식화하기 어려운 힘도 있다. 그런데 이렇게 공식화하기 어려운 경우 중에서 구속조건을 이용하면 힘을 공식화하지 않고도 계의 운동을 예측할 수 있는 경우가 있다. 즉 힘을 공식화하여 푸는 대신에 구속조건을 사용하여 역학 문제를 푸는 것이다. 어떤 구속조건과 관계되는 힘을 구속력이라고 한다. 장력과 수직항력이 구속력의 대표적인 사례들이다. 이러한 구속력은 계에 실제적인 힘을 작용함에도 불구하고 구속력을 직접 구하지 않고 운동을 예측하는 것이 가능한데, 이제부터 그 과정을 따라가 보자.

우리가 접하게 되는 운동 중에 많은 경우가 구속조건을 가진 운동들이다. 구속조건은 물체가 공간상에서 차지할 수 있는 위치의 범위를 제한시킨다. 이를테면 [그림 9.4.1]의 a)에서 실에 매달린 진자의 운동을 살펴보자. 이때 고정된 실의 길이는 삼차원 공간상에서 물체가 놓여 있을 수 있는 위치의 범위를 제한한다는 의미에서 이 진자의 운동은 구속되어 있다. 반면 [그림 9.4.1]의 b)처럼 훅의 법칙을 만족하는 이상적인 용수철에 매달린 물체의 운동을 생각해보자. 이때 물체가 용수철로부터 힘을 받더라도, 힘을 받는 물체가 지날 수 있는 공간영역이 제한되는 것은 아니다. 이 경우 물체는 용수철에 의해 힘을 받지만 구속

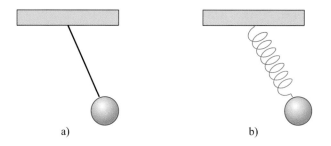

[그림 9.4.1] 구속조건: a) 구속된 운동 b) 구속되지 않은 운동

---

17) 진자의 장력하면 흔히 $mg\cos\theta$를 떠올린다. 장력이 꼭 이 공식으로 나타낼 수 있는 것이 아니고, 이 공식은 평면진자라는 특수한 상황에서 추론된 것이다. 구면진자의 상황에서는 이 공식이 적용되지도 않고, 장력에 대한 간단한 공식을 찾기도 힘들다.

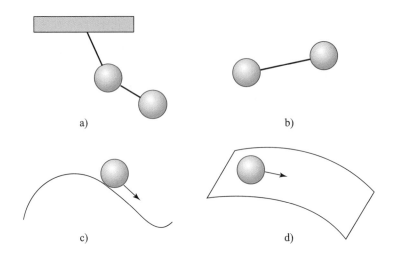

[그림 9.4.2] 여러 가지 구속조건들

된 것은 아니다. 물체의 위치에 대해 공간적인 제약이 있는 경우에만, 물체가 구속되어 있다고 말한다[18]. [그림 9.4.1]의 a)의 경우에 우리는 장력을 구하지 않고서도 구속조건을 이용하여 진자의 운동을 계산하여 예측할 수 있다. 반면 [그림 9.4.1]의 b)의 경우에는 훅의 법칙을 만족하는 탄성력을 공식화해서 구해야만 계의 운동을 예측할 수 있다. 따라서 물체의 구속 여부에 따라 관련된 운동의 예측방법이 달라진다고 할 수 있다.

구속조건에 따라 물체의 운동 범위가 제한되는 방식도 달라진다. 역학에서 보통 다루게 되는 구속의 예를 [그림 9.4.2]에 소개했다. [그림 9.4.2]의 a)는 평면 위에서 움직이는 이중진자를 도식화한 것이다. 이때 구속력은 실에 의해 물체에 가해지는 장력이 된다. [그림 9.4.2]의 b)에는 일정한 거리를 유지하도록 구속된 두 입자가 있다. 이때 두 입자에 외력이 가해지더라도, 두 입자의 거리는 일정하게 유지된다. 여기서 일정한 거리를 유지하도록 구속력이 작용한다. [그림 9.4.2]의 c)는 물체가 어떤 곡선궤도를 따라서 움직이는 운동을 도식화한 것이다. 궤도를 따라 움직이는 롤러코스터의 운동은 이렇게 도식화할 수 있다. 여기서 구속력은 물체가 궤도를 유지하도록 작용하는 힘이다. [그림 9.4.2]의 d)는 물체가 어떤 곡면 위를 미끄러지는 운동을 도식화하였다. 여기서 곡면이 물체에 작용하는 수직항력이 구속력이 된다.

---

18) 공간적 제약이 가해지는 경우에만 구속되어 있다고 말하는 것은 '구속'이라는 말을 매우 좁은 범위로 사용하는 것이다. 우리는 보통은 어떤 물체가 힘을 받을 경우에 그 물체가 힘에 의해 구속되어 있다고 표현하곤 한다. 따라서 우리가 여기서 물체가 힘을 받는 경우를 구속에서 제외시키는 것은 구속이란 말의 일상적인 용법과 맞지는 않다. 그로 인해 발생할 혼란에도 불구하고 구속을 공간적 제약이라는 좁은 범위로 정의하는 이유는 뒤에 가서 상세히 논의할 것이다.

우리가 예로 든 구속력에 대해 그 힘들을 공식화하여 물체의 운동을 예측하려는 시도는 그리 현명해보이지 않는다. 중력이나 혹의 법칙을 만족하는 탄성력처럼, 공식화가 용이한 경우에나 힘을 공식화하여 물체의 운동을 예측하려는 시도가 가능한 것이다. 하지만 구속력을 구하는 어려움에 대해 의기소침할 필요는 없다. 구속력 대신 구속조건을 이용하여 물체의 운동을 예측하는 것이 가능하기 때문이다. 라그랑지안 형식에서 이것이 어떻게 가능한지를 지금부터 잘 살펴보자.

이제 [그림 9.4.2]에 있는 예들의 구속조건을 좌표계를 명시하여 기술해 보겠다. 먼저 a)의 평면[19]에서의 이중진자의 운동을 직각좌표계로 기술하려면, 각 입자의 위치 x_1, y_1, x_2, y_2라는 네 개의 변수가 필요하다. 실의 길이를 각각 l_1, l_2, 원점을 천장과 진자의 접점이라 할 때 변수들은 다음과 같은 2개의 구속조건을 갖는다.

$$x_1^2 + y_1^2 = l_1^2 \tag{9.4.1}$$

$$(x_1 - x_2)^2 + (y_1 - y_2)^2 = l_2^2 \tag{9.4.2}$$

구속조건 (9.4.1)에서 입자 1의 위치의 x좌표, 즉 x_1이 결정되면, y_1은 자동적으로 결정된다. 마찬가지로 구속조건 (9.4.1)과 (9.4.2)에서 x_1과 x_2가 결정되면, y_2도 자동적으로 결정된다. 따라서 우리가 입자의 위치를 기술하는 데 4개의 변수가 필요하지만, 구속조건을 고려하면 2개의 변수만 결정되어도 전체 계의 위치가 결정되는 셈이다.

이중진자를 극좌표로 표현한다면 일견 r_1, θ_1, r_2, θ_2라는 4개의 변수가 필요해 보인다. 그런데 극좌표에서 구속조건은 $r_1 = l_1$, $r_2 = l_2$과 같이 매우 간단해지며 4개의 변수 중에서 실제로 변하는 값은 θ_1, θ_2뿐이다. 따라서 θ_1, θ_2의 값을 알면 진자의 위치를 알게 된다. 극좌표 표현에서도 두 개의 변수만 결정되어도 전체 계의 위치가 결정된다는 것은 변하지 않는다.

직각좌표계를 선택하건, 극좌표를 선택하건, 이중진자를 기술하려면 총 4개의 변수가 필요하다. 그런데 구속조건을 고려하면, 두 개의 변수 값만 결정하면 계의 위치가 결정되게 된다. 이렇게 계의 상태를 결정하기 위해 알아야 하는 변수의 개수를 그 계의 자유도라고 한다. 계의 자유도는 계를 기술하기 위해 우리가 선택하는 좌표계의 종류와 상관없이 일정하다. 다만 계에 부과된 구속조건에 따라 우리가 계의 운동을 다루기 좋은 편리한 좌표계가 있다. 따라서 어떤 좌표계를 선택해서 계를 기술할지를 결정할 때 구속조건을 면밀히 고려해야 한다. 이중진자의 경우에 직각좌표계를 선택하면 진자의 운동에 따라 4개의 변수

---

19) 논의를 간단히 하기 위해 평면이라는 조건을 가정한다.

x_1, y_1, x_2, y_2가 모두 변한다. 반면 극좌표를 선택하면 4개의 변수 중 θ_1, θ_2만이 변하게 되고, 이 두 변수의 변화만으로 계의 운동을 기술할 수 있다. 따라서 이중진자의 경우에는 극좌표를 선택하여 기술하는 것이 효율적이다.

한편 [그림 9.4.2]의 b)와 같이 거리가 고정된 두 입자를 생각해보자. 이때 두 입자로 이루어진 계를 기술하기 위해 직각좌표계를 이용하면, $x_1, y_1, z_1, x_2, y_2, z_2$의 6개의 변수를 이용해야 한다. 두 입자 사이의 거리가 d로 일정하면, 이들 변수 사이에 $\sqrt{(x_1 - x_2)^2 + (y_1 - y_2)^2 + (z_1 - z_2)^2} = d$라는 구속조건이 있다. $x_1, y_1, z_1, x_2, y_2, z_2$의 6개의 변수 중 5개의 변수가 결정되면 구속조건에 의해서 나머지 한 변수의 값도 결정된다. 이 경우 계의 자유도는 5가 된다. 한편으로 [그림 9.4.2]의 c)의 삼차원 공간상의 곡선운동의 경우에 운동의 기술에 필요한 변수는 3, 계의 자유도는 1이다. [그림 9.4.2]의 d)와 같은 곡면 운동의 경우 운동의 기술에 필요한 변수는 3, 계의 자유도는 2가 된다.

[그림 9.4.2]에 제시한 모든 예에서 구속조건이 있는 경우에 계의 자유도가 구속이 없는 경우에 비해 줄어들었다. 그림의 각 상황에 제시된 구속조건들이 겉보기에는 달라 보이지만 이들 조건들은 모두 하나의 공통점을 갖고 있다. 이들 구속조건들은 다음과 같이 음함수의 형태로 쓸 수 있다[20].

$$f(x_i, y_i, z_i, t) = f(x_1, y_1, z_1, \cdots, x_N, y_N, z_N, t) = 0 \tag{9.4.3}$$

이 식에서 기호 i는 i번째 입자를 나타내는 기호이다. 이렇게 음함수의 형태로 나타낼 수 있는 구속조건을 홀로노믹(holonomic) 조건이라 부른다. 계에 홀로노믹 구속조건이 부과되면 계의 자유도가 줄어든다. 일반적으로 N개의 입자를 기술하기 위해서는 입자 하나당 3개의 변수가 필요하다. 따라서 구속조건이 전혀 없는 N개의 입자의 자유도는 $3N$이다. 만일 k개의 서로 독립[21]인 홀로노믹 구속조건이 부과되면, N개의 입자로 구성된 계의 자유도는 $3N - k$으로 줄게 된다.

앞선 논의에서 [그림 9.4.2]의 a)와 같은 이중진자를 극좌표로 나타내면, 계를 기술하는 네 개의 변수 중 두 개의 변수(θ_1, θ_2)만이 실제로 변하는 값이었고, 두 변수(r_1, r_2)는 구속조건에 의해 운동과 상관없이 상수임을 보았다. 마찬가지로 k개의 홀로노믹 구속조건을 갖는 N개의 입자로 이루어진 일반적인 계에 대해서도 적절한 좌표계 $q_1, \cdots, q_{3N}$를 설정하면, $3N - k$개의 변수들만이 실제로 변하는 값이 되고, 나머지 k개의 변수는 운동에 상

---

20) $f(x, y) = 0$의 형태를 갖는 대응을 음함수라 부른다. 우리가 보통 함수라 부르는 것은 $y = f(x)$의 형태를 갖는다.

21) 하나의 구속조건이 다른 구속조건들로부터 유도되지 않을 때 구속조건들이 독립이라고 말한다.

관없이 상수가 되도록 할 수 있다[22]. 이때 실제로 변할 수 있는 $3N-k$개의 변수들의 집합 $\{q_1, q_2, \cdots, q_{3N-k}\}$을 일반화 좌표(generalized coordinates)라고 부른다. 구속조건에 의해 운동 중에 변하지 않는 변수들인 $\{q_{3N-k+1}, \cdots, q_{3N}\}$들은 상수 취급이 가능하다.

특별히 N개의 입자를 기술하는 직각좌표계의 변수들을 $x_1, y_1, z_1, \cdots x_N, y_N, z_N$ 대신 $x_1, x_2, \cdots, x_{3N}$이라고 다시 쓰기로 하자. 이때 일반화 좌표를 이루는 변수들 $q_1, \cdots, q_{3N}$은 다음과 같이 직각좌표계의 변수들 $x_1, x_2, \cdots, x_{3N}$의 함수로 나타낼 수 있다.

$$q_i = q_i(x_1, x_2, \cdots x_{3N}, t) , \, i = 1, \cdots, 3N \tag{9.4.4}$$

역으로 변수 x_i는 $q_1, \cdots, q_{3N}$의 함수로 나타낼 수 있다.

$$x_i = x_i(q_1, q_2, \cdots q_{3N}, t) , \, i = 1, \cdots, 3N \tag{9.4.5}$$

그런데 구속조건하에서는 $q_{3N-k+1}, \cdots, q_{3N}$가 상수이므로 x_i는 다음과 같이 $\{q_1, q_2, \cdots, q_{3N-k}\}$만의 함수로 생각해도 무방하다.

$$x_i = x_i(q_1, q_2, \cdots q_{3N-k}, t), \, i = 1, \cdots, 3N \tag{9.4.6}$$

한편 직각좌표의 변수의 시간미분을 일반화 좌표로 표현해보는 것이 앞으로의 논의에 필요하다. 직각좌표의 시간 미분은 다음과 같이 일반화 좌표와 그 시간 편도함수, 그리고 시간의 함수로 표현된다.

$$\dot{x}_i = \dot{x}_i(q_j, \dot{q}_j, t) , \, j = 1, \cdots, 3N-k \tag{9.4.7}$$

$\dot{x}_i$가 q_j의 함수인 것이 의아할 수도 있을 텐데 간단한 예를 가지고 확인해 보면 의아함이 가실 것이다[23].

이와 같이 $3N-k$개의 변수들 $q_1, q_2, \cdots, q_{3N-k}$을 찾아서 운동을 기술하면 구속된 계의 운동을 이해하기 쉬워진다. 또한 $3N$개의 변수의 집합 $\{x_1, x_2, \cdots, x_{3N}\}$은 서로 독립이 아니지만, $3N-k$개의 변수들 $q_1, q_2, ..., q_{3N-k}$은 서로 독립임에 유의하자. 일반화 좌표 $\{q_1, q_2, \cdots, q_{3N-k}\}$의 독립성은 향후의 논의에서 매우 중요하다.

서로 독립인 $3N-k$개의 변수들의 집합은 일반화 좌표가 된다. 자유도 만큼의 좌표만 정하면 되므로 계를 기술할 수 있는 일반화 좌표의 경우의 수는 무수히 많다. 여러 가지

---

22) 막상 증명하기는 난감한 문제들은 수학이라는 학문의 몫으로 남겨두자.

23) 이를테면 입자의 직각좌표 x, y와 극좌표 r, θ 사이에 $x = r\cos\theta$가 성립한다. 이때 $\dot{x} = \dot{r}\cos\theta - r\dot{\theta}\sin\theta$인데 결국 $\dot{x}$은 $r, \theta, \dot{r}, \dot{\theta}$의 함수가 된다.

가능한 후보들 중에서 어떤 좌표를 선택하느냐에 따라 우리가 운동을 다루는 것이 쉬워질 수도 어려워질 수도 있다.

지금까지 우리가 고려한 홀로노믹 구속조건은 음함수의 형태로 표현되었다. 이 경우에 구속조건이 부과됨으로써 계의 자유도가 줄어들었다. 그런데 어떤 구속조건은 음함수의 형태로 표현되지 않는다. 이를테면 한 모서리의 길이가 a인 정육면체 방안을 돌아다니는 하나의 수소원자를 생각해보자. 이 경우 방안의 경계를 이루는 벽에 의해 수소원자의 위치가 제한되므로 방 안에 갇힌 운동은 구속된 운동이다. 그런데 이러한 구속은 다음과 같이 부등식의 형태로 표현된다.

$$0 \le x \le a, \; 0 \le y \le a, \; 0 \le z \le a \tag{9.4.8}$$

이러한 구속은 홀로노믹 구속이 아니다. 이 경우에는 구속조건이 계의 자유도를 줄이지도 않는다. 홀로노믹이 아닌 구속은 계의 자유도를 줄이지 않기 때문에 수학적으로 홀로노믹 구속과 전혀 다르다. 홀로노믹이 아닌 구속은 수학적으로 분석하기가 복잡하므로, 우리는 앞으로 오직 홀로노믹 구속만을 고려할 것이다.

우리는 [그림 9.4.1]의 두 가지 경우를 통해 구속의 뜻을 정교화하였다. 이때 우리는 물체의 공간적 위치에 제약이 생길 때 물체가 구속된다는 정의를 도입하였다. 그리고 물체의 운동이 구속되는 경우와 그렇지 않은 경우가 매우 명확하게 구별되는 것처럼 논의했다. 그런데 실제의 운동 상황에 대해 구속된 운동이냐 아니냐를 결정할 때 미묘한 문제가 있다. 이를테면 [그림 9.4.1]의 a)처럼 줄에 매달린 진자의 운동을 생각하자. 정밀하게 측정해보면 진자가 왕복운동을 하는 실제의 상황에서 줄의 길이가 정확하게 고정될 수 없고, 왕복운동 중에 줄의 길이에 작은 변화가 있을 것이다. 그렇지만 그 변화의 정도가 무시할 정도일 때 홀로노믹 구속조건으로 봐도 무방한 것이다. 한편, [그림 9.4.1]의 b)의 용수철에 매달린 물체에 대해서는 구속된 상황이 아니라고 했는데 여기에는 부연설명이 필요하다. 실제로 실험실에서 [그림 9.4.1]의 b)를 만족하는 장치를 구성했다고 하자. 실험실은 대개 밀폐된 공간일 것이고, 물체는 실험실을 벗어날 수 없을 것이므로 엄밀히 말하면 이 상황은 구속된 운동 상황이다. 그런데 용수철에 매달린 물체가 평형 상태로부터 크게 벗어나지 않아서 물체가 벽에 부딪힐 일이 없는 경우에 우리는 실험실이라는 공간적 제약을 무시하고 물체의 운동을 논의할 수 있다. 만일 물체가 용수철의 탄성을 벗어나서 벽에 부딪힐 정도로 빠른 초기 속도를 가지면, 이 상황은 구속조건을 갖는 상황이 된다. 이와 같이 우리가 관심을 갖는 상황이 어떤지에 따라 우리는 실험실이라는 공간적 제약을 무시할 수 있고 그때 우리는 계가 구속조건이 없는 운동을 한다고 가정해도 무방하다.

어떤 운동을 구속된 것으로 보이는지 아닌지는 우리가 운동과 관련된 문제를 풀 때 결정해야 될 문제이다. 어떤 근본적인 원리가 그 속에 들어있는 것은 아니다. 운동에 관한 문제를 풀 때 구속조건이 있다고 볼지 아닐지를 결정하려면 운동 상황에 대한 고려가 필요하다. 그리고 단진자의 사례에서 보듯이 통상적으로 우리는 작은 효과를 무시하는 근사적인 판단을 한다.

예제 9.4.1

그림과 같이 길이가 L인 강체막대의 양 끝이 각각 수직한 기둥과 수평한 기둥에 구속된 채로 움직인다. 막대와 수직기둥의 교점 A의 속도가 v로 일정할 때 다른 끝점 B의 가속도를 y의 함수로 구하시오.

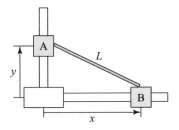

풀이

줄의 길이가 일정하므로 다음과 같은 구속조건이 성립한다.

$$x^2 + y^2 = L^2$$

구속조건의 양변을 시간으로 미분하면 다음과 같고,

$$x\dot{x} + y\dot{y} = 0$$

이 식을 시간으로 한 번 더 미분하면 아래와 같이 나타낼 수 있다.

$$\dot{x}^2 + x\ddot{x} + \dot{y}^2 + y\ddot{y} = 0$$

문제의 초기조건에 따라 $\dot{y} = v$, $\ddot{y} = 0$이고, 우리는 $\ddot{x}$을 구하고 있으므로 다음을 만족하게 된다.

$$\ddot{x} = -\frac{\dot{x}^2 + \dot{y}^2}{x} = -\frac{\dot{y}^2\frac{y^2}{x^2} + \dot{y}^2}{x} = -\frac{L^2}{x^3}\dot{y}^2 = -\frac{L^2 v^2}{(L^2 - y^2)^{3/2}}$$

이와 같이 문제가 제시되는 그림과 풀이 과정에서는 x, y의 두 변수를 모두 사용하였지만 구속조건 때문에 사실상 일반화 좌표 y만으로 전체 운동이 결정된다.

구속조건에 대한 이상의 논의를 바탕으로, 지금부터는 k개의 홀로노믹 구속조건을 갖는 N개의 입자에 대한 라그랑지 방정식을 유도하겠다. 이 상황에서는 직각좌표들을 바탕으로 변분법을 사용하여 운동방정식을 구하는 것이 불가능하다. 왜냐하면 앞선 논의에서 서로 독립인 좌표계에 대해서만 라그랑지 방정식을 구할 수 있었기 때문이다. 이러한 문제는 서로 독립인 일반화 좌표를 도입하여 해결할 수 있다. 지난 논의에서 보존계의 라그랑지안은 $L(x_{j,i}, \dot{x}_{j,i}; t)$와 같이 직각좌표계로 나타낼 수 있었다. 이제 일반화 좌표계를 이용하면 식 (9.4.6)과 식 (9.4.7)에서 라그랑지안을 다음과 같이 쓸 수 있다.

$$T = T(q_i, \dot{q}_i, t), \ U = U(q_i)$$

$$L \equiv T - U = L(q_i, \dot{q}_i; t), \ i = 1, \cdots, 3N - k \tag{9.4.9}$$

그러면 우리가 구하려는 적분 식은 다음과 같다.

$$J = \int_{t_1}^{t_2} L(q_i, \dot{q}_i; t) \, dt \tag{9.4.10}$$

이제 적분값이 극값일 조건은 다음과 같다.

$$\frac{\partial J}{\partial \alpha} = \frac{\partial}{\partial \alpha} \int_{t_1}^{t_2} L(q_i, \dot{q}_i; t) \, dt = 0 \tag{9.4.11}$$

이제 라그랑지안 L과 적분 J는 서로 독립인 변수들로 이루어진 일반화 좌표 $\{q_1, q_2, \cdots, q_{3N-k}\}$의 함수이다. 또한 경로 변화를 $q_i(\alpha, t) = q_i(0, t) + \alpha \eta_i(t)$라 잡으면, 9.3절의 수식전개를 그대로 따라 할 수 있고 다음의 결과를 얻을 수 있다.

$$\frac{\partial J}{\partial \alpha} = \int_{t_1}^{t_2} \sum_i \left[\frac{\partial L}{\partial q_i} - \frac{d}{dt} \left(\frac{\partial L}{\partial \dot{q}_i} \right) \right] \eta_i(t) dt = 0 \tag{9.4.12}$$

이제 $\{q_1, q_2, \cdots, q_{3N-k}\}$가 독립이기 때문에 경로변화 $\eta_i(t)$들도 독립이다. 따라서 임의의 $\eta_i(t)$에 대해 $\left. \dfrac{\partial J}{\partial \alpha} \right|_{\alpha = 0} = 0$이 성립한다는 조건으로부터 다음과 같은 일반화 좌표에 대한 라그랑지 운동방정식을 얻는다.

$$\frac{\partial L}{\partial q_i} - \frac{d}{dt} \left(\frac{\partial L}{\partial \dot{q}_i} \right) = 0, \ i = 1, \cdots, 3N - k \tag{9.4.13}$$

결과적으로 k개의 구속조건을 가진 운동은 자유도가 $3N - k$이고, 이 $3N - k$개의 변화하는 좌표들에 대한 $3N - k$개의 연립방정식인 라그랑지 방정식을 얻게 되었다. 이제 구체적인 운동 사례에 대해 라그랑지 방정식을 구하는 예제들을 몇 개 제시하고자 한다. 이 과 정에서 운동 상황에 맞는 적절한 일반화 좌표를 설정하는 것이 중요하다.

예제 9.4.2

삼차원 운동을 하는 입자의 운동에너지를 직각좌표계에서 구면좌표계의 좌표 r, θ, ϕ로 바꾸시오.

풀이

구면좌표계의 좌표변환식은 다음과 같다.

$$x = r\sin\theta\cos\phi,\ y = r\sin\theta\sin\phi,\ z = r\cos\theta$$

이를 미분하면 다음을 구할 수 있다.

$$\dot{x} = \dot{r}\sin\theta\cos\phi + \dot{\theta}r\cos\theta\cos\phi - \dot{\phi}r\sin\theta\sin\phi$$

$$\dot{y} = \dot{r}\sin\theta\sin\phi + \dot{\theta}r\cos\theta\sin\phi + \dot{\phi}r\sin\theta\cos\phi$$

$$\dot{z} = \dot{r}\cos\theta - \dot{\theta}r\sin\theta$$

이 결과를 이용하면 다음이 성립한다.

$$v^2 = \dot{x}^2 + \dot{y}^2 + \dot{z}^2 = \dot{r}^2 + r^2\dot{\theta}^2 + r^2\sin^2\theta\dot{\phi}^2$$

결과적으로 구면좌표계에서의 한 입자의 운동에너지는 다음과 같이 표현된다.

$$\frac{1}{2}m(\dot{r}^2 + r^2\dot{\theta}^2 + r^2\sin^2\theta\dot{\phi}^2)$$

예제 9.4.3

(평면진자) 길이 l인 실에 매달린 질량 m인 추로 이루어진 평면 단진자의 라그랑지안과 라그랑지 방정식을 구하시오.

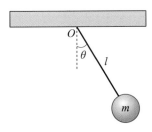

풀이

평면진자의 경우에 극좌표계 r, θ를 이용하는 것이 편하다. 이때 r이 상수 l로 고정되므로 사실 상 변수는 θ 하나이고 이것이 일반화 좌표가 된다. 진자의 위치를 직각좌표계에서 극좌표계로 바 꾸어 쓰면

$$x = l\sin\theta, \ y = -l\cos\theta$$

이므로, 시간에 대한 미분은

$$\dot{x} = l\dot{\theta}\cos\theta, \ \dot{y} = l\dot{\theta}\sin\theta$$

가 된다. 이로부터

$$\dot{x}^2 + \dot{y}^2 = l^2\dot{\theta}^2$$

따라서 운동에너지는

$$T = \frac{m}{2}l^2\dot{\theta}^2$$

이다.

중력에 의한 퍼텐셜에너지는 진자가 수직으로 있을 때를 기준으로 하면(즉, 수직으로 있을 때의 퍼텐셜에너지를 0으로 하면) 다음과 같다.

$$U = mgl(1 - \cos\theta)$$

따라서 라그랑지안은 다음과 같다.

$$L = \frac{m}{2}l^2\dot{\theta}^2 - mgl(1 - \cos\theta)$$

또한 일반화 좌표 θ에 대한 라그랑지 방정식은 다음과 같다.

$$\frac{d}{dt}\left(\frac{\partial L}{\partial \dot{\theta}}\right) - \frac{\partial L}{\partial \theta} = 0$$

계산을 구체적으로 수행하면 다음을 얻는다.

$$\frac{\partial L}{\partial \dot{\theta}} = ml^2\dot{\theta}, \ \frac{d}{dt}\left(\frac{\partial L}{\partial \dot{\theta}}\right) = ml^2\ddot{\theta}, \ \frac{\partial L}{\partial \theta} = -mgl\sin\theta$$

따라서 라그랑지 방정식은 다음과 같이 정리된다.

$$\ddot{\theta} = -\frac{g}{l}\sin\theta$$

이것은 뉴턴의 방식으로 구한 진자의 운동방정식과 같다.

예제 9.4.4

(애트우드 기계) 그림과 같이 질량이 각각 m_1, m_2인 두 물체가 질량을 무시할 수 있는 길이 l인 줄을 통해 반지름 r이고 관성 모멘트가 I인 도르래에 매달려 있다. 이때 질량 m_1인 물체의 가속도를 구하시오.

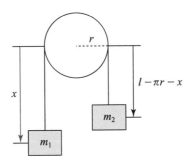

풀이

그림처럼 도르래와 질량 m_1인 물체 사이의 매달린 실의 길이 x를 일반화 좌표로 이용하면 논의가 편하다. 이때 두 물체의 퍼텐셜에너지는 다음과 같다.

$$U = -m_1 g x - m_2 g (l - \pi r - x)$$

한편 실의 길이가 일정하다는 구속조건에 의해 물체 m_1, m_2의 속력이 같으므로 물체들과 도르래의 총 운동에너지는 다음과 같다.

$$T = \frac{1}{2} m_1 \dot{x}^2 + \frac{1}{2} m_2 \dot{x}^2 + \frac{1}{2} I \frac{\dot{x}^2}{r^2}$$

이로부터 라그랑지안 $L = T - U$를 구하여 변수 x에 대해 라그랑지 방정식을 구한 결과는 다음과 같다.

$$\ddot{x} = \frac{(m_1 - m_2)g}{(m_1 + m_2 + I/r^2)}$$

이렇게 구한 결과가 맞는지를 간단히 확인해보자. m_2, I가 m_1에 비해 작아서 무시할 수 있는 경우 우리가 다루는 상황은 근사적으로 m_1의 자유낙하 상황이 된다. 방금 구한 방정식에서 m_2, I를 무시하면 자유낙하에 대한 운동방정식을 얻을 수 있으므로 우리의 계산이 틀리지 않았음을 간접적으로 확인할 수 있다.

> **예제 9.4.5**

(변형된 애트우드 기계) 그림과 같이 질량 m인 두 물체와 줄로 이루어진 계가 있다. 도르래의 크기를 무시하고, 대신 줄의 길이를 l, 줄의 단위 길이당 질량을 ρ라 하자. 처음에 $y = 0$인 초기조건에서 추를 가만히 놓을 때 이후의 시간에 따른 추의 낙하거리를 구하시오.

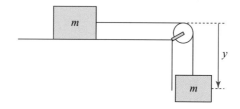

> **풀이**

그림에서 줄의 수평한 부분을 기준으로 한 추의 높이 y를 일반화 좌표로 이용하면 운동에너지는 다음과 같다.

$$T = \frac{1}{2}(2m + \rho l)\dot{y}^2$$

같은 기준점에 대한 퍼텐셜에너지는 다음과 같다.

$$U = -mgy - \int_0^y gy' dm$$

이 식에서 적분항은 줄의 퍼텐셜에너지에 대응한다. $dm = \rho dy'$을 이용하여 적분하여 줄의 퍼텐셜에너지를 구할 수 있다. 결과적으로 라그랑지안은 다음과 같다.

$$L = \frac{1}{2}(2m + \rho l)\dot{y}^2 + mgy + \frac{1}{2}\rho gy^2$$

이로부터 라그랑지 방정식을 구하면 다음과 같다.

$$\ddot{y} - \frac{\rho g}{2m + \rho l}y = \frac{mg}{2m + \rho l}$$

이 미분방정식의 일반해는 이미 배운 대로 다음과 같은 형태를 갖는다.

$$y(t) = Ae^{-\sqrt{\frac{\rho g}{2m + \rho l}}\,t} + Be^{\sqrt{\frac{\rho g}{2m + \rho l}}\,t} - \frac{m}{\rho}$$

초기조건이 $y(0) = 0$, $\dot{y}(0) = 0$이라면 시간에 따른 낙하거리는 다음과 같이 정리된다.

$$y(t) = \frac{m}{\rho}\left[\cos\sqrt{\frac{\rho g}{2m + \rho l}}\,t - 1\right]$$

코사인 함수를 테일러 급수로 전개하여 구하면 짧은 시간간격 동안에는 나무토막이 등가속운동을 한다는 익숙한 결과를 얻을 수 있다. 구체적인 계산은 여러분 몫으로 남겨두겠다.

예제 9.4.6

(움직이는 경사면을 미끄러지는 나무토막) 그림과 같이 질량 m인 나무토막이 질량 M이고 경사각이 θ인 경사진 나무토막을 마찰 없이 미끄러지는 상황을 생각하자. 경사진 나무토막도 지면에 대해 마찰 없이 미끄러진다고 가정할 때 경사면에서 본 질량 m인 물체의 가속도를 구하시오.

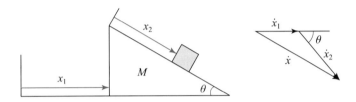

풀이

운동의 기준이 되는 원점으로부터 경사진 나무토막의 수평방향 이동거리를 x_1, 질량 m인 물체가 경사면을 미끄러지는 거리를 x_2라 놓는 일반화 좌표를 생각할 수 있다. 이때 외부의 기준점에서 본 물체의 속도를 구하려면 경사면의 속도와 경사면을 기준으로 한 물체의 속도를 벡터합해야 한다. 그림과 같이 둘 사이의 사이각이 θ이므로 외부의 기준점에서 본 물체의 속력은 코사인 2법칙에서

$$\dot{x}^2 = \dot{x}_1^2 + \dot{x}_2^2 + 2\dot{x}_1\dot{x}_2\cos\theta$$

결과적으로 전체 계의 운동에너지는 다음과 같다.

$$T = \frac{1}{2}M\dot{x}_1^2 + \frac{1}{2}m(\dot{x}_1^2 + \dot{x}_2^2 + 2\dot{x}_1\dot{x}_2\cos\theta)$$

한편 물체가 미끄러지기 시작하는 점을 기준으로 한 퍼텐셜에너지는 다음과 같다.

$$U = -mgx_2\sin\theta$$

이로부터 라그랑지안에 대해 각각 x_1, x_2에 대한 라그랑지 방정식을 구하면 다음과 같다.

$$M\ddot{x}_1 + m(\ddot{x}_1 + \ddot{x}_2\cos\theta) = 0$$
$$m(\ddot{x}_2 + \ddot{x}_1\cos\theta) = mg\sin\theta$$

두 방정식에서 각각 x_1, x_2를 분리시켜서 정리하면 다음을 얻는다.

$$\ddot{x}_1 = \frac{-g\sin\theta\cos\theta}{\dfrac{m+M}{m} - \cos^2\theta}$$

$$\ddot{x}_2 = \frac{g\sin\theta}{1 - \dfrac{m\cos^2\theta}{m+M}}$$

결과는 복잡해 보여도 물체들은 가속도가 일정한 단순한 운동을 한다. 도중에 계산 실수가 없었는지를 간단히 검토해보기 위해 경사면의 질량 M을 무한대로 보내보자. 경사면이 정지한 경우와 같은 결과를 얻는지를 비교함으로써 계산 결과가 틀리지 않다는 것을 간단히 확인할 수 있다.

예제 9.4.7

(줄이 늘어나는 평면진자) 평면진자를 다시 생각하되, 줄이 늘어나는 경우를 생각해보자. 늘어나기 전의 길이가 l인 줄에 매달린 질량 m인 추로 이루어진 평면진자의 운동방정식을 구하시오. (단, 줄은 훅의 법칙을 만족한다고 가정하고 줄의 용수철 상수를 k라 하자.)

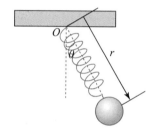

풀이

극좌표를 선택하여 진자의 운동에너지를 나타내면 다음과 같다.

$$T = \frac{m}{2}[\dot{r}^2 + r^2\dot{\theta}^2]$$

또한 진자의 고정점을 기준으로 할 때, 줄의 늘어남을 포함한 퍼텐셜에너지는 다음과 같다.

$$U = -mgr\cos\theta + \frac{1}{2}k(r-l)^2$$

이상을 종합하여 구한 라그랑지안에 대해 각각 r, θ를 기준으로 한 라그랑지 방정식을 구하면 다음과 같다.

$$m\ddot{r} - mr\dot{\theta}^2 - k(r-l) - mg\cos\theta = 0$$
$$mr^2\ddot{\theta} + 2mr\dot{r}\dot{\theta} + mgr\sin\theta = 0$$

이 운동방정식에서 진자의 길이를 고정하면 잘 알고 있는 평면진자의 운동방정식으로 환원된다는 것을 쉽게 확인할 수 있을 것이다.

예제 9.4.8

(오목한 반원 위를 미끄러짐 없이 구르는 원통) 반지름 R인 반원 모양의 표면 위를 미끄러짐 없이 구르는 반지름 $r(< R)$인 균일한 원통의 운동에 대한 운동방정식을 구하시오. (단, 원통의 질량은 m, 원통의 관성 모멘트는 $mr^2/2$이다.)

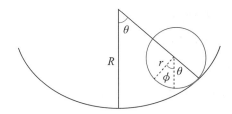

풀이

운동방정식을 구하기 위해 그림과 같이 θ를 일반화 좌표로 잡는다. 또한 원통이 회전하면서 접촉점의 위치가 θ만큼 바뀔 때 원통의 회전각이 그림처럼 $\phi + \theta$라면 변수 ϕ와 θ는 다음의 관계를 갖는다.

$$r(\phi + \theta) = R\theta$$

즉, ϕ는 독립변수가 아니며 θ가 우리가 설정한 유일한 독립변수이다. 또한 원통의 총 운동에너지를 구하려면 질량중심의 병진운동과 질량중심을 기준으로 한 회전을 모두 고려하여야 한다. 계산 결과를 θ로 나타내면 다음과 같다.

$$T = \frac{1}{2}m(R-r)^2\dot{\theta}^2 + \frac{1}{4}mr^2\left(\frac{R-r}{r}\right)^2\dot{\theta}^2$$

한편 반구의 중심을 기준으로 한 퍼텐셜에너지는 다음과 같다.

$$U = -mg(R-r)\cos\theta$$

이로부터 라그랑지안 및 라그랑지 방정식을 구하여 정리한 결과는 다음과 같다.

$$\ddot{\theta} + \frac{2g}{3(R-r)}\sin\theta = 0$$

결과적으로 만일 반구의 최저점에 있던 원통을 살짝 건드린다면 구르는 원통의 중심은 일종의 단진동 운동을 하게 된다.

이상의 예제들에서 운동방정식을 구하는 과정을 돌아보자. 고려한 모든 상황에서 운동방정식을 구할 때 구체적으로 어떤 구속력이 작용하는지 고려할 필요가 없었다. 다만 구속조건만을 고려하여 운동을 기술하는 데 필요한 변수의 수를 줄인 후에 라그랑지안을 구했다. 결과적으로 구속력에 대한 고려 없이 구속조건만을 고려하여 운동방정식을 구할 수 있다.

9.5 ● 라그랑지안 방식과 뉴턴 방식의 비교

지금까지 라그랑지 방정식을 구했고, 이를 이용하여 문제를 풀 수 있음을 살펴보았다. 이제부터는 두 가지 방식의 특징에 대해 보다 상세히 비교해보기로 하자. 이를 위해 먼저 다음과 같은 한 입자의 뉴턴 방정식을 생각해보자.

$$\vec{F} = m\vec{a} \tag{9.5.1}$$

뉴턴 방정식은 벡터들 사이의 관계식이며, 직각좌표계에서 쓰면 다음과 같다.

$$(F_x, F_y, F_z) = (ma_x, ma_y, ma_z) = (m\ddot{x}, m\ddot{y}, m\ddot{z}) \tag{9.5.2}$$

이를 성분별로 분리하면 다음과 같이 간단한 형태로 분리된다.

$$F_x = m\ddot{x}, \; F_y = m\ddot{y}, \; F_z = m\ddot{z} \tag{9.5.3}$$

이제 같은 방정식을 구면좌표계로 써보면 다음과 같다.

$$(F_r, F_\theta, F_\phi) = (ma_r, ma_\theta, ma_\phi) \tag{9.5.4}$$

여기서 a_r, a_θ, a_ϕ는 각각 가속도의 $\hat{r}, \hat{\theta}, \hat{\phi}$ 방향의 성분의 크기이다. 이를 r, θ, ϕ로 전개하면 다음과 같이 복잡한 관계식을 얻는다.

$$F_r = m(\ddot{r} - r\dot{\theta}^2 - r\dot{\phi}^2\sin^2\theta) \tag{9.5.5}$$

$$F_\theta = m(r\ddot{\theta} + 2\dot{r}\dot{\theta} - r\dot{\phi}^2\sin\theta\cos\theta) \tag{9.5.6}$$

$$F_\phi = m(r\ddot{\phi}\sin\theta + 2\dot{r}\dot{\phi}\sin\theta + 2r\dot{\phi}\dot{\theta}\cos\theta) \tag{9.5.7}$$

이렇게 뉴턴 방정식은 어떤 좌표계를 선택하느냐에 따라 운동방정식의 성분들이 복잡하게 표현되기도 하고 간단하게 표현되기도 한다. 즉, 뉴턴방정식의 벡터 표현은 식 (9.5.1)처럼 간단하지만 벡터의 성분에 대한 표현은 좌표계에 따라 달라진다. 반면 자유도가 $3N-k$인 라그랑지 방정식은 어떠한 일반화 좌표를 설정하든지 다음과 같이 $3N-k$개의 연립방정식으로 주어진다.

$$\frac{\partial L}{\partial q_i} - \frac{d}{dt}\left(\frac{\partial L}{\partial \dot{q}_i}\right) = 0 , \quad i = 1, \cdots, 3N - k \tag{9.5.8}$$

이 방정식은 우리가 어떠한 좌표계를 잡든지 동일한 형태를 갖는다. 즉 직각좌표계의 경우에는 방정식의 q_i 대신 x, y, z를 대입하면 되고, 구면좌표계의 경우에는 q_i 대신 r, θ, ϕ를 대입하면 된다. 따라서 좌표계와 상관없이 동일한 형태의 관계식을 사용할 수가 있다.

역학 문제를 풀 때 반드시 특정한 좌표계를 선택하여 풀어야 할 이유는 없다. 다만 문제에 맞도록 계산을 간단히 할 수 있는 좌표계를 선택하는 것이 좋다. 우리는 보통 직각좌표계, 구면좌표계, 원통좌표계를 사용하지만, 문제를 풀기 위해 다른 좌표계를 생각하지 말라는 법은 없다. 그러므로 좌표계에 따라 방정식의 형태가 변하지 않는다는 것은 상당히 좋은 성질이다. 이런 점에서 라그랑지 방정식이 뉴턴의 방정식보다 편하다고 할 수 있다. 일단 라그랑지안을 일반화 좌표의 함수로 쓰기만 하면, 사용한 좌표계에 상관없이 아주 기계적인 계산을 통해 운동방정식을 구할 수 있다. 반면 뉴턴의 방식으로 운동방정식을 구하는 것은 보다 덜 기계적이며, 대신 라그랑지안의 방식보다 생각할 것이 더 많게 된다.

구속이 있는 경우에 우리는 적절한 일반화 좌표를 선택하여 구속력을 구하지 않고 계의 운동을 구하는 전략을 택했다. 이때 우리의 목표는 계의 운동을 아는 것이었고, 구속력이 구체적으로 어떤 크기를 갖는지는 우리의 관심이 아니었다. 그런데 구속력을 구해야 하는 경우가 있다. 이를테면 줄이 끊어지지 않게 진자를 설계해야 하는 상황을 생각해보자. 이때 줄에 걸리는 장력을 계산하여, 최대 장력을 견딜 수 있도록 줄을 설계해야 한다. 이 경우에 장력이라는 구속력을 구해야 한다. 우리가 다루지는 않겠지만, 라그랑지안 형식에서 구속력을 구하는 방법이 있다. 그런데 구속력은 라그랑지안 형식으로 구하는 것보다 뉴턴의 형식으로 푸는 것이 더 쉽다. 이런 이유로 라그랑지 형식으로 구속력을 구하는 것을 여기서는 다루지 않겠다. 다른 많은 역학 교재들이 이 주제를 다루므로 관심 있는 독자는 다른 교재를 참고하기 바란다.

비록 라그랑지안이 편리해도 확실히 제한은 있다. 무엇보다 우리는 보존계만을 다루었다는 것을 기억하자. 마찰이나 저항이 있는 경우에는 퍼텐셜을 정의할 수 없고, 라그랑지 방정식에 대한 우리의 논의는 이 경우에는 적용되지 않는다. 비보존계인 경우에도 라그랑지 형식을 이용한 논의가 가능하지만, 여기서는 다루지 않기로 한다.

라그랑지 형식은 힘을 출발점으로 하지 않고 에너지를 출발점으로 한다. 이러한 특징은 다른 분야로의 확장을 용이하게 한다. 이를테면 양자역학에서는 힘을 따지는 대신 에너지를 따진다. 양자역학은 고전역학과 매우 상이한 이론 체계이다. 뉴턴 역학의 사고방식과 양자역학의 사고방식은 매우 이질적이다. 그런데 라그랑지안의 사고방식과 양자역학의 사고방식은 상대적으로 유사한 점이 있고, 특히 수학적인 측면에서는 상당한 유사성이 발견된다[24]. 이점에서 라그랑지안의 형식은 고전역학과 양자역학을 이어주는 일종의 다리가 된다.

마지막으로 뉴턴 방정식과 라그랑지 방정식을 다소 철학적 관점에서 비교해보자. 뉴턴 방정식은 힘이라는 원인에 의해 물체의 운동이라는 결과가 결정된다는 인과적인 체계이다. 반면 라그랑지 방정식은 최소작용의 원리를 만족하는 방정식이다. 최소작용의 원리는 자연이 어떤 목적에 부합하는 방식으로 작동한다고 말하는 목적론적 원리이다. 뉴턴의 방식으로 세계를 바라보면 세계는 인과적으로 작동하는 기계와 같다. 반면 라그랑지안의 형식으로 세계를 바라보면, 세계는 목적을 추구하는 어떤 것이다. 인과적 체계와 목적론적 체계, 두 가지 사고방식은 겉보기에 매우 상이한데, 그럼에도 불구하고 결과적으로 같은 형태의 방정식으로 물체의 운동이 기술되고 설명된다. 무언가 신비한 느낌이 들지 않는가?

9.6 ○ 무시가능한 좌표와 보존량을 활용한 운동방정식 풀기

라그랑지 방정식은 구하는 방법만 다를 뿐 뉴턴의 방법을 사용하여 구한 운동방정식과 같은 형태를 가진다. 여러분이 라그랑지안 형식을 통해 새롭게 배우는 것도 주로 운동방정식을 만드는 것에 국한된 것이다. 따라서 라그랑지 방식으로 만든 운동방정식을 푸는 완전히 새로운 방법이 있는 것은 아니다. 다만 라그랑지안에 무시가능한 좌표가 있는 경우 운동방정식을 보다 쉽게 풀 수 있다. 그렇지만 이 방법도 전혀 새로운 아이디어를 담고 있는 것은 아니다. 이삼차원상의 운동을 다룬 4장에서 우리는 좌표계의 독립변수들이 운동방정식에서 분리되지 않을 때 운동방정식을 푸는 것이 보다 어렵다는 것을 확인한 바 있다. 이 경우에 어떤 보존량이 있다면, 운동방정식을 보다 쉽게 풀 수가 있었다. 이를테면 태양을 도는 행성의 운동을 다룰 때, 역학적 에너지와 각운동량이 보존된다는 것을 이용하면 운동방정식을 보다 쉽게 풀 수가 있었다. 라그랑지안 형식에서는 무시가능한 좌표가 있을 때 그에 대응하는 보존되는 물리량이 있게 된다. 이것을 이용하면 라그랑지 방정식을 보다 쉽게 풀 수가 있게 된다.

---

24) 정확히 이야기하면 라그랑지안 형식을 발전시킨 해밀토니안 형식의 수학 체계와 양자역학의 수학 체계가 유사하다. 하지만 해밀토니안 형식으로 표현된 고전역학과 양자역학이 차이가 나는 것 또한 엄연한 사실이다. 고전역학과 양자역학의 관계는 현재에도 연구되고 있는 매우 어렵고 심오한 연구 주제이다.

어떤 일반화 좌표 q_1, q_2, $\ldots$, q_N으로 이루어진 라그랑지안 L을 생각하자. 이때 일반화 좌표 q_i에 대해 일반화 운동량을 다음과 같이 정의한다.

$$p_i = \frac{\partial L}{\partial \dot{q}_i} \tag{9.6.1}$$

우리가 주로 다루는 운동 상황에서는 일반화 좌표 q_i에 따라 일반화 운동량이 선운동량이 될 수도 있고 각운동량이 될 수도 있다. 이를테면 퍼텐셜이 없는 일차원 운동을 하는 계를 생각하자. 이 경우에 $L = m\dot{x}^2/2$이고 일반화 운동량 $p_x = m\dot{x}$가 되어 선운동량이 된다[25].

한편 어떤 일반화 좌표 q_i에 대해 $\partial L/\partial q_i = 0$을 만족할 때, 좌표 q_i를 무시가능한 좌표 라고 한다. 무시가능한 좌표에 대해 라그랑지 방정식은 다음과 같이 바뀐다.

$$\frac{d}{dt}\left(\frac{\partial L}{\partial \dot{q}_i}\right) = 0 \tag{9.6.2}$$

무시가능한 좌표 q_i에 대해 $\partial L/\partial \dot{q}_i$은 시간에 무관한 상수가 된다. 즉 무시가능한 좌표에 대응하는 일반화 운동량이 시간에 무관한 운동상수가 된다. 이 운동상수를 이용하면 5장에 서 보았듯이, 운동방정식을 보다 쉽게 풀 수가 있다. 무시가능한 좌표가 있다면, 그것에 대해 굳이 라그랑지 방정식을 구할 필요도 없다. 대신에 일반화 운동량이 보존된다는 것을 이용하여 문제를 풀면 된다.

이제 일반화 운동량, 무시가능한 좌표에 대한 이상의 논의를 보다 구체적으로 이해하기 위해 구면진자 상황을 생각해보자. 구면진자란 길이가 일정한 줄에 매달린 진자의 운동을 말한다. 평면진자와 달리 운동이 한 평면 안으로 제한되지 않으며, 진자는 구면 위에서 운동하는 상황이 된다.

θ, ϕ를 일반화 좌표로 잡으면, 구면진자의 라그랑지안은 다음과 같다.

$$L = \frac{1}{2}ml^2(\dot{\theta}^2 + \dot{\phi}^2\sin^2\theta) - mgl(1 - \cos\theta) \tag{9.6.3}$$

이로부터 θ와 ϕ에 대한 라그랑지 방정식을 구하면 각각 다음과 같다.

$$\theta \; : \; ml^2\ddot{\theta} - ml^2\dot{\phi}^2\sin\theta\cos\theta + mgl\sin\theta = 0 \tag{9.6.4}$$

$$\phi \; : \; ml^2\sin^2\theta\ddot{\phi} + 2ml^2\dot{\theta}\dot{\phi}\sin\theta\cos\theta = 0 \tag{9.6.5}$$

---

25) 다만 퍼텐셜에너지가 속도에 의존하는 경우에는 일반화 운동량이 우리가 기존에 알고 있는 운동량(즉, mv)과 일치하지 않을 수도 있다.

이 방정식들을 보면 θ와 ϕ가 뒤엉켜 있고, 선형방정식도 아니다. 따라서 두 방정식을 연립하여 직접 푸는 것은 만만치 않은 일이다. 대신에 ϕ가 무시가능한 좌표라는 것을 이용하면 보다 간단한 논의가 가능하다. ϕ가 무시가능한 좌표이므로, 그에 대응하는 일반화 운동량이 상수이다. 따라서 다음과 같이 운동상수 p_ϕ를 정의할 수 있다.

$$\frac{\partial L}{\partial \dot{\phi}} = ml^2\sin^2\theta\dot{\phi} \equiv p_\phi \tag{9.6.6}$$

p_ϕ의 구체적인 표현을 보면 이것이 각운동량이라는 것을 쉽게 확인할 수 있을 것이다. 여하튼 이 결과를 이용하여 θ에 대한 라그랑지 방정식을 다음과 같이 다시 쓸 수 있다.

$$\ddot{\theta} + \frac{g}{l}\sin\theta - \frac{p_\phi^2\cos\theta}{m^2l^4\sin^3\theta} = 0 \tag{9.6.7}$$

이 방정식도 비선형방정식이므로 손으로 바로 해를 구하기는 어렵다. 하지만 이 방정식으로부터 몇 가지 특수한 경우에 대한 정성적 이해는 가능하다. 먼저 평면진자의 경우에는 $\dot{\phi} = 0$, 즉 $p_\phi = 0$이므로 이 방정식이 우리가 알고 있는 평면진자의 운동방정식으로 환원된다. 한편 진자의 운동이 원운동을 하는 원뿔진자의 경우에는 θ가 θ_0로 일정하게 되므로, 운동방정식이 다음과 같이 된다.

$$\dot{\phi}^2 = \frac{g}{l}\sec\theta_0 \tag{9.6.8}$$

이제 평면진자도 원뿔진자도 아닌 구면진자의 운동을 정성적으로 다루어보자. 식 (9.6.7)의 방정식을 직접 푸는 것은 어렵다. 대신에 5장에서 한 것처럼 에너지 보존을 이용할 수 있다. 즉 구면진자의 총 역학적 에너지는 다음과 같이 보존된다.

$$E = T + U = \frac{1}{2}ml^2(\dot{\theta}^2 + \dot{\phi}^2\sin^2\theta) + mgl(1-\cos\theta) \tag{9.6.9}$$

이 관계식을 각운동량 p_ϕ의 보존을 이용하여 다시 써주면 다음과 같다.

$$E = T + U = \frac{1}{2}ml^2\dot{\theta}^2 + \frac{p_\phi}{2ml^2\sin^2\theta} + mgl(1-\cos\theta) \tag{9.6.10}$$

이 식에서 $p_\phi/2ml^2\sin^2\theta$는 운동에너지의 일부분이다. 그렇지만 5장처럼 이 부분을 퍼텐셜에너지처럼 상상하여 다음과 같이 유효퍼텐셜에너지를 정의할 수 있다.

$$U_{eff}(\theta) = \frac{p_\phi}{2ml^2\sin^2\theta} + mgl(1-\cos\theta) \tag{9.6.11}$$

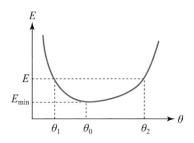

[그림 9.6.1] 구면진자의 유효퍼텐셜에너지

이 유효퍼텐셜을 그래프로 그리면 그림과 같이 아래로 볼록한 그래프를 얻을 수 있다. 그래프에서 만일 진자가 가질 수 있는 가장 작은 에너지 $E_{\min}$ 을 가진다면, 그래프에서 운동 중에 θ값이 θ_0로 일정한 원뿔진자 운동을 할 것이다. 그보다 더 큰 에너지 E를 갖는 경우에는 그래프에서 볼 수 있듯이 운동 중에 θ값이 θ_1과 θ_2 사이를 왕복하는 운동을 하게 된다. 유효퍼텐셜을 통해서는 오직 θ의 거동을 알 수 있다. 이와 별도로 ϕ방향으로의 회전운동도 하는데, 그 과정에서 $\theta, \dot{\theta}$의 값은 변할 수 있지만 각운동량 p_ϕ의 값은 변하지 않는다.

예제 9.6.1

각도 θ_0를 유지하는 원운동에서 살짝 벗어난 구면진자 운동에서 θ변수의 왕복운동에 대한 주기를 구하시오.

풀이

원뿔진자에서 살짝 벗어난 경우에 식 (9.6.7)을 근사해서 새로운 운동방정식을 구할 수 있다. 원뿔진자일 때의 각도를 θ_0라 하면 원뿔진자에서 살짝 벗어나더라도 근사적으로 $p_\phi \simeq ml^2\sin^2\theta_0\dot{\phi}$, $\dot{\phi}^2 \simeq \dfrac{g}{l}\sec\theta_0$이 성립한다. 이를 이용하여 식 (9.6.7)을 다시 쓰면 아래와 같다.

$$\ddot{\theta} + \frac{g}{l}\sin\theta - \frac{g\sin^4\theta_0\cos\theta}{l\cos\theta_0\sin^3\theta} = 0$$

θ가 θ_0에 대해 크게 벗어나지 않으므로 이 방정식을 $\eta \equiv \theta - \theta_0$에 대한 방정식으로 쓰면 다음과 같다.

$$\ddot{\eta} + \frac{g}{l}(3\cos\theta_0 + \sec\theta_0)\eta = 0$$

이 결과는 테일러 급수를 η에 대한 일차항까지만 근사한 것이고 근사의 과정에서 다음의 계산 결과들이 이용되었다.

$$\cos(\theta_0 + \eta) = \cos\theta_0\cos\eta - \sin\theta_0\sin\eta \simeq \cos\theta_0 - \eta\sin\theta_0$$

$$\sin(\theta_0 + \eta) \simeq \sin\theta_0 + \eta\cos\theta_0$$

앞에서 구한 η에 대한 운동방정식은 단진동의 운동방정식과 같은 형태이므로 관련된 주기운동의 주기는 다음과 같다.

$$T = 2\pi\sqrt{\frac{l}{g(3\cos\theta_0 + \sec\theta_0)}}$$

한편 한 주기 동안의 방위각 ϕ의 변화 $\Delta\phi$는 대략적으로 다음과 같다.

$$\Delta\phi \simeq T\dot{\phi}_0 \simeq 2\pi(1 + 3\cos^2\theta_0)^{-1/2}$$

즉 진자가 θ에 대해 한주기 운동을 하는 동안 ϕ방향으로는 한 바퀴 이상 돌게 된다. 결과적으로 원뿔진자에서 살짝 벗어난 구면진자는 ϕ방향으로 세차운동을 하게 된다.

9.7 ○ 변분 기호 δf와 그 성질

앞 절에서는 라그랑지 방정식을 구하는 방법을 논의하고, 이 방법의 특징을 뉴턴의 방식과 비교하였다. 이제부터는 두 가지 방식의 관계를 탐색하고자 한다. 이를 위해 먼저 변분 기호 δ를 활용한 계산법을 정확히 익힐 필요가 있다. 이에 따라 우리는 먼저 변분 기호에 대해 정리한 후에 라그랑지 방정식과 뉴턴 방정식의 관계를 탐색하는 순서를 따르겠다.

지금부터는 변분과 관련된 일반적인 문제를 다루는 보다 편리한 기술방법을 소개하고자 한다. 소개하는 변분 기호 δ가 라그랑지 방정식에 대해 새로운 사실을 말해주는 것은 아니다. 변분 기호 δ를 포함한 기술방법은 다만 수학적 기술을 편리하게 하기 위해 도입된 것이다. 수학의 장점 중의 하나는 익숙해지면 굉장히 편리한 기호 체계를 제공한다는 것이다. 물론 편리하게 사용하려면 시간을 들여서 익숙하게 다룰 수 있어야 한다[26].

논의를 간단히 하기 위해 입자의 일차원 운동을 생각해보자. 이 입자가 취하는 어떤 경로를 직각좌표계로 쓸 때 변수의 값을 $x(0, t)$라고 하자. 이 경로에서 살짝 벗어난 경로를 생각해보자. 바뀐 경로를 좌표계로 나타내면 다음과 같이 쓸 수 있다.

---

26) 변분 기호로 다루는 내용을 생략하는 경우에는 본 내용을 생략해도 무방하다.

$$x(\alpha, t) = x(0, t) + \alpha \eta(t) \tag{9.7.1}$$

또한 앞선 논의를 상기하면, 우리는 라그랑지 방정식을 구할 때 다음처럼 벗어난 경로에 대해 극값을 갖는 조건을 사용하였다.

$$\frac{\partial J}{\partial \alpha}\Big|_{\alpha = 0} = 0 \tag{9.7.2}$$

일단 α가 경로의 변화를 표현하기 위해 도입된 변수임을 상기하자. 원래의 경로를 나타내는 $x(0, t)$로부터 살짝 벗어난 경로를 나타내는 $x(\alpha, t)$는 α와 $\eta(t)$에 관련되어 있다. 그런데 경로의 미세한 변화에 대응하는 좌표값의 변화 δx를 다음과 같이 정의해보자.

$$\delta x \equiv \frac{\partial x}{\partial \alpha}\Big|_{\alpha = 0} d\alpha \tag{9.7.3}$$

경로의 미세한 변화는 좌표값의 미세한 변화를 야기할 것이다. 일반적으로 경로에 관련된 어떤 값 f에 대해 미세한 경로 변화에 의한 f값의 변화 δf는 다음과 같이 정의된다.

$$\delta f \equiv \frac{\partial f}{\partial \alpha}\Big|_{\alpha = 0} d\alpha \tag{9.7.4}$$

이를 간략히 쓰기 위해 다음과 같이 축약해서 표현하겠다.

$$\delta f = \frac{\partial f}{\partial \alpha} d\alpha \tag{9.7.5}$$

이와 같이 정의하면 δf는 다음의 성질을 만족함을 알 수 있다.

1) $\dot{\delta f} = \frac{d}{dt}(\delta f)$ \qquad (9.7.6)

즉 δ와 미분을 함수에 작용하는 연산이라 할 때 둘의 순서를 서로 바꾸어 줄 수 있다.

2) $\delta \int f = \int (\delta f)$ \qquad (9.7.7)

즉 δ와 적분의 순서를 서로 바꾸어 줄 수 있다.

3) $\delta q_i = \sum_j \frac{\partial q_i}{\partial x_j} \delta x_j$ (단, q_i는 일반화 좌표) \qquad (9.7.8)

어떤 경로를 직각좌표계 x_i로 기술할 수 있다. 이때 경로 변화에 따른 좌표값의 변화를 δx_i라 쓸 수 있다. 한편 같은 경로를 일반화 좌표계 q_i를 이용하여 기술할 수도 있다. 이때 동일한 경로 변화를 직각좌표계 x_i 대신 일반화 좌표계 q_i를 이용하여 기술할 수 있는데,

이에 따른 좌표값의 변화를 δq_i라 쓸 수 있다. 이때 두 미소 변화 δx_i, δq_i 사이에 식 (9.7.8)의 관계가 있다는 뜻이다.

$$4) \quad \delta(f \cdot g) = \delta f \cdot g + f \cdot \delta g \tag{9.7.9}$$

$$5) \quad \delta(f + g) = \delta f + \delta g \tag{9.7.10}$$

각각의 관계에 대한 증명은 다음과 같다.

$$1) \quad \frac{d}{dt}(\delta f) = \frac{d}{dt}\left(\frac{\partial f}{\partial \alpha}d\alpha\right) = \frac{\partial}{\partial \alpha}\left(\frac{df}{dt}\right)d\alpha = \frac{\partial}{\partial \alpha}(\dot{f})d\alpha = \delta \dot{f}$$

$$2) \quad \delta \int f = \frac{\partial}{\partial \alpha}\left(\int f dt\right)d\alpha = \left(\int \frac{\partial f}{\partial \alpha}dt\right)d\alpha = \int \delta f dt$$

$$3) \quad \delta q_i = \frac{\partial q_i}{\partial \alpha}d\alpha = \sum_j \frac{\partial q_i}{\partial x_j}\frac{\partial x_j}{\partial \alpha}d\alpha = \sum_j \frac{\partial q_i}{\partial x_j}\delta x_j$$

$$4) \quad \delta f \cdot g = \frac{\partial fg}{\partial \alpha}d\alpha = \frac{\partial f}{\partial \alpha}g d\alpha + \left(\frac{\partial g}{\partial \alpha}f\right)d\alpha = \delta f \cdot g + f \cdot \delta g$$

5) 간단하므로 여러분에게 증명을 맡긴다.

1), 2), 3)식을 유도할 때 우리는 시간에 대한 미분 혹은 적분이 α에 대한 편미분과 교환가능하다는 것을 이용하거나 $\frac{\partial t}{\partial \alpha} = 0$임을 이용하였다. 이것은 α와 시간이 무관하기 때문에 가능하다. 우리가 고려하는 경로 변화는 머릿속에서 일어나는 가상의 변화이지, 어떤 경로가 실제로 있어서 시간에 따라 변화하는 것이 아니다. 따라서 이렇게 α가 시간에 무관하다는 가정은 정당화된다.

이제 새로운 기호 δ를 이용하여 라그랑지 방정식을 유도하는 것은 어렵지 않다. 구체적인 과정은 직접 구해보던지, 다른 교재를 참고하도록 하라. 다시 말하지만 이 과정은 유도를 기호만 바꾸어 다시 반복하는 것이고 새로운 것이 들어있지는 않다. 변분 기호 δ는 가상의 경로 변화에 대해 우리가 상정하는 어떤 값 f의 변화를 기술하기 위해 도입된 기호이다. 여기서 f는 경로와 관련된 어떤 함수이기만 하면 된다. 이러한 미소 변화 δf 기호의 도입으로 앞으로의 논의가 다소간 편리해지는 효과가 있다.

9.8 ● 달랑베르의 원리

9.4절의 논의에서 구속력을 공식화하기 힘들 때, 구속조건에 주목하여 운동을 예측하는

방법이 있었다. 일반화 좌표를 이용하여 라그랑지 방정식을 구하는 것이 바로 그것이었다. 이때 최소작용의 원리로부터 일반화 좌표에 대한 라그랑지 방정식을 구했다. 그런데 최소작용의 원리 대신 달랑베르의 원리로부터도 일반화 좌표에 대한 라그랑지 방정식을 유도할 수 있다. 이제부터 그 과정을 따라가 보자.

N개의 입자들이 k개의 홀로노믹 구속조건을 갖는 동역학계를 생각해보자. 어느 순간의 N개의 입자들의 위치를 직각좌표계 $x_1, x_2, \cdots, x_{3N}$로 쓸 수 있다. 이때 위치에 대해 δx_i 만큼의 가상적인 미소변위가 일어났다고 가정해보자. 아무런 구속조건이 없다면 가상적인 미소변위들 $\delta x_1, \delta x_2, \cdots, \delta x_{3N}$은 서로 독립이다. 그런데 우리는 구속조건을 만족하는 운동을 고려하므로 구속조건을 만족하도록 하는 가상적인 변위들만을 생각한다. 따라서 구속조건 때문에 $\delta x_1, \delta x_2, \cdots, \delta x_{3N}$들은 서로 독립이 아니게 된다. 한편 직각좌표계에서 i-번째 좌표에 대한 뉴턴의 운동방정식은 다음과 같다.

$$m\ddot{x}_i = \dot{p} = F_i \tag{9.8.1}$$

이때 힘 F_i를 우리가 계산할 수 있는 잘 알고 있는 힘 $F_i^{(a)}$[27)]와 계산이 힘든 구속력 R_i 로 구분하자.

이제 $\dot{p} - F_i^{(a)} - R_i = 0$이므로 임의의 가상변위 δx_i에 대해 다음이 성립한다.

$$\sum_{i=1}^{3N} (\dot{p} - F_i^{(a)} - R_i)\delta x_i = 0 \tag{9.8.2}$$

만일 마찰을 무시하면, 구속력은 구속조건을 만족하는 운동에 대해 수직이다[28)]. 따라서 구속력의 가상변위에 대한 일은 0이다[29)]. 이와 같은 구속력과 가상변위의 관계를 달랑베르의 원리라고 불린다. 달랑베르의 원리에 의해 다음이 성립한다.

$$\sum_{i=1}^{3N} (\dot{p} - F_i^{(a)})\delta x_i = 0 \tag{9.8.3}$$

식 (9.8.3)에서 구속력이 제거되었음을 주목하자. 또한 δx_i들이 서로 독립이 아니기 때문에 δx_i의 계수들인 $\dot{p} - F_i^{(a)}$가 0일 필요도 없다. 비록 구속력이 제거된 형태이지만, 식 (9.8.3)은 아직 운동을 이해하는 데 도움이 될 정도로 쓸만하지는 않다. 지금부터는 식

---

27) 이를테면 중력 같은 공식화된 힘이다.
28) 장력이나 수직항력은 운동 방향에 수직인 방향으로 작용한다.
29) 벡터기호를 사용하면 이 점이 더 잘 보인다. j - 번째 입자의 위치와 가상변위, 이 입자에 작용하는 구속력을 각각 $\vec{x_j}, \ \delta\vec{x_j}, \ \vec{R_j}$라 하면 가상변위 $\delta\vec{x_j}$와 구속력 $\vec{R_j}$가 수직이므로 $\sum \vec{R_i} \cdot \delta\vec{x_j} = 0$이다.

(9.8.3)을 일반화 좌표에 대한 식으로 바꿈으로써 라그랑지 방정식을 유도할 것이다.

앞선 논의에서 변위와 가상변위를 직각좌표계로 표현했다. 이제 똑같은 상황을 구속조건에 최적화된 일반화 좌표 $q_1, q_2, \cdots, q_{3N}$로 기술해보자. 이때 우리는 구속조건에 맞게 $3N-k$개의 변수 $q_1, q_2, \cdots, q_{3N-k}$만이 변하는 값이 되고 k개의 변수 $q_{3N-k+1}, \cdots, q_{3N}$는 상수가 되도록 할 수 있다. 이때 구속조건을 만족하는 가상변위들 $q_1, q_2, \cdots, q_{3N-k}$은 서로 독립이 된다. 한편 앞 절의 결과에 의해 일반적으로 가상변위들 δx_i, δq_i 사이에 다음의 관계가 성립한다.

$$\delta x_i = \sum_{j=1}^{3N} \frac{\partial x_i}{\partial q_j} \delta q_j \tag{9.8.4}$$

그런데 구속조건을 만족하려면 k개의 변수들 $q_{3N-k+1}, \cdots, q_{3N}$은 상수이므로 이들의 가상변위 $\delta q_{3N-k+1}, \cdots, \delta q_{3N}$들은 모두 0이다.

따라서 다음이 성립한다.

$$\delta x_i = \sum_{j=1}^{3N-k} \frac{\partial x_i}{\partial q_j} \delta q_j \tag{9.8.5}$$

이제 식 (9.8.3)의 둘째 항 $\sum_{i=1}^{3N} F_i^{(a)} \delta x_i$은 힘 $F_i^{(a)}$이 가상변위 δx_i에 대해 작용한 경우의 가상일 δW라 정의한다. 식 (9.8.5)를 사용하여 식 (9.8.3)의 가상일을 일반화 좌표를 이용하여 바꾸어 보면 다음과 같다.

$$\delta W = \sum_{j=1}^{3N-k} \left(\sum_{i=1}^{3N} F_i^{(a)} \frac{\partial x_i}{\partial q_j} \right) \delta q_j \tag{9.8.6}$$

괄호 안의 양을 다음과 같이 일반화 힘(generalized force) Q_j라 정의한다.

$$Q_j = \sum_{i=1}^{3N} F_i^{(a)} \frac{\partial x_i}{\partial q_j} \tag{9.8.7}$$

다음으로 식 (9.8.3)의 첫째 항은 식 (9.8.5)와 운동량의 성질($\dot{p} = m\ddot{x}$)을 이용하여 다음과 같이 전개할 수 있다.

$$\sum_{i=1}^{3N} \dot{p}_i \delta x_i = \sum_{j=1}^{3N-k} \left(\sum_{i=1}^{3N} m\ddot{x}_i \frac{\partial x_i}{\partial q_j} \right) \delta q_j \tag{9.8.8}$$

이 식의 괄호 안은 다음과 같이 바꿀 수 있다.

$$\sum_{i=1}^{3N} m\ddot{x}_i \frac{\partial x_i}{\partial q_j} = \sum_{i=1}^{3N} m\left(\frac{d}{dt}\left(\dot{x}_i \frac{\partial x_i}{\partial q_j} \right) - \dot{x}_i \left(\frac{d}{dt}\frac{\partial x_i}{\partial q_j} \right) \right) \tag{9.8.9}$$

한편 직각좌표는 일반화 좌표의 함수 $x_i = x_i(q_j, t)$로 생각할 수 있으므로, 다음이 성립한다.

$$\dot{x}_i = \sum_j \frac{\partial x_i}{\partial q_j}\dot{q}_j + \frac{\partial x_i}{\partial t} \tag{9.8.10}$$

이 식의 좌변과 우변을 각각 $\dot{q}_i$로 편미분하면 다음을 얻는다.

$$\frac{\partial \dot{x}_i}{\partial \dot{q}_i} = \frac{\partial x_i}{\partial q_i} \tag{9.8.11}$$

이것을 식 (9.8.9)의 우변의 첫째 항에 대입하면 다음의 형태가 된다.

$$\sum_{i=1}^{3N} m\frac{d}{dt}\left(\dot{x}_i \frac{\partial x_i}{\partial q_j} \right) = \sum_{i=1}^{3N} m\frac{d}{dt}\left(\dot{x}_i \frac{\partial \dot{x}_i}{\partial \dot{q}_j} \right) = \frac{d}{dt}\frac{\partial}{\partial \dot{q}_j}\left(\frac{1}{2}\sum_{i=1}^{3N} m_i \dot{x}_i^2 \right) = \frac{d}{dt}\frac{\partial T}{\partial \dot{q}_j} \tag{9.8.12}$$

한편 식 (9.8.9)의 우변의 두 번째 항은 다음과 같이 정리된다.

$$\sum_{i=1}^{3N} m\dot{x}_i \frac{d}{dt}\frac{\partial x_i}{\partial q_j} = \sum_{i=1}^{3N} m\dot{x}_i \frac{\partial}{\partial q_j}\frac{dx_i}{dt} = \frac{\partial}{\partial q_j}\left(\frac{1}{2}\sum_{i=1}^{3N} m\dot{x}_i^2 \right) = \frac{\partial T}{\partial q_j} \tag{9.8.13}$$

식 (9.8.13)의 중간 단계에서 다음의 등식이 쓰였다.

$$\frac{d}{dt}\frac{\partial x_i}{\partial q_j} = \frac{\partial}{\partial q_j}\frac{dx_i}{dt} \tag{9.8.14}$$

편미분과 전미분의 순서를 바꾸어서 실행해 보면 위의 등식이 성립함을 확인할 수 있을 것이다. 이제 식 (9.8.3)을 식 (9.8.5), (9.8.7), (9.8.9), (9.8.12), (9.8.13)을 이용하여 다시 쓰면 다음이 얻어진다.

$$\sum_{j=1}^{3N-k} \left(\frac{d}{dt}\frac{\partial T}{\partial \dot{q}_j} - \frac{\partial T}{\partial \dot{q}_j} - Q_j \right)\delta q_j = 0 \tag{9.8.15}$$

그런데 일반화 좌표계에서는 각각의 가상변위 δq_j가 독립이다. 따라서 임의의 가상변위 δq_j에 대해 식 (9.8.15)가 성립하려면 다음의 방정식이 만족되어야 한다.

$$\frac{d}{dt}\frac{\partial T}{\partial \dot{q}_j} - \frac{\partial T}{\partial \dot{q}_j} - Q_j = 0 \tag{9.8.16}$$

일반화 좌표에 대한 운동방정식 (9.8.16)을 얻는 데 우리가 사용한 가정은 뉴턴 역학이 성립한다는 것과 달랑베르의 원리가 성립한다는 것이었다. 여기에 다음과 같은 가정을 추가하면 라그랑지 방정식을 유도할 수 있다.

1) 구속력을 제외한 힘 $F_i^{(a)}$이 보존력이다.
2) 퍼텐셜은 위치만의 함수이다.

이제 이들 두 조건이 만족될 때 식 (9.8.16)으로부터 라그랑지 방정식이 유도됨을 보이겠다. 먼저 $F_i^{(a)}$라는 구속력을 제외한 힘의 퍼텐셜 U는 다음을 만족한다.

$$F_i^{(a)} = - \frac{\partial U}{\partial x_i} \tag{9.8.17}$$

따라서 일반화 힘은

$$Q_j = \sum_{i=1}^{3N} F_i^{(a)} \frac{\partial x_i}{\partial q_j} = \sum_{i=1}^{3N} \frac{\partial U}{\partial x_i} \frac{\partial x_i}{\partial q_j} = \frac{\partial U}{\partial q_j} \tag{9.8.18}$$

식 (9.8.18)과 퍼텐셜 U가 위치만의 함수임을 고려하면 식 (9.8.16)은 다음과 같이 라그랑지 방정식으로 바뀐다.

$$\frac{d}{dt} \frac{\partial (T-U)}{\partial \dot{q}_j} - \frac{\partial (T-U)}{\partial q_j} = 0 \tag{9.8.19}$$

지금까지 우리는 뉴턴 방정식으로부터 달랑베르의 원리 및 몇 가지 조건을 추가하여 라그랑지 방정식을 유도했다. 그 반대의 과정, 즉 라그랑지 방정식으로부터 뉴턴 방정식을 구하는 것도 가능하다. 이를 위해 식 (9.8.19)의 라그랑지 방정식에서부터 시작하자. 라그랑지 방정식은 작용하는 힘이 보존력인 경우에 성립한다. 또한 직각좌표계를 사용하고 퍼텐셜이 위치만의 함수임을 가정하면 $T = T(\dot{x}_i)$이고 $U = U(x_i)$이므로 라그랑지 방정식이 다음과 같이 바뀐다.

$$-\frac{\partial U}{\partial x_i} = \frac{d}{dt} \frac{\partial T}{\partial \dot{x}_i} \tag{9.8.20}$$

그런데 보존력이므로 퍼텐셜로부터 다음과 같이 동역학계에 작용하는 힘을 구할 수 있다.

$$-\frac{\partial U}{\partial x_i} = F_i \tag{9.8.21}$$

한편 식 (9.8.20)의 우변은 다음과 같다.

$$\frac{d}{dt}\frac{\partial T}{\partial \dot{x}_i} = \frac{d}{dt}\frac{\partial}{\partial \dot{x}_i}\left(\sum_{j=1}^{3}\frac{1}{2}m\dot{x}_j^2\right) = \frac{d}{dt}(m\dot{x}_i) = \dot{p}_i \tag{9.8.22}$$

따라서 식 (9.8.21), 식 (9.8.22)에서 다음과 같이 뉴턴 방정식이 나온다.

$$F_i = \dot{p}_i \tag{9.8.23}$$

우리가 지금까지 논의한 것을 정리해보자. 우리는 먼저 뉴턴 방정식으로부터 몇 가지 조건을 추가하면 라그랑지 방정식을 얻을 수 있다는 것을 보았다. 또 그 역도 성립했다. 우리가 유도한 것은 뉴턴 방정식과 라그랑지 방정식의 완전한 동등성은 아니다. 특히 뉴턴 방정식에서 라그랑지 방정식을 구하려면 달랑베르의 원리를 도입해야만 했다. 우리는 몇 가지 조건이 만족되는 상황에서만 뉴턴 방정식과 라그랑지 방정식이 동등하다는 것을 보인 것이다.

두 가지 형식의 방정식의 동등성을 보이기 위해 우리가 사용한 조건들, 1) 보존계이고, 2) 퍼텐셜이 위치만의 함수라는 것은 심각한 제약조건은 아니다. 물리학에서 관심 있는 많은 동역학계가 이 범주에 속한다. 특히 1)번 조건의 경우, 우리의 일상생활은 마찰과 저항에 노출된 비보존계임이 분명하다. 하지만 미시적 수준에서 입자와 입자 사이에 작용하는 힘들 혹은 천문학 수준에서 행성과 행성 사이에 작용하는 힘들은 보존력으로 취급해도 거의 문제를 일으키지 않는다. 이들이 물리학의 주 관심영역이고 따라서 보존계라는 조건이 물리학 연구에서 심각한 제한이 아니다. 2)번 조건의 경우 중력에 대한 퍼텐셜은 속도에 무관해서 문제가 없지만, 전자기력에 대한 퍼텐셜은 입자의 속도와도 관련되어 문제가 복잡하게 된다[30].

9.9 ● 해밀토니안 형식

앞에서 우리는 운동을 뉴턴 방정식 대신에 라그랑지 방정식으로 다룰 수 있음을 보였다. 특히 자유도가 N인 동역학계의 라그랑지 방정식은 다음과 같이 N개의 이계 미분방정식이 된다.

$$\frac{\partial L}{\partial q_i} - \frac{d}{dt}\left(\frac{\partial L}{\partial \dot{q}_i}\right) = 0, \; i = 1, \cdots, N \tag{9.9.1}$$

---

30) 전자기력이 작용하는 상황에서의 라그랑지 방정식에 대한 논의는 대학원 수준의 역학 교재를 참고하라.

운동방정식은 계의 운동의 변화에 대한 정보를 담고 있다. 따라서 계의 운동을 완전히 예측하려면, 동역학계의 초기 상태를 알아야 한다. 자유도 N인 계의 운동을 예측하기 위해서는 다음과 같이 $2N$개의 초기조건을 알아야 한다.

$$q_i(0),\ \dot{q}_i(0),\quad i = 1,\cdots,N \tag{9.9.2}$$

이제 우리는 동역학을 기술하는 또 다른 방법으로 해밀토니안 형식을 논의하고자 한다. 라그랑지안 형식은 수학적으로 매우 우아한 형태를 가졌는데, 이는 해밀토니안 형식에서 더 두드러지게 된다. 이러한 수학적 우아함이 해밀토니안 형식의 가장 큰 장점이 된다. 무엇보다도 해밀토니안을 통해 통계역학이나 양자역학을 고전역학과 연결하여 논의할 수 있게 된다. 이러한 연결 관계는 통계역학과 양자역학을 학습할 때 더 나룰 기회가 있을 것이다. 대신에 본 논의에서는 해밀토니안의 몇몇 특징들을 논의하여 후일의 연결에 대비한 초석을 닦고자 한다.

일단 계의 해밀토니안은 라그랑지안으로부터 정의될 수 있다. 어떤 동역학계의 해밀토니안 H는 다음과 같이 정의된다.

$$H = \sum_j p_j \dot{q}_j - L \tag{9.9.3}$$

식 (9.9.3)의 우변이 일반화 좌표 q_j와 그 도함수 $\dot{q}_j$의 함수인 라그랑지안 L을 포함하고 일반화 운동량 p_j도 포함하고 있기 때문에 해밀토니안이 이들 모두의 함수인 것처럼 보인다. 그런데 해밀토니안은 실질적으로 p_j, q_j만의 함수로 나타낼 수 있다. 이를 구체적으로 보기 위해 일차원 조화진동운동을 생각해보면, 계의 라그랑지안은 다음과 같이 주어질 것이다.

$$L = \frac{1}{2}m\dot{x}^2 - \frac{1}{2}kx^2 \tag{9.9.4}$$

이때 일반화 운동량은 다음과 같다.

$$p_x = \frac{\partial L}{\partial \dot{x}} = m\dot{x} \tag{9.9.5}$$

이 결과를 식 (9.9.3)에 대입하면 다음을 얻는다.

$$L = \frac{1}{2}m\dot{x}^2 + \frac{1}{2}kx^2 \tag{9.9.6}$$

이 해밀토니안을 p_x와 x의 함수로 다음과 같이 나타낼 수 있다.

$$H(x,\, p_x) = \frac{p_x^2}{2m} + \frac{1}{2}kx^2 \tag{9.9.7}$$

지금 우리는 일차원 조화진동자에 대해 해밀토니안 H를 x, p_x의 함수가 되도록 표현했는데 이런 식의 표현이 항상 가능하다. 일반화 운동량의 정의 $p = \partial L/\partial \dot{q}$를 보면 라그랑지안 $L(q,\, \dot{q},\, t)$과 $\dot{q}$으로부터 일반화 운동량 p를 구하므로 p는 q, $\dot{q}$의 함수가 된다. 그런데 이를 역으로 생각하면 $\dot{q}$는 q, p의 함수가 된다. 이 점을 염두에 두면 일반적인 경우에 대해서 식 (9.9.3)으로 정의된 해밀토니안을 일반화 좌표 q_j와 일반화 운동량 p_j의 함수로 쓸 수 있다. 또한 계에 따라 해밀토니안은 시간을 명시적으로 포함하기도 하므로 해밀토니안을 다음과 같이 쓸 수 있다.

$$H(q_j,\, p_j,\, t) = \sum_j p_j \dot{q}_j - L(q_j,\, \dot{q}_j,\, t) \tag{9.9.8}$$

이 식은 식 (9.9.3)과 달리 해밀토니안과 라그랑지안을 구성하는 변수들을 명시했다는 것에 유의하자. 이제 이 식에 대해 전미분을 수행하면 다음을 얻는다[31].

$$dH = \dot{q}_i dp_i + p_i d\dot{q}_i - \frac{\partial L}{\partial \dot{q}_i}d\dot{q}_i - \frac{\partial L}{\partial q_i}dq_i - \frac{\partial L}{\partial t}dt \tag{9.9.9}$$

위 식의 우변의 둘째 항과 셋째 항을 일반화 운동량의 정의를 이용하여 소거할 수 있다. 또한 넷째 항을 라그랑지 방정식 $\dot{p}_i = \partial L/\partial q$를 이용하여 바꾸어주면 다음을 얻는다.

$$dH = \dot{q}_i dp_i - \dot{p}_i dq_i - \frac{\partial L}{\partial t}dt \tag{9.9.10}$$

결과적으로 식 (9.9.8)의 우변를 전미분한 결과로부터 해밀토니안이 q, p, t의 함수가 됨을 확인할 수 있을 것이다. 한편 전미분의 정의로부터 $H(q_j,\, p_j,\, t)$의 전미분이 다음과 같이 주어질 수 있다.

$$dH = \frac{\partial H}{\partial q_i}dq_i + \frac{\partial H}{\partial p_i}dp_i + \frac{\partial H}{\partial t}dt \tag{9.9.11}$$

식 (9.9.10), (9.9.11)을 비교하면 다음과 같은 운동방정식을 얻게 된다.

$$\dot{q}_i = \frac{\partial H}{\partial p_i} \tag{9.9.12}$$

---

31) 전미분은 다음의 성질을 만족한다. $d(fg) = f\,dg + g\,df$, $df(x_i) = \sum_i \dfrac{\partial f(x_i)}{\partial x_i}dx_i$

$$-\dot{p}_i = \frac{\partial H}{\partial q_i}$$

이 식을 해밀턴의 정준방정식이라 부른다. 자유도가 N인 동역학계에 대해 정준방정식은 총 $2N$개의 일계 미분방정식으로 이루어진다. 어떤 운동 상황이 주어지면, 그에 대응하는 라그랑지안 L을 만들 수 있다. 이로부터 해밀토니안 H, 그리고 정준방정식도 결정된다. 여기에 계의 초기조건이 추가로 주어지면 정준방정식을 풀어서 계의 이후의 운동을 예측할 수 있다.

구체적인 운동 상황이 주어졌을 때 정준방정식을 만드는 과정은 다음과 같이 요약할 수 있다.

1) 적절한 일반화 좌표를 선정하여 라그랑지안 $L(q_i, \dot{q}_i, t)$을 구한다.
2) 일반화 운동량 p_i를 $q_i, \dot{q}_i, t$의 함수로 구한다.
3) 역으로 $\dot{q}_i$를 q_i, p_i, t의 함수로 구한다.
4) 식 (9.9.3)에서 $\dot{q}_i$를 소거하여 해밀토니안 H를 q_i, p_i, t의 함수로 표현한다.
5) 정준방정식을 구한다.

어떤 경우에는 해밀토니안을 보다 간단히 구할 수 있다. 이를테면 다음의 두 조건을 만족할 때 해밀토니안이 총 역학적 에너지와 같게 됨을 보일 수 있다[32].

1) 직각좌표와 일반화 좌표를 연결하는 변환식이 시간을 명시적으로 포함하지 않는다.
2) 퍼텐셜에너지가 속도에 의존하지 않는다.

나중에 알게 되겠지만 양자역학에서는 주로 해밀토니안을 이용하여 계산을 수행한다. 그런데 양자역학에서 다루는 계는 대체로 해밀토니안이 총에너지와 일치하는 계이다. 그 결과로 양자역학에서는 대부분의 상황에 대해 해밀토니안을 총에너지라 생각하고 문제를 풀게 된다.

역학 예제를 해밀토니안을 이용하여 풀어보면, 그것이 그다지 편리하지 않게 느껴진다. 그냥 라그랑지안이나 뉴턴 역학을 이용하여 문제를 푸는 것보다 복잡한 경우가 대부분이다. 따라서 지금은 해밀토니안 형식의 매력을 느끼기 힘들 것이다. 사실 본 논의는 해밀토니안을 소개하는 것이 목표이고 그것의 장점에 대해 논의하는 것은 우리의 목표가 아니다. 따라서 해민토니안 형식의 장점을 심도 있게 공부하고자 한다면 대학원 수준의 다른 역학

---

32) 구체적인 증명 과정은 다음 절의 에너지 보존 논의를 참고하라.

교재를 참고하라. 이를 통해 해밀토니안 형식으로부터 많은 이론적인 논의가 발전하였음을
확인할 수 있을 것이다.

예제 9.9.1

자유 입자의 해밀토니안을 직각좌표계, 구면좌표계, 원통좌표계에서 각각 구하시오.

풀이

자유입자의 경우 본문에서 제시한 조건을 만족하여 해밀토니안이 운동에너지와 같다. 우선 직각
좌표계에서의 해밀토니안은 다음과 같다.

$$H = T = \frac{1}{2}mv^2 = \frac{1}{2}m(\dot{x}^2 + \dot{y}^2 + \dot{z}^2)$$

그런데 이 표현은 $\dot{x}$ 등을 포함하므로 일반화 운동량만으로 해밀토니안을 표현해야 한다. 여기서
일반화 운동량은 다음과 같다.

$$p_x = \frac{\partial L}{\partial \dot{x}} = m\dot{x}, \ p_y = \frac{\partial L}{\partial \dot{y}} = m\dot{y}, \ p_z = \frac{\partial L}{\partial \dot{z}} = m\dot{z}$$

일반화 운동량을 이용하여 해밀토니안을 다시 쓰면 다음과 같이 정리된다.

$$H = \frac{(p_x^2 + p_y^2 + p_z^2)}{2m}$$

한편 구면좌표계의 좌표변환식은 다음과 같다.

$$x = r\sin\theta\cos\phi, \ y = r\sin\theta\sin\phi, \ z = r\cos\theta$$
$$v^2 = \dot{x}^2 + \dot{y}^2 + \dot{z}^2 = \dot{r}^2 + r^2\dot{\theta}^2 + r^2\sin^2\theta\dot{\phi}^2$$

따라서 구면좌표계에서의 운동에너지는 다음과 같다.

$$H = T = \frac{1}{2}m(\dot{r}^2 + r^2\dot{\theta}^2 + r^2\sin^2\theta\dot{\phi}^2)$$

한편 구면좌표계의 일반화 운동량은 다음과 같다.

$$p_r = \frac{\partial L}{\partial \dot{r}} = m\dot{r}, \ p_\theta = \frac{\partial L}{\partial \dot{\theta}} = mr^2\dot{\theta}, \ p_\phi = \frac{\partial L}{\partial \dot{\phi}} = mr^2\sin^2\theta\,\dot{\phi}$$

이 일반화 운동량들을 이용하여 해밀토니안을 쓰면 다음을 얻는다.

$$H(r, \theta, \phi, p_r, p_\theta, p_\phi) = \frac{p_r^2}{2m} + \frac{p_\theta^2}{2mr^2} + \frac{p_\phi^2}{2mr^2\sin^2\theta}$$

한편, 원통좌표계의 경우 좌표변환식은 다음과 같다.

$$x = \rho\cos\theta, \; y = \rho\sin\theta, \; z$$

해밀토니안은 다음과 같이 써진다.

$$H = T = \frac{1}{2}m(\dot{\rho}^2 + \rho^2\dot{\theta}^2 + \dot{z}^2)$$

일반화 운동량을 이용하여 다시 쓰면 다음 결과를 얻는다.

$$H(\rho, \theta, z, p_\rho, p_\theta, p_z) = \frac{p_\rho^2}{2m} + \frac{p_\theta^2}{2m\rho^2} + \frac{p_z^2}{2m}$$

예제 9.9.2

(구면진자의 해밀토니안) 중력장 하에서 실의 길이가 R로 고정된 구면 위를 움직이는 진자의 해밀토니안을 구하시오.

풀이

구면진자의 경우 바로 해밀토니안이 역학적 에너지와 같을 조건을 만족하므로 $H = T + U$를 이용하여 해밀토니안을 구하는 간단한 방법도 가능하다. 하지만 이번에는 본문에 소개된 보다 일반적으로 적용할 수 있는 방법으로 해밀토니안을 구해보자.

1) 라그랑지안 구하기

진자의 운동에너지는 다음과 같다.

$$T = \frac{1}{2}mR^2\dot{\theta}^2 + \frac{1}{2}mR^2\sin^2\theta\,\dot{\phi}^2$$

퍼텐셜에너지는

$$U = mgR(1 - \cos\theta)$$

이고, 따라서 라그랑지안은 다음과 같다.

$$T = \frac{1}{2}mR^2\dot{\theta}^2 + \frac{1}{2}mR^2\sin^2\theta\,\dot{\phi}^2 - mgR(1 - \cos\theta)$$

2) 일반화 운동량 구하기

$$p_\theta = \frac{\partial L}{\partial \dot{\theta}} = mR^2\dot{\theta}$$

$$p_\phi = \frac{\partial L}{\partial \dot{\phi}} = mR^2\sin^2\theta\,\dot{\phi}$$

3) 2)에서 $\dot{\theta}$, $\dot{\phi}$를 일반화 운동량으로 나타낼 수 있다.

4) 라그랑지안으로부터 구한 해밀토니안에 3)에서의 결과를 적용하여 $\dot{\theta}$, $\dot{\phi}$를 소거하면 다음을 얻는다.

$$H(\theta, \phi, p_\theta, p_\phi) = \frac{p_\theta}{2mR^2} + \frac{p_\phi^2}{2mR^2\sin^2\theta} + mgR(1-\cos\theta)$$

이 결과를 정준방정식에 대입하여 운동방정식을 구할 수 있다.

예제 9.9.3

일차원 단순조화진동에 대해 정준방정식을 구하고 풀이방법을 간단히 제시하시오.

풀이

식 (9.9.7)에서 구했듯이 단순조화진동 상황의 해밀토니안은 다음과 같다.

$$H(x, p_x) = \frac{p_x^2}{2m} + \frac{1}{2}kx^2$$

이로부터 다음과 같은 정준방정식을 얻는다.

$$\dot{p} = -kx, \quad \dot{x} = p/m$$

이것은 변수가 둘인 일계 미분방정식이다. 두 방정식을 연립하여 운동량 변수를 소거하면 다음과 같이 보다 익숙한 방정식을 얻을 수 있다.

$$\ddot{x} = -(k/m)x$$

변수가 둘인 일계 미분방정식을 푸는 것은 그다지 익숙하지 않은 일이다. 결국 이 예제에서 다루는 단진동의 경우에 정준방정식을 구해서 방정식의 해를 구하는 것보다는 라그랑지 방정식이나 뉴턴의 운동방정식으로부터 방정식의 해를 구하는 편이 더 편하다.

9.10 ○ 보존 원리

이 절에서는 운동량 보존, 각운동량 보존, 에너지 보존을 대칭성의 관점에서 논의하고자 한다.

1) 운동량 보존

뉴턴 역학에서 여러 입자계의 운동량이 보존되는 조건을 되돌아보자. 동역학계에 외력이 작용하지 않는 경우에 계의 운동량이 보존되었다는 것을 기억할 것이다[33]. 외력이 작용하지 않는다는 것은 곧 동역학계가 외부와 단절되어 있다는 뜻이다[34]. 이처럼 뉴턴 역학에서는 운동량 보존을 외력의 부재와 연관시켜서 이해하였다. 그런데 라그랑지안 형식에서는 힘에 대한 고려 없이 운동을 다룬다. 그렇다면 라그랑지안 형식에서는 어떤 조건에서 운동량이 보존될까? 이러한 질문에 대해 지금부터 답하려고 한다. 결론부터 이야기하면, 전체 계를 평행이동시켜도 동역학계의 라그랑지안의 크기가 변하지 않는 경우에 계의 운동량은 보존된다.

이제 평행이동 전에 계의 라그랑지안이 $L = L(x_i, \dot{x}_i)$라고 하자. 이때 일반화 좌표 x_i가 계의 위치를 결정하고 있다. 이제 전체 계를 아주 살짝 평행이동시킨 상황을 생각하자. 이때 계의 위치를 결정하는 일반화 좌표의 값도 δx_i만큼 바뀌고, 그에 따른 라그랑지안의 미소변화를 δL로 정의할 수 있다. 평행이동 후의 라그랑지안의 변화는 다음과 같이 쓸 수 있다.

$$\delta L = \sum_i \frac{\partial L}{\partial x_i} \delta x_i + \sum_i \frac{\partial L}{\partial \dot{x}_i} \delta \dot{x}_i \tag{9.10.1}$$

이때 δx_i는 시간과 무관하므로 다음이 성립한다.

$$\delta \dot{x}_i = \delta \frac{dx_i}{dt} = \frac{d}{dt} \delta x_i = 0 \tag{9.10.2}$$

결과적으로 식 (9.10.1)은 다음으로 바뀐다.

$$\delta L = \sum_i \frac{\partial L}{\partial x_i} \delta x_i \tag{9.10.3}$$

여기서 우리가 고려하는 평행이동에 따라 δx_i가 달라진다. 만일 임의의 평행이동에 대해 라그랑지안의 변화가 없다면(즉, $\delta L = 0$이라면), 위의 식에서 다음이 성립해야 한다.

$$\frac{\partial L}{\partial x_i} = 0 \tag{9.10.4}$$

이 경우 라그랑지 방정식에서 다음이 만족되어야 한다.

---

33) 물론 특정한 방향으로 외력이 작용하는 경우, 작용하는 외력의 수직 방향의 운동량은 보존될 수 있다.
34) 외부와 상호작용하지 않는 계를 닫힌 계(closed system)라고 부른다.

$$\frac{d}{dt}\frac{\partial L}{\partial \dot{x}_i} = 0 \tag{9.10.5}$$

즉, 다음이 성립한다.

$$\frac{\partial L}{\partial \dot{x}_i} = 상수 \tag{9.10.6}$$

퍼텐셜이 위치에만 의존하는 경우를 생각해보면 식 (9.10.6)으로부터 다음을 얻는다.

$$\frac{\partial (T - U)}{\partial \dot{x}_i} = \frac{\partial T}{\partial \dot{x}_i} = \frac{\partial}{\partial \dot{x}_i}\left(\frac{1}{2}m\sum_j \dot{x}_j^2\right) \equiv m\dot{x}_i = p_i = 상수 \tag{9.10.7}$$

우리의 계산 결과를 돌아보면 다음과 같이 결론내릴 수 있다. 임의의 평행이동에 대해 계의 라그랑지안이 불변인 경우에 계의 운동량은 보존된다. 임의의 평행이동에 대해 동역학계의 라그랑지안이 변하지 않는다는 것의 의미를 생각해보자. 이것은 좌표계의 원점이 어디든 상관없이 라그랑지안이 일정하다는 것이므로, 공간상의 한 지점이 다른 지점보다 특별하지 않다는 것을 의미한다. 특별한 지점이 존재하지 않는다는 것은 곧 공간이 균질하다는 뜻으로 해석할 수 있다. 이러한 해석들을 종합하면 공간의 균질성과 운동량 보존이 연관된다고 생각할 수도 있다.

이것으로부터 우리는 운동량이 보존되는 두 가지 조건을 알게 됐다. 첫째는 외력이 존재하지 않는 경우이고, 둘째는 라그랑지안이 불변이라는 의미에서 공간이 균질한 경우이다. 익숙하고 의미도 분명한 첫째 조건이 있는데 둘째 조건을 새롭게 논의한 이유가 궁금할 것이다. 뉴턴 역학은 적용범위가 제한된 이론 체계라는 점을 상기하자. 양자역학과 상대성이론의 등장에서 보듯이 뉴턴 역학의 개념 체계가 더 이상 유효하게 적용되지 않는 상황이 있다. 하지만 그러한 경우에도 운동량은 보존된다고 말할 수 있다. 이를테면 광자와 전자가 충돌하는 컴프턴 산란을 생각해 보자. 산란 중에 질량이 없는 광자에 어떤 힘이 작용할 수 있을까? 이 상황에서 어떤 힘이 작용했는지를 말하기는 힘들어도 운동량이 보존되었다는 주장은 할 수 있다. 대신 광자의 운동량이 질량과 속도의 곱이 아닌 새로운 방식(즉, 플랑크 상수를 파장으로 나눈 것)으로 정의된다. 즉, 운동량의 개념이 달라진 것이다. 이처럼 컴프턴 산란은 뉴턴 역학으로 이해할 수는 없지만, 운동량이 보존되는 상황으로 여길 수 있다. 우리가 지금 구한 공간의 균질성은 뉴턴 역학이 적용되지 않는 상황에서의 운동량 보존을 이해하는 데 도움이 된다.

2) 각운동량 보존

이번에는 뉴턴 역학에서 각운동량이 보존되는 조건을 되돌아보자. 여러 입자로 이루어진 동역학계에 외력에 의한 돌림힘이 작용하지 않는 경우에 계의 각운동량이 보존되었다. 라그랑지안 형식은 힘에 대해 언급하지 않으므로 돌림힘에 대해서 언급할 일도 없다. 그렇다면 라그랑지안 형식에서는 어떤 조건에서 각운동량이 보존될까? 결론부터 이야기하면 임의의 회전축을 중심으로 하는 가상의 미소회전에 대해 동역학계의 라그랑지안의 크기가 변하지 않는 경우에 계의 각운동량은 보존된다.

편의상 단일 입자계의 각운동량 보존을 논의할 것이다. 다입자계로의 일반화는 쉽다. 이제 [그림 9.10.1]과 같이 입자를 어떤 축의 주위로 무한소 각 $\delta\theta$만큼 회전하는 상황을 상상하자. 이때 입자의 위치를 나타내는 벡터 $\vec{r}$은 $\vec{r} + \delta\vec{r}$로 변화한다. 이때 미소변위 $\delta\vec{r}$과 미소각 $\delta\vec{\theta}$ 사이에 다음이 성립한다.

$$\delta\vec{r} = \delta\vec{\theta} \times \vec{r} \tag{9.10.8}$$

$$\delta\dot{\vec{r}} = \delta\theta \times \dot{\vec{r}} \,^{35)} \tag{9.10.9}$$

이제 회전변환에 대한 라그랑지안의 변화를 직각좌표로 나타내면 다음과 같다.

$$\delta L = \sum_i \frac{\partial L}{\partial x_i}\delta x_i + \sum_i \frac{\partial L}{\partial \dot{x}_i}\delta \dot{x}_i \tag{9.10.10}$$

일반화 운동량 $p_i = \partial L / \partial \dot{x}_i$, $\dot{p}_i = \partial L / \partial x_i$을 사용하여 위의 식을 정리하면 다음과 같이 쓸 수 있다.

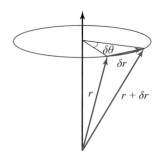

[그림 9.10.1] 각운동량의 미소변화

---

35) 앞선 논의에서 병진운동에 의한 좌표계 변화에 대해서는 $\delta \dot{x} = 0$이었다. 지금은 회전운동에 의한 좌표계 변화이므로 $\delta\vec{r}$은 0이 아니다. 한 좌표계에서 본 속도와 이 좌표계에 대해 회전 이동한 좌표계에서 본 속도가 다르기 때문이다.

$$\delta L = \sum_i \dot{p_i} \delta x_i + \sum_i p_i \dot{\delta x_i} \tag{9.10.11}$$

이를 벡터로 나타내면

$$\delta L = \vec{\dot{p}} \cdot (\vec{\delta r}) + \vec{p} \cdot (\vec{\dot{\delta r}}) \tag{9.10.12}$$

이고, 미소변위와 미소각의 관계를 이용하면 다음과 같다.

$$\delta L = \vec{\dot{p}} \cdot (\vec{\delta\theta} \times \vec{r}) + \vec{p} \cdot (\vec{\delta\theta} \times \vec{\dot{r}}) \tag{9.10.13}$$

스칼라 삼중곱에서는 벡터의 순서를 바꾸어도 그 값이 변하지 않으므로[36] 다음이 성립한다.

$$\delta L = \vec{\delta\theta} \cdot \left[(\vec{r} \times \vec{\dot{p}}) + (\vec{\dot{r}} \times \vec{p}) \right] \tag{9.10.14}$$

이 식의 대괄호 안의 항은 $\vec{r} \times \vec{p}$를 시간 미분한 것이므로

$$\delta L = \vec{\delta\theta} \cdot \frac{d}{dt}(\vec{r} \times \vec{p}) \tag{9.10.15}$$

이다. 만일 임의의 축과 임의의 각도로 입자를 회전 시킨 후에 라그랑지안이 불변이면 결국 다음과 같이 각운동량이 보존된다.

$$\frac{d}{dt}(\vec{r} \times \vec{p}) = 0 \tag{9.10.16}$$

임의의 축에 대한 회전에 대해 라그랑지안이 변하지 않는다는 것은 어떤 방향으로 좌표축을 설정하더라도 라그랑지안이 달라지지 않는다는 것이다. 다시 말하면 어떤 방향도 다른 방향에 비해 특별하지 않게 되며, 이를 공간의 등방성이라 한다. 즉 공간이 등방성을 가지므로, 회전변환에 대해 라그랑지안이 변하지 않고 그 결과 각운동량이 보존된다.

3) 에너지 보존

뉴턴 역학에서는 여러 입자로 이루어진 동역학계에 작용하는 힘이 보존력인 경우에 퍼텐셜에너지를 도입하면 역학적 에너지가 보존되었다. 역학적 에너지가 보존된다는 것은 시간에 무관하게 역학적 에너지가 항상 일정하다는 뜻이다. 그렇다면 라그랑지안 형식에서는 어떤 식으로 에너지 보존을 이해할 수 있는가? 결론을 먼저 이야기하면 라그랑지안이 시간을 명시적으로 포함하지 않는 것($\partial L/\partial t = 0$)이 에너지 보존과 관련된다.

---

36) A-B-C의 순서를 B-C-A로 바꾸어도 된다.

$\partial L/\partial t = 0$일 때 라그랑지안의 시간에 대한 전미분은 다음과 같다.

$$\frac{dL}{dt} = \sum_j \frac{\partial L}{\partial q_j}\dot{q}_j + \sum_j \frac{\partial L}{\partial \dot{q}_j}\ddot{q}_j{}^{37)} \tag{9.10.17}$$

라그랑지 방정식을 이용하여 이 식의 $\partial L/\partial q_j$부분을 고쳐 쓰면 다음과 같이 나타낸다.

$$\frac{dL}{dt} = \sum_j \dot{q}_j\frac{d}{dt}\frac{\partial L}{\partial \dot{q}_j} + \sum_j \frac{\partial L}{\partial \dot{q}_j}\ddot{q}_j \tag{9.10.18}$$

식 (9.10.18)의 우변은 다음과 같다.

$$\sum_j \frac{d}{dt}\left(\dot{q}_j\frac{\partial L}{\partial \dot{q}_j}\right) \tag{9.10.19}$$

식 (9.10.19)를 식 (9.10.18)에 대입하면 다음 결과를 얻는다.

$$\frac{d}{dt}\left(L - \sum_j \dot{q}_j\frac{\partial L}{\partial \dot{q}_j}\right) = 0 \tag{9.10.20}$$

이때 괄호 안의 양은 시간에 대해서 불변이 된다. 이 양은 9.9절에서 소개한 해밀토니안으로 다음과 같이 정의된다.

$$H = -L + \sum_j \dot{q}_j\frac{\partial L}{\partial \dot{q}_j} \tag{9.10.21}$$

결과적으로 $\partial L/\partial t = 0$는 곧 $dH/dt = 0$를 의미한다. 지금 우리가 살펴본 것은 라그랑지안이 시간을 명시적으로 포함하지 않을 때 해밀토니안이라는 양이 시간에 대해 불변이라는 것이다.

에너지 보존을 논의하기 위해서는 더 추가적인 조건이 필요하다. 이제 위치에너지 U가 속도와 시간을 직접 포함하지 않는다면, $U = U(q_j)$라 쓸 수 있고 $\partial U/\partial \dot{q}_j = 0$이므로 다음이 성립한다.

$$\frac{\partial L}{\partial \dot{q}_j} = \frac{\partial(T-U)}{\partial \dot{q}_j} = \frac{\partial T}{\partial \dot{q}_j} \tag{9.10.22}$$

이 결과를 적용하면 식 (9.10.21)의 해밀토니안은 다음과 같다.

---

37) 우리가 다루는 동역학계에 구속조건이 부과될 수도 있다. 이 경우 직각좌표계 대신 일반화 좌표를 사용해야 라그랑지 방정식을 구할 수 있다. 이러한 경우도 고려하기 위해 일반화 좌표를 사용하여 논의를 전개하겠다.

$$H = -(T - U) + \sum_j \dot{q}_j \frac{\partial T}{\partial \dot{q}_j} \tag{9.10.23}$$

한편 직각좌표와 일반화 좌표를 연결하는 변환방정식이 시간을 명백히 포함하지 않는다면(즉, $x_{j,i} = x_{j,i}(q_j)$) 다음이 성립한다.

$$\sum_j \dot{q}_j \frac{\partial L}{\partial \dot{q}_j} = 2T \,^{38)} \tag{9.10.24}$$

이상을 종합하면 다음과 같이 해밀토니안이 역학적 에너지 E와 같다.

$$H = -(T - U) + 2T = E \tag{9.10.25}$$

즉 U가 위치만의 함수이고, 직각좌표와 일반화 좌표를 연결하는 변환방정식이 시간을 명백히 포함하지 않는다면 해밀토니안은 역학적 에너지와 같다. 이상의 논의에서 우리는 해밀토니안이 보존되는 조건과 해밀토니안이 역학적 에너지와 같아지는 조건을 각각 찾았다. 다음과 같이 모든 조건이 동시에 만족될 때 해밀토니안이 계의 역학적 에너지가 되고, 보존된다.

1) 해밀토니안이 보존될 조건: 라그랑지안이 시간을 명시적으로 포함하지 않는다.
2) 해밀토니안이 역학적 에너지와 같을 조건: 일반화 좌표와 직각좌표를 연결하는 변환식이 시간을 명시적으로 포함하지 않으며, 퍼텐셜에너지가 속도에 의존하지 않는다.

일반적인 상황에서는 해밀토니안이 역학적 에너지와 같지 않을 수 있다. 따라서 해밀토니안이 보존되어도 에너지는 보존되지 않는 경우도 가능하고, 반대의 경우 또한 가능하다. 그런데 우리가 다루는 많은 경우는 위의 1), 2) 조건을 만족하며, 두 조건을 만족해야 한다는 것이 상당한 제약이 되는 것도 아니다. 1), 2)의 제약은 크게 퍼텐셜에너지에 대한 제약과 일반화 좌표에 대한 제약을 포함한다. 그중에 일반화 좌표의 경우 우리가 자주 사용하는 좌표들은 좌표 간의 변환식이 시간을 명시적으로 포함하지 않고 있으므로 거의 신경 쓰지 않아도 된다.

---

38) 이에 대한 증명은 연습문제로 남기겠다.

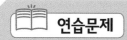 연습문제 Chapter 09

01 빛의 간섭과 회절이란 무엇인지에 대한 현상과 그 현상에 대한 이론적인 설명을 구분하여 설명하시오.

02 물속에서 빛의 속도가 $1/n$배 만큼 느려진다고 할 때 빛이 전파하는 데 걸리는 시간이 최소가 되려면 입사각과 굴절각 사이에 스넬의 법칙이 성립해야 함을 보이시오.

03 일차원 조화진동운동의 경우에 조화진동자의 실제의 운동 경로는 가능한 여러 경로 중에서 식 (9.2.7)으로 정의되는 적분값 $J(\alpha)$를 극값으로 만드는 경로라는 것을 확인하시오. 이 경우 실제의 운동 경로가 가능한 경로 중에 $J(\alpha)$값을 최솟값으로 하는가?

04 라그랑지안을 $T - U$로 정의하는 대신에 다음의 임의의 함수 $f(x, t)$에 대해 $T - U + \dfrac{df(x, t)}{dt}$로 정의하고 라그랑지 방정식을 구해도 원래의 라그랑지 방정식과 같은 결과를 얻게 됨을 보이시오. 라그랑지안이 반드시 운동에너지에서 위치에너지를 뺀 형태여야만 할 필요가 있는가?

05 질량 m인 작은 물체가 그림과 같이 질량이 M이고 반지름 R인 원형 단면을 경사면으로 갖는 물체 위에서 미끄러지는 상황에서 라그랑지 방정식을 구하시오. (단, 모든 마찰을 무시하시오.)

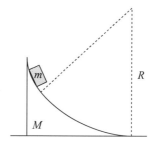

06 앞 문제와 같은 경사면을 질량 m, 반지름 a인 원통이 미끄러짐 없이 구르는 상황에서 라그랑지 방정식을 구하시오. (단, 경사면과 바닥 사이의 마찰을 무시하시오.)

07 그림과 같이 질량 m인 물체가 마찰이 없는 탁자 위를 회전하여 질량 m인 다른 물체를 지탱하는 상황을 생각하자. 줄의 길이는 l로 일정하다.

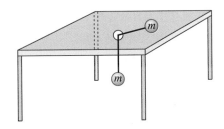

1) 일반화 좌표를 잘 선택하여 계의 라그랑지안을 구하시오.
2) 탁자 위의 질량 m인 물체가 원운동을 할 조건을 구하시오.
3) 계의 운동 과정에서 어떤 물리량들이 보존되는가?
4) 탁자 위의 물체가 반지름 R인 원운동을 하고 있다. 이 상황에서 탁자 밑의 물체를 아래로 살짝 잡아당겼다 놓으면 물체가 진동한다. 그 진동 주기를 구하시오.

08 그림과 같이 반각이 α인 원뿔면 위를 물체가 마찰 없이 미끄러지면서 운동하는 상황을 생각하자.

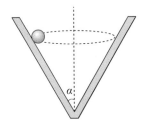

1) 일반화 좌표를 써서 물체의 라그랑지안을 구하시오.
2) 물체가 원운동을 할 초기조건을 구하시오.
3) 물체가 원운동에서 살짝 벗어난 운동을 할 때 물체와 원뿔의 축 사이의 거리는 일종의 진동 양상을 보이게 된다. 이 진동의 주기를 구하시오.

09 평면상에 $y = x^2$의 형태를 갖는 얇은 철사 위를 질량 m인 작은 고리가 마찰 없이 미끄러진다. 중력이 y방향으로 작용할 때 고리의 일반화 좌표와 라그랑지 운동방정식을 구하시오.

10 수평면 위에 직선 철사가 있고 철사 안에 질량 m인 작은 고리가 놓여 있다. 철사를 갑자기 각속도 ω로 기울이기 시작하였을 때 고리의 운동을 기술하시오. (단, 마찰이 없고 운동 중에 고리는 철사에 계속 구속되어 있다고 가정하시오.)

11 예제 9.4.6과 같은 형태와 질량의 경사면에서 질량 m, 반지름 a인 공이 미끄러짐 없이 굴러내려올 때의 라그랑지안을 구하고 이로부터 경사면의 가속도를 구하시오.

12 반지름이 R인 원통의 표면에서만 움직이도록 구속된 입자가 원통의 중심을 향해 중심과 입자와의 거리에 비례하는 인력을 받으며 운동한다.

1) 원통좌표계를 바탕으로 입자의 해밀토니안을 구하시오.

2) 정준방정식을 구하시오.

3) 원통좌표계에서 z축에 해당하는 방향의 운동 양상을 묘사하시오.

13 직각좌표와 일반화 좌표를 연결하는 변환방정식이 시간을 명백히 포함하지 않을 때(즉, $x_{j,i} = x_{j,i}(q_j)$) $\sum_j \dot{q_j} \dfrac{\partial L}{\partial \dot{q_j}} = 2T$ 임을 증명하시오.

14 앞 장들에서 뉴턴의 방식으로 구했던 운동방정식들을 가능한 경우에 라그랑지안과 해밀토니안을 이용하여 다시 구해 보시오.

진동계와 파동

MECHANICS

- 다양한 진동자의 운동방정식을 구할 수 있다.
- 기준모드진동을 구하고 이를 유발하는 초기조건을 제시할 수 있다.
- 운동방정식과 초기조건으로부터 선형 결합된 진동자의 해를 구할 수 있다.
- 진동모드 사이의 맥놀이를 이해하고 맥놀이가 발생할 조건을 구할 수 있다.
- 줄파동의 파동방정식을 유도하고, 이때 사용된 근사를 말할 수 있다.
- 선형 편미분방정식인 파동방정식의 특수해를 구할 수 있다.
- 초기조건과 경계조건을 만족하는 파동방정식의 해를 구할 수 있다.
- 분산을 이해하고 분산의 유무를 판별할 수 있다.
- 주어진 조건을 활용하여 파속의 군속도를 구할 수 있다.
- 줄 파동의 에너지 전달을 계산할 수 있다.

이전에 우리가 다루었던 진동운동은 진동하는 물체를 하나의 입자로 보거나 강체로 볼 수 있는 경우에 한정되어 있었다. 이제 우리는 보다 일반적인 진동운동을 다루려고 한다. 즉 계가 둘 이상의 입자로 이루어져 있으면서 각각의 입자들이 별도로 운동할 수 있는 상황을 다루고자 한다. 다만 우리가 다루고자 하는 경우는 각각의 입자들이 용수철로 연결되어 있어서 한 입자의 운동이 다른 입자의 운동에 영향을 끼칠 수 있는 경우이다. 이렇게 서로 상호작용하는 여러 입자를 다루기 때문에 운동 양상은 상당히 복잡할 수 있다. 여러분은 이러한 복잡함 속에서 기준 모드를 이용하여 운동을 다루는 법을 배우게 될 것이다.

이번 장에서 다룰 또 다른 주제는 줄의 파동운동이다. 여러분은 몇 가지 상황에 대해 줄의 파동운동을 다루는 방법을 배울 것이다. 줄의 파동운동을 다루려면 줄의 각 요소들이 어떻게 움직이는지를 고려해야 한다. 이런 면에서 파동운동을 다루는 것은 한 입자의 운동을 다룰 때와 몇 가지 차이점을 갖는다. 그렇지만 둘 사이에 상당한 공통점도 존재한다. 이것을 염두에 두고 줄의 파동운동을 다루는 방법에 대한 앞으로의 논의를 대하기 바란다.

10.1 ◦ 세계는 진동운동으로 이루어져 있다

3장에서 배웠듯이 극솟값을 갖는 어떤 퍼텐셜에너지에 종속된 물체의 운동은 진동의 형태를 가질 수 있다. 특히 물체의 에너지가 퍼텐셜에너지의 극솟값보다 약간만 클 경우에는 물체의 운동을 단순조화진동으로 근사할 수 있다. 이런 관점에서 보면 물리적 세계로부터 어렵지 않게 진동운동을 포착할 수 있다. 멋을 부려서 얘기하면 세계는 진동운동으로 이루어졌다고 말해도 과장이 아닐 정도이다. 지금부터 이 말이 그다지 과장이 아니라는 것을 직접 확인해 보자.

겉보기에는 진동과 관련이 없어 보이는 많은 물리 현상이 있다. 그런데 그러한 현상들을 진동모형으로 생각함으로써 물리 현상에 대한 우리의 이해가 한층 깊어질 수 있는 경우가 많다. 지금부터 관련된 사례를 몇 가지 제시하고자 한다. 여러분이 이러한 사례를 충분히 이해하고, 또 다른 사례에 대해서도 같은 아이디어를 적용해 본다면 여러분도 세계에서 무수한 진동운동을 찾아낼 수 있을 것이다.

먼저 두 개의 원자로 이루어진 이원자 분자의 사례를 생각해 보자. 이원자 분자를 [그림 10.1.1]처럼 용수철로 연결된 두 입자로 나타내는 것을 본 기억이 있을 것이다. 이제 그림이 담고 있는 의미를 좀 더 구체화해 보자. 두 원자가 하나의 분자를 이룬다는 것은 두 입자가 결합되어 있다는 것을 의미한다. 그 말은 두 입자를 떼어내려면 힘이 든다는 것이다. 다시 말해서 외부에서 분자의 양쪽을 잡아당겨 두 입자의 거리를 멀어지게 하면 둘 사이에 인력이 작용하여 원위치로 돌아가려고 할 것이다. 또한 외부에서 분자를 압축시킨다면 두 입자의 거리가 좁아질 것인데, 이 과정에서 둘 사이에 척력이 작용하여 둘 사이의 거리를 유지하려는 경향이 있다. 이런 이유로 이원자 분자의 두 원자들은 적정거리를 유지하려는 성질을 갖는다는 것을 [그림 10.1.1]의 모형이 담고 있다. 이런 의미에서 이원자 분자는 [그림 10.1.1]처럼 용수철로 연결된 두 입자로 나타낼 수 있다. 즉, [그림 10.1.1]은 이원자 분자 자체에 대한 것이 아니라 이원자 분자에 대한 우리의 모형을 담아내고 있다. 또한 [그림 10.1.1]의 용수철은 이러한 아이디어를 담아내기 위한 표시이다.

두 번째 사례로 우리의 몸을 생각해보자. 만일 누군가가 여러분의 배를 손가락으로 꾹 누른다면 여러분의 배가 쏙 들어갈 것이다. 이어서 누르던 손가락을 치우면 눌렸던 배가 다시 원위치로 돌아갈 것이다. 이제 여러분의 몸을 [그림 10.1.2]처럼 용수철로 연결된 무수히 많은 입자들의 집합이라고 상상해 보자. 손가락으로 배를 누르는 것은 [그림 10.1.2]의 입자계를 누르는 것과 같다. [그림 10.1.2]의 입자계를 누르면 연결된 용수철들이 압축되면서 전체 모양에 변화가 생긴다. 입자계를 누르는 힘을 제거하면 용수철의 압축이 풀리

[그림 10.1.1] 이원자 분자의 모형

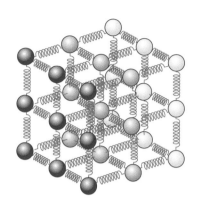

[그림 10.1.2] 탄성을 갖는 거시적 물체에 적용될 수 있는 입자계 모형

면서 전체 입자계의 모양이 원위치를 찾게 된다. 보다 엄밀하게 말하면 용수철의 압축이 해제되면서 입자계의 각각의 입자들이 진동하게 될 것이다. 만일 이러한 진동운동을 감쇠진동이라고 생각한다면, 최종적으로 입자계의 각 입자들은 평형 위치로 되돌아갈 것이고, 결과적으로 입자계의 전체 형태가 원위치로 돌아가게 될 것이다. 만약 입자계를 누르는 정도가 매우 커서 일부 용수철의 탄성한계를 벗어나는 힘이 가해지게 되면, 힘을 제거한 후에도 전체 입자계의 형태가 원상복귀하지 않을 것이다. 이런 식으로 물체의 탄성과 모양 변화를 이해할 수 있다. 이렇게 거시적인 물체를 용수철로 연결된 입자계로 상상하는 것은 매우 유용하다.

세 번째 사례로 여러분이 승차감이 좋은 기차를 설계한다고 가정해 보자. 좋은 승차감을 위해서 기차는 외부의 충격이 유발할 수 있는 진동을 최소화해야 할 것이다. 그러한 기차를 설계하려면 [그림 10.1.3]처럼 기차를 일종의 진동계로 생각할 필요가 있다. 이때 기차를 구성하는 각각의 객차를 편의상 강체로 생각할 수 있다. 또한 객차와 객차 사이의 연결을 그림처럼 감쇠가 있는 용수철의 연결로 생각할 수 있다. 이러한 모형을 바탕으로 외부 충격에 의한 진동을 최소화하는 기차의 설계를 시도할 수 있을 것이다. 엄밀히 말하면 각각의 객차를 강체로 보는 것은 지나치게 단순한 가정이다. 대신에 객차를 다시 여러 부분

감쇠

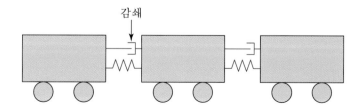

[그림 10.1.3] 연결된 객차의 진동모형

으로 나누고 각각의 부분들이 용수철로 연결되어 있는 계로 상상할 수도 있다. 이러한 모형을 통해서 기차의 승차감을 높일 수 있는 방법을 찾을 수 있다. 물론 구체적인 설계 과정은 상당히 복잡할 것이다. 다만 우리가 말하고자 하는 것은 열차를 설계할 때 열차를 진동계로 고려하는 것이 유용하다는 것이다.

이번에는 여러분이 안전한 비행기를 설계한다고 가정해보자. 비행기가 운항할 때 비행기의 날개에는 여러 힘이 작용한다. 그 결과 비행기의 날개가 진동하여 날개와 본체의 접합부에 큰 힘이 가해질 수 있다. 따라서 안전한 운항을 위해 튼튼한 비행기를 설계하는 것이 중요한 목표가 될 것이다. 이를 위해 날개의 운동을 조금 더 생각해 보자. 비행 중에 날개가 본체와의 접합부를 기준으로 상하로 진동할 수도 있고, 뒤틀리는 방식으로 진동할 수도 있다. 다른 방식의 진동을 생각할 수도 있지만 그것은 무시할 만하다. 어떤 방식의 진동이 추가적으로 가능한지는 각자 생각해 보기로 하자. 여하튼 비행기의 날개에 대해서는 두 가지 방식의 진동이 중요하다. 비행기 날개의 이러한 진동을 나타낸 것이 [그림 10.1.4]이다. 그림에서 용수철 상수 k_1인 병진진동과 용수철 상수 k_2인 뒤틀림진동에 대한 표기가 다르다는 것을 눈여겨보도록 하자. 이처럼 비행기를 설계할 때도 진동운동에 대한 고려가 중요하게 된다.

이상의 논의를 통해서 진동운동의 중요성이 충분히 설명되었으리라 본다. 진동운동을 관련시킬 수 있는 다른 사례는 여러분이 직접 찾아보기 바란다. 세상은 진동운동과 관련되는 것으로 넘쳐나며 약간의 과장을 보태면 세계는 진동운동으로 이루어져 있다고까지 할 수 있다. 어쩌면 이 말이 과장이 아니라고 생각하는 사람도 있을 것이다.

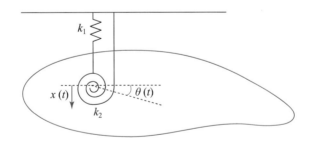

[그림 10.1.4] 비행기 날개에 대한 진동모형

10.2 ● 결합된 진동자와 기준모드진동

앞선 설명처럼 용수철(혹은 진동 운동을 유발하는 다른 것)로 연결된 것으로 볼 수 있는 둘 이상의 물체로 이루어진 계를 결합된 진동자(coupled oscillator)라고 부른다. 이 절에서는 결합된 진동자의 운동을 다루는 일반적인 방법을 예시하고자 한다. 이를 위해 [그림 10.2.1]과 같은 간단한 결합된 진동자를 사례로 하여 논의를 시작하겠다.

감쇠와 마찰을 무시하고, 수평 방향의 운동만을 고려하여 진동계의 운동방정식을 구해 보자. 뉴턴의 방식을 사용하면 운동방정식을 구할 때 [그림 10.2.1]과 같은 도해가 유용하다. 그림처럼 두 물체가 각각 평형 위치에서 벗어난 정도를 각각 x_1, x_2라 놓자. [그림 10.2.1]에서 질량 m_1인 입자를 보면 x_2가 x_1보다 큰 경우에 k_2의 상수를 갖는 용수철에 의한 힘이 입자의 오른쪽으로 작용하게 된다. 힘의 방향을 잘 따져서 두 입자의 운동방정식을 합친 결과는 다음과 같다.

$$m_1\ddot{x}_1 + (k_1 + k_2)x_1 - k_2 x_2 = 0$$
$$m_2\ddot{x}_2 - k_2 x_1 + k_2 x_2 = 0 \tag{10.2.1}$$

이와 같이 뉴턴의 방식으로 운동방정식을 구할 때는 힘의 방향을 고려하여 부호를 바르게 정해주어야 올바른 결과를 얻을 수 있다.

한편 라그랑지안을 이용하여 운동방정식을 구할 수도 있다. 이를 위해서 먼저 전체계의 라그랑지안을 구하면 다음과 같다.

$$L = \frac{1}{2}m\dot{x}_1^2 + \frac{1}{2}m\dot{x}_2^2 - \frac{1}{2}k_1 x_1^2 - \frac{1}{2}k_2(x_2 - x_1)^2 \tag{10.2.2}$$

이 라그랑지안을 가지고 일반화 좌표 x_1, x_2에 대해 각각 라그랑지 방정식을 구하면 식 (10.2.1)을 다시 얻게 된다. 라그랑지안 방식은 운동방정식을 구할 때 부호에 대해 크게 신

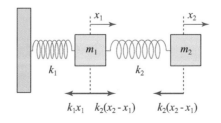

[그림 10.2.1] 두 물체로 이루어진 결합된 진동자의 예에 대한 운동 분석

경을 쓸 필요가 없다는 장점을 갖는다. 지금 다룬 운동 상황은 비교적 간단한 두 입자계이기 때문에 이러한 장점이 크게 돋보이지 않을 수 있다. 그렇지만 여러 입자들로 이루어진 결합된 진동자에 대해서는 라그랑지안 방식의 장점이 보다 두드러지게 된다. 따라서 앞으로 우리가 결합된 진동자를 다룰 때는 주로 라그랑지안 방식을 사용할 것이다.

이제부터는 본격적으로 결합된 진동자의 운동을 다루고자 한다. 이를 위해 먼저 직관적인 이해가 쉬운 경우부터 논의하겠다. [그림 10.2.2]와 같은 결합된 진동자의 운동을 생각해보자. [그림 10.2.2]에서 두 물체는 모두 질량 m을 가지며 x_1, x_2는 각각의 물체가 평형점에서 벗어난 정도이다. 양쪽 가장자리의 용수철의 탄성계수는 모두 k이며, 중앙 용수철의 탄성계수는 k'이다[1].

이러한 상황에서는 두 물체를 연결한 용수철로 인해 한 물체의 운동이 다른 물체의 운동에 영향을 받게 된다. 결과적으로 두 물체 간의 결합으로 인해 전체 운동이 상대적으로 복잡해질 수가 있다. 그런데 운동의 초기조건만 맞으면 한 물체의 운동이 다른 물체의 운동에 큰 영향을 받지 않고 각각의 물체가 별도로 움직이는 것처럼 생각할 수 있는 경우가 생긴다. 이를테면 두 물체를 평형 위치로부터 같은 방향으로 같은 거리만큼 이동시켜서 가만히 놓는 상황을 생각해 보자. 이때 두 물체의 초기조건은 다음과 같다.

$$x_1(0) = x_2(0), \ \dot{x}_1(0) = \dot{x}_2(0) = 0 \tag{10.2.3}$$

이 경우에 두 물체 사이의 탄성계수 k'인 용수철은 전혀 압축되지 않은 상태로 운동이 지속되게 된다. 결과적으로 이러한 초기조건에 대해서 두 물체 사이의 용수철은 없다고 생각해도 무방하다. 따라서 각각의 물체는 각진동수 $\sqrt{k/m}$로 진동할 것이다. 또한 두 물체는 항상 같은 방향으로 운동한다. 결과적으로 주어진 초기조건에 대해서 각각의 물체는 단순조화진동운동을 하게 된다.

이제 두 물체를 반대 방향으로 같은 거리만큼 이동시켜서 가만히 놓는 상황을 생각해 보자. 이때 두 물체의 초기조건은 다음과 같다.

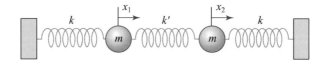

[그림 10.2.2] 결합된 조화진동자 모형

---

1) 이 사례와 앞으로 논의될 사례에서 평형상태에서는 용수철이 늘어나지 않으며, 물체들이 마찰과 감쇠가 없이 수평 방향으로만 움직여서 전체계의 에너지가 보존되는 상황만을 고려하겠다.

$$x_1(0) = -x_2(0), \ \dot{x}_1(0) = \dot{x}_2(0) = 0 \tag{10.2.4}$$

이 경우에 물체의 운동은 탄성계수 k'인 용수철의 중앙을 기준으로 좌우로 완벽한 대칭을 이룬다. 이 중앙을 기준으로 두 물체는 서로 반대 방향의 위치에서 반대의 속도를 가진채 운동하게 된다. 이 경우에 용수철의 중앙을 벽처럼 생각하면 각각의 물체를 다른 물체의 영향 없이 별도로 운동하는 것처럼 생각할 수 있다. 이 상황에서 오른쪽 물체의 운동방정식을 생각해보자. 먼저 물체는 탄성계수가 k인 용수철로부터 힘을 받는다. 물체는 또한 탄성계수 k'인 용수철로부터도 힘을 받는데, 용수철의 중앙점을 기준으로 용수철의 오른쪽 절반만이 물체에 힘을 가하는 것으로 생각할 수 있다. 결과적으로 가운데 용수철이 물체에 가해주는 힘은 탄성계수가 $2k'$인 용수철이 물체에 가해주는 힘과 같다[2]. 즉 오른쪽의 물체는 탄성계수가 k인 용수철과 탄성계수가 $2k'$인 용수철에 병렬로 연결된 채로 운동하는 것과 같다. 왼쪽의 물체에 대해서도 비슷한 결론을 얻을 수 있다. 탄성계수가 k, $2k'$인 두 용수철이 병렬로 연결된 물체는 탄성계수가 $k + 2k'$인 하나의 용수철에 매달린 것처럼 운동한다. 결과적으로 주어진 초기조건에 대해서 각각의 물체는 $\sqrt{(k+2k')/m}$의 진동수를 가지고 조화진동운동을 하게 된다.

이와 같이 식 (10.2.3)이나 식 (10.2.4)의 초기조건에 대해서는 두 물체의 운동이 비교적 간단한 패턴을 갖게 된다. 두 상황에서 두 물체가 같은 진동수로 진동한다는 것에 유의하자. 이와 같이 결합된 진동자를 이루는 각각의 물체가 같은 진동수로 진동하는 운동을 기준모드진동(normal mode vibration)이라고 한다. 식 (10.2.3)의 초기조건에 대해서는 두 물체가 같은 방향을 향하는 기준모드진동을 하게 되는데, 이러한 경우를 대칭모드(symmetric mode)라고 부른다. 식 (10.2.4)의 초기조건에 대해서는 두 물체가 반대 방향을 향하는 기준모드진동을 하며, 이러한 경우를 반대칭모드(antisymmetric mode)라고 부른다.

이제 [그림 10.2.2]의 상황에서 기준모드진동을 구하는 보다 정량적인 방법을 설명하겠다. 이를 위해 이 상황에 대한 라그랑지안을 구하면 다음과 같다.

$$L = \frac{1}{2}m\dot{x}_1^2 + \frac{1}{2}m\dot{x}_2^2 - \frac{1}{2}kx_1^2 - \frac{1}{2}kx_2^2 - \frac{1}{2}k'(x_2 - x_1)^2 \tag{10.2.5}$$

이로부터 x_1, x_2에 대해 각각 라그랑지 방정식을 구하면 다음과 같다.

$$m\ddot{x}_1 + kx_1 - k'(x_2 - x_1) = 0$$

---

2) 용수철이 반토막나면, 용수철의 탄성계수는 두 배가 된다. 이유는 각자 생각해 보자.

$$m\ddot{x}_2 + kx_2 + k'(x_2 - x_1) = 0 \tag{10.2.6}$$

이 운동방정식을 행렬을 이용하여 다음과 같이 다시 써줄 수 있다.

$$\begin{pmatrix} m & 0 \\ 0 & m \end{pmatrix}\begin{pmatrix} \ddot{x}_1 \\ \ddot{x}_2 \end{pmatrix} + \begin{pmatrix} k+k' & -k' \\ -k' & k+k' \end{pmatrix}\begin{pmatrix} x_1 \\ x_2 \end{pmatrix} = \begin{pmatrix} 0 \\ 0 \end{pmatrix} \tag{10.2.7}$$

지금부터 이 운동방정식을 풀어서 기준모드진동의 진동수와 그에 대응하는 가능한 $x_1(t)$, $x_2(t)$를 정량적으로 구해보겠다. 기준모드진동에서 $x_1(t)$와 $x_2(t)$는 같은 진동수로 진동하므로 식 (10.2.7)의 가능한 해로 다음과 같은 특수해를 생각해 볼 수 있다.

$$\begin{pmatrix} x_1(t) \\ x_2(t) \end{pmatrix} = \begin{pmatrix} A_1 \\ A_2 \end{pmatrix} \cos \omega t \tag{10.2.8}$$

여러분은 이 식이 (10.2.7)의 운동방정식을 만족할 수 있는지에 대해서는 아직 확신이 서지 않을텐데, 지금부터 차근차근 확인해 보자[3]. 일단 식 (10.2.8)을 식 (10.2.7)에 적용하여 정리하면 다음을 얻는다.

$$\begin{pmatrix} k+k'-m\omega^2 & -k' \\ -k' & k+k'-m\omega^2 \end{pmatrix}\begin{pmatrix} A_1 \\ A_2 \end{pmatrix} = \begin{pmatrix} 0 \\ 0 \end{pmatrix} \tag{10.2.9}$$

$A_1 = A_2 = 0$이 아니면서 식 (10.2.9)를 만족하는 A_1, A_2가 존재하려면 식 (10.2.9) 속의 행렬에 대한 행렬식이 다음을 만족해야 한다.

$$\det\begin{pmatrix} k+k'-m\omega^2 & -k' \\ -k' & k+k'-m\omega^2 \end{pmatrix} = 0 \tag{10.2.10}$$

이 식을 풀면 다음 방정식을 얻는다.

$$(k+k'-m\omega^2)^2 - k'^2 = 0 \tag{10.2.11}$$

이 방정식을 풀어서 ω를 구하면 다음과 같다.

$$\omega_1 = \sqrt{\frac{k}{m}}, \quad \omega_2 = \sqrt{\frac{k+2k'}{m}} \tag{10.2.12}$$

결과적으로 식 (10.2.8)이 식 (10.2.7)을 만족하려면 ω는 위의 식을 만족해야 한다. 이제 $\omega_1 = \sqrt{k/m}$인 경우에 식 (10.2.7)을 만족하려면 식 (10.2.8)의 A_1, A_2가 어떤 조건이

---

3) 이 상황은 단순조화진동에 대해 $x(t) = \cos\omega t$가 운동방정식 $m\ddot{x} + kx = 0$을 만족하는지 확인하는 것과 유사하다. 다만 수학적으로 조금 더 복잡해졌을 뿐이다.

어야 하는지를 구해보겠다. 이를 위해 식 (10.2.9)에 $\omega = \sqrt{k/m}$ 를 대입하여 정리하면 다음과 같다.

$$\begin{pmatrix} k' & -k' \\ -k' & k' \end{pmatrix} \begin{pmatrix} A_1 \\ A_2 \end{pmatrix} = \begin{pmatrix} 0 \\ 0 \end{pmatrix} \tag{10.2.13}$$

따라서 $A_1 = A_2$ 이어야 한다. 이 결과를 식 (10.2.8)에 적용하면 다음과 같다.

$$\begin{pmatrix} x_1(t) \\ x_2(t) \end{pmatrix} = \begin{pmatrix} 1 \\ 1 \end{pmatrix} A_1 \cos \omega_1 t, \ \omega_1 = \sqrt{\frac{k}{m}} \tag{10.2.14}$$

결과적으로 식 (10.2.14)는 운동방정식 (10.2.7)을 만족하는 하나의 해가 된다.

비슷한 방식으로 $\omega_2 = \sqrt{(k+2k')/m}$ 인 경우에도 식 (10.2.7)을 만족하기 위한 A_1, A_2의 조건을 구할 수 있다. 이를 위해 식 (10.2.9)에 $\omega = \sqrt{(k+2k')/m}$ 를 대입하여 정리하면 다음과 같다.

$$\begin{pmatrix} -k' & -k' \\ -k' & -k' \end{pmatrix} \begin{pmatrix} A_1 \\ A_2 \end{pmatrix} = \begin{pmatrix} 0 \\ 0 \end{pmatrix} \tag{10.2.15}$$

따라서 $A_2 = -A_1$ 이어야 한다. 이것을 식 (10.2.8)에 적용하면 다음과 같이 식 (10.2.8)을 만족하는 다른 해를 얻는다.

$$\begin{pmatrix} x_1(t) \\ x_2(t) \end{pmatrix} = \begin{pmatrix} 1 \\ -1 \end{pmatrix} A_1 \cos \omega_2 t, \ \omega_2 = \sqrt{\frac{k+2k'}{m}} \tag{10.2.16}$$

식 (10.2.14)와 식 (10.2.16)은 각각 앞에서 정성적으로 구했던 기준모드진동 중에서 대칭모드와 반대칭모드에 해당한다. 여기서는 기준모드진동을 정성적 논의 대신에 운동방정식을 풀어서 구했다. 어떤 결합된 진동자이든지 예시한 방법으로 운동방정식을 풀어서 기준모드진동을 구할 수 있다. 기준모드진동에서는 결합된 진동자를 이루는 각각의 물체들이 같은 진동수로 운동하므로 식 (10.2.8)과 같은 특수해를 선정하여 운동방정식을 만족하는 ω와 그때의 기준모드진동을 구할 수 있다.

우리는 정성적인 이해를 위해서 매우 단순한 상황에 대해서 기준모드진동을 소개하였다. 그렇지만 이 결과는 매우 일반적인 것이다. 즉 어떠한 결합된 진동자이든지 특정한 초기조건을 갖게 되면 기준모드진동이 발생할 수 있다. 일반적으로 결합된 진동자가 n개의 자유도를 가진다면 n개의 기준모드진동이 가능하다. 그렇지만 기준모드진동을 유발하는 초기조건은 매우 예외적이어서, 대부분의 초기조건에서는 보다 복잡한 진동운동이 일어나게 된다. 결과만 간단히 말하면 일반적인 초기조건에서 결합된 진동자를 이루는 각각의 물체는 기준모드진동이 중첩된 운동을 하게 된다. 즉 일반적인 초기조건하에서 결합된 진동자를 이루는 각각의 물체는 여러 기준모드진동이 혼합된 복잡한 운동을 하게 된다. 이와 관련해서는 다음 절에서 구체적인 예시를 들겠다.

예제 10.2.1

그림과 같이 일차원상에서 운동하는 서로 다른 질량을 가진 원자들로 이루어진 이원자 분자를 결합된 진동자로 놓고 기준모드진동을 구하시오. (단, 질량 m_1, m_2인 원자들이 평형 위치에서 벗어난 변위를 각각 x_1, x_2 원자 사이의 상호작용에 의한 탄성계수는 k로 놓으시오.)

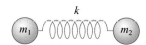

풀이

이 상황은 이체문제이므로 질량중심과 환산질량을 이용하여 운동을 다룰 수도 있다. 여기서는 이원자 분자를 결합된 진동자로 보고 논의를 진행하겠다. 먼저 전체 계의 라그랑지안은 다음과 같다.

$$L = \frac{1}{2}m_1\dot{x}_1^2 + \frac{1}{2}m_2\dot{x}_2^2 - \frac{1}{2}k(x_2 - x_1)^2$$

이로부터 라그랑지 방정식을 구하여 행렬 형태로 써주면 다음과 같다.

$$\begin{pmatrix} m_1 & 0 \\ 0 & m_2 \end{pmatrix}\begin{pmatrix} \ddot{x}_1 \\ \ddot{x}_2 \end{pmatrix} = \begin{pmatrix} -k & k \\ k & -k \end{pmatrix}\begin{pmatrix} x_1 \\ x_2 \end{pmatrix}$$

이 방정식의 해로 식 (10.2.8)을 가정하고 위의 방정식에 대입하면 다음을 얻는다.

$$\begin{pmatrix} k - m_1\omega^2 & -k \\ -k & k - m_2\omega^2 \end{pmatrix}\begin{pmatrix} A_1 \\ A_2 \end{pmatrix} = \begin{pmatrix} 0 \\ 0 \end{pmatrix}$$

이 방정식이 $A_1 = A_2 = 0$이 아닌 해를 가지려면

$$\det\begin{pmatrix} k - m_1\omega^2 & -k \\ -k & k - m_2\omega^2 \end{pmatrix} = 0$$

이어야 한다. 이것을 풀면 다음과 같다.

$$\omega^2\{m_1 m_2 \omega^2 - (m_1 + m_2)k\} = 0$$

결과적으로 ω를 구하면 다음 두 개의 진동수를 갖는 기준모드진동이 가능하다.

$$\omega_1 = 0, \ \omega_2 = \sqrt{\frac{k(m_1 + m_2)}{m_1 m_2}} = \sqrt{\frac{k}{\mu}}$$

$\omega_1 = 0$에 대해 A_1, A_2의 조건을 구하면 $A_1 = A_2$이다. 이것은 두 원자가 같은 방향으로 같은 속도로 운동하는 경우이므로 사실상 두 원자 사이의 상호작용이 없는 경우와 같다. 실제로 진동 운동이 발생하는 것이 아니지만 이 경우도 기준모드진동으로 취급하였다는 것에 유의하자.

한편 $\omega_2 = \sqrt{k/\mu}$ (μ는 환산질량)인 경우에 A_1, A_2의 조건을 구하면 $A_1 = -(m_2/m_1)A_2$ 가 된다. 이 경우에는 분자의 질량중심에서 봤을 때 두 원자가 서로 반대 방향으로 움직이면서 각각 진동하는 운동처럼 생각할 수 있다.

예제 10.2.2

그림과 같이 길이 l인 질량이 없는 막대에 질량 m인 추가 매달린 두 진자가 용수철 상수 k가 매우 작은 느슨한 용수철로 연결되어 있다. 두 진자가 연직으로 정지해 있을 때 용수철이 늘어나지 않았다. 전체 계의 기준모드진동을 구하시오.

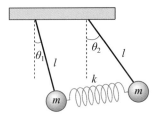

풀이

그림과 같이 θ_1, θ_2를 운동변수로 잡으면 운동에너지와 퍼텐셜에너지가 각각 다음과 같다.

$$T = \frac{1}{2}ml^2\dot{\theta}_1^2 + \frac{1}{2}ml^2\dot{\theta}_2^2$$

$$V \simeq mgl(1 - \cos\theta_1) + mgl(1 - \cos\theta_2) + \frac{1}{2}k(l\sin\theta_1 - l\sin\theta_2)^2$$

$$\simeq \frac{mgl}{2}(\theta_1^2 + \theta_2^2) + \frac{kl^2}{2}(\theta_1 - \theta_2)^2$$

위의 식의 마지막 단계에서는 $\sin\theta \approx \theta$, $\cos\theta \approx 1 - \theta^2/2$이 사용되었다.

이로부터 라그랑지 방정식을 구하여 행렬 형태로 써준 운동방정식은

$$\begin{pmatrix} ml^2 & 0 \\ 0 & ml^2 \end{pmatrix}\begin{pmatrix} \ddot{\theta}_1 \\ \ddot{\theta}_2 \end{pmatrix} = -\begin{pmatrix} mgl + kl^2 & -kl^2 \\ -kl^2 & mgl + kl^2 \end{pmatrix}\begin{pmatrix} \theta_1 \\ \theta_2 \end{pmatrix}$$

이 방정식의 해로 식 (10.2.8)의 기준모드진동 형태를 가정하고 운동방정식에 대입한 결과는

$$\begin{pmatrix} mgl + kl^2 - ml^2\omega^2 & -kl^2 \\ -kl^2 & mgl + kl^2 - ml^2\omega^2 \end{pmatrix}\begin{pmatrix} A_1 \\ A_2 \end{pmatrix} = \begin{pmatrix} 0 \\ 0 \end{pmatrix}$$

여기서 $A_1 = A_2 = 0$이 아닌 해를 가지려는 조건을 구하면

$$\omega_1 = \sqrt{\frac{g}{l}}, \ \omega_2 = \sqrt{\frac{g}{l} + \frac{2k}{m}}$$

ω_1의 진동수로 진동하는 기준모드진동에서 $A_1 = A_2$인 대칭모드의 진동을 하고 ω_2로 진동하는 기준모드진동에서는 $A_1 = -A_2$인 반대칭모드의 진동을 한다.

예제 10.2.3

이중진자의 라그랑지안을 구하고 진폭이 적은 경우에 선형방정식으로 근사한 후에 기준모드진동을 구하시오. (단, 진자를 이루는 두 막대의 길이는 모두 l이고 막대의 질량은 없으며, 두 추의 실량은 모두 m이라 놓으시오.)

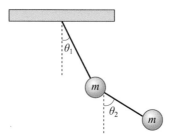

풀이

이중진자의 지지점을 원점으로 하고 진자의 운동에너지를 직각좌표계로 쓰면 다음과 같다.

$$T = \frac{1}{2}m\left(\dot{x}_1^2 + \dot{y}_1^2\right) + \frac{1}{2}m\left(\dot{x}_2^2 + \dot{y}_2^2\right)$$

각 추의 x, y좌표는 일반화 좌표 θ_1, θ_2와 다음 관계를 갖는다.

$$x_1 = l\sin\theta_1, \ x_2 = l\sin\theta_1 + l\sin\theta_2$$
$$y_1 = -l\cos\theta_1, \ y_2 = -l\cos\theta_1 - l\cos\theta_2$$

이를 이용하여 운동에너지를 일반화 좌표 θ_1, θ_2 및 이들의 도함수로 나타낸 후 급수전개에서 2차항까지 남기고 나머지 항은 무시하면 다음 결과를 얻는다.

$$T = \frac{1}{2}ml^2\left(2\dot{\theta}_1^2 + \dot{\theta}_2^2 + 2\dot{\theta}_1\dot{\theta}_2\right)$$

한편 퍼텐셜에너지는 아래와 같다.

$$V = mgl(1 - \cos\theta_1) + mgl(2 - \cos\theta_1 - \cos\theta_2) \simeq \frac{1}{2}mgl\left(2\theta_1^2 + \theta_2^2\right)$$

이 결과로부터 라그랑지안과 라그랑지 방정식을 구하고 기준모드진동을 구한 결과는 다음과 같다.

대칭모드: $\omega_1^2 = (2 - \sqrt{2})\dfrac{g}{l}$, $\quad \sqrt{2}\,A_1 = A_2$

반대칭모드: $\omega_2^2 = (2 + \sqrt{2})\dfrac{g}{l}$, $\quad \sqrt{2}\,A_1 = -A_2$

구체적인 계산은 여러분의 몫으로 남겨두고자 한다.

예제 10.2.4

좌우가 같은 종류의 원자로 구성된 선형 삼원자 분자의 운동 중 진동운동을 고려하자. 분자를 그림처럼 질량이 각각 m인 양 끝의 원자가 중앙의 질량 M인 원자와 용수철 상수가 k인 두 용수철로 연결된 진동자로 보고 진동이 그림처럼 분자를 잇는 일직선상에서 이루어진다고 가정할 때 기준모드진동을 구하시오.

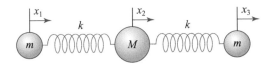

풀이

그림과 같이 각 원자의 평형점에서의 변위를 각각 x_1, x_2, x_3이라 놓으면 라그랑지안은 다음과 같다.

$$L = \frac{m}{2}\dot{x}_1^2 + \frac{M}{2}\dot{x}_2^2 + \frac{m}{2}\dot{x}_3^2 - \frac{k}{2}(x_2 - x_1)^2 - \frac{k}{2}(x_3 - x_2)^2$$

이로부터 운동방정식을 구하여 행렬 형태로 나타내면 다음의 형태가 된다.

$$\begin{pmatrix} m & 0 & 0 \\ 0 & M & 0 \\ 0 & 0 & m \end{pmatrix}\begin{pmatrix} \ddot{x}_1 \\ \ddot{x}_2 \\ \ddot{x}_2 \end{pmatrix} = \begin{pmatrix} -k & k & 0 \\ k & -2k & k \\ 0 & k & -k \end{pmatrix}\begin{pmatrix} x_1 \\ x_2 \\ x_3 \end{pmatrix}$$

$x_1 = A_1\cos\omega t$, $x_2 = A_2\cos\omega t$, $x_3 = A_3\cos\omega t$ 형태의 기준모드진동이 존재한다면 다음을 만족한다.

$$\begin{pmatrix} k - m\omega^2 & -k & 0 \\ -k & 2k - M\omega^2 & -k \\ 0 & -k & k - m\omega^2 \end{pmatrix}\begin{pmatrix} A_1 \\ A_2 \\ A_3 \end{pmatrix} = \begin{pmatrix} 0 \\ 0 \\ 0 \end{pmatrix}$$

이 행렬의 판별식(determinant)이 0이면 $A_1 = A_2 = A_3 = 0$이 아닌 해가 존재한다.

$$\begin{vmatrix} k - m\omega^2 & -k & 0 \\ -k & 2k - M\omega^2 & -k \\ 0 & -k & k - m\omega^2 \end{vmatrix} = 0$$

이 방정식은 삼차식이지만 다음과 같이 쉽게 풀린다.

$$\omega^2(\omega^2 - K/m)(\omega^2 - (kM + 2km)/mM) = 0$$

결국 세 기준모드진동은 각각 다음과 같다.

$$\omega_1 = 0, \ A_1 = A_2 = A_3$$

$$\omega_2 = \sqrt{\frac{k}{m}}, \ A_1 = -A_3, \ A_2 = 0$$

$$\omega_3 = \sqrt{\frac{k}{m} + \frac{2k}{M}}, \ A_1 = A_3, \ A_2 = -\frac{2m}{M}A_1$$

10.3 ● 결합된 진동자의 일반적 운동 양상

앞선 논의에서 우리는 결합된 진동자의 운동방정식을 풀어서 기준모드진동을 하는 특수한 해들을 구했다. 그렇지만 초기조건에 따라 결합된 진동자는 기준모드진동보다 복잡한 운동을 할 수 있다. 지금부터는 결합된 진동자의 가능한 모든 초기조건에 대해 운동방정식을 풀어서 이후의 운동을 예측하는 방법에 대해 설명하겠다. 이 과정은 수학적으로 제법 복잡해 보이지만 물리적으로 새로운 것은 없다. 또한 수학적 복잡함을 제외하면 단순조화진동운동에 대해 일반해를 구하는 과정과 결합된 진동자의 일반해를 구하는 것이 크게 다르지 않다. 따라서 먼저 단순조화진동에서 일반해를 구하는 과정을 간단히 요약하고 나서 본론으로 들어가겠다. 단순조화진동의 운동을 예측하는 과정은 다음과 같다.

1) 운동방정식(이를테면 $m\ddot{x} + kx = 0$ 같은)을 구한다.
2) 운동방정식의 특수해(이를테면 $x(t) = \cos\omega t$ 혹은 $x(t) = \sin\omega t$)를 구한다.
3) 특수해들의 중첩으로 일반해(이를테면 $x(t) = A\cos\omega t + B\sin\omega t$)를 쓴다.
4) 초기조건을 활용하여 일반해에서 미정계수(이를테면 A와 B)를 결정한다.

이러한 풀이가 가능한 이유는 단순조화진동의 운동방정식이 선형미분방정식이기 때문이다. 결합된 진동자의 경우에도 운동방정식이 선형미분방정식이기만 하면 다음과 같이 비슷한 방식의 풀이가 가능하다. 먼저 운동방정식을 라그랑지안을 이용해서 구한다. 앞 절의 식 (10.2.7)이 이렇게 구한 운동방정식이다. 이 방정식이 선형방정식이거나 혹은 선형방정식으로 근사할 수 있다면 다음으로 운동방정식의 특수해를 구한다. 우리는 이미 몇 가지 결합진동 상황의 특수해들을 구했다. 바로 기준모드진동에 대응하는 해들이 우리가 구한 특수해들이다. 이를테면 앞 절의 논의를 토대로 식 (10.2.7)에 대해서 다음의 4개의 특수해를 생각할 수 있다.

$$\begin{pmatrix} x_1(t) \\ x_2(t) \end{pmatrix} = \begin{pmatrix} 1 \\ 1 \end{pmatrix} \cos \omega_1 t, \ \begin{pmatrix} 1 \\ 1 \end{pmatrix} \sin \omega_1 t, \ \begin{pmatrix} 1 \\ -1 \end{pmatrix} \cos \omega_2 t, \ \begin{pmatrix} 1 \\ -1 \end{pmatrix} \sin \omega_2 t \qquad (10.3.1)$$

초기조건이 $x_1(0)$, $x_2(0)$, $\dot{x}_1(0)$, $\dot{x}_2(0)$의 네 가지 값으로 주어지므로 미정계수를 결정하기 위한 특수해도 4개가 필요하다.

이제 이 특수해들을 이용하여 (10.2.7)의 운동방정식을 만족하는 일반해를 다음과 같이 쓸 수 있다.

$$\begin{pmatrix} x_1(t) \\ x_2(t) \end{pmatrix} = \begin{pmatrix} 1 \\ 1 \end{pmatrix} A \cos \omega_1 t + \begin{pmatrix} 1 \\ 1 \end{pmatrix} B \sin \omega_1 t + \begin{pmatrix} 1 \\ -1 \end{pmatrix} C \cos \omega_2 t + \begin{pmatrix} 1 \\ -1 \end{pmatrix} D \sin \omega_2 t \quad (10.3.2)$$

여기서 A, B, C, D는 초기조건에 의해 결정되어야 할 미정계수이다. 이것을 보면 결합된 진동자는 기준모드진동이 중첩된 운동을 함을 알 수 있다. 초기조건이 잘 맞으면 ω_1 혹은 ω_2에 대응하는 진동만 남아 기준모드진동을 하지만, 일반적으로는 두 진동수가 모두 포함된 진동을 하게 된다.

결합된 진동자에 대해서도 단순조화진동의 경우처럼 일반해를 표현하는 방식이 유일하지 않다. 이를테면 다음과 같이 일반해를 표현할 수도 있다.

$$\begin{pmatrix} x_1(t) \\ x_2(t) \end{pmatrix} = \begin{pmatrix} 1 \\ 1 \end{pmatrix} A' \cos(\omega_1 t + \phi_1) + \begin{pmatrix} 1 \\ -1 \end{pmatrix} B' \cos(\omega_2 t + \phi_2) \qquad (10.3.3)$$

이 경우에는 A', B', ϕ_1, ϕ_2가 미정계수가 된다.

초기조건에 따라 미정계수를 결정하면, 구체적인 운동이 결정된다. 이제 초기조건으로부터 미정계수를 구해보겠다. 이를 위해 식 (10.3.2)의 일반해를 다음과 같이 풀어쓰겠다.

$$x_1(t) = A \cos \omega_1 t + B \sin \omega_1 t + C \cos \omega_2 t + D \sin \omega_2 t$$

$$x_2(t) = A \cos \omega_1 t + B \sin \omega_1 t - C \cos \omega_2 t - D \sin \omega_2 t \qquad (10.3.4)$$

초기조건 $x_1(0)$, $x_2(0)$, $\dot{x}_1(0)$, $\dot{x}_2(0)$이 식 (10.3.4)를 만족해야 하므로 다음이 성립한다.

$$x_1(0) = A + C, \ x_2(0) = A - C,$$

$$\dot{x}_1(0) = \omega_1 B + \omega_2 D, \ \dot{x}_2(0) = \omega_1 B - \omega_2 D \qquad (10.3.5)$$

이것을 풀어서 미정계수를 초기조건으로 표현하면 다음과 같다.

$$A = \frac{1}{2}(x_1(0) + x_2(0)), \quad B = \frac{1}{2\omega_1}(\dot{x}_1(0) + \dot{x}_2(0)),$$

$$C = \frac{1}{2}(x_1(0) - x_2(0)), \quad D = \frac{1}{2\omega_2}(\dot{x}_1(0) - \dot{x}_2(0)) \tag{10.3.6}$$

이제 몇 가지 초기조건에 따라 미정계수를 구하여 운동방정식의 해를 구해보겠다. 먼저 다음과 같은 초기조건을 생각해 보자.

$$x_1(0) = 0, \quad x_2(0) = 0, \quad \dot{x}_1(0) = v_0, \quad \dot{x}_2(0) = v_0 \tag{10.3.7}$$

이 경우에 식 (10.3.4), (10.3.6)을 통해 해를 구하면 다음과 같다.

$$x_1(t) = \frac{v_0 \sin \omega_1 t}{\omega_1}, \quad x_2(t) = \frac{v_0 \sin \omega_1 t}{\omega_1} \tag{10.3.8}$$

이 결과는 대칭모드인 기준모드진동에 해당한다. 이 결과는 초기조건을 보고 운동을 추정한 앞 절의 결과와 일치한다. 이제 다음과 같은 초기조건을 생각해 보자.

$$x_1(0) = x_0, \quad x_2(0) = 0, \quad \dot{x}_1(0) = 0, \quad \dot{x}_2(0) = 0 \tag{10.3.9}$$

이러한 초기조건을 식 (10.3.4)와 식 (10.3.6)에 대입하여 해를 구하면 다음과 같다.

$$x_1(t) = \frac{x_0}{2}(\cos \omega_1 t + \cos \omega_2 t)$$

$$x_2(t) = \frac{x_0}{2}(\cos \omega_1 t - \cos \omega_2 t) \tag{10.3.10}$$

이 결과는 각각의 물체가 두 가지 기준모드진동이 중첩된 운동을 하게 된다는 것을 의미한다. 증명하지는 않겠지만 선형운동방정식을 갖는 결합된 진동자의 일반적인 운동이 기준모드진동이 중첩된 운동을 한다는 것은 매우 일반적인 결과이다. 따라서 보다 여러 가지 진동이 결합된 더 일반적인 결합진동을 다루게 되더라도 운동을 분석하는 방식이 달라지지 않는다. 즉 먼저 기준모드진동을 구하고, 그것들의 중첩으로 일반해를 쓴 후에 초기조건에 맞는 특수해를 구하는 방식을 통해 진동자의 운동을 결정할 수 있다.

예제 10.3.1

예제 10.2.3의 이중진자가 $\theta_1(0) = 0$, $\theta_2(0) = 0$, $\dot{\theta}_1(0) = \omega_0$, $\dot{\theta}_2(0) = 0$인 초기조건을 만족할 때 $\theta_1(t)$, $\theta_2(t)$를 구하시오.

풀이

예제 10.2.3에서 구한 기준모드진동의 중첩으로 일반해를 쓰면 다음과 같다.

$$\begin{pmatrix} \theta_1(t) \\ \theta_2(t) \end{pmatrix} = \begin{pmatrix} 1 \\ \sqrt{2} \end{pmatrix} A\cos\omega_1 t + \begin{pmatrix} 1 \\ \sqrt{2} \end{pmatrix} B\sin\omega_1 t + \begin{pmatrix} 1 \\ -\sqrt{2} \end{pmatrix} C\cos\omega_2 t + \begin{pmatrix} 1 \\ -\sqrt{2} \end{pmatrix} D\sin\omega_2 t$$

(예제 10.2.3에서 구했듯이 $\omega_1^2 = (2-\sqrt{2})\dfrac{g}{l}$, $\omega_2^2 = (2+\sqrt{2})\dfrac{g}{l}$ 이다.)

$t=0$일 때의 초기조건에서

$$\theta_1(0) = A + C = 0$$

$$\theta_2(0) = \sqrt{2}\,(A - C) = 0$$

$$\dot{\theta}_1(0) = B\omega_1 + D\omega_2 = \omega_0$$

$$\dot{\theta}_2(0) = \sqrt{2}\,(B\omega_1 - D\omega_2) = 0$$

연립하여 풀면 $A = C = 0$, $B = \omega_0/2\omega_1$, $D = \omega_0/2\omega_2$이므로 주어진 초기조건을 만족하는 $\theta_1(t)$, $\theta_2(t)$는 다음과 같다.

$$\theta_1(t) = \frac{\omega_0}{2\omega_1}\sin\omega_1 t + \frac{\omega_0}{2\omega_2}\sin\omega_2 t$$

$$\theta_2(t) = \frac{\omega_0\sqrt{2}}{2\omega_1}\sin\omega_1 t - \frac{\omega_0\sqrt{2}}{2\omega_2}\sin\omega_2 t$$

10.4 ● 역학적 맥놀이

이제 결합된 진동자의 두 물체가 매우 약하게 결합되어 있는 상황, 이를테면 [그림 10.2.2]에서 $k' \ll k$인 특수한 상황을 생각해 보자. 이 경우에는 기준모드진동을 하는 두 진동수 $\omega_1 = \sqrt{k/m}$ 와 $\omega_2 = \sqrt{(k+2k')/m}$ 의 값의 차이가 크지 않게 된다. 또한 식 (10.3.9)의 초기조건을 가정하고 구한 식 (10.3.10)의 $x_1(t)$, $x_2(t)$의 그래프를 시간에 대해 그려보면 [그림 10.4.1]처럼 맥놀이 같은 모양을 얻게 된다. 그래프를 보다 정성적으로 이해하기 위해 식 (10.3.9)와 같은 초기조건을 생각해보자. 이 경우 식 (10.3.10)의 해를 다음과 같이 다시 써줄 수 있다.

$$x_1(t) = x_0 \cos\frac{(\omega_1 + \omega_2)t}{2} \cos\frac{(\omega_1 - \omega_2)t}{2} \simeq x_0 \cos\omega_1 t \cos\frac{(\omega_1 - \omega_2)t}{2}$$

$$x_2(t) = -x_0 \sin\frac{(\omega_1 + \omega_2)t}{2} \sin\frac{(\omega_1 - \omega_2)t}{2} \simeq -x_0 \sin\omega_1 t \sin\frac{(\omega_1 - \omega_2)t}{2} \quad (10.4.1)$$

위의 식에서 마지막 근사는 $\omega_1 \simeq \omega_2$임을 이용했다. 식 (10.4.1)에서 $\omega_1 \gg |\omega_2 - \omega_1|$이므로, 진동수가 $(\omega_2 - \omega_1)/2$인 삼각함수가 시간 영역에서 느리게 진동하는 동안 진동수 ω_1인 삼각함수는 빠르게 진동하게 된다. 결과적으로 식 (10.4.1)의 해를 시간에 대해 그래프를 그린 결과는 [그림 10.4.1]과 같은 형태를 갖게 된다. 그래프에서 점선은 진동수 $(\omega_2 - \omega_1)/2$에 대한 진동을 나타내며, 실선으로 나타난 빠른 진동은 진동수 ω_1에 대응한다. 이때 $(\omega_2 - \omega_1)/2$을 맥놀이 진동수라 부른다. 맥놀이 모양은 진동수 ω_1인 빠른 진동의 진폭이 맥놀이 진동수에 대응하는 긴 주기를 가지고 변한다고 생각할 수도 있다. 한편 [그림 10.4.1]에서 $x_1(t)$이 큰 진폭으로 진동하는 동안에는 $x_2(t)$의 진동의 진폭이 작아지고, $x_1(t)$이 작은 진폭으로 진동하는 동안에는 $x_2(t)$의 진동의 진폭이 커진다는 것에 유의하자. 이것은 두 물체가 탄성계수 k'인 용수철을 통해 에너지를 주고받는 것으로 해석할 수 있다.

이제 용수철의 탄성계수 k'이 극단적으로 작은 상황을 생각해 보자. 이 경우 맥놀이의 진동수 $(\omega_2 - \omega_1)/2$에 해당하는 진동이 매우 느려지는데, 짧은 시간 동안만 $x_1(t)$를 살펴보면, 일정한 진폭으로 ω_1로 진동하는 패턴만을 확인할 수 있을 것이다. 결과적으로 용수철의 탄성계수 k'가 작아질수록 전체 계의 운동이 물체 사이의 용수철이 없는 경우의 운동과

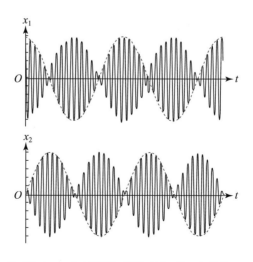

[그림 10.4.1] 결합된 진동자의 맥놀이 운동

유사해질 것이다.

인터넷에서 'coupled osicalltion', 'coupled osicalltor' 혹은 'mechanical beat' 등의 검색어로 검색하면 역학적 맥놀이를 볼 수 있는 다양한 결합진동자와 관련된 동영상들을 쉽게 감상할 수 있다. 이들 동영상을 포함하여 역학적 맥놀이를 볼 수 있는 결합된 진동자의 거동은 시각적으로 상당한 재미를 제공한다. 특히 눈에 띄는 것은 윌버포스진자 (Wilberforce pendulum)이라 불리는 진동자이다. 윌버포스진자는 겉으로 볼 때에는 용수철에 추가 매달린 단순한 형태를 갖는다. 그런데 추를 잡아당겨 병진자유도의 진동을 유발시키면 겉보기에 상당히 복잡한 운동 양상이 나타난다[4].

처음에 윌버포스진자가 병진진동으로 운동을 시작하면 이후에 시간이 지남에 따라 병진자 유도의 진폭이 점점 작아지면서 용수철의 연직 방향(병진 운동의 방향)을 축으로 회전하는 경향이 강해진다. 하지만 시간이 더 지나면 회전자 유도의 진동의 진폭도 결국 다시 작아지면서 병진진동의 진폭이 다시 커진다. 간단히 요약하면 윌퍼포스진자는 시간이 흐르면서 병진진동과 회전진동이 서로 번갈아가며 커지고 작아지는 것을 반복하는 운동 양상을 보인다.

윌버포스진자에서 병진운동과 회전운동이 어떻게 결합되는지를 근본적으로 이해하려면 용수철을 이루는 재질의 탄성과 용수철의 코일모양의 기하학적 구조를 분석해야 한다. 이러한 분석은 다소간 복잡하므로 여기서는 결과만 요약하여 말하면 용수철에 추를 매달 때 추가 용수철을 늘리는 효과뿐 아니라 용수철이 뒤틀리는 효과도 유발한다. 이로 인해 단순히 추를 매다는 행위가 용수철의 병진진동뿐 아니라 회전진동과도 관련되게 된다. 모든 용수철이 이러한 효과를 다소간이나마 갖지만 용수철의 뒤틀림에 의한 회전운동은 보통의 경우에 무시된다. 그런데 용수철과 추의 특성변수들을 잘 선택하면 두 자유도 사이에 역학적 맥놀이를 볼 수 있는데, 이렇게 구성된 결합된 진동자가 윌버포스진자이다.

윌버포스진자의 병진운동과 회전운동에 해당하는 변수를 각각 x, θ라 놓으면 윌버포스진자의 라그랑지안은 다음과 같은 형태를 갖는다는 것이 알려져 있다.

$$L = \frac{1}{2}m\dot{x}^2 + \frac{1}{2}I\dot{\theta}^2 - \frac{1}{2}kx^2 - \frac{1}{2}\kappa\theta^2 - \epsilon x\theta \qquad (10.4.2)$$

여기서 m, x, k, I, θ, κ은 각각 병진운동과 관련된 진동자의 질량, 평형점에서의 병진이동, 병진이동과 관련된 탄성계수, 회전운동과 관련된 진동자의 회전관성, 평형점에서의

---

[4] 아직 윌버포스진자를 못 보았다면 YouTube 검색으로 윌버포스진자의 운동 양상을 감상한 후에 앞으로의 논의를 읽어보자.

회전이동, 회전이동과 관련된 비틀림 탄성계수이다. 라그랑지안의 마지막 항 $\epsilon x\theta$은 두 자유도 사이의 결합으로 인한 퍼텐셜에너지이다[5]. 이제부터 식 (10.4.2)의 형태의 라그랑지안을 갖는 결합된 진동자에서 병진운동과 회전운동 사이에 맥놀이가 발생할 수 있음을 논의하겠다. 윌버포스진자의 라그랑지안 식 (10.4.2)는 식 (10.2.5)의 라그랑지안과 형식적으로 완전히 같다. 따라서 구체적인 풀이방법은 앞서 논의한 예와 완전히 같으므로 앞으로 자세한 계산 과정은 생략하고 계산 결과 및 그 의미에 대해 논의하겠다. 구체적인 계산은 여러분이 직접 해보기 바란다. 먼저 식 (10.4.2)의 라그랑지안에서 일반화 좌표 x, θ에 대해 각각 라그랑지 방정식을 구하면 다음을 얻는다.

$$m\ddot{x} = -kx - \epsilon\theta$$
$$I\ddot{\theta} = -\kappa\theta - \epsilon x \tag{10.4.3}$$

이 결과는 식 (10.2.7)과 매우 유사한 형태이고, 두 경우에 대해 방정식을 푸는 방식은 완전히 같다. 앞절에서 소개된 방법을 따라 식 (10.4.3)의 라그랑지 방정식을 행렬의 형태로 놓고 운동방정식을 풀어서 결합된 진동자의 기준모드 각진동수 ω_+, ω_-를 구할 수 있다. 이렇게 구한 결과를 $\omega_x^2 \equiv k/m$, $\omega_\theta^2 \equiv \kappa/I$라 놓고 정리하면 다음과 같다.

$$\omega_\pm^2 = \frac{1}{2}\left(\omega_x^2 + \omega_\theta^2 \pm [(\omega_x^2 - \omega_\theta^2)^2 + 4\epsilon^2/mI]^{1/2}\right) \tag{10.4.4}$$

여기서 고유진동수 ω_+, ω_-가 비슷한 값을 가져야 맥놀이를 볼 수 있다. 그러기 위해서는 결합항 $\epsilon x\theta$가 없을 때의 각각의 자유도의 진동수가 일치하면 좋다. 따라서 다음 조건을 만족할 때에 그렇지 않을 때보다 맥놀이를 쉽게 확인할 수 있다.

$$\omega_x^2 = \omega_\theta^2 = \sqrt{k/m} = \sqrt{\kappa/I} \tag{10.4.5}$$

한편 두 자유도 사이의 결합이 작을 때를 맥놀이로 볼 수 있으므로 k, κ, ϵ은 다음을 만족해야 한다.

$$k, \kappa \gg \epsilon \quad \text{혹은} \quad \sqrt{k\kappa} \gg \epsilon \tag{10.4.6}$$

이를 구체적으로 보기 위해 $\omega_x = \omega_\theta = \omega_0$라 놓고 앞에서 구한 두 기준모드 각진동수를 정리하면 다음과 같다.

---

5) 결합의 정도를 나타내는 ϵ은 용수철을 이루는 재질의 영률(young's modulus), 용수철의 피치 사이의 거리 등의 용수철의 기하학적 구조 등에 의해 결정된다. 구체적인 내용은 American Journal of Physics, vol 58, p.833에 발표된 Körf의 논문을 참고하라.

$$\omega_\pm^2 = \omega_0^2 \pm \frac{\epsilon}{\sqrt{mI}} \tag{10.4.7}$$

테일러 급수 전개를 통하여 $\omega_\pm$를 구하면 다음을 얻는다.

$$\omega_\pm \simeq \omega_0 \pm \frac{\epsilon}{2\omega_0\sqrt{mI}} \tag{10.4.8}$$

맥놀이 진동수(ω_B)는 두 기준모드 진동수 ω_+, ω_-의 차의 반으로 정의되므로 다음과 같다.

$$\omega_B = \omega_0\frac{\epsilon}{\sqrt{\kappa k}} \tag{10.4.9}$$

이 결과를 보면 앞에서 논의한 대로 결합이 없을 때의 각 자유도의 고유진동수 ω_x^2, ω_θ^2이 같고(혹은 비슷하고), 두 자유도 간의 결합이 약할 때 결합된 진동자의 두 기준모드 각 진동수 ω_+, ω_-가 비슷한 값을 갖는다는 것을 확인할 수 있다.

이제 ω_+에 대응하는 기준모드진동을 구하기 위해 라그랑지 방정식에서 $x(t) = x_0\cos\omega_+ t$, $\theta(t) = \theta_0\cos\omega_+ t$ 형태의 해를 넣고 고유벡터를 구하면 x_0, θ_0가 다음을 만족한다.

$$x_0 = \sqrt{\frac{I}{m}}\,\theta_0 \tag{10.4.10}$$

이로부터 ω_+의 진동수를 갖는 기준모드진동이 발생하는 초기조건을 구할 수 있다. 이를테면 다음의 초기조건에서 기준모드진동이 발생한다.

$$x(0) = x_0,\ \dot{x}(0) = 0,\ \theta(0) = \sqrt{m/I}\,x_0,\ \dot{\theta}(0) = 0 \tag{10.4.11}$$

한편 비슷한 방식으로 $x(t) = x_0\cos\omega_- t$, $\theta(t) = \theta_0\cos\omega_- t$ 형태의 해를 넣고 고유벡터를 구하면 x_0, θ_0는 다음을 만족해야 한다.

$$x_0 = -\sqrt{\frac{I}{m}}\,\theta_0 \tag{10.4.12}$$

이로부터 ω_-의 진동수를 갖는 기준모드진동이 발생하는 초기조건도 다음과 같이 구할 수 있다.

$$x(0) = x_0,\ \dot{x}(0) = 0,\ \theta(0) = -\sqrt{m/I}\,x_0,\ \dot{\theta}(0) = 0 \tag{10.4.13}$$

예제 10.4.1

식 (10.4.2), (10.4.3)으로 주어지는 윌버포스진자의 초기조건이 다음과 같다.

$$x(0) = x_0, \ \dot{x}(0) = 0, \ \theta(0) = 0, \ \dot{\theta}(0) = 0$$

이후의 운동에서 회전운동의 최대 진폭이 얼마나 되는지를 어림하시오.

풀이

초기조건이 병진자 유도의 변위만을 가진다면 라그랑지안에서 $kx^2/2$ 항에 모든 에너지가 저장되어 있다고 할 수 있다. 이후에 두 자유도 사이의 약한 결합을 통해 병진운동의 에너지는 회전운동으로 전이하게 되고, 대부분의 에너지가 $\kappa\theta^2/2$항으로 전이될 때 회전운동의 진폭이 최대가 된다. 따라서 회전운동의 최대 진폭 $\theta_{\max}$ 는 근사적으로 다음을 만족한다.

$$\frac{1}{2}kx_0^2 = \frac{1}{2}\kappa\theta_{\max}^2$$

결과적으로 맥놀이 과정에서 회전운동의 최대 진폭 $\theta_{\max}$ 를 어림하면 다음과 같다.

$$\theta_{\max} = \sqrt{\frac{k}{\kappa}}\,x_0$$

예제 10.4.2

식 (10.4.2), (10.4.3)으로 주어지는 윌버포스진자의 초기조건이 다음과 같다.

$$x(0) = x_0, \ \dot{x}(0) = 0, \ \theta(0) = 0, \ \dot{\theta}(0) = 0$$

운동방정식을 풀어서 $x(t), \theta(t)$를 구하시오.

풀이

기본적으로 이 문제는 [그림 10.2.2]의 진동자의 운동을 푸는 방법과 거의 똑같은 방법으로 풀 수 있다. 여기서는 다른 방법의 풀이를 소개하겠다. 문제의 초기조건을 포함하여 대부분의 초기조건에 대해서는 진동자가 ω_+인 진동수의 진동과 ω_-인 진동수의 진동이 중첩된 거동을 보여준다. 따라서 주어진 초기조건에서의 진동자의 거동을 구체적으로 풀기 위해 $\theta(t)$의 일반해를 다음과 같이 놓을 수 있다.

$$\theta(t) = A\sin\omega_+ t + B\cos\omega_+ t + C\sin\omega_- t + D\cos\omega_- t$$

$\theta(t)$가 이와 같은 일반해의 형태라면 식 (10.4.3)에 의해 $x(t)$는 다음을 만족해야 한다.

$$x(t) = \left(\frac{I\omega_+^2 - \kappa}{\epsilon}\right)(A\sin\omega_+ t + B\cos\omega_+ t) + \left(\frac{I\omega_-^2 - \kappa}{\epsilon}\right)(C\sin\omega_- t + D\cos\omega_- t)$$

$\theta(t)$와 $x(t)$에 대한 두 일반해가 진동자의 초기조건 $x(0) = x_0$, $\dot{x}(0) = 0$, $\theta(0) = 0$, $\dot{\theta}(0) = 0$을 만족해야 한다는 것을 이용하여 초기조건을 만족하는 특수해 $x(t)$, $\theta(t)$를 구할 수 있다. 두 일반해 및 이들의 시간미분 $\dot{x}(t)$, $\dot{\theta}(t)$가 초기조건을 만족해야 한다는 것을 이용하여 미정계수 A, B, C, D를 구하여 정리하면, 주어진 초기조건을 만족하는 특수해 $x(t)$, $\theta(t)$는 다음과 같다.

$$x(t) = \frac{x_0}{2}(\cos\omega_+ t + \cos\omega_- t)$$

$$\theta(t) = \sqrt{\frac{m}{I}}\,\frac{x_0}{2}(\cos\omega_+ t - \cos\omega_- t)$$

이로부터 ω_+와 ω_-의 차이가 크지 않을 때 병진운동 $x(t)$와 회전운동 $\theta(t)$ 사이의 맥놀이가 있음을 확인할 수 있다. 또한 이 결과로부터 $\theta_{\max} = \sqrt{m/I}\,x_0$라는 예제 10.4.1의 결과도 다시 확인할 수 있다.

월버포스진자에 대한 앞선 예제는 월버포스진자의 라그랑지안에서 출발하였다. 이러한 라그랑지안이 어떻게 나온 것인지를 설명하는 복잡한 과정은 생략하였다. 병진운동과 회전운동이 결합된 진동자이면서 라그랑지안을 보다 쉽게 구할 수 있는 경우를 [그림 10.4.2]에 제시하였다. 균일한 막대의 질량중심에서 각각 R, r인 지점에 용수철 상수가 각각 k로 같은 용수철에 의한 탄성력이 작용한다. 이 경우 두 용수철이 물체에 가하는 힘의 작용점과 물체의 질량중심 사이의 거리가 다르기 때문에 두 용수철에 의한 복원력은 물체의 질량중심의 병진운동뿐 아니라 물체의 회전운동에도 기여하게 된다. 두 자유도가 어떻게 결합되는지를 보다 구체적으로 보기 위해 물체가 평형조건에서 z만큼 병진이동하고, 회전이동은

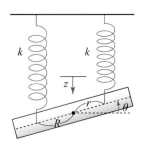

[그림 10.4.2] 병진운동과 회전운동이 결합된 진동자

하지 않는 초기조건을 가정해보자. 이때 병진이동만 있으므로 두 용수철을 통해 물체에 가해지는 두 힘의 크기는 같다. 그런데 그림에서 $r < R$이므로 물체의 질량중심을 기준으로 보았을 때 두 힘이 물체에 가하는 돌림힘은 다르고, 그 결과 회전운동이 유발된다. 결과적으로 물체가 평형 위치에서 병진이동을 하면, 강체의 회전운동이 유발된다고 결론내릴 수 있다.

이번에는 물체가 평형 위치에서 어떤 각도 θ만큼 회전하였으나 물체의 질량중심의 병진이동은 없는 초기조건을 생각하자. 이때 $r \neq R$이므로 회전에 의한 두 용수철의 길이 변화가 다르다. 따라서 두 용수철이 물체에 작용하는 탄성력의 크기가 다르고 그 결과 물체의 질량중심에 병진운동이 유발된다. 즉 물체가 평형 위치에서 회전이동을 하면, 그 결과로 물체의 병진운동이 유발된다. R과 r의 차이가 클수록 이러한 효과가 크다. 결과적으로 R과 r의 차이가 클수록 병진운동과 회전운동이 강하게 결합되어 있다고 할 수 있다. 문제 상황의 진동자는 이와 같이 회전운동이 병진운동을 유발하고 병진운동이 회전운동을 유발하는 방식으로 결합되어 있다. 이 진동자의 맥놀이와 관련한 보다 구체적인 계산 결과는 예제를 통해 확인하기로 하자.

예제 10.4.3

[그림 10.4.2]의 진동자에서 맥놀이를 쉽게 보려면, R, r 그리고 균일한 막대의 길이 L 사이에 어떤 관계가 만족해야 하는가? (단, 회전운동의 회전각은 작다고 가정한다.)

풀이

평형조건에서 회전관성 I인 막대가 z만큼 병진이동하고, θ만큼 회전이동하는 상황을 가정하자. 이러한 두 자유도의 운동만 고려하면 회전각이 $\theta \ll 1$을 만족하는 조건에서 이 진동자의 라그랑지안은 다음과 같다.

$$L = \frac{1}{2}m\dot{z}^2 + \frac{1}{2}I\dot{\theta}^2 - \frac{1}{2}k(z + R\theta)^2 - \frac{1}{2}k(z - r\theta)^2$$

여기서 일반화 좌표 z, θ에 대해 각각 라그랑지 방정식을 구하면 다음과 같은 결합된 진동자의 선형 운동방정식을 얻는다.

$$m\ddot{z} = -2kz - k(R-r)\theta$$
$$I\ddot{\theta} = -k(R^2 + r^2)\theta - k(R-r)z$$

이 결과는 월버포스진자에 대한 논의에서 얻은 식 (10.4.3)의 결과와 계수만 다르고 같은 구조를 갖는다. 즉, 이 식은 앞선 식 (10.4.3)에서 x, k, κ, ϵ 대신 z, $2k$, $k(R^2 + r^2)$, $k(R-r)$을 각각 대입한 것과 같다. 두 경우의 운동방정식이 동일한 형식을 가지므로 월버포스진자에서 구한 맥놀이 조건 (10.4.5)와 (10.4.6)의 모든 결과가 이 문제에도 적용된다. 따라서 이들 식에서 x, k, κ, ϵ 대신 $z, 2k, k(R^2 + r^2), k(R - r)$을 각각 대입하여 맥놀이를 쉽게 볼 조건을 구하면 다음과 같다.

$$I = \frac{1}{2} m (R^2 + r^2), \ R - r \ll \sqrt{R^2 + r^2}$$

여기서 첫 번째 식은 결합이 없을 때 회전운동과 병진운동의 각진동수가 같다는 조건에서 나온 것이고, 두 번째 식은 결합이 작다는 조건에서 나온 것이다. 길이가 L인 균일한 얇은 막대의 질량중심을 기준으로 한 회전관성은 $I = mL^2/12$이다. 따라서 막대의 질량중심과 용수철의 부착점과의 거리 R, r이 다음을 만족할 때 맥놀이를 쉽게 볼 수 있다.

$$R^2 + r^2 = L^2/6, \ R - r \ll \sqrt{R^2 + r^2}$$

10.5 ● 줄파동의 운동방정식

지금부터는 줄파동의 사례를 통하여 파동의 거동을 다루고자 한다. [그림 10.5.1]과 같이 수평으로 매달린 줄을 생각하자. 지상에서는 줄이 아무리 팽팽하게 당겨져 있더라도 중력에 의해 줄이 수직 방향으로 늘어나게 된다. 그렇지만 지금부터는 중력과 그로 인한 줄의 팽창을 모두 무시하고 논의를 진행하겠다. 즉, 우리의 논의에서는 줄이 평형상태에서 수평으로 팽팽하게 매달려 있다고 가정하겠다. 만일 외부에서 어떤 충격을 줄에 가하면 줄을 이루는 각 부분들이 평형점으로부터 벗어나게 된다. 간단한 논의를 위해 지금부터는 줄의 각 부분들이 오직 수직 방향으로만 이동한다고 가정하겠다.

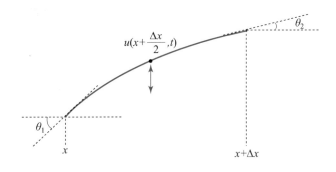

[그림 10.5.1] 줄파동의 요소에 걸리는 힘

줄의 운동을 다루는 하나의 방법은 줄을 용수철로 연결된 무수히 많은 입자들로 이루어진 결합된 진동자로 보는 것이다. 그런데 이 방법은 수학적으로 제법 복잡하므로 본 교재에서는 소개하지 않겠다. 대신에 줄을 많은 입자들의 집합이 아닌 연속체로 생각하여 논의를 진행하겠다. 이제 기준점에서 x만큼 떨어져 있는 줄의 작은 요소 $(x, x+\Delta x)$가 평형점에서 수직 방향으로 이동한 정도를 [그림 10.5.1]처럼 $u(x + \Delta x/2, t)$라고 놓겠다. 결과적으로 줄의 변위는 위치와 시간 모두의 함수가 된다. 이렇게 줄을 연속체로 생각할 때 줄의 운동을 안다는 것은 임의의 시간과 위치에 대해 $u(x, t)$를 안다는 것이다.

이제 줄이 시간에 따라 어떻게 움직이는지를 규정하는 운동방정식을 구해보자. 논의를 진행하기 위해 몇 가지 가정이 필요하다. 먼저 평형상태에서 줄의 선밀도(즉, 단위 길이당 질량)를 μ라는 상수로 가정하겠다. 또한 줄의 단면에 걸리는 장력이 전체 줄에 대해서 T로 일정하며, 줄이 진동하더라도 장력의 크기 변화가 없으며, 한 단면에 걸리는 장력의 방향은 그 지점의 줄의 접선 방향과 같다고 가정하겠다. 또한 줄이 진동하는 동안 줄의 각 지점의 접선 방향이 수평 방향과 이루는 각도 θ가 매우 작다고 가정하겠다. ([그림 10.5.1]을 참고하라.) 그리고 줄의 각 요소들은 오직 수직 방향으로만 움직이며, 수평 방향으로의 운동은 없다고 가정하겠다. 엄밀히 말해서 이들 가정 모두가 실제 상황을 정확히 반영하는 것은 아니다. 따라서 이러한 가정하에 만들어진 운동방정식이 실제의 줄의 운동을 예측하는 정확성에는 한계가 있을 수 있다. 이런 점을 감안하고 앞으로의 논의를 살펴보도록 하자.

이제 [그림 10.5.1]처럼 줄의 작은 요소 $(x, x+\Delta x)$의 운동을 생각해 보자. 이 요소는 살짝 굽어있어서 양 끝에서의 접선과 수평선이 이루는 각도 θ_1, θ_2가 다르다. 또한 이 요소가 수직 방향으로만 움직인다고 이미 가정했으므로, 요소의 수직 방향 운동에 집중해 보자. 질량이 $\mu\Delta x$인 이 요소가 장력에 의해 수직 방향 알짜힘을 받으므로 뉴턴의 2법칙을 이 요소에 적용하면 다음과 같다.

$$T\sin\theta_2 - T\sin\theta_1 \simeq \mu\Delta x \frac{\partial^2 u(x + \Delta x/2, t)}{\partial t^2} \tag{10.5.1}$$

그런데 θ_1, θ_2가 작다는 것을 이용하면 수직 방향 알짜힘에 대해서 다음이 성립한다.

$$T(\sin\theta_2 - \sin\theta_1) \simeq T(\tan\theta_2 - \tan\theta_1)$$

$$\simeq T\left(\frac{\partial u}{\partial x}\Big|_{x+\Delta x} - \frac{\partial u}{\partial x}\Big|_x\right) \simeq T\frac{\partial^2 u(x, t)}{\partial x^2}\Delta x \tag{10.5.2}$$

식 (10.5.2)을 식 (10.5.1)에 적용하고 Δx를 0으로 보내는 극한을 취하여 정리하면 다음의 결과를 얻는다.

$$\frac{\partial^2 u(x,t)}{\partial x^2} - \frac{\mu}{T}\frac{\partial^2 u(x,t)}{\partial t^2} = 0 \tag{10.5.3}$$

이제 v를 $v \equiv \sqrt{T/\mu}$로 정의하면 식 (10.5.3)은 다음과 같이 다시 쓸 수 있다.

$$\frac{\partial^2 u(x,t)}{\partial x^2} - \frac{1}{v^2}\frac{\partial^2 u(x,t)}{\partial t^2} = 0 \tag{10.5.4}$$

이렇게 새로운 변수 v를 도입하여 방정식을 다시 써준 이유가 궁금할 것이다. 뒤에서 보겠지만 v는 줄파동의 진행속도가 된다. 결과적으로 줄파동의 진행속도를 결정하는 것은 줄에 걸리는 장력과 줄의 선밀도라고 할 수 있다. 지금까지 우리는 줄에 대한 운동방정식을 구했는데, 이 방정식이 파동과 관련된다는 의미에서 일반적으로는 파동방정식이라 불린다. 줄의 파동방정식은 뉴턴 역학을 줄에 대해 적용하여 얻은 것이라는 것을 명심하자.

물리학은 다양한 종류의 파동을 다루며, 각각의 상황에서 모형을 세워서 파동방정식을 얻을 수 있다. 이를테면 진공 중에서 한 방향으로 진행하는 빛의 전기장 $\vec{E}(x,t)$은 다음과 같은 파동방정식을 만족하게 된다.

$$\frac{\partial^2 \vec{E}(x,t)}{\partial x^2} - \frac{1}{c^2}\frac{\hbar^2}{2m}\frac{\partial^2 \vec{E}(x,t)}{\partial t^2} = 0 \tag{10.5.5}$$

줄파동과 전자기파동의 경우 파동방정식은 시간에 대한 이계미분인 편미분방정식이다. 한편 양자역학에서 일차원 운동을 하는 자유입자의 물질파 $\psi(x,t)$는 다음과 같은 파동방정식을 만족한다.

$$-i\hbar\frac{\partial\psi(x,t)}{\partial t} = -\frac{\hbar^2}{2m}\frac{\partial^2\psi(x,t)}{\partial x^2} \tag{10.5.6}$$

이 결과는 앞선 파동방정식들과 달리 시간에 대해 일계미분인 편미분 방정식이라는 점에 유의하자. 어떤 파동을 다루던지, 초기조건과 파동방정식을 알면 방정식을 풀어서 파동의 거동을 예측할 수 있다. 이것은 초기조건과 운동방정식을 알면 물체의 거동을 예측할 수 있었던 것과 유사하다. 입자의 운동과 파동의 운동을 다루는 것의 차이를 [표 10.5.1]에 정리하였다. 두 경우 모두 운동방정식과 초기조건을 통해서 이후의 운동을 예측할 수 있다는 점에서는 유사하다. 다만 입자의 운동방정식이 상미분방정식인 반면 줄파동의 운동방정식이 편미분방정식이라는 차이가 있다. 상미분방정식과 비교할 때 편미분방정식의 해를 구하는 과정은 약간 복잡한데, 다음 절에서 이 문제를 다루겠다.

[표 10.5.1] 입자의 운동과 파동의 운동을 다루는 방식의 비교

	한 입자의 운동	파동의 운동
운동변수	$x(t), \dot{x}(t)$	$u(x, t), \dfrac{\partial u(x,t)}{\partial t}$
초기조건	$x(0), \dot{x}(0)$	$u(x, 0), \dfrac{\partial u(x, t)}{\partial t}\Big|_{t=0}$
운동방정식	상미분 방정식: $\ddot{x} = f(x, \dot{x}, t)$	편미분방정식: $\dfrac{\partial^2 u(x, t)}{\partial x^2} - \dfrac{1}{v^2}\dfrac{\partial^2 u(x, t)}{\partial t^2} = 0$

10.6 ● 파동방정식의 특수해 구하기: 변수분리법

파동방정식은 편미분방정식이기 때문에 방정식을 푸는 방법이 조금 복잡하다. 그래도 다행스러운 점은 이 방정식이 선형방정식이라는 점이다. 따라서 중첩의 원리가 성립하여, $u_1(x, t)$와 $u_2(x, t)$가 방정식의 해라면 이들의 선형 중첩, $C_1 u_1(x, t) + C_2 u_2(x, t)$도 방정식의 해가 된다. 선형성에 의해 10.3절에서 제시된 결합된 진동자의 선형미분방정식을 푸는 과정을 파동방정식에 대해서도 적용할 수 있다. 즉, 여러 특수해들을 구하면 그것들의 중첩으로 일반해가 표현되며, 초기조건을 고려하여 미정계수를 결정함으로써 운동이 결정되게 된다.

이제 핵심 과제는 파동방정식의 특수해를 구하는 것으로 환원된다. 우리가 다루는 방정식이 편미분방정식이라서 특수해를 구하는 과정에서 변수분리라는 새로운 방법이 사용된다. 변수분리법은 파동방정식을 포함하여 모든 선형편미분방정식을 풀 때 유용한 방법이므로, 한번 익혀두면 두고두고 쓸 일이 많을 것이다. 지금부터 변수분리를 사용하여 파동방정식의 특수해들을 구하는 과정을 설명할 텐데 잘 익히기 바란다.

변수분리법은 다음과 같이 시간변수 t만의 함수 $\phi(t)$와 공간변수 x만의 함수 $\psi(x)$의 곱으로 이루어진 파동방정식의 특수해 $u(x, t)$를 찾는 방법이다.

$$u(x, t) = \psi(x)\phi(t) \tag{10.6.1}$$

편미분방정식의 모든 해가 이렇게 변수 분리된 형태를 갖는 것은 아니다. 대신에 방정식을 만족하는 어떠한 일반적인 해도 다음과 같이 변수 분리된 해들의 중첩으로 써질 수 있다는 것이 알려져 있다.

$$u(x,\,t) = \sum_i A_i \psi_i(x) \phi_i(t) \tag{10.6.2}$$

따라서 선형편미분방정식을 풀 때는 식 (10.6.1)과 같이 변수 분리된 특수해들을 구하는 것이 일차적인 목표가 된다. 이제 식 (10.5.4)의 파동방정식에 대해 변수 분리된 해를 구해 보겠다. 식 (10.6.1)이 (10.5.4)의 해라고 가정하여 대입하면 다음과 같은 결과를 얻는다.

$$\phi(t)\frac{\partial^2 \psi(x)}{\partial x^2} = \frac{1}{v^2}\psi(x)\frac{\partial^2 \phi(t)}{\partial t^2} \tag{10.6.3}$$

위 식의 양변을 $\psi(x)\phi(t)$로 나누는 기법을 사용하면 다음을 얻는다.

$$\frac{v^2}{\psi(x)}\frac{\partial^2 \psi(x)}{\partial x^2} = \frac{1}{\phi(t)}\frac{\partial^2 \phi(t)}{\partial t^2} \tag{10.6.4}$$

이 식의 좌변은 오직 x만의 함수이고 우변은 오직 t만의 함수이다. 따라서 양변이 같으려면 모두 x와 t에 무관한 상수여야 한다. 그러한 상수를 C라고 하면 식 (10.6.4)로부터 다음을 얻는다.

$$\frac{d^2\psi(x)}{dx^2} = \frac{C}{v^2}\psi(x)$$

$$\frac{d^2\phi(t)}{dt^2} = C\phi(t) \tag{10.6.5}$$

식 (10.6.5)의 각각의 식이 한 변수만을 포함하므로 편미분 대신 상미분을 사용했다는 것에 주의하자. 또한 식 (10.6.5)의 상미분방정식들은 특수해를 쉽게 구할 수 있다. 구체적인 특수해는 C가 양수인지 음수인지에 따라 달라진다. 먼저 C가 음수인 경우를 생각하면 $C = -\omega^2$인 실수 ω가 있으며, 이를 이용하여 (10.6.5)의 식을 다음과 같이 쓸 수 있다[6].

$$\frac{d^2\psi(x)}{dx^2} = -\frac{\omega^2}{v^2}\psi(x) \tag{10.6.6}$$

$$\frac{d^2\phi(t)}{dt^2} = -\omega^2\phi(t) \tag{10.6.7}$$

이제 방정식 (10.6.6)은 다음과 같은 특수해를 가진다는 것을 쉽게 확인할 수 있다.

$$\psi(x) = \cos\frac{\omega}{v}x, \ \sin\frac{\omega}{v}x \tag{10.6.8}$$

---

6) 뒤에서 살펴보겠지만 이렇게 도입한 ω는 파동의 각진동수가 된다.

한편 방정식 (10.6.7)은 다음과 같은 특수해를 가진다.

$$\phi(t) = \cos\omega t, \ \sin\omega t \tag{10.6.9}$$

이제 식 (10.6.1)에 의해 원래의 파동방정식 (10.5.4)은 다음과 같은 특수해를 가진다.

$$\cos\frac{\omega}{v}x\cos\omega t, \ \sin\frac{\omega}{v}x\cos\omega t, \ \cos\frac{\omega}{v}x\sin\omega t, \ \sin\frac{\omega}{v}x\sin\omega t \tag{10.6.10}$$

ω가 어떠한 실수 값을 갖더라도 (10.6.10)이 파동방정식의 특수해가 된다는 것에 유의하자. 결과적으로 우리는 무한히 많은 특수해들을 구한 셈이다.

한편 C가 양수인 경우에 $C = \omega^2$인 실수 ω를 도입하여 식 (10.6.5)을 풀어서 $u(x, t)$ $(= \psi(x)\phi(t))$의 특수해를 구하면 다음과 같이 지수함수의 형태를 갖는다.

$$e^{\frac{\omega}{v}x}e^{\omega t}, \ e^{\frac{\omega}{v}x}e^{-\omega t}, \ e^{-\frac{\omega}{v}x}e^{\omega t}, \ e^{-\frac{\omega}{v}x}e^{-\omega t} \tag{10.6.11}$$

현실의 파동은 원점에서 멀어질 때 변위가 0으로 수렴한다고 생각하는 것이 타당하다. 그런데 지수함수는 원점에서 멀어질 때 함수의 값이 발산하게 된다. 따라서 C가 양수인 경우에 구한 특수해들은 파동방정식을 만족하지만 물리적으로 있을 법한 상황과는 무관한 해들이다. 결론적으로 C가 음수인 경우와 양수인 경우 모두에 대해서 파동방정식의 특수해를 구할 수 있지만 현실적으로 가능한 파동과 관련되는 해들은 식 (10.6.10)과 같이 C가 음수일 때 구한 해들이다. 따라서 실세계의 파동을 다룰 때 식 (10.6.11)의 특수해들은 더 이상 고려할 필요가 없다. 고려하더라도 현실적인 초기조건을 적용하는 과정에서 관련된 특수해들에 해당하는 계수들이 모두 0이 될 것이기 때문이다.

이제 식 (10.6.10)의 특수해들이 어떤 물리적 의미를 갖는지 생각해 보자. 이 해들의 형태를 유심히 보면, 이들이 모두 정상파를 이루는 파동과 관련된다는 것을 알 수 있을 것이다. 즉, 식 (10.6.10)의 각각의 특수해들은 모두 특정한 정상파 파동에 대응한다. 앞에서 파동방정식을 만족하는 모든 해는 식 (10.6.10)처럼 특수해들의 중첩으로 쓸 수 있다고 하였다. 실제로 식 (10.6.10)의 특수해들로 파동방정식을 만족하는 모든 해를 쓸 수 있다. 이 말은 모든 줄파동 $u(x, t)$는 그것이 어떤 모양을 갖든지 식 (10.6.10)의 특수해들의 중첩으로 나타낼 수 있다는 말이다[7]. 즉, 정상파 파동의 중첩으로 모든 파동을 나타낼 수 있다. 정상파처럼 보이지 않고 진행하는 파동으로 보이는 경우에 대해서도 마찬가지이다. 진행하는 파동을 정상파들의 중첩으로 전개할 수 있다는 것이 의외로 여겨질 것이다. 이것이 가

---

7) 식 (10.6.6)과 식 (10.6.7)에서 ω가 임의의 실수이므로 특수해의 개수는 4개가 아니라 무한히 많다는 것을 상기하자.

능하다는 것을 보기 위해 다음의 등식을 생각해 보자.

$$\cos\left(\frac{\omega}{v}x - \omega t\right) = \cos\frac{\omega}{v}x\cos\omega t + \sin\frac{\omega}{v}x\sin\omega t \tag{10.6.12}$$

이 등식의 우변은 정상파 파동에 대응하는 함수들의 중첩이다. 반면 좌변은 오른쪽으로 진행하는 코사인 함수 파동이다. 이렇게 정상파인 파동의 중첩으로 진행하는 파동을 만들 수 있다.

변수분리를 통해 우리가 구한 특수해들은 식 (10.6.10)처럼 정상파 파동에 대응하는 것 들이었다. 임의의 파동을 이 특수해들(즉, 정상파)의 중첩으로 전개할 수 있다고 하였다. 그렇다면 다른 형태의 특수해들을 찾아서 이 특수해들로 임의의 파동을 전개할 수는 없을 까? 단순조화진동자의 경우에 $\cos\omega t$와 $\sin\omega t$로 일반해를 전개할 수도 있었고, $e^{i\omega t}$, $e^{-i\omega t}$ 를 이용하여 일반해를 전개할 수도 있었다. 마찬가지로 파동방정식의 경우도 식 (10.6.10) 이 아닌 다른 특수해들로 임의의 파동을 전개할 수 있다. 식 (10.6.12)에 창안하면 다음과 같은 특수해들이 파동방정식 (10.5.4)을 만족한다. 이 식들이 파동방정식의 해가 된다는 것은 계산을 통해 직접 확인해보기 바란다.

$$\cos\left(\frac{\omega}{v}x - \omega t\right),\ \sin\left(\frac{\omega}{v}x - \omega t\right),\ \cos\left(\frac{\omega}{v}x + \omega t\right),\ \sin\left(\frac{\omega}{v}x + \omega t\right) \tag{10.6.13}$$

이 특수해들이 물리적으로 어떤 의미를 담고 있는지 생각해보자. 식 (10.6.13)의 앞의 두 식은 각진동수 ω를 가지고 오른쪽으로 속도 v로 진행하는 삼각함수 파동이며, 뒤의 두 식은 각진동수 ω를 가지고 왼쪽으로 속도 v로 진행하는 삼각함수 파동이다. 이것으로부터 우리가 앞에서 v와 ω라는 기호를 도입한 이유가 이것들이 결과적으로 파동의 진행속도와 각진동수가 되기 때문이라는 것이 드러난다. 임의의 ω에 대해 속력 v인 4개의 삼각함수 파동이 파동방정식을 만족한다. 결과적으로 우리는 파동방정식을 만족하는 무수히 많은 삼 각함수인 진행파동을 구한 셈이고, 임의의 파동을 이 특수해들(즉, 속도 v로 진행하는 삼 각함수 파동들)의 중첩으로 전개할 수 있다.

결과적으로 우리는 임의의 파동을 식 (10.6.10)의 특수해들 혹은 식 (10.6.13)의 특수해 들을 사용하여 전개할 수 있다. 둘 중에 어떤 특수해들을 선택할 것인지는 우리가 고려하 는 물리적 상황에 따라 달라진다. 이를테면 양 끝이 고정된 팽팽한 기타줄을 튕겨주는 상 황을 생각해보자. 이 경우에 줄의 양쪽이 고정되어 있으므로 식 (10.6.10)의 특수해(즉, 정 상파 삼각함수 파동)를 이용하여 줄파동을 전개하는 것이 편할 것이다. 이와 관련된 구체 적인 예는 다음 절에서 다룰 것이다. 반면에 파동이 겉보기에 한쪽 혹은 양쪽 방향으로 진행하는 경우에는 식 (10.6.13)의 특수해(즉, 진행하는 삼각함수 파동)를 이용하여 파동을 전개하는 것이 편할 것이다.

10.7 ● 현의 진동

기타줄을 잡아당겼다가 가만히 놓는 경우를 생각해 보자. 기타줄이 상하로 진동하면 주변 공기를 흔들어서 소리가 발생한다. 이때 공기로 에너지가 전달되는 과정에서 기타줄의 진동이 감소하게 된다. 만일 진공 속에서 기타줄을 잡아당겼다면 기타줄의 역학적 에너지가 거의 보존되고, 진동이 좀처럼 멈추시 않을 것이다. 지금부터는 논의를 간단히 하기 위해 기타줄의 에너지가 보존되는 상황을 가정하고 논의를 시작하겠다.

시간에 따른 기타줄의 모양 혹은 파동의 변위 $u(x, t)$를 구하려면 우선 다음과 같은 초기조건을 알아야 한다.

$$u(x, 0) \equiv u_0(x), \quad \frac{\partial u(x,t)}{\partial t}\Big|_{t=0} \equiv \dot{u}_0(x) \tag{10.7.1}$$

[표 10.5.1]에서 요약하였듯이 이러한 초기조건과 (10.5.4)의 파동방정식에 의해 이후의 $u(x, t)$가 결정된다. 지금부터 그 과정을 상세히 살펴보겠다. 간단히 말하자면 우리는 운동방정식의 일반해를 특수해의 중첩으로 전개하고, 초기조건을 이용하여 각 특수해에 대한 미정계수를 결정할 것이다. 이 과정은 우리가 단순조화진동 그리고 결합된 진동자의 운동을 초기조건과 운동방정식으로부터 결정했던 것과 대체로 유사하다. 다만 경계조건의 이용이라는 추가적인 단계가 필요한데, 지금부터 이에 대해 상세히 논의하고자 한다.

앞 절의 논의에서 우리는 정상파인 특수해들과 진행파인 특수해라는 두 가지 종류의 특수해들을 구했다. 기타줄의 진동을 다룰 때에는 정상파인 특수해들을 이용하여 일반해를 전개하는 것이 편하다. 기타줄의 양 끝단이 고정되어 있으므로 기타줄의 진동 양상은 파동의 진행이라고 보는 것보다 정상파의 중첩으로 이해하는 것이 알기 쉽기 때문이다. 따라서 우리는 정상파인 특수해들로 $u(x, t)$를 전개하겠다. 식 (10.6.10)에서 임의의 실수 ω에 대해 4개씩의 정상파 특수해가 존재했다. 그런데 기타줄의 양 끝단이 고정되어 있다는 조건 때문에 이들 특수해들 중에서 일부만 기타줄의 진동에 관련되게 된다. 이를테면 기타줄의 길이를 L이라 하면 진동 중에도 줄의 양 끝단은 고정되어 있으므로 다음 조건이 항상 만족된다.

$$u(0, t) = u(L, t) = 0 \tag{10.7.2}$$

이렇게 파동의 경계(양 끝단)에서 파동의 거동을 제한하는 조건을 경계조건이라고 한다. 이제 식 (10.6.10)의 네 특수해의 중첩인 다음과 같은 파동을 생각해 보자.

$$u(x, t) = A\cos\frac{\omega}{v}x\cos\omega t + B\sin\frac{\omega}{v}x\cos\omega t + C\cos\frac{\omega}{v}x\sin\omega t + D\sin\frac{\omega}{v}x\sin\omega t \tag{10.7.3}$$

이 파동의 $x = 0$인 경계에서 다음을 얻는다.

$$u(0, t) = A\cos\omega t + C\sin\omega t \tag{10.7.4}$$

식 (10.7.4)이 임의의 시간에 대해 식 (10.7.2)의 경계조건 $u(0, t) = 0$를 만족하려면 A 와 C가 모두 0이어야 한다. 결과적으로 $x = 0$에서의 경계조건을 만족하려면 식 (10.7.3) 은 다음과 같이 바뀐다.

$$u(x, t) = B\sin\frac{\omega}{v}x\cos\omega t + D\sin\frac{\omega}{v}x\sin\omega t \tag{10.7.5}$$

식 (10.7.5)의 $x = L$인 경계에서 다음을 얻는다.

$$u(L, t) = B\sin\frac{\omega L}{v}\cos\omega t + D\sin\frac{\omega L}{v}\sin\omega t \tag{10.7.6}$$

이 식이 임의의 시간에 대해 식 (10.7.2)의 경계조건 $u(L, t) = 0$를 만족하려면 다음을 만족해야 한다.

$$\frac{\omega L}{v} = n\pi, \quad n = 1, 2, \cdots \text{[8)]} \tag{10.7.7}$$

즉, 식 (10.7.3)의 파동이 경계조건 $u(L, t) = 0$를 만족하려면 그 파동의 각진동수가 식 (10.7.7)을 만족해야 한다. 다시 말하면 경계조건을 만족하는 각진동수 ω_n은 다음을 만족 한다.

$$\omega_n = \frac{n\pi v}{L}, \; n = 1, 2, \cdots \tag{10.7.8}$$

결과적으로 식 (10.7.3)으로 쓸 수 있는 파동 중에서 오직 다음과 같은 파동만이 경계조 건을 만족한다.

$$u(x, t) = B_n\sin\frac{n\pi x}{L}\cos\frac{n\pi vt}{L} + D_n\sin\frac{n\pi x}{L}\sin\frac{n\pi vt}{L}, \quad n = 1, 2, \cdots \tag{10.7.9}$$

---

8) $n = 0$인 경우는 줄의 진동이 없는 경우이므로 제외하였다.

역으로 식 (10.7.9)처럼 써지는 파동은 모두 줄파동의 경계조건을 만족하고, 또한 파동방정식도 만족한다. 따라서 파동방정식과 경계조건을 모두 만족하는 일반해는 식 (10.7.9)을 이용해서 다음과 같이 쓸 수 있다.

$$u(x, t) = \sum_{n=1}^{\infty} \left(B_n \sin \frac{n\pi x}{L} \cos \frac{n\pi vt}{L} + D_n \sin \frac{n\pi x}{L} \sin \frac{n\pi vt}{L} \right) \tag{10.7.10}$$

요약하면 파동방정식을 만족하는 식 (10.6.10)의 특수해들 중에서 오직 일부만이 경계조건을 만족한다. 따라서 파동방정식과 경계조건을 모두 만족하는 일반해는 식 (10.7.10)처럼 일부 특수해들의 중첩이 된다.

이제 식 (10.7.1)의 초기조건 $u_0(x)$, $\dot{u}_0(x)$를 이용하여 식 (10.7.10)의 미정계수 B_n, D_n을 결정함으로써 초기조건과 경계조건, 파동방정식을 모두 만족하는 해 $u(x, t)$를 구할 수 있다. 구체적인 과정으로 들어가서 먼저 식 (10.7.10)이 초기조건을 만족한다면 $t = 0$을 대입했을 때 다음이 성립한다.

$$u_0(x) = u(x, 0) = \sum_{n=1}^{\infty} B_n \sin \frac{n\pi x}{L} \tag{10.7.11}$$

한편 식 (10.7.10)을 시간에 대해 편미분한 후에 $t = 0$을 대입하면 다음이 성립한다.

$$\dot{u}_0(x) = \sum_{n=1}^{\infty} D_n \frac{n\pi v}{L} \sin \frac{n\pi x}{L} \tag{10.7.12}$$

따라서 초기조건 $u_0(x)$, $\dot{u}_0(x)$를 알면 푸리에의 급수를 사용하여 B_n과 D_n을 구할 수 있다. 푸리에 급수를 이용하여 식 (10.7.11)과 식 (10.7.12)에서 B_n과 D_n을 구하면 다음과 같다.

$$B_n = \frac{2}{L} \int_0^L u_0(x) \sin \frac{n\pi x}{L} dx \tag{10.7.13}$$

$$D_n = \frac{2}{n\pi v} \int_0^L \dot{u}_0(x) \sin \frac{n\pi x}{L} dx \tag{10.7.14}$$

이와 같이 초기조건을 알면 식 (10.7.10)의 미정계수 B_n과 D_n을 결정할 수 있다. 이렇게 미정계수를 결정함으로써 우리는 초기조건과 경계조건 그리고 파동방정식을 모두 만족하는 해를 구할 수 있다.

이때 B_n과 D_n은 전체 파동에서 각진동수 ω_n인 정상파 성분이 차지하는 비중이 된다. 만일 B_n 혹은 D_n이 크다면 해당하는 정상파 성분이 파동에서 큰 비중을 차지하는 것이다. B_n과 D_n은 시간과 무관한 상수이다. 이것은 곧 파동의 에너지가 보존되는 이상적인 조건이라면 초기조건에 의해 결정된 각 정상파 성분의 크기는 시간이 지나더라도 변하지 않는다는 것을 의미한다.

예제 10.7.1

길이 L인 기타줄의 중앙을 $h(\ll L)$만큼 들어 올린 후에 $t = 0$일 때 가만히 놓았다. 기타줄로부터 공기로의 에너지 전달을 무시할 때 이후의 줄의 거동 $u(x, t)$를 구하시오. 에너지 전달을 무시할 수 없을 때 결과가 어떻게 달라지는지 정성적으로 논의하시오.

풀이

문제의 상황에서 파동방정식과 경계조건을 만족하는 $u(x, t)$의 일반해는 식 (10.7.10)과 같다. 이제 초기조건으로부터 식 (10.7.10)의 미정계수 B_n과 D_n을 결정하기만 하면 된다. 우선 줄을 가만히 놓았으므로 $t = 0$에서 줄이 움직이지 않게 되어 $\dot{u}_0(x) = 0$이고, 식 (10.7.14)에서 $D_n = 0$도 성립한다. 한편 문제의 조건에서 초기의 파동의 변위 $u_0(x)$은 다음을 만족한다.

$$u_0(x) = \begin{cases} \dfrac{2h}{L}x, & 0 < x < \dfrac{L}{2} \\ \dfrac{2h}{L}(L-x), & \dfrac{L}{2} < x < L \end{cases}$$

이것을 식 (10.7.13)에 대입하면 다음을 얻는다.

$$B_n = \frac{2}{L}\left(\int_0^{L/2} \frac{2h}{L}x\sin\frac{n\pi x}{L}dx + \int_{L/2}^L \frac{2h}{L}(L-x)\sin\frac{n\pi x}{L}dx \right)$$

이 적분을 수행하면 n이 짝수일 때는 $B_n = 0$이고, n이 홀수일 때는 다음의 결과를 얻는다.

$$B_n = \frac{8h}{n^2\pi^2}\sin\frac{n\pi}{L}$$

이렇게 구한 B_n, D_n을 식 (10.7.10)에 대입하면 다음의 결과를 얻는다.

$$u(x, t) = \frac{8h}{n^2\pi^2}\sin\frac{n\pi}{L}\left(\sum_{n=odd}\sin\frac{n\pi x}{L}\cos\frac{n\pi vt}{L} \right)$$

단, 위 식에서 합산은 홀수인 n에 대해서만 이루어진다.

결과적으로 기타줄의 진동은 $\omega_n = n\pi v/L, (n = 1, 3, 5, \cdots)$인 각진동수를 가진 정상파들의 중첩으로 이루어진다. 이때 각 정상파 성분의 크기는 초기조건에 의해 결정된다. 여기서 B_n은 전체 파동에서 각진동수 ω_n인 정상파 성분이 차지하는 비중인데, 이 예제의 경우 각진동수가 클수록 그에 대응하는 정상파가 전체 진동에서 차지하는 비중이 작아진다.

이상적인 조건이라면 초기조건에 의해 결정된 각 정상파 성분의 크기는 시간이 지나더라도 변하지 않는다. 그렇지만 공기 중에서는 기타줄이 진동할 때 공기로 에너지가 전달된다. 따라서 파동의 정상파 성분의 크기 B_n이 시간이 지남에 따라 감소하게 되면서 전체적으로 기타줄이 평형 상태로 돌아갈 것이다. 이 과정에서 기타줄이 공기를 진동시켜서 소리를 만든다.

10.8 ● 파동의 진행

기타줄의 경우에는 양 끝이 고정되었으므로, 진행하던 파동이 줄의 끝단에 닿을 때 반사된다. 따라서 기타줄의 진동은 파동이 아무 방해 없이 자유롭게 진행하는 상황이 아니었다. 또한 파동을 다룰 때 경계조건을 사용하였고, 그 과정에서 정상파인 삼각함수로 줄파동을 전개하였다.

실제 줄은 유한한 길이를 가지므로 파동의 자유로운 진행은 현실에서 불가능하다. 그렇지만 줄의 양 끝이 매우 멀리 떨어져 있어서 경계조건을 무시할 수 있는 상황을 가정해 볼 수는 있다. 지금부터는 이렇게 파동이 자유롭게 진행할 수 있는 상황을 가정하겠다. 이러한 상황에서 파동의 진행을 다루려면 정상파인 특수해보다는 진행하는 파동에 대응되는 특수해의 중첩으로 파동을 전개하는 것이 편하다. 따라서 지금부터는 일반적인 파동을 식 (10.6.13)처럼 진행하는 삼각함수의 파동의 중첩으로 생각하겠다.

일반적으로 파동이라 했을 때 단일한 진동수를 가진 삼각함수 형태의 파동만을 생각하는 경향이 있다. 그렇지만 매우 다양한 형태의 파동이 가능하다. 이를테면 [그림 10.8.1]처럼 진행하는 펄스 형태의 파동을 생각해 보자. 이렇게 특정한 시간에 특정한 범위 안에서만 변위가 평형조건에서 벗어나는 파동을 파속(wave packet)이라 부른다. 한 방향으로 파속이 진행할 때 변위의 형태(즉, $u(x, t)$)가 일정하게 유지되면서 진행하는 경우도 있고, 그렇지 않은 경우도 있다. 진행하는 파속의 형태를 변하게 하는 두 가지 기작이 있다. 첫째는 파속의 에너지 감소이다. 즉, 파속이 주위 환경으로 에너지를 주게 되면 파속의 에너지가 줄어드는 만큼 변위가 작아지게 된다. 두 번째는 에너지의 감소 없이 파속의 형태만 변하는 경우가 있다. 이 경우 파속의 변위가 전체적으로 작아지는 대신에 파속의 폭이 커지

[그림 10.8.1] 파속의 진행

게 되는데, 이렇게 파속이 에너지를 잃지 않으면서 모양만 변하는 현상을 분산(dispersion)이라고 한다. 이를테면 진공 중의 빛의 진행에서는 분산이 없다. 반면 빛이 매질을 지날 때에는 분산이 발생한다.

우리는 앞으로 파동의 에너지 감소가 없는 경우만을 고려할 것이다. 결과적으로 분산의 유무만이 우리의 관심사이다. 분산이 없는 파동의 경우 전체 파속이 이동하는 동안 형태가 변하지 않으므로 시간 $t = 0$에서 $u(x, 0) = f(x)$의 형태를 갖는 파동이 속도 v로 오른쪽으로 진행하는 경우에 시간 t에서 파동의 변위는 다음과 같다.

$$u(x, t) = f(x - vt) \tag{10.8.1}$$

분산이 있는 경우에는 진행하는 파속의 형태가 계속해서 퍼지는 일이 일어난다. 그렇다면 분산이 일어나는 이유는 무엇인가? 이에 대한 논의 전에 하나의 진동수를 갖는 삼각함수 파동의 진행에 대해 간단히 살펴보자. 식 (10.6.13)에서 $k = \omega/v$라 놓으면 식이 $\cos(kx - \omega t)$같이 간단해진다. 여기서 k는 파동의 파수라 불리며, 파동의 파장 λ는 파수 k와 $k = 2\pi/\lambda$인 관계에 있게 된다. 또한 이 삼각함수 파동은 $v = \omega/k$라는 속도로 이동하게 된다. 그런데 실제의 파동에서는 어떤 파동이냐에 따라 삼각함수 파동의 진행속도 ω/k가 k값에 무관한 상수일 수도 있고, 파수 k의 함수일 수도 있다. ω/k가 k에 무관한 상수일 때 파동은 분산이 없다. 반면 ω/k가 k의 함수일 때 k값에 따라 삼각함수 파동의 진행속도가 다르게 된다. 이 경우 삼각함수가 중첩된 일반적인 파동의 형태가 시간에 따라 변하는 분산이 발생한다.

푸리에 변환을 이용하면 분산이 일어나는 과정을 보다 구체적으로 볼 수 있다. 임의의 파동은 다음과 같이 식 (10.6.13)의 중첩으로 쓸 수 있다.

$$u(x, t) = \frac{1}{2\pi}\left(\int_0^\infty A(k)\cos(kx - \omega(k)t)dk + \int_0^\infty B(k)\sin(kx - \omega(k)t)dk\right)$$

$$\tag{10.8.2}$$

이 식에서 k가 양수인 경우가 오른쪽으로 진행하는 파동(식 (10.6.13)의 앞의 두 항)에 해당하며, k가 음수인 경우가 왼쪽으로 진행하는 파동(식 (10.6.13)의 뒤의 두 항)에 해당한다. 또한 ω가 k의 함수일 수 있음을 나타내기 위해 $\omega(k)$라는 표현을 사용하였으며, 관습적으로 각진동수는 항상 양수이다. 한편 $A(k), B(k)$는 각각 파동 $u(x, t)$가 $\cos(kx - \omega t)$성분과 $\sin(kx - \omega t)$성분을 얼마나 갖고 있는지를 나타낸다. 즉, $A(k), B(k)$의 값이 크다는 것은 파동에서 해당 삼각함수의 성분이 그만큼 크다는 것을 의미한다. 우리는 에너지 손실을 고려하지 않으므로 $A(k), B(k)$는 시간에 무관한 값이 된다. 따라서

$u(x, 0)$에 대해 각 삼각함수 성분의 비중 $A(k)$, $B(k)$를 구하면 시간이 지나도 그 비중이 유지된다. 한편 푸리에 역변환에 의하면 $A(k)$, $B(k)$는 다음과 같다[9].

$$A(k) = \int_{-\infty}^{\infty} u(x, 0)\cos kx\, dx$$

$$B(k) = \int_{-\infty}^{\infty} u(x, 0)\sin kx\, dx \tag{10.8.3}$$

결과적으로 파동의 초기 형태 $u(x, 0)$를 알면 식 (10.8.3)을 통해 이 파동에 대한 각 삼각함수 성분의 비중 $A(k)$, $B(k)$를 알 수 있다.

분산이 없는 경우에는 식 (10.8.2)에서 $\cos(kx - \omega(k)t)$, $\sin(kx - \omega(k)t)$항은 k의 부호에 따라 오른쪽으로 혹은 왼쪽으로 진행하며, 진행속도 v는 k와 무관하다. 따라서 $u(x, t)$를 다음과 같이 오른쪽으로 진행하는 파동과 왼쪽으로 진행하는 파동의 중첩으로 쓸 수 있다.

$$u(x, t) = f(x - vt) + g(x + vt) \tag{10.8.4}$$

이 식이 파동방정식 (10.5.4)를 만족한다는 것은 연습문제로 남겨두고자 한다. 직관적으로 파동은 오른쪽으로 이동하거나 왼쪽으로 이동하는 성분들로 이루어질 것이다. 다른 가능성이 없으므로 분산이 없는 경우에 식 (10.8.4)를 만족하지 않으면서 파동방정식 (10.5.4)를 만족하는 해는 상상하기 힘들다. 실제로 분산이 없는 경우에 식 (10.5.4)을 만족하는 모든 해는 식 (10.8.4)처럼 좌우로 이동하는 파동의 합으로 나타낼 수 있다는 것을 수학적으로 증명할 수 있지만, 구체적인 증명은 생략하겠다. 식 (10.8.4)는 파동에서 성립하는 가장 중요한 원리인 중첩 원리를 나타내고 있기도 하다. 중첩 원리란 두 파동이 한 지점에 도달할 때 그 지점이 평형에서 벗어난 변위는 각각의 파동에 의해 그 지점이 평형에서 벗어난 변위를 더한 것과 같다는 것이다. 이러한 중첩 원리를 이용하면 파동의 가장 큰 현상적 특징인 간섭, 회절 등의 현상을 설명할 수 있다.

예제 10.8.1

길이 L인 줄이 파동이 v의 속도로 전파하도록 팽팽하게 당겨져 있다. 시간 $t = 0$인 시간부터 줄의 양 끝을 그 지점을 기준점으로 할 때 변위가 $\sin \pi vt/L$를 만족하도록 흔들어주었다. 시간 $t = L/v$일 때 왼쪽 끝에서 $L/4$만큼 떨어진 지점의 변위를 구하시오.

---

9) 여기서 식 (10.8.3)에서 $A(k)$, $B(k)$가 식 (10.8.2)를 만족한다는 것을 증명하지는 않겠다. 다만 두 식의 관계가 푸리에 급수의 경우와 비슷하다는 것을 지적하고자 한다.

풀이

변위를 구하려는 지점을 A라고 하자. 줄의 왼쪽 끝에서 발생한 파동에 의한 기여와 줄의 오른쪽 끝에서 발생한 파동에 의한 기여를 모두 합침으로써 A점의 변위를 구할 수 있다. 우선 왼쪽 끝에서 발생한 파동은 시간 $t = L/4v$ 후에 A점에 도달한다. 따라서 $t = L/v$에서 $t = L/4v$만큼 전인 $t = 3L/4v$인 시각의 왼쪽 끝의 변위가 A점으로 이동하고 그 크기는 다음과 같다.

$$\sin \frac{\pi v}{L} \frac{3L}{4v} = \sin \frac{3\pi}{4} = \frac{1}{\sqrt{2}}$$

한편 오른쪽 끝에서 발생한 파동은 시간 $t = 3L/4v$ 후에 A점에 도달한다. 따라서 $t = L/v$에서 $t = 3L/4v$만큼 전인 $t = L/4v$인 시각의 오른쪽 끝의 변위가 A점에 이동하고 그 값은 다음과 같이 주어진다.

$$\sin \frac{\pi v}{L} \frac{L}{4v} = \sin \frac{\pi}{4} = \frac{1}{\sqrt{2}}$$

두 변위가 A점에서 중첩되므로 구하는 값은 두 변위의 합인 $\sqrt{2}$ 이다.

한편 식 (10.8.2)에서 각 삼각함수 파동의 속도 $\omega(k)/k$가 k값의 함수가 되면, 시간이 지남에 따라 파동의 형태가 변화하게 된다. 파동의 분산은 이렇게 파동의 각 삼각함수 성분이 다른 속도를 갖기 때문에 발생하는 현상으로 이해할 수 있다. 분산이 있는 경우 삼각함수 파동의 속도는 $v(k)$ 혹은 $v(\omega)$처럼 k 혹은 ω의 함수로 쓸 수 있다. 여러분에게 익숙한 파동의 속도에 대한 $\omega(k)/k$라는 정의는 단일한 파수 혹은 각진동수를 갖는 삼각함수 파동에만 적용가능하다. 이러한 삼각함수 파동이 진행하는 속도를 위상속도라 부르며 다음과 같이 정의한다.

$$v_p = \omega/k \tag{10.8.5}$$

분산이 없는 경우에 한쪽으로 진행하는 파속은 파동의 모양이 유지된 채로 이동하므로 파속의 진행속도와 파속의 삼각함수 성분의 위상속도가 같다. 그런데 분산이 있는 상황에서는 파속의 진행속도를 정의하는 데 어려움이 생긴다. 파속의 형태가 변하기 때문에 어떤 기준으로 파속의 속도를 정의할 것인지가 모호해지기 때문이다. 파속을 이루는 각 삼각함수 성분마다 다른 위상속도를 가질 수 있기 때문에 위상속도가 파속의 속도가 될 수 없다. 그렇다면 이 경우에 파속의 속도를 어떻게 정의할 수 있을까?

하나의 방법은 파속 중에 가장 변위가 큰 지점의 속도로 파속의 속도를 정의하는 것이다. 이 정의를 따른다면 시각 $t = t_1$에서 파속 중에 변위가 가장 큰 지점을 x_1, 시각 $t = t_2$

에서 파속 중에 변위가 가장 큰 지점을 x_2라 할 때 파속의 속도는 $(x_2 - x_1)/(t_2 - t_1)$가 된다. 그런데 이러한 정의는 시각적으로 이해하기 쉽다는 장점을 갖지만, 이론적 논의를 전개하기 힘들다는 단점이 있다. 일반적으로는 다음과 같이 정의되는 군속도로 파속의 속도를 정의한다.

$$v_g = \frac{d\omega}{dk}\bigg|_{k=k_0} \tag{10.8.6}$$

여기서 k_0는 파속을 이루는 삼각함수 성분 중에서 중심이 되는 파수를 의미한다. 군속도에 대한 더 자세한 논의는 생략하겠다. 대신에 분명히 지적하고 싶은 것은, 분산이 있는 일반적인 파속에 대해서 속도를 정확하게 정의하는 것은 힘들다는 것이다. 군속도는 이러한 어려움을 극복하려는 목적으로 제안된 하나의 방편이다. 가우시안의 형태를 갖는 간단한 파속의 경우, 군속도로 파속의 속도를 정의하는 것이 비교적 만족스럽다는 것이 알려져 있다[10]. 그렇지만 보다 일반적인 여러 형태의 파속에 대해서 군속도로 파속의 속도를 정의하는 것이 완전무결한 해결책은 아니다.

예제 10.8.2

(분산이 있는 파동의 군속도 구하기) 파동방정식을 만족하는 어떤 파속을 이루는 각진동수와 파수 사이에 $\omega(k) = \alpha k^2$인 관계를 가진다. 파동의 중심 파수를 k_0라 할 때 파속의 군속도를 구하시오. 중심 파수 k_0인 성분의 위상속도도 구하시오.

풀이

식 (10.8.6)을 이용하여 군속도를 구하면 다음과 같다.

$$v_g = \frac{d\omega}{dk}\bigg|_{k=k_0} = 2\alpha k_0$$

한편 파수 k_0인 성분의 위상속도는 다음의 형태가 된다.

$$v_p = \frac{\omega(k_0)}{k_0} = \alpha k_0$$

이 결과는 군속도의 절반에 해당하는 값이다.

---

10) 군속도에 대한 추가적인 논의는 다른 교재를 참고하기 바란다. 다만 군속도가 파속의 속도의 정의에 대한 완전무결한 해결책이 아니라는 것을 명심하자.

끝으로 줄 파동이 진행할 때 에너지의 흐름이 어떻게 되는지를 간단히 설명하고자 한다. 이것을 위해 파동이 진행하는 동안 [그림 10.5.1]의 작은 요소가 받는 일률을 계산해 보겠다. 그림의 작은 요소는 왼편으로부터 장력 T를 받아서 수직 방향으로 움직인다. 따라서 이 힘에 의해 작은 요소가 받는 일률은 다음과 같다.

$$P = \vec{F} \cdot \vec{v} = -T\sin\theta_1 \frac{\partial u}{\partial t} \tag{10.8.7}$$

한편 θ_1이 작은 경우 $\sin\theta_1 \simeq \tan\theta_1 = \partial u / \partial x$가 성립한다. 결과적으로 작은 요소가 왼편의 장력으로부터 받는 일률은 다음과 같다.

$$P = \vec{F} \cdot \vec{v} = -T\frac{\partial u}{\partial x}\frac{\partial u}{\partial t} \tag{10.8.8}$$

이를테면 파동이 $A\sin(kx - \omega t)$ 같은 단일 진동수로 오른쪽으로 진행하는 파동이라면, 줄의 미소요소가 받는 일률은 다음과 같다는 것을 쉽게 계산할 수 있다.

$$P = k\omega TA^2\cos^2(kx - \omega t) \tag{10.8.9}$$

또한 한 주기 동안의 평균일률은 다음과 같다.

$$<P>_{ave} = \frac{1}{2}k\omega TA^2 \tag{10.8.10}$$

이 결과로부터 단일 진동수를 갖고 오른쪽으로 진행하는 파동의 경우, 줄의 작은 요소가 요소의 왼쪽으로부터 받는 평균일률이 진폭의 제곱에 비례함을 알 수 있다.

한편, 분산이 없는 경우 일반적인 파동은 식 (10.8.4)으로 주어진다. 이러한 일반적 파동을 $\zeta \equiv x - vt$, $\eta \equiv x + vt$라 놓는 두 변수 ζ, η로 나타내면 다음과 같다.

$$u(x, t) = f(\zeta) + g(\eta)$$

이 경우에 일률을 변수 ζ, η로 구해보겠다. 이를 위해 다음을 이용할 수 있다.

$$\frac{\partial u}{\partial x} = \frac{\partial u}{\partial \zeta}\frac{\partial \zeta}{\partial x} + \frac{\partial u}{\partial \eta}\frac{\partial \eta}{\partial x} = \frac{df}{d\zeta} + \frac{dg}{d\eta}$$

$$\frac{\partial u}{\partial t} = \frac{\partial u}{\partial \zeta}\frac{\partial \zeta}{\partial t} + \frac{\partial u}{\partial \eta}\frac{\partial \eta}{\partial t} = v\left(-\frac{df}{d\zeta} + \frac{dg}{d\eta}\right) \tag{10.8.11}$$

이 결과를 식 (10.8.8)에 적용하여 일률을 구하면 다음과 같다.

$$P = vT\left[\left(\frac{df}{d\zeta}\right)^2 - \left(\frac{dg}{d\eta}\right)^2\right] \tag{10.8.12}$$

이제 이 식의 의미를 해석해 보자. 먼저 오른쪽으로 진행하는 파동만 있는 경우, 즉 $g(\eta) = 0$인 경우에 식 (10.8.12)는 양수가 된다. 파동이 오른쪽으로만 진행할 때, 줄의 미소요소는 왼쪽 단면의 장력을 통해 양의 일률을 받게 된다. 이 결과는 줄의 단면을 통해 오른쪽으로 에너지가 전달됐다고 해석할 수 있다. 한편 왼쪽으로 진행하는 파동만 있는 경우, 즉 $f(\zeta) = 0$인 경우에 식 (10.8.12)는 음수가 된다. 다시 말해 파동이 왼쪽으로만 진행할 때, 줄의 미소요소는 왼쪽 단면의 장력을 통해 음의 일률을 받게 된다. 대신에 줄의 미소요소는 오른쪽 단면의 장력을 통해 양의 일률을 받을 것이다. 어느 쪽으로 파동이 이동하든지 파동이 진행하는 방향으로 에너지가 전달되며, 줄파동의 진행은 에너지의 전파를 동반한다.

📖 연습문제   Chapter 10

01 질량 m인 두 물체가 그림과 같이 결합된 진동자의 기준모드진동수를 구하시오.

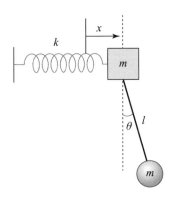

02 길이 l, 질량 m인 균일한 두 개의 가는 막대가 끝부분에서 연결된 이중진자의 기준모드진동수를 구하시오. (단, 진자의 진폭이 작은 경우만을 고려하시오.)

03 길이 l, 질량 m인 균일한 가는 막대의 양쪽에 용수철 상수 k인 동일한 용수철을 연직으로 부착하여 막대를 수평하게 매달아 그림과 같이 결합된 진동자를 만들었다. 막대가 한 평면 안에서 움직일 때 막대의 기준모드진동수를 구하시오.

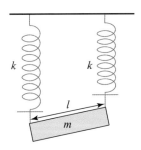

04 [그림 10.2.2]의 진동자의 초기조건 중 일부가 $x_1(0) = x_0$, $\dot{x}_1(0) = v_0$로 알려져 있다. 이 진동자가 기준모드진동을 하기 위한 초기조건 $x_2(0)$, $\dot{x}_2(0)$의 가능한 값들을 모두 찾고, 그러한 초기조건이 실제로 기준모드진동을 유발한다는 것을 계산을 통해 확인하시오.

05 [그림 10.2.2]의 진동자에서 $k' \ll k$일 때 에너지가 왕복하는 주기를 어림하시오.

06 질량이 m인 세 추가 동일한 용수철 상수 k를 갖는 세 용수철로 그림처럼 염주 형태로 연결
되어 있다. 원의 중심 O에서 볼 때 추는 120°간격을 유지할 때 평형을 이루며, 이때 용수
철은 늘어나지 않았다고 가정한다. 추가 원주를 따라 구속된 운동을 한다고 할 때 기준모드
진동을 구하시오. (단, 용수철은 원호를 따라 늘어나고, 이 과정에서 훅의 법칙을 만족한다고
가정하고 중력과 마찰력은 무시한다.)

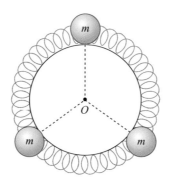

07 그림과 같은 결합진동자에서 두 물체는 각각 x축 혹은 y축을 따라서만 마찰없이 미끄러지
며 직각삼각형의 직각을 이루는 꼭지점은 항상 고정되어 있다. $k \gg k'$이고 두 물체 중 하나
만 평형상태에서 살짝 이동하여 가만히 놓을 때 맥놀이가 나타남을 보이시오.

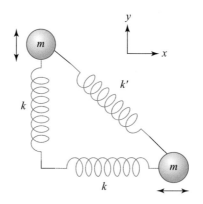

08 평형상태에서 정삼각형을 이루는 상수 k인 동일한 용수철로 연결된 세 물체(동일한 질량
m)로 구성되는 결합된 진동자가 있다. 각 물체는 그림처럼 정삼각형의 중심 O와 자신을
있는 직선 방향으로만 미끄러지도록 구속되어 있다고 할 때 가능한 기준모드진동을 모두 구
하시오.

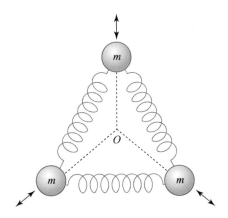

09 그림에서 고정도르래와 추가 세 용수철로 연결된 진동자가 제시되어 있다. 이러한 진동자에서 맥놀이를 쉽게 보려면, 추의 질량 m, 도르래의 회전관성 I, 용수철 상수 k, k'은 어떤 조건을 만족해야 하는가? (단, 도르래의 회전각은 작다고 가정한다.)

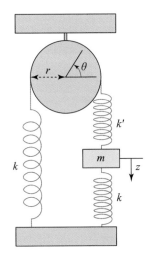

10 앞 문제의 진동자에서 원형 도르래를 균일한 선형막대로 대치하여 진동자를 구성할 때 맥놀이를 쉽게 보기 위해 막대의 질량이 다른 추의 질량의 세 배 정도가 되도록 해야 한다는 것을 보이시오. (단, 막대의 중심이 회전축이 되도록 대치한다.)

11 스탠드에 매달린 진자의 운동을 생각해 보자. 스탠드가 완전히 고정되어 있다면 진자의 거동은 작은 진폭 진동에 대해 단순조화진동운동으로 근사할 수 있다. 스탠드도 진동한다면 진자의 거동이 어떻게 될지를 간단한 모형을 만들어서 설명하시오.

12 그림과 같이 느슨한 실에 두 진자를 매단 결합된 진동자가 있다. 두 진자 중 하나를 느슨한 실에 수직인 평면 안에서 이동시킨 후 가만히 놓을 때 이후의 진동자의 거동을 설명하시오. (인터넷에서 동영상을 검색하여 운동 양상을 확인해보고 이 상황에 대한 운동방정식을 구해 볼 수 있다.)

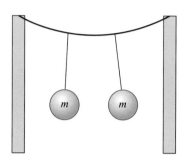

13 본문에서 파동방정식 (10.5.4)를 유도할 때 줄이 오직 수직 방향으로만 이동한다는 가정을 하였다. 어떤 조건에서 이러한 근사가 타당할 수 있는지를 논하시오.

14 질량 m인 묵직한 줄의 한쪽 끝을 잡고 수직으로 늘어뜨렸다. 위쪽 끝을 늘어뜨린 채로 흔들 었더니 파속이 만들어져서 줄 아래쪽으로 전파되었다. 줄이 아래로 전파하는 동안에 이 파동 의 속도는 커지는가? 아니면 작아지는가? 그 이유를 설명하시오.

15 전동기를 이용한 정상파 시범실험에서는 원통형 나무토막을 전동기에 꽂을 때 반드시 원의 중심에서 벗어난 지점에 꽂아야 한다. 이 전동기를 줄에 매달고 건전지를 전원으로 하여 전 동기와 나무토막을 돌려주면서 줄의 길이를 조절하다 보면 줄의 길이가 특정한 조건을 만족 할 때 정상파가 나타난다.
1) 이 실험에서 전동기를 원통의 중심에서 벗어난 지점에 꽂는 이유를 설명하시오.
2) 전동기의 회전이 빨라지면 정상파가 만들어지는 줄의 길이는 어떻게 되는가?

16 식 (10.6.13)의 특수해들이 파동방정식 (10.5.4)를 만족하는 해가 됨을 보이시오.

17 장력 T, 길이 L인 줄이 어느 순간 $u(x, 0) = \sin(2\pi x/L)$인 형태를 갖도록 한 후에 줄을 가만히 놓았을 때 이후의 줄의 거동을 구하시오.

18 장력 T, 길이 L인 줄이 어느 순간 $u(x, 0) = x(L - x)$인 형태를 갖도록 한 후에 줄을 가 만히 놓았다. 이때 줄에서 나오는 소리 중 가장 진폭이 큰 진동수 성분을 구하시오.

19 매우 긴 줄의 왼쪽 끝(즉, $x = 0$인 지점)을 $t = 0$인 순간부터 $t = \tau$인 순간까지 수직하게 흔들었더니 파동이 v의 속도로 전파되었다. 흔드는 동안 왼쪽 끝의 변위는 $u(0, t) =$

$At(\tau - t)$를 만족하였다. 왼쪽에서 $v\tau$만큼 떨어져 있는 지점은 시간 $t = 4\tau/3$일 때 얼마의 변위를 갖는가?

20 기타줄을 들어 올린 후 가만히 놓는 방법을 통해 단일한 진동수에 가까운 소리를 내려면 기타줄을 들어 올릴 때 어떤 모양으로 들어올려야 되는가?

21 식 (10.8.4)가 파동방정식 (10.5.4)를 만족하는 해가 됨을 보이시오.

22 단일 진동수로 왼쪽으로 진행하는 파동 $A\sin(kx + \omega t)$에 의해 줄의 미소요소가 받는 일률을 구하시오.

23 장력이 T인 줄에서 분산이 없는 줄파동이 $u(x, t) = \sin(x - vt)/(x - vt)$인 형태로 우측으로 전달되었다. 줄의 미소요소에 파동이 지나갈 때 줄의 미소요소가 순간적으로 받을 수 있는 최대 일률을 구하시오.

24 길이 L인 줄에서 $u(x, t) = \sin\dfrac{\pi x}{L}\cos\dfrac{\pi vt}{L}$인 정상파가 발생하였다. 줄의 $x = L/4$, $L/2$, $3L/4$되는 지점에서 줄의 미소요소가 받는 일률을 각각 구하시오.

Chapter **11**

삼차원의 강체 운동

학습목표

- 세차운동에 대한 일반물리학 수준의 설명과 그것의 한계를 정확히 이해한다.
- 회전축과 각운동량의 방향이 일치하지 않을 수 있음을 이해한다.
- 선형관계를 갖는 두 물리량 사이를 연결하는 텐서를 이해한다.
- 관성 텐서의 정의를 이해하고 정의, 스타이너 정리, 수직축 정리 등을 활용하여 주어진 강체의 관성 텐서의 성분을 계산할 수 있다.
- 관성 텐서와 각운동량, 회전 운동에너지, 관성 모멘트 사이의 관계를 이해한다.
- 텐서의 주축이 무엇인지를 알며, 주어진 강체의 주축을 구할 수 있다.
- 동역학적 균형이 무엇인지를 알며, 동역학적 균형을 맞추는 보정방법을 이해한다.
- 오일러 방정식의 의미 및 유도 과정을 정확하게 이해한다.
- 강체의 삼차원 회전을 기술하기 위한 일반화 좌표로서 오일러 각도를 이해한다.
- 삼차원 회전운동에서 각속도의 주축 방향 성분을 오일러 각을 이용해 표현한 결과의 유도 과정을 정확하게 이해한다.
- 대칭팽이의 운동을 보존상수를 이용하여 일차원 운동으로 환원시키는 과정을 이해한다.
- 환원된 일차원 운동방정식으로부터 대칭팽이의 세차운동과 장동운동의 양상을 설명할 수 있다.

지금까지 우리는 여러 가지 역학 현상들을 뉴턴의 역학 체계 혹은 라그랑지안 체계를 이용하여 다루는 방법들을 살펴보았다. 이 과정에서 운동 상황에 맞는 운동방정식을 세우고, 그 운동방정식을 푸는 것이 우리의 주된 일이었다. 이제 여러분은 운동 상황이 복잡해지고, 이에 따라 운동을 기술하는 변수가 많아지면 운동 상황에 대한 이해가 쉽지 않다는 것을 느꼈을 것이다. 비록 운동방정식을 풀 수는 있더라도, 그것이 곧 운동을 이해했다는 느낌과 바로 연결되지는 않는 것 같다. 아마도 개인이 이해했다고 느끼는 경험은 현상에 대해 예측할 수 있다는 것 이상의 것을 포함하는 것 같다.

이번 장의 목표는 강체의 운동에 대해 보다 확장된 이해를 얻는 것이다. 이 과정에서 강체의 회전축이 회전할 수도 있는 운동을 다룰 것이다. 이러한 강체의 삼차원 운동은 여러분의 입장에서 그동안 상세히 다루었던 다른 어떤 운동보다 복잡하게 여겨질 수 있다. 또한 강체의 삼차원 운동을 정교하게 다루기 위해서, 여러분은 텐서라는 새로운 수학적 도구를 익혀야 한다. 그러나 미리부터 너무 걱정할 필요는 없다. 우리는 운동을 이해하는 것과 직접적 연관성이 없는 불필요한 수학을 소개하는 것을 최대한 배제하고, 꼭 필요한 만큼의 수학만을 사용할 것이다. 또한 텐서라는 새로운 수학적 도구를 도입하기에 앞서, 그 도구의 필요성을 되도록 상세히 설명할 것이다. 본격적으로 논의를 진행하기 전에 여러분에게 다음과 같이 당부하고 싶다. 무턱대고 복잡한 수학에 휘둘리지 말 것. 대신에 수학을 도구로 사용하여 물리 현상을 이해하는 것에 초점을 맞출 것. 물론 저자들은 여러분이 이 목표를 달성할 수 있다고 믿으며, 그것을 돕기 위해 이 장을 구성하였다.

이제 강체에 대한 보다 심도 있는 논의를 시작할 때이다. 출발은 그다지 복잡하지 않다. 팽이의 세차운동에 대한 간단한 정성적 논의가 우리의 출발점이다. 아마도 여러분 중 상당수는 이 주제를 일반물리학을 통해 접한 적이 있을 것이다. 다만 우리는 일반물리학 교재의 논의보다 상세하고, 개념적으로도 정교한 논의를 전개할 것이다. 이를 통해 일반물리학 교재의 논의가 어떤 가정을 숨기고 있는지를 확인할 수 있을 것이다. 그리고 이러한 가정이 실제의 운동 상황을 매우 단순화한 것임을 이해하는 것이 중요하다.

11.1 ○ 팽이의 운동에 대한 재검토

팽이의 운동을 이해하기 전에 팽이가 어떤 운동을 하는지를 우선 눈으로 확인해 보자. 이를 위해 근처 문방구에서 팽이를 하나 사와도 좋고, 당장 없다면 종이컵에 구멍을 뚫어 팽이 실험을 해봐도 좋다. 팽이를 돌리면 어떤 일이 일어나는가? 일단 팽이는 중심축을 중심으로 돌고 있다는 것을 알 수 있다. 이러한 회전을 중심축에 대한 회전이라고 부르자. 그러나 그것이 팽이의 운동의 전부는 아니다. 잘 살펴보면 팽이의 회전축이 천천히 돌고 있다는 것을 알 수 있는데, 이러한 운동을 세차운동이라고 한다. 그런데 잘 살펴보면 팽이의 회전축이 지면에서 기운 정도가 요동하고 있다는 것도 볼 수 있는데, 이러한 운동을 장동운동이라고 한다. 또한 팽이의 접촉점이 지면 위에서 고정되어 있지 않을 수 있다. 결과적으로 팽이의 운동은 중심축에 대한 회전운동, 세차운동, 장동운동, 접촉점의 이동을 포함하는 복잡한 운동이다. 이 모든 것을 고려하여 팽이의 운동을 예측하는 것 그리고 이해하는 것은 쉽지 않다. 그러니 우선 중심축에 대한 회전운동과 세차운동만을 고려하는 간단한 경우부터 따져보자.

팽이의 세차운동을 이해하기 위해서는 다음과 같은 질문이 매우 요긴하다. 바로 '팽이는 왜 넘어지지 않는가?'이다. 경험으로 알고 있듯이, 팽이를 돌리지 않고 가만히 세워보면 쉽게 쓰러진다. 그런데 팽이를 돌리면 세차운동을 하면서 땅으로 넘어지지 않는다. 어찌하여 가만히 있는 팽이는 넘어지는데 돌고 있는 팽이는 넘어지지 않는가?

돌고 있는 팽이가 쓰러지지 않는 이유를 정성적으로 그럴듯하게 설명하는 것은 쉽지 않은 일이다. 하지만 대략적인 정성적인 설명은 가능하다. 이제 보게 될 설명은 정교한 설명은 아니다. 뒤에서 우리는 이 논의가 가지고 있는 한계점을 볼 것이다. 우선 여기서는 이런 설명도 가능하다는 것을 한번 살펴보도록 하자.

돌고 있는 팽이가 넘어지지 않는 이유를 보기 위해, 팽이의 운동보다 간단한 경우인 직선운동을 하는 자동차에 힘이 작용하는 상황부터 생각해보자. 이 자동차 상황을 바탕으로 팽이의 운동 상황을 이해할 수 있다. 이것이 가능한 이유는 힘과 운동량 사이의 관계(즉 $\vec{F} = d\vec{p}/dt$)와 돌림힘과 각운동량 사이의 관계($\vec{N} = d\vec{L}/dt$)가 갖는 구조적 유사성 때문이다. 이러한 유사성으로 인해 힘이 운동량에 끼치는 영향을 가지고 돌림힘이 각운동량에 끼치는 영향을 추론할 수 있다. 이를테면 자동차에 운동 방향으로 힘을 가하면, 자동차의 운동 방향은 바뀌지 않은 채로 속력만 바뀌게 된다. 반면 자동차의 운동 방향에 수직인 방향으로 힘을 가하면, 자동차는 운동 방향과 속력이 모두 바뀔 수 있다. 그런데 운동 방향에 수직으로 가하는 힘의 크기를 잘 조절해주면 자동차는 속력은 그대로이면서 운동 방향만 바뀌는 것도 가능하다. 이때 자동차는 원운동을 하게 된다.

이와 비슷한 논의가 회전운동에서도 가능하다. 이를 구체적으로 보기 위해 [그림 11.1.1]과 같이 위에서 내려다볼 때 반시계 방향으로 회전하는 원판을 생각해 보자. (지금부터는 특별한 언급이 없으면 회전 방향은 위에서 내려다본 회전 방향을 의미하는 것으로 하겠다.) 이 원판을 멈추기 위해서 원판의 가장자리에 그림과 같이 원판의 접선 방향으로 힘을 줄 수 있다. 이때 이 힘에 의한 돌림힘의 방향은 이 원판의 각운동량의 방향과 반대인 위 방향이다. 즉, 위 방향의 각운동량에 아래 방향의 돌림힘을 주면 원판의 각운동량은 방향의 변화 없이 크기의 변화만을 겪게 된다. 그 결과로 원판은 멈출 수 있는데, 이것은 앞에서 논의한 자동차의 운동 방향으로 힘이 작용하는 경우에 대응된다.

만약에 각운동량의 방향과 돌림힘의 방향이 평행하지 않고 비스듬하게 작용하면 어떻게 될까? 특히 각운동량의 방향에 수직인 돌림힘을 주면 각운동량의 크기는 어떻게 될까? 이와 같은 점을 염두에 두고 [그림 11.1.2]의 팽이를 살펴보자. 그림에서 팽이가 반시계 방향으로 회전하고 있다. 팽이가 지면과 접촉하고 있는 점을 기준으로 생각한다면 수직항력에

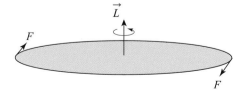

[그림 11.1.1] 회전하는 원판

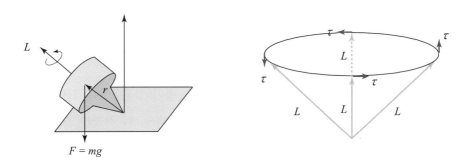

[그림 11.1.2] 팽이의 세차운동에 대한 정성적 기술

의한 돌림힘은 없다. 팽이에 작용하는 수직항력은 작용점이 기준점과 같기 때문이다. 수직항력 대신 팽이의 질량중심에 작용하는 중력에 의해서 팽이에 돌림힘이 작용하며 그 방향은 그림과 같이 각운동량의 방향에 수직이다. 그리고 팽이의 각운동량의 방향이 변해도 돌림힘은 각운동량의 방향에 항상 수직으로 작용한다. 이때 돌림힘에 의한 각운동량의 변화는 운동 방향에 수직하게 작용하는 힘에 의한 자동차의 운동의 변화와 유사하게 된다. 결과적으로 돌림힘은 각운동량 벡터의 회전을 낳게 된다. 즉 회전축이 반시계 방향으로 도는 세차운동이 일어나게 된다. 수직 방향의 힘의 크기를 적절히 조절하면 자동차가 원운동을 하게 되듯이 돌림힘의 크기를 적절히 조절하면 각운동량 벡터도 원운동을 하게 된다. 이 경우에는 회전축의 운동이 순전히 세차운동만을 하게 된다.

회전축이 순전히 세차운동만을 하는 경우에 [그림 11.1.2]에서 볼 수 있듯이 각운동량은 원뿔의 단면 원주를 따라 계속 회전하게 된다. 즉 처음에 팽이는 회전에 의한 각운동량을 가지고 있었는데, 여기에 팽이가 기울어져서 나타나는 돌림힘의 작용으로 '각운동량'이 회전한다고 볼 수 있다.

이제 팽이에 가해지는 돌림힘의 크기가 적절하면, 팽이가 순전히 세차운동을 한다는 것을 받아들이고 이러한 세차운동의 각속도의 크기를 구해보자. 팽이를 위에서 바라본 경우 각운동량의 지면에 평행한 성분의 방향과 돌림힘의 방향은 [그림 11.1.3]과 같다.

그림은 지면에 평행한 각운동량 벡터의 미소 변화를 다소 과장되게 그린 것이다. 이 경우 돌림힘은 각운동량의 방향에 항상 수직으로 작용하므로, 각운동량은 원의 중심을 축으로 반시계 방향으로 회전하게 될 것이다. 이때 그림에서 다음 식이 성립한다.

$$\vec{dL} = \vec{L_I}\,d\phi \tag{11.1.1}$$

이 관계식에 각운동량과 돌림힘의 관계, 즉 $\vec{\tau} = d\vec{L}/dt$ 를 고려하여 세차각속도를 구하면 다음과 같다.

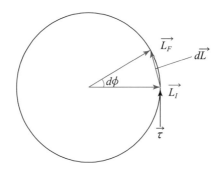

[그림 11.1.3] 팽이의 세차운동을 위에서 내려다본 모습

$$\frac{d\phi}{dt} = \frac{\tau}{L_I} \tag{11.1.2}$$

여기서 우리가 세차운동에 관련된 각으로 도입한 ϕ는 세차각이라고 불리며, 뒤에 오일러 각을 설명할 때 다시 나오게 된다. 일반적으로 ϕ의 시간변화량 $d\phi/dt$를 세차각속도라고 부른다. 이제 세차운동의 각속도를 새로운 기호 Ω로 표시하면

$$\Omega = \frac{d\phi}{dt} = \frac{\tau}{L_I} \tag{11.1.3}$$

이제 식 (11.1.3)을 통해, 팽이의 각운동량의 크기가 클수록 세차운동이 천천히 일어난다는 것을 알 수 있다. 이 결과는 많은 곳에서 응용될 수 있는데, 대표적인 예가 자이로스코프이다. 자이로스코프는 [그림 11.1.4]와 같이 가운데 있는 팽이가 어느 방향으로든 자유롭게 회전할 수 있도록 수직고리와 수평고리를 갖고 있으며, 팽이가 회전하기 때문에 회전축이 거의 일정한 방향을 유지한다. 회전하는 팽이는 어느 위치로 이동시키더라도 일정하

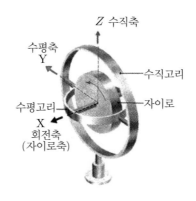

[그림 11.1.4] 자이로스코프

게 한 방향을 가리키게 된다. 이런 성질을 이용하여 자이로스코프는 비행기에 장착한 관성 유도장치의 핵심 부품이 된다.

식 (11.1.3)의 세차각속도를 구할 때 우리는 팽이의 운동이 장동운동 없이 세차운동만 한다고 가정하였다. 그렇지만 실제 팽이의 운동은 세차운동만 포함한 경우보다 훨씬 복잡하다. 이를테면 팽이의 운동이 장동운동도 포함하게 되는 경우에 식 (11.1.3)은 단지 엉성한 근사가 될 것이다. 한편 식 (11.1.3)을 구할 때 세차운동에 기인한 각운동량은 고려하지 않았다. 세차운동도 일종의 회전운동이므로, 고정된 중심축을 회전하는 팽이와 세차운동을 포함한 팽이의 각운동량은 달라야 한다. 그렇지만 우리는 그 차이를 무시하고 식 (11.1.3)을 구했다.

식 (11.1.3)을 구하는 과정에서 우리는 회전축과 각운동량은 같은 방향이라는 것을 당연한 것으로 생각하였다. 그동안 반례를 접해보지 못하였기에 여러분은 회전축과 각운동량이 항상 같은 방향이라고 오해할 수 있다. 그렇지만 다음의 예제에서 보듯이 두 벡터는 평행하지 않을 수 있다.

예제 11.1.1

그림과 같이 질량 m인 두 입자가 질량을 무시할 수 있는 길이 $2l$인 막대에 연결된 아령이 있다. 아령이 그림처럼 막대와 각도 θ를 이루는 회전축에 대해 일정한 각속도 ω로 회전하고 있는 상황에서 각운동량과 그것의 시간에 따른 변화율을 구하시오.

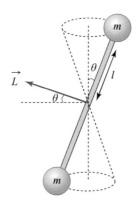

풀이

그림의 상황에서의 각운동량 $\vec{L} = \sum m_i \vec{r}_i \times \vec{v}_i$을 구해보면 크기는 다음과 같다.

$$L = 2ml^2\omega\sin\theta$$

한편 이 각운동량의 방향은 아령의 회전에 따라 달라지는데, 그림처럼 막대와 회전축이 이루는 평면 안에서 막대의 방향과 수직을 이루게 된다. 이와 같이 각운동량과 회전축이 일치하지 않는다. 문제의 상황에서 각운동량은 시간에 따라 바뀐다. 이것은 곧 아령에 작용하는 돌림힘이 있다는 말이다. 구체적으로 보면 이 상황에서 각운동량은 세차운동을 한다. 따라서 팽이의 세차운동에서 구했던 것과 비슷한 방식으로 계산하면 각운동량의 시간에 따른 변화율은 다음과 같다.

$$\frac{d\vec{L}}{dt} = \vec{\omega} \times \vec{L}$$

결과적으로 돌림힘의 크기는 다음과 같다.

$$|\vec{\tau}| = 2ml^2\omega^2\sin\theta\cos\theta$$

돌림힘의 방향은 그림과 같은 상황에서는 지면을 뚫고 나오는 방향이 되며, 회전과 함께 돌림힘의 방향도 회전한다. θ가 $90°$이거나 $0°$일 때만 돌림힘 없이도 등속회전운동이 가능하다. 그렇지만 그 외의 각도에서는 돌림힘이 있어야 등속회전운동이 가능하다. 일반적으로 각운동량 $\vec{L}$과 각속도 $\vec{\omega}$가 평행하지 않으면, 강체가 외력 없이 등속회전운동을 할 수가 없다. 각운동량 $\vec{L}$과 각속도 $\vec{\omega}$가 평행해야 등속회전운동을 위해서 회전축에 아무런 힘을 가하지 않아도 된다.

강체의 평면운동에 대한 8장의 논의에서 우리는 각운동량 $\vec{L}$과 각속도 $\vec{\omega}$가 같은 방향인 상황만을 고려하였다. 이때 둘 사이의 비례상수가 관성 모멘트 I였다. 그런데 $\vec{L}$과 $\vec{\omega}$가 같은 방향이 아니라면 둘 사이의 비례관계도 더 이상 성립하지 않는다. 이로 인한 문제를 고려하여 강체의 삼차원 운동을 보다 정교하게 다루기 위해서는 텐서를 포함한 보다 높은 수준의 수학이 필요하다. 이어지는 논의에서는 텐서 및 그와 관련한 수학적인 내용들을 살펴보고, 이를 바탕으로 강체의 삼차원 운동을 보다 정교하게 다루게 될 것이다.

11.2 ● 텐서

앞 절의 예제에서 보았듯이, 일반적인 강체의 회전에서는 각운동량과 각속도가 평행하지 않을 수 있다. 이로 인해 일반적인 경우에 관성 모멘트와 관련된 다음 관계식을 사용할 수 없다.

$$\vec{L} = I\vec{\omega} \tag{11.2.1}$$

이들 관계식은 각속도와 각운동량이 평행한 경우에만 적용할 수 있다. 이런 문제로 팽이의 운동을 보다 정교하게 다루려면 텐서라는 수학도구가 필요하다. 앞으로 보겠지만 각운동량과 각속도를 연결하는 식 (11.2.1)을 대신하는 새로운 관계식을 구할 수 있다. 이때 텐서라는 수학적 도구가 유용하게 쓰인다. 정확히 말하면 각운동량과 각속도를 연결짓는 것은 관성 텐서라 불리는 텐서의 일종이다. 관성 텐서 이외에도 다양한 물리 상황에 따라 텐서를 정의할 수 있다. 그렇지만 우리의 주된 관심사는 관성 텐서이다. 그런데 텐서는 제법 추상적인 수학적 도구이며, 이를 보다 쉽게 이해하기 위해 관성 텐서가 아닌 다른 종류의 텐서부터 논의를 시작하는 것이 이해를 도울 수 있는 측면이 있다. 이런 이유로 각속도와 각운동량을 연관시키는 관성 텐서 대신에 유전체에 가해준 전기장과 그로 인해 유발되는 쌍극자 모멘트를 연결하는 텐서를 가지고 텐서의 논의를 시작하겠다.

어떤 유전체에 대해 외부에서 전기장 E를 걸어주면 유전체에 쌍극자 모멘트 P가 유도된다[1]. 외부에서 가해주는 전기장이 아주 크지 않은 경우에 유도되는 쌍극자 모멘트 P는 외부 전기장 E의 크기에 비례한다. 유도되는 쌍극자 모멘트는 유전체의 결정구조에 따라 달라진다. 재미있는 것은 특정한 방향, 이를테면 $\hat{x}$축 방향으로 전기장을 걸어줄 때 유도되는 쌍극자 모멘트가 굳이 $\hat{x}$축 방향의 성분만을 가질 필요가 없다는 점이다. 이렇게 전기장과 쌍극자 모멘트의 방향이 다를 수 있는 유전체를 비등방형 유전체라고 부른다. 반대로 전기장과 쌍극자 모멘트의 방향이 항상 같은 유전체를 등방형 유전체라 부른다. 그런데 비등방형 유전체에 대해서도 특정한 세 방향이 존재해서 그 방향으로 전기장을 걸어주면, 유도되는 쌍극자 모멘트도 같은 방향이 되는 세 축이 항상 존재한다. 이 세 축이 아닌 다른 방향의 전기장을 걸어주면 쌍극자 모멘트의 방향이 전기장의 방향과 달라지는 현상이 발생한다. 이러한 어긋남을 다음과 같이 설명할 수 있다.

먼저 어떤 결정에 $\hat{x}$방향의 전기장 E_1을 걸어주었을 때 결정에 $\hat{x}$방향으로 쌍극자모멘트 P_1이 발생하고, $\hat{y}$방향으로 같은 세기의 전기장 E_2를 걸어주었을 때 결정에 $\hat{y}$방향으로 쌍극자모멘트 P_2가 발생한다고 하자. 비등방형 유전체에 대해서는 일반적으로 같은 세기의 전기장을 방향을 달리하여 걸어줄 때 발생하는 쌍극자 모멘트의 크기 P_1, P_2가 달라진다. 이제 [그림 11.2.1]과 같이 $y = x$의 직선 방향으로 전기장을 걸어주면 어떻게 될까? 전기장과 쌍극자 모멘트 사이의 관계가 선형적이라면, 유도되는 쌍극자 모멘트는 다음과 같이 P_1과 P_2의 벡터합이 될 것이다.

$$\vec{P(E_1 + E_2)} = \vec{P(E_1)} + \vec{P(E_2)} = P_1\hat{x} + P_2\hat{y} \tag{11.2.2}$$

---

[1] 이런 현상을 유전분극이라고 한다. 유전분극에 대한 자세한 내용은 일반물리 교재나 전자기학 교재를 참고하도록 하자.

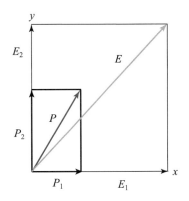

[그림 11.2.1] 전기장과 쌍극자 모멘트

실제로 실험해보면 이런 일이 나타난다. 결과적으로 [그림 11.2.1]처럼 쌍극자 모멘트의 방향은 전기장의 방향과 일치하지 않는다.

이와 같이 특정 방향을 제외하고는 외부에서 걸어주는 전기장의 방향과 유도된 쌍극자 모멘트의 방향이 일치하지 않는다. 따라서 일반적인 경우에 $\hat{x}$방향의 전기장을 걸어주면 쌍극자 모멘트는 $\hat{x}, \hat{y}, \hat{z}$ 방향 성분 모두를 가질 수 있다. 대개의 경우 걸어준 전기장과 생성되는 쌍극자 모멘트 사이는 선형관계를 갖는다는 것이 실험결과이다. 따라서 $\hat{x}$방향의 전기장을 걸어주면 쌍극자 모멘트는 다음과 같이 $\hat{x}, \hat{y}, \hat{z}$ 방향 성분 모두를 갖는다.

$$P_x = T_{xx}E_x, \ P_y = T_{yx}E_x, \ P_z = T_{zx}E_x \tag{11.2.3}$$

여기서 T_{ij}는 전기장과 쌍극자 모멘트 사이의 비례상수로 유전체에 따라 다른 실험값을 갖는다. T_{ij}에서 첫 번째 첨자 i는 생성된 쌍극자 모멘트의 성분을, 두 번째 첨자 j는 걸어준 전기장의 방향을 표시하기 위한 것이다. 마찬가지로 전기장을 $\hat{y}$ 방향으로 걸어주었을 때 형성되는 쌍극자 모멘트는 다음과 같이 $\hat{x}, \hat{y}, \hat{z}$ 방향 성분 모두를 갖는다.

$$P_x = T_{xy}E_y, \ P_y = T_{yy}E_y, \ P_z = T_{zy}E_y \tag{11.2.4}$$

한편 전기장을 $\hat{z}$방향으로 걸어주었을 때, 형성되는 쌍극자 모멘트도 다음과 같이 $\hat{x}, \hat{y}, \hat{z}$ 방향 성분 모두를 갖는다.

$$P_x = T_{xz}E_z, \ P_y = T_{yz}E_z, \ P_z = T_{zz}E_z \tag{11.2.5}$$

만일 걸어준 전기장이 각각 $\hat{x}, \hat{y}, \hat{z}$ 방향 성분 E_x, E_y, E_z를 모두 갖는다면 선형성에 의해 유도되는 쌍극자 모멘트의 $\hat{x}, \hat{y}, \hat{z}$ 방향 성분 P_x, P_y, P_z는 다음과 같게 된다.

$$P_x = T_{xx}E_x + T_{xy}E_y + T_{xz}E_z$$
$$P_y = T_{yx}E_x + T_{yy}E_y + T_{yz}E_z$$
$$P_z = T_{zx}E_x + T_{zy}E_y + T_{zz}E_z \tag{11.2.6}$$

이 식은 다음과 같이 하나의 행렬 관계식으로 정리가 가능하다.

$$\begin{pmatrix} P_x \\ P_y \\ P_z \end{pmatrix} = \begin{pmatrix} T_{xx} & T_{xy} & T_{xz} \\ T_{yx} & T_{yy} & T_{yz} \\ T_{zx} & T_{zy} & T_{zz} \end{pmatrix} \begin{pmatrix} E_x \\ E_y \\ E_z \end{pmatrix} \tag{11.2.7}$$

여기서 T_{ij}의 9개의 성분들의 집합(여기서는 행렬)을 텐서라고 부른다. 이처럼 텐서를 이용하면 선형관계를 갖는, 나란하지 않은 두 물리량(여기서는 전기장과 쌍극자 모멘트)을 하나의 행렬로 간단하게 기술할 수 있다는 장점이 있다[2].

이제 강체의 각운동량과 각속도의 관계를 생각해 보자. 각속도의 방향과 각운동량의 방향이 같지 않은 경우에 식 (11.2.1)처럼 물리량 $\vec{L}$과 $\vec{\omega}$를 단순히 하나의 상수 I로 연결시킬 수는 없다. 이 경우에 앞선 논의와 마찬가지로 텐서를 도입해야 한다. 앞으로 차차 보겠지만, 결론부터 말하자면 각운동량 벡터(L_x, L_y, L_z)와 각속도 벡터$(\omega_x, \omega_y, \omega_z)$를 연결하는 식 (11.2.1)부터 다음과 같은 관계식으로 바뀌게 된다.

$$\begin{pmatrix} L_x \\ L_y \\ L_z \end{pmatrix} = \begin{pmatrix} I_{xx} & I_{xy} & I_{xz} \\ I_{yx} & I_{yy} & I_{yz} \\ I_{zx} & I_{zy} & I_{zz} \end{pmatrix} \begin{pmatrix} \omega_x \\ \omega_y \\ \omega_z \end{pmatrix} \tag{11.2.8}$$

이때 9개의 값 I_{ij}를 성분으로 갖는 행렬을 관성 텐서라고 한다. 텐서라는 새로운 수학 용어가 도입되었지만, 텐서는 행렬로 표현되므로, 텐서의 계산이 여러분에게 전혀 새로운 것은 아닐 것이다.

11.3 ● 관성 텐서

우리는 앞에서 텐서 도입의 필요성에 대해서 알아보았다. 이제 본격적으로 관성 텐서에 대해 논의해 보자. [그림 11.3.1]과 같이 생긴 강체의 각운동량을 고려해 보자. 그림의 강체는 연속체의 형태를 띤다. 그렇지만 강체를 서로 간의 거리가 시간에 따라 변하지 않는

---

[2] 일반적으로 행렬은 텐서가 된다. 모든 텐서가 행렬인 것은 아니지만 본 교재에 한해서는 텐서와 행렬을 같은 것으로 보아도 무방하다.

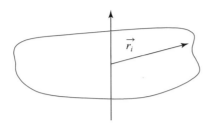

[그림 11.3.1] 강체의 각운동량

입자들의 집합으로 여길 수 있다. 계산 편의를 위해 당분간은 강체를 연속체 대신 입자들의 집합으로 다루겠다. 이제 각속도 ω로 회전하는 강체의 각운동량은 강체를 이루는 모든 입자들의 각운동량을 전부 더하면 되므로 다음과 같이 쓸 수 있다.

$$\vec{L} = \sum_{i=1}^{n} m_i \vec{r}_i \times \vec{v}_i = \sum_{i=1}^{n} m_i \vec{r}_i \times (\vec{\omega} \times \vec{r}_i) \tag{11.3.1}$$

이 식에 벡터에 대한 항등식 $\vec{A} \times (\vec{B} \times \vec{C}) = \vec{B}(\vec{A} \cdot \vec{C}) - \vec{C}(\vec{A} \cdot \vec{B})$을 적용하여 정리하면 다음을 얻는다.

$$\vec{L} = \sum_{i=1}^{n} m_i \left[|\vec{r}_i|^2 \vec{\omega} - \vec{r}_i (\vec{r}_i \cdot \vec{\omega}) \right] \tag{11.3.2}$$

위 식에서 각운동량 벡터의 $k(=1, 2, 3)$번째 성분은 다음과 같다.

$$L_k = \sum_{i}^{n} m_i \left[\omega_k \sum_{s} x_{is}^2 - x_{ik} \sum_{l} x_{il} \omega_l \right] \tag{11.3.3}$$

위 식에서 $\sum_s$, $\sum_l$에서 첨자가 s, l로 다른데, 어떤 첨자를 사용하건 합한 결과는 $\sum_s x_s = \sum_l x_l$과 같이 같다는 것을 명심하자. 여기서 두 첨자를 다르게 사용한 것은 일종의 수학적 기교이다. 한편 다음과 같이 정의되는 크로네커 델타 δ_{ik} 표기를 생각해 보자.

$$\delta_{ik} = \begin{cases} 0 & \text{if } i \neq k \\ 1 & \text{if } i = k \end{cases} \tag{11.3.4}$$

이 표기를 이용하면 $\omega_k = \sum_l \omega_l \delta_{kl}$이 성립하므로 식 (11.3.3)이 다음과 같이 바뀐다.

$$L_k = \sum_i m_i \sum_l \left[\omega_l \delta_{kl} \sum_s x_{is}^2 - \omega_l x_{ik} x_{il} \right] = \sum_l \omega_l \sum_i m_i \left[\delta_{kl} \sum_s x_{is}^2 - x_{ik} x_{il} \right] \tag{11.3.5}$$

이제 식 (11.3.5)의 괄호 안을 따로 뽑아서 I_{kl}를 다음과 같이 정의해 보자.

$$I_{kl} = \sum_{i=1}^{n} m_i \left[\delta_{kl} \sum_s x_{is}^2 - x_{ik} x_{il} \right] \tag{11.3.6}$$

그러면 각운동량의 $k(=1, 2, 3)$번째 성분은 다음과 같은 형태를 갖게 된다.

$$L_k = \sum_l I_{kl} \omega_l \tag{11.3.7}$$

식 (11.3.7)을 벡터와 행렬로 나타낸 것이 바로 식 (11.2.8)이다. 자세히 보면 식 (11.2.8)에서는 첨자로 x, y, z를 사용하였고, 식 (11.3.7)을 유도할 때에는 첨자로 $k = 1, 2, 3$을 사용하였다. 앞으로도 두 첨자가 번갈아가며 쓰일 것이다. 부득이한 면이 있으니 양해 바란다. 결과적으로 각운동량 벡터와 각속도 벡터를 연결하는 9개의 값 I_{ij}가 있으며, 이들을 관성 텐서라고 부른다. 식 (11.2.8) 혹은 식 (11.3.7)을 다음과 같이 간단히 표시하기도 한다.

$$\vec{L} = \mathbb{I} \cdot \vec{\omega} \tag{11.3.8}$$

이 식에서 $\mathbb{I}$는 관성 텐서를 나타낸 기호이다. 식 (11.3.6)은 복잡해 보이지만 직접 x, y, z좌표로 바꾸어주면 생각보다 간단히 정리된다. 그 결과 관성 텐서를 다음과 같이 쓸 수 있다.

$$\mathbb{I} = \begin{pmatrix} I_{xx} & I_{xy} & I_{xz} \\ I_{yx} & I_{yy} & I_{yz} \\ I_{zx} & I_{zy} & I_{zz} \end{pmatrix} = \begin{pmatrix} \displaystyle\sum_{i=1}^{n} m_i(y_i^2 + z_i^2) & -\displaystyle\sum_{i=1}^{n} m_i x_i y_i & -\displaystyle\sum_{i=1}^{n} m_i x_i z_i \\ -\displaystyle\sum_{i=1}^{n} m_i x_i y_i & \displaystyle\sum_{i=1}^{n} m_i(z_i^2 + x_i^2) & -\displaystyle\sum_{i=1}^{n} m_i y_i z_i \\ -\displaystyle\sum_{i=1}^{n} m_i x_i z_i & -\displaystyle\sum_{i=1}^{n} m_i y_i z_i & \displaystyle\sum_{i=1}^{n} m_i(x_i^2 + y_i^2) \end{pmatrix} \tag{11.3.9}$$

관성 텐서에 대한 식 (11.3.9)의 행렬 표현에서 대각항 I_{xx}, I_{yy}, I_{zz}를 관성 능률(moment of inertia)이라 부르며, 비대각항(I_{xy} 등과 같은)을 관성곱(product of inertia)이라 부른다. 식 (11.3.9)에서 관성곱들에 대해 다음이 성립함을 알 수 있다.

$$I_{xy} = I_{yx}, \; I_{xz} = I_{zx}, \; I_{yz} = I_{zy} \tag{11.3.10}$$

결과적으로 관성 텐서는 행과 열을 바꾸어도 불변인데, 이러한 성질을 만족하는 텐서를 대칭 텐서(symmetric tensor)라 부른다.

이상에서 각운동량과 관성 텐서의 관계를 보았다. 관성 텐서를 이용해 다른 중요한 물리량들을 표현할 수도 있다. 이를테면 강체의 운동에너지를 관성 텐서로 나타낼 수 있다. 회전축이 고정된 경우 강체의 회전에 의한 운동에너지는 다음과 같이 관성 모멘트 I로 나타낼 수 있다는 것을 8장에서 보았다.

$$E_k = \frac{1}{2} I \omega^2 \tag{11.3.11}$$

그런데 일반적인 강체의 회전에서의 운동에너지는 다음과 같게 된다.

$$E_k = \sum_{k=1}^{N} \frac{1}{2} m_k v_k^2 = \sum_{k=1}^{N} \frac{1}{2} m_k (\vec{\omega} \times \vec{r_k}) \cdot \vec{v_k} = \sum_{k=1}^{N} \frac{1}{2} \vec{\omega} \cdot (\vec{r_k} \times m_k \vec{v_k})$$

$$= \frac{1}{2} \vec{\omega} \cdot \vec{L}$$

$$= \frac{1}{2} \vec{\omega} \cdot \mathbb{I} \cdot \vec{\omega} \tag{11.3.12}$$

식 (11.3.12)를 행렬로 바꾸어 계산한 결과는 다음과 같다.

$$E_k = \frac{1}{2} \sum_{i,k=1}^{3} I_{ik} \omega_i \omega_k \tag{11.3.13}$$

구체적인 계산은 직접 해보기 바란다. 계산 과정에서 $\frac{1}{2}\vec{\omega} \cdot \mathbb{I} \cdot \vec{\omega}$를 성분별로 전개할 때 왼쪽의 $\vec{\omega}$는 행벡터로 오른쪽의 $\vec{\omega}$는 열벡터로 바꾸어준다는 것만 조심하면 큰 어려움 없이 결과를 얻을 수 있을 것이다. (예제 11.3.2를 참고하라.)

지금까지 계산의 편의를 위해 강체를 입자의 집합으로 놓고 모든 관계식들을 유도하였다. 만약 강체를 연속체로 다루어서 계산해야 하는 경우에는 관성 텐서의 성분들을 다음과 같이 바꾸어주고 계산하면 된다.

$$I_{xx} = \iiint \rho(y^2 + z^2) dV, \quad I_{yy} = \iiint \rho(z^2 + x^2) dV, \quad I_{zz} = \iiint \rho(x^2 + y^2) dV$$

$$I_{xy} = I_{yx} = -\iiint \rho xy \, dV, \quad I_{yz} = I_{zy} = -\iiint \rho yz \, dV$$

$$I_{zx} = I_{xz} = -\iiint \rho zx \, dV \tag{11.3.14}$$

관성 능률이나 관성곱이 물리적으로 어떤 의미를 가지는지 질문할 수 있다. 이 질문에 대해서 다음과 같은 설명이 최선인 것 같다. 우선 관성 능률과 관성곱 모두의 집합인 관성 텐서가 각운동량과 각속도를 연결하는 물리적 의미를 갖는다. 대신에 각각의 개별성분들 자체로는 큰 물리적 의미가 없으며, 텐서라는 수학도구로 이들을 바라볼 필요가 있다.

끝으로 8장에서 도입한 강체의 운동에서의 관성 모멘트와 관성 텐서의 관계에 대해서 간단히 정리하겠다. 관성 텐서에서 관성 능률 I_{xx}, I_{yy}, I_{zz}는 각각 $\hat{x}$, $\hat{y}$, $\hat{z}$축에 대한 관성 모멘트가 된다. 일반적인 축 $\hat{n}$이 $\hat{x}$, $\hat{y}$, $\hat{z}$축과 각각 α, β, γ의 각을 이룰 때 $\hat{n}$축을 기준으로 한 회전에 대한 관성 모멘트는 관성 텐서와 다음과 같은 관계를 갖는다.

$$I_n = \hat{n} \cdot \mathbb{I} \cdot \hat{n} = (\cos\alpha,\, \cos\beta,\, \cos\gamma) \begin{pmatrix} I_{xx} & I_{xy} & I_{xz} \\ I_{yx} & I_{yy} & I_{yz} \\ I_{zx} & I_{zy} & I_{zz} \end{pmatrix} \begin{pmatrix} \cos\alpha \\ \cos\beta \\ \cos\gamma \end{pmatrix}$$

$$= I_{xx}\cos^2\alpha + I_{yy}\cos^2\beta + I_{zz}\cos^2\gamma - 2I_{xy}\cos\alpha\cos\beta - 2I_{yz}\cos\beta\cos\gamma$$

$$- 2I_{zx}\cos\gamma\cos\alpha \tag{11.3.15}$$

이에 대한 구체적인 증명은 연습문제로 남겨둔다. 일단 관성 텐서를 구해놓으면 식 (11.3.15)를 사용하여 일반적인 축에 대한 관성 능률을 쉽게 구할 수 있다는 것을 명심하자.

8장에서 강체의 관성 모멘트를 구할 때 평행축 정리와 수직축 정리를 이용하여 계산하는 것이 이득인 경우가 있었다. 관성 텐서에 대해서도 스타이너 정리와 수직축 정리가 다음과 같이 성립한다.

스타이너 정리 어떤 원점 O를 기준으로 한 관성 텐서를 $\mathbb{I}$, 질량중심을 기준으로 한 관성 텐서를 $\mathbb{I}'$, 원점을 기준으로 본 질량중심의 변위를 (a_1, a_2, a_3), 두 점 사이의 거리를 a라 할 때 두 관성 텐서의 성분들 I_{ik}와 I_{ik}' 사이에 다음 관계가 성립한다.

$$I_{ik} = I_{ik}' + M(a^2\delta_{ik} - a_i a_k) \tag{11.3.16}$$

여기서 δ_{ik}는 크로네커 델타를 의미한다.

수직축 정리 강체가 x, y 평면, 즉 한 평면 안에서 분포하는 평판의 형태일 경우에 관성 텐서의 대각선 성분, 즉 관성 능률 사이에 다음이 성립한다.

$$I_{zz} = I_{xx} + I_{yy} \tag{11.3.17}$$

증명은 어렵지 않으므로 연습문제로 남겨둔다. 상황에 맞게 이 정리들을 사용하면 계산이 훨씬 수월하므로 적절히 응용하기 바란다. 마지막으로 어떤 강체가 주어졌을 때 그것의 관성 텐서를 구하고, 이로부터 각운동량, 관성 능률, 운동에너지를 구하는 과정을 예제를 통해서 익히는 것으로 이번 절의 논의를 마치겠다.

예제 11.3.1

질량 m인 입자가 $(1, 0, 0)$, 질량 $2m$인 입자가 $(1, 1, 0)$, 질량 $3m$인 입자가 $(1, 1, 1)$, 질량 $4m$인 입자가 $(1, 1, -1)$의 위치에 있다. 원점을 기준으로 한 전체 계의 관성 텐서를 구하시오.

풀이

식 (11.3.9)의 결과를 바로 활용하면

$$I_{xx} = \sum_{i=1}^{n} m_i(y_i^2 + z_i^2) = m(0) + 2m(1) + 3m(2) + 4m(2) = 16m$$

$$I_{yy} = \sum_{i=1}^{n} m_i(x_i^2 + z_i^2) = m(1) + 2m(1) + 3m(2) + 4m(2) = 17m$$

$$I_{zz} = \sum_{i=1}^{n} m_i(x_i^2 + y_i^2) = m(1) + 2m(2) + 3m(2) + 4m(2) = 19m$$

$$I_{xy} = I_{yx} = -\sum_{i=1}^{n} m_i x_i y_i = -\{m(0) + 2m(1) + 3m(1) + 4m(1)\} = -9m$$

$$I_{xz} = I_{zx} = -\sum_{i=1}^{n} m_i x_i z_i = -\{m(0) + 2m(0) + 3m(1) + 4m(-1)\} = m$$

$$I_{yz} = I_{zy} = -\sum_{i=1}^{n} m_i y_i z_i = -\{m(0) + 2m(0) + 3m(1) + 4m(-1)\} = m$$

따라서 구하는 관성 텐서는

$$\mathbb{I} = \begin{pmatrix} 16m & -9m & m \\ -9m & 17m & m \\ m & m & 19m \end{pmatrix}$$

예제 11.3.2

그림과 같은 질량 m인 균일한 정사각형 평판에 대해 다음을 구하시오.

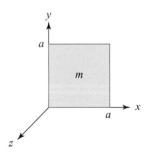

1) 원점을 기준으로 하여, 이 평판의 관성 텐서를 구하시오.

2) x축을 기준으로 ω의 각속력으로 평판을 회전시킬 때의 각운동량을 구하시오.

3) 직선 $y = x$를 축으로 ω의 각속력으로 평판을 회전시킬 때 운동에너지를 구하시오.

4) 직선 $y = x$를 축으로 한 관성 능률을 구하시오.

풀이

1) 우선 다음과 같이 관성 텐서를 구할 수 있다.

$$I_{xx} = I_{yy} = \int_0^a \int_0^a (y^2 + z^2)\rho \, dx \, dy = \frac{1}{3}a^4\rho = \frac{1}{3}ma^2$$

평판에 대한 수직축 정리로부터 다음을 얻는다.

$$I_{zz} = I_{xx} + I_{yy} = \frac{2}{3}ma^2$$

수직축 정리 없이 I_{zz}를 바로 구할 수도 있다. 구체적인 계산은 여러분에게 맡긴다.
관성곱도 다음과 같이 구할 수 있다.

$$I_{xy} = I_{yx} = -\int_0^a \int_0^a xy\rho \, dx \, dy = -\frac{1}{4}ma^2$$

한편 우리가 구하는 평판은 xy평면 위의 판이므로 $z = 0$이 되어 z가 있는 관성곱은 모두 영이 된다.

$$I_{xz} = I_{zx} = I_{yz} = I_{zy} = 0$$

따라서 우리가 구하고자 하는 관성 텐서는 다음과 같이 정리할 수 있다.

$$\mathbb{I} = \frac{1}{12}ma^2 \begin{pmatrix} 4 & -3 & 0 \\ -3 & 4 & 0 \\ 0 & 0 & 8 \end{pmatrix}$$

2) 각운동량은 다음과 같이 구할 수 있다.
우선 x축을 기준으로 한 회전각속도는 $\vec{\omega} = (\omega,\, 0,\, 0)$이므로 각운동량은 식 (11.2.8) 혹은 식 (11.3.7)에서 다음과 같다.

$$\frac{1}{12}ma^2 \begin{pmatrix} 4 & -3 & 0 \\ -3 & 4 & 0 \\ 0 & 0 & 8 \end{pmatrix} \begin{pmatrix} \omega \\ 0 \\ 0 \end{pmatrix} = ma^2 \begin{pmatrix} 1/3 \\ -1/4 \\ 0 \end{pmatrix}$$

3) $y = x$를 축으로 한 회전각속도는 $\vec{\omega} = \frac{1}{\sqrt{2}}(\omega,\, \omega,\, 0)$이므로 식 (11.3.8)에서 운동에 너지는 다음과 같다.

$$\frac{1}{2}\frac{1}{\sqrt{2}}(\omega,\, \omega,\, 0) \cdot \frac{1}{12}ma^2 \begin{pmatrix} 4 & -3 & 0 \\ -3 & 4 & 0 \\ 0 & 0 & 8 \end{pmatrix} \cdot \frac{1}{\sqrt{2}} \begin{pmatrix} \omega \\ \omega \\ 0 \end{pmatrix} = \frac{1}{24}ma^2\omega^2$$

4) 회전축이 $\hat{n} = \frac{1}{\sqrt{2}}(1,\, 1,\, 0)$이므로 이에 대한 관성 능률은 다음과 같다.

$$\frac{1}{\sqrt{2}}(1,\,1,\,0)\,\cdot\,\frac{1}{12}ma^2\begin{pmatrix}4 & -3 & 0\\ -3 & 4 & 0\\ 0 & 0 & 8\end{pmatrix}\cdot\frac{1}{\sqrt{2}}\begin{pmatrix}1\\1\\0\end{pmatrix}=\frac{1}{12}ma^2$$

운동에너지에 대한 앞의 결과와 이 결과를 비교하면 고정축에 대해 회전하는 강체의 운동에너지는 여전히 $I\omega^2/2$으로 표현될 수 있음을 알 수 있다.

11.4 ● 텐서의 주축

일반적으로 관성 텐서의 관성곱 성분은 0이 아니다. 그런데 어떤 강체와 기준점에 대해서도 특정한 세 좌표축 $\widehat{u_1}$, $\widehat{u_2}$, $\widehat{u_3}$가 있어서 이 축들을 기준으로 관성 텐서를 구했을 때 관성곱 성분이 모두 0이 되도록 할 수 있다. 이것은 관성 텐서가 대칭 텐서이기 때문에 가능한 수학적 성질이다. 또한 그렇게 구한 세 축은 직교(즉, 서로 수직한 방향)한다. 관련한 수학적 증명이 우리의 관심사는 아니므로 구체적인 증명은 생략하겠다. 대신 일단 그러한 좌표축의 존재를 받아들이면, 그러한 축을 찾는 것은 비교적 쉽다. 지금부터는 이러한 축, 즉 강체의 주축을 구하는 방법에 대해 소개하겠다.

강체의 관성 텐서의 관성곱 성분을 모두 0이 되도록 하는 세 좌표축 $\widehat{u_1}$, $\widehat{u_2}$, $\widehat{u_3}$을 주축이라고 한다. 이 세 축은 서로 직교하므로 좌표계로 이용가능하다. 이때 $\widehat{u_1}$, $\widehat{u_2}$, $\widehat{u_3}$을 기준으로 한 관성 텐서는 다음과 같이 대각선 항들만 0이 아니게 된다.

$$\mathbb{I}=\begin{pmatrix}I_1 & 0 & 0\\ 0 & I_2 & 0\\ 0 & 0 & I_3\end{pmatrix} \tag{11.4.1}$$

관성 텐서의 관성곱 성분이 모두 0인 경우에 대각화되어 있다고 한다. 이런 상황에서는 관성 텐서의 각 성분들을 다음과 같이 표현할 수 있다.

$$I_{kl} = I_k\delta_{kl} \tag{11.4.2}$$

주축을 기저로 사용하면 관성 텐서가 대각화되어 있기 때문에 각운동량과 회전운동에너지에 대한 식 (11.3.7)과 식 (11.3.9)의 표현이 다음과 같이 간단해진다.

$$L_k = \sum_l I_{kl}\omega_l = \sum_l I_k\delta_{kl}\omega_l = I_k\omega_k \tag{11.4.3}$$

$$E_k = \frac{1}{2} \sum_{k,l} I_{kl} \omega_k \omega_l = \frac{1}{2} \sum_{k,l} I_k \delta_{kl} \omega_k \omega_l = \frac{1}{2} \sum_k I_k \omega_k^2 \qquad (11.4.4)$$

한편으로 주축은 매우 좋은 성질을 갖고 있는데, 바로 주축을 기준으로 한 회전에 대해서 각속도와 각운동량이 평행하다는 것이다. 이것은 다음과 같이 보일 수 있다. 이를테면 주축 $\widehat{u_1}$을 기준으로 한 각속력 ω인 회전은 주축을 기저로 하여 다음과 같이 나타낼 수 있다.

$$\omega \widehat{u_1} = (\omega, 0, 0) \qquad (11.4.5)$$

이 경우 $\vec{L} = \mathbb{I} \cdot \vec{\omega}$는 다음과 같다.

$$\begin{pmatrix} L_1 \\ L_2 \\ L_3 \end{pmatrix} = \begin{pmatrix} I_1 & 0 & 0 \\ 0 & I_2 & 0 \\ 0 & 0 & I_3 \end{pmatrix} \begin{pmatrix} \omega \\ 0 \\ 0 \end{pmatrix} = \begin{pmatrix} I_1 \omega \\ 0 \\ 0 \end{pmatrix} = I_1 \omega \widehat{u_1} \qquad (11.4.6)$$

즉 각운동량이 주축 $\widehat{u_1}$과 평행하다. $\widehat{u_2}$, $\widehat{u_3}$에 대해서도 같은 결과를 얻을 수 있다. 이 계산을 수행할 때 관성 텐서와 각속도 벡터, 그리고 각운동량 벡터 모두를 주축을 기저로 전개했다는 것에 주의하자.

일반적으로 강체의 복잡한 운동을 다룰 때 강체의 주축을 기저로 논의를 전개하는 것이 편하게 된다. 그렇다면 어떤 강체가 주어졌을 때 그것의 주축은 어떻게 구할 것인가? 일단 주축이 있다는 것을 가정하면 그것을 구하는 것은 그렇게 복잡하지 않다. 이 과정은 10장에서 이미 소개했던 기준모드진동을 구하는 과정과 비슷하며 수학적으로는 행렬의 고유값 및 고유벡터를 구하는 과정에 해당한다. 이제 $\vec{\omega}$를 강체의 한 주축에 대한 회전운동의 각속도라고 하자. 우리의 목표는 $\vec{\omega}$의 방향, 즉 다시 말해 주축을 평상시에 우리가 기준으로 삼는 $\hat{x}$, $\hat{y}$, $\hat{z}$좌표계로 표현하는 것이다. 즉 $\vec{\omega} = \omega_x \hat{x} + \omega_y \hat{y} + \omega_z \hat{z}$로 전개할 때 ω_x, ω_y, ω_z를 구하는 것이다.

그런데 앞에서 보았듯이 주축을 기준으로 한 회전에 대한 각운동량 $\vec{L}$과 각속도 $\vec{\omega}$ 사이에 다음이 성립한다.

$$\vec{L} = I\vec{\omega} \qquad (11.4.7)$$

이때 I는 회전축이 어떤 주축이냐에 따라 I_1, I_2, I_3 중의 하나가 된다. 이 결과를 이용하여 각운동량을 $\hat{x}$, $\hat{y}$, $\hat{z}$좌표계로 나타내면 다음과 같다.

$$I \begin{pmatrix} \omega_x \\ \omega_y \\ \omega_z \end{pmatrix} \qquad (11.4.8)$$

한편 각운동량과 각속도 사이에는 일반적으로 다음이 성립한다.

$$\vec{L} = \mathbb{I} \cdot \vec{\omega} \tag{11.4.9}$$

이 결과는 벡터 사이의 관계식이므로 어떤 기저를 사용하여 전개하는지에 무관하다. 즉 $\hat{x}, \hat{y}, \hat{z}$좌표계를 기저로 하든, $\hat{u}_1, \hat{u}_2, \hat{u}_3$를 기저로 하든 위의 식이 성립한다. 그런데 $\hat{x}, \hat{y}, \hat{z}$좌표계를 기저로 할 때 더 이상 대각화가 보장되지 않으므로 관성 텐서 $\mathbb{I}$는 다음과 같은 형식이 된다.

$$\begin{pmatrix} I_{xx} & I_{xy} & I_{xz} \\ I_{yx} & I_{yy} & I_{yz} \\ I_{zx} & I_{zy} & I_{zz} \end{pmatrix} \tag{11.4.10}$$

이제 $\hat{x}, \hat{y}, \hat{z}$좌표계를 기저로 할 때 $\vec{L} = \mathbb{I} \cdot \vec{\omega}$ 식에서 각운동량은 다음과 같이 표현된다.

$$\begin{pmatrix} I_{xx} & I_{xy} & I_{xz} \\ I_{yx} & I_{yy} & I_{yz} \\ I_{zx} & I_{zy} & I_{zz} \end{pmatrix} \begin{pmatrix} \omega_x \\ \omega_y \\ \omega_z \end{pmatrix} \tag{11.4.11}$$

식 (11.4.8)과 식 (11.4.11)은 모두 강체의 각운동량을 $\hat{x}, \hat{y}, \hat{z}$좌표계를 기저로 놓고 나타낸 것이므로 다음이 성립한다.

$$\begin{pmatrix} I_{xx} & I_{xy} & I_{xz} \\ I_{yx} & I_{yy} & I_{yz} \\ I_{zx} & I_{zy} & I_{zz} \end{pmatrix} \begin{pmatrix} \omega_x \\ \omega_y \\ \omega_z \end{pmatrix} = I \begin{pmatrix} \omega_x \\ \omega_y \\ \omega_z \end{pmatrix} \tag{11.4.12}$$

식 (11.4.12)를 변형하면 다음과 같다.

$$\begin{pmatrix} I_{xx}-I & I_{xy} & I_{xz} \\ I_{yx} & I_{yy}-I & I_{yz} \\ I_{zx} & I_{zy} & I_{zz}-I \end{pmatrix} \begin{pmatrix} \omega_x \\ \omega_y \\ \omega_z \end{pmatrix} = 0 \tag{11.4.13}$$

이 식은 $\omega_x, \omega_y, \omega_z$에 대한 일차방정식으로 생각할 수 있고, 이 방정식이 $\omega_x, \omega_y, \omega_z$가 모두 0이 되는 것은 아닌 해를 가지려면 계수로 이루어진 행렬의 행렬식이 다음과 같이 0이 되어야 한다.

$$\det \begin{vmatrix} I_{xx}-I & I_{xy} & I_{xz} \\ I_{yx} & I_{yy}-I & I_{yz} \\ I_{zx} & I_{zy} & I_{zz}-I \end{vmatrix} = 0 \tag{11.4.14}$$

이 행렬식을 전개하면 I에 대한 삼차방정식을 얻는다. 이 방정식을 고유방정식 또는 특성방정식이라 부른다. 이 고유방정식의 해를 구하면 주축에 대한 관성 능률 I_1, I_2, I_3을 구한 것이다. 고유방정식이 삼차방정식이므로 항상 세 개의 해를 갖는다. (중근의 경우 두 개의 해로 여긴다.) 그 세 개의 해가 세 주축에 대한 관성 능률 I_1, I_2, I_3에 대응한다.

지금까지 우리가 논의한 것은 강체에 대해 주축이 있다면 그것은 식 (11.4.12)를 만족시켜야 하고 그것의 관성 능률이 식 (11.4.14)를 만족시켜야 한다는 것이다. 이것을 이용하여 모든 강체에 대해 주축에 대한 관성 능률을 구할 수 있다. 일단 주축에 대한 관성 능률을 구하면, 식 (11.4.12)를 이용하여 주축을 구할 수 있다. 구체적으로 주축을 계산하는 것은 예제를 통해 설명하기로 하고, 일단 수학자들이 밝혀낸 일반적인 결과를 간단히 정리해 보자.

먼저 식 (11.4.12)는 수학적으로 행렬 A에 대해 다음을 만족하는 상수 λ와 벡터 $\vec{v}$를 구하는 문제와 같다.

$$A\vec{v} = \lambda\vec{v} \qquad\qquad (11.4.15)$$

주어진 행렬에 대해 위의 식을 만족하는 상수 λ를 고유값, 벡터 $\vec{v}$를 고유벡터라고 한다. 일반적으로 식 (11.4.12), 식 (11.4.14)를 통해 특성방정식을 구하여 그것의 해를 구함으로써 고유값을 구할 수 있다. 또한 일단 고유값을 구하면 식 (11.4.12)를 통해 고유벡터를 구할 수 있다. 고유값과 고유벡터는 물리학의 여러 영역에서 중요하게 사용된다. 강체의 관성 능률과 주축은 고유값과 고유벡터의 하나의 예가 된다. 관성 텐서는 각 성분이 실수인 대칭 행렬이라 생각할 수 있다. 이런 대칭 행렬에 대해 수학적으로 다음이 성립한다는 것이 알려져 있다.

① 모든 대칭 행렬을 대각화시키는 서로 직교하는 세 축이 있다. (즉, 강체에 대해 항상 세 주축을 잡을 수 있다.)
② 대칭 행렬의 특성방정식의 해(고유값)는 실수이다. (즉, 강체의 주축에 대한 관성 능률은 실수이다.)
③ 대칭 행렬의 다른 고유값에 대응하는 고유 벡터들은 서로 직교한다. 같은 고유값에 대응하는 고유벡터는 서로 직교하도록 잡을 수 있다. (이 점에 대해서는 예제 11.4.2를 참고하라.)

예제 11.4.1

예제 11.3.2의 평판에 대해 원점을 기준으로 주축과 주축에 대한 관성 능률을 구하시오.

풀이

앞선 예제에 의하면 원점에서 $\hat{x}$, $\hat{y}$, $\hat{z}$를 기준으로 한 관성 텐서는 다음과 같다.

$$\mathbb{I} = \frac{1}{12}ML^2\begin{pmatrix} 4 & -3 & 0 \\ -3 & 4 & 0 \\ 0 & 0 & 8 \end{pmatrix}$$

이 경우에 대해 식 (11.4.14)를 적용하면 다음과 같다.

$$\begin{vmatrix} \dfrac{4}{12}ML^2 - I_m & -\dfrac{3}{12}ML^2 & 0 \\ -\dfrac{3}{12}ML^2 & \dfrac{4}{12}ML^2 - I_m & 0 \\ 0 & 0 & \dfrac{8}{12}ML^2 - I_m \end{vmatrix} = 0$$

이 식에서 $I_m = \frac{1}{12}ML^2 I$로 치환하면 다음과 같이 간단한 식을 얻는다.

$$\begin{vmatrix} 4-I & -3 & 0 \\ -3 & 4-I & 0 \\ 0 & 0 & 8-I \end{vmatrix} = 0$$

이 행렬식을 풀어서 특성방정식을 구하고 I에 대한 삼차방정식을 풀어서 I_m을 구하면 다음과 같다.

$$I_1 = \frac{1}{12}ML^2, \ \ I_2 = \frac{7}{12}ML^2, \ \ I_3 = \frac{8}{12}ML^2$$

먼저 고유치가 I_1일 경우의 고유벡터를 구하기 위해 식 (11.4.12)를 사용하면 다음과 같다.

$$\frac{1}{12}ML^2\begin{pmatrix} 4 & -3 & 0 \\ -3 & 4 & 0 \\ 0 & 0 & 8 \end{pmatrix}\begin{pmatrix} \omega_x \\ \omega_y \\ \omega_z \end{pmatrix} = \frac{1}{12}ML^2\begin{pmatrix} \omega_x \\ \omega_y \\ \omega_z \end{pmatrix}$$

이 식을 풀면 $\omega_x = \omega_y$, $\omega_z = 0$를 만족해야 한다. 식 (11.4.12)를 통해서는 고유벡터의 방향만 결정할 수 있다. 고유벡터의 크기는 임의의 값을 가질 수 있는데, 길이가 1인 고유벡터를 규격화되어 있다고 한다. 이 경우에 규격화된 고유벡터는 다음과 같다.

$$\widehat{u_1} = \frac{1}{\sqrt{2}}\begin{pmatrix} 1 \\ 1 \\ 0 \end{pmatrix}$$

다른 고유값에 대해서도 비슷한 방법으로 다음과 같이 규격화된 고유벡터를 구할 수 있다.

$$\widehat{u_2} = \frac{1}{\sqrt{2}}\begin{pmatrix} -1 \\ 1 \\ 0 \end{pmatrix}, \ \widehat{u_3} = \begin{pmatrix} 0 \\ 0 \\ 1 \end{pmatrix}$$

이 예제의 경우에는 세 개의 고유값이 모두 달랐다. 또한 각 고유값마다 식 (11.4.12)를 통해서 고유벡터를 구할 수 있었다. 이렇게 구한 고유벡터를 내적시켜 보면 모두 직교한다는 것을 쉽게 확인할 수 있을 것이다.

예제 11.4.2

관성 텐서가 다음과 같이 주어졌을 때, 고유값과 고유벡터를 구하시오.

$$I = \begin{pmatrix} 16a^2 & 0 & 0 \\ 0 & 14a^2 & -6a^2 \\ 0 & -6a^2 & -2a^2 \end{pmatrix}$$

풀이

특성방정식 (11.4.14)을 풀면,

$$\begin{vmatrix} 16a^2 - I_m & 0 & 0 \\ 0 & 14a^2 - I_m & -6a^2 \\ 0 & -6a^2 & -2a^2 - I_m \end{vmatrix} = (16a^2 - I_m) \times (I_m^2 + 12a^2 I_m - 64a^4) = 0$$

이로부터 삼차방정식의 해를 모두 구하면 다음과 같다.

$$I_1 = 16a^2, \quad I_2 = 16a^2, \quad I_3 = -4a^2$$

앞의 예제와 달리 지금 상황에서는 특성방정식이 중근을 갖게 된 것(즉, $I_1 = I_2$)에 주의하자. 이 경우에는 고유벡터를 구할 때 주의할 점이 생긴다. 중근이 아닌 경우, 즉 $I_3 = -4a^2$에 대응하는 고유벡터를 구하는 방법에는 변화가 없다. 즉 다음과 같이 식 (11.4.12)를 적용하여 연립방정식을 얻는다.

$$16a^2 \omega_x = -4a^2 \omega_x$$
$$14a^2 \omega_y - 6a^2 \omega_z = -4a^2 \omega_y$$
$$-6a^2 \omega_y - 2a^2 \omega_z = -4a^2 \omega_z$$

이 연립방정식을 풀면, 각속도의 성분들이 $\omega_x = 0$, $\omega_z = 3\omega_y$를 만족해야 한다. 이제 규격화 조건을 고려하여 고유벡터를 구하면 다음과 같다.

$$\widehat{u_3} = \frac{1}{\sqrt{10}} \begin{pmatrix} 0 \\ 1 \\ 3 \end{pmatrix}$$

한편 특성방정식이 $I_1 = I_2 = 16a^2$라는 중근을 가지기 때문에 고유값 $16a^2$에 대해 두 개의 고유벡터를 구해야 한다. 일단 고유값 $16a^2$에 대해 식 (11.4.12)를 적용하면 다음과 같다.

$$16a^2\omega_x = 16a^2\omega_x$$

$$14a^2\omega_y - 6a^2\omega_z = 16a^2\omega_y$$

$$-6a^2\omega_y - 2a^2\omega_z = -16a^2\omega_z$$

따라서 $\omega_y = -3\omega_z$ 이기만 하면 고유값 $16a^2$ 에 대응하는 고유벡터일 수 있다. 이 조건을 만족하는 고유벡터의 방향은 유일하지 않다. 즉, 서로 다른 방향을 갖는 고유벡터들이 가능하다. 이 경우에 조건을 만족하는 서로 직교하는 규격화된 고유벡터를 임의로 구하면 된다. 이를테면 다음과 같이 서로 직교하는 두 고유벡터를 구할 수 있다.

$$\widehat{u_1} = \begin{pmatrix} 1 \\ 0 \\ 0 \end{pmatrix}, \; \widehat{u_2} = \frac{1}{\sqrt{10}} \begin{pmatrix} 0 \\ 3 \\ -1 \end{pmatrix}$$

이 두 고유벡터들이 주축들이 되고 모두 $\omega_y = -3\omega_z$ 를 만족한다. 물론 $\omega_y = -3\omega_z$ 조건을 만족하는 다른 값을 갖는 한 쌍의 고유벡터를 구할 수도 있다. 어떻게 구하건 중근을 갖는 경우에 조건을 만족하는 한 쌍의 고유벡터를 구하면 된다.

결론적으로 고유값이 중근이 되는 경우에 그 고유값에 대응하는 서로 수직인 두 고유벡터를 찾을 수 있다. 만일 고유값이 삼중근이 되면, 그 고유값에 대응하는 서로 수직인 세 고유벡터를 찾을 수 있게 된다. 여하튼 여전히 세 고유벡터 혹은 세 주축 $\widehat{u_1}, \widehat{u_2}, \widehat{u_3}$ 은 여전히 직교한다.

예제 11.4.3

그림과 같이 xy 평면상에 있는 이등변삼각형 모양의 평판을 한 강체의 주축을 구하시오. (단, 평판의 밀도는 균일하다고 가정한다.)

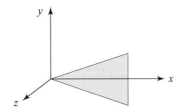

풀이

이 경우에 강체를 이루는 각 성분들이 모두 xy 평면 위에 있으므로, $z = 0$ 이 되어 관성 텐서의 관성곱 중에서 $I_{yz} = I_{zx} = 0$ 이 된다. 한편, 삼각형이 x축에 대해 대칭이므로 $I_{xy} = I_{yx} = -\iiint \rho xy \, dV$ 의 계산에서 임의의 x좌표에 대해 y좌표의 크기가 같고 방향이 반대인 점이 항상 존재하므로 $I_{xy} = 0$ 이 된다는 사실도 알 수 있다. 즉, 이 삼각형 모양의 평판은 주어진 좌표축에서 이미 대각화되어 있다. 즉, 그림의 경우 $\hat{x}$, $\hat{y}$, $\hat{z}$축이 각각 강체의 세 주축이 된다. 이처럼 대칭성 혹은 강체의 다른 기하학적 특징을 이용하면, 복잡한 계산을 생략하고 주축을 쉽게 결정할 수도 있다.

일반적인 상황에서 강체의 주축을 구하려면 식 (11.4.14)와 같은 특성방정식을 풀어야 한다. 이때 특성방정식이 일반적으로 삼차방정식이 되므로 계산이 복잡해질 수 있다. 복잡한 계산을 피하려면 예제 11.4.3과 같이 강체의 기하학적 형태에 주의할 필요가 있다. 운이 좋으면, 예제처럼 강체의 모양에 대한 기하학적 고려를 통해서 강체의 세 주축을 간단히 알 수 있다. 그렇게 운이 좋지는 않더라도, 강체의 기하학적 형태로부터 최소한 하나의 주축을 복잡한 계산 없이 구할 수 있는 경우가 있다. 이 경우에 나머지 두 주축은 이미 구한 하나의 주축에 수직일 것이다. 이를 이용하면 식 (11.4.14)를 직접 계산하는 것보다 단순한 방법으로 나머지 두 주축을 구할 수 있다. 지금부터 하나의 주축을 쉽게 알 수 있는 경우에 나머지 두 개의 주축을 비교적 간단한 계산으로 구하는 방법을 알아보자. 이를 위해 [그림 11.4.1]과 같은 프로펠러를 생각해 보자. 프로펠러의 경우 예제 11.4.3처럼 쉽게 모든 주축을 결정할 수는 없을 것이다. 그렇지만 프로펠러의 대칭성을 이용하면 $\hat{z}$축이 대칭축이므로, 관성곱의 성분 중 z를 첨자에 포함하는 모든 성분이 상쇄되므로 다음이 성립한다.

$$I_{zx} = I_{xz} = I_{zy} = I_{yz} = 0 \tag{11.4.16}$$

결과적으로 $\hat{z}$축이 하나의 주축이 되는데, 의심이 든다면 직접 계산하여 확인하기 바란다. $\hat{x}$, $\hat{y}$, $\hat{z}$축을 기준으로 관성 텐서를 구하면 다음과 같은 형태일 것이다.

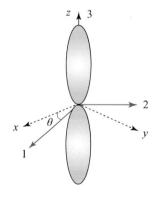

[그림 11.4.1] 프로펠러의 주축

$$\begin{pmatrix} I_{xx} & I_{xy} & 0 \\ I_{xy} & I_{yy} & 0 \\ 0 & 0 & I_3 \end{pmatrix} \tag{11.4.17}$$

이제 우리의 목표는 아직 결정되지 않은 나머지 두 주축을 구하는 것이다. 그런데 모든 주축은 서로 직교하므로 나머지 두 개의 주축은 z축에 대해서 서로 수직이 된다. 따라서 두 개의 주축은 xy평면 위에서 서로 직교하게 된다. 따라서 xy평면 위에서 하나의 주축이 $\hat{x}$축과 어떤 각을 이루고 있는지를 알기만 하면 다른 주축의 방향을 바로 알 수 있다. 결국 그림처럼 하나의 주축이 $\hat{x}$축과 이루는 각도 θ를 구하는 것이 우리가 할 일이다. 만일 그림처럼 하나의 주축에 대해서 강체가 회전하고 있다면, 각운동량 벡터 $\vec{L}$은 각속도 벡터 $\vec{\omega}(=\omega_x\hat{x}+\omega_y\hat{y})$와 같은 방향이다. 그래서 $\hat{x}$, $\hat{y}$, $\hat{z}$축을 기준으로 하여 각운동량을 다음과 같이 쓸 수 있다.

$$\vec{L} = I_1\omega = I_1\begin{pmatrix} \omega_x \\ \omega_y \\ 0 \end{pmatrix} \tag{11.4.18}$$

여기서 I_1은 주축에 대응하는 관성 모멘트이다. 한편 각운동량 $\vec{L}$과 각속도 $\vec{\omega}$, 그리고 관성 텐서의 일반적 관계로부터 다음이 성립한다.

$$\vec{L} = \mathbb{I}\omega = \begin{pmatrix} I_{xx} & I_{xy} & 0 \\ I_{yx} & I_{yy} & 0 \\ 0 & 0 & I_3 \end{pmatrix}\begin{pmatrix} \omega_x \\ \omega_y \\ 0 \end{pmatrix} \tag{11.4.19}$$

위의 두 식의 우변이 같다는 것을 성분별로 정리하면 다음을 얻을 수 있다.

$$\begin{cases} I_{xx}\omega_x + I_{xy}\omega_y = I_1\,\omega_x \\ I_{xy}\omega_x + I_{yy}\omega_y = I_1\,\omega_y \end{cases} \tag{11.4.20}$$

[그림 11.4.2]에서 $\hat{x}$축과 주축이 이루는 각도 θ는 주축을 기준으로 회전하는 각속도와 $\dfrac{\omega_y}{\omega_x}=\tan\theta$의 관계를 이룬다. 이것을 이용하여 식 (11.4.20)을 정리해주면 다음과 같다.

$$\begin{cases} I_{xx} + I_{xy}\,\tan\theta = I_1 \\[2mm] I_{xy} + I_{yy}\,\tan\theta = I_1\tan\theta \end{cases} \tag{11.4.21}$$

두 식에서 I_1을 소거하면 각도 θ는 다음을 만족해야 한다.

$$(I_{yy} - I_{xx})\tan\theta = I_{xy}(\tan^2\theta - 1) \tag{11.4.22}$$

삼각함수의 배각공식 중 하나인 $\tan 2\theta = 2\tan\theta/(1-\tan^2\theta)$를 이용하면 다음과 같이 간

단한 관계식이 나온다.

$$\tan 2\theta = \frac{2I_{xy}}{I_{xx} - I_{yy}} \tag{11.4.23}$$

이 결과로부터 강체의 관성 텐서 성분들을 알면 xy평면 위에 있는 하나의 주축이 $\hat{x}$축과 이루는 각도를 쉽게 구할 수 있다. 특히, 만약 $I_{xx} = I_{yy}$이면 $\theta = \pi/4$, $3/4\pi$, $I_{xy} = 0$이면 $\theta = 0$, $\pi/2$임을 쉽게 확인할 수 있다. 일반적으로 $(0, \pi)$ 구간에서 위의 식을 만족하는 θ값이 두 개가 있으며, 이에 따라 xy평면 안에서 두 개의 주축이 결정된다.

앞에서 보았듯이 회전축을 주축으로 할 경우 각운동량의 방향은 회전축의 방향과 일치한다. 반면에 회전축을 주축으로 하지 않으면 각운동량의 방향은 회전축의 방향과 일치하지 않는다. 만약 각운동량의 방향이 회전축의 방향과 일치하지 않으면 어떤 문제가 발생할까? [그림 11.4.2]는 이러한 상황의 프로펠러의 회전을 도식적으로 나타낸 것이다. 그림처럼 각운동량과 각속도의 방향이 일치하지 않는다고 가정해 보자. 이 경우 프로펠러가 회전하는 동안 각운동량의 방향은 그림처럼 원뿔 모양을 그리며 돌게 될 것이다. 이 과정에서 매 순간 각운동량의 방향이 변하므로, $d\vec{L}/dt = \vec{N}$에서 회전축에 돌림힘이 작용하게 된다. 결과적으로 각운동량과 회전축의 방향이 일치하지 않는 경우에는 회전 중 축에 지속적으로 힘이 작용하게 되어, 프로펠러의 내구성에 문제를 일으킬 수 있다. 이때 축이 받게 되는 돌림힘은 회전각속도와 각운동량과 회전축의 방향 차이에 의해 결정된다. (예제 11.1.1을 참고하라.) 그런데 같은 돌림힘이라면 회전축이 가늘수록 축에 가해지는 힘이 커진다. 따라서 각운동량과 각속도의 방향 차이는 회전축이 가늘수록 내구성에 대한 심각한 위협이 된다. 따라서 회전의 내구성이 높으려면, 프로펠러의 주축에 대해 회전시켜서 각운동량과 각속도가 같은 방향이 되도록 하는 것이 좋다. 이러한 조건을 만족할 때 동역학적 균형을 이룬다고 한다.

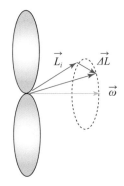

[그림 11.4.2] 주축과 회전축이 일치하지 않는 회전

이와 같이 회전운동을 포함하는 기계를 만들 때 동역학적 균형을 이루도록 만들어야 내구성이 높게 된다. 따라서 회전축을 따라 회전할 때 강체의 주축과 회전축이 일치하도록 기계를 설계하는 것이 좋다. 이를테면 자동차의 바퀴축은 동역학적 균형을 이루도록 만든다. 그런데 오랜 주행으로 인해 회전축과 주축이 일치하지 않게 될 수 있다. 이 경우에 간단한 방법으로 회전축과 주축을 일치시킬 수 있는데, 이러한 보정작업을 다음 예제에 소개하였다.

예제 11.4.4

그림과 같이 질량이 M이고 반경이 R인 균일한 원판모양의 바퀴의 주축과 회전축이 그림처럼 매우 작은 각 θ만큼 차이가 난다. 그림처럼 $\hat{x},\ \hat{y},\ \hat{z}$축이 바퀴의 주축이라 하고 회전축은 $\hat{x}$축과 θ의 각을 이루고 있다고 하자. 만일 질량 m인 추를 하나 붙여서 바퀴와 추로 이루어진 전체 강체계의 주축을 회전축과 일치하도록 바꿀 수 있다면 동역학적 균형을 다시 회복할 수 있다. 이러한 보정작업에서 그림처럼 바퀴의 끝에서 수직으로 h만큼 떨어진 지점에 붙여야 할 질량의 크기를 구하시오.

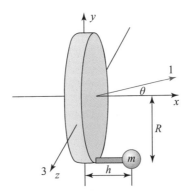

풀이

식 (11.4.23)을 사용하기 위해 바퀴와 추가한 질량을 합친 전체 계의 관성 텐서의 성분들을 구해야 한다. 이때 I_{xx}와 I_{yy}는 원판에 의한 성분과 추가 질량에 의한 성분을 모두 합치면 다음과 같다.

$$I_{xx} = \frac{1}{2}MR^2 + mR^2$$

$$I_{yy} = \frac{1}{4}MR^2 + mh^2$$

한편 원판의 x좌표는 0이므로 원판의 I_{xy}값은 0이 되고, 추가 질량에 의한 관성곱 I_{xy}의 성분만 고려하면 다음과 같다.

$$I_{xy} = mhR$$

따라서 식 (11.4.23)으로부터 θ는 추의 질량과 다음의 관계를 가져야 한다.

$$\tan 2\theta = \frac{2I_{xy}}{I_{xx} - I_{yy}} = \frac{2hRm}{\frac{1}{4}MR^2 + (R^2 - h^2)m}$$

θ가 매우 작고(즉, $\tan\theta \simeq \theta$), 회전축 보정을 위해 추가한 질량이 바퀴의 질량보다 매우 가볍다고 가정하면(즉, $m \ll M$이면) 위의 식에서 다음과 같은 근사식을 얻게 된다.

$$m \simeq \frac{MR\theta}{4h}$$

이 결과에 의하면 바퀴의 반지름이 클수록, 그리고 처음의 어긋남이 클수록 보정을 위해 추가해야 할 질량이 커야 한다.

길을 가면서 자동차 바퀴를 유심히 살펴보면, [그림 11.4.3]처럼 보정을 위해 붙인 납덩어리를 발견할 수 있다. 대개는 단순히 약 20 g의 납덩어리를 바퀴에 부착하는 것만으로 주축을 회전축과 일치시킬 수 있다고 한다. 이러한 보정으로 불필요한 진동도 줄고 연료를 절감하는 효과도 있을 터이니 이 보정법(소위 휠 밸런스 맞추기)은 고전역학이 일상생활에 적절히 활용된 예라고 할 수 있다.

[그림 11.4.3] 자동차 바퀴에서 볼 수 있는 주축의 보정

11.5 ● 오일러 방정식

8장에서 강체의 평면운동을 다루면서 논의했듯이 강체의 운동은 병진운동과 회전운동으로 나누어서 생각할 수 있다. 두 가지 운동을 구분하였을 때 강체운동에 대한 두 가지 방정식은 다음과 같았다.

$$\frac{d\vec{P}}{dt} = \vec{F} \tag{11.5.1}$$

$$\frac{d\vec{L}}{dt} = \vec{N} \tag{11.5.2}$$

위의 식들은 단지 2개의 방정식만 있는 것 같지만 삼차원 운동의 각 성분을 풀어쓰면 사실상 6개의 방정식을 얻게 된다. 두 식이 형식적으로 같으므로 8장에서는 병진운동과 회전운동 사이의 유비를 통해 회전운동을 보다 더 쉽게 이해할 수 있었다.

그런데 우리는 이제 삼차원 회전을 다룰 때 강체의 운동량과 각운동량이 다음과 같이 표현된다는 것을 안다.

$$\vec{P} = M\vec{V} \tag{11.5.3}$$

$$\vec{L} = \mathbb{I} \cdot \vec{\omega} \tag{11.5.4}$$

관성 텐서를 배우기 전이었던 8장에서는 각운동량과 각속도의 관계가 벡터방정식의 형태인 $\vec{L} = I\vec{\omega}$의 형태로 쓸 수 있는 경우만을 다루었지만 각운동량과 각속도의 방향이 일치하지 않을 수 있기 때문에 우리는 관성 텐서의 개념을 도입하였다. 그 결과로 8장의 강체의 평면운동에서 보았던 병진운동과 회전운동 사이의 유비(analogy)가 더 이상 성립하지 않게 된다. 즉, 일반적 삼차원 회전을 다룰 때 강체의 각운동량과 각속도가 평행하지 않고 더 이상 병진운동을 통해 회전운동을 보는 것이 문제에 대한 만족스러운 해결책을 주지 않는다. 그 결과로 강체의 삼차원 회전을 다룰 때, 오일러 방정식 혹은 오일러 각이라는 새로운 접근이 필요하게 된다. 이번 절에서는 회전운동을 기술하기 위해 강체의 주축에 대한 오일러 방정식을 먼저 구하고, 이어지는 절에서는 강체의 회전을 공간에서 다루기 위해 편리하게 도입되는 오일러 각도가 무엇인지 알아보겠다.

우리는 앞에서 강체의 회전운동을 주축에서 기술하면 다른 관성곱 성분들이 0이 되어 운동의 기술이 용이해진다는 것을 배웠다. 여기에서 힌트를 얻어서 강체의 세 주축을 기준으로 물체의 운동을 나타내기로 하자. 그런데 강체의 세 주축은 물체가 회전하면 따라서 움직인다. 따라서 강체의 주축을 기준으로 물체의 운동을 기술하기 위해서, 6장에서 익혔던 회전좌표계에서 본 물체의 운동을 되새길 필요가 있다. 관성좌표계에서 각속도 $\vec{\omega}$로 회전하는 강체의 각운동량 변화$(d\vec{L}/dt)_{fix}$는 같은 각속도로 회전하는 좌표계에서 본 강체의 각운동량 변화 $(d\vec{L}/dt)_{rot}$와 다음과 같은 관계를 갖는다.

$$\left(\frac{d\vec{L}}{dt}\right)_{fix} = \left(\frac{d\vec{L}}{dt}\right)_{rot} + \vec{\omega} \times \vec{L} \tag{11.5.5}$$

식 (11.5.2)를 (11.5.5)에 대입하면 다음을 얻는다[3].

$$\vec{N} = \left(\frac{d\vec{L}}{dt}\right)_{rot} + \vec{\omega} \times \vec{L} \tag{11.5.6}$$

식 (11.5.6)은 원칙적으로 어떤 축을 기준으로 운동을 다루는지에 상관이 없는 방정식이다. 그런데 강체의 세 주축을 기준으로 식 (11.5.6)을 전개하면 한결 간단한 논의가 가능하다. 따라서 지금부터는 강체에 고정된 세 주축을 기준으로 운동을 기술하기로 한다. 세 주축에 대해서는 시간이 지나도 강체의 관성 텐서가 변하지 않으므로, $(d\vec{L}/dt)_{rot}$을 다음과 같이 전개할 수 있다.

$$\left(\frac{d\vec{L}}{dt}\right)_{rot} = \mathbb{I} \cdot \left(\frac{d\vec{\omega}}{dt}\right)_{rot} \tag{11.5.7}$$

한편 6.3절에서 다음이 성립하였다.

$$\left(\frac{d\vec{\omega}}{dt}\right)_{rot} = \frac{d\vec{\omega}}{dt} \tag{11.5.8}$$

식 (11.5.7), 식 (11.5.8)을 대입하면 식 (11.5.6)을 다음과 같이 정리할 수 있다.

$$\vec{N} = \mathbb{I} \cdot \frac{d\vec{\omega}}{dt} + \vec{\omega} \times (\mathbb{I} \cdot \vec{\omega}) \tag{11.5.9}$$

식 (11.5.9)는 오로지 강체의 세 주축을 기준으로 운동을 기술할 때에만 유효한 식이라는 것을 기억하자. 이 좌표계에서 각속도와 관성 텐서를 각각 다음과 같이 쓰겠다.

$$\vec{\omega} = (\omega_1,\ \omega_2,\ \omega_3) \tag{11.5.10}$$

$$\mathbb{I} = \begin{pmatrix} I_1 & 0 & 0 \\ 0 & I_2 & 0 \\ 0 & 0 & I_3 \end{pmatrix} \tag{11.5.11}$$

이때 식 (11.5.9)의 우변의 오른쪽 성분을 다음과 같이 정리할 수 있다.

$$\vec{\omega} \times \vec{L} = \vec{\omega} \times (\mathbb{I} \cdot \vec{\omega}) = \begin{vmatrix} \hat{e}_1 & \hat{e}_2 & \hat{e}_3 \\ \omega_1 & \omega_2 & \omega_3 \\ I_1\omega_1 & I_2\omega_2 & I_3\omega_3 \end{vmatrix} \tag{11.5.12}$$

이 결과들을 이용하여 식 (11.5.9)를 세 주축에 대한 성분별로 다시 쓰면 다음을 얻는다.

---

[3] 식 (11.5.2)가 성립해야 하므로, 각운동량과 돌림힘의 기준점은 관성좌표계에서 볼 때 정지해 있거나 등속운동을 해야 한다.

$$N_1 = I_1\dot{\omega_1} + (I_3 - I_2)\omega_3\,\omega_2$$
$$N_2 = I_2\dot{\omega_2} + (I_1 - I_3)\omega_1\,\omega_3 \qquad\qquad (11.5.13)$$
$$N_3 = I_3\dot{\omega_3} + (I_2 - I_1)\omega_2\,\omega_1$$

식 (11.5.13)을 강체의 주축에 대한 오일러 방정식이라고 한다. (11.5.13)의 운동방정식이 강체의 주축을 좌표축으로 잡고 표현된 것임을 명심하자. (11.5.13)의 운동방정식은 ω_1, ω_2, ω_3이 뒤얽힌 비선형 연립미분방정식이므로, 일반적인 경우에 대해 이 운동방정식을 푸는 것은 쉽지가 않다. 다만, 강체에 따라 식 (11.5.13)이 약간 더 간단해질 수도 있다. 가장 간단한 경우는 주축에 대한 세 관성 모멘트가 모두 같은 경우(즉, $I_1 = I_2 = I_3$)인데, 이때 운동방정식은 ω_1, ω_2, ω_3이 더 이상 뒤얽히지 않는 간단한 형태를 갖는다.

우리가 자세히 다룰 상황은 대칭팽이처럼 $I_1 = I_2$인 경우로 이때 운동방정식 (11.5.13)은 다음과 같이 된다.

$$N_1 = I_1\dot{\omega_1} + (I_3 - I_2)\omega_3\,\omega_2$$
$$N_2 = I_2\dot{\omega_2} + (I_1 - I_3)\omega_1\,\omega_3 \qquad\qquad (11.5.14)$$
$$N_3 = I_3\dot{\omega_3}$$

이러한 오일러 방정식들을 출발점으로 삼으면 강체의 일반적 회전에 대한 논의가 수월해지는데, 몇 가지 사례를 예제로 제시하고자 한다.

예제 11.5.1

주축에 대한 세 관성 모멘트가 모두 다른 강체(이를테면 $I_1 > I_2 > I_3$인 강체)가 주축이 아닌 축을 기준으로 일정한 각속도로 회전하려면 강체에 반드시 돌림힘이 가해져야 함을 보이시오.

풀이

일정한 축에 대해 일정한 각속도로 회전하는 강체에 대한 오일러 방정식은 식 (11.5.13)에서 다음과 같다.

$$N_1 = (I_3 - I_2)\omega_3\,\omega_2$$
$$N_2 = (I_1 - I_3)\omega_1\,\omega_3$$
$$N_3 = (I_2 - I_1)\omega_2\,\omega_1$$

주축이 아닌 축으로 강체가 회전한다면 ω_1, ω_2, ω_3 중 적어도 둘이 영이 아닌 값을 가지므로 위의 세 식의 우변 중 적어도 하나는 영이 아니다. 이때 해당하는 돌림힘이 강체에 반드시 가해져야 이러한 회전운동이 유지될 수 있다.

예제 11.5.2

주축에 대한 세 관성 모멘트가 모두 다른 강체(이를테면 $I_1 > I_2 > I_3$인)를 주축 3(관성 모멘트 I_3에 대응하는)에 대한 회전을 강하게 주면서 던져 올리면 주축의 방향이 안정된 체로 강체가 회전한다. 반면에 주축 2(관성 모멘트 I_2에 대응하는)에 대한 회전을 강하게 주면서 던져 올리면 회전 과정에서 주축의 방향이 크게 달라지곤 한다. 이와 같은 현상의 원인을 설명하시오.

풀이

강체를 던질 때 중력에 의한 돌림힘이 없으므로 강체의 회전운동을 규정하는 오일러 방정식은 다음과 같게 된다.

$$I_1\dot{\omega}_1 + (I_3 - I_2)\omega_3\omega_2 = 0 \tag{1}$$

$$I_2\dot{\omega}_2 + (I_1 - I_3)\omega_1\omega_3 = 0 \tag{2}$$

$$I_3\dot{\omega}_3 + (I_2 - I_1)\omega_2\omega_1 = 0 \tag{3}$$

이 중 첫째 방정식을 시간에 대해 미분하면 다음의 형태가 된다.

$$I_1\ddot{\omega}_1 + (I_3 - I_2)(\dot{\omega}_3\omega_2 + \omega_3\dot{\omega}_2) = 0$$

(2), (3)식을 이용하여 위 식의 $\dot{\omega}_2$, $\dot{\omega}_3$을 소거하여 정리하면 다음과 같다.

$$I_1\ddot{\omega}_1 + (I_3 - I_2)\left(\frac{I_1 - I_2}{I_3}\omega_2^2 + \frac{I_3 - I_1}{I_2}\omega_3^2\right)\omega_1 = 0$$

이것은 다음과 같이 익숙한 미분방정식처럼 생각할 수 있다.

$$\ddot{\omega}_1 + K_1\omega_1 = 0, \quad K_1 = -\frac{(I_3 - I_2)(I_2 - I_1)}{I_1 I_3}\omega_2^2 + \frac{(I_3 - I_2)(I_3 - I_1)}{I_1 I_2}\omega_3^2$$

초기의 강체의 회전에서 주축 3에 대한 회전(즉, ω_3성분)이 크고 다른 주축에 대한 회전(즉 ω_1, ω_2성분)이 미약하다면 $I_1 > I_2 > I_3$이므로 위에서 정의한 K_1이 양수가 된다. 그 결과 주축 1에 대한 회전이 작은 초깃값 근방을 진동하는 운동 양상이 유지된다. 이와 같이 구한 것은 주축 1을 기준으로 한 회전이었다. 비슷한 방식으로 주축 2를 기준으로 한 회전에 대한 운동방정식을 구해보면 같은 초기조건에 대해 주축 2에 대한 회전도 작은 초깃값 근방을 진동하는 운동 양상이 유지된다는 것을 확인할 수 있다. (구체적인 계산은 연습문제로 남긴다.) 결국 처음에 주축 3에 대한 회전이 크다면 그러한 운동 양상이 계속 유지된다.

한편 초기의 강체의 회전에서 주축 2에 대한 회전(즉, ω_2성분)이 크고 다른 주축에 대한 회전(즉, ω_1, ω_3성분)이 미약하다면 $I_1 > I_2 > I_3$이므로 위에서 정의한 K_1이 음수가 된다. 이 경우 초기의 회전에서 주축 1에 대한 작은 회전각속도가 지수함수의 형태로 커진다. 즉, 초기에 주축 2에 대한 회전이 강하더라도 다른 주축에 대한 회전이 비약적으로 커지면서, 결국 회전 과정에서 주축의 방향이 크게 변하는 불안정한 회전이 발생하게 된다.

11.6 ○ 오일러 각도

앞으로 우리는 강체의 삼차원 운동에 대해 라그랑지안과 라그랑지 방정식을 구할 것이다. 그러려면 강체의 삼차원 운동을 잘 다룰 수 있는 좋은 일반화 좌표가 필요하다. 이러한 좋은 일반화 좌표를 바로 오일러 각도가 제공한다. 따라서 강체에 대한 라그랑지 방정식을 논하기 전에 오일러 각도부터 알아보기로 하자.

오일러 각도는 강체의 삼차원 회전을 다루기 위해 오일러가 고안한 것이다. 오일러 각도는 공간에서 좌표가 얼마나 회전했는지를 다룬다. 따라서 오일러 각도를 본격적으로 논하기 전에 [그림 11.6.1]과 같은 구면좌표계를 먼저 생각해보는 것이 도움이 된다.

공간상에서 어떤 임의의 물체가 회전을 하고 있다고 하자. 그 물체의 회전을 기술하기 위해 첫 번째로 알아야 하는 것은 무엇일까? 그것은 바로 물체의 회전축의 방향이다. 물체가 어떤 축을 기준으로 회전하고 있는지는 회전의 중요한 기준이 된다. 그림의 구면좌표계에서 $\vec{r}$의 방향은 임의의 방향이므로 우리는 $\vec{r}$의 방향을 이용해서 물체의 회전축의 방향을 결정해도 된다. 공간상에서 축의 방향($\vec{r}$의 방향)을 결정하기 위해서는 그림에서 θ와 ϕ의 크기를 알면 된다. 이제 물체의 회전을 다루기 위한 모든 준비가 끝났는가? 물체의 회전축만 알면 물체의 회전을 모두 기술할 수 있는가? 그렇지 않다. 물체의 회전축을 기준으로

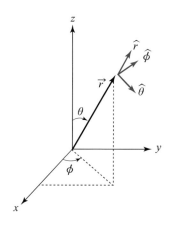

[그림 11.6.1] 구면좌표계

물체가 얼마나 돌아갔는지도 알아야 한다. 이 필요에 의해 우리는 구면좌표계에서 도입하지 않았던 세 번째 각도를 도입할 필요가 있는데, 그 각도를 ψ라고 표현하겠다. 즉, 쉽게 생각해서 θ와 ϕ가 회전축을 기술하기 위한 각도라면 ψ는 그 회전축에 대한 회전의 정도라고 생각할 수 있다. 그리고 이 세 가지 각도를 오일러 각이라고 부른다. 결과적으로 우리는 강체의 삼차원 회전을 다루기 위해 세 개의 오일러 각도를 필요로 한다. 각각의 각도에 대한 표현과 명칭은 다음과 같다.

θ : 장동각 (Nutation angle)

ϕ : 세차각 (Precession angle)

ψ : 물체각 (Body angle)

한편 우리는 회전축이 ϕ 방향으로 돌아가는 운동을 세차운동, 회전축이 θ 방향으로 운동하는 것을 장동운동이라 부른다.

앞 절에서 우리는 강체의 주축들을 좌표축으로 하는 오일러 방정식을 구했다. 이 방정식을 사용하려면 각속도의 주축 성분들을 구해야 한다. 한편 우리는 강체의 회전을 다룰 때 일반화 좌표로 오일러 각도를 사용하고자 한다. 그렇다면 각속도의 주축 성분들을 오일러 각도라는 일반화 좌표로 표현할 필요가 있다. 지금부터 바로 이 작업을 설명하고자 한다. 이를 위해 [그림 11.6.2]를 보자. 그림에는 총 4개의 좌표계가 등장하여 머리를 아프게 한다. 다행히 이 중에 두 개의 좌표계만 중요한데 실험실좌표계인 xyz좌표계와 강체와 함께 회전하고 있는 강체좌표계(즉, 주축들이 좌표축이 되는 비관성좌표계) $\hat{e_1}\hat{e_2}\hat{e_3}$이다. 나머지 두 좌표계는 실험실좌표계와 강체좌표계 사이를 연결해주는 $x'y'z'$좌표계와 $\hat{e_1}'\hat{e_2}'\hat{e_3}'$

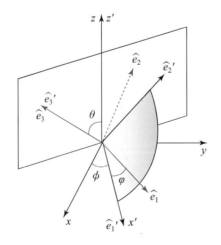

[그림 11.6.2] 회전각속도의 주축성분을 오일러 각도로 표현하기 위한 도식

좌표계이다. 즉 $x'y'z'$좌표계와 $\hat{e_1}'\hat{e_2}'\hat{e_3}'$좌표계는 우리의 주 관심사인 xyz좌표계와 $\hat{e_1}\hat{e_2}\hat{e_3}$좌표계를 연결하는 보조적인 역할만 한다. 한편 그림의 이해를 위해서는 그림에서 음영으로 표시된 원판이 $\hat{e_3}$축을 중심으로 회전하고 있다고 생각하면 편하다. (다만 $\hat{e_3}$축도 고정되어 있지 않고 자유롭게 움직인다.)

이제 이해를 돕기 위해 [그림 11.6.2]의 강체의 회전을 [그림 11.6.3]과 같이 3단계의 회전으로 분리해서 생각해보자. 이 그림에서 (a), (b), (c) 모두 회전하기 전의 좌표축을 점선으로, 회전한 후의 좌표축을 실선으로 표시했다. [그림 11.6.3]의 (a), (b), (c) 단계를 거치면서 처음의 xyz좌표계에 추가하여 3개의 새로운 좌표계가 생기게 된다. 각각의 회전별로 우리가 정의한 좌표계를 살펴보면 xyz좌표계를 z축을 중심으로 ϕ만큼 회전시킨 좌표계를 $x'y'z'$좌표계, 다시 $x'y'z'$좌표계를 x'축을 기준으로 θ만큼 회전시킨 좌표계를 $\hat{e_1}'\hat{e_2}'\hat{e_3}'$좌표계[4], 마지막으로 $\hat{e_1}'\hat{e_2}'\hat{e_3}'$좌표계를 $\hat{e_3}'$축을 기준으로 ψ만큼 회전시킨 좌표계를 $\hat{e_1}\hat{e_2}\hat{e_3}$좌표계라 놓았다. 이와 같이 3번의 순차적인 회전을 한 장에 담은 것이 바로 [그림 11.6.2]인 것이다.

이 3단계의 회전으로 발생하는 각속도는 다음과 같이 각각의 회전으로 인한 각속도를 벡터합한 것과 같다.

$$\vec{\omega} = \dot{\phi}\,\hat{z} + \dot{\theta}\,\hat{x}' + \dot{\psi}\,\hat{e_3}' \tag{11.6.1}$$

이제 축들 사이의 관계를 살펴보자. 처음에 [그림 11.6.3]의 (a)에서 z축을 중심으로 회전시켰으므로 그림에서 z축은 z'축과 동일하다. 한편 (b)에서는 x'축을 기준으로 회전시

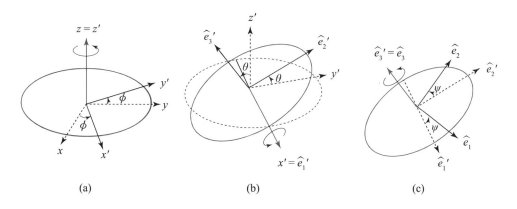

(a) (b) (c)

[그림 11.6.3] 오일러 각도를 활용한 삼차원 회전의 분리

---

4) 이 두 회전과 구면좌표계의 유사성을 잘 살펴보면, $x'y'z'$좌표계와 $\hat{e_1}'\hat{e_2}'\hat{e_3}'$를 왜 이렇게 정의하는지 알 수 있을 것이다.

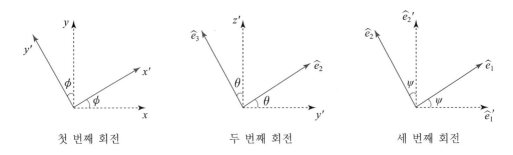

첫 번째 회전   두 번째 회전   세 번째 회전

[그림 11.6.4] 그림 11.6.3의 회전을 각 회전마다 위에서 바라본 모습

켰으므로 그림에서 x'축은 $\widehat{e_1}'$축과 동일하다. 마지막으로 (c)에서는 $\widehat{e_3}'$축을 기준으로 회전시켰으므로 그림에서 $\widehat{e_3}'$축은 $\widehat{e_3}$축과 동일하다. 또 회전시킨 관계에 의해 x축, y축은 각각 x'축, y'축에 ϕ만큼 회전되어 있고, y'축, z'축은 각각 $\widehat{e_2}'$축, $\widehat{e_3}'$축에 대해 θ만큼 회전되어 있으며, $\widehat{e_1}'$축, $\widehat{e_2}'$축은 각각 $\widehat{e_1}$축, $\widehat{e_2}$축에 대해 ψ만큼 회전되어 있다. 이 각각의 좌표축 사이의 회전 관계들을 그림으로 표현하면 [그림 11.6.4]와 같다.

우리의 목적을 다시 한 번 상기시키자면 식 (11.6.1)로 표현된 각속도 벡터를 주축 좌표계인 $\widehat{e_1}\widehat{e_2}\widehat{e_3}$좌표계의 성분으로 표현하는 것이다. 식 (11.6.1)의 세 번째 항에서 $\widehat{e_3}'$축은 $\widehat{e_3}$축과 동일하다고 했으므로 세 번째 항의 성분은 이미 주축의 성분으로 표시되어 있다고 볼 수 있다. 그러므로 식 (11.6.1)의 첫 번째와 두 번째 항의 단위 벡터만 주축 방향 성분의 합으로 바꿔주면 된다. 먼저 두 번째 항인 $\dot{\theta}\widehat{x'}$부터 생각해 보자. $\widehat{x'}$축은 $\widehat{e_1}'$축과 동일하고, 또 $\widehat{e_1}'$축은 $\widehat{e_1}$축과 ψ만큼 차이가 나는 것을 이용하면 $\widehat{x'}$을 다음과 같이 $\widehat{e_1}$, $\widehat{e_2}$의 중첩으로 표현할 수 있다. ([그림 11.6.4]의 세 번째 회전을 참고하라.)

$$\widehat{x'} = \widehat{e_1}' = \widehat{e_1}\cos\psi - \widehat{e_2}\sin\psi \tag{11.6.2}$$
$$\widehat{e_2}' = \widehat{e_1}\sin\psi + \widehat{e_2}\cos\psi$$

마지막으로 식 (11.6.1)의 첫 번째 항인 $\dot{\phi}\hat{z}$을 표현해 보자. z축은 z'축과 동일하고, $\widehat{e_3}'$축은 $\widehat{e_3}$축과 동일하다는 사실과 [그림 11.6.4]의 두 번째 회전을 이용하면 다음의 관계를 얻을 수 있다.

$$\hat{z} = \hat{z'} = \widehat{e_3}'\cos\theta + \widehat{e_2}'\sin\theta \tag{11.6.3}$$

여기에 식 (11.6.2)의 결과를 적용하면 다음을 얻는다.

$$\hat{z} = \hat{z}' = \widehat{e_3}' \cos\theta + \widehat{e_2}' \sin\theta = \widehat{e_1} \sin\theta \sin\psi + \widehat{e_2} \sin\theta \cos\psi + \widehat{e_3} \cos\theta \qquad (11.6.4)$$

이제 식 (11.6.2)와 식 (11.6.4)를 식 (11.6.1)에 대입하면 다음과 같이 각속도의 주축 방향의 성분을 구할 수 있다.

$$\begin{aligned} \omega_1 &= \dot{\theta}\cos\psi + \dot{\phi}\sin\theta\sin\psi \\ \omega_2 &= -\dot{\theta}\sin\psi + \dot{\phi}\sin\theta\cos\psi \qquad (11.6.5) \\ \omega_3 &= \dot{\psi} + \dot{\phi}\cos\theta \end{aligned}$$

이것으로 우리는 강체의 삼차원 회전 운동을 일반화 좌표인 오일러 각도를 이용해 다루기 위한 준비를 모두 마쳤다.

11.7 ○ 팽이의 삼차원 회전

모든 준비가 끝났으므로 이번 절에서는 본격적으로 팽이의 운동을 수학적으로 기술해보겠다. 이를 위해 앞에서 소개한 오일러 각도를 일반화 좌표로 활용하여 운동을 기술할 것이다. 또한 5장에서 중심력 문제를 다룰 때 도입했던 방법들을 다시 적용하여 팽이의 운동을 다룰 것이다. 즉 중심력 문제와 마찬가지로 팽이의 운동에서도 유효퍼텐셜을 도입하고 에너지와 각운동량의 보존을 통하여 문제에 접근할 것이다. 중심력 문제와 약간 다른 점이 있다면 모든 운동이 한 평면 안에서 이루어지는 중심력 상황과 달리 팽이의 운동은 삼차원 운동이고 이에 따라 보존량에 대한 논의가 약간 더 복잡하다는 것이다. 여하튼 중심력 상황과의 비교는 팽이의 운동을 보다 쉽게 이해하는 데 큰 도움을 준다는 것을 염두에 두고 앞으로의 논의를 살펴보자.

지금부터는 [그림 11.7.1]과 같이 강체의 주축 1, 2, 3(앞 절에서 $\widehat{e_1}$, $\widehat{e_2}$, $\widehat{e_3}$로 표기했던)을 축으로 하는 강체좌표계를 기준으로 회전하고 있는 팽이의 운동을 생각해보자. 그림에서 볼 수 있듯이 보통의 팽이는 3축을 기준으로 한 회전에 대해서 대칭이므로 $I_1 = I_2$가 성립한다. 또한 앞으로의 논의에서는 팽이와 지면의 접합점이 고정되어 있는 상황만을 다루겠다. 이러한 상황에 대해 이제부터 우리는 다소간 복잡한 계산을 수행하여 팽이의 운동을 분석할 것인데 요점만 정리하면 다음과 같다는 것을 염두에 두고 하나하나 잘 짚어가기 바란다.

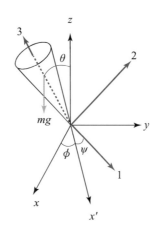

[그림 11.7.1] 대칭팽이의 운동

(1) 팽이의 운동에서의 라그랑지안을 구한다.

(2) 라그랑지안으로부터 무시가능한 좌표(ignorable coordinate)를 구하고 관련된 보존량을 찾는다.

(3) 총에너지가 보존이 되는 것을 이용하여, 물체의 운동을 기술한다.

(4) 유효퍼텐셜을 이용하여 물체의 운동을 기술한다.

이제 팽이의 라그랑지안을 구하기 위해, 우선 대칭팽이의 운동에너지를 강체좌표계에서 구하면 다음과 같다.

$$T = \frac{1}{2}\sum_i I_i \omega_i^2 = \frac{1}{2} I_1 (\omega_1^2 + \omega_2^2) + \frac{1}{2} I_3 \omega_3^2 \tag{11.7.1}$$

그런데 우리는 오일러 각도를 일반화 좌표로 사용할 것이므로 ω_1, ω_2, ω_3를 오일러 각도를 사용하여 소거해야 한다. 식 (11.6.5)를 이용하여 운동에너지를 다시 쓰면 다음을 얻는다.

$$T = \frac{1}{2} I_1 (\dot{\theta}^2 + \dot{\phi}^2 \sin^2\theta) + \frac{1}{2} I_3 (\dot{\psi} + \dot{\phi}\cos\theta)^2 \tag{11.7.2}$$

이제 대칭팽이의 퍼텐셜에너지를 고려하여 라그랑지안을 써보면

$$L = T - U = \frac{1}{2} I_1 (\dot{\theta}^2 + \dot{\phi}^2 \sin^2\theta) + \frac{1}{2} I_3 (\dot{\psi} + \dot{\phi}\cos\theta)^2 - mgl\cos\theta \tag{11.7.3}$$

이렇게 구한 라그랑지안 식에 ϕ, ψ가 없으므로 $\partial L / \partial\phi = 0$, $\partial L / \partial\psi = 0$임을 알 수 있다. 즉 ϕ, ψ은 무시가능한 좌표가 되어 관련된 일반화 운동량 $\partial L / \partial\dot{\phi}$, $\partial L / \partial\dot{\psi}$가 보존되게

된다. (9.6절을 참고하라.) 즉 대칭팽이의 운동 중에 다음과 같이 두 일반화 운동량이 상수 값을 유지하게 된다.

$$\frac{\partial L}{\partial \dot{\phi}} = P_\phi = I_1\dot{\phi}\sin^2\theta + I_3\cos\theta\,(\dot{\psi}+\dot{\phi}\cos\theta) \tag{11.7.4}$$

$$\frac{\partial L}{\partial \dot{\psi}} = P_\psi = I_3\,(\dot{\psi}+\dot{\phi}\cos\theta) \tag{11.7.5}$$

식 (11.7.5)를 정리하면 다음을 얻는다.

$$\dot{\psi} = \frac{P_\psi - I_3\dot{\phi}\cos\theta}{I_3} \tag{11.7.6}$$

식 (11.7.6)을 식 (11.7.4)에 대입하면

$$\dot{\phi} = \frac{P_\phi - P_\psi\cos\theta}{I_1\sin^2\theta} \tag{11.7.7}$$

이고, 식 (11.7.7)을 식 (11.7.6)에 대입하면 다음과 같다.

$$\dot{\psi} = \frac{P_\psi}{I_3} - \frac{(P_\phi - P_\psi\cos\theta)\cos\theta}{I_1\sin^2\theta} \tag{11.7.8}$$

식 (11.7.7)과 식 (11.7.8)을 보면 다른 것은 모두 상수이고 오직 θ만의 함수로 표현된 것을 알 수 있다. 처음에 대칭팽이의 라그랑지안이 ϕ, ψ를 포함하지 않았고, $\dot{\phi}$, $\dot{\psi}$도 θ의 함수로만 표현되므로, 이제 대칭팽이의 운동을 변수 θ에만 관련된 운동처럼 취급할 수 있다. 이를 위해 대칭팽이의 총에너지를 생각해보자. 총에너지가 보존되므로 다음이 성립된다.

$$E = T + U = \frac{1}{2}I_1\,(\dot{\theta}^2 + \dot{\phi}^2\sin^2\theta) + \frac{1}{2}I_3\,(\dot{\psi}+\dot{\phi}\cos\theta)^2 + mgl\cos\theta = const \tag{11.7.9}$$

식 (11.7.7)과 (11.7.8)을 (11.7.9)에 대입하여 에너지를 θ로만 나타내면 다음과 같다.

$$E = \frac{1}{2}I_1\dot{\theta}^2 + \frac{(P_\phi - P_\psi\cos\theta)^2}{2I_1\sin^2\theta} + \frac{P_\psi^2}{2I_3} + mgl\cos\theta = const \tag{11.7.10}$$

이제 우리는 에너지와 θ, $\dot{\theta}$ 사이의 관계식을 얻었다. 우리가 얻은 관계식은 θ, $\dot{\theta}$의 어떤 함수가 상수라는 것이다. 즉, $f(\theta, \dot{\theta}) = E = const$라고 볼 수 있다. 관계식 자체가 '어떤 함수＝상수'의 형태이므로 양변에 임의의 상수를 빼고 그 관계를 알아봐도 아무런 상관이 없으므로 식 (11.7.10)에서 세 번째 항 $P_\psi^2/2I_3$을 빼준 조금 더 간단한 다른 상수를 생각해 보자. 즉,

$$E' = E - \frac{P_\psi^2}{2I_3} = \frac{1}{2}I_1\dot{\theta}^2 + \frac{(P_\phi - P_\psi\cos\theta)^2}{2I_1\sin^2\theta} + mgl\cos\theta = const \qquad (11.7.11)$$

이 식의 뒷부분을 다음처럼 유효퍼텐셜 $V(\theta)$로 놓아 정리할 수 있다.

$$V(\theta) = \frac{(P_\phi - P_\psi\cos\theta)^2}{2I_1\sin^2\theta} + mgl\cos\theta \qquad (11.7.12)$$

$$E' = \frac{1}{2}I_1\dot{\theta}^2 + V(\theta) \qquad (11.7.13)$$

식 (11.7.13)을 $\dot{\theta}$에 대해 정리하면 다음과 같다.

$$\dot{\theta} = \sqrt{\frac{2}{I_1}(E' - V)} = \frac{d\theta}{dt} \qquad (11.7.14)$$

이 식을 적분해서 t에 대한 관계식을 구하면 다음 결과를 얻는다.

$$t = \int_{\theta_i}^{\theta} \frac{d\theta}{\sqrt{\frac{2}{I_1}(E' - V)}} \qquad (11.7.15)$$

만약 θ변수의 초깃값 θ_i를 알면 식 (11.7.14)을 통해 $\theta(t)$를 구할 수 있다. 이렇게 $\theta(t)$를 구하면 식 (11.7.7)과 (11.7.8)을 통해서 $\dot{\phi}(t)$, $\dot{\psi}(t)$도 얻을 수 있으며, 이 결과를 시간에 대해 적분하면 $\phi(t)$, $\psi(t)$도 얻을 수 있다. 즉, 식 (11.7.15)를 통해 우리는 대칭팽이의 세 오일러 각도가 시간에 따라 어떻게 변하는지를 알 수 있다. 유효퍼텐셜에너지의 형태에 따라 위의 식의 적분이 해석적으로 잘 안 구해질 수도 있다. 그런 경우에도 수치해석을 활용하여 $\theta(t)$, $\phi(t)$, $\psi(t)$를 구해서 대칭팽이의 거동을 구할 수 있다.

이제부터는 유효퍼텐셜에너지의 그래프를 이용해서 팽이의 운동을 살펴보자. 앞으로의 논의는 팽이의 운동이 어떻게 진행되는지를 정성적으로 살펴보기 위한 것으로, 특히 강체의 주축([그림 11.7.1] 중 축 3)의 거동이 우리의 관심사이다. 이를 위해 우선 유효퍼텐셜 (11.7.11)의 그래프의 개형을 확인해야 한다. 우선 V를 θ에 대해서 한 번 미분해 보자. 회전운동에서의 V를 θ에 대해서 한 번 미분한 결과는 돌림힘이 되는데, 여기서 V가 유효퍼텐셜이었으므로 관련된 미분값도 유효돌림힘이라고 부른다. 계산을 해보면 대칭팽이의 유효돌림힘은 다음과 같다.

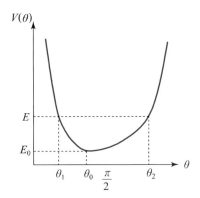

[그림 11.7.2] 유효퍼텐셜에너지 그래프

$$N = -\frac{\partial V}{\partial \theta} = -\frac{(P_\phi - P_\psi \cos\theta)(P_\psi - P_\phi \cos\theta)}{I_1 \sin^3\theta} + mgl\sin\theta \qquad (11.7.16)$$

이 식의 값은 일반적으로 $P_\phi \neq P_\psi$임을 생각하면 $\theta \simeq 0$일 때 음수, $\theta \simeq \pi$일 때 양수이며 θ가 커지면 N값도 커진다. 그 결과 유효퍼텐셜이 하나의 극솟값을 갖는 함수가 된다. 보존량인 P_ψ, P_ϕ의 구체적인 값에 따라 세부적인 모양이 달라질 수는 있지만 대략적인 유효퍼텐셜의 그래프는 [그림 11.7.2]와 같다.

이와 같이 유효퍼텐셜 그래프를 그리면 θ에 대한 일차원 운동인 것처럼 물체의 운동을 생각할 수 있다는 장점을 기억할 것이다. 그림에서 우선 $\theta = \theta_0$인 상황, 즉 유효퍼텐셜에너지와 에너지가 E_0로 같은 상황을 먼저 생각해 보자.

1) $E = E_0$인 경우

$E = E_0$인 경우는 운동 중에 θ가 변하지 않고 고정된다. 이때 대칭팽이는 θ가 고정된 채 세차운동과 자전운동(ψ와 관련된)만 하고 장동운동은 없다. 따라서 지금부터는 세차운동에 집중하여 세차각속도에 대한 여러 관계식을 구해보도록 하겠다. 우선 식 (11.7.7)에 $\theta = \theta_0$를 대입하면 세차운동의 각속도는 다음과 같다.

$$\dot{\phi} = \frac{P_\phi - P_\psi \cos\theta_0}{I_1 \sin^2\theta} \qquad (11.7.17)$$

세차운동의 각속도에 대한 다른 관계식도 구할 수 있다. 이를 위해 식 (11.7.16)에서 $\theta = \theta_0$를 대입하면 다음을 얻는다.

$$N= -\left.\frac{\partial V}{\partial \theta}\right|_{\theta=\theta_0} = -\frac{(P_\phi - P_\psi \cos\theta_0)(P_\psi - P_\phi \cos\theta_0)}{I_1 \sin^3\theta} + mgl\sin\theta_0 = 0 \quad (11.7.18)$$

이 식의 양변에 $I_1\sin^3\theta_0$을 곱하여 정리하면 다음과 같다.

$$mgl\,I_1\sin^4\theta_0 - (P_\phi - P_\psi \cos\theta_0)(P_\psi - P_\phi \cos\theta_0) = 0 \quad\quad\quad (11.7.19)$$

여기서 $P_\phi - P_\psi \cos\theta_0 = x$로 치환하고 P_ϕ를 소거하여 x에 대한 이차방정식을 구하고 푼 결과는 다음과 같다.

$$\cos\theta_0 x^2 - (P_\psi \sin^2\theta_0)x + mgl\,I_1\sin^4\theta_0 = 0 \quad\quad\quad (11.7.20)$$

$$x = \frac{P_\psi \sin^2\theta_0}{2\cos\theta_0}\left(1 \pm \sqrt{1 - \frac{4mglI_1\cos\theta_0}{P_\psi^2}}\right) \quad\quad\quad (11.7.21)$$

식 (11.6.5)와 식 (11.7.5)에서 $P_\psi = I_3\omega_3$이므로 다음이 성립한다.

$$x = \frac{1}{2}I_3\omega_3 \frac{\sin^2\theta_0}{\cos\theta_0}\left(1 \pm \sqrt{1 - \frac{4mglI_1\cos\theta_0}{I_3^2\omega_3^2}}\right) \quad\quad\quad (11.7.22)$$

한편, 식 (11.7.7)에서 $\dot\phi = x/I_1\sin^2\theta$이므로 우리가 구하고자 하는 세차 각속도는 아래와 같이 나타낼 수 있다.

$$\dot\phi = \frac{1}{I_1\sin^2\theta_0}\frac{1}{2}I_3\omega_3\frac{\sin^2\theta_0}{\cos\theta_0}\left(1 \pm \sqrt{1 - \frac{4mglI_1\cos\theta_0}{I_3^2\omega_3^2}}\right) \quad\quad\quad (11.7.23)$$

이제 이 식을 분석해보자. 보통의 팽이의 운동에서 θ_0의 크기가 $\pi/2$보다 클 수는 없으므로, $\theta_0 \leq \pi/2$인 경우만 고려하면 식 (11.7.23)의 근호 안의 두 번째 항에서 $\cos\theta_0$가 양수가 된다. 근호 안의 값이 양수가 되려면 ω_3이 다음을 만족해야 한다.

$$\omega_3 > \sqrt{\frac{4mglI_1\cos\theta_0}{I_3^2}} = \omega_{\min} \quad\quad\quad (11.7.24)$$

즉, 최소 회전 각속도가 존재하여, 팽이를 돌릴 때의 각속도 ω_3가 최소 회전 각속도보다 커야 팽이가 넘어지지 않는다. 이와 같은 상황에서는 식 (11.7.23)처럼 두 가지 세차각속도가 가능하다. 이제 팽이를 충분히 빨리 회전시켜서 다음을 만족하는 경우를 가정하고 물체의 운동을 조금 더 살펴보자.

$$\omega_3 \gg \omega_{\min} \quad\quad\quad (11.7.25)$$

이 조건에서 식 (11.7.23)의 근호 앞의 부호가 +일 때와 −일 때로 나누어서 운동을 생각해보자. 우선 근호 앞의 부호가 +일 때는 다음이 성립한다.

$$\dot{\phi}\big|_{\theta=\theta_0} = \frac{1}{I_1\sin^2\theta_0}\frac{1}{2}I_3\omega_3\frac{\sin^2\theta_0}{\cos\theta_0}\left(1+\sqrt{1-\frac{4mglI_1}{I_3^2\omega_3^2}\cos\theta_0}\right) \simeq \frac{I_3\omega_3}{I_1\cos\theta_0} \quad (11.7.26)$$

이 식의 마지막 계산 단계에서 테일러 근사가 사용되었다. 이 경우의 세차각속도의 값이 근호 앞의 부호가 −일 때보다 크므로 빠른 세차라고 부른다. 한편 식 (11.7.23)의 근호 앞의 부호가 −일 때의 세차각속도는 다음과 같다.

$$\dot{\phi}\big|_{\theta=\theta_0} = \frac{1}{I_1\sin^2\theta_0}\frac{1}{2}I_3\omega_3\frac{\sin^2\theta_0}{\cos\theta_0}\left(1-\sqrt{1-\frac{4mglI_1}{I_3^2\omega_3^2}\cos\theta_0}\right) \simeq \frac{mgl}{I_3\omega_3} \quad (11.7.27)$$

이렇게 구한 세차각속도의 값이 근호 앞의 부호가 +일 때보다 작으므로 이 경우를 느린 세차라고 부른다. 느린 세차의 값을 근사한 이 결과는 우리가 11.1절에서 팽이의 운동을 정성적으로 다루어서 구한 세차각속도와 같다.

2) $E > E_0$인 경우

만일 $E > E_0$인 경우라면 [그림 11.7.2]의 유효퍼텐셜에너지 그래프에서 θ의 값은 θ_1과 θ_2 사이라는 일정한 범위 안에서 변하게 된다. 그리고 그래프로부터 우리는 θ방향의 장동운동이 θ가 커지고 작아지는 것이 반복되는 진동운동의 형태가 될 것임을 추측할 수 있다. 앞선 논의에서 θ의 값이 일정한 경우($E = E_0$인 경우) 세차운동의 각속도 $\dot{\phi}$은 식 (11.7.7)로부터 상수였다. 하지만 $E > E_0$인 경우 세차운동의 각속도 값이 변하므로 팽이의 세차운동은 $E = E_0$인 경우보다 조금 더 복잡하게 된다. 이를테면 식 (11.7.7)을 가만히 살펴보면 θ의 값이 다음의 값을 만족할 경우 $\dot{\phi} = 0$이 됨을 알 수 있다.

$$\cos\theta = \frac{P_\phi}{P_\psi} \quad\quad\quad\quad (11.7.28)$$

식 (11.7.28)에서 세차운동의 각속도를 0으로 만드는 식 θ를 θ_3라고 하면 우리는 식 (11.7.7)로부터 θ가 θ_3보다 작을 때는 세차운동의 각속도가 음수, θ가 θ_3보다 클 때는 세차운동의 각속도가 양수임을 얻게 된다. θ_3과 장동각 θ의 진동 범위 θ_1과 θ_2의 크기 관계에 따른 팽이의 회전축의 거동 양상을 [그림 11.7.3]에 나타내었다. 그림의 세 경우 모두 기본적으로 장동운동은 일정한 범위에서 진동운동을 하고 있다. 그림에서 장동각 θ의 진동 범위는 θ_1과 θ_2 사이로 나타내었음에 유의하자. 또한 θ_1, θ_2, θ_3는 모두 초기조건에 따

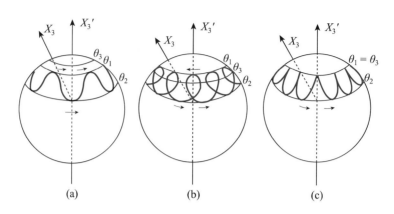

[그림 11.7.3] 대칭팽이의 장동운동과 세차운동을 합친 회전축의 운동

라 결정되는 값들이다.

그림에서 θ방향의 축의 운동과 ϕ방향의 축의 운동이 일정한 주기를 가지고 일정한 패턴으로 반복됨을 알 수 있다. 그림의 세 경우에 대한 구체적인 운동 양상은 다음과 같다.

(1) $\theta_3 < \theta_1$인 경우

이 경우는 장동각 θ가 항상 세차운동의 각속도가 0이 되는 각도인 θ_3보다 크므로 세차운동의 방향은 항상 양수이다. 이 경우 팽이의 회전축의 거동은 [그림 11.7.3 (a)]와 같이될 것이다.

(2) $\theta_1 < \theta_3 < \theta_2$

이 경우는 장동각 θ가 세차운동의 각속도가 0이 되는 각도인 θ_3보다 클 때는 세차운동의 방향이 양수, 작을 때는 세차운동의 방향이 음수가 된다. 이 경우의 그림을 그리려면종이 위에 펜을 아래위로 반복해서 그리면서 종이를 오른쪽으로 당겼다가 왼쪽으로 당겨보면 된다. 이때 $\theta > \theta_3$인 경우의 세차운동의 각속도가 $\theta < \theta_3$인 경우의 세차운동의 각속도보다 더 크기 때문에 왼쪽 그림의 폭이 오른쪽 그림의 폭보다 더 크게 되어 [그림 11.7.3 (b)]와 같은 그림이 그려지게 된다.

(3) $\theta_1 = \theta_3 < \theta_2$

이 경우는 대체로 [그림 11.7.3 (a)]의 경우의 그림과 유사하나 $\theta_1 = \theta_3$인 순간 세차운동의 각속도가 0이 되어 [그림 11.7.3 (c)]와 같은 뾰족한 점이 존재하게 된다.

이와 같은 세 가지 경우가 기본적으로 생각할 수 있는 팽이의 중심축의 운동 양상이다.

물론 $\theta_3 > \theta_2$, $\theta_3 = \theta_2 > \theta_1$의 두 가지 경우를 더 생각해볼 수 있지만 이 경우는 [그림 11.7.3 (a)]와 [그림 11.7.3 (c)]에서 세차운동의 방향만 바뀐 것으로 팽이의 축이 그리는 궤적은 동일하다는 것을 알 수 있다.

　이렇게 해서 팽이의 운동에 대한 정량적인 기술까지 마무리되었다. 많은 변수들이 나와서 정신이 없겠지만 P_ϕ, P_ψ, θ_1, θ_2, θ_3, θ_0가 모두 초기조건에 따라 결정되는 상수임을 잘 체크하도록 하자. 초기조건에 따라 앞의 변수들이 모두 바뀌고 이에 따라 팽이의 세차운동의 거동도 달라지는 것이다.

📖 **연습문제**　　　　　　　　　　　　　　　　　　　　**Chapter 11**

01 팽이의 주 회전 방향이 반대로 되면, 세차운동의 방향은 어떻게 되는가?

02 체중계 위에서 팽이를 돌리고 있다면, 이 팽이가 세차운동만 하고 있는 동안 체중계의 눈금에 변화가 있는가? 장동운동을 하는 경우에는 어떻게 되는가?

03 11.1절의 논의에서 세차운동을 하는 동안 각운동량의 방향이 팽이의 축의 방향과 일치한다고 가정하였다. 보다 정확하게 따지자면 세차운동을 하는 팽이에서 각운동량의 방향은 팽이의 축에 대해 어떤 방향을 향하는가?

04 강체의 각속도와 각운동량이 평행한 경우에 식 (11.2.1)이 성립함을 보이시오.

05 식 (11.3.13)을 유도하시오.

06 식 (11.3.15)를 유도하시오.

07 스타이너 정리(식 (11.3.16))와 수직축 정리(식 (11.3.7))를 유도하시오.

08 스타이너 정리를 사용하여 예제 11.3.2와 같은 평판의 관성 텐서를 질량중심을 기준으로 하여 구하시오.

09 어떤 강체가 한 변의 길이가 L인 균일한 정육면체 형태를 갖는다.
   1) 이 강체의 한 모서리가 원점이고 x, y, z축이 정육면체의 세 모서리를 이룰 때 원점을 기준으로 한 강체의 관성 텐서를 구하시오.
   2) 정육면체의 질량중심을 기준으로 한 강체의 관성 텐서를 직접 적분 계산을 통해 구하고, 이 경우에 스타이너의 정리가 성립한다는 것을 확인하시오.

10 한 변의 길이가 L, 질량이 m인 균일한 밀도의 정육면체 강체가 정육면체의 대각선을 기준으로 각속도 ω로 회전하고 있다. 정육면체의 질량중심을 원점으로 잡고 정육면체의 운동에너지와 각운동량을 구하시오.

11 질량이 m, 길이가 L인 균일한 막대의 중심을 지나고 막대와 각도 θ를 이루는 축에 대해 막대가 각속도 ω로 회전할 때 축에서 막대에 가해지는 돌림힘을 구하시오.

12 양 변의 길이가 각각 a, b인 질량이 m인 균일한 직사각형 평판을 대각선을 축으로 하여 각속도 ω로 회전시킬 때 각운동량과 운동에너지를 구하시오. (단, 원점은 질량중심으로 놓는다.)

13 예제 11.5.2에서 생략된 계산을 추가하여 예제의 논의를 보충하시오.

14 식 (11.6.5)는 주축좌표계인 $\hat{e_1}\hat{e_2}\hat{e_3}$좌표계에서의 각속도를 나타낸 식이다. 이 각속도를 나머지 세 개의 좌표계인 xyz좌표계, $x'y'z'$좌표계와 $\hat{e_1}'\hat{e_2}'\hat{e_3}'$좌표계에서 나타내어라.

15 각속도 ω의 방향과 주축의 방향이 일치하려면 접촉점이 고정된 대칭팽이는 어떤 운동을 해야 하는가? 이러한 운동을 유발하는 초기조건을 하나 제시하시오.

16 손으로 팽이를 돌려서 초기조건을 바꾸어가며 다양한 양상의 운동을 관찰하고 싶다. 어떤 방식으로 초기조건을 조절할 수 있는가? 이러한 방식을 통해 [그림 11.7.3]을 통해 제시된 모든 운동 양상을 관찰할 수 있는가?

학습목표

- 테일러 급수를 사용하는 이유를 설명할 수 있다.
- 테일러 급수를 활용하여 함수를 필요한 정확도로 근사할 수 있다.
- 좌표계에 맞게 운동방정식의 부호를 결정할 수 있다.
- 미분방정식의 기본 용어와 개념을 설명할 수 있다.
- 선형 미분방정식 등 간단한 방정식을 풀 수 있다.
- 복소수가 물리학에서 갖는 의미를 설명할 수 있다.
- 복소수 지수를 이해하고, 이를 이용하여 복잡한 계산을 간단히 할 수 있다.
- 삼각함수, 쌍곡선함수와 관련한 주요 공식을 활용할 수 있다.

부록에서는 흐름상 본문에서 다루기 힘들었던 내용들을 짚고 넘어가려고 한다. 학생들이 물리학을 공부하며 겪는 어려움 중에는 물리학보다 수학이 문제가 되는 경우도 많다. 여기서는 필자들의 대학에서의 강의 경험을 바탕으로, 역학을 공부하면서 많은 학생들이 어려움을 겪는 부분 중 특히 수학적인 부분에 대해 간단히 설명하려고 한다.

A ○ 테일러 급수를 이용한 근사

1. 테일러 급수란?

함수 $f(x)$가 어떤 값 a를 포함하는 구간에서 무한히 미분 가능할 때 함수 $f(x)$를 다음과 같이 무한급수로 전개할 수 있다.

$$f(x) = f(a) + (x-a)f'(a) + \frac{(x-a)^2}{2!}f''(a) + \cdots = \sum_{m=0}^{\infty} \frac{(x-a)^m}{m!}f^{(m)}(a) \quad \text{(A.1)}$$

여기서 $f^{(m)}(a)$는 $f(x)$를 m번 미분하여 a를 대입한 값이다. 함수에 대한 이러한 급수전개를 테일러 급수(Taylor series)라 한다. 특히 $x=0$ 근방에서의 급수전개는 많이 이용되므로 다음과 같이 따로 나타내기도 한다.

$$f(x) = f(0) + xf'(0) + \frac{x^2}{2!}f''(0) + \cdots = \sum_{m=0}^{\infty} \frac{x^m}{m!}f^{(m)}(0) \quad \text{(A.2)}$$

지수함수, 로그함수, 삼각함수 등에 대한 테일러 급수는 물리학에서 매우 빈번하게 사용된다. 특히 다음과 같은 테일러 급수가 많이 활용된다.

(1) 지수함수:

$$e^x = 1 + x + \frac{x^2}{2!} + \frac{x^3}{3!} + \cdots = \sum_{n=0}^{\infty} \frac{x^n}{n!} \tag{A.3}$$

(2) 로그함수:

$$\ln(1+x) = x - \frac{x^2}{2} + \frac{x^3}{3} - \frac{x^4}{4} + \cdots = \sum_{m=0}^{\infty} (-1)^{m-1} \frac{x^m}{m} \tag{A.4}$$

(3) 삼각함수:

$$\sin x = x - \frac{x^3}{3!} + \frac{x^5}{5!} - \cdots = \sum_{n=1}^{\infty} (-1)^{n-1} \frac{x^{2n-1}}{(2n-1)!} \tag{A.5}$$

$$\cos x = 1 - \frac{x^2}{2!} + \frac{x^4}{4!} - \cdots = \sum_{n=1}^{\infty} (-1)^{n-1} \frac{x^{2n-2}}{(2n-2)!} \tag{A.6}$$

$$\tan x = x + \frac{x^3}{3} + \frac{2}{15} x^5 + \cdots \tag{A.7}$$

(4) 이항함수:

$$(1+x)^\alpha = 1 + nx + \frac{\alpha(\alpha-1)}{2!} x^2 + \cdots = \sum_{m=0}^{\infty} \frac{\alpha!}{(\alpha-m)! m!} x^m \tag{A.8}$$

2. 테일러 급수를 사용하는 이유: 근사

테일러 정리 : 함수 f가 구간 $[a, b]$에서 무한번 미분 가능할 때, $a < c < b$인 c가 존재하며, 다음을 만족한다.

$$f(b) = f(a) + (b-a)f'(a) + \frac{(b-a)^2}{2!} f''(a) + \cdots + \frac{(b-a)^n}{n!} f^{(n)}(a)$$

$$+ \frac{(b-a)^{n+1}}{(n+1)!} f^{(n+1)}(c) \tag{A.9}$$

따라서 어떤 함수를 테일러 급수를 이용하여 n차식으로 근사하면 원래의 함수와 근사한 함수의 차이는 대략적으로 다음과 같게 된다.

$$\frac{(b-a)^{n+1}}{(n+1)!} f^{(n+1)}(c) \ \ (단, \ a < c < b) \tag{A.10}$$

이와 같이 테일러 급수를 이용하면 함수를 근사할 수 있으며 테일러의 정리를 통해 근사의 정확성을 어림할 수 있다. 그런데 운동방정식을 세우고 푸는 전 과정에서 근사가 매우 중요한 역할을 하므로 그만큼 테일러 급수의 사용도 많을 수밖에 없다. 테일러 급수는 무한히 많은 항들의 합이지만 필요한 정확도 내에서 무한히 많은 항을 모두 고려하는 대신에 적당한 개수의 항들만을 고려하여 근사한다.

예제 A.1

$e^{0.1}$을 소수점 세 자리까지 정확하도록 근사한 값을 직접 계산하여 구하시오.

풀이

테일러 급수를 이용하지 않고 이와 같은 계산을 수행하기는 대단히 힘들 것이다. 식 (A.10)을 활용하여 테일러 급수 $e^{0.1}$을 일차항까지만 고려하여 근사한 값과 참값의 오차를 추정하면 다음과 같다.

$$\frac{(0.1)^2}{2!} = 0.005$$

따라서 일차항까지만 고려한 근사는 소수점 두 자리까지만 정확하므로, 보다 정확한 근사를 위해 이차항을 고려해야 한다. 이차항까지 고려하여 오차를 추정하면 다음의 결과를 얻는다.

$$\frac{(0.1)^3}{3!} \fallingdotseq 0.00016$$

이차항까지 고려한 근사는 소수점 세 자리까지 정확하다. 따라서 $e^{0.1}$에 대한 소수점 세 자리까지 정확한 근사값은 다음과 같다.

$$e^{0.1} \fallingdotseq 1 + 0.1 + \frac{(0.1)^2}{2!} = 1.105$$

실제 계산기를 이용해서 구해보면 $e^{0.1} = 1.105170918 \cdots$ 이라는 값을 얻을 수 있다. 이 경우 계산기가 계산한 결과는 테일러 급수의 보다 높은 고차항까지 고려한 결과이다. 즉, 계산기도 테일러 급수를 이용한다.

문제 상황에서 요구되는 정밀성에 따라 테일러 급수 중 몇 개의 항을 고려하여 근사를 할 것인지가 결정된다. 필요한 정확도에 따라 적당한 항까지의 합만을 더하여 함수의 값을 근사적으로 구한다. 이를테면 어떤 물리량에 대한 이론적 예측이 $e^{0.1}$이며, 이 물리량을 측정한 실험결과는 1.20이고 측정의 정밀도는 소수점 두 번째 자리라고 하자. 이러한 상황에서 이론과 실험이 얼마나 일치하는지를 판단할 때에는 예제와 같이 테일러 급수의 일차항까지만을 고려한 값과 실험결과를 비교하는 것으로 충분하다. 고차항까지 고려해보아도 실험에서 얻을 수 있는 측정의 정밀도 내에서만 이론값이 달라지기 때문이다. 이와 같이 소수점 두 번째 자리까지의 정확성으로 만족할 수 있는 상황에서 $e^{0.1}$의 값을 구할 때에는 테일러 급수의 두 항(일차항까지)의 합만 고려하여 근사해도 충분하다. 만일 실험이 매우 정밀하게 이루어져서 소수점 열 번째 자리까지 이론값이 정밀해야 하는 상황이 있다면 테일러 급수의 더 많은 항을 고려하여 근사하면 될 것이다.

이제까지의 논의에서는 함수값을 근사하였는데, 테일러 급수를 이용하여 다음과 같이 함수 자체를 근사할 수도 있다.

$$e^x \simeq 1+x, \ \sin x \simeq x, \ \cos x \simeq 1-\frac{x^2}{2!} \tag{A.11}$$

이처럼 테일러 급수를 이용하면 함수를 근사할 수 있으며 이로부터 함수의 값을 근사적으로 구할 수 있다. 물리학에서는 이와 같은 근사는 매우 중요하다. 모형을 설정하는 과정에서 근사를 피하기가 쉽지 않기 때문이다.

B ● 운동방정식의 부호결정

운동방정식은 일반적으로 벡터 사이의 관계식이다. 이러한 벡터방정식을 성분별로 분해하여 운동방정식의 성분을 얻을 때 부호를 주의해서 결정해야 한다. 특히 운동방정식을 만들 때 우리가 기준 좌표를 어떻게 설정하느냐에 따라 운동방정식의 부호가 달라질 수 있다. 지금부터는 저항력이 작용하는 낙하운동 상황을 통해 운동방정식의 부호를 결정하는 방식을 살펴보고자 한다.

[그림 B.1]과 같이 하늘로 향하는 방향을 좌표의 양의 방향으로, 지면 방향을 좌표의 음의 방향으로 설정하고 운동방정식을 구해보자. [그림 B.1]의 (a)와 같이 물체가 자유낙하한다면 물체가 받는 저항력은 중력과 반대 방향이 된다. 이 상황에 대응하는 운동방정식은 벡터의 형태로 다음과 같이 쓸 수 있다.

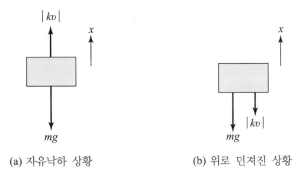

(a) 자유낙하 상황   (b) 위로 던져진 상황

[그림 B.1] 연직 위 방향을 좌표의 양의 방향으로 설정한 경우

$$m\frac{d^2\vec{x}}{dt^2} = \vec{F}_g + \vec{F}_{air} \tag{B.1}$$

여기서 $\vec{F}_g$와 $\vec{F}_{air}$는 각각 중력과 저항력을 나타낸다.

이 벡터방정식은 다음과 같이 성분별로 풀어 쓸 수 있다.

$$\left(m\frac{d^2x}{dt^2},\ m\frac{d^2y}{dt^2},\ m\frac{d^2z}{dt^2}\right) = (-mg+|kv|,\ 0,\ 0) \tag{B.2}$$

위 식에서 절댓값 $|kv|$는 저항력의 방향이 양의 방향임을 의미한다. 여기서 물체는 사실상 일차원 운동을 하므로 운동방정식을 다음과 같이 간단히 쓸 수 있다.

$$m\frac{d^2x}{dt^2} = -mg+|kv| \tag{B.3}$$

그런데 비례상수 k는 관습적으로 양수이고 우리가 선정한 좌표계에서 낙하운동의 속도 성분 $v = dx/dt$는 음수이다. 따라서 방금 구한 방정식에서 절댓값을 없애면 다음의 방정식을 얻는다.

$$m\frac{d^2x}{dt^2} = -mg-kv \tag{B.4}$$

이번에는 물체가 위로 던져진 상황의 운동방정식은 어떻게 될까? 이 경우에 물체에 작용하는 힘은 [그림 B.1]의 (b)와 같이 나타낼 수 있다. 그림을 바탕으로 벡터방정식의 x성분만을 구하면 다음의 방정식을 얻는다.

$$m\frac{d^2x}{dt^2} = -mg-|kv| \tag{B.5}$$

물체가 위로 던져진 상황에서 비례상수 k는 양수이고 $v = dx/dt$도 양수이다. 따라서 식 (B.5)에서 절댓값을 없애면 다음의 방정식을 얻는다.

$$m\frac{d^2x}{dt^2} = -mg - kv \tag{B.6}$$

이와 같이 지표면을 x축의 음의 방향이 되도록 좌표를 설정한 경우 운동방정식은 식 (B.4)와 식 (B.6)에서 보듯이 운동의 방향에 무관하다.

지표면을 향하는 방향을 양의 방향이 되도록 좌표를 설정하면 운동방정식의 부호가 달라지게 된다. 그림 [B.2]의 (a)와 (b)는 이러한 좌표 설정에서 각각 자유낙하와 위로 던져진 운동에 해당한다. 식 (B.4)와 식 (B.6)을 구하는 과정과 같이 부호에 주의하면 자유낙하 상황이든, 위로 던져진 상황이든 다음과 같은 운동방정식을 얻게 된다.

$$m\frac{d^2x}{dt^2} = mg - kv \tag{B.7}$$

구체적인 계산 과정은 여러분이 직접 확인하기 바란다. 결론적으로 좌표를 어떻게 설정하느냐에 따라 식 (B.4) 혹은 식 (B.7)과 같이 부호가 다른 운동방정식을 얻게 된다. 어떤 좌표 설정을 선택하더라도 설정한 좌표에 적합하도록 운동방정식의 부호를 결정해야 한다는 것을 잊지 말자.

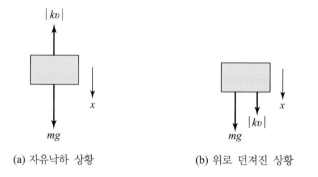

(a) 자유낙하 상황   (b) 위로 던져진 상황

[그림 B.2] 연직 아래 방향을 좌표의 양의 방향으로 설정한 경우

C **미분방정식**

1. 미분방정식의 용어들

(1) 미분방정식

독립변수 t에 대한 함수 $y(t)$, 그리고 그 도함수 $y'(t)(=dy/dt)$, $y''(t)(=d^2y/dt^2)$, $\cdots$, $y^{(n)}(t)(=d^ny/dt^n)$ 사이의 관계를 규정한 다음과 같은 형태의 방정식을 y에 관한 미분방정식(differential equation)이라 한다.

$$F(t, y, y', y'', \cdots, y^{(n)}) = 0$$

다음은 미분방정식의 예이다.

$$y' - 2y = 0, \ y'' + 3y = t^3 - 1$$

(2) 미분방정식의 해

함수 $y = \phi(t)$가 미분방정식 $F(t, y, y', y'', \cdots, y^{(n)}) = 0$을 만족할 때, 즉 $F(t, \phi(t), \phi''(t), \cdots \phi^{(n)}(t)) = 0$이 성립할 때 $y = \phi(t)$를 주어진 미분방정식의 해(solution)라고 한다. 방정식만 주어지고 풀고자 하는 변수 y에 대한 초기조건이 주어지지 않으면 해가 유일하지 않다. 가능한 해를 모두 고려하기 위해 임의의 상수를 포함한 해를 생각할 수 있는데, 이러한 해를 일반해(general solution)라 한다. 한편, 다양한 방법으로 방정식을 만족하는 함수 $y = \phi(t)$를 하나 찾을 수 있는데, 그 해를 특수해라고 한다. 방정식을 만족하는 해는 유일하지 않지만 y 및 그 도함수들의 초기조건이 적절히 주어지면 해는 유일하게 된다. 해가 유일하기 때문에 어떤 방식을 통해서든 일단 해를 구하는 것이 중요하다. 다음 예제를 통해 초기조건과 미분방정식으로부터 해를 어떻게 구하는지를 간단히 확인해 보자.

예제 C.1

미분방정식 $y' - y = 0$에 대해 초기조건 $y(0) = 2$를 만족하는 해를 구하시오.

풀이

미분방정식을 보면 y를 미분한 y'이 y와 같아야 한다. 미분을 한 결과와 미분하기 전이 같으려면 y는 다음과 같은 지수함수의 형태이어야 한다.

$$y = Ce^t$$

미분방정식만 보면 상수 C에 따라 무수히 많은 해를 가질 수 있지만 초기조건을 고려하면 다음을 만족해야 한다.

$$y(0) = Ce^0 = 2, \quad \therefore C = 2$$

결과적으로 미분방정식과 초기조건을 모두 만족하는 해는 다음과 같다.

$$y(t) = 2e^t$$

(3) 계수

미분방정식에 포함된 종속변수 y의 가장 큰 미분 횟수를 미분방정식의 계수(order)라 한다. 이를테면 미분방정식 $y' + 3y = 0$에서는 가장 큰 계수를 갖는 항이 y'이므로 일계 미분방정식이다. 한편 미분방정식 $y'' + e^{-y} = t$은 가장 큰 계수를 갖는 항이 y''이므로 이계 미분방정식이다. 한편 $(y'')^4 + (y')^2 + 1 = 0$은 이계 미분방정식이 된다. 역학에서 다루는 운동방정식은 $m\ddot{x} = f(x, \dot{x}, t)$과 같은 형태를 갖는다. 가속도가 위치의 이계 미분이고 힘은 주로 위치와 속도의 함수로 주어지므로 역학에서는 주로 이계 미분방정식을 다루게 된다.

(4) 선형과 비선형

종속변수 y 및 그 도함수 $y, y', y'', \cdots, y^{(n)}$를 포함한 항이 모두 일차인 미분방정식을 선형(linear) 미분방정식이라고 하고, 그 외에 y^2, yy', e^{-y}와 같은 항을 포함한 미분방정식을 비선형(nonlinear) 미분방정식이라고 한다. 비선형미분방정식은 해석적으로 푸는 것이 극히 힘들고 풀리는 경우도 매우 드물다. 따라서 비선형미분방정식의 풀이는 아주 간단한 경우를 제외하고는 교재에서 다루지 않는다. 반면에 선형미분방정식은 일반적인 풀이방법이 존재하며 지금부터 이에 대해 논의하고자 한다. 이를테면 $y'' + 3ty' + y = 0$은 이계 선형미분방정식, $y'' - y^2 = t$는 이계 비선형미분방정식이다.

(5) 동차와 비동차

선형미분방정식은 일반적으로 다음과 같이 주어진다.

$$a_n(t)y^{(n)}(t) + a_{n-1}(t)y^{(n-1)}(t) + \cdots + a_1(t)y'(t) + a_0y(t) = b(t)$$

이때 $b(t) = 0$인 경우를 동차(homogeneous) 선형미분방정식, $b(t) \neq 0$인 경우를 비동차(nonhomogeneous) 선형미분방정식이라고 한다. 이를테면 $y'' + 4y' + 3y = 0$은 동차방

정식, $y'' + 4y' + 3y = 3t$은 비동차방정식이다. 동차방정식의 풀이방법은 비동차방정식의 풀이방법의 바탕이 되는데 앞으로 이에 대해 살펴볼 것이다.

2. 미분방정식의 풀이에 대한 일반론

아주 간단한 미분방정식에 대해 적용해볼 수 있는 하나의 풀이방법은 본문의 2.3절에서 소개한 변수분리법이다. 그런데 미분방정식이 약간만 복잡해져도 이러한 방법이 통하지 않게 된다. 다행히 선형미분방정식의 경우에는 적용할 수 있는 일반적인 풀이방법이 존재한다. 여기서는 물리학에서 가장 많이 등장하는 미분방정식 중의 하나인 이계 선형미분방정식을 예로 들어 미분방정식의 풀이방법을 설명하고자 한다. 특히 진동과 관련된 운동에 대한 미분방정식이 좋은 사례가 된다. 진동과 관련하여 다루는 미분(운동)방정식은 통상적으로 다음과 같다.

$$m\ddot{x} + k\dot{x} + kx = F(t)$$

이것은 진동계의 외부에서 구동력이 주어지는 경우에는 $F(t) \neq 0$인 비동차방정식이고 구동력이 없는 경우에는 $F(t) = 0$인 동차방정식이 된다. 구동력이 있건 없건 이러한 방정식들은 선형방정식이라는 공통점이 있다. 그렇기 때문에 방정식의 해를 구할 때 선형방정식의 특성인 중첩의 원리가 중요하게 이용된다. 또 우리가 다루는 방정식은 상수계수를 갖는다는 특징이 있다. 이러한 유형의 미분방정식은 특성방정식을 이용하는 교묘한 방법으로 풀 수 있다. 그리고 동차방정식을 푸는 방법을 바탕으로 하여 비동차방정식도 풀 수 있다. 지금부터는 이러한 과정을 알기 쉽게 소개하고자 한다.

(1) 중첩원리: 선형미분방정식의 핵심적인 특성

지금부터 우리가 다루고자 하는 미분방정식은 다음과 같은 형태이다.

$$y'' + p(t)y' + q(t)y = 0$$

이러한 선형미분방정식의 해는 다음과 같은 중요한 특성이 있음을 쉽게 확인할 수 있다.

정리 1

$y = y_1(t)$가 $y'' + p(t)y' + q(t)y = 0$의 한 해라면, $y = Cy_1(t)$ 역시 이 미분방정식의 해가 된다. (단, C는 임의의 상수이다.)

> **정리 2**
>
> $y = y_1(t)$와 $y = y_2(t)$가 $y'' + p(t)y' + q(t)y = 0$의 해라면, $y = y_1(t) + y_2(t)$ 역시 이 미분방정식의 해가 된다.

이 특성들을 종합하면 $y = y_1(t)$와 $y = y_2(t)$가 $y'' + p(t)y' + q(t)y = 0$의 해라면 임의의 상수 C_1, C_2에 대해 $y = C_1 y_1(t) + C_2 y_2(t)$도 해가 된다.

그런데 방정식 $y'' + p(t)y' + q(t)y = 0$를 만족하는 해가 몇 개나 될까? 수학자들은 이계 동차선형방정식을 만족하는 선형 독립인(linearly independent)[1] 해를 두 개 구하면 방정식의 초기조건을 만족하는 특수해는 이들의 선형 중첩으로 나타낼 수 있음을 증명했다.

방정식을 만족하도록 구한 두 개의 해 $y_1(t)$, $y_2(t)$는 초기조건과 무관하게 순전히 방정식만을 고려하여 구한 것이다. 이들의 선형중첩 $y = C_1 y_1(t) + C_2 y_2(t)$가 일반해가 된다. 그런데 이 방정식의 해가 유일하려면 초기조건 $y(0)$, $y'(0)$가 주어져야 한다. 이제 초기조건을 고려하지 않고 구한 일반해 $y = C_1 y_1(t) + C_2 y_2(t)$가 초기조건을 만족하도록 C_1, C_2를 결정함으로써 방정식을 완전히 풀 수 있게 된다. (즉 y를 시간의 함수로 결정하게 된다.)

이상을 정리하면 선형 독립인 두 개의 해 $y_1(t)$, $y_2(t)$를 구하여 일반해 $y = C_1 y_1(t) + C_2 y_2(t)$를 구한다. 일반해에 대해 초기조건을 고려하여 미정계수 C_1, C_2를 결정하여 방정식의 유일한 해를 구한다. 이제 선형미분방정식을 풀고자 할 때 우리가 할 일은 두 개의 선형 독립인 해를 찾는 것으로 환원된다.

우리가 주로 다룰 상수인 계수(coefficient)를 갖는 이계 선형방정식에 대해서는 특수해 $y_1(t)$, $y_2(t)$를 구하는 쉽고도 체계적인 방법이 알려져 있다. 그 방법을 아는 것이 본 부록의 핵심 목표이다. 일반적인 선형방정식에 대해서 특수해 $y_1(t)$, $y_2(t)$를 구하는 과정은 보다 복잡한데, 본 교재에서는 이러한 미분방정식의 풀이를 논하지 않겠다.

(2) 계수(coefficient)가 상수인 이계 동차선형미분방정식

이제 우리가 다루는 방정식은 이계 미분방정식인데, 그중에 먼저 다음과 같은 이계 동차 미분방정식을 고려하자.

$$ay'' + by' + cy = 0 \quad (a, b, c \text{는 상수}, \ a \neq 0) \tag{C.1}$$

---

[1] 두 함수 $y_1(t)$, $y_2(t)$가 $C_1 y_1(t) + C_2 y_2(t) = 0$을 만족하려면 반드시 $C_1 = C_2 = 0$이어야 할 때, 두 함수 $y_1(t)$, $y_2(t)$는 선형 독립이라고 한다.

이 미분방정식을 푸는 교묘한 방법을 소개하고자 한다. 이 방법은 대수방정식과 미분방정식을 엮는 교묘한 방법이다. 이 방법이 나온 경위는 신경 쓰지 말자. 이 방법은 여러분의 마음에 들지 않을 수도 있다. 하지만 다른 풀이법에 비해서 그나마 쉽게 배울 수 있기에 이 방법을 소개하는 것이다. 해가 유일하므로 해를 구할 수 있다는 것 자체가 중요하고 그 방법이 얼마나 마음에 드는지는 그 다음의 문제이다. 이 방법은 미분방정식을 대수방정식에 연관시키는 방법이다. 이때 대응되는 대수방정식이 두 실근을 갖느냐, 중근을 갖느냐, 두 복소수 근을 갖느냐에 따라 미분방정식의 풀이 과정이 약간씩 다르다. 두 실근을 갖는 경우가 가장 쉽고 두 복소수 근을 가질 때가 상대적으로 가장 복잡하다. 따라서 일단 두 실근을 가질 때를 먼저 다루고자 한다.

① 대응되는 대수방정식이 두 실근을 갖는 경우 $(b^2 - 4ac > 0)$

앞 절의 논의에서 이계 선형미분방정식을 푸는 것은 곧 두 개의 독립인 해를 구하는 것으로 환원된다는 사실을 보였다. 이제 해를 구하기 위해 $y = e^{rt}$ (r은 상수)와 같은 해가 가능한지를 시도해보자. 이 시도가 실패한다면 다른 형태의 해를 시도하면 되지만, 결과부터 말하면 실패하지는 않으니 걱정 말자. 우선 $y = e^{rt}$을 미분하면 다음의 결과를 얻는다.

$$y = e^{rt}, \, y' = re^{rt}, \, y'' = r^2 e^{rt} \tag{C.2}$$

이제 이 결과를 식 (C.1)의 미분방정식에 대입하면 다음을 얻는다.

$$(ar^2 + br + c)e^{rt} = 0 \tag{C.3}$$

즉, r이 다음의 이차방정식을 만족하면 e^{rt}는 식 (C.1)의 미분방정식의 하나의 해가 된다.

$$ar^2 + br + c = 0 \tag{C.4}$$

식 (C.4)의 이차방정식은 미분방정식의 해로써 $y = e^{rt}$를 시도한 결과로 나온 대수방정식이다. 이러한 대수방정식을 특성방정식(characteristic equation)이라고 한다. 그리고 이 이차방정식은 다음과 같은 해를 갖는다.

$$r_1 = \frac{-b + \sqrt{b^2 - 4ac}}{2a}, \, r_2 = \frac{-b - \sqrt{b^2 - 4ac}}{2a} \tag{C.5}$$

식 (C.5)와 같이 특성방정식은 일반적으로 두 실근, 중근, 두 허근을 가질 수 있는데 먼저 두 실근인 경우를 고려하자. 그러면 특성방정식의 두 개의 실근에 대응하는 두 개의 선형독립인 함수 $y_1 = e^{r_1 t}$, $y_2 = e^{r_2 t}$가 식 (C.1)의 미분방정식을 만족한다. 한편 두 실근

r_1, r_2에 대해 $C_1 e^{r_1 t} + C_2 e^{r_2 t} = 0$이려면 $C_1 = C_2 = 0$이어야 하므로, 두 해 y_1, y_2는 선형독립이다. 이제 다음과 같이 일반해를 놓고 초기조건으로부터 C_1, C_2를 구함으로써 미분방정식을 완전히 풀 수 있다.

$$y = C_1 e^{r_1 t} + C_2 e^{r_2 t} \tag{C.6}$$

예제 C.2

$y'' - 4y' + 3y = 0$의 일반해를 구하시오. 또한 $y(0) = 1$, $y'(0) = 4$인 초기조건을 만족하는 해를 구하시오.

풀이

주어진 미분방정식에 $y = e^{rt}$를 대입하면 식 (C.4)에서 다음과 같은 특성방정식이 얻어진다.

$$r^2 - 4r + 3 = 0$$

이 방정식이 두 실근 $r_1 = 3$, $r_2 = 1$을 가지므로 다음과 같이 일반해를 쓸 수 있다.

$$y = C_1 e^{3t} + C_2 e^t$$

이를 시간에 대해 한 번 미분하면 다음을 얻는다.

$$y'(t) = 3 C_1 e^{3t} + C_2 e^t$$

이제 초기조건 $y(0) = 1$, $y'(0) = 4$를 만족하려면 미정계수 C_1, C_2는 다음을 만족해야 한다.

$$y(0) = C_1 + C_2 = 1$$
$$y'(0) = 3 C_1 + C_2 = 4$$

이로부터 미정계수 C_1, C_2를 구하면 주어진 초기조건을 만족하는 미분방정식의 해는 다음과 같다.

$$y = \frac{3}{2} e^{3t} - \frac{1}{2} e^t$$

---

② 대응되는 대수방정식이 중근을 갖는 경우 $(b^2 - 4ac = 0)$

앞의 논의에서 $y = e^{rt}$ 형태의 해가 미분방정식의 해가 되는지를 시도한 결과, 미분방정식으로부터 특성방정식을 얻었다. 이러한 방식으로 초기조건을 만족하는 해를 얻으려면 두 개의 독립적인 해를 구해야 한다. 특성방정식이 두 실근을 갖는 경우에는 아무런 문제없이 두 개의 독립적인 해를 구할 수 있었다. 그런데 특성방정식이 중근을 갖는 경우에는

$y = e^{rt}$의 형태를 갖는 해는 하나만 존재한다. 따라서 초기조건을 만족하는 해를 구하려면 또 다른 형태의 해를 하나 찾아야 한다. 다행히 r이 특성방정식의 중근인 경우 $y = te^{rt}$의 형태의 함수도 또 하나의 해가 됨을 쉽게 보일 수 있다. 즉, 다음의 정리가 성립한다.

> **정리 3**
>
> 미분방정식 $ay'' + by' + cy = 0$의 특성방정식이 중근을 가질 때, 즉 $b^2 - 4ac = 0$일 때, $y_1(t) = e^{(-b/2a)t}$와 $y_2(t) = te^{(-b/2a)t}$가 모두 미분방정식의 해가 된다.

여기서 $C_1 e^{-rt} + C_2 te^{rt} = 0$이려면 $C_1 = C_2 = 0$이어야 하므로 두 해는 선형 독립이다. 이제 두 개의 선형 독립인 해를 구했으므로 일반해를 $y = C_1 e^{rt} + C_2 te^{rt}$로 놓고 초기조건으로부터 C_1, C_2를 구함으로써 미분방정식을 완전히 풀 수 있다.

예제 C.3

$y'' + 4y' + 4y = 0$의 일반해를 구하시오. 또한 $y(0) = 1$, $y'(0) = 3$인 경우의 해를 구하시오.

풀이

문제의 미분방정식의 특성방정식은 다음과 같다.

$$r^2 + 4r + 4 = 0$$

이 방정식의 근은 $r_1 = r_2 = -2$로 중근을 갖는다.

따라서 다음과 같은 특수해가 가능하다.

$$y_1(t) = e^{-2t}, \ y_2(t) = te^{-2t}$$

따라서 일반해는 다음과 같다.

$$y(t) = C_1 e^{-2t} + C_2 te^{-2t} = (C_1 + C_2 t)e^{-2t}$$

이를 미분하면 아래와 같이 나타낼 수 있고,

$$y'(t) = -2C_1 e^{-2t} + C_2 e^{-2t} - 2C_2 te^{-2t}$$

초기조건 $y(0) = 1$, $y'(0) = 3$을 만족하려면 다음과 같아야 한다.

$$y(0) = C_1 = 1$$
$$y'(0) = -2C_1 + C_2 = 3$$

이로부터 미정계수 C_1, C_2를 구하면 주어진 초기조건을 만족하는 미분방정식의 해는 다음과 같다.

$$y(t) = e^{-2t} + 5te^{-2t}$$

③ 대응되는 대수방정식이 두 허근 r_1, r_2를 갖는 경우 $(b^2 - 4ac < 0)$

이제 특성방정식의 해 r_1, r_2가 두 복소수이면, 미분방정식의 해 $y_1 = e^{r_1 t}$와 $y_2 = e^{r_2 t}$가 복소수를 지수로 갖는 형태가 된다. 복소수 지수라는 난관을 극복하여 미분방정식을 푸는 두 가지 방법이 있다. 첫째는 $y = e^{rt}$ 형태의 해 말고 다른 형태의 해를 시도해 보는 것이다. 두 번째는 복소수 지수를 받아들이고 이를 계산하는 방법을 익히는 것이다. 지금부터 두 가지 방법으로 방정식을 푸는 방법을 모두 제시하고, 각각의 장단점을 논하겠다.

특성방정식의 해가 허수일 때 두 해를 각각 다음과 같이 나타낼 수 있다.

$$r_1 = \alpha + i\beta, \ r_2 = \alpha - i\beta \ (\alpha = -b/2a, \ \beta = \sqrt{4ac - b^2}/2a) \tag{C.7}$$

이와 같이 특성방정식의 해의 실수부와 허수부를 각각 α, β라 할 때 다음의 형태의 해가 식 (C.1)의 미분방정식을 만족함을 보일 수 있다.

$$y_1 = e^{\alpha t}\sin\beta t, \ y_2 = e^{\alpha t}\cos\beta t \tag{C.8}$$

위의 두 함수가 식 (C.1)의 미분방정식의 해가 됨은 직접 확인해보기 바란다. 이제 두 개의 독립된 해를 구했으므로 다음과 같은 일반해를 생각할 수 있다.

$$y(t) = C_1 e^{\alpha t}\sin\beta t + C_2 e^{\alpha t}\cos\beta t \tag{C.9}$$

이제 초기조건을 고려하면 미분방정식을 풀 수 있다.

예제 C.4

$y'' - 2y' + 2y = 0$의 일반해를 구하시오. 또한 $y(0) = 1$, $y'(0) = 3$인 경우의 해를 구하시오.

풀이

특성방정식은 다음과 같다.

$$r^2 - 2r + 2 = 0$$

이 방정식은 다음과 같이 두 개의 허근을 갖는다.

$$r_1 = 1 + i, \ r_2 = 1 - i$$

이 두 근의 실수부, 허수부는 각각 $\alpha = 1$, $\beta = 1$이므로 식 (C.9)에 의해 미분방정식의 일반해는 다음과 같다.

$$y(t) = C_1 e^t \sin t + C_2 e^t \cos t$$

이를 미분하면 다음이 성립한다.

$$y'(t) = (C_2 - C_1)e^t \sin t + (C_1 + C_2)e^t \cos t$$

초기조건 $y(0) = 1$, $y'(0) = 3$를 만족하도록 C_1, C_2를 구하고 일반해에 대입하면 다음의 결과를 얻는다.

$$y(t) = 2e^t \sin t + e^t \cos t$$

이상에서 우리는 복소수 지수를 도입하지 않고 미분방정식을 푸는 방법을 살펴보았다. 이 방법의 장점은 복소수 지수라는 생소한 개념을 이용하지 않는다는 것이다. 또 예제를 보면 그다지 계산이 복잡해 보이지도 않는 것 같다. 그러나 이 방법의 단점은 복소수를 이용하는 것보다 계산이 복잡할 수 있다는 것이다. 필자의 경험으로는 동차방정식을 풀 때는 복소수를 이용하지 않는 편이 계산이 간단하다. 그런데 우리가 앞으로 다룰 비동차방정식을 풀 때는 복소수의 이용이 계산을 간단하게 만든다.

여러분은 3장에서 진동이라는 물리 현상을 이해하기 위해 미분방정식을 풀 것이다. 그중 외부의 구동력이 있는 진동 상황에서의 진동에 대한 운동방정식은 비동차방정식이다. 이 경우 복소수를 이용하지 않는 풀이방법은 굉장히 복잡한 계산이 필요하다. 실제로 그 계산을 해보면 복잡성을 알 수 있을 것이다. 이러한 이유로 대부분의 역학 교재는 구동력이 있는 진동을 다룰 때 복소수 지수를 이용하여 계산을 단순화시킨다. 이것이 우리가 복소수 지수를 배우는 이유이다. 복소수 지수를 배우는 이유는 부록 D에서 더욱 상세하게 다루었으니 참고하기 바란다.

일단 복소수 지수를 받아들이면 특성방정식의 두 허수해 r_1과 r_2에 대응하는 미분방정식의 해로 $y_1 = e^{r_1 t}$, $y_2 = e^{r_2 t}$를 받아들일 수 있다. 이로부터 일반해를 $y = C_1 e^{r_1 t} + C_2 e^{r_2 t}$로 놓고 초기조건으로부터 C_1, C_2를 구함으로써 미분방정식을 완전히 풀 수 있다. 이제 이 방법을 사용하여 예제 C.3을 다음과 같이 다시 풀 수 있다.

예제 C.5

$y'' - 2y' + 2y = 0$의 일반해를 구하시오. 또한 $y(0) = 1$, $y'(0) = 3$인 경우의 해를 구하시오.

풀이

특성방정식은 다음과 같다.

$$r^2 - 2y + 2 = 0$$

이 방정식은 다음과 같이 두 개의 허근을 갖는다.

$$r_1 = 1 + i,\ r_2 = 1 - i$$

그러므로 주어진 미분방정식의 일반해는 다음과 같다.

$$y(t) = C_1 e^{(1+i)t} + C_2 e^{(1-i)t}$$

이를 미분하면 아래와 같이 나타낼 수 있고,

$$y'(t) = C_1(1+i)e^{(1+i)t} + C_2(1-i)e^{(1-i)t}$$

초기조건 $y(0) = 1$, $y'(0) = 3$를 만족하도록 C_1, C_2를 구하면

$$y(0) = C_1 + C_2 = 1$$
$$y'(0) = C_1 + C_2 + (C_1 - C_2)i = 3$$

연립방정식을 풀면 $C_1 = \dfrac{1}{2} - i$, $C_2 = \dfrac{1}{2} + i$이다. 따라서 초기조건을 만족하는 해는 다음과 같다.

$$y(t) = \left(\frac{1}{2} - i\right)e^{(1+i)t} + \left(\frac{1}{2} + i\right)e^{(1-i)t}$$

이렇게 구한 $y(t)$는 복소수함수로 표현되었지만 실수 값을 갖는 실수함수이다. 이를 확인하기 위해 복소수 지수의 성질 $e^{x+iy} = e^x e^{iy}$와 오일러의 공식 $e^{iy} = \cos y + i \sin y$를 이용하여 정리하면 다음을 얻는다.

$$y(t) = 2e^t \sin t + e^t \cos t$$

이 결과는 복소수 지수를 사용하지 않고 구한 결과와 같다.

지금까지 특성방정식이 각각 두 실근, 중근, 두 허근을 갖는 경우에 대해 식 (C.1)의 미분방정식을 푸는 방법에 대해 논하였다. 이제 다음의 확인문제를 스스로 풀어보자. 이 문제를 정확히 풀 수 있다면 여러분은 3장의 진동운동을 다룰 준비가 완료된 것이다. 그러니 지금까지의 논의를 잘 음미하고 3장을 공부하도록 하자.

$y'' + 2y = 0$의 일반해를 구하시오. 또한 $y(0) = 1$, $y'(0) = 3$인 경우의 해를 복소수를 사용하는 방법과 사용하지 않는 방법을 각각 사용하여 구하시오. (이 문제는 사실상 단순 조화진동자의 운동방정식을 푸는 것과 같다.)

풀이

$$y(t) = \cos\sqrt{2}\,t + \frac{3}{\sqrt{2}}\sin\sqrt{2}\,t$$

(3) 계수가 상수인 이계 비동차 선형미분방정식

앞서 상수계수를 갖는 이계 동차미분방정식의 해를 구하는 방법을 논의했다. 이 방법을 변형하면 상수계수를 갖는 이계 비동차미분방정식의 해를 구할 수 있다. 이제 우리가 풀고자 하는 방정식은 아래의 형태이다.

$$y'' + p(t)y' + q(t)y = g(t) \tag{C.10}$$

여기서 $g(t)$는 구동항으로 진동운동의 경우 물체의 외부에서 주어지는 구동력에 대응한다. 이 방정식을 풀고자 할 때 다음과 같이 식 (C.10)에서 $g(t)$를 없앤 동차방정식도 고려해야 한다.

$$y'' + p(t)y' + q(t)y = 0 \tag{C.11}$$

식 (C.10)의 비동차방정식을 풀기 위해 우선 식 (C.11)의 동차방정식의 일반해를 다음과 같은 형태로 구해야 한다.

$$y_h(t) = C_1 y_1(t) + C_2 y_2(t) \tag{C.12}$$

한편, 식 (C.10)의 비동차방정식을 만족하는 특수해를 하나 구하고, 그 특수해를 $y_p(t)$라 하면 다음의 선형중첩도 비동차방정식의 해가 됨을 쉽게 보일 수 있다.

$$y(t) = C_1 y_1(t) + C_2 y_2(t) + y_p(t) \tag{C.13}$$

이렇게 표현된 해는 식 (C.10)의 비동차방정식을 만족한다. 이제 방정식의 초기조건이 주어진 경우에는 식 (C.13)에서 초기조건을 만족하도록 C_1, C_2를 정함으로써 해를 구할 수 있다.

이 논리에서 $y_p(t)$는 유일할 필요가 없다. 비동차방정식을 만족하는 해이기만 하면 된다. 이를테면 $y_p(t)$가 아닌 다른 특수해 $Y_p(t)$를 구했다고 가정하자. 또한 동차방정식을 만족하는 독립인 두 함수 $Y_1(t)$, $Y_2(t)$를 구했다고 하자. 그러면 다음과 같은 해도 비동차 방정식의 해가 된다.

$$Y(t) = C_1' Y_1(t) + C_2' Y_2(t) + Y_p(t) \tag{C.14}$$

여기서 $Y_1(t)$, $Y_2(t)$, $Y_p(t)$는 $y_1(t)$, $y_2(t)$, $y_p(t)$와 같을 필요가 없다. 그런데 일단 초기조건이 주어지고 식 (C.14)에서 주어진 초기조건을 만족하도록 C_1', C_2'를 정한다면, 초기조건을 만족하는 식 (C.14) 형태의 해 $Y(t)$는 식 (C.13) 형태의 해와 같아야 한다. 미분방정식과 초기조건을 모두 만족하는 해는 유일하기 때문이다.

예제 C.6

$y'' + y = 3\cos 2t$의 일반해를 구하시오. $y(0) = 1$, $y'(0) = 3$인 경우의 특수해를 구하시오.

풀이

먼저 주어진 방정식에 대한 동차방정식 $y'' + y = 0$은 다음의 일반해를 갖는다.

$$y_h(t) = C_1 \cos t + C_2 \sin t$$

다음으로 비동차방정식의 특수해를 구해야 한다. 이를 위해 직관을 이용하여 특수해를 잘 추정해 보자. 방정식의 형태로부터 비동차방정식의 특수해는 삼각함수일 것이라는 추측이 가능하다. 비동차 항이 $3\cos 2t$이므로, 이 방정식의 특수해 $y_p(t) = A\cos 2t$일 것이라고 추측하여 문제에 주어진 미분방정식에 대입하면 $A = -1$이어야 함을 알 수 있다. 결국 미분방정식은 다음과 같은 특수해를 갖는다.

$$y_p(t) = -\cos 2t$$

이제 비동차방정식의 일반해는 다음과 같다.

$$y(t) = C_1 \cos t + C_2 \sin t - \cos 2t$$

이를 미분하면 다음이 성립한다.

$$y'(t) = -C_1 \sin t + C_2 \cos t + 2\sin 2t$$

초기조건 $y(0) = 1$, $y'(0) = 3$를 만족하도록 C_1, C_2를 구하면 다음과 같다.

$$y(t) = 2\cos t + 3\sin t - \cos 2t$$

(4) 지금까지 우리는 무엇을 한 것인가?

지금까지의 논의를 정리하며 소개된 방정식의 풀이방법을 다시 한 번 음미해보자. 우리는 주로 상수계수를 가지는 이계 미분방정식의 풀이방법을 논했다. 방정식을 풀기 위해 $y_1(t), y_2(t), y_p(t)$를 찾을 필요가 있었다. 그런데 우리의 풀이방법을 되돌아보면 $y_1(t), y_2(t), y_p(t)$를 구하는 과정은 하나같이 특정한 형태의 함수가 해가 되는지를 검사하는 식이었다. 상수계수를 갖는 동차방정식의 경우에는 그나마 미분방정식을 특성방정식과 연관시키는 체계적인 방법을 통해 일반해를 구할 수 있었다. 그런데 비동차방정식의 특수해를 찾는 과정에서는 순전히 추측을 사용하였다. 추측이 아닌 보다 체계적인 방법에 대해서는 수리물리학이나 미분방정식 교재를 참고하자.

여하튼 특수해들을 찾을 수 있다면 선형미분방정식은 중첩원리를 바탕으로 그럭저럭 풀수 있다. 이러한 풀이 과정에서 중요한 것은 $y_1(t), y_2(t), y_p(t)$를 찾는 것이다. 이들을 찾으면 중첩원리에 의해 이들의 중첩도 해가 된다. 초기조건을 이용하여 일반해의 미정계수를 결정함으로써 해를 완전히 결정할 수 있다. 비동차방정식의 특수해나 동차방정식의 일반해를 구성하는 특수해들은 유일하지 않다. 하지만 초기조건을 만족시키는 과정에서 미정계수가 결정되면서 해는 유일해진다. 이러한 상황때문에 근본적으로 하나의 특수해가 다른 특수해보다 선호될 이유는 없다. 계산상의 편의라는 실용적 측면에서만 특정한 특수해가 선호될 수 있을 뿐이다. 그리고 우리가 특수해를 구하는 과정도 원칙적으로는 중요하지 않다. 중요한 것은 특수해를 구할 수 있는지의 여부이다. 특수해를 어떻게 구할 것인지의 방법적인 측면은 그 다음 문제이다.

결국 선형미분방정식의 풀이는 중첩 원리의 도움으로 특수해들을 찾는 것으로 환원된다. 여러분은 특수해를 찾는 여러 가지 방법을 미분방정식이나 수리물리학 교재에서 확인할 수 있을 것이다. 본 논의에서는 그중에서 가장 간단한 방법을 소개하였다. 여러분은 여기서 제시한 풀이방법이 마음에 들지 않을지도 모르지만 저자들은 이 방법이 가장 쉽다고 판단했기 때문에 이 방법을 소개했다. 미분방정식을 공부하여 다른 풀이법을 알게 되면 저자들의 판단에 여러분도 동의할 것이다. 그나마 이정도 풀이방법이라도 가능한 바탕에는 중첩 원리가 있다. 비선형미분방정식을 풀 때는 중첩 원리를 이용할 수 없다. 그 결과 비선형미분방정식은 통상적으로 해석적 해를 구하지 못한다고 생각해도 될 정도로 풀기가 어렵다. 하지만 비선형미분방정식도 수치해석을 통해 해를 구하는 것은 여전히 가능하다.

D ● 복소수와 물리학

1. 복소수는 무엇이며 물리학에서 어떤 의미를 갖는가?

　복소수의 이용을 정리하기 전에 먼저 여러분이 여러 가지 수 개념을 배운 과정을 간단히 돌아보자. 여러분은 가장 먼저 자연수와 0을 배웠다. 이후 손해를 표현하는 수로서 음수가 도입됐고 정수를 정수로 나누는 과정에서 유리수가 도입됐다. 간단히 말하면 자연수에 대한 사칙연산을 통해 유리수가 도입됐다고 할 수 있다. 그리고 유리수를 계수로 하는 방정식의 답을 구하는 과정에서 무리수가 도입됐다. 이를테면 방정식 $x^2 = 2$의 해는 유리수가 아닌 무리수이다. 처음에 도입될 때에는 방정식의 해로서 도입된 무리수이지만, 유리수를 계수로 하는 방정식의 해가 아닌 무리수도 존재한다. 이러한 수들을 초월수라 하며 원주율 π와 자연대수 e가 대표적인 초월수이다. 어떤 수가 초월수인지 아닌지 증명하는 것은 우리의 관심은 아니다. 여하튼 유리수와 무리수의 합집합이 실수를 이룬다. 그리고 복소수도 방정식의 해로서 도입되는데, 이를테면 $x^2 = -1$의 해는 실수가 아니다. 그런데 복소수를 계수로 하는 방정식의 해는 항상 복소수임이 수학적으로 증명되었다. 실수의 경우는 실수계수로 방정식을 만들어도 그 해가 항상 실수가 아니기 때문에 수의 확장이 필요하다. 그런데 같은 관점에서의 복소수의 확장은 불필요하다. 즉 사칙연산이나 방정식의 풀이 같은 대수적 과정에서 더 이상 수를 확장할 필요가 없는 최초의 수가 복소수이다. 이런 의미에서 수학적으로 복소수야 말로 완전한 수이다[2].

　복소수는 두 가지 형식으로 표현될 수 있다. 첫 번째 방법은 실수부와 허수부를 각각 나열하는 것이다. 이런 관점에서의 복소수는 다음과 같이 쓸 수 있다.

$$z = x + iy \quad (\text{단 } x, y \text{는 실수}) \tag{D.1}$$

　두 번째 방법은 극형식이라 불리며 다음과 같이 복소수의 크기를 실수로, 실수부와 허수부의 비를 삼각함수로 기술하는 것이다.

$$z = r(\cos\theta + i\sin\theta) \tag{D.2}$$

　뒤에서 살펴보겠지만 복소수 지수를 도입하면 극형식은 다음과 같이 간략하게 쓸 수 있다.

$$z = re^{i\theta} \tag{D.3}$$

---

2) 복소수를 확장한 사원수라는 수 개념이 있기는 하지만 사원수는 물리학에서 많이 사용되지 않는 수이다.

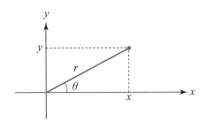

[그림 D.1] 복소평면 위의 한 점으로서의 복소수

한편, 복소수를 [그림 D.1]과 같이 복소평면 위의 한 점으로 나타낼 수도 있다.

이 그림에서 표시된 점은 실수의 순서쌍 (x, y)로 표시될 수 있다. 그런데 평면 위의 점과 복소수 집합은 일대일 대응을 이룬다. 이에 착안하면 표시된 점은 복소수 $x + iy$로 표시될 수 있다. 극형식으로 표현하면 점은 $z = re^{i\theta}$로 표시될 것이다. 이렇게 평면의 점을 복소수에 대응시키는 관점에서 복소평면이 도입되었다.

앞의 논의에서 밝혔듯이 복소수는 수학적으로는 매력적인 수이다. 그런데 여러분이 이제껏 물리학을 공부하면서는 복소수를 쓸 일이 별로 없었을 것이다. 지금까지 배운 물리량들은 모두 실수 값을 갖기 때문에 물리학에서 복소수를 쓸 일은 없어 보인다. 질량, 거리, 시간, 전하량, 온도 등 기본 물리량들은 모두 실수 값을 갖는다는 가정이 우리의 사고의 근간을 이루며 이러한 가정을 의심할 만한 징후도 없다. 그런데 역학과 전자기학에서는 방정식을 풀 때 계산의 편의를 위해서 복소수를 도입한다. 지금부터 도입하는 복소수를 이용한 계산, 특히 복소수를 지수로 사용하는 계산은 순전히 계산의 편의를 위한 것이다. 이처럼 복소수 지수라는 생소한 계산법을 사용하는 이유는 계산의 복잡성을 줄이기 위해서이다.

한편, 양자역학에서는 자연을 기술할 때 복소수를 기반으로 한다. 양자역학에서 복소수를 이용하는 것은 계산의 편의를 위한 것이라고 보기 어려운 측면이 있다. 양자역학에서는 복소수가 아니면 자연을 기술할 수 없기 때문에 복소수를 이용한다. 앞서 언급한 기본 물리량들이 실수 값을 갖는다는 가정은 양자역학에서도 성립한다. 다만 양자역학에서는 이런 물리량을 계산하는 데 필요한 파동함수가 복소함수로 정의된다. 파동함수는 단순히 계산편의를 위해 도입된 것이라고는 보기 어렵다. 이런 측면에서 양자역학은 복소수를 기반으로 하여 전개된 이론이라고 말할 수 있다.

고전역학이든 양자역학이든 복소수를 지수로 이용하는 새로운 계산법이 등장한다. 본 논의에서는 복소수 지수를 이해하는 데 도움을 주고자 지수 개념의 확장 과정을 간략히 되돌아보고자 한다. 보다 자세하고 아름다운 논의를 원한다면 파인만의 『물리학 강의』 1권

22장을, 복소수에 대한 자세한 논의 및 증명은 수리물리 책을 참고하기 바란다.

2. 복소수 지수

지수를 처음 배울 때를 되돌아보면 오직 자연수만이 지수로 허용되었다. 이를테면 a^3은 a를 세 번 곱한 것을 의미한다는 식이다. 이때 지수에 대해 다음과 같은 중요한 대수적 규칙이 성립한다.

$$a^{m+n} = a^m a^n \tag{D.4}$$

그리고 지수의 정의를 확장시켜서 정수 지수를 도입하게 된다. 이때 0과 음의 정수 지수를 다음과 같이 정의하였다.

$$a^0 = 1$$
$$a^{-m} = 1/a^m \tag{D.5}$$

이렇게 정의를 확장해도 대수적 규칙은 그대로 유지된다. 한편 고등학교 과정에서는 다음과 같이 정의된 유리수 지수를 도입한다.

$$a^{\frac{m}{n}} = \sqrt[n]{a^m} \tag{D.6}$$

이렇게 정의를 마구 확장해도 아무 문제가 없는가? 지수의 정의를 확장하여도 대수적 규칙은 여전히 성립한다. 지수의 개념을 확장했는 데도 결과적으로는 지수의 가장 중요한 대수적 특징이 그대로 유지되는 것이다.

유리수 지수까지는 그런대로 간단하게 지수를 확장할 수 있었다. 그런데 무리수의 지수를 정의하려고 하면 지금보다는 고차원적인 접근인 극한이라는 개념이 필요하다. 이를 테면 무리수 $\sqrt{2}$를 지수로 갖는 경우를 생각하자. 어떤 무한수열 $\{r_n | n = 1, 2, ,,\}$이 $\sqrt{2}$에 수렴하는 수열이라면 무리수 지수 $\sqrt{2}$는 다음과 같은 의미를 갖는다.

$$a^{\sqrt{2}} = \lim_{n \to \infty} a^{r_n} \tag{D.7}$$

이와 같이 극한을 활용하여 무리수 지수를 정의함으로써 이제 우리는 모든 실수에 대해 지수를 정의할 수 있다. 중요한 것은 정의가 계속 확장되는 과정에서 대수적 규칙이 계속해서 성립했다는 점이다. (본 논의에서 엄밀하게 증명하지는 않았지만 말이다.) 역으로 말하면 이렇게 대수적 규칙이 성립하기 때문에 지수를 계속 확장해서 정의할 수 있다. 이 모든 과정을 돌아보면 지수의 정의가 확장될 때마다 지수의 의미는 새로워졌지만 그 와중에도 대수적 규칙은 여전히 성립하였다. 여러분의 입장에서는 지수의 의미가 확장될 때마다 이를 받아들이는 과정이 생소하고, 또 어려웠을 것이다. 그러는 와중에 자주 사용하다 보니 익숙해졌고 지수의 확장을 자연스럽게 느끼게 된 것이다.

자연수이든 실수이든 복소수이든 당연히 생각할 수 있는 수 개념이 아니다. 모든 수는 추상적 개념이다. 다만 지금까지 자연수나 실수를 많이 사용하였기 때문에 이들에 대해 자연스럽게 느끼는 것이다. 복소수에 대한 불편함 그리고 복소수 지수에 대한 불편함도 이런 측면에서 이해할 필요가 있다. 익숙하지 않아서 불편하고 생소한 것이다. 익숙할수록 자연스럽게 사용할 수 있다.

복소수라는 것은 실수의 확장이고, 복소수 지수도 지수 개념의 확장을 담고 있다. 확장해도 아무 문제가 없어야 확장이 의미가 있다. 수학자들이 선택한 확장의 기준은 바로 대수적 규칙이 성립하도록 확장해야 한다는 것이다. 이렇게 기준을 정하더라도 어떠한 방식으로 확장할지를 찾아야 한다. 즉 새로운 복소수 지수를 정의하는 방법을 찾아야 하는 것이다. 이에 대해 수학자들이 선택한 방법은 테일러 급수를 이용하는 것이다. 대부분의 경우 우리가 다루는 복소수 지수는 e를 밑으로 가진다. 따라서 앞으로 복소수 지수에 대해 논의할 때 일단 밑은 e라고 생각하겠다. 실수에 대한 지수함수는 테일러 급수를 이용하여 다음과 같이 전개할 수 있다.

$$e^x = \sum_{n=0}^{\infty} \frac{x^n}{n!} \tag{D.8}$$

이 지수함수의 정의역을 복소수 영역으로 확장하여 복소수 지수를 다음과 같이 정의할 수 있다.

$$e^z = \sum_{n=0}^{\infty} \frac{z^n}{n!} \tag{D.9}$$

일단 이렇게 정의하면 실수인 경우 지수의 자연스러운 확장이 된다. 이제 확인해야 할 것은 새로운 정의에 대하여 다음과 같은 대수적 규칙이 성립하느냐이다.

$$e^{z_1 + z_2} = e^{z_1} e^{z_2} \tag{D.10}$$

물론 이 규칙은 여전히 성립한다. 다만 본 논의에서는 증명을 생략하겠다.

이제 복소수 지수로 확장해도 문제가 없다는 것을 알게 되었다. 이와 같이 새로운 지수를 정의했을 때 가장 아름다운 수학공식이라 평가받기도 하는 오일러의 공식을 유도할 수 있다. (역시 직접 확인해보라.)

$$e^{i\theta} = \cos\theta + i\sin\theta \tag{D.11}$$

지수함수와 삼각함수는 완전히 별개의 과정으로 정의되었다는 것을 기억하자. 그러한 두 함수가 오일러의 공식을 통해 연관을 맺는다. 두 함수는 물리학에서 가장 중요한 함수이기도 하다. 앞으로 물리학을 계속 공부하면서 지수함수와 삼각함수가 가장 빈번히 등장하는 것을 확인할 수 있을 것이다. 오일러의 공식은 복소수 지수에 대한 것이지만 공식에서 θ는 실수임을 잊지 말자. 오일러 공식으로부터 삼각함수를 다음과 같이 지수함수로 나타낼 수 있다.

$$\cos\theta = \frac{e^{i\theta} + e^{-i\theta}}{2}, \ \sin\theta = \frac{e^{i\theta} - e^{-i\theta}}{2i} \tag{D.12}$$

이렇게 삼각함수를 지수함수로 바꾸면 미분방정식을 푸는 계산 과정이 보다 간단해질 수 있다. 여기에는 이들의 미분 계산과 관련된 이유가 있다. 지수함수의 미분은 다음과 같이 간단하다.

$$\frac{de^z}{dz} = e^z \tag{D.13}$$

반면 삼각함수의 미분은 이것보다 살짝 복잡한 형태이다.

$$\frac{d\sin z}{dz} = \cos z, \ \frac{d\cos z}{dz} = -\sin z \tag{D.14}$$

우리가 지금까지 정의한 복소수 지수는 미분방정식의 풀이에 사용된다. 지수함수와 삼각함수의 미분의 특성 차이로 인해 삼각함수와 관련된 미분방정식보다 지수함수와 관련된 미분방정식을 풀어서 계산하기가 쉽다. 보다 구체적으로 구동력이 지수함수의 형태인 비동차미분방정식을 푸는 것이 구동력이 삼각함수의 형태인 비동차미분방정식을 푸는 것보다 간단하다. 나아가 구동력이 삼각함수이더라도 이를 지수함수처럼 생각하여 미분방정식을 풀면 계산을 간단히 할 수 있다.

3. 복소수 지수를 이용하여 계산을 간단히 하기

이번에는 어떤 계산에서 복소수 지수가 필요한지를 간단히 논의하려 한다. 앞으로 전개할 논의는 미분방정식을 공부한 후에 되돌아봐야 전체적인 맥락이 이해될 수 있다. 그러니 미분방정식에 대한 부록 C를 충분히 익힌 후에 본 논의를 읽어보기 바란다.

진동운동을 다루는 3장에서 여러분은 다음과 같은 미분방정식을 풀어야 한다.

$$m\frac{d^2x}{dt^2}+b\frac{dx}{dt}+kx=A\cos\omega t \quad (m,\,b,\,k,\,A \text{는 실수})$$ (D.15)

이 방정식을 직접 풀어서 $x(t)$를 구하는 일은 다소 복잡한 계산을 요한다. 방정식을 푸는 과정에서의 계산을 보다 간단히 하기 위해 원래의 미분방정식에 대해 다음과 같은 확장된 형태의 복소수 미분방정식을 도입한다.

$$m\frac{d^2x_C}{dt^2}+b\frac{dx_C}{dt}+kx_C=A\,e^{i\omega t}$$ (D.16)

이때 방정식의 해 $x_C(t)=x(t)+iy(t)$는 복소함수라 가정한다. 이 확장된 미분방정식을 다음과 같이 풀어서 쓸 수 있다.

$$m\frac{d^2(x+iy)}{dt^2}+b\frac{d(x+iy)}{dt}+k(x+iy)=A(\cos\omega t+i\sin\omega t)$$ (D.17)

이제 확장된 방정식의 실수부를 취하면 원래의 방정식으로 환원된다. 또한 확장된 방정식을 만족하는 함수 $x_C(t)$의 실수부 $x(t)$는 원래의 방정식을 만족하는 함수가 된다. 이러한 논리로부터 확장된 방정식을 만족하는 함수 $x_C(t)$를 구하고, 그 실수부를 취해서 원래의 방정식을 만족하는 함수 $x(t)$를 구할 수 있다.

왜 원래의 방정식을 풀지 않고 확장된 방정식을 푸는, 돌아가는 방법을 생각하는가? 그 편이 계산이 한결 간단하기 때문이다. 이 말을 확인하는 방법은 직접 계산해 보는 것이다. 본문의 3.3절에서 강제진동과 관련하여 식 (D.15)와 같은 미분방정식을 식 (D.16)식과 같은 방정식으로 바꾸어 푸는 방법을 배울 것이다. 이러한 계산 과정을 직접 확인해 보자. 이러한 확장 없이 식 (D.15)을 바로 풀어서 해를 구해도 된다. 그런데 이러한 계산을 여러분이 직접 수행해 보면 앞선 방법에 비해 계산 과정이 더 복잡하다는 것을 확인할 수 있을 것이다.

이상의 논의를 제대로 이해했는지 보기 위해 다음의 방정식을 생각해보자.

$$m\frac{d^2x}{dt^2}+b\frac{dx}{dt}+kx=A\sin\omega t$$ (D.18)

이 방정식도 직접 풀기에는 계산이 다소 복잡하다. 이 방정식은 어떻게 푸는 것이 현 시점에서 최선일까? 여기에 대한 대답을 할 수 있으면 여러분은 본 논의를 이해한 것이다. 한편 다음의 방정식을 생각해 보자.

$$m\frac{d^2x}{dt^2}+b\frac{dx}{dt}+kx=A\cos\omega t+B\sin\omega t \tag{D.19}$$

이 방정식을 푸는 좋은 방법을 생각할 수 있다면 당신은 본 논의를 응용 가능할 정도로 완전히 이해한 것이다. 원래의 계산 대신 복소수로 확장한 상황을 만들어서 계산하는 방법은 나중에 전자기학에서도 등장할 것이다. 그때에는 원래의 상황하에서는 엄두가 나지 않는 복잡한 계산을 복소수 상황으로 확장하여 그럭저럭 참을 만한 계산으로 바꾸게 될 것이다.

E ● 삼각함수, 쌍곡선함수와 관련한 주요 공식

쌍곡선함수, 지수함수 사이의 기본 관계식은 다음과 같다.

$$\cos\theta = \frac{e^{i\theta}+e^{-i\theta}}{2}$$

$$\sin\theta = \frac{e^{i\theta}-e^{-i\theta}}{2i}$$

$$\cosh\theta = \frac{e^{\theta}+e^{-\theta}}{2}$$

$$\sinh\theta = \frac{e^{\theta}-e^{-\theta}}{2}$$

$$\tanh\theta = \frac{\sinh\theta}{\cosh\theta} = \frac{e^{\theta}-e^{-\theta}}{e^{\theta}+e^{-\theta}}$$

삼각함수, 쌍곡선함수의 도함수는 다음과 같다.

$$\frac{d}{d\theta}\sin\theta=\cos\theta \qquad \frac{d}{d\theta}\cos\theta=-\sin\theta \qquad \frac{d}{d\theta}\tan\theta=\sec^2\theta$$

$$\frac{d}{d\theta}\sinh\theta=\cosh\theta \qquad \frac{d}{d\theta}\cosh\theta=\sinh\theta$$

삼각함수와 관련하여 다음의 항등식이 자주 사용된다.

$$\cos^2\theta+\sin^2\theta=1$$

$$1+\tan^2\theta=\sec^2\theta$$

$$1+\cot^2\theta=\csc^2\theta$$

$$\sin(\theta \pm \phi) = \sin\theta\cos\phi \pm \cos\theta\sin\phi$$

$$\cos(\theta \pm \phi) = \cos\theta\cos\phi \mp \sin\theta\sin\phi$$

$$\tan(\theta \pm \phi) = \frac{\tan\theta \pm \tan\phi}{1 \mp \tan\theta\tan\phi}$$

$$\sin\theta + \sin\phi = 2\sin\left(\frac{\theta+\phi}{2}\right)\cos\left(\frac{\theta-\phi}{2}\right)$$

$$\sin\theta - \sin\phi = 2\cos\left(\frac{\theta+\phi}{2}\right)\sin\left(\frac{\theta-\phi}{2}\right)$$

$$\cos\theta + \cos\phi = 2\cos\left(\frac{\theta+\phi}{2}\right)\cos\left(\frac{\theta-\phi}{2}\right)$$

$$\cos\theta - \cos\phi = -2\sin\left(\frac{\theta+\phi}{2}\right)\sin\left(\frac{\theta-\phi}{2}\right)$$

$$\sin2\theta = 2\sin\theta\cos\theta$$

$$\cos2\theta = \cos^2\theta - \sin^2\theta$$

$$\tan2\theta = \frac{2\tan\theta}{1-\tan^2\theta}$$

$$\sin^2\frac{\theta}{2} = \frac{1}{2}(1-\cos\theta)$$

$$\cos^2\frac{\theta}{2} = \frac{1}{2}(1+\cos\theta)$$

$$\tan^2\frac{\theta}{2} = \frac{1-\cos\theta}{1+\cos\theta}$$

$$\sin3\theta = 3\sin\theta - 4\sin^3\theta$$

$$\cos3\theta = 4\cos^3\theta - 3\cos\theta$$

고전역학의 현대적 이해

2015년 2월 20일 1판 1쇄 인쇄
2015년 2월 25일 1판 1쇄 발행

저   자 ◉ **정용욱 · 하상우 · 변태진 · 이경호**
발 행 자 ◉ **조승식**
발 행 처 ◉ (주) 도서출판 **북스힐**
　　　　　서울시 강북구 한천로 153길 17
등   록 ◉ 제 22-457 호

 (02) 994-0071(代)

 (02) 994-0073

 bookswin@unitel.co.kr
　　　　　www.bookshill.com

값 28,000원

ISBN 978-89-5526-942-0